U0120898

Study on Rare and Endemic Plants in
Leigong Mountain

雷公山珍稀特有植物研究

（上册）

杨少辉　王雄伟　唐秀俊 ▣ 主　编
余永富　余德会　谢镇国 ▣ 执行主编

中国林业出版社
·北京·

图书在版编目(CIP)数据

雷公山珍稀特有植物研究. 上册/杨少辉，王雄伟，唐秀俊主编；余永富，余德会，谢镇国执行主编. --北京：中国林业出版社，2022. 8

ISBN 978-7-5219-1795-6

Ⅰ. ①雷…　Ⅱ. ①杨…　②王…　③唐…　④余…　⑤余…　⑥谢…　Ⅲ. ①珍稀植物-介绍-雷山县　Ⅳ. ①Q948. 527. 34

中国版本图书馆 CIP 数据核字(2022)第 143946 号

中国林业出版社·自然保护分社(国家公园分社)

策划编辑：刘家玲

责任编辑：葛宝庆

出版　中国林业出版社(100009　北京市西城区刘海胡同 7 号)

http：//www. forestry. gov. cn/lycb. html　电话：(010)83143612

印刷　北京博海升彩色印刷有限公司

版次　2022 年 8 月第 1 版

印次　2022 年 8 月第 1 次

开本　787mm×1092mm　1/16

印张　30. 75

彩插　5

字数　720 千字

定价　260. 00 元

《雷公山珍稀特有植物研究(上册)》

编辑委员会

研究人员：

杨少辉　贵州雷公山国家级自然保护区管理局　局长
唐秀俊　贵州雷公山国家级自然保护区管理局　副局长、高级工程师
王雄伟　贵州雷公山国家级自然保护区管理局　副局长
谢镇国　贵州雷公山国家级自然保护区管理局　研究员
余永富　贵州雷公山国家级自然保护区管理局　正高级工程师
余德会　贵州雷公山国家级自然保护区管理局　高级工程师
王子明　贵州雷公山国家级自然保护区管理局　高级工程师
唐邦权　贵州雷公山国家级自然保护区管理局　高级工程师
陈继军　贵州雷公山国家级自然保护区管理局　高级工程师
李　扬　贵州雷公山国家级自然保护区管理局　高级工程师
袁　明　贵州雷公山国家级自然保护区管理局　高级工程师
李　鹤　贵州省林业科学研究院　高级工程师
李　萍　贵州雷公山国家级自然保护区管理局　工程师
王　英　贵州雷公山国家级自然保护区管理局　工程师
文昌学　贵州雷公山国家级自然保护区管理局　工程师
李兴春　贵州雷公山国家级自然保护区管理局　工程师

李　莉　贵州雷公山国家级自然保护区管理局　工程师
杨绍琼　贵州雷公山国家级自然保护区管理局　工程师
吴必锋　贵州雷公山国家级自然保护区管理局　工程师
吴群芳　贵州雷公山国家级自然保护区管理局　工程师
张世琼　贵州雷公山国家级自然保护区管理局　工程师
杨绍军　贵州雷公山国家级自然保护区管理局　工程师
侯德华　贵州雷公山国家级自然保护区管理局　工程师
顾先锋　贵州雷公山国家级自然保护区管理局　工程师
梁　芬　贵州雷公山国家级自然保护区管理局　工程师
梁　英　贵州雷公山国家级自然保护区管理局　工程师
廖　佳　贵州雷公山国家级自然保护区管理局　工程师
潘成坤　贵州雷公山国家级自然保护区管理局　工程师
潘秀芬　贵州雷公山国家级自然保护区管理局　工程师
杨宗才　贵州雷公山国家级自然保护区管理局　工程师
古定豪　贵州雷公山国家级自然保护区管理局　工程师
陆代福　贵州雷公山国家级自然保护区管理局　工程师
易　娴　贵州雷公山国家级自然保护区管理局　工程师
文昌荣　贵州雷公山国家级自然保护区管理局　工程师
袁丛军　贵州省林业科学研究院　工程师
龙飞鸣　贵州雷公山国家级自然保护区管理局　科长
李　宁　贵州雷公山国家级自然保护区管理局　科长
顾先元　贵州雷公山国家级自然保护区管理局　科长
杨胜军　贵州雷公山国家级自然保护区管理局　站长
邰正光　贵州雷公山国家级自然保护区管理局　站长
杨绍勇　贵州雷公山国家级自然保护区管理局　站长
李小海　贵州雷公山国家级自然保护区管理局　站长
姚伦贵　贵州雷公山国家级自然保护区管理局　科长
张前江　贵州雷公山国家级自然保护区管理局　站长
张世玲　贵州雷公山国家级自然保护区管理局　站长
姜　山　贵州雷公山国家级自然保护区管理局　副科长
黄　松　贵州雷公山国家级自然保护区管理局　副科长
付梓源　贵州雷公山国家级自然保护区管理局　副站长
邰宗仁　贵州雷公山国家级自然保护区管理局　副站长
王　越　贵州雷公山国家级自然保护区管理局　副主任
弓丽花　贵州雷公山国家级自然保护区管理局　副主任
谢　丹　贵州雷公山国家级自然保护区管理局　副科长
姜顺邦　贵州省林业学校　助理讲师

王再艳　贵州雷公山国家级自然保护区管理局　工作人员
周雪娟　贵州雷公山国家级自然保护区管理局　工作人员
胡瀚璋　贵州雷公山国家级自然保护区管理局　工作人员
李登江　贵州雷公山国家级自然保护区管理局　助理工程师
金应洪　中共黔东南州直属机关工作委员会　副主任
胡　宨　贵州雷公山国家级自然保护区管理局　助理工程师
姜国华　贵州雷公山国家级自然保护区管理局　助理工程师
陈光芬　贵州雷公山国家级自然保护区管理局　助理工程师
宋志红　贵州雷公山国家级自然保护区管理局　工程师
郑德谋　贵州雷公山国家级自然保护区管理局　助理工程师
张夏军　贵州雷公山国家级自然保护区管理局　助理工程师
杨艳辉　贵州雷公山国家级自然保护区管理局　工作人员
王　彪　贵州雷公山国家级自然保护区管理局　助理工程师

图片提供：谢镇国　余德会　余永富　李　萍　王子明　廖　佳
杨宗才　古定豪　李　扬

序言

雷公山位于贵州省东南部，是苗岭山脉的主峰，最高海拔 2178.8m，四周群山环绕，绵延不断。红军长征途经雷公山区时，毛泽东写下气势磅礴的《十六字令三首》："山，快马加鞭未下鞍。惊回首，离天三尺三"，以此描绘了雷公山的巍峨壮阔、雄奇险峻。

雷公山生物资源丰富，植物区系古老，特别是成片分布有国家二级保护孑遗植物秃杉群落，是目前国内仅有 3 个天然分布区域中面积最大、数量最多、保存最完整、原生性最强的一处。1982 年 6 月经贵州省人民政府批准，建立雷公山自然保护区；2001 年 6 月经国务院批准晋升为国家级自然保护区；2007 年 11 月加入中国人与生物圈保护区网络。

雷公山国家级自然保护区（以下简称"雷公山保护区"）总面积 47300hm^2，是黔东南州境内唯一的国家级自然保护区，地跨雷山、台江、剑河、榕江四县，既是长江水系和珠江水系的分水岭，又是清水江和都柳江水系主要支流的发源地和水源补给区，对补充调节"两江"流域的水量有着重要的作用。

雷公山保护区是以保护秃杉等珍稀生物为主，具有综合效益的亚热带山地森林生态系统类型的自然保护区。区内有林地面积 44132.7hm^2，森林覆盖率达 92.34%，活立木总蓄积 410.23 万 m^3。已鉴定的各类生物种数达 5160 种，其中，动物 2302 种，被列为国家重点保护动物有 61 种；高等植物 2595 种，国家重点保护野生植物有 84 种，贵州省重点保护野生植物有 20 种；大型真菌 263 种。区内植物区系古老、生物多样性丰富，是天然的物种基因库。雷公山保护区建立以来，先后吸引了国内外诸多院校、科研

单位专家学者到雷公山实地开展教学和科考活动。2017 年，雷公山保护区被森林与人类杂志社评为“中国最美森林”；2019 年，被国家林业和草原局授予“自然保护地国家创新联盟成员单位”，同年还被中国林学会授予“第二批全国自然教育学校(基地)”称号。

建区 40 年来，雷公山保护区管理局加强资源保护和管理，其生态环境、森林资源、生物多样性得到了有效的保护，森林资源得到稳定持续增长。据《雷公山自然保护区科学考察集》(贵州人民出版社 1988 年出版)记载，当时保护区森林覆盖率为 60.84%，从 2016 年贵州省第四次森林资源规划设计调查结果来看，保护区森林覆盖率增长到 92.34%，28 年间增长了 31.5 个百分点。由此可见，雷公山保护区的森林资源以及物种资源在近 30 年里不断提质增量，生态环境持续向好，过去的珍稀植物资源本底或已不再全面和完整，亟待调查和更新。

为进一步查清雷公山珍稀特有植物的资源本底，2018 年，雷公山保护区管理局组织本单位科研团队，启动雷公山珍稀特有植物的资源本底调查，并将其列入该局重点科研课题。同时，该局积极组织科研团队开展调查监测，并邀请省内业界专家顾问进行指导。通过调查研究，撰写了《雷公山珍稀特有植物研究(上册)》，为保护区资源管护、科研监测、科普宣传、珍稀特有植物保护与合理利用等提供依据和参考。

看了以后，我觉得该书有几个特点：一是资料翔实。科研工作者经过两年多的野外调查、内业分析和总结，对区内珍稀特有植物的分布、生物学特性、群落特征、种群结构、研究进展、繁殖方法、保护建议等诸多方面进行了较为详细的调查，完成了 58 个物种的调查研究。二是图文并茂。该书以图文结合的方式，向读者介绍了雷公山保护区特有的珍稀植物，让读者有幸目睹了深藏于雷公山密林深处的自然瑰宝、对雷公山珍稀特有植物有了进一步的了解，也为社会各界认识自然、热爱自然提供了难得的载体。三是方法新颖。自然保护区是珍稀植物的避难所，珍稀植物的存在和数量是衡量自然保护区生态系统质量的重要指标。雷公山珍稀特有植物作为生物多样性保护

研究的切入点，在全省乃至全国都具有相当价值的独特性和可研性。特别是该书以民族植物学特征为切入点，对雷公山保护区珍稀特有植物进行研究，可谓独树一帜、难能可贵。美中不足的是，该书在编写出版过程中，适逢国家对《国家重点保护野生植物名录》进行修订，因而有部分名录中的珍稀植物没有写进去。我们期待着，在下步工作中弥补这个缺憾！

值此书出版之际，我对本次调查研究辛勤付出的各位专家、学者、科技工作者表示崇高的敬意！可以预见，该书的编辑出版，不仅充分展现了雷公山保护区的保护成果，而且彰显了雷公山保护区生物多样性的独特性，必将在生态文明建设、生物资源拯救保护与可持续利用方面具有积极的推动作用。

2022 年 4 月

目录

序言
第 1 章　保护区概况 …… 1
1.1　自然地理 …… 1
1.2　生物资源 …… 4
1.3　管理机构 …… 6
1.4　自然景观 …… 6
1.5　社会经济状况 …… 7

第 2 章　雷公山珍稀特有植物研究综合报告 …… 9
2.1　引言 …… 9
2.2　研究背景 …… 9
2.3　研究方法 …… 10
2.4　研究结果 …… 14
2.5　资源评价 …… 27
2.6　保护成效与建议 …… 29

第 3 章　国家一级重点保护野生植物 …… 31
红豆杉 …… 31
南方红豆杉 …… 38
峨眉拟单性木兰 …… 47
小叶红豆 …… 57

第 4 章　国家二级重点保护野生植物 …… 67
金毛狗 …… 67
柔毛油杉 …… 77
黄杉 …… 85
秃杉 …… 92

金叶秃杉 …… 103
翠柏 …… 107
福建柏 …… 112
篦子三尖杉 …… 123
穗花杉 …… 130
鹅掌楸 …… 138
厚朴、凹叶厚朴 …… 147
峨眉含笑 …… 151
闽楠 …… 154
花榈木 …… 165
水青树 …… 173
伯乐树 …… 181
黄柏 …… 191
伞花木 …… 198
香果树 …… 207

第 5 章　贵州省级重点保护树种 …… 217
长苞铁杉 …… 217
三尖杉 …… 224
粗榧 …… 231
天女花 …… 240
桂南木莲 …… 245
红花木莲 …… 258
深山含笑 …… 270
阔瓣含笑 …… 280
川桂 …… 282
紫楠 …… 291
檫木 …… 297
白辛树 …… 303
木瓜红 …… 309
马蹄参 …… 316
刺楸 …… 318
华南桦 …… 326
青钱柳 …… 327
银鹊树 …… 341

第 6 章 贵州特有植物 …… 353
苍背木莲 …… 353
短尾杜鹃 …… 360
黔中杜鹃 …… 367
雷山杜鹃 …… 376

第 7 章 雷公山保护区特有植物 …… 381
雷山瑞香 …… 381
雷公山杜鹃 …… 382
雷公山凸果阔叶槭 …… 388
雷山方竹 …… 396
雷公山玉山竹 …… 404

第 8 章 雷公山保护区特殊植物 …… 415
圆基木藜芦 …… 415
凯里杜鹃 …… 421
雷公山槭 …… 422
半枫荷 …… 434
马尾树 …… 440
十齿花 …… 449
异形玉叶金花 …… 459

参考文献 …… 464

第1章 保护区概况

贵州雷公山国家级自然保护区（以下简称“雷公山保护区”）位于贵州省东南部，是苗岭主峰，苗岭山脉横贯黔西、黔中、黔南及黔东南，连绵近千公里，雷公山保护区地跨雷山、台江、剑河、榕江四县。其地理位置为东经108°09′~108°22′、北纬26°15′~26°22′。主峰雷公山山顶海拔2178.8m，苗岭主峰也是黔东南最高山峰，是一个典型的山地环境，属长江和珠江流域分水岭，是清水江和都柳江水系主要支流的发源地，区内居住总人口约1.2万，苗族占90%。

雷公山保护区于1982年6月经贵州省人民政府批准建立，2001年6月经国务院批准晋升为国家级自然保护区，2007年加入中国人与生物圈保护区网络。保护区总面积47300hm^2，林地面积为44132.7hm^2（含国有林场九十九工区），森林覆盖率92.34%，活立木蓄积410.23万m^3。

雷公山保护区是以保护秃杉 *Taiwania cryptomerioides* 等珍稀生物为主的森林生态系统类型自然保护区。雷公山保护区较好地保存了中亚热带森林生态系统的原始面貌，是难得的科研教学实训基地。

1.1 自然地理

1.1.1 地质

雷公山保护区在大地构造上属扬子准地台东部江南台隆主体部分的雪峰迭台拱，地层由下江群浅变质的海相碎屑岩组成。岩性主要为板岩、粉砂质板岩夹变余砂岩和变余凝灰岩，该区以板岩为主，其次是变余砂岩和变余凝灰岩。在板岩中，又主要是绢云母板岩和粉砂质绢云母板岩，其次是含炭质绢云母板岩，再次是钙质绢云母板岩。下部有千枚状钙质板岩和团块状大理岩；中上部有大量复理石韵律发育良好的凝灰岩。这类岩石的塑性极强，抗压强度及弹性模数较小，易于风化，难以产生裂隙，在地貌上形成缓坡、丘陵。在水理性质上，不仅是良好的隔水层，且其靠近地表的分化裂隙带十分浅薄，易于封闭，富水性极弱。然而经过区域变质作用之后，风化裂隙带发育良好，浅层地下水极为丰富，形成一个特殊的生态环境，利于绿色植物生长发育。

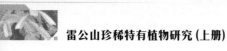

1.1.2 地貌

雷公山复式背斜组成区域构造的主体，轴向呈北东向，由若干次级背斜及向斜组成，自东向西有迪气背斜、雷公坪向斜及新寨背斜等。雷公山地形高耸，山势脉络清晰，地势西北高、东南低，主山脊自东北向西南呈“S”形延伸，主峰海拔2178.8m，主脊带山峰一般大于1800m，两侧山岭海拔一般小于1500m。位于雷公山东侧的小丹江谷地海拔650m，是本区最低的地带。该区河流强烈切割，地形高差一般大于1000m。

雷公山保护区地貌成因单一，是前震旦系浅变质岩石受构造强烈抬升及流水侵蚀切割面形成的侵蚀构造地形，主要山脊及部分山地斜坡地带，尚有长期遭受外营力综合作用而形成的侵蚀剥蚀地形。山地地貌形态可划分为海拔大于1750m的南刀坡、雷公山、大小雷公坪、冷竹山一带，山势雄伟，浑圆山脊连绵展布，形成宽广平缓的台地地形，其上沟谷宽缓，古地貌面保存完好的台状高中山；海拔1350~1800m，围绕雷公山主脊带分布，构造上位于雷公坪向斜两翼，形成雷公山主脊外围的次山体。山脊平缓，呈波浪状，山坡坡度一般为25°~35°。水系发育，河流溯源侵蚀强烈，局部地带面保存较好，以小雷公坪一带最为典型的波状中山；海拔650~1350m，地貌类型位于雷公山复式背斜两翼，断裂裂隙密集发育，为流水侵蚀切割提供良好通道，致使河流切割强烈，地形破碎，沟谷发育，山脊狭窄，山地斜坡上缓下陡，河谷多呈现为谷中谷形态，山地斜坡上岩石风化作用强烈，风化深度大，土层松，水热条件好，集中分布在东部的毛坪、小丹江、方祥、石灰河、白水河、响水岩及桃江河谷地带，为常绿阔叶林及秃杉林集中分布区的脊状低中山及低山3个地貌类型。

1.1.3 水文

雷公山保护区地处清水江和都柳江的分水岭高地，地形高差大，水文地质结构独特、条件复杂，水资源的贮存富集条件特殊，大气降水、地表水及地下水循环交替环境比较和谐，降雨量充沛，地表水文网密集，河流坡降陡且基流量大，变质岩区域岩石表层构造风化裂隙含水均匀且丰富，地下水埋藏浅，径流排泄缓慢，下部不透水带阻水作用强烈，且造成地下水排泄基准面高，水资源极为丰富。

保护区变质岩区域水文地质特征是岩石表层构造风化裂隙极为发育，在沿地球表面下一定深度范围内，开拓出一个构造风化网状裂隙含水带，构成独特的顶托型水文地质结构，其含水均匀而丰富，地下水埋藏浅，径流排泄缓慢；不透水带阻水作用强烈，且造成地下水排水基准面高，迫使构造风化裂隙带的地下水几乎全部以分散流的形式排泄出地表，使大部分地面经常保持湿润状态。

据区内地下水的长期观测资料和实地调查，大于8km的河流有10条，最长的是巫迷河22.5km，其次是毛坪河18.8km，全区水能蕴藏量在10221kW以上。区内水资源总量（地下水和地表水）为183731万m^3/年，其中地下水资源为37382万m^3/年，是贵州省水资源最丰富的地区之一，为动植物的生存和繁衍提供了良好的条件。

1.1.4 气候

雷公山保护区地理纬度较低，太阳高度角较大，但由于云雾多，阴雨天频率大，日照较少，全年太阳总辐射值仅为 3642.5～3726.3mJ/m^2，比同纬度其他地区少，处在全国低值区内。

雷公山区属中亚热带季风山地湿润气候区，具有冬无严寒、夏无酷暑、雨量充沛的气候特点。最冷月（1 月）平均温山顶-0.8℃，山麓 4～6℃，最热月（7 月）山顶 17.6℃，山麓 23～25.5℃，年平均温度山顶 9.2℃，山麓 14.7～16.3℃。日均温≥10℃的持续日数，山麓为 200～239 天，山顶仅为 158 天；≥10℃积温，山麓为 4200～5000℃，山顶仅为 2443℃。雷公山地区气候的垂直差异明显和坡向差异显著。年平均气温直减率为 0.46℃/100m。冬季，东、北坡气温较西、南坡低；夏季，西、北坡气温较东、南坡高。

雷公山保护区雨量较多，年降水量为 1300～1600mm。以春、夏季降水较多，而秋、冬季降水较少。4～8 月各月降水量均在 150mm 以上，其中，降水集中的 5～7 月各月降水量均在 200mm 以上。由于雷公山光、热、水资源丰富，气候类型多样，为多种多样的生物物种生长发育提供了良好的生态环境。

1.1.5 土壤类型及分布

山地黄壤是保护区分布最广泛的土壤，土壤母质主要由粉砂质板岩风化而成。保护区最低海拔 650m，最高海拔 2178.8m，相对高差较大，达 1500m 以上，影响土壤形成的气候、植被等因素随海拔高度的变化而出现明显差异，土壤种类表现出明显的垂直分布特征。

①海拔 1400m 以下，主要为山地黄壤，是本区分布面积最大、利用价值最高的一类土壤。土体呈黄色，表层为灰棕色，质地多为壤土，有机质含量较高，土层厚度为 60～80cm，土壤酸性，pH 值为 4.5～5.5。

②海拔 1400～2000m，为山地黄棕壤。可分为 2 个亚类，即山地森林黄棕壤和山地生草黄棕壤。土壤呈黄棕色或棕黄色，土层厚度多数达 60～80cm，比山地黄壤肥力高，全剖面呈强酸性至酸性反应，表层 pH 值为 4.37～5.19。

③海拔 1700～1900m，在山顶封闭的洼地上分布着山地沼泽土，如大、小雷公坪及黑水塘一带。土壤的主要特征是在长期滞留水和沼泽植物生长下，土壤中进行着强烈的还原过程，有机物质不能进行很好的分解，形成泥炭质物质，土体呈黑棕色，整个土层有机质含量高达 25%以上，属有机质土类，pH 值为 4.3～6.0。

④海拔 2000～2100m，主要分布山地灌丛草甸土，地处山顶部位。土壤风化度较弱，土层极薄，仅有 20～30cm，心土层发育不明显，但表层养分含量较高，有机质达 13.14%～24.5%。土体呈灰黄色或暗灰黄色，土壤显示酸性反应，pH 值为 4.5～5.5。该土壤是处于水的强烈作用和较低温度条件下形成的。

总之，本区土壤蓄水能力较强，有机质含量高，土层深厚、土质疏松、质地良好、土体湿润，土壤有机质含量达 5%以上，腐质层厚度大多为 15～20cm，肥力水平高，适宜秃杉、杉木 *Cunninghamia lanceolata* 等多种植物的生长。

1.2 生物资源

雷公山保护区以其优越的地理位置，得天独厚的水、热、土等自然条件，加之地史上未受第四纪冰川侵袭，成为许多古老孑遗生物的避难所。随着保护区管理局进一步加强管理，森林植被得到恢复，生物多样性得到有效保护，资源数量得到快速增长。现区内已经鉴定的各类生物 5159 种，其中，动物 2301 种，列为国家重点保护的野生动物有 60 种；高等植物 2595 种，列为国家重点保护野生植物有 84 种，省级重点保护 20 种，列入《濒危野生动植物种国际贸易公约（附录Ⅱ）》有 74 种；大型真菌 263 种。

1.2.1 森林植物资源

（1）森林植被

雷公山植被类型属典型的地带性植被，森林植被属我国中亚热带东部偏湿性常绿阔叶林，主要组成树种以栲属 *Castanopsis*、木莲属 *Manglietia*、木荷属 *Schima* 为主。雷公山山体高大，区内最高海拔达 2178.8m，最低海拔 650m，相对高度差在 1500m 以上。海拔 1400m 以下地区是地带性常绿阔叶林，随着地势上升，气候、土壤均发生变化，海拔在 1300~1800m，植被常绿成分逐渐减少，变为以青冈 *Cyclobalanopsis glauca*、桂南木莲 *Manglietia conifera*、水青冈 *Fagus longipetiolata*、光叶水青冈 *Fagus lucida* 为主的常绿落叶阔叶混交林。在海拔 1850~2100m，落叶树如樱 *Cerasus* sp.、湖北海棠 *Malus hupehensis*、白辛树 *Pterostyrax psilophyllus*、五裂槭 *Acer oliverianum* 等树种占优势，且由于湿度大和地形因素，树干矮化，苔藓植物发育，出现山顶苔藓矮林。海拔 2100m 以上地区气温低，大风频繁，云雾笼罩时间长，植被表现为杜鹃 *Rhododendron* sp. 、箭竹 *Sinarundinaria* sp. 灌丛。

雷公山植被类型非常丰富，据调查保护区内共有森林植被 20 种类型，分布在不同的海拔高度上。海拔 1400m 以下主要有以甜槠+罗浮栲（Form. *Castanopsis eyrei*+*C. fargesiii*）为主的常绿阔叶林，岭南石栎（Form. *Lithocarpus brevicaudatus*）为主的常绿阔叶林，亮叶桦+响叶杨+化香（Form. *Betula luminifera*+*Populus adenopoda*+*Platycarya strobilacea*）为主的落叶阔叶林，枫香树林（Form. *Liquidambar formosana*），马尾松+亮叶桦林（Form. *Pinus massoniana* + *Betula luminifera*），马尾松林（Form. *Pinus massoniana*），杉木林（Form. *Cunninghamia lanceolata*），秃杉林（Form. *Taiwania cryptomerioides*），白栎+狭叶南烛灌丛（Form. *Quercus fabri*+*Lyonia ovalifolia* var. *lanceolata*）；海拔 1400~1850m 主要有银木荷为主的常绿阔叶林（Form. *Schima argentea*），水青冈+光叶水青冈+多脉青冈林（Form. *Fagus longipetiolata*+*F. lucida*+*Cyclobalanopsis multinervis*），湖北海棠林（Form. *Malus hupehensis*），华山松林（Form. *Pinus armandii*），皂柳+水马桑+圆锥绣球灌丛（*Salix wilsonii* + *Weigela japonica* var. *sinica* + *Hydrangea paniculata*），芒+野古草灌草丛（Form. *Miscanthus sinensis*+*Arundinella hirta*），白茅灌草丛（Form. *Imperata cylindrical*），泥炭藓沼泽（Form. *Sphagnum* sp.）；海拔 1850~2100m 主要有樱花+裂叶白辛树为主的落叶阔叶林（Form. *Cerasus* sp. +*Pterostyrax corymbosus*）；海拔 2100m 以上主要有大白杜鹃+箭竹

灌丛（Form. *Rhododendron decorum*+*Sinarundinaria* sp.），箭竹灌丛（Form. *Sinarundinaria* sp.）。

（2）植物资源

雷公山保护区森林植物资源多样性相当丰富。现已鉴定查明区内有大型真菌263种，分属50科112属；高等植物2595种，分属278科954属。其中国家重点保护野生植物有84种，隶属29科44属。包括国家一级重点保护野生植物4种，国家二级重点保护野生植物80种；贵州省级重点保护野生植物10科16属20种。

①国家重点保护野生植物：根据2021年9月7日国家林业和草原局 农业农村部公告（2021年第15号）公布的《国家重点保护野生植物名录》，雷公山保护区国家重点保护野生植物84种。其中国家一级重点保护野生植物有红豆杉 *Taxus chinensis*、南方红豆杉 *Taxus mairei*、峨眉拟单性木兰 *Parakmeria omeiensis*、小叶红豆 *Ormosia microphylla* 等4种；国家二级重点保护野生植物有多纹泥炭藓 *Sphagnum multifibrosum*、桧叶白发藓 *Leucobryum juniperoides*、皱边石杉 *Huperzia crispata*、锡金石杉 *Huperzia herterana*、雷山石杉 *Huperzia leishanensis*、蛇足石杉 *Huperzia serrata*、华南马尾杉 *Phlegmariurus austrosinicus*、福建观音座莲 *Angiopteris fokiensis*、金毛狗 *Cibotium barometz*、柔毛油杉 *Keteleeria pubescens*、黄杉 *Pseudotsuga sinensis*、秃杉（含金叶秃杉 *Taiwania cryptomerioides* ‘Auroifolia’）、福建柏 *Fokienia hodginsii*、翠柏 *Calocedrus macrolepis*、篦子三尖杉 *Cephalotaxus oliveri*、穗花杉 *Amentotaxus argotaenia*、厚朴 *Magnolia officinalis*、峨眉含笑 *Michelia wilsonii*、鹅掌楸 *Liriodendron chinense*、闽楠 *Phoebe bournei*、野大豆 *Glycine soja*、花榈木 *Ormosia henryi*、秃叶红豆 *Ormosia nuda*、竹节参 *Panax japonicus*、姜状三七 *Panax zingiberensis*、水青树 *Tetracentron sinense*、长穗桑 *Morus wittiorum*、突肋茶 *Camellia costata*、秃房茶 *Camellia gymnogyna*、茶 *Camellia sinensis*、软枣猕猴桃 *Actinidia arguta*、中华猕猴桃 *Actinidia chinensis*、条叶猕猴桃 *Actinidia fortunatii*、伯乐树 *Bretschneidera sinensis*、伞花木 *Eurycorymbus cavaleriei*、香果树 *Emmenopterys henryi*、黄连 *Coptis chinensis*、小八角莲 *Dysosma difformis*、贵州八角莲 *Dysosma majorensis*、川八角莲 *Dysosma veitchii*、八角莲 *Dysosma versipellis*、马蹄香 *Saruma henryi*、石生黄堇 *Corydalis saxicola*、金荞麦 *Fagopyrum dibotrys*、细果野菱 *Trapa incisa*、荞麦叶大百合 *Cardiocrinum cathayanum*、五指莲重楼 *Paris axialis*、球药隔重楼 *Paris fargesii*、具柄重楼 *Paris fargesii* var. *petiolata*、七叶一枝花 *Paris polyphylla*、短梗重楼 *Paris polyphylla* var. *appendiculata*、狭叶重楼 *Paris polyphylla* var. *stenophylla*、长药隔重楼 *Paris polyphylla* var. *pseudothibetica*、华重楼 *Paris polyphylla* var. *chinensis*、黑籽重楼 *Paris thibetica*、西南齿唇兰 *Anoectochilus elwesii*、艳丽菱兰 *Rhomboda moulmeinensis*、白及 *Bletilla striata*、杜鹃兰 *Cremastra appendiculata*、建兰 *Cymbidium ensifolium*、长叶兰 *Cymbidium erythraeum*、蕙兰 *Cymbidium faberi*、多花兰 *Cymbidium floribundum*、春兰 *Cymbidium goeringii*、豆瓣兰 *Cymbidium serratum*、寒兰 *Cymbidium kanran*、珍珠矮 *Cymbidium nanulum*、春剑 *Cymbidium tortisepalum* var. *longibracteatum*、大根兰 *Cymbidium macrorhizum*、莎叶兰 *Cymbidium cyperifolium*、送春 *Cymbidium cyperifolium* var. *szechuanicum*、钩状石斛 *Dendrobium aduncum*、细茎石

斛 *Dendrobium moniliforme*、石斛 *Dendrobium nobile*、罗河石斛 *Dendrobium lohohense*、流苏石斛 *Dendrobium fimbriatum*、疏花石斛 *Dendrobium henryi*、铁皮石斛 *Dendrobium officinale*、天麻 *Gastrodia elata*、独蒜兰 *Pleione bulbocodioides*、毛唇独蒜兰 *Pleione hookeriana*、云南独蒜兰 *Pleione yunnanensis* 等 80 种。

②贵州省重点保护植物：铁杉 *Tsuga chinensis*、铁坚杉 *Keteleeria davidiana*、三尖杉 *Cephalotaxus fortunei*、粗榧 *Cephalotaxus sinensis*、长苞铁杉 *Tsuga longibracteata*、桂南木莲、红花木莲 *Manglietia insignis*、深山含笑 *Michelia maudiae*、阔瓣含笑 *Michelia cavaleriei* var. *platypetala*、白辛树、木瓜红 *Rehderodendron macrocarpum*、青钱柳 *Cyclocarya paliurus*、檫木 *Sassafras tzumu*、银鹊树 *Tapiscia sinensis*、天女花 *Magnolia sieboldii*、川桂 *Cinnamomum wilsonii*、紫楠 *Phoebe sheareri*、刺楸 *Kalopanax septemlobus*、马蹄参 *Diplopanax stachyanthus*、华南桦 *Betula austrosinensis* 等 20 种。

1.2.2　森林动物资源

雷公山保护区野生动物资源相当丰富，已经鉴定的有 53 目 280 科 2301 种。

雷公山保护区有国家一级重点保护野生动物：白颈长尾雉 *Syrmaticus ellioti*、云豹 *Neofelis nebulosa*、金钱豹 *Panthera pardus*、大灵猫 *Viverra zibetha*、林麝 *Moschus berezovskii*、穿山甲 *Manis pentadactyla*、海南鳽 *Gorsachius magnificus*、小灵猫 *Viverricula indica*、金猫 *Catopuma temminckii* 等 12 种，国家二级重点保护野生动物有鸳鸯 *Aix galericulata*、白鹇 *Lophura nycthemera*、红腹锦鸡 *Chrysolophus pictus*、猕猴 *Macaca mulatta*、黑熊 *Selenarctos thibetanus*、大鲵 *Andrias davidianus*、细痣疣螈 *Tylototriton asperrimus*、眼镜王蛇 *Ophiophagus hanna*、雷山髭蟾 *Leptobrachium leishanense*、画眉 *Garrulax canorus*、毛冠鹿 *Elaphodus cephalophus*、豹猫 *Prionailurus bengalensis*、斑林狸 *Prionodon pardicolor* 等 48 种。

1.3　管理机构

雷公山保护区管理局是贵州省林业局授权黔东南州人民政府管理的州直属正县级事业单位，内设办公室、资源林政、科技、发展规划和资金管理、人事劳资、规划建设、质量安全、法规、野生动物救护中心、信息中心、植物检疫站、森林防火科共 12 个科（室），下设雷公山、方祥、西江、桃江、小丹江、交密 6 个管理站和 1 个国有林场（九十九和雷公山 2 个工区）、3 个资源检查站（雷公山、小丹江、交密）。核定事业编制 90 人，现有在岗人员 74 人，退休人员 66 人。在岗人员中，林业工程技术应用研究员 2 人，高级工程师 6 人，工程师 27 人，助理工程师 17 人，专业技术人员比例占职工总数的 76.12%。2006 年经黔东南州委批准，成立中共雷公山自然保护区管理局党组，党组下设 1 个机关党委和 10 个基层党支部。

1.4　自然景观

雷公山优越的地理位置和得天独厚的自然条件，使得雷公山山体庞大，高耸入云，原始植被垂直分布明显，山清水秀，四季清泉涓涓，瀑布相叠，深潭浅滩相映，动水静树奇石相立的山水画卷和变化万千、令人叹为观止的云雾蒸腾、冰雪皑皑、雾淞茫茫、晚霞多彩的动人画面。

总之，雷公山以丰富、集中、面大的原始森林为基础，以千姿百态的自然景观，神奇茂密的原始植被，清爽宜人的高山气候，珍稀罕见的生物群种，绚丽多彩的真山真水为特色，以独具特色的苗乡梯田、苗寨吊脚楼和多姿多彩的民族风情为底蕴，景观齐全，特色鲜明，神秘奇特，具有极高的旅游观赏价值，是旅游观光、休闲避暑和科研考察的理想场所。

1.5 社会经济状况

1.5.1 行政区域和人口

雷公山保护区地跨雷山、台江、剑河、榕江 4 个县，10 个乡（镇），涉及 43 个村，区内周边有 30323 人，苗族占 98%，其中，缓冲区 966 人，实验区 11466 人，周边 17891 人。

1.5.2 社会经济状况

保护区及周边社区均以农业生产为主，有耕地面积 963.3hm^2，占全区总面积的 2%，人均耕地面积 0.08hm^2，其中田 735.6hm^2，土 227.7hm^2，耕地中坡耕地占 23.6%。如方祥乡 2019 年人均纯收入 11633 元，粮食作物以水稻、玉米和马铃薯为主，经济作物有茶叶和天麻等。

目前保护区内共有中小学 17 所，教师 339 人，中小学生 4118 人，医疗卫生机构 24 处，医务人员 62 人，医疗床位 55 个，均为乡卫生院或村卫生室。

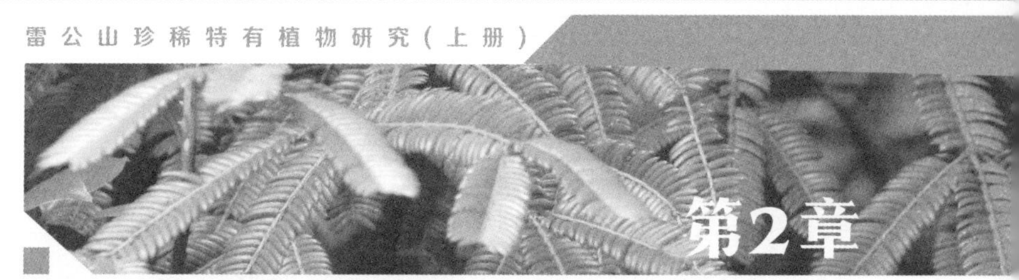

第2章 雷公山珍稀特有植物研究综合报告

2.1 引言

自雷公山保护区建立以来，在各级党委和上级林业主管部门的领导和支持下，保护区建设取得了明显成效，生态环境、森林资源、生物多样性得到了有效保护。生物资源本底调查不断深入，20 世纪 90 年代末完成了雷公山保护区科学考察；2007 年进行了雷公山生物多样性研究；2015 年开展了重点保护物种秃杉的资源调查，为保护区生物多样性保护、科研监测提供了重要依据。为了进一步深入掌握雷公山生物资源状况，为保护区建设、资源保护、科研监测、科普宣传等提供依据；2018 年雷公山保护区管理局拟定长期科研计划，在历次保护区调查基础上，深入开展各项专题研究。雷公山珍稀特有植物研究列为专题研究计划之首，于 2019 年启动，至 2021 年历时 2 年多时间完成调查研究。调查工作中，雷公山保护区管理局组织了全局专业技术人员 60 余人实施野外调查及内业整理研究工作，并聘请省内专家顾问进行了指导，其中执行主编对本专著撰写、制图、统稿、修改，每人各撰写 150 千字。

2.2 研究背景

1989 年综合考察中，按照当时国家级珍稀植物保护名录，查清列入国家濒危、珍稀重点保护植物有 20 种。一级保护植物有秃杉；二级保护植物有马尾树 *Rhoiptelea chiliantha*、水青树、金佛山兰 *Tangtrimia nanchunica*、鹅掌楸、福建柏、十齿花 *Dipentodon sinicus*、香果树、伯乐树等 8 种；三级保护植物有半枫荷 *Semiliquidambar cathayensis*、柔毛油杉、翠柏、穗花杉、红花木莲、银鹊树、峨眉拟单性木兰、黄杉、长苞铁杉、白辛树、木瓜红等 11 种。

2007 年雷公山生物资源本地调查中，依据 1999 年 8 月 4 日国务院批准发布的《国家重点保护野生植物名录（第一批）》、1993 年 4 月 19 日贵州省人民政府发布的《贵州省重点保护野生植物名录》，雷公山保护区有国家重点保护植物 27 种，其中国家一级重点保护野生植物为红豆杉、南方红豆杉、伯乐树、异形玉叶金花 *Mussaenda anomala*、峨眉拟单性木兰共5种；国家二级重点保护野生植物为秃杉、杜仲 *Eurycorymbus cavaleriei*、篦子三尖杉、翠柏、福建柏、柔毛油杉、黄杉、闽楠、厚朴、凹叶厚朴、鹅掌楸、水青树、黄柏 *Phellodendron amurense*、香果树、花榈木、红豆树、十齿花、半枫荷、马尾树、伞花木等共20种。

贵州省重点保护树种有长苞铁杉、铁坚杉、铁杉、三尖杉、粗榧、穗花杉、桂南木莲、红花木莲、天女花、阔瓣含笑、深山含笑、川桂、紫楠、檫木、青钱柳、华南桦、白辛树、木瓜红、小叶红豆、银鹊树、刺楸、马蹄参等22种。

贵州特有种在雷公山的分布有：贵州榕 *Ficus guizhouensis*、长柱红山茶 *Camellia longistyla*、长毛红山茶 *Camellia villosa*、榕江茶 *Camellia yungkiangensis*、短尾杜鹃 *Rhododendron brevicaudatum* 等23种。

雷公山特有种有金叶秃杉、苍背木莲 *Manglietia glaucifolia*、凯里石栎 *Lithocarpus levis*、雷山瑞香 *Daphne leishanensis*、雷山瓜楼 *Trichosanthes leishanensis*、长柱红山茶、凯里杜鹃 *Rhododendron kaliense*、雷山杜鹃 *Rhododendron leishanicum*、雷公山凸果阔叶槭 *Acer amplum* var. *convexum*、雷公山槭 *Acer legongsanicum* 等10种。

为了进一步掌握雷公山珍稀特有植物资源状况，本次调查研究以2007年生物资源本底研究成果《雷公山国家级自然保护区生物多样性研究》为基础，开展雷公山珍稀特有植物的调查研究工作。研究内容包含珍稀植物资源分布、生物学特性、群落特性、种群特征、国内外研究进展、民族植物学特征、繁殖特性及方法和资源保护建议措施等内容。为珍稀植物保护及研究工作提供依据和参考。同时，2021年9月7日国家林业和草原局 农业农村部公告（2021年第15号）颁布《国家重点保护野生植物名录》，本研究根据新颁布国家重点保护野生植物名录对本次完成调查研究的雷公山珍稀特有植物进行编排，不再列为国家重点保护野生植物名录的物种列为雷公山重要植物进行呈现。对新列入国家重点保护野生植物名录而本次未进行调查研究的珍稀植物等，有待进一步开展研究。

2.3 研究方法

为了开展好雷公山珍稀特有植物研究工作，调查研究制定工作方案及技术方案，采取以下主要方法开展工作。

2.3.1 文献查阅

（1）基础资料查阅

研究工作以《中国植物志》《贵州植物志》《雷公山自然保护区科学考察集》《雷公山国家级自然保护区生物多样性研究》《贵州省珍稀植物调查报告》《贵州省国家保护珍稀植物保护手册》等列为基础资料，对雷公山珍稀特有植物相关知识参阅查询，掌握珍稀特有植物的形态特征、基础信息等。

（2）珍稀植物保护名录参阅

以《国家保护珍稀植物名录》《贵州省省级保护植物名录》以及相关贵州维管束植物

研究文献等为依据，查阅雷公山珍稀保护植物，并根据“植物智”网站平台查阅相关植物最新分类信息，结合雷公山新发现的植物记录等，对国家级、省级保护植物，以及在雷公山分布的贵州特有种、雷公山特有种等珍稀植物进行核对查阅，明确植物的保护及特有属性。

（3）相关研究文献查阅

研究工作查阅出版发行的相关贵州植物资源调查研究文献，以及以“中国知网”平台发表的研究文献为主，查阅珍稀特有植物研究进展、珍稀植物分布情况、繁殖特性以及繁殖方法等，为珍稀植物保护、培育提供参考。

2.3.2 访问调查

调查中，向当地护林员等掌握当地森林资源情况的人群进行访问调查，掌握珍稀植物分布情况，促进野外调查工作开展。同时，结合当地苗族同胞等生态文化、习俗等，开展珍稀特有植物的民族植物学特性访问调查，掌握保护区及周边居民对珍稀特有植物特定的文化内涵。

2.3.3 珍稀植物野外调查

2.3.3.1 实测法（全测法）

对分布区域狭窄、分布面积小的分布点，种群数量稀少而便于直接计数的目的物种，深入实地调查目的物种的分布面积、种群数量及生境的变化情况，包括以下几个方面。①珍稀特有植地理坐标定位。②生境调查：按要求逐项调查目的物种所处生境类型；植物群落（生境）的名称、种类组成、郁闭度或盖度；地貌、海拔、坡度、坡向、坡位、土壤类型；人为干扰方式与程度等；保护状况等。③目的物种调查：调查记载目的物种的分布格局、株数、树高、胸径、受威胁因素及程度、健康状况及幼树数量，其中胸径≥5cm 的乔木、小乔木树种要求每木检尺，灌木树种及草本以丛或株为单位调查记载；直接调查记录珍稀植物的数量，记录树高、胸径、冠幅等调查因子。④对分布较集中，面积较大的珍稀植物分布区域，勾绘植物分布范围，在具有代表性的地段设置 20m×30m 样地，内设 10 个小样方开展植物群落调查。

2.3.3.2 典型抽样法

在同一分布区或调查区内，根据目的物种所处不同的植物群落或生境、种群密度，选取有代表性的地段设置样方、样带进行调查。样方大小、样带宽度可依据生境类型、地形地貌特征、目的物种特性等确定。但目的物种同一群落或生境类型的调查，应使用相同类型的调查样地，样方大小、样圆半径、样带宽度应一致。

（1）样方法

在珍稀特有植物分布区域中划定其分布区划，在有代表性的地段设置 20m×30m 植物群落调查样地，内设 10 个 10m×6m 的乔木小样方，在样地对角线上两个对角及中间样方

设置 5m×5m 灌木样方，同时在灌木样方右下角设置 1m×1m 草本样方。深入样地调查目的物种的分布面积、种群数量及生境的变化情况。包括以下几方面。①珍稀特有植物地理坐标定位。②生境调查：按要求逐项调查目的物种所处生境类型；植物群落（生境）的名称、种类组成、郁闭度或盖度；地貌、海拔、坡度、坡向、坡位、土壤类型；人为干扰方式与程度等；保护状况等。③目的物种调查：调查记载目的物种的分布格局、株数、树高、胸径、受威胁因素及程度、健康状况及幼树数量，其中胸径≥5cm 的乔木、小乔木树种要求每木检尺，灌木树种及草本以丛或株为单位调查记载。④其他物种调查：对样地内各乔木小样方中胸径≥5cm 的乔木树种进行每木检尺，测记树高、冠幅等因子。在各灌木样方调查灌木种类、株数、高度、盖度等因子。草本样方中调查记录草本植物种类、株（丛）数、高度、盖度等因子。⑤分布面积在平板电脑二类调查地图上勾绘分布区并求算面积。通过样方调查，掌握调查目标珍稀特有植物分布密度及数量，同时掌握其分布的群落结构特征。

（2）样带法

将珍稀植物分布区域按照不同植被类型区划为不同的调查区域，在调查区域布设调查样带，样带宽度根据调查目的树种，一般幼苗幼树设置 20m 宽样带，林木设置 40m 宽度。在调查区域选定具有代表性的线路（一般从低海拔向高海拔，或反之，穿越不同的海拔高度），穿越划分的调查区域，行走路线两侧各设 10m 或 20m 宽的样带，构成 20m 或 40m 宽的调查样带。调查穿行样带中出现的各类珍稀植物的幼苗、幼树、林木的数量，分别记录珍稀植物分布植被，生长环境特征，珍稀植物株（丛）数、胸径、高度、冠幅、盖度、长势等特征。在平板电脑二类调查系统地图中记录路线轨迹，记录珍稀植物分布调查地点、分布海拔、坐标等地理信息，填记珍稀植物种类、数量、胸径、树高、冠幅等调查因子。根据调查线路长度及样带宽度，计算调查区域内珍稀植物的分布种类、数量等。

2.3.3.3 图片拍摄

对调查目的物种个体、花、果枝、全株、所处植物群落外貌、结构及土壤拍摄数码相机 500 万像素以上的彩色照片，并现场记录照片外业号（照相机自动记录的照片号），以免回到室内尤其是没能及时在短期内整理而弄错。回到室内后再按相关要求编注内业号，内业工作最好能在当天晚上或之后的几天内完成，以便累积成多，后面的工作量增大。

2.3.4 内业分析

（1）重要值

乔木层重要值=相对密度+相对显著度+相对频度

灌木层重要值=相对密度+相对盖度+相对频度

草本层重要值=相对密度+相对盖度+相对频度

相对密度=该种的所有株数/所有种的株数之和×100

相对显著度=该种个体胸高断面积/所有物种的胸高断面积之和×100

相对盖度=该种的盖度/所有种的盖度之和×100

相对频度=该种的频度/所有种的频度之和×100

（2）种群空间分布格局计算

采用计算分散度 S^2 的方法研究种群的空间分布格局，其具体公式如下：

$$S^2 = \frac{\sum (x - m)^2}{n - 1}$$

式中：S^2 为种群的分散度；x 为各样方实际个体数；m 为样方平均个体数；n 为样方数。

根据分散度的大小，可将种群的空间格局类型分为3类：

①均匀型（$S^2=0$），种群个体等距分布。

②集群型（$S^2>m$），种群个体极不均匀，呈局部密集。

③随机型（$S^2=m$），种群个体随机分布。

（3）物种多样性计算

采用α多样性分别测算雷公山乔、灌、草三层生物多样性指数，即物种丰富度指数用Simpson指数（D），物种多样性指数用Shannon-Wiener指数（H_e'），均匀度指数采用Pielou指数（J_e），具体计算公式如下：

$$d = 1/\frac{n_{\max}}{N}、d_{Ma} = \frac{(S - 1)}{\ln N}、\lambda = \sum_{i=1}^{S} P_i^2、D = 1 - \lambda、D_r = 1/\lambda、H_e' = -\sum_{i=1}^{S} P_i \ln P_i、$$

$$H_2' = -\sum_{i=1}^{S} P_i \log P_i、J_e = \frac{H_e'}{\ln S}$$

式中：S 为物种数目，N 为所有物种的个体数之和，n_i 为种 i 个体数量，$n_{\max}$ 为个体数量最多物种的个体数量，P_i 为种 i 的相对重要值。

（4）生命表编制

静态生命表又称特定时间生命表，主要用于木本植物种群的统计研究，其主要参数如下：a_0 为种群开始时个体数量；A_x 为在 x 龄级内的现有个体数；匀滑后 x 龄级内的现存个体数 a_x；$\ln l_x$ 为在 x 龄级开始时的标准化存活个体数；d_x 为从 x 到 $x+1$ 龄级间隔期内的标准化死亡数；q_x 为从 x 到 $x+1$ 龄级间隔期间的死亡率；l_x 为从 x 到 $x+1$ 龄级间隔期间还存活的个体数；T_x 为从 x 龄级到超过 x 龄级的个体总数；e_x 为进入 x 龄级个体的生命期望或平均期望寿命；K_x 为消失率（损失度）。其关系公式如下：

$$l_x = \frac{a_x}{a_0}\times 1000、d_x = l_x - l_{x+1}、q_x = (d_x/l_x)\times 100\%、l_x = (l_x + l_x + 1)/2、T_x = \sum_x^{\infty} L_x、e_x = T_x/l_x、K_x = \ln l_x - \ln l_{x+1}$$

由于静态生命表是反映了多个世代重叠的年龄动态历程中的一个特定时间，而不是对这一种群的全部生活史的追踪，并且调查中存在系统误差，在生命表中会出现死亡率为负的情况，因此，本研究采用匀滑技术对数据进行处理。

（5）种群数量动态的时间序列预测

采用时间序列分析中的一次移动平均法对黔中杜鹃种群的年龄结构进行预测，其计算

公式如下：

$$M_t = \frac{1}{n}\sum_{k=t-n+1}^{t} X_k$$

式中：n 为需要预测的时间（本研究为龄级时间），t 为龄级，X_k 为 k 龄级内的个体数量，M_t 为经过未来 n 个龄级时间后 t 龄级的种群大小。

2.4 研究结果

2.4.1 珍稀特有植物种类及习性

根据 2021 年 9 月 7 日国家林业和草原局、农业农村部公告（2021 年第 15 号）公布的《国家重点保护野生植物名录》和 1993 年 4 月 19 日贵州省人民政府发布的《贵州省重点保护野生植物名录》、贵州重要的特有野生植物、雷公山保护区特有植物、雷公山模式标本产地植物及雷公山重要植物等资料显示，本次研究的雷公山保护区珍稀特有植物共 27 科 41 属 58 种（含种以下分类等级）。其中国家重点保护野生植物 14 科 20 属 24 种（含种以下分类等级），包括一级重点保护野生植物 4 种，二级保护野生植物 20 种；贵州省重点保护野生植物 9 科 15 属 18 种；雷公山分布的贵州特有植物 2 科 2 属 4 种；雷公山特有植物 4 科 5 属 5 种；雷公山模式标本产地物种 2 科 3 属 3 种；雷公山重要植物 4 科 4 属 4 种。

（1）国家重点保护野生植物

国家级保护植物 24 种。其中，国家一级重点保护野生植物有红豆杉、南方红豆杉、峨眉拟单性木兰、小叶红豆 4 种；国家二级重点保护野生植物有秃杉、金叶秃杉、篦子三尖杉、翠柏、福建柏、柔毛油杉、黄杉、闽楠、厚朴、凹叶厚朴、鹅掌楸、峨眉含笑、水青树、黄柏、香果树、花榈木、伞花木、金毛狗蕨 20 种。其中，常绿乔木 14 种，常绿小乔木 1 种，落叶乔木 8 种，蕨类植物 1 种（表 2-1）。

表 2-1 雷公山保护区国家重点保护野生植物种类及习性

序号	植物名称	科名	习性	保护级别
1	红豆杉 *Taxus chinensis*	红豆杉科 Taxaceae	常绿乔木	一
2	南方红豆杉 *Taxus mairei*	红豆杉科 Taxaceae	常绿乔木	一
3	峨眉拟单性木兰 *Parakmeria omeiensis*	木兰科 Magnoliaceae	常绿乔木	一
4	小叶红豆 *Ormosia microphylla*	蝶形花科 Papibilnaceae	常绿乔木	一
5	金毛狗 *Cibotium barometz*	蚌壳蕨科 Dicksoniaceae	蕨类植物	二
6	柔毛油杉 *Keteleeria pubescens*	松科 Pinaceae	常绿乔木	二
7	黄杉 *Pseudotsuga sinensis*	松科 Pinaceae	常绿乔木	二
8	秃杉 *Taiwania cryptomerioides*	杉科 Taxodiaceae	常绿大乔木	二
9	金叶秃杉 *Taiwania cryptomerioides* ‘Auroifolia’	杉科 Taxodiaceae	常绿乔木	二
10	翠柏 *Calocedrus macrolepis*	柏科 Cupressaceae	常绿乔木	二
11	福建柏 *Fokienia hodginsii*	柏科 Cupressaceae	常绿乔木	二

（续）

序号	植物名称	科名	习性	保护级别
12	篦子三尖杉 *Cephalotaxus oliveri*	三尖杉科 Cephalotaxaceae	常绿乔木	二
13	穗花杉 *Amentotaxus argotaenia*	红豆杉科 Taxaceae	常绿小乔木	二
14	鹅掌楸 *Liriodendron chinense*	木兰科 Magnoliaceae	落叶乔木	二
15	厚朴 *Magnolia officinalis*	木兰科 Magnoliaceae	落叶乔木	二
16	凹叶厚朴 *Mangnolia officinalis* subsp. *biloba*	木兰科 Magnoliaceae	落叶乔木	二
17	峨眉含笑 *Michelia wilsonii*	木兰科 Magnoliaceae	常绿乔木	二
18	闽楠 *Phoebe bournei*	樟科 Lauraceae	常绿大乔木	二
19	花榈木 *Ormosia henryi*	蝶形花科 Papibilnaceae	常绿乔木	二
20	水青树 *Tetracentron sinense*	水青树科 Tetracentraceae	落叶乔木	二
21	伯乐树 *Bretschneidera sinensis*	伯乐树科 Bretschneideraceae	落叶乔木	二
22	黄柏 *Phellodenron amurense*	芸香科 Rutaceae	落叶小乔木	二
23	伞花木 *Eurycorymbus cavaleriei*	无患子科 Sapindaceae	落叶乔木	二
24	香果树 *Emmenopterys henryi*	茜草科 Rubiaceae	落叶大乔木	二

（2）贵州省级重点保护植物

贵州省级重点保护植物 18 种，有长苞铁杉、三尖杉、粗榧、桂南木莲、红花木莲、深山含笑、阔瓣含笑、白辛树、木瓜红、青钱柳、檫木、银鹊树、天女花、紫楠、刺楸、马蹄参、华南桦、川桂，其中常绿乔木 9 种，常绿灌木或小乔木 1 种，落叶乔木 8 种（表 2-2）。

表 2-2　雷公山保护区省级重点保护树种种类及习性

序号	植物名称	科名	习性	珍稀特有等级
1	长苞铁杉 *Tsuga longibracteata*	松科 Pinaceae	常绿乔木	贵州省级保护
2	三尖杉 *Cephalotaxus fortunei*	三尖杉科 Cephalotaxaceae	常绿乔木	贵州省级保护
3	粗榧 *Cephalotaxus sinensis*	三尖杉科 Cephalotaxaceae	常绿灌木或小乔木	贵州省级保护
4	天女花 *Magnolia sieboldii*	木兰科 Magnoliaceae	落叶小乔木	贵州省级保护
5	桂南木莲 *Manglietia conifera*	木兰科 Magnoliaceae	常绿乔木	贵州省级保护
6	红花木莲 *Manglietia insignis*	木兰科 Magnoliaceae	常绿乔木	贵州省级保护
7	深山含笑 *Michelia maudiae*	木兰科 Magnoliaceae	常绿乔木	贵州省级保护
8	阔瓣含笑 *Michelia platypetala*	木兰科 Magnoliaceae	常绿乔木	贵州省级保护
9	川桂 *Cinnamomum wilsonii*	樟科 Lauraceae	常绿乔木	贵州省级保护
10	紫楠 *Phoebe sheareri*	樟科 Lauraceae	常绿乔木	贵州省级保护
11	檫木 *Sassafras tzumu*	樟科 Lauraceae	落叶乔木	贵州省级保护
12	白辛树 *Pterostyrax psilophyllus*	野茉莉科 Styracaceae	落叶乔木	贵州省级保护
13	木瓜红 *Rehderodendron macrocarpum*	野茉莉科 Styracaceae	落叶乔木	贵州省级保护
14	马蹄参 *Diplopanax stachyanthus*	五加科 Araliaceae	常绿乔木	贵州省级保护

（续）

序号	植物名称	科名	习性	珍稀特有等级
15	刺楸 *Kalopanax septemlobus*	五加科 Araliaceae	落叶乔木	贵州省级保护
16	华南桦 *Betula austrosinensis*	桦木科 Betulaceae	落叶乔木	贵州省级保护
17	青钱柳 *Cyclocarya paliurus*	胡桃科 Juglandaceae	落叶乔木	贵州省级保护
18	银鹊树 *Tapiscia sinensis*	省沽油科 Staphyleaceae	落叶乔木	贵州省级保护

（3）雷公山分布的贵州特有植物

雷公山分布的主要贵州特有种共 4 种，为苍背木莲、短尾杜鹃、雷山杜鹃、黔中杜鹃（表 2-3）。

表 2-3　雷公山保护区部分特有、模式标本产地及重要植物种类及习性

序号	植物名称	科	性状	特有情况
1	苍背木莲 *Manglietia glaucifolia*	木兰科 Magnoliaceae	常绿乔木	贵州特有植物
2	短尾杜鹃 *Rhododendron brevicaudatum*	杜鹃花科 Ericaceae	常绿灌木	贵州特有植物
3	黔中杜鹃 *Rhododendron feddei*	杜鹃科 Ericaceae	常绿灌木或小乔木	贵州特有植物
4	雷山杜鹃 *Rhododendron leishanicum*	杜鹃科 Ericaceae	常绿灌木	贵州特有植物
5	雷公山杜鹃 *Rhododendron leigongshanense*	杜鹃科 Ericaceae	常绿小乔木	雷公山特有植物
6	雷山瑞香 *Daphne leishanensis*	瑞香科 Thymelaeaceae	落叶灌木	雷公山特有植物
7	雷公山凸果阔叶槭 *Acer amplum* var. *convexum*	槭树科 Aceraceae	落叶乔木	雷公山特有植物
8	雷山方竹 *Chimonobambusa leishanensis*	禾本科 Poaceae	灌木状竹类	雷公山特有植物
9	雷公山玉山竹 *Yushania leigongshanensis*	禾本科 Poaceae	灌木状竹类	雷公山特有植物
10	圆基木藜芦 *Leucothoe tonkinensis*	杜鹃科 Ericaceae	常绿灌木	雷公山模式标本产地植物
11	凯里杜鹃 *Rhododendron westlandii*	杜鹃科 Ericaceae	常绿小乔木	雷公山模式标本产地植物
12	雷公山槭 *Acer leigongsanicum*	槭树科 Aceraceae	常绿乔木	雷公山模式标本产地植物
13	半枫荷 *Semiliquidambar cathayensis*	金缕梅科 Hamamelidaceae	常绿乔木	雷公山重要植物
14	马尾树 *Rhoiptelea chiliantha*	马尾树科 Rhoipteleaceae	落叶乔木	雷公山重要植物
15	十齿花 *Dipentodon sinicus*	十齿花科 Dipentodontaceae	落叶小乔木	雷公山重要植物
16	异形玉叶金花 *Mussaenda anomala*	茜草科 Rubiaceae	常绿藤状灌木	雷公山重要植物

（4）雷公山特有植物

雷公山主要的特有种共 5 种，为雷山瑞香 *Daphne leishanensis*、雷公山凸果阔叶槭 *Acer amplum* var. *convexum*、雷山方竹 *Chimonobambusa leishanensis*、雷公山杜鹃 *Rhododendron leigongshanense*、雷公山玉山竹 *Yushania leigongshanensis*（表 2-3）。

（5）雷公山主要模式标本产地植物

雷公山主要模式标本产地物种 3 种，包括凯里杜鹃 *Rhododendron westlandii*、雷公山槭

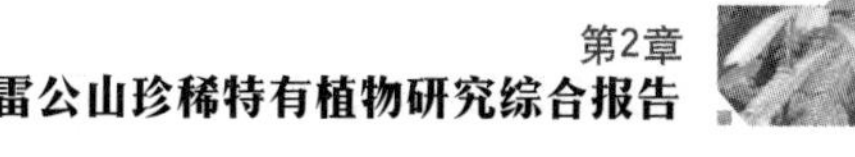

Acer legongshanicum、圆基木藜芦 *Leucothoe tonkinensis*（表 2-3）。

（6）雷公山重要植物

雷公山重要植物 4 种，包括异形玉叶金花、半枫荷、马尾树、十齿花。其中，异形玉叶金花原为国家一级重点保护野生植物，半枫荷、马尾树、十齿花原为国家二级重点保护野生植物（表 2-3）。

2.4.2 珍稀特有植物资源情况

（1）珍稀特有植物资源分布

本研究的雷公山珍稀特有植物资源随着植物特性不同，资源分布也各有特点。在水平分布上，多数珍稀特有植物呈现点、片状不均匀分布，体现了珍稀特有植物分布区域的狭窄及局限性。垂直分布上，体现了各类植物分布海拔的适应性。根据雷公山海拔变化及珍稀特有植物分布的海拔上限，海拔分布区域等级分为：低中海拔（650~1200m）、中高海拔（1200~1700m）和高海拔（大于 1700m）。24 种国家重点保护野生植物中，处于低中海拔分布区域的种类为小叶红豆、金毛狗、柔毛油杉、黄杉、金叶秃杉、翠柏、篦子三尖杉、穗花杉、峨眉含笑、闽楠、花榈木、伞花木 12 种，分布海拔上限 700~1200m；中高海拔分布区域的种类为南方红豆杉、秃杉、福建柏、鹅掌楸、厚朴、凹叶厚朴、伯乐树、黄柏、香果树 9 种，分布海拔上限 1300~1700m；高海拔分布区域种类为红豆杉、水青树 2 种，分布海拔上限 1860~2000m（表 2-4）。

表 2-4　雷公山保护区国家重点保护野生植物分布情况

序号	植物名称	保护等级	分布辖区	分布地点及范围	分布海拔范围（m）	分布植被类型
1	红豆杉 *Taxus chinensis*	一	桃江、雷公山、方祥、西江、交密管理站	高海拔地区	1600~2000	常绿落叶阔叶混交林
2	南方红豆杉 *Taxus mairei*	一	方祥、桃江、雷公山、小丹江、交密等管理站	小丹江、昂英、石灰河、迪气、桃香等地	700~1500	常绿阔叶林和村寨等四旁树
3	峨眉拟单性木兰 *Parakmeria omeiensis*	一	小丹江、桃江、方祥管理站	小丹江、乔歪、昂英、格头等地	600~1300	常绿阔叶林
4	小叶红豆 *Ormosia microphylla*	一	小丹江、交密管理站	乔歪、交密	1000~1120	针阔混交林
5	金毛狗 *Cibotium barometz*	二	小丹江	小丹江、昂英	600~700	常绿阔叶林
6	柔毛油杉 *Keteleeria pubescens*	二	小丹江、桃江、交密管理站	交密、桃江	700~1100	常绿阔叶林、针阔混交林
7	黄杉 *Pseudotsuga sinensis*	二	小丹江、交密管理站	交密	700~1100	常绿阔叶林、针阔混交林

（续）

序号	植物名称	保护等级	分布辖区	分布地点及范围	分布海拔范围（m）	分布植被类型
8	秃杉 *Taiwania cryptomerioides*	二	小丹江、方祥、交密管理站	小丹江、昂英、交密、交包、格头、水寨、提香、雀鸟、毛坪	700~1500	天然阔叶林、针阔混交林
9	金叶秃杉 *Taiwania cryptomerioides* ‘Auroifolia’	二	小丹江、交密管理站	昂英、交包	1076~1120	天然阔叶林
10	翠柏 *Calocedrus macrolepis*	二	小丹江管理站	小丹江	600~1100	常绿阔叶林、村寨旁
11	福建柏 *Fokienia hodginsii*	二	桃江站、小丹江管理站	干脑、小丹江	700~1300	常绿阔叶林、杉木林
12	篦子三尖杉 *Cephalotaxus oliveri*	二	交密管理站	雷公坪、交密	650~1200	常绿落叶阔叶混交林、针叶林
13	穗花杉 *Amentotaxus argotaenia*	二	小丹江管理站	小丹江、昂英	700~1000	常绿阔叶林
14	鹅掌楸 *Liriodendron chinense*	二	西江、方祥管理站	雀鸟、脚尧、西江	960~1670	常绿落叶阔叶混交林
15	厚朴 *Magnolia officinalis*	二	方祥、雷公山、桃江管理站	陡寨、提香、雀鸟、格头、乌东、交腊、山湾	1000~1500	人工栽培
16	凹叶厚朴 *Mangnolia officinalis* subsp. *biloba*	二	方祥、雷公山、桃江管理站	陡寨、提香、雀鸟、格头、乌东、交腊、山湾	1000~1500	人工栽培
17	峨眉含笑 *Michelia wilsonii*	二	小丹江管理站	小丹江、昂英	600~1200	常绿阔叶林
18	闽楠 *Phoebe bournei*	二	小丹江、交密、方祥、桃江管理站	小丹江、交密、南刀、石灰河、提香、水寨、乔歪、干脑	700~1200	常绿阔叶林、常绿落叶阔叶混交林
19	花榈木 *Ormosia henryi*	二	小丹江、方祥管理站	水寨	700~1100	常绿阔叶林
20	水青树 *Tetracentron sinense*	二	桃江站、雷公山、方祥、西江、交密管理站	冷竹山、雷公山、雷公坪、白水河	1500~1860	常绿落叶阔叶混交林、落叶阔叶林、水青冈林
21	伯乐树 *Bretschneidera sinensis*	二	方祥、桃江、雷公山、交密管理站	大槽山、乔歪、仙女塘、格头、乌替、毛坪、交腊、记刀等地	1000~1700	常绿落叶阔叶混交林
22	黄柏 *Phellodenron amurense*	二	方祥、西江管理站	雷公山、木姜坳、雷公坪	1300~1600	常绿落叶阔叶混交林

（续）

序号	植物名称	保护等级	分布辖区	分布地点及范围	分布海拔范围（m）	分布植被类型
23	伞花木 *Eurycorymbus cavaleriei*	二	交密、小丹江管理站	交包	650~1000	天然阔叶林
24	香果树 *Emmenopterys henryi*	二	桃江、雷公山、方祥、西江、交密管理站	山湾、乔歪、岩寨、干角、脚尧、雀鸟、陡寨、展包	900~1610	天然次生林、常绿落叶阔叶混交林、杉木林、四旁树

贵州省级重点保护18种野生植物处于低中海拔分布区域的种类为长苞铁杉、深山含笑、紫楠、马蹄参4种，分布海拔上限1100~1200m；中高海拔分布区域种类为三尖杉、桂南木莲、阔瓣含笑、川桂、青钱柳5种，分布海拔上限1350~1700m；高海拔分布区域种类为粗榧、天女花、红花木莲、檫木、白辛树、木瓜红、刺楸、华南桦、银鹊树9种，分布海拔上限1800~2170m（表2-5）。

表2-5　雷公山保护区贵州省级保护植物资源分布情况

序号	植物名称	分布辖区	分布地点及范围	分布海拔范围（m）	分布植被类型
1	长苞铁杉 *Tsuga longibracteata*	小丹江管理站	小丹江、昂英	900~1100	常绿阔叶林
2	三尖杉 *Cephalotaxus fortunei*	各管理站均有分布	干角、高岩、雷公山、雷公坪、雀鸟、交密、南刀、石灰河、小丹江、昂英	800~1700	常绿阔叶林、常绿落叶阔叶混交林、针阔混交林
3	粗榧 *Cephalotaxus sinensis*	雷公山、方祥、西江管理站	雷公山、雷公山坪、九眼塘	1600~2170	阔叶林和杜鹃花属矮林
4	天女花 *Magnolia sieboldii*	雷公山管理站	雷公山	1900~2170	山顶苔藓矮林、杜鹃箭竹灌丛
5	桂南木莲 *Manglietia conifera*	各管理站均有分布	保护区内各村	700~1350	常绿阔叶林、常绿落叶阔叶混交林、针叶林
6	红花木莲 *Manglietia insignis*	西江、交密、方祥、雷公山、桃江管理站	雷公山、雷公坪、冷竹山等地	1400~1880	常绿落叶阔叶混交林、针阔混交林
7	深山含笑 *Michelia maudiae*	桃江、方祥、小丹江、交密管理站	乔歪、小丹江、昂英、石灰河、水寨、提香、毛坪	700~1200	常绿阔叶林、针阔混交林
8	阔瓣含笑 *Michelia platypetala*	西江、方祥、雷公山管理站	西江王沟、格头、大塘湾	1200~1500	常绿阔叶林、常绿落叶阔叶混交林
9	川桂 *Cinnamomum wilsonii*	各管理站均有分布	各村均有分布	800~1700	常绿阔叶林、常绿落叶阔叶混交林

(续)

序号	植物名称	分布辖区	分布地点及范围	分布海拔范围(m)	分布植被类型
10	紫楠 *Phoebe sheareri*	方祥、小丹江、交密管理站	石灰、提香、昂英、小丹江	600~1100	常绿阔叶林
11	檫木 *Sassafras tzumu*	各管理站均有分布	各村均有分布	650~1800	常绿落叶阔叶混交林、针阔混交林
12	白辛树 *Pterostyrax psilophyllus*	各管理站均有分布	乔歪、雷公山 26 公里、雷公坪、木姜坳、交包、昂英等地	700~1900	常绿落叶阔叶混交林、落叶混交林
13	木瓜红 *Rehderodendron macrocarpum*	各管理站均有分布	仙女塘、雷公山 27 公里、雷公坪、南刀等地	1000~1840	常绿落叶阔叶混交林
14	马蹄参 *Diplopanax stachyanthus*	小丹江管理站	昂英、小丹江	700~1200	常绿阔叶林
15	刺楸 *Kalopanax septemlobus*	各管理站均有分布	各村均有分布	800~1800	常绿阔叶林、常绿落叶阔叶混交林
16	华南桦 *Betula austrosinensis*	交密、西江、方祥、雷公山、桃江管理站	雷公坪、雷公山、冷竹山等地	1000~1800	常绿落叶阔叶混交林
17	青钱柳 *Cyclocarya paliurus*	交密、方祥、小丹江、桃江管理站	雀鸟、格头、毛坪、小丹江、昂英、乔歪、桃江等地	700~1700	常绿落叶阔叶混交林
18	银鹊树 *Tapiscia sinensis*	桃江、方祥、雷公山、小丹江、交密管理站	各村均有分布	1000~1800	针叶林、针阔叶混交林、阔叶林等

雷公山分布的 4 种贵州特有植物中，苍背木莲、黔中杜鹃分布于中高海拔区域，分布海拔上限为 1700m；短尾杜鹃、雷山杜鹃分布于高海拔区域，分布海拔上限 1840~2150m。雷公山特有 5 种植物中，雷公山杜鹃、雷山瑞香、雷公山凸果阔叶槭、雷山方竹分布于中高海拔区域，分布海拔上限 1350~1650m；雷公山玉山竹分布于高海拔区域，分布海拔上限为 2170m。雷公山模式标本产地 3 种植物中，圆基木藜芦处于高海拔区域，分布海拔上限 1840m；凯里杜鹃、雷公山槭处于中高海拔区域，分布海拔上限 1250~1700m。雷公山重要植物 4 种中，异形玉叶金花处于中低海拔分布区域，分布海拔 650m 左右；半枫荷、马尾树处于中高海拔分布区域，分布海拔上限 1300m；十齿花处于高海拔分布区域，分布海拔上限 1800m（表 2-6）。

表 2-6 雷公山保护区部分特有、模式标本产地及重要植物资源分布情况

序号	植物名称	特有属性	分布辖区	分布地点及范围	分布海拔范围（m）	分布植被类型
1	苍背木莲 *Manglietia glaucifolia*	贵州特有植物	桃江、雷公山、方祥管理站	冷竹山、仙女塘至野猪塘一带	1400~1700	常绿落叶阔叶混交林、针阔混交林
2	短尾杜鹃 *Rhododendron brevicaudatum*	贵州特有植物	西江、雷公山、方祥管理站	仙女塘、雷公坪	1500~1840	常绿落叶阔叶混交林
3	黔中杜鹃 *Rhododendron feddei*	贵州特有植物	雷公山管理站	雷公山	1500~1700	常绿落叶阔叶混交林、针阔混交林
4	雷山杜鹃 *Rhododendron leishanicum*	贵州特有植物	雷公山管理站	雷公山	1900~2150	山顶苔藓矮林、杜鹃箭竹灌丛
5	雷公山杜鹃 *Rhododendron leigongshanense*	雷公山特有植物	雷公山管理站	虎雄坡	1350~1600	常绿落叶阔叶混交林、针阔混交林
6	雷山瑞香 *Daphne leishanensis*	雷公山特有植物	雷公山管理站	乌东	1300~1350	常绿落叶阔叶混交林
7	雷公山凸果阔叶槭 *Acer amplum* var. *convexum*	雷公山特有植物	雷公山、小丹江、交密管理站	雷公山、小丹江、交密、南刀	700~1600	常绿阔叶林、常绿落叶阔叶混交林
8	雷山方竹 *Chimonobambusa leishanensis*	雷公山特有植物	方祥管理站	格头、雀鸟	1400~1800	常绿落叶阔叶混交林、落叶阔叶林
9	雷公山玉山竹 *Yushania leigongshanensis*	雷公山特有植物	雷公山、方祥管理站	雷公山	1900~2170	云锦杜鹃林、杜鹃箭竹灌丛
10	圆基木藜芦 *Leucothoe tonkinensis*	雷公山模式标本产地植物	雷公山、方祥、桃江管理站	雷公山 28 公里、雷公坪、冷竹山	1700~1840	阔叶林和云锦杜鹃林
11	凯里杜鹃 *Rhododendron westlandii*	雷公山模式标本产地植物	雷公山管理站	雷公山乌腊坝	1500~1700	常绿落叶阔叶混交林
12	雷公山槭 *Acer leigongsanicum*	雷公山模式标本产地植物	雷公山、小丹江、交密管理站	三湾、乔歪、小丹江、昂英、石灰河	700~1250	针叶林、针阔混交林、常绿阔叶林等
13	半枫荷 *Semiliquidambar cathayensis*	雷公山重要植物	小丹江站、交密站	小丹江、石灰河、昂英	700~1300	阔叶林
14	马尾树 *Rhoiptelea chiliantha*	雷公山重要植物	各管理站	辖区内各村	650~1300	常绿阔叶林、常绿落叶阔叶混交林、针阔混交林

（续）

序号	植物名称	特有属性	分布辖区	分布地点及范围	分布海拔范围（m）	分布植被类型
15	十齿花 *Dipentodon sinicus*	雷公山重要植物	各管理站	雷公山、乔歪、高岩、七里冲、苦里冲、雷公山坪、小丹江、昂英	900~1800	针叶林、针阔叶混交林、阔叶林等
16	异形玉叶金花 *Mussaenda anomala*	雷公山重要植物	小丹江管理站	小丹江	<650	路旁、林缘

（2）雷公山珍稀特有植物资源

雷公山珍稀特有植物因植物生态适应性以及人为活动影响等因素，资源分布面积各异。根据资源分布面积可划分为面积狭窄（分布面积小于 200hm^2）、面积较小（分布面积 200~1000hm^2）、面积较大（分布面积大于 1000hm^2）3 个层次。雷公山保护区国家重点保护野生植物 24 种植物中，分布面积狭窄的种类为小叶红豆、金毛狗、柔毛油杉、黄杉、金叶秃杉、翠柏、穗花杉、厚朴、凹叶厚朴、峨眉含笑、黄柏、伞花木 12 种，分布面积 2~160hm^2。其中峨眉含笑本次研究未发现，金叶秃杉仅 2 株面积 2hm^2，柔毛油杉、黄杉分布面积各为 10hm^2，分布面积极为狭窄；分布面积较小的物种为红豆杉、南方红豆杉、峨眉拟单性木兰、福建柏、篦子三尖杉、鹅掌楸、花榈木、伯乐树 8 种，分布面积 210~630hm^2；分布面积较大的物种为秃杉、闽楠、水青树、香果树 4 种，分布面积 1560~8910hm^2。其中秃杉为雷公山保护区主要保护物种，在珍稀植物中分布面积相对最大达 8910hm^2（表 2-7）。

表 2-7　雷公山保护区国家重点保护野生植物资源情况

序号	植物名称	保护等级	分布面积（hm^2）	总株数（株）	其中		立木平均胸径（cm）	立木平均高（m）	立木最大胸径（cm）	立木最大树高（m）	资源等级
					幼苗幼树（株）	立木（株）					
1	红豆杉 *Taxus chinensis*	一	310	10120	8670	1450	6.5	5.5	—	—	稀少
2	南方红豆杉 *Taxus mairei*	一	450	1780	1360	470	16.3	7.0	129.9	26	极少
3	峨眉拟单性木兰 *Parakmeria omeiensis*	一	270	1980	1190	790	41.5	17.0	133.8	28	极少
4	小叶红豆 *Ormosia microphylla*	一	50	195	165	30	5.0	4.5	—	—	易危
5	金毛狗 *Cibotium barometz*	二	70	500	—	—	—	—	—	—	极少

（续）

序号	植物名称	保护等级	分布面积（hm^2）	总株数（株）	其中 幼苗幼树（株）	立木（株）	立木平均胸径（cm）	立木平均高（m）	立木最大胸径（cm）	立木最大树高（m）	资源等级
6	柔毛油杉 *Keteleeria pubescens*	二	10	20	7	13	34.2	13.6	84.0	22	易危
7	黄杉 *Pseudotsuga sinensis*	二	10	20	10	10	31.9	12.2	60.5	20	易危
8	秃杉 *Taiwania cryptomerioides*	二	78.0	282881	276567	6314	22.0	13.0	218.9	45	稀少
9	金叶秃杉 *Taiwania cryptomerioides* 'Auroifolia'	二	2.0	2	0	2	106.7	38.5	131.0	40	易危
10	翠柏 *Calocedrus macrolepis*	二	100	61	60	1	—	—	112.0.0	15	易危
11	福建柏 *Fokienia hodginsii*	二	300	3750	3120	630	24.0	17.3	145.0	35	极少
12	篦子三尖杉 *Cephalotaxus oliveri*	二	210	5130	—	—	—	—	—	—	极少
13	穗花杉 *Amentotaxus argotaenia*	二	133	50	40	10	20.0	12.0	49.2	20	易危
14	鹅掌楸 *Liriodendron chinense*	二	310	2310	1190	1120	13.7	8.5	75.0	24	极少
15	厚朴 *Magnolia officinalis*	二	40	22300	—	22300	12.3	9.9	—	—	稀少，人工林
16	凹叶厚朴 *Mangnolia officinalis* subsp. *biloba*	二	40	60700	—	60700	12.4	10.0	—	—	稀少，人工林
17	峨眉含笑 *Michelia wilsonii*	二	—	—	—	—	—	—	—	—	易危
18	闽楠 *Phoebe bournei*	二	1560	51750	36300	195400	10.3	7.0	112.0	18	稀少
19	花榈木 *Ormosia henryi*	二	330	350	300	50	6.0	5.0	—	—	易危
20	水青树 *Tetracentron sinense*	二	1710	586300	390900	176606	16.7	12.0	85.0	25	稀少
21	伯乐树 *Bretschneidera sinensis*	二	630	600	440	160	8.5	15.0	—	—	极少

(续)

序号	植物名称	保护等级	分布面积(hm^2)	总株数(株)	其中 幼苗幼树(株)	立木(株)	立木平均胸径(cm)	立木平均高(m)	立木最大胸径(cm)	立木最大树高(m)	资源等级
22	黄柏 *Phellodenron amurense*	二	160	50	30	20	13.4	8.0	—	—	易危
23	伞花木 *Eurycorymbus cavaleriei*	二	120	260	190	70	8.2	6.5	—	—	易危
24	香果树 *Emmenopterys henryi*	二	1890	10880	6520	4360	13.1	8.0	79.0	25	稀少

注：灌木、草本植物统计株数，乔木树种统计幼树、立木数量。

贵州省级重点保护植物18种中，分布“面积狭窄”的物种为长苞铁杉、天女花2种，分布面积15~30hm^2；“面积较小”的物种为粗榧、阔瓣含笑、紫楠、马蹄参、刺楸5种，分布面积210~760hm^2；“面积较大”的物种为三尖杉、桂南木莲、红花木莲、深山含笑、川桂、檫木、白辛树、木瓜红、华南桦、青钱柳、银鹊树11种，分布面积1300~19120hm^2，在雷公山分布范围较大（表2-8）。

表2-8 雷公山保护区贵州重点保护植物资源情况

序号	植物名称	保护等级	分布面积(hm^2)	总株数(株)	其中 幼苗幼树(株)	立木(株)	立木平均胸径(cm)	立木平均高(m)	立木最大胸径(cm)	立木最大树高(m)	资源等级
1	长苞铁杉 *Tsuga longibracteata*	省级	2	15	3	12	35.8	23.3	60.8	25	易危
2	三尖杉 *Cephalotaxus fortunei*	省级	1300	9590	8380	1210	3.0	1.5	—	—	极少
3	粗榧 *Cephalotaxus sinensis*	省级	560	8520	6390	2130	2.0	1.0	16.0	13	极少
4	天女花 *Magnolia sieboldii*	省级	30	160	—	—	—	—	—	—	易危
5	桂南木莲 *Manglietia conifera*	省级	7310	32910	19750	13160	7.3	8.0	—	—	稀少
6	红花木莲 *Manglietia insignis*	省级	2510	15060	9040	6020	12.1	6.3	58.0	20	稀少
7	深山含笑 *Michelia maudiae*	省级	8660	70310	55160	15150	12.8	12.0	—	—	稀少
8	阔瓣含笑 *Michelia platypetala*	省级	420	8580	6010	2570	16.2	8.5	—	—	极少

（续）

序号	植物名称	保护等级	分布面积（hm^2）	总株数（株）	其中		立木平均胸径（cm）	立木平均高（m）	立木最大胸径（cm）	立木最大树高（m）	资源等级
					幼苗幼树（株）	立木（株）					
9	川桂 *Cinnamomum wilsonii*	省级	3890	12680	7610	5070	8.0	5.6	—	—	稀少
10	紫楠 *Phoebe sheareri*	省级	760	890	710	180	3.0	3.0	—	—	极少
11	檫木 *Sassafras tzumu*	省级	19120	480420	360030	120390	22.3	15.0	88.0	23	稀少
12	白辛树 *Pterostyrax psilophyllus*	省级	5520	47080	26480	20600	15.2	12.3	75.0	26	稀少
13	木瓜红 *Rehderodendron macrocarpum*	省级	2850	5660	3180	2480	13.4	9.0	—	—	极少
14	马蹄参 *Diplopanax stachyanthus*	省级	210	520	340	180	8.5	7.6	—	—	极少
15	刺楸 *Kalopanax septemlobus*	省级	380	8750	5830	2920	8.0	7.0	—	—	极少
16	华南桦 *Betula austrosinensis*	省级	3780	28760	17250	11510	14.6	11.0	—	—	稀少
17	青钱柳 *Cyclocarya paliurus*	省级	11130	23950	19860	4090	16.7	13.0	71.0	25	稀少
18	银鹊树 *Tapiscia sinensis*	省级	5980	19010	15370	3640	13.7	11.0	—	—	稀少

注：灌木、草本植物统计株数，乔木树种统计幼树、立木数量。

雷公山分布的4种贵州特有植物中，分布“面积狭窄”的物种为雷山杜鹃，分布面积仅20hm^2；“面积较小”的物种为苍背木莲、短尾杜鹃、黔中杜鹃3种，分布面积360~760hm^2。雷公山特有植物5种中，分布“面积狭窄”的物种为雷公山杜鹃、雷山瑞香、雷山方竹、雷公山玉山竹4种。其中，雷山瑞香调查中未发现，雷公山杜鹃、雷山方竹、雷公山玉山竹分布面积110~200hm^2；雷公山凸果阔叶槭为“面积较小”，分布面积660hm^2。雷公山模式标本产地植物3种中，分布“面积狭窄”的物种为凯里杜鹃、圆基木藜芦，其中凯里杜鹃本次调查未发现，圆基木藜芦分布面积仅40hm^2；雷公山槭分布面积3800hm^2，为“面积较大”物种。雷公山重要植物4种中，分布“面积狭窄”物种为异形玉叶金花，本次调查未发现；“面积较大”物种为半枫荷、马尾树、十齿花3种，分布面积1500~2980hm^2（表2-9）。

表 2-9　雷公山保护区部分特有、模式标本产地及重要植物资源情况

序号	植物名称	特有性质	分布面积（hm^2）	总株数（株）	其中		立木平均胸径（cm）	立木平均高（m）	立木最大胸径（cm）	立木最大树高（m）	资源等级
					幼苗幼树（株）	立木（株）					
1	苍背木莲 *Manglietia glaucifolia*	贵州特有植物	430	4180	2960	1220	6.0	6.0	—	—	极少
2	短尾杜鹃 *Rhododendron brevicaudatum*	贵州特有植物	760	260	—	—	—	—	—	—	易危
3	黔中杜鹃 *Rhododendron feddei*	贵州特有植物	360	1380	—	—	—	—	—	—	极少
4	雷山杜鹃 *Rhododendron leishanicum*	贵州特有植物	20	440	—	—	—	—	—	—	易危
5	雷公山杜鹃 *Rhododendron leigongshanense*	雷公山特有植物	200	1240	—	—	—	—	—	—	极少
6	雷山瑞香 *Daphne leishanensis*	雷公山特有植物	—	—	—	—	—	—	—	—	易危
7	雷公山凸果阔叶槭 *Acer amplum* var. *convexum*	雷公山特有植物	660	1180	820	360	8.3	6.0	—	—	极少
8	雷山方竹 *Chimonobambusa leishanensis*	雷公山特有植物	110	8800000	—	—	—	—	—	—	稀少
9	雷公山玉山竹 *Yushania leigongshanensis*	雷公山特有植物	130	13000000	—	—	—	—	—	—	稀少
10	圆基木藜芦 *Leucothoe tonkinensis*	雷公山模式标本产地植物	40	1280	—	—	—	—	—	—	极少
11	凯里杜鹃 *Rhododendron westlandii*	雷公山模式标本产地植物	—	—	—	—	—	—	—	—	易危
12	雷公山槭 *Acer leigongsanicum*	雷公山模式标本产地植物	3800	37950	30550	7400	12.5	10.3	—	—	稀少
13	半枫荷 *Semiliquidambar cathayensis*	雷公山重要植物	1980	150	120	30	25.0	13.0	46.6	13	易危
14	马尾树 *Rhoiptelea chiliantha*	雷公山重要植物	1500	596930	407960	188970	11.3	10.9	72.4	22	稀少
15	十齿花 *Dipentodon sinicus*	雷公山重要植物	2980	718400	478940	239460	6.9	5.7	—	—	稀少
16	异形玉叶金花 *Mussaenda anomala*	雷公山重要植物	—	扩繁 50	—	—	—	—	—	—	易危

注：灌木、草本植物统计株数，乔木树种统计幼树、立木数量。

根据雷公山保护区内各种珍稀特有植物种群数量及分布面积、分布状况，进行资源等

级评测，为珍稀植物资源评估提供参照。珍稀特有植物资源等级分为稀少、极少、易危。其中“稀少”等级珍稀植物种群数量大于 1 万株，分布面积相对较大，种群相对稳定；“极少”等级种群数量为 500~10000 株，分布面积小，种群数量极少；“易危”等级种群数量少于 500 株，在调查中难于发现或未发现，在雷公山保护区内种群数量特别稀缺，在自然灾害、人为破坏或自然演替等情况下容易面临灭绝风险的物种。

2.5 资源评价

2.5.1 珍稀特有植物资源评价

（1）国家重点保护野生植物资源情况

雷公山保护区分布国家重点保护野生植物共 24 种。根据种群资源数量评级结果，资源等级为“稀少”的有国家一级重点保护野生植物红豆杉，国家二级重点保护野生植物秃杉、厚朴、凹叶厚朴、闽楠、水青树、香果树等共 7 种，种群数量 1.01 万~71.84 万株，种群稳定，资源数量相对丰富。

资源等级为“极少”的为国家一级重点保护野生植物南方红豆杉、峨眉拟单性木兰，以及国家二级重点保护野生植物金毛狗、福建柏、篦子三尖杉、鹅掌楸、伯乐树共 7 种，种群数量 150~5130 株，资源极为稀少。

资源等级“易危”的有国家一级重点保护野生植物小叶红豆，国家二级重点保护野生植物金叶秃杉、柔毛油杉、黄杉、翠柏、穗花杉、峨眉含笑、花榈木、伞花木、黄柏共 10 种。种群数量 2~350 株，另外调查中未发现峨眉含笑，有待进一步调查研究。“易危”植物在雷公山保护区内种群分布区域狭窄，种群数量稀缺，在自然灾害、人为破坏或自然演替中容易灭绝。其中，金叶秃杉仅在雷公山保护区内分布 2 株，柔毛油杉、黄杉、黄柏、翠柏野生种群数量仅为 20~61 株，半枫荷、花榈木、伞花木野生种群数量 150~350 株，资源稀缺珍贵。

（2）贵州省级重点保护树种资源情况

雷公山保护区分布贵州省级重点保护树种共 18 种。资源等级为“稀少”的为桂南木莲、红花木莲、深山含笑、川桂、檫木、青钱柳、华南桦、白辛树、银鹊树等 9 种，种群数量 1.27~48.04 万株。种群稳定，资源数量相对其他省级保护树种丰富；资源等级为“极少”的为三尖杉、粗榧、阔瓣含笑、紫楠、木瓜红、刺楸、马蹄参等 7 种，种群分布区域相对狭窄，资源数量极少；资源等级“易危”的有长苞铁杉、天女花等 2 种，种群分布区域极为狭窄，资源数量稀缺，受自然灾害等因素影响容易趋于消亡。

（3）雷公山分布贵州特有植物资源情况

雷公山分布的主要贵州特有种共 4 种。其中黔中杜鹃、苍背木莲资源等级为“极少”，资源分布区域狭窄，资源数量极少，分别为 1380 株、4180 株；雷山杜鹃、短尾杜鹃资源等级为“易危”，资源分布区域极为狭窄，雷山杜鹃分布面积 $20hm^2$，种群数量为 440 株，短尾杜鹃分布面积 $760hm^2$，但种群数量仅为 260 株，种群密度极小。

（4）雷公山特有植物资源情况

雷公山主要的特有种共5种，其中雷山方竹、雷公山玉山竹资源等级为“稀少”，资源分布区域面积依次为110hm^2、130hm^2，种群分布极为狭窄；雷公山杜鹃、雷公山凸果阔叶槭资源等级为“极少”，资源数量极少；调查中未发现雷山瑞香，列为“易危”等级，有待进一步研究调查。

（5）雷公山主要模式标本产地植物资源情况

雷公山主要模式标本产地物种3种，其中雷公山槭分布面积较广，资源数量相对较多，资源等级为“稀少”；圆基木藜芦资源分布面积40hm^2，资源数量1280株，列为“极少”等级；调查中未能在原生区域发现凯里杜鹃，列为“易危”等级，有待进一步调查研究。

（6）雷公山重要植物资源情况

雷公山重要植物4种，其中，马尾树、十齿花分布面积较大，株数较多，资源等级为“稀少”；半枫荷调查发现资源数量仅150株，列为“易危”等级。异形玉叶金花在雷公山保护区范围调查未发现，仅在保护周边发现极小种群1个3株，资源濒临灭绝，为“易危”植物。

2.5.2 珍稀特有植物濒危原因分析

雷公山多数珍稀特有植物种群相对稳定，但由于植物特性等原因，研究对象58种国家级、省级重点保护以及特有和模式标本产地植物中，“稀少”等级共21种，占总种数的36.21%，“极少”等级共19种，占总种数的32.76%，“易危”等级共18种，占总种数的31.03%。“极少”和“易危”等级植物比例63.79%。珍稀濒危原因主要有以下几方面。

（1）人为活动影响

雷公山保护区建立初期，黄柏、厚朴等具有药用等价值的珍稀植物由于市场大量收购，遭到群众盗采剥皮等人为破坏，导致野生资源急剧减少，种群濒危。同时，由于部分物种群众认识不足，生产生活中无意识砍伐破坏，导致资源损失，如花榈木、小叶红豆、穗花杉等物种因群众缺乏保护意识而易遭受破坏。

（2）生物学特性原因

金叶秃杉、异形玉叶金花等珍稀植物由于其生物学特性，种群发展受限，野生种群数量极少，被列为我国极小种群保护名录加强保护。

（3）生境限制

雷公山特有植物等物种由于环境适生性，决定了其分布区域狭窄，种群数量稀少。如雷山杜鹃、天女花等植物分布海拔在1800~1900m，导致分布区域狭窄，资源珍稀。同时，由于植被保护恢复、植被郁闭度加大、枯枝落叶层增厚等原因，导致柔毛油杉、黄杉等物种种子扩散自然更新困难。翠柏等物种主要分布于村寨周边，生境受人为活动影响等，使生境限制成为物种珍稀濒危的原因之一。

2.6 保护成效与建议

2.6.1 珍稀特有植物保护成效

（1）珍稀特有植物栖息环境质量提高

雷公山保护区建立以来，历经40年的建设和保护，生态环境及生物多样性保护成效显著，森林覆盖率自保护区建立之初的60.84%，增长到目前的92.18%，森林生态环境质量不断提升，珍稀特有植物资源得到良好保护。

（2）珍稀特有植物种群稳定，资源增长良好

通过研究，雷公山保护区生物多样性保护得到加强，珍稀特有植物种群总体稳定，马尾树、水青树、闽楠等多数重点保护物种资源数量增长良好。重点保护物种秃杉1985年调查胸径大于10cm以上的有近5000株；2005年调查胸径大于10cm以上的有6382株；2013年调查胸径大于10cm以上的有近6640株，胸径为5～9.9cm的有77700株，幼树（树高50cm以上，胸径5cm以下）有224500株，幼苗有85580株（树高50cm以下），资源数量增长明显。

（3）珍稀植物扩繁取得进展

雷公山保护区建立以来，大力加强珍稀特有植物的繁育研究，近年来先后开展红豆杉、南方红豆杉、秃杉、金叶秃杉、厚朴、凹叶厚朴、峨眉含笑、异形玉叶金花等国家级保护、极小种群等珍稀濒危植物的繁育拯救工作。20世纪80年代末至90年代初，实施秃杉栽培95hm^2。2017—2018年实施珍稀林木培育项目培育红杉树、南方红豆杉、青钱柳、厚朴等500余亩①。目前建立了雷公山保护区珍稀野生植物保育基地、雷公山珍稀植物园200余亩，开展异形玉叶金花、金叶秃杉、峨眉含笑、闽楠等繁育及迁地保护，珍稀特有植物扩繁保护取得积极进展。

（4）珍稀植物科研能力得到提升

雷公山保护区建立以来，完成了保护区综合科学考察、生物多样性本地调查及秃杉等珍稀生物的专项调查，先后出版《雷公山自然保护区科学考察集》《雷公山国家级自然保护区生物多样性研究》《雷公山秃杉研究》等科学考察研究专著，为雷公山珍稀特有植物保护及研究提供了依据。先后实施青钱柳、异形玉叶金花等多项珍稀植物繁殖技术研究等课题。近10年来专业技术人员发表科技论文120篇，获得异形玉叶金花种子繁殖发明专利授权1项等，科研能力得到较好提高，为珍稀特有植物科学研究提供了技术支撑。

2.6.2 珍稀特有植物保护建议

（1）加强珍稀特有植物的保护宣传教育

结合珍稀特有植物资源特点，以实物标本、宣传图片、视频资料等向当地群众开展珍

---

① 1亩=1/15hm^2，下同。

稀植物保护的宣传教育，提高保护区及周边群众对各种珍稀特有植物及其保护重要性的认识，提高社区参与保护意识，把珍稀野生植物纳入村规民约等乡村规约保护，有效保护雷公山珍稀特有植物资源。

（2）加强珍稀特有植物种群及生态环境调查监测

在雷公山森林资源得到有效保护的基础上，充分利用珍稀特有植物调查研究成果，在珍稀特有植物主要原生地布设固定样地等监测设施，加强对珍稀特有植物种群及其生态环境开展长期定位监测，进一步加强种群情况不详的物种资源调查研究，掌握珍稀特有植物种群及生态环境变化规律和发展趋势，为制定保护措施提供科学依据。

（3）开展珍稀特有植物扩繁回归及人工促进天然更新

雷公山"易危""极少"等级珍稀特有植物分布区域狭窄，种群数量少，需要采集原生地种源，开展人工繁育，并在原生地及周边适生区域实施回归栽植，增加种群资源数量，保护雷公山珍稀特有植物遗传资源。同时，针对森林植被等生境制约而自然更新不良的珍稀特有植物，科学实施抚育等措施，人工促进天然更新，保护和扩大珍稀特有植物资源。

（4）实施珍稀特有植物迁地保护

利用珍稀植物园、珍稀野生植物保育基地，以及周边适宜的迁地保护基地，对雷公山珍稀特有濒危植物资源进行迁地保护，培育和保存珍稀特有植物资源，开展科普教育，在迁地保护中发挥珍贵植物资源的社会和生态效益。

（5）合理利用资源，促进乡村发展

加强珍稀植物资源等的应用价值研究，对有良好经济、生态价值的植物资源进行人工培育，合理开发利用，发挥雷公山保护区物种基因库在促进社会、经济、生态发展中的作用，促进保护区及周边乡村振兴发展，推进生态美、百姓富的生态文明建设，倡导社会群众崇尚保护自然资源环境的生态文明理念，为珍稀特有植物保护提供保障。

第3章 国家一级重点保护野生植物

红豆杉

【保护等级及珍稀情况】

红豆杉 *Taxus wallichiana* var. *chinensis* (Pilger) Florin，俗称杉公子、血柏、鼻膩杉，为红豆杉科 Taxaceae 红豆杉属 *Taxus* 植物，是国家一级重点保护野生植物。

【生物学特性】

常绿乔木。条形叶镰状弯曲，螺旋状排列，基部扭转成 2 列，长 1~2.5cm，宽 2.5~3.5mm，边缘稍微反曲，上面中脉隆起，下面沿中脉两侧有 2 条宽灰色或黄绿色气孔带，中脉带上密生微小圆形角质乳头状突起，色泽与气孔带相同。球花单性异株，单生叶腋，雄球花有梗，辐射排列；雌球花近无梗，基部具多数覆瓦状排列交叉对生的苞片；胚珠直立，珠托圆盘状。种子坚果状，当年成熟，着生于红色、肉质的杯状假种皮中，长 6~8mm，直径 4~5mm。

主要识别特征及与相近种区别：本种与南方红豆杉极其相似，但后者的叶较宽长，长 2~3.5cm，宽 3~4.5mm，边缘不反曲，下面中脉带的色泽常与气孔不同，其上有较大的零星或成片的角乳头状突起等。

为我国特有树种，产于甘肃、陕西、四川、湖北、湖南、广西、安徽、云南、贵州等地。贵州分布于梵净山、雷公山、息烽、普定、纳雍、安龙、荔波等地，常生于海拔 750~2350m。

【应用价值】

木材的边材窄，与心材区别明显，心材红色，纹理均匀，结构细致，干缩小，有光泽，硬度大，防腐力强，韧性强，是优良的建筑、家具、器材及工艺品等用材。植物体内含紫杉醇，对癌细胞有一定抑制作用。适应能力强，树姿优美，为优良观赏树种。

【资源特性】

1 样地设置与调查方法

在野外实地踏查的基础上，选取红豆杉天然分布为研究对象，设置典型样地 1 个，样

地概况为海拔 1840m、东北坡向、坡度 25°。

2　雷公山保护区资源分布情况

红豆杉分布于雷公山保护区的小丹江、昂英、石灰河、迪气、桃香等地；生长在海拔 700~1500m 的常绿阔叶林和村寨等四旁树；分布面积为 $310hm^2$，共有 10120 株。

3　种群及群落特征

3.1　种群空间分布格局

通过统计样地样方内红豆杉数量，计算得知红豆杉分散度 $S^2=0.4$，对分散度 S^2 与平均分布个体数 m（0.2）进行比较表明，雷公山保护区内红豆杉种群空间分布属于聚集型。样地内红豆杉分布极不均匀，是因为样地中红豆杉存在幼树幼苗，其成年个体数量较少。

3.2　群落特征

3.2.1　*群落树种组成*

通过全面调查统计得出，在研究区域的样地中，共有维管束植物 33 科 42 属 45 种（表 3-1），其中，蕨类植物有 3 科 3 属 3 种，裸子植物有 1 科 1 属 1 种；被子植物中双子叶植物有 24 科 29 属 32 种，单子叶植物有 5 科 9 属 9 种。由此可知，在雷公山保护区分布的红豆杉群落中双子叶植物的物种数量占据绝对优势。

表 3-1　雷公山保护区红豆杉群落物种组成

植物类型		科（个）	属（个）	种（种）
蕨类植物		3	3	3
裸子植物		1	1	1
被子植物	双子叶植物	24	29	32
	单子叶植物	5	9	9
合计		33	42	45

3.2.2　*群落优势科属*

在研究区域的样地中，红豆杉群落的物种优势科属取科含 2 种以上为优势科，取属含 2 种以上为优势属，统计所得（表 3-2）。单科含 2 种以上的科有 10 科，百合科 Liliaceae（3 属 3 种）、山茶科 Theaceae（2 属 3 种）、野茉莉科 Styracaceae（2 属 2 种）、禾本科 Poaceae（2 属 2 种）、茜草科 Rubiaceae（2 属 2 种）、蔷薇科 Rosaceae（2 属 2 种）、莎草科 Cyperaceae（2 属 2 种）、樟科 Lauraceae（2 属 2 种）、木兰科 Magnoliaceae（1 属 2 种）、山矾科 Symplocaceae（1 属 2 种），其余 23 科均为单科单属单种，占总科数比为 69.70%。属种关系中（表 3-3），物种数最多的属为山矾属 *Symplocos*、柃属 *Eurya* 和木莲属，均为 2 种，含 1 种的属有 39 属，占总属数的 92.86%。由此可见，雷公山保护区分布的红豆杉群落优势科属不明显，群落科属组成主要集中在单科单属单种。

表 3-2　雷公山保护区红豆杉群落科中属种数量关系

排序	科	属数/种数（个）	占总属数/种数的比率（%）
1	百合科 Liliaceae	3/3	7. 14/6. 67
2	山茶科 Theaceae	2/3	4. 76/6. 67
3	安息香科 Styracaceae	2/2	4. 76/4. 44
4	禾本科 Poaceae	2/2	4. 76/4. 44
5	茜草科 Rubiaceae	2/2	4. 76/4. 44
6	蔷薇科 Rosaceae	2/2	4. 76/4. 44
7	莎草科 Cyperaceae	2/2	4. 76/4. 44
8	樟科 Lauraceae	2/2	4. 76/4. 44
9	木兰科 Magnoliaceae	1/2	2. 38/4. 44
10	山矾科 Symplocaceae	1/2	2. 38/4. 44
	合计	19/22	45. 22/48. 86

表 3-3　雷公山保护区红豆杉群落优势属种数量关系

排序	属名	种数（种）	占总种数比例（%）
1	柃属 *Eurya*	2	4. 44
2	木莲属 *Manglietia*	2	4. 44
3	山矾属 *Symplocos*	2	4. 44
	合计	6	13. 32

3. 2. 3　重要值分析

由表 3-4 可知，在红豆杉群落样地中乔木层植物共有 21 种，尾叶樱桃 *Cerasus dielsiana* 重要值最大，为 75. 42，其次是野茉莉 *Styrax japonicus*，重要值为 50. 48，大于重要值均值 14. 29 的共有 6 种，占总种数比的 28. 57%，第 3~6 种分别为苍背木莲 *Manglietia glaucifolia*（18. 83）、毛叶木姜子 *Litsea mollis*（17. 86）、海通 *Clerodendrum mandarinorum*（16. 80）、木瓜红（14. 99）。红豆杉重要值（5. 97）排在第 14 位，可见在群落中，乔木层中物种种类丰富，分布不均，数量较少，以尾叶樱桃为优势种，红豆杉在群落中没有明显地位。

表 3-4　雷公山保护区红豆杉群落乔木层重要值

种名	相对密度	相对显著度	相对频度	重要值	重要值序
尾叶樱桃 *Cerasus dielsiana*	26. 44	33. 43	15. 56	75. 42	1
野茉莉 *Styrax japonicus*	19. 54	17. 61	13. 33	50. 48	2
苍背木莲 *Manglietia glaucifolia*	5. 75	6. 42	6. 67	18. 83	3
毛叶木姜子 *Litsea mollis*	5. 75	5. 44	6. 67	17. 86	4
海通 *Clerodendrum mandarinorum*	4. 60	3. 31	8. 89	16. 80	5
木瓜红 *Rehderodendron macrocarpum*	4. 60	5. 95	4. 44	14. 99	6
雷公山凸果阔叶槭 *Acer amplum* var. *convexum*	4. 60	5. 14	4. 44	14. 19	7

（续）

种名	相对密度	相对显著度	相对频度	重要值	重要值序
山胡椒 *Lindera glauca*	4. 60	3. 03	4. 44	12. 07	8
红柴枝 *Meliosma oldhamii*	3. 45	2. 66	4. 44	10. 55	9
白檀 *Symplocos paniculata*	3. 45	2. 71	2. 22	8. 38	10
西南红山茶 *Camellia pitardii*	2. 30	1. 61	4. 44	8. 35	11
猫儿屎 *Decaisnea insignis*	2. 30	1. 34	4. 44	8. 08	12
青冈 *Cyclobalanopsis glauca*	2. 30	3. 31	2. 22	7. 84	13
红豆杉 *Taxus chinensis*	2. 30	1. 45	2. 22	5. 97	14
野桐 *Mallotus tenuifolius*	1. 15	1. 82	2. 22	5. 19	15
漆 *Toxicodendron vernicifluum*	1. 15	0. 99	2. 22	4. 36	16
小叶女贞 *Ligustrum quihoui*	1. 15	0. 9	2. 22	4. 27	17
吴茱萸 *Tetradium ruticarpum*	1. 15	0. 8	2. 22	4. 18	18
深山含笑 *Michelia maudiae*	1. 15	0. 72	2. 22	4. 09	19
红荚蒾 *Viburnum erubescens*	1. 15	0. 72	2. 22	4. 09	20
窄叶柃 *Eurya stenophylla*	1. 15	0. 64	2. 22	4. 01	21
总计	100. 00	100. 00	100. 00	300. 00	

由红豆杉群落灌木层重要值计算分析（表 3-5）可知，在样地灌木层中，狭叶方竹 *Chimonobambusa angustifolia* 重要值最大，为 206. 14，是该层的优势种，其余有伴生物种 12 种，重要值均低于该层重要值平均值，占灌木层总种数的 92. 31%，表明狭叶方竹占绝对优势。

表 3-5　雷公山保护区红豆杉群落灌木层重要值

种名	相对密度	相对盖度	相对频度	重要值	重要值序
狭叶方竹 *Chimonobambusa angustifolia*	97. 29	85. 04	23. 81	206. 14	1
菝葜 *Smilax china*	0. 47	2. 46	14. 29	17. 21	2
红荚蒾 *Viburnum erubescens*	0. 47	3. 07	9. 52	13. 06	3
山矾 *Symplocos sumuntia*	0. 16	1. 23	9. 52	10. 91	4
西南红山茶 *Camellia pitardii*	0. 23	2. 05	4. 76	7. 04	5
多叶勾儿茶 *Berchemia polyphylla*	0. 16	2. 05	4. 76	6. 97	6
棠叶悬钩子 *Rubus malifolius*	0. 39	1. 02	4. 76	6. 17	7
细齿叶柃 *Eurya nitida*	0. 23	1. 02	4. 76	6. 02	8
海通 *Clerodendrum mandarinorum*	0. 16	1. 02	4. 76	5. 94	9
阔叶十大功劳 *Mahonia bealei*	0. 08	0. 41	4. 76	5. 25	10
小叶女贞 *Ligustrum quihoui*	0. 16	0. 20	4. 76	5. 12	11
云广粗叶木 *Lasianthus japonicus* subsp. *longicaudus*	0. 16	0. 20	4. 76	5. 12	12
络石 *Trachelospermum jasminoides*	0. 08	0. 20	4. 76	5. 04	13
总计	100. 00	100. 00	100. 00	300. 00	

红豆杉群落草本层重要值见表 3-6，由表可知，在样地草本层中，荩草 *Arthraxon hispidus* 重要值最大，为 61.79，属该层优势种，其余有伴生物种 14 种，占该层总种数的 93.33%。

综上可知：红豆杉群落样地为落叶阔叶混交林，为尾叶樱桃+狭叶方竹群系。

表 3-6　雷公山保护区红豆杉群落草本层重要值

种名	相对密度	相对盖度	相对频度	重要值	重要值序
荩草 *Arthraxon hispidus*	38.46	14.63	8.70	61.79	1
山酢浆草 *Oxalis griffithii*	10.26	9.76	17.39	37.40	2
对马耳蕨 *Polystichum tsus-simense*	8.97	12.20	8.70	29.87	3
金星蕨 *Parathelypteris glanduligera*	10.26	9.76	8.70	28.71	4
瘤足蕨 *Plagiogyria adnata*	6.41	12.2	4.35	22.95	5
毛堇菜 *Viola thomsonii*	6.41	7.32	8.70	22.42	6
十字苔草 *Carex cruciata*	5.13	7.32	8.70	21.14	7
牛膝菊 *Galinsoga parviflora*	1.28	4.88	4.35	10.51	8
少蕊败酱 *Patrinia monandra*	1.28	4.88	4.35	10.51	9
水芹 *Oenanthe javanica*	1.28	4.88	4.35	10.51	10
黄花油点草 *Tricyrtis pilosa*	2.56	2.44	4.35	9.35	11
具芒碎米莎草 *Cyperus microiria*	2.56	2.44	4.35	9.35	12
舞花姜 *Globba racemosa*	2.56	2.44	4.35	9.35	13
麦冬 *Ophiopogon japonicus*	1.28	2.44	4.35	8.07	14
箐姑草 *Stellaria vestita*	1.28	2.44	4.35	8.07	15
总计	100.00	100.00	100.00	300.00	

3.3　群落物种多样性分析

利用物种多样性 Simpson 指数（D）和 Shannon-Wiener 指数（H_e'）以及 Pielou 指数（J_e）分别对植物群落样地乔木层、灌木层、草本层进行物种多样性统计分析（图 3-1），由调查统计得知红豆杉群落样地物种丰富度为 45。由图 3-1 可知，在群落中，Simpson 指数

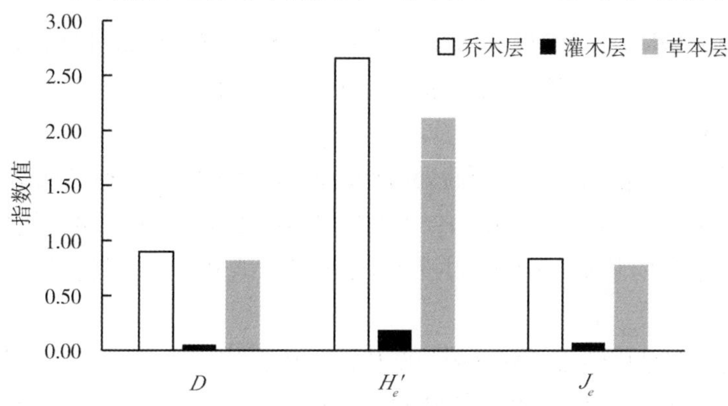

图 3-1　雷公山保护区红豆杉群落物种多样性指数

(D)、Shannon-Wiener（H_e'）指数、Pielou 指数（J_e）均变现为乔木层>草本层>灌木层，说明在群落样地中，丰富度表现为乔木层>草本层>灌木层，优势度指数为 3 项指数中最大的，说明物种丰富，优势种突出；均匀度指数 J_e值为 3 项指数值中最小值，且灌木层为均匀度指数最小值，说明在灌木层中多数物种集中在优势物种上较明显，从调查数据统计可见灌木层物种中狭叶方竹明显是绝对优势种。

【研究进展】

通过查阅相关文献资料，国内外对红豆杉的人工栽培、生物学特征、种群遗传特性、药理作用、繁育技术、种群特征、群落结构、保护等方面进行研究。

红豆杉种皮坚硬致密，形成透水、透气的屏障。因而种子具有长时间休眠和深休眠的特性，自然状态下难以萌发，即使正常萌发，幼苗抗逆性也非常差，成活率很低。红豆杉的繁殖周期较长，雌雄生殖系统发育不一，自然中雄多雌少，且在天然群落中常处于乔木层下层，植株的间隔较大造成物种间隔离，林分中的花粉浓度低，雌球花授粉率低，还有异花授粉的花期不遇等问题，植株间传粉受精困难，结实率较低。

紫杉醇是当今发现的具独特作用的天然抗肿瘤药物，其抗肿瘤作用机理与传统的抗肿瘤药物不同，主要是通过与微管蛋白结合，促进微管蛋白聚合、微管装配，抑制正常微管的生理性解聚，从而达到阻止癌细胞分裂增殖的目的。紫杉醇在体外的抗肿瘤活性强于噻唑呋林、顺铂、依托泊苷、阿霉素等，对多种人肿瘤细胞均有明显的细胞毒理作用，如卵巢癌、乳癌、肺癌、胃癌、结肠癌、黑色素瘤、白血病、膀胱癌、中枢神经瘤等。

红豆杉主要采用种子繁殖。红豆杉种子具有深休眠特点，自然条件下需要两冬一夏才能萌发，未经特殊处理的形态成熟种子，一般需 1 年以上层积催芽方能解除休眠，发芽率低且不整齐。红豆杉在扦插繁殖技术上的研究表明，在一定的设施条件下，红豆杉扦插繁殖可全年进行，但不同季节扦插的插条生根时间和生根率相差很大。不同来源的插条如采穗的母树、插条年龄和插条处在树冠上的部位等，均会对扦插生根产生不同的影响。

【繁殖方法】

1　种子繁殖方法

（1）采种

在 10 月中、下旬，采种种皮呈深红色的果实；种子收集后去种皮，将种子放入清水中浸泡半小时，再放入 55%的浓硫酸浸泡 4h，用流水洗净、晾干。

（2）种子贮藏

采用变温层积法。使用 0.2%的高锰酸钾浸种消毒 30min 后，种子低温层积 100~120d（选用 4~7℃），再在暖温层积 150~170d（选用 26~29℃），最后在低温层积 90~110d（选用 4~7℃）。层积的基质采用质量比为 2：1 的珍珠岩和泡沫塑料颗粒。

（3）苗床准备

选择育苗地为阴坡中性或微酸性肥沃疏松的土壤，施用猪粪、牛粪、家禽粪一种或几种混合后拌入呋喃丹为基肥，并将基肥与育苗地土壤反复耙匀后，把育苗地整成畦宽 1.2m、高 15~20cm 的圃地，圃地方法为在播种前 8d，每平方米用 40%福尔马林 50mL，加水 15L，洒在土壤上，并用薄膜覆盖，直至播种前 3d 揭去。

（4）种子催芽

将种子浸泡于消毒液中 10~20min（消毒液为体积比 1∶1 的 60°酒精与 40℃温水的混合液），接着用植物激素（90mg/L 的赤霉素溶液）催芽 24~48h，而后移入温室。

（5）播种

在圃地内压制深 2cm、间距为 20cm 的播种沟，以 5cm×10cm 株行距点播，然后用筛过的草木灰和细土覆盖种子，再在圃地上搭建拱棚，拱棚上覆盖遮阳率为 70%~85%的遮阳网。

（6）田间管理

对圃地进行日常灌溉、追肥和病虫害管理，保持圃地处于温度为 5~32℃，湿度为 70%~80%；10 月停止施肥，并除去遮阳网。

2　扦插繁殖法

插条选择：在一定的设施条件下，红豆杉扦插繁殖可全年进行，但不同季节扦插的插条生根时间和生根率相差很大。不同来源的插条如采穗的母树、插条年龄和插条处在树冠上的部位等，均会对扦插生根产生不同的影响。有研究表明，扦插时选择中径级母树，在其树冠中、上部采取具顶芽的穗条，剪成长 30. 35cm 的插穗于 1~2 月扦插，能显著提高扦插成活率。

插条处理：生根粉对红豆杉的生根有促进作用，可以提高扦插繁殖的效果，但不同的处理方法或浓度，其生根的效果不同。ABT_1处理对 1 年生、2 年生插条类型扦插苗的效果最好，ABT_2对多年生插条类型扦插苗的效果最好。

扦插基质环境：不同的扦插环境特别是生境对红豆杉的插条生根和扦插苗的生长有不同影响。用草炭+蛭石作育苗基质或采用草炭+锯末+牛粪作基质时红豆杉长势较好，两种育苗基质配方可在红豆杉育苗生产中大量推广使用。

其他：不同季节的气温直接影响着扦插苗的成活率，6 月温度较适宜，扦插成活率高；8 月气温高，生根快，但容易感病。

3　组织培养法

红豆杉组织培养技术包括两个层面：一是利用组培微繁技术生产大量的组培苗以满足人工栽培需求；二是通过愈伤组织或细胞悬浮大量培养，直接提取紫杉醇成分并用于药物生产。近年来，众多学者对前者进行了系统研究，并在组培微繁关键技术如光照、温度、pH 调控及外植体选用和激素配比等方面取得了较大进展。

【保护建议】

红豆杉属规模较小的种群，比其他种群具有更大的脆弱性，目前红豆杉的个体数量少，分布范围小，多在村庄附近零星分布，主要集中分布在上洞村附近竹林内，种群呈现衰退趋势，表明亟待保护与复壮。从本研究结果来看，该种群资源处于濒危状态，建议采取如下措施。

（1）建立红豆杉种质资源档案

将现存的红豆杉林及环境加以保护，对胸径大于10cm的每一棵红豆杉进行挂牌编号。摸清资源量，正确处理经济发展（特别是旅游业发展）与物种保护、眼前利益与长远利益之间的矛盾，严禁乱砍滥伐和盗挖幼苗幼树等破坏行为。

（2）建立自然保护区

这是保护濒危物种最有效的手段。保护区的建立可以保护种群的生境，维持种群的稳定性和繁殖能力，有效地降低我国红豆杉因种群过小而灭绝的风险。可以在现有的红豆杉自然保护区内，开展人工规模化培育，通过适当密植种苗，以增加种群数量，同时适当进行人为干扰，增加林下光照，保证幼苗生长所需的充足阳光，促进天然种群的更新和恢复。

（3）加强法治管理

对破坏红豆杉的行为给予严厉打击。加强各项保护法规、林业政策法规执行力，加强林业部门、保护区及森林公安等执法部门之间的协调联合行动。结合当地实际情况，制定切实可行的红豆杉资源保护管理办法，并由林业部门出面协调各相关部门共同保护现有的红豆杉资源，强化林政管理。

（4）加大宣传力度

人为因素是对红豆杉资源保护的一个十分重要的环节，对林区居民进行保护植物资源的宣传教育是非常重要的。林业部门和宣传部门要加大宣传力度，利用各种传媒和印发资料加强宣传。在通往红豆杉天然分布林区的道路口树立安放各种宣传标示和布告牌。在乡镇赶集时，也可以利用宣传车来回宣传，做到家喻户晓，扩大老百姓对红豆杉的认知度。

南方红豆杉

【保护等级及珍稀情况】

南方红豆杉 *Taxus mairei* S. Y. Hu ex Liu，俗称美丽红豆杉、杉公子、血柏、鼻腻杉，为红豆杉科红豆杉属植物，是国家一级重点保护野生植物。

【生物学特性】

南方红豆杉为常绿乔木，树皮裂成条片脱落。冬芽褐色，有光泽，芽鳞三角状卵形。叶条形，较直，长2~3.5cm，宽3mm，上部轻微渐窄，先端常微急尖，上面深绿色，下面淡黄绿色，常与气孔带同色，稀色较浅。雄球花淡黄色。种子着生于杯状红色肉质的假种皮中，常呈卵圆形，上部渐窄，常具2条钝棱脊，先端有突起的短钝尖头，种脐近圆形或宽椭圆形。

主要识别特征及与相近种区别：本种与红豆杉极其相似，但后者的叶较宽短，长1~2.5cm，宽2~3.5mm，边缘反曲，下面中脉带的色泽常与气孔相同，其上有成片分布的角质乳头状突起。

我国分布于福建、安徽南部、江西、浙江、台湾、广东北部、广西北部及东北部、湖南、湖北西部、河南西部、陕西南部、甘肃南部、四川、贵州、云南北部及东北部等地，印度、印度尼西亚、马来西亚、缅甸、越南也有分布。贵州分布于雷山、天柱、锦屏、黎平、从江、镇远、榕江、麻江、丹寨、台江、施秉、剑河、凯里、仁怀、凤冈、正安、湄潭、务川、赤水、习水、绥阳、道真、桐梓、石阡、松桃、江口、荔波、瓮安、惠水、金沙等地。

【应用价值】

南方红豆杉材质坚硬，边材黄白色，心材赤红色，纹理致密，形象美观，不翘不裂，耐腐力强，可供建筑、高级家具、室内装修、车辆及工艺品等用材。南方红豆杉枝叶浓郁，树形优美，种子成熟时假种皮呈鲜红色，点缀于绿叶之间。其寿命长，少病虫害，为庭园绿化优良树种。种子含油量较高，且可入药，有驱虫、消积食的功效。

【资源特性】

1　样地设置与调查方法

在野外实地踏查的基础上，选取在雷公山保护区天然分布的南方红豆杉设置典型样地3个（表3-7）。

表3-7　雷公山保护区南方红豆杉群落样地概况

样地编号	小地名	海拔（m）	坡度（°）	坡向	坡位
Ⅰ	展包	1100	40	东南	中部
Ⅱ	白岩检查站背后	1300	35	西	中部
Ⅲ	乔歪	1500	40	东	中部

2　雷公山保护区资源分布情况

南方红豆杉生长在海拔1600~2000m的常绿阔叶混交林中；分布面积为450hm^2，共有1780株。

3　种群及群落特征

3.1　种群空间分布格

分别统计各样地样方内南方红豆杉数量计算得出表3-8，可知在不同海拔梯度样地中，对分散度S^2与平均分布个体数m进行比较表明，雷公山区域内南方红豆杉种群空间分布整体属于聚集型。在样地Ⅰ、Ⅱ中，南方红豆杉种群的分散度$S^2>m$，南方红豆杉种群空间分布属于集群型，从数值差距程度表明，南方红豆杉种群个体分布聚集程度随着海拔的增加而增加，但在样地Ⅲ中分散度$S^2=m$，呈现出随机分布，原因是在样地Ⅲ内南方红豆杉仅有1株，为该群落样地偶见种。样地内南方红豆杉分布极不均匀，是因为样地中存在幼树幼苗，实际南方红豆杉成年个体数量少。因此，结合实际调查情况，在雷公山保护区内南方红豆杉种群为聚集分布。

表3-8　雷公山保护区南方红豆杉种群空间分布格局

样地号 / 分散度/个体数	Ⅰ	Ⅱ	Ⅲ
S^2/m	0.40/0.20	3.12/2.70	0.10/0.10

3.2 群落树种组成

通过全面调查统计得出，在研究区域的样地中，共有维管束植物 78 科 132 属 176 种（表 3-9），其中，蕨类植物有 8 科 12 属 13 种，裸子植物有 4 科 4 属 4 种；被子植物中双子叶植物有 56 科 100 属 136 种，单子叶植物有 10 科 16 属 23 种。由此可知，在雷公山保护区分布的南方红豆杉群落中双子叶植物的物种数量占据绝对优势。

表 3-9　雷公山保护区南方红豆杉群落物种组成

植物类型		科（个）	属（个）	种（种）
蕨类植物		8	12	13
裸子植物		4	4	4
被子植物	双子叶植物	56	100	136
	单子叶植物	10	16	23
合计		78	132	176

3.3 群落优势科属

在研究中，取科含 3 种以上和属含 2 种以上的物种进行统计。由表 3-10 可见：科种关系中，含 10 种以上的科有蔷薇科（12 种），为南方红豆杉群落优势科；含 5~10 种的科有山茶科（7 种）、山矾科（7 种）、樟科（6 种）、杜鹃花科 Ericaceae（6 种）、百合科（5 种）、兰科（5 种）等 6 科；其余含 4 种的有 5 科，含 3 种的有 11 科。属种关系中，物种数最多的属为山矾属（7 种）、悬钩子属 *Rubus*（7 种），其次为杜鹃花属 *Rhododendron*（5 种）、猕猴桃属 *Actinidia*（4 种），为南方红豆杉群落优势属；含 2~3 种的有 19 属；含 1 种的属有 109 属，占总属数的 82.58%。由此可见，雷公山保护区分布的南方红豆杉群落优势科属不明显，群落科属组成复杂，物种主要集中在单科单属单种或单属单种，并且在属的分类上显示出多样性丰富的特点。

表 3-10　雷公山保护区南方红豆杉树群落科属种数量关系

科名	属数（个）	种数（种）	占总属数/种数的比率（%）	属名	种数（种）	占总种数的比率（%）
蔷薇科 Rosaceae	5	12	3.79/6.82	悬钩子属 *Rubus*	7	3.98
山茶科 Theaceae	5	7	3.79/3.98	山矾属 *Symplocos*	7	3.98
山矾科 Symplocaceae	1	7	0.76/3.98	杜鹃花属 *Rhododendron*	5	2.84
樟科 Lauraceae	4	6	3.03/3.41	猕猴桃属 *Actinidia*	4	2.27
杜鹃花科 Ericaceae	2	6	1.52/3.41	木姜子属 *Litsea*	3	1.70
百合科 Liliaceae	4	5	3.03/2.84	海桐属 *Pittosporum*	3	1.70
兰科 Orchidaceae	2	5	1.52/2.84	兰属 *Cymbidium*	3	1.70
壳斗科 Fagaceae	4	4	3.03/2.27	槭属 *Acer*	3	1.70
葡萄科 Vitaceae	4	4	3.03/2.27	山茶属 *Camellia*	3	1.70

（续）

科名	属数（个）	种数（种）	占总属数/种数的比率（%）	属名	种数（种）	占总种数的比率（%）
荨麻科 Urticaceae	4	4	3. 03/2. 27	薯蓣属 *Dioscorea*	3	1. 70
木通科 Lardizabalaceae	3	4	2. 27/2. 27	菝葜属 *Smilax*	2	1. 14
猕猴桃科 Actinidiaceae	1	4	0. 76/2. 27	柃木属 *Eurya*	2	1. 14
胡桃科 Juglandaceae	3	3	2. 27/1. 7	绣球属 *Hydrangea*	2	1. 14
鳞毛蕨科 Dryopteridaceae	3	3	2. 27/1. 7	卷柏属 *Selaginella*	2	1. 14
茜草科 Rubiaceae	3	3	2. 27/1. 7	虾脊兰属 *Calanthe*	2	1. 14
桑科 Moraceae	3	3	2. 27/1. 7	八月瓜属 *Holboellia*	2	1. 14
五加科 Araliaceae	3	3	2. 27/1. 7	泡花树属 *Meliosma*	2	1. 14
榆科 Ulmaceae	3	3	2. 27/1. 7	薹草属 *Carex*	2	1. 14
山茱萸科 Cornaceae	2	3	1. 52/1. 7	山茱萸属 *Cornus*	2	1. 14
卫矛科 Celastraceae	2	3	1. 52/1. 7	山香圆属 *Turpinia*	2	1. 14
海桐科 Pittosporaceae	1	3	0. 76/1. 7	卫矛属 *Euonymus*	2	1. 14
槭树科 Aceraceae	1	3	0. 76/1. 7	花椒属 *Zanthoxylum*	2	1. 14
薯蓣科 Dioscoreaceae	1	3	0. 76/1. 7	樱属 *Cerasus*	2	1. 14
合计	64	101	48. 48/57. 39	合计	67	38. 07

3.4 重要值分析

在研究中，表 3-11 分别列出了各样地乔木层重要值排在前 15 位的物种重要值，不足 15 个种的样地全部列出；表 3-12、表 3-13 分别列出了各样地灌木层、草本层重要值排在前 5 位的物种重要值。

在南方红豆杉群落样地Ⅰ中乔木层植物共有 17 种，由表 3-11 可知，水青冈重要值最大，为 41. 45，其次是野茉莉，为 39. 86。乔木层物种重要值大于该群落乔木层平均重要值（17. 92）的有 8 种，占总种数比的 47. 06%，南方红豆杉重要值为 6. 65，排第 11 位，占总重要值的 1. 94%。可见样地Ⅰ中，水青冈占优势，野茉莉其次，南方红豆杉种群在群落中地位不明显。在南方红豆杉群落样地Ⅱ中乔木层植物共有 15 种，尾叶樱桃 *Cerasus dielsiana* 重要值最大，为 54. 19，紧随其后的是红柴枝 *Meliosma oldhamii*、尖叶四照花 *Cornus elliptica*、化香树 *Platycarya strobilacea*、盐肤木 *Rhus chinensis*，其重要值分别为 32. 61、30. 32、26. 01、25. 08。乔木层物种重要值大于该群落乔木层平均重要值（19. 99）的有 6 种，占总种数比的 40%，南方红豆杉群落在该样地中主要为幼树。可见样地Ⅱ中，以尾叶樱桃为优势种，红柴枝、尖叶四照花、化香树、盐肤木为主要伴生种，南方红豆杉在群落中地位不明显。在南方红豆杉群落样地Ⅲ中乔木层植物共有 26 种，杉木重要值最大，为 37. 83，其次为青钱柳 *Cyclocarya paliurus*，为 37. 30，再次是山樱桃 *Cerasus serrulata*，为 32. 5，南方红豆杉排在第 23 位，重要值为 5. 27，在乔木层物种重要值大于该群落乔木层平均重要值（11. 46）的有 6 种，其余 20 种都在平均值以下，占总种数比的 76. 92%。可见，该样地以杉木、青钱柳和山樱花为共同构成该群落的优势种，乔木层中南方红豆杉数量有且仅有 1 株，南方红豆杉在群落中地位处于末尾。

对比可知：在南方红豆杉群落样地中，南方红豆杉种群在群落中地位不明显，仅表现为偶见种。

表 3-11　雷公山保护区南方红豆杉群落乔木层重要值

样地	种名	重要值	样地	种名	重要值
Ⅰ	水青冈 *Fagus longipetiolata*	41.45	Ⅱ	青檀 *Pteroceltis tatarinowii*	11.90
Ⅰ	野茉莉 *Styrax japonicus*	39.86	Ⅱ	漆 *Toxicodendron verniciflluum*	11.56
Ⅰ	杉木 *Cunninghamia lanceolata*	39.00	Ⅱ	山鸡椒 *Litsea cubeba*	7.00
Ⅰ	木荷 *Schima superba*	31.58	Ⅱ	锥栗 *Castanea henryi*	6.90
Ⅰ	罗浮栲 *Castanopsis faberi*	31.07	Ⅱ	朴树 *Celtis sinensis*	14.81
Ⅰ	香果树 *Emmenopterys henryi*	25.60	Ⅱ	海南五针松 *Pinus fenzeliana*	13.17
Ⅰ	枫香树 *Liquidambar formosana*	19.93	Ⅱ	三尖杉 *Cephalotaxus fortunei*	12.51
Ⅰ	大果山香圆 *Turpinia pomifera*	19.37	Ⅲ	杉木 *Cunninghamia lanceolata*	37.83
Ⅰ	青冈 *Cyclobalanopsis glauca*	11.85	Ⅲ	青钱柳 *Cyclocarya paliurus*	37.30
Ⅰ	尖萼厚皮香 *Ternstroemia luteoflora*	9.83	Ⅲ	山樱花 *Cerasus serrulata*	32.50
Ⅰ	南方红豆杉 *Taxus mairei*	6.65	Ⅲ	枳椇 *Hovenia acerba*	21.03
Ⅰ	中华槭 *Acer sinense*	5.11	Ⅲ	水青冈 *Fagus longipetiolata*	19.68
Ⅰ	长穗桑 *Morus wittiorum*	4.79	Ⅲ	赤杨叶 *Alniphyllum fortunei*	12.04
Ⅰ	西域旌节花 *Stachyurus himalaicus*	4.74	Ⅲ	贵定桤叶树 *Clethra delavayi*	11.40
Ⅰ	细齿叶柃 *Eurya nitida*	4.68	Ⅲ	桂南木莲 *Manglietia conifera*	10.96
Ⅱ	尾叶樱桃 *Cerasus dielsiana*	54.19	Ⅲ	山矾 *Symplocos sumuntia*	10.68
Ⅱ	红柴枝 *Meliosma oldhamii*	32.61	Ⅲ	多花山矾 *Symplocos ramosissima*	10.57
Ⅱ	尖叶四照花 *Cornus elliptica*	30.32	Ⅲ	暖木 *Meliosma veitchiorum*	8.05
Ⅱ	化香树 *Platycarya strobilacea*	26.01	Ⅲ	亮叶桦 *Betula luminifera*	7.14
Ⅱ	盐肤木 *Rhus chinensis*	25.08	Ⅲ	深山含笑 *Michelia maudiae*	6.36
Ⅱ	南烛 *Vaccinium bracteatum*	21.46	Ⅲ	灰柯 *Lithocarpus henryi*	6.31
Ⅱ	小梾木 *Cornus quinquenervis*	17.08	Ⅲ	青榨槭 *Acer davidii*	6.17
Ⅱ	响叶杨 *Populus adenopoda*	15.41			

由南方红豆杉群落灌木层重要值计算分析（表 3-12）可知，在样地Ⅰ灌木层中，狭叶方竹重要值最大，为 126.69，是该层优势种，其余有伴生种 22 种，伴生种占灌木层总种数 95.65%；在样地Ⅱ灌木层中，黄脉莓 *Rubus xanthoneurus* 重要值最大，为 32.31，是该层优势种，其余有伴生种 38 种，占灌木层总种数 97.44%；在样地Ⅲ灌木层中，常春藤 *Hedera sinensis* 重要值最大，为 32.73，是该层优势种，其余有伴生种 43 种，占灌木层总种数 97.73%。

表 3-12 雷公山保护区南方红豆杉群落灌木层重要值

样地	种名	重要值	重要值序
Ⅰ	狭叶方竹 *Chimonobambusa angustifolia*	126.69	1
Ⅰ	溪畔杜鹃 *Rhododendron rivulare*	30.75	2
Ⅰ	西南绣球 *Hydrangea davidii*	12.97	3
Ⅰ	五月瓜藤 *Holboellia angustifolia*	11.41	4
Ⅰ	川桂 *Cinnamomum wilsonii*	10.45	5
Ⅱ	黄脉莓 *Rubus xanthoneurus*	32.31	1
Ⅱ	三尖杉 *Cephalotaxus fortunei*	20.09	2
Ⅱ	油茶 *Camellia oleifera*	19.53	3
Ⅱ	大芽南蛇藤 *Celastrus gemmatus*	14.17	4
Ⅱ	腺萼马银花 *Rhododendron bachii*	13.77	5
Ⅲ	常春藤 *Hedera sinensis*	32.73	1
Ⅲ	山地杜茎山 *Maesa montana*	27.87	2
Ⅲ	棠叶悬钩子 *Rubus malifolius*	26.14	3
Ⅲ	菝葜 *Smilax china*	14.46	4
Ⅲ	穗序鹅掌柴 *Schefflera delavayi*	14.19	5

由南方红豆杉群落草本层重要值计算分析（表 3-13）可知，在样地Ⅰ草本层中，重要值最大的为里白 *Diplopterygium glaucum*（109.91），为草本层优势种，其次为赤车 *Pellionia radicans*，重要值为 32.07，其余有伴生种 19 种，占草本层总种数 90.48%；在样地Ⅱ草本层中，细毛碗蕨 *Dennstaedtia hirsuta* 重要值最大，为 58.69，为优势种，其次为求米草 *Oplismenus undulatifolius*，重要值为 39.97，其中，有伴生种 17 种，占草本层总种数 89.47%；在样地Ⅲ草本层中，十字苔草 *Carex cruciata* 重要值最大，为 38.16，为该层优势种，其余有伴生种 25 种，占草本层总种数 96.15%。

表 3-13 雷公山保护区南方红豆杉群落草本层重要值

样地号	种名	重要值	重要值序
Ⅰ	里白 *Diplopterygium glaucum*	109.91	1
Ⅰ	赤车 *Pellionia radicans*	32.07	2
Ⅰ	镰羽瘤足蕨 *Plagiogyria falcata*	16.39	3
Ⅰ	狗脊 *Woodwardia japonica*	15.25	4
Ⅰ	楼梯草 *Elatostema involucratum*	12.14	5
Ⅱ	细毛碗蕨 *Dennstaedtia hirsuta*	58.69	1
Ⅱ	求米草 *Oplismenus undulatifolius*	39.97	2

(续)

样地号	种名	重要值	重要值序
Ⅱ	五节芒 *Miscanthus floridulus*	27.64	3
Ⅱ	三脉紫菀 *Aster trinervius* subsp. *ageratoides*	27.28	4
Ⅱ	深绿卷柏 *Selaginella doederleinii*	23.14	5
Ⅲ	十字苔草 *Carex cruciata*	38.16	1
Ⅲ	斜方复叶耳蕨 *Arachniodes amabilis*	28.42	2
Ⅲ	狗脊 *Woodwardia japonica*	26.45	3
Ⅲ	淡竹叶 *Lophatherum gracile*	21.84	4
Ⅲ	山姜 *Alpinia japonica*	19.41	5

综上可知：在样地Ⅰ中南方红豆杉群落为针阔混交林，为水青冈+狭叶方竹+里白群系；在样地Ⅱ中南方红豆杉群落为常绿落叶阔叶混交林，为尾叶樱桃群系；在样地Ⅲ中南方红豆杉群落为常绿落叶阔叶混交林，为杉木+青钱柳群系。

3.5　群落物种多样性分析

在研究中，利用物种多样性指数 Simpson 指数（D）和 Shannon-Wiener 指数（H_e'）以及 Pielou 指数（J_e）分别对植物群落样地乔木层、灌木层、草本层进行物种多样性统计分析，Ⅰ、Ⅱ、Ⅲ分别对应展包、白岩检查站背后、乔歪南方红豆杉群落样地。图 3-2 显示了雷公山保护区内 3 个南方红豆杉群落样地的乔木层、灌木层、草本层物种多样性指数。展包、白岩检查站背后、乔歪南方红豆杉群落样地的物种丰富度分别为 63、77、95。

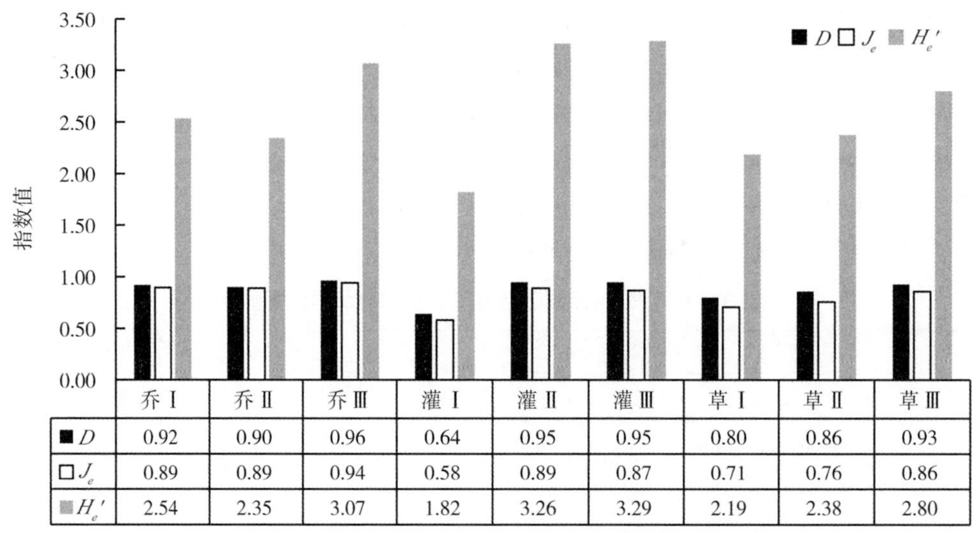

	乔Ⅰ	乔Ⅱ	乔Ⅲ	灌Ⅰ	灌Ⅱ	灌Ⅲ	草Ⅰ	草Ⅱ	草Ⅲ
■D	0.92	0.90	0.96	0.64	0.95	0.95	0.80	0.86	0.93
□J_e	0.89	0.89	0.94	0.58	0.89	0.87	0.71	0.76	0.86
■H_e'	2.54	2.35	3.07	1.82	3.26	3.29	2.19	2.38	2.80

图 3-2　雷公山保护区南方红豆杉群落多样性指数

由图 3-2 可知，在乔木层中，Simpson 指数（D）、Shannon-Wiener（H_e'）指数均为样地Ⅲ>样地Ⅰ>样地Ⅱ，在各个样地乔木层中，均匀度指数 J_e 波动不大，说明在各群落样地乔木层中，各物种重要值均匀程度相差不大。在灌木层中，各个群落样地 D 指数、H_e'

指数相差不大，其中，D 指数、H_e'指数在样地Ⅱ和样地Ⅲ群落相对最大，而在样地Ⅰ相对最小，样地Ⅱ和样地Ⅲ的物种多样性指数 D、H_e'之所以最大，是因为该群落几乎没有人为干扰，植被保存完好，加上环境湿度大，灌木层物种种类丰富；而样地Ⅰ群落多样性指数 D、H_e'之所以较小，是因为受海拔高度影响，导致气候自然条件差异；在各个样地灌木层中，均匀度指数 J_e波动较小，表明在各群落样地灌木层中，各物种重要值均匀程度相差不大。在草本层中，样地Ⅲ群落样地物种多样性指数 D、H_e'相较于其他群落样地最大，是因该群落样地临近小溪，水分湿度充足，从而导致草本层物种更为丰富；在各个群落样地草本层中，均匀度指数 J_e波动不大，说明在各群落样地草本层中，各物种重要值均匀程度也相差不大。

综合 3 个南方红豆杉群落样地可知，各群落样地物种多样性指数 D、H_e'整体上呈现出乔木层>灌木层>草本层；均匀度指数 J_e 在各个群落样地乔木层、灌木层、草本层中波动不大，表明在各群落样地中，乔木层、灌木层、草本层的各个物种重要值均匀程度相当。

【研究进展】

朱念德等研究认为南方红豆杉外种皮的不透气性和胚乳中的某些抑制物质可能是抑制南方红豆杉种子萌发的主要因素，但脱落酸不是萌发的抑制因素。陈鹰翔分别选择南方红豆杉不同部位、不同径级、有无顶芽的插穗进行扦插繁殖，结果表明扦插时选择中径级母树，在其树冠中、上部采取具顶芽的穗条，剪成长 30～35cm 的插穗于 1～2 月扦插，能显著提高扦插成活率。陈银华等发现，用激素处理过的插穗不管是生根率还是根量都明显高于对照组，表明 ABT_1 生根粉对南方红豆杉有促进生根的作用。王济虹等报道了赤霉素、乙烯利、ABT_1 和 ABT_2 4 种激素水溶液处理对修剪后 4 年生南方红豆杉扦插苗的新梢长年生长量、年萌枝数、植株高年生长量、植株冠幅年生长量的影响，其中 ABT_1 处理对 1 年生、2 年生插条类型扦插苗的效果最好，ABT_2 对多年生插条类型扦插苗的效果最佳。

【繁殖方法】

1　播种育苗技术

（1）采种

10 月中旬后，果实外种皮深红色时分批采收，采收后的果实沤置一周，洗去外种皮，加入细沙，反复搓洗，揉去蜡质层，用 0.3% 的高锰酸钾浸种消毒 30min，晾干表水，以待贮藏。

（2）种子贮藏

南方红豆杉种子有一个为期一年的生理成熟期，可采取自然湿沙层积或 5℃冷库贮藏。一般采取沙藏，纯净河沙与种子比例为 3∶1，贮藏在阴凉通风的室内或地窖内，每 1～2 个月翻堆一次，并检查病虫害，防鼠害。

（3）整地播种

选择光照充足、排灌方便、土层肥厚疏松的地块作苗床。把地整成畦宽 1.5m（净畦面宽 1.2m，步道宽 0.3m）、高 20cm 的圃地。在整地做畦的同时，每亩施入腐熟的有机肥 1500kg，速溶优质复合肥 50kg，并拌入呋喃丹 5～8kg 防治地下害虫。将肥料翻拌入土层并整平畦面。在播种前10d，每平方米用40%的福尔马林50mL，加水10~12kg，洒在土壤上，并用薄膜覆盖，播前3~4d揭去，然后播种。

（4）播种

种子通过一年的贮藏，有部分裂口露白，这时将其筛出洗净，漂去秕粒，用0.05%的高锰酸钾液浸种消毒10min，再用清水冲洗干净，晾干后即可播种。采用条播，每公顷播种量225kg，播幅20cm，沟宽3~5cm。将拌有细沙的种子均匀撒在沟内，每沟播种约30粒，撒种后盖土0.5~1.0cm。经湿沙催芽的种子15d左右即可出苗，出苗率均在85%以上。

（5）田间管理

4月上中旬，温度已逐渐稳定并开始上升，及时揭去薄膜，盖上遮阳网（前期遮阳率70%，后期50%），盖严、盖紧，谨防风吹及鼠害、鸟害。直至速生期结束后，9月中下旬，选阴天或雨天揭去遮阳网。红豆杉秋梢生长迅速、幼嫩，揭膜时间很关键，过早种苗新梢会被晒发黄，过迟对侧枝生长及炼苗有影响。

（6）病虫害防治

幼苗出土后，易感染病菌而发生根腐和猝倒病，重在“防”，在幼苗出土每隔7d喷800倍托布津或半量式波尔多液，交替使用，向幼苗茎干和叶背、叶面喷施。土壤病虫害也要及时预防，用敌克松和辛硫磷浇根，中期加用一次呋喃丹。

（7）中耕除草、施肥、浇水

在苗木生长期间，注意除草松土，改善土壤通气条件。除草原则为除小、除早。苗木生长前期用0.2%的尿素，每隔一月施一次。中后期每隔一月施用专配的营养液，其配方为硝酸钙550mL/L、硝酸钾150mL/L、硫酸镁155mL/L、磷酸二氢钾135mL/L、氯化钾750mL/L、硫酸铵750mL/L、硫酸锰0.40mL/L、硫酸锌0.06mL/L、硼酸0.65mL/L、钼酸钠0.025mL/L、螯合铁0.65mL/L。水分管理可以和施肥相结合，苗期怕涝，田块不能积水。

2　扦插育苗

插条应选用萌发枝、幼树枝或成年大树树冠上部粗壮的当年生枝条为好。春季采集休眠枝作扦插枝，插穗长10~15cm，剪去下半部叶片。插床宽1.20m，其上垫混合的黄心土和细河沙，比例为1∶1，具有保水、透气之效能。床高20cm，基质铺平后要用0.3%的高锰酸钾溶液灭菌。插条用100mL/kg的1号ABT生根粉溶液处理24h后，插入苗床，深度为插穗的2/3，株行距3cm×10cm，要用塑料薄膜拱棚覆盖，保持苗床内空气湿润，透光度控制在30%~40%。

【保护建议】

南方红豆杉属规模较小的种群，目前南方红豆杉的个体数量多、分布范围广，但多数为人工林，且在村庄附近零星分布，种群呈现衰退趋势，表明亟待保护与复壮。从研究结果来看，该种群资源处于濒危状态，建议采取如下措施。

（1）建立南方红豆杉种质资源集中保护区

应将现在残存的南方红豆杉林及环境划出一定面积加以保护，对胸径大于10cm的每一棵南方红豆杉进行挂牌编号。摸清资源量，正确处理经济发展（特别是旅游业发展）与物种保护、眼前利益与长远利益之间的矛盾，严禁乱砍滥伐和盗挖幼苗幼树等破坏行为。

（2）加大宣传力度

开展《中华人民共和国森林法》《中华人民共和国野生植物保护条例》等宣传活动，把有关法规和政策印发到农户手中，做到家喻户晓，使广大干部群众认识南方红豆杉，从而达到保护的目的。

（3）强化管理

对破坏南方红豆杉的行为给予严厉打击。加强各项保护法规、林业政策等的协调和执行，加强林业部门、保护区及森林公安等执法部门之间的协调联合行动，为总的保护目标而齐心协力。

（4）多渠道筹集资金

在当地政府与保护区的相互配合下，建立南方红豆杉的育苗培养基地。通过人工育苗（扦插、组织培养等），增加种群个体数量，树立长远的目标，把开发与保护相结合，把经济效益与生态效益相结合，达到资源可持续利用的目的，确保生存与发展。

峨眉拟单性木兰

【保护等级及珍稀情况】

峨眉拟单性木兰 *Parakmeria omeiensis* Cheng，俗名乐东拟单性木兰，属于木兰科，拟单性木兰属 *Parakmeria*，是国家一级重点保护野生植物，是我国特有种。

【生物学特性】

常绿乔木，全株无毛，树皮灰色，小枝节间短而密，呈竹节状。叶革质，椭圆形、窄椭圆形或倒卵状椭圆形，长8~12cm，先端短渐尖而尖头钝，基部楔形或窄楔形，表面亮绿色，背面有腺点；中脉两面凸起，叶柄长1~2.5cm，无托叶痕。雄花和两性花异株，花单生枝顶，花蕾近球形，花梗长5~9mm，雄花花被片9~12片；淡黄色，外轮3片长圆形，长3~4cm，向内轮渐小；两性花花被片同雄花，雌蕊群卵圆形或椭圆状卵形，绿色，有柄。聚合果圆柱状长圆形或倒卵状圆形，长3~6cm，蓇葖木质，背缝开裂。种子椭圆状卵圆形。花期4~5月，果期8~9月。

分布于四川峨眉山、广东、海南及贵州。贵州分布于黎平、从江、榕江、雷公山、梵净山及黔中的花溪孟关，在黎平茅贡呈小团状分布。产地模式标本采自海南五指山。

【应用价值】

对研究木兰科植物系统演化有一定科学价值。树干通直，心材明显，材质较轻软，纹理直，结构细，易加工，为家具、细木工用材。树干挺拔，树姿优美，枝叶浓绿，花大而艳丽，气味芳香，是珍贵的庭园绿化观赏树种。

【资源特性】

1 样地设置

采用样线法与典型样地法进行调查。设置样地 1 个，详见表 3-14。

表 3-14 雷公山保护区峨眉拟单性木兰样地概况

样方面积	海拔	坡度	坡位	土壤类别	总盖度	乔木层郁闭度	灌木层盖度	草本层盖度
20m×30m	1238m	30°	坡下部	黄壤	95%	0.7	85%	10%

2 雷公山保护区资源情况

分布于雷公山保护区的小丹江、昂英等地；生长在海拔 600~1300m 的常绿阔叶林中；分布面积为 270hm^2，共有 1980 株。

3 种群及群落特征

3.1 群落特征

3.1.1 物种组成

峨眉拟单性木兰样地调查物种组成见表 3-15，共有维管束植物 36 科 49 属 62 种，其中双子叶植物 27 科 40 属 52 种，单子叶植物 4 科 4 属 4 种，蕨类植物 5 科 5 属 6 种。双子叶植物科、属、种占比依次为 75.0%、81.6%、83.9%，占群落的绝对优势。生活型中木本植物 48 种，占 77.4%；藤本植物 3 种，占 4.8%；草本植物 11 种，占 17.7%。

表 3-15 雷公山保护区峨眉拟单性木兰群落种类组成及生活型 单位：个

类型	科、属、种组成			生活型组成		
	科数	属数	种数	木本	藤本	草本
蕨类植物	5	5	6	0	0	6
裸子植物	0	0	0	0	0	0
双子叶植物	27	40	52	47	2	3
单子叶植物	4	4	4	1	1	2
总计	36	49	62	48	3	11

表 3-16 显示，群落种含属、种数目较多的优势科为蔷薇科（4 属 5 种）、樟科（4 属 5 种）、木兰科（3 属 3 种）、山茶科（2 属 4 种）、壳斗科 Fagaceae（1 属 4 种），樟科、木兰科、山茶科、壳斗科植物（青冈属 *Cyclobalanopsis* 等）为雷公山主要常绿阔叶树种，而蔷薇科多为落叶阔叶树种，显示峨眉拟单性木兰群落以常绿阔叶树种为主，并伴生落叶阔叶树种，具有典型的常绿阔叶林特征。

表 3-16 雷公山保护区峨眉拟单性木兰群落科属种信息

序号	科名	属数/种数（个）	属占比/种占比（%）	序号	科名	属数/种数（个）	属占比/种占比（%）
1	蔷薇科 Rosaceae	4/5	8. 2/10. 2	19	姜科 Zingiberaceae	1/1	2. 0/2. 0
2	樟科 Lauraceae	4/5	8. 2/10. 2	20	金缕梅科 Hamamelidaceae	1/1	2. 0/2. 0
3	木兰科 Magnoliaceae	3/3	6. 1/6. 1	21	壳斗科 Fagaceae	1/4	2. 0/8. 2
4	山茶科 Theaceae	2/4	4. 1/8. 2	22	鳞毛蕨科 Dryopteridaceae	1/1	2. 0/2. 0
5	山茱萸科 Cornaceae	2/2	4. 1/4. 1	23	马尾树科 Rhoipteleaceae	1/1	2. 0/2. 0
6	五加科 Araliaceae	2/2	4. 1/4. 1	24	槭树科 Aceraceae	1/1	2. 0/2. 0
7	绣球科 Hydrangeaceae	2/2	4. 1/4. 1	25	忍冬科 Caprifoliaceae	1/1	2. 0/2. 0
8	杜英科 Elaeocarpaceae	2/2	4. 1/4. 1	26	桑科 Moraceae	1/1	2. 0/2. 0
9	茜草科 Rubiaceae	1/1	2. 0/2. 0	27	山矾科 Symplocaceae	1/3	2. 0/6. 1
10	野牡丹科 Melastomataceae	1/1	2. 0/2. 0	28	山柳科 Clethraceae	1/2	2. 0/4. 1
11	菝葜科 Smilacaceae	1/1	2. 0/2. 0	29	书带蕨科 Vittariaceae	1/1	2. 0/2. 0
12	百合科 Liliaceae	1/1	2. 0/2. 0	30	蹄盖蕨科 Athyriaceae	1/2	2. 0/4. 1
13	蝶形花科 Papibilnaceae	1/1	2. 0/2. 0	31	卫矛科 Celastraceae	1/2	2. 0/4. 1
14	杜鹃花科 Ericaceae	1/2	2. 0/4. 1	32	乌毛蕨科 Blechnaceae	1/1	2. 0/2. 0
15	禾本科 Poaceae	1/1	2. 0/2. 0	33	五味子科 Schisandraceae	1/1	2. 0/2. 0
16	胡颓子科 Elaeagnaceae	1/1	2. 0/2. 0	34	荨麻科 Urticaceae	1/1	2. 0/2. 0
17	葫芦科 Cucurbitaceae	1/1	2. 0/2. 0	35	野茉莉科 Styracaceae	1/1	2. 0/2. 0
18	桦木科 Betulaceae	1/1	2. 0/2. 0	36	紫萁科 Osmundaceae	1/1	2. 0/2. 0
						49/62	100. 0/100. 0

3. 1. 2 垂直结构

峨眉拟单性木兰为高大乔木，高达 30m。从垂直结构上看，分为乔木层、灌木层、草本层 3 个层次。乔木层可进一步分为 2 个亚层，灌木层可分为 3 个亚层。

乔木层第一亚层高度为 15～30m，共计 17 株，平均胸径 39. 9cm，平均高 24. 2m。表 3-17 显示，该层主要为峨眉拟单性木兰、枫香树 *Liquidambar formosana*、桂南木莲 *Manglietia chingii*、金叶含笑 *Michelia foveolata*、云山青冈 *Cyclobalanopsis sessilifolia*、华南桦 *Betula austro-sinensis*、冠萼花楸 *Sorbus coronata*、灯台树 *Cornus controversa* 等 8 个树种。其中峨眉拟单性木兰株数 7 株，占该层株数的 41. 2%，平均胸径 49. 9cm，平均高 24. 2m，干形通直，树体高大，是该亚层的主要组成树种；枫香树 4 株，占 23. 5%，平均胸径 38. 2cm，平均高 25. 9m。其他 6 种乔木株数占比均为 5. 9%。第二亚层树高 3～15m，树种 26 种。表 3-17 显示该亚层株数占比 3. 8%（2 株）以上主要树种为光叶山矾 *Symplocos lancifolia*、桂南木莲、毛果青冈 *Cyclobalanopsis pachyloma*、青冈、多脉青冈 *Cyclobalanopsis multinervis*、马尾树等 11 种。峨眉拟单性木兰在第二亚层平均高 6. 1m，平均胸径 6. 2cm，株数占比 3. 8%。第三亚层为更新层，高度为 0. 5～2. 0m，发现乔木树种有峨眉拟单性木兰幼苗幼树 3 株，桂南木莲幼树 6 株，更新状况良好。

灌木层高度为0.1~5.5m。第一亚层以溪畔杜鹃 *Rhododendron rivulare* 为主，伴生裂果卫矛 *Euonymus dielsianus* 等树种，高度为2.0~5.5m，盖度15%~25%。第二亚层以狭叶方竹为主，高度1.0~2.0m，零星分布有尾叶悬钩子 *Rubus caudifolius*、香叶子 *Lindera fragrans*，盖度30%~70%。第三亚层高度为0.1~1.0m，主要灌木树种为常山 *Dichroa febrifuga*、西南绣球 *Hydrangea davidii*、细枝柃 *Eurya loquaiana*、异叶榕 *Ficus heteromorpha*、西南卫矛 *Euonymus hamiltonianus*、多齿红山茶 *Camellia polyodonta*、中华青荚叶 *Helwingia chinensis* 等矮小灌木，以及菝葜 *Smilax china*、藤黄檀 *Dalbergia hancei* 等藤本灌木共计18种。

草本层高度0.2~0.5m，主要为锦香草 *Phyllagathis cavaleriei*、赤车 *Pellionia radicans*、间型沿阶草 *Ophiopogon intermedius*、绞股蓝 *Gynostemma pentaphyllum*、山姜 *Alpinia japonica*，以及多羽蹄盖蕨 *Athyrium multipinnm*、狗脊 *Woodwardia japonica* 等蕨类植物，盖度1%~20%。

表3-17 雷公山保护区峨眉拟单性木兰乔木层垂直结构组成

序号	乔木亚层	种名	平均胸径（cm）	平均高（m）	株数（株）	亚层株数占比（%）
1	Ⅰ亚层	峨眉拟单性木兰 *Parakmeria omeiensis*	49.9	24.2	7	41.2
2	Ⅰ亚层	枫香树 *Liquidambar formosana*	38.2	25.9	4	23.5
3	Ⅰ亚层	灯台树 *Cornus controversa*	24.9	26.5	1	5.9
4	Ⅰ亚层	冠萼花楸 *Sorbus coronata*	25.6	15.8	1	5.9
5	Ⅰ亚层	桂南木莲 *Manglietia conifera*	37.7	22.0	1	5.9
6	Ⅰ亚层	华南桦 *Betula austrosinensis*	32.4	24.5	1	5.9
7	Ⅰ亚层	金叶含笑 *Michelia foveolata*	39.9	23.6	1	5.9
8	Ⅰ亚层	云山青冈 *Cyclobalanopsis sessilifolia*	15.1	22.3	1	5.9
9	Ⅱ亚层	光叶山矾 *Symplocos lancifolia*	8.3	6.3	10	18.9
10	Ⅱ亚层	桂南木莲 *Manglietia conifera*	11.5	7.4	6	11.3
11	Ⅱ亚层	毛果青冈 *Cyclobalanopsis pachyloma*	7.0	5.8	5	9.4
12	Ⅱ亚层	青冈 *Cyclobalanopsis glauca*	11.9	8.1	3	5.7
13	Ⅱ亚层	多脉青冈 *Cyclobalanopsis multinervis*	15.6	7.9	2	3.8
14	Ⅱ亚层	峨眉拟单性木兰 *Parakmeria omeiensis*	6.2	6.1	2	3.8
15	Ⅱ亚层	马尾树 *Rhoiptelea chiliantha*	15.2	7.7	2	3.8
16	Ⅱ亚层	灰毛杜英 *Elaeocarpus limitaneus*	10.1	6.9	2	3.8
17	Ⅱ亚层	山樱花 *Cerasus serrulata*	24.2	12.1	2	3.8
18	Ⅱ亚层	树参 *Dendropanax dentigerus*	5.6	3.9	2	3.8
19	Ⅱ亚层	毛棉杜鹃 *Rhododendron moulmainense*	20.6	9.2	2	3.8

3.2 生活型谱

峨眉拟单性木兰群落生活型谱见表3-18。群落高位芽植物种类最多，占总数的83.9%，其次为地面芽植物。在高位芽植物中，又以中高位芽植物种类数目居多，占总种

数的 30.60%，矮高位芽、小高位芽次之，依次为 22.60%、21.00%，大高位芽为 9.70%。中高位芽植物种类多是尖叶毛柃 *Eurya acuminatissima*、白辛树、灯台树、多脉青冈、光叶槭 *Acer levogatatum*、青冈、云山青冈、山樱花、丝线吊芙蓉 *Rhododendron moulmainense* 等乔木树种。矮高位芽多由菝葜、常山、西南绣球等组成；小高位芽植物多由狭叶方竹、多花山矾 *Symplocos ramosissima* 等组成。

表 3-18　雷公山保护区峨眉拟单性木兰群落生活型谱

种类	MaPh	MePh	MiPh	NPh	Ch	H	Th
数量（种）	6	19	13	14	2	6	2
百分比（%）	9.70	30.60	21.00	22.60	3.20	9.70	3.20

注：MaPh—大高位芽（18~32m）；MePh—中高位芽（6~18m）；MiPh—小高位芽（2~6m）；NPh—矮高位芽（小于 2m）；Ch—地上芽；H—地面芽；Th—地下芽。

3.3　重要值分析

峨眉拟单性木兰群落乔木层、灌木层、草本层前 10 位重要值分析见表 3-19。群落中乔木层峨眉拟单性木兰优势明显，重要值 68.5，枫香树 31.2，光叶山矾、桂南木莲依次为 28.7、23.3，可见群落中常绿阔叶林成分明显。表 3-20 显示，灌木层中狭叶方竹重要值最高，达 122.2，为层中优势物种，溪畔杜鹃次之，为 40.6，为灌木层主要组成树种。表 3-21 显示，草本层优势植物为锦香草、赤车。群落重要值显示，调查样地植物群落为峨眉拟单性木兰+狭叶方竹的常绿阔叶林群系，处于雷公山常绿阔叶林垂直（上限 1300~1400m）分布带的上部。

表 3-19　雷公山保护区峨眉拟单性木兰乔木层重要值

种名	株数（株）	相对密度	优势度（m^2）	相对优势度	频度	相对频度	重要值	重要值序
峨眉拟单性木兰 *Parakmeria omeiensis*	9	12.9	1.5	46.9	0.5	8.8	68.5	1
枫香树 *Liquidambar formosana*	4	5.7	0.6	18.4	0.4	7.0	31.2	2
光叶山矾 *Symplocos lancifolia*	10	14.3	0.1	2.1	0.7	12.3	28.7	3
桂南木莲 *Manglietia conifera*	7	10.0	0.2	6.3	0.4	7.0	23.3	4
毛果青冈 *Cyclobalanopsis pachyloma*	5	7.1	0.0	0.6	0.3	5.3	13.0	5
青冈 *Cyclobalanopsis glauca*	3	4.3	0.0	1.5	0.3	5.3	11.0	6
金叶含笑 *Michelia foveolata*	2	2.9	0.1	4.4	0.2	3.5	10.7	7
山樱花 *Cerasus serrulata*	2	2.9	0.1	3.2	0.2	3.5	9.6	8
毛棉杜鹃 *Rhododendron moulmainense*	2	2.9	0.1	2.4	0.2	3.5	8.8	9
灯台树 *Cornus controversa*	2	2.9	0.1	1.6	0.2	3.5	8.0	10
多脉青冈 *Cyclobalanopsis multinervis*	2	2.9	0.0	1.2	0.2	3.5	7.6	11
灰毛杜英 *Elaeocarpus limitaneus*	2	2.9	0.0	0.5	0.2	3.5	6.9	12
树参 *Dendropanax dentigerus*	2	2.9	0.0	0.2	0.2	3.5	6.5	13

(续)

种名	株数(株)	相对密度	优势度(m^2)	相对优势度	频度	相对频度	重要值	重要值序
马尾树 *Rhoiptelea chiliantha*	2	2.9	0.0	1.2	0.1	1.8	5.8	14
华南桦 *Betula austrosinensis*	1	1.4	0.1	2.6	0.1	1.8	5.8	15
光叶槭 *Acer laevigatum*	1	1.4	0.1	1.8	0.1	1.8	5.0	16
冠萼花楸 *Sorbus coronata*	1	1.4	0.1	1.6	0.1	1.8	4.8	17
云山青冈 *Cyclobalanopsis sessilifolia*	1	1.4	0.0	0.6	0.1	1.8	3.7	18
圆果花楸 *Sorbus globosa*	1	1.4	0.0	0.6	0.1	1.8	3.7	19
白辛树 *Pterostyrax psilophyllus*	1	1.4	0.0	0.6	0.1	1.8	3.7	20
贵州桤叶树 *Clethra kaipoensis*	1	1.4	0.0	0.5	0.1	1.8	3.7	21
腺叶桂樱 *Laurocerasus phaeosticta*	1	1.4	0.0	0.5	0.1	1.8	3.6	22
贵定桤叶树 *Clethra delavayi*	1	1.4	0.0	0.2	0.1	1.8	3.4	23
尖叶毛柃 *Eurya acuminatissima*	1	1.4	0.0	0.2	0.1	1.8	3.4	24
光枝楠 *Phoebe neuranthoides*	1	1.4	0.0	0.2	0.1	1.8	3.3	25
中华杜英 *Elaeocarpus chinensis*	1	1.4	0.0	0.1	0.1	1.8	3.3	26
多花山矾 *Symplocos ramosissima*	1	1.4	0.0	0.1	0.1	1.8	3.3	27
黔桂润楠 *Machilus chienkweiensis*	1	1.4	0.0	0.1	0.1	1.8	3.3	28
香桂 *Cinnamomum subavenium*	1	1.4	0.0	0.1	0.1	1.8	3.3	29
川钓樟 *Lindera pulcherrima* var. *hemsleyana*	1	1.4	0.0	0.1	0.1	1.8	3.3	30

表 3-20　雷公山保护区峨眉拟单性木兰灌木层重要值

种名	株数(株)	相对密度	盖度(%)	相对盖度	频度	相对频度	重要值	重要值序
狭叶方竹 *Chimonobambusa angustifolia*	114	51.6	48.0	57.1	0.5	13.5	122.2	1
溪畔杜鹃 *Rhododendron rivulare*	6	2.7	25.0	29.8	0.3	8.1	40.6	2
藤黄檀 *Dalbergia hancei*	30	13.6	1.2	1.4	0.2	5.4	20.4	3
菝葜 *Smilax china*	18	8.1	0.4	0.5	0.2	5.4	14.0	4
常山 *Dichroa febrifuga*	7	3.2	0.6	0.7	0.3	8.1	12.0	5
尾叶悬钩子 *Rubus caudifolius*	7	3.2	0.6	0.7	0.3	8.1	12.0	6
细枝柃 *Eurya loquaiana*	6	2.7	1.2	1.4	0.2	5.4	9.6	7
西南绣球 *Hydrangea davidii*	7	3.2	0.4	0.5	0.2	5.4	9.1	8
香叶子 *Lindera fragrans*	3	1.4	1.2	1.4	0.2	5.4	8.2	9
异叶榕 *Ficus heteromorpha*	2	0.9	0.4	0.5	0.2	5.4	6.8	10
裂果卫矛 *Euonymus dielsianus*	1	0.5	3.0	3.6	0.1	2.7	6.7	11
南五味子 *Kadsura longipedunculata*	3	1.4	0.2	0.2	0.1	2.7	4.3	12
梗花粗叶木 *Lasianthus biermannii*	3	1.4	0.2	0.2	0.1	2.7	4.3	13
长叶胡颓子 *Elaeagnus bockii*	3	1.4	0.2	0.2	0.1	2.7	4.3	14

（续）

种名	株数（株）	相对密度	盖度（%）	相对盖度	频度	相对频度	重要值	重要值序
中华青荚叶 *Helwingia chinensis*	3	1.4	0.2	0.2	0.1	2.7	4.3	15
穗序鹅掌柴 *Schefflera delavayi*	2	0.9	0.2	0.2	0.1	2.7	3.8	16
羊舌树 *Symplocos glauca*	2	0.9	0.2	0.2	0.1	2.7	3.8	17
西南卫矛 *Euonymus hamiltonianus*	1	0.5	0.2	0.2	0.1	2.7	3.4	18
水红木 *Viburnum cylindricum*	1	0.5	0.2	0.2	0.1	2.7	3.4	19
西南红山茶 *Camellia pitardii*	1	0.5	0.2	0.2	0.1	2.7	3.4	20
多齿红山茶 *Camellia polyodonta*	1	0.5	0.2	0.2	0.1	2.7	3.4	21

表 3-21 雷公山保护区峨眉拟单性木兰草本层重要值

种名	株数（株）	相对密度	盖度（%）	相对盖度	频度	相对频度	重要值	重要值序
锦香草 *Phyllagathis cavaleriei*	21	33.3	5.6	39.4	1.0	25.0	32.6	1
赤车 *Pellionia radicans*	14	22.2	2.2	15.5	0.6	15.0	17.6	2
多羽蹄盖蕨 *Athyrium multipinnum*	8	12.7	1.4	9.9	0.6	15.0	12.5	3
山姜 *Alpinia japonica*	7	11.1	0.4	2.8	0.4	10.0	8.0	4
间型沿阶草 *Ophiopogon intermedius*	2	3.2	1.0	7.0	0.2	5.0	5.1	5
阔鳞鳞毛蕨 *Dryopteris championii*	2	3.2	1.0	7.0	0.2	5.0	5.1	6
狗脊 *Woodwardia japonica*	1	1.6	1.0	7.0	0.2	5.0	4.5	7
绞股蓝 *Gynostemma pentaphyllum*	1	1.6	1.0	7.0	0.2	5.0	4.5	8
华南紫萁 *Osmunda vachellii*	3	4.8	0.2	1.4	0.2	5.0	3.7	9
书带蕨 *Vittaria flexuosa*	3	4.8	0.2	1.4	0.2	5.0	3.7	10
多变蹄盖蕨 *Athyrium drepanopterum*	1	1.6	0.2	1.4	0.2	5.0	2.7	11

3.4 物种多样性分析

3.4.1 物种丰富度

峨眉拟单性木兰群落物种丰富度 S 为 62。其中，乔木层 30 种，灌木层 21 种，草本层 11 种。

3.4.2 物种多样性指数

图 3-3 显示，乔、灌、草三个层次的多样性 Simpson 指数（D）、Shannon-Wiener 指数（H_e'）、Pielou 指数（J_e）表现一致，均为乔木层>草本层>灌木层。

Pielou 指数（J_e）是指群落中各个种的多度或重要值的均匀程度。均匀度与物种数目无关，在物种数目一定的情况下均匀度只与个体数目或生物量等指标在各个物种中分布的均匀程度有关，在 J_e 指数中，乔木层>草本层>灌木层，乔木层、草本层物种均匀度较高显示该层物种内个体均匀度高，而灌木层均匀度最低，体现该层中各物种个体分布均匀度低，其中狭叶方竹在灌木层中数量优势明显，为灌木层中突出的优势种，对灌木层物种多样性影响显著。

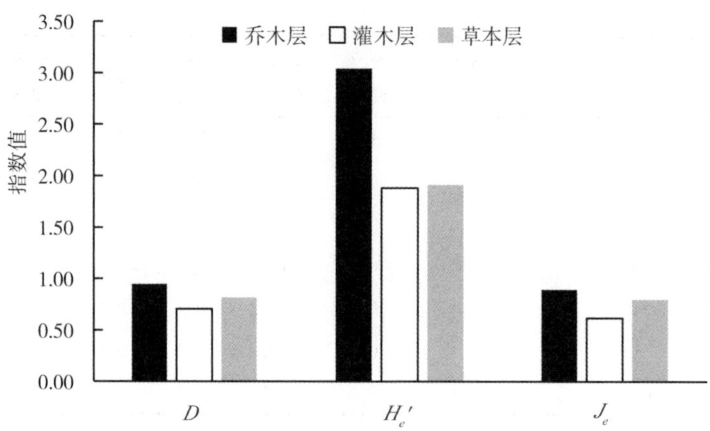

图 3-3　峨眉拟单性木兰群落物种多样性指数

3.5　种群特征

3.5.1　径阶结构

峨眉拟单性木兰样地种群按 10cm 径阶划分，可分为幼苗、幼树、1~10 至 60~70 共 9 个径阶，除 10~20 径阶无样株外，各径阶有样株 1~2 株，共计 12 株。其中幼苗 1 株，幼树 2 株，达检尺径共计 9 株，达检尺样株最小胸径 5.1cm，平均胸径 40.2cm，最大胸径 70.0cm。各径阶样株占总株数比例为 8.33%~16.67%。图 3-4 显示，峨眉拟单性木兰各径阶株数较均匀，种群相对稳定，在自然状况下能维持种群持续繁衍。

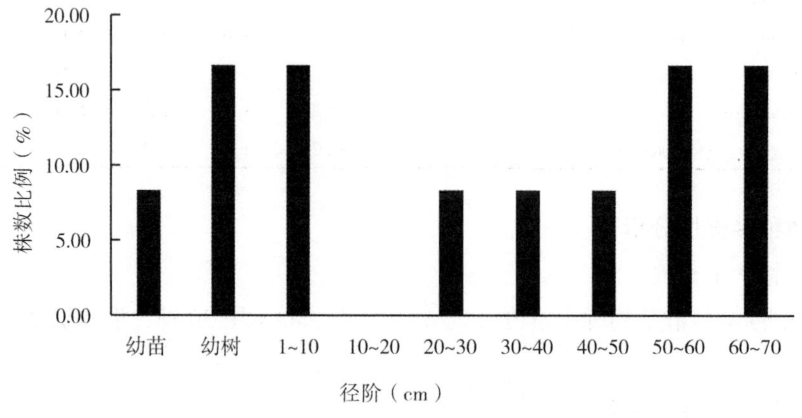

图 3-4　峨眉拟单性木兰种群径阶分布

3.5.2　种群分散度

以分散度 S^2 的方法分析峨眉拟单性木兰种群的空间分布格局。

表 3-22 显示种群分散度 S^2 为 1.24，大于 m 值 1.2，由此可见峨眉拟单性木兰种群个体分布不均，呈局部密集分布类型。在雷公山保护区内，峨眉拟单性木兰分布区域较小，资源量少，主要分布于格头、乔歪等地，在林中高大母树周边区域零星分布，呈现松散的局部密集分布。

表 3-22 雷公山保护区峨眉拟单性木兰种群分散度

样方号	1	2	3	4	5	6	7	8	9	10	合计	S^2	m
株数（株）	0	2	1	1	1	1	4	0	2	0	12	1.24	1.2
$\sum(x-m)^2$	1.44	0.64	0.04	0.04	0.04	0.04	7.84	1.44	0.64	1.44	13.6		

【研究进展】

通过查阅文献，在峨眉拟单性木兰与乐东拟单性木兰未合并之前，对乐东拟单性木兰主要开展了繁殖（包括种子、扦插、组织培养）、造林培育、种源试验、群落特性及保护，以及化学成分等初步研究。

种子繁殖中，余永富通过种子干藏和砂藏育苗试验，干藏苗圃平均发芽率 46.0%，沙藏优于干藏，达 51.0%。陈涛、陈景艳等研究了 1 年生乐东拟单性木兰实生苗的年生长规律，在生长盛期，苗高生长量 64.02%，地径生长量 61.13%。张惠良等研究乐东拟单性木兰发现场圃，发芽率为 73.2%，发芽势为 48.9%。袁冬明等研究提出乐东拟单性木兰轻基质容器大苗优良培养方案为：基质配比（体积比）为泥炭：黄泥：谷壳=2：3：5，基质中施用 3.0kg/m^{3}爱贝斯长效缓释肥，无纺布容器规格为 $D\times H=30\text{cm}\times30\text{cm}$。

扦插繁殖中，肖国强、黄晖等进行了乐东拟单性木兰扦插育苗技术研究，以 2 年生母树的穗条扦插效果最好，生根率为 56.2%。ABT_1 号生根粉和吲哚丁酸对扦插生根效果都比较理想，低浓度（100mg/L）、较短时间（0.5h）浸泡穗条能达到比较好的生根效果。

组织培养中，苏梦云等利用成龄树嫩枝茎段作外植体，研究了控制褐变和组织培养的技术；宁阳等以乐东拟单性木兰带腋芽茎段为外植体研究表明，无叶柄且经过 7d 暗处理的外植体腋芽萌发和生长状况最好。邓小梅等以成年树嫩枝为外植体建立了乐东拟单性木兰的组培再生系统。

造林培育中，颜立红、蒋利媛等总结出了“全垦整地+去叶的 1 年生或 2 年生裸根苗+发芽前栽植+踩紧压实”的配套栽培技术。

种源研究中，刘军、姜景民等对乐东拟单性木兰 14 个种源种子、苗期以及幼林期生长性状进行了调查分析。也有研究表明：乐东拟单性木兰幼林期主要生长性状的表型差异主要受遗传因素的控制，乐东拟单性木兰苗高和地径与纬度呈负相关，表明随种源纬度的升高，乐东拟单性木兰种源苗期生长有减小趋势，乐东拟单性木兰幼林期树高和胸径与经度呈正相关，与纬度呈极显著正相关。

化学成分研究，陈炳华等采用 GC-MS 技术分析了乐东拟单性木兰花部挥发油的化学组成，共鉴定了 57 种成分的化学结构与相对含量，占总含量的 85.59%。其中，β-蒎烯（12.85%）、D-柠檬烯（7.78%）、石竹烯（4.89%）、十氢-4a-甲基-1-亚甲基-7-（1-甲基乙烯基）-萘（4.70%）为主要成分。林同龙对福建南平 26 年生乐东拟单性木兰人工林木材纤维形态和化学成分进行测定和分析，乐东拟单性木兰木材硝酸-乙醇纤维素含量为 46.78%，戊聚糖含量为 16.64%，木素含量为 29.32%，纤维交织能力好，制品强度高，可作为林产工业制浆造纸、纤维板生产等的纤维材料使用；其苯醇抽出物含量中等（2.95%），天然耐久性尚好，是良好的家具和装饰用材。

保护生物学中，陈红锋、张荣京等对中国特有珍稀濒危植物乐东拟单性木兰资源研究结果表明，乐东拟单性木兰零星分布在我国 18°44′～29°24′N、107°50′～119°09′E 的热带至亚热带森林中，估测个体数量不足 15000 株，其中成年植株数量不足 2500 株。生境破碎化与乐东拟单性木兰自身的生物学和生态学特性是影响种群更新的重要因素，人为破坏是造成乐东拟单性木兰种群急剧缩减的直接原因。

【繁殖方法】

根据野外观察，峨眉拟单性木兰萌蘖更新不良，主要依靠种子繁殖更新。种子繁殖方法要点如下。

（1）种子采集

以果实变成红色后采种为宜，采集的聚合果，及时薄摊于阴凉通风处，让其自然干燥开裂脱粒。种子脱出后选去杂质，种粒薄摊于阴凉通风处经 3～4d，红色假种皮软化后，去种皮并洗净，清洗干净的种子应摊放在通风处晾干水分即可，不能在太阳下暴晒。

（2）种子贮藏

贮藏以干净、透气性好的河沙与种子按 3∶1 的比例混合沙藏；选择在通风阴凉的室内，露天沙藏要用农膜覆盖，以防水分散失；种子沙藏之前要进行清毒，可用托布津或 250g 多菌灵粉剂溶解于 100kg 水中，把种子浸泡 2～4h，捞出晾干水分即可进行贮藏；沙藏堆积不宜过高，30～50cm 即可，要及时喷洒适量水，并翻动拌匀，保持沙子湿润适中，不可过湿以免引起种子霉烂等。

（3）直播育苗

直插育苗以条播较好，条播的行宽 20cm、行距 30cm，每平方米播种量 40g，用细土覆盖，厚度 1cm。播种后用地膜覆盖，待种子开始出土时除去地膜，搭遮明棚。苗高 5～7cm 时，进行间苗，每行保留 15～20 株，适当增加光照，使苗木木质化。在 7～8 月，天气炎热时，要注意适当浇水和遮阴。

（4）芽苗移植

在苗木长至 3～4 片叶以后就可以进行芽菌移植，时间一般在 4 月左右。移植圃要选择向阳开阔、水源充足、排水透气性能良好的生荒地或稻田。生荒地最好也能做到“三烧三挖”，施肥量为每亩施磷肥 100kg、复合肥 100kg、发酵油枯 100kg，并充分翻拌均匀至土壤中。栽植时，要用手压实、压紧，芽苗栽植的密度以株距 10cm、行距 30cm 左右为宜，移植后做好遮阴。

（5）苗期管理

苗期管理主要应做好松土除草、追肥、防治病虫害、防水涝灾害等工作。追肥前期以氮肥为主，每月 1～2 次，9 月再施一次复合肥。

【保护建议】

峨眉拟单性木兰在雷公山分布于海拔 950～1400m 的原生性较强的常绿阔叶林中，其萌蘖更新不良，主要依靠母树种子扩散更新，一旦遭受砍伐破坏，将导致资源急剧减少。

加上由于历史上人为活动的原因，原生性常绿阔叶林遭到破坏而面积缩小，导致峨眉拟单性木兰分布区域狭窄，资源量少。根据群落调查显示，雷公山保护区内峨眉拟单性木兰现存分布区域资源得到良好保护，自然种群相对稳定，种群具有自然更新、维持种群持续的能力。但资源数量稀少，总体处于零星分布的状况。同时，保护区周边峨眉拟单性木兰资源由于群众保护意识不强，易受人为破坏而减少或灭绝。建议采取措施，加强峨眉拟单性木兰珍稀树种资源保护和开发利用。

首先，加强峨眉拟单性木兰资源保护宣传教育，提高乡村群众对峨眉拟单性木兰珍稀树种资源的保护意识，杜绝人为采伐、采种、砍伐等破坏行为的发生。

其次，开展峨眉拟单性木兰苗木培育，在适生区域开展人工促进天然更新等方式促进种群扩繁，增加自然种群资源。

最后，利用峨眉拟单性木兰为多用途珍贵阔叶树种的特性，在环境绿化、人工造林、低产林改造等经营中，采用峨眉拟单性木兰进行绿化美化，大力营造针阔混交、阔叶混交林，发挥峨眉拟单性木兰的用材、绿化美化等优良特性。

小叶红豆

【保护等级及珍稀情况】

小叶红豆 *Ormosia microphylla* Merr. et L. Chen，俗名紫檀，属蝶形花科 Papibilnaceae 红豆属 *Ormosia*，为国家一级重点保护野生植物。

【生物学特性】

小叶红豆为灌木或乔木，高约 10m；树皮灰褐色，不裂。小枝密被短柔毛；裸芽，密被黄褐色柔毛。奇数羽状复叶，近对生，长 12~16cm，叶柄长 2.2~3.2cm，叶轴长 6.5~7.8cm，密被黄褐色柔毛；小叶 5~7 对，纸质，椭圆形，长（1.5~）2~4cm，宽 1~1.5cm，先端急尖，基部圆，上面榄绿色，无毛或疏被柔毛，下面苍白色，多少贴生短柔毛，中脉具黄色密毛，侧脉 5~7 对，边缘不明显弧曲不相连接。花序顶生。荚果有梗，近菱形或长椭圆形，长 5~6cm，宽 2~3cm，有种子 3~4 粒；种皮红色，坚硬，种脐长 3~3.5mm，位于短轴一端。

小叶红豆分布于贵州、福建、广东、广西、湖南等地，分布海拔 600~1200m。

【应用价值】

小叶红豆是珍贵特种用材树种之一，心材大，呈紫红色，因而也有人称为“紫檀木”。宜作椅类、床类、沙发、顶箱柜、餐桌等高级仿古工艺家具，其木材坚硬、结构细匀、花饰美观、色泽漂亮，结构均匀，耐腐性强，可与进口的紫檀木相媲美，是优良珍贵用材树种，是制造高级家具、乐器和工艺品的特种珍贵用材。

通过查阅资料文献，梁瑞龙等的文章中记载，在广西某些地区，小叶红豆被当地群众称为神奇的“气象树”，它的树叶颜色会随着气候的变化而变化，人们通过观察树叶颜色变化预知洪涝干旱，一般情况下，晴天时，小叶红豆叶子常为绿色，当晴天转小雨时，叶子即呈淡红色或半截叶片呈红色，伴随降雨持续，在降雨一二天后，颜色恢复为绿色。久

雨转晴前的预兆是，淡红色叶片或半截红叶片在晴后一二天恢复绿色。在晴天遇到叶片呈大红或叶片全红时，预计将发生干旱。在久晴转阴，尤其是将降大暴雨发生洪涝灾害时，叶片会在前 5 天预兆报讯，颜色由绿色变成红色，叶尾低垂。每到这时候，人们及时做好防洪排涝准备，准不会出错。当地群众既有“出门看天色”，又有“出门看树色”的习惯。

【资源特性】

1　样地设置和调查

以雷公山保护区天然分布的小叶红豆为研究对象，采用样线法和样方法相结合，在雷公山保护区雷山县乔歪同远（地名）选取天然分布的小叶红豆群落设置典型样地 1 个。样地概况为海拔 1120m，土壤为黄壤，坡向为东南，坡位为中部，小地形为脊部，坡度 30°，群落总盖度为 95%，生长在针阔混交林中。

2　雷公山保护区资源情况

小叶红豆分布于雷公山保护区的乔歪和交密；生长在海拔 1000～1120m 的针阔混交林中；分布面积为 $50hm^2$，共有 195 株。

3　种群及群落特征

3.1　种群径级分析

种群径级结构采用邓贤兰等的方法，根据胸径大小将小叶红豆植株划分为 4 个等级：Ⅰ级（$DBH \leqslant 2cm$）、Ⅱ级（$2cm < DBH < 4cm$）、Ⅲ级（$4cm < DBH < 6cm$）、Ⅳ级（$DBH \geqslant 6cm$）。统计各径级个体数，以小叶红豆种群各个径级为横坐标，各个径级个体数所占比例大小为纵坐标，绘制小叶红豆种群径级结构图，由图 3-5 可知，其中Ⅰ、Ⅱ级个体数最多，分别占调查样地小叶红豆个体数的 43.75% 和 31.25%，Ⅳ级个体数最少，仅占 6.25%。从总体来看，小叶红豆种群径级结构属于金字塔型。从种群动态角度分析，小叶红豆种群内幼年植株较多，种群出生率大于死亡率，属于增长型种群。

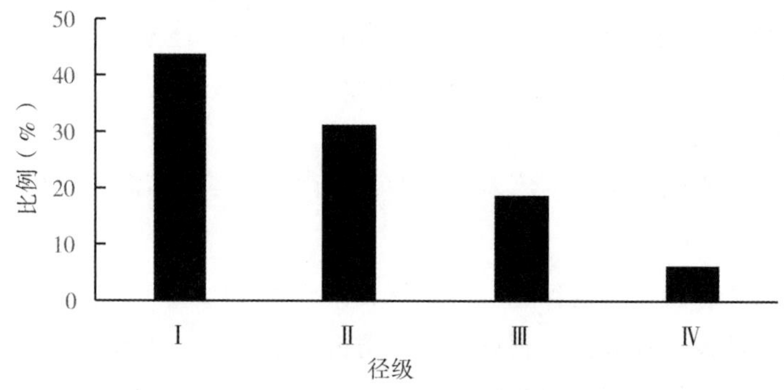

图 3-5　雷公山保护区小叶红豆种群径级结构

3.2　群落组成

3.2.1　*群类型*

群落分析维管束植物组成，有蕨类植物、裸子植物、双子叶植物、单子叶植物。

根据调查结果得出图 3-6、图 3-7，可知小叶红豆群落样地共有维管束植物 25 科 39

属 42 种，其中，蕨类植物共 3 科 4 属 4 种，种子植物共 22 科 35 属 38 种。种子植物中，裸子植物共 2 科 2 属 2 种，被子植物共 20 科 33 属 36 种。被子植物中，双子叶植物共 18 科 28 属 31 种，单子叶植物共 2 科 5 属 5 种。乔木层植物共 11 科 14 属 14 种，灌木层植物共 15 科 20 属 21 种，草本层植物共 4 科 7 属 7 种。

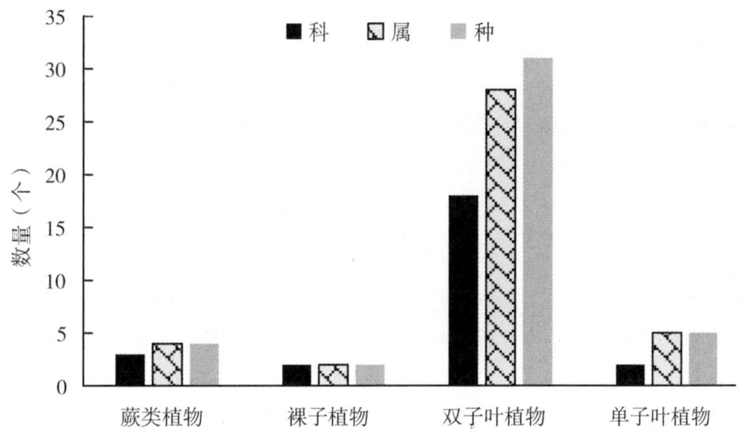

图 3-6　雷公山保护区小叶红豆群落植物类型

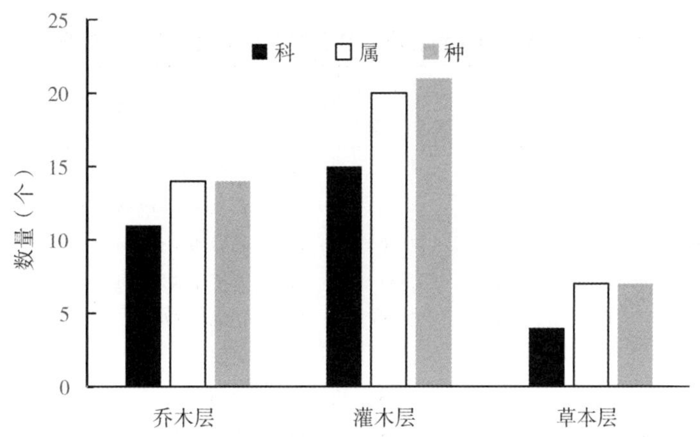

图 3-7　雷公山保护区植物层次分类群数量比较

3.2.1　优势科属

优势科为壳斗科、禾本科、杜鹃花科，分别为 4 属 5 种、4 属 4 种、3 属 4 种，分别占总属数的 10.26%、10.26%、7.69%，分别占总种数的 11.90%、9.52%、9.52%（表 3-23）；优势属为栗属、悬钩子属、越橘属 *Vaccinium* ，种数均为 2 种，占总种数的比例均为 4.76%，而单科单属单种的有 17 科，占总科数的 68%，单属单种的有 36 属，占总属数的 92.31%。因此，雷公山保护区小叶红豆群落优势科属并不明显，以单科单属单种物种为主（表 3-24）。

表 3-23　雷公山保护区小叶红豆科属占总种数比例统计信息

序号	科名	属数/种数（个）	占总属/种数的比例（%）	序号	科名	属数/种数（个）	占总属/种数的比例（%）
1	壳斗科 Fagaceae	4/5	10. 26/11. 9	14	漆树科 Anacardiaceae	1/1	2. 56/2. 38
2	禾本科 Poaceae	4/4	10. 26/9. 52	15	忍冬科 Caprifoliaceae	1/1	2. 56/2. 38
3	杜鹃花科 Ericaceae	3/4	7. 69/9. 52	16	桑科 Moraceae	1/1	2. 56/2. 38
4	蝶形花科 Papibilnaceae	3/3	7. 69/7. 14	17	山茶科 Theaceae	1/1	2. 56/2. 38
5	蔷薇科 Rosaceae	2/3	5. 13/7. 14	18	杉科 Taxodiaceae	1/1	2. 56/2. 38
6	里白科 Gleicheniaceae	2/2	5. 13/4. 76	19	柿树科 Ebenaceae	1/1	2. 56/2. 38
7	五列木科 Pentaphylacaceae	2/2	5. 13/4. 76	20	鼠李科 Rhamnaceae	1/1	2. 56/2. 38
8	樟科 Lauraceae	2/2	5. 13/4. 76	21	松科 Pinaceae	1/1	2. 56/2. 38
9	菝葜科 Smilacaceae	1/1	2. 56/2. 38	22	乌毛蕨科 Blechnaceae	1/1	2. 56/2. 38
10	交让木科 Daphniphyllaceae	1/1	2. 56/2. 38	23	无患子科 Sapindaceae	1/1	2. 56/2. 38
11	桦木科 Betulaceae	1/1	2. 56/2. 38	24	五味子科 Schisandraceae	1/1	2. 56/2. 38
12	蕨科 Pteridiaceae	1/1	2. 56/2. 38	25	杨梅科 Myricaceae	1/1	2. 56/2. 38
13	山柳科 Clethraceae	1/1	2. 56/2. 38		合计	39/42	100. 00/100. 00

表 3-24　雷公山保护区小叶红豆属占总种数比例统计信息

序号	属名	种数（个）	占总种数的比例（%）	序号	属名	种数（个）	占总种数的比例（%）
1	栗属 *Castanea*	2	4. 76	21	柃属 *Eurya*	1	2. 38
2	悬钩子属 *Rubus*	2	4. 76	22	芒萁属 *Dicranopteris*	1	2. 38
3	越橘属 *Vaccinium*	2	4. 76	23	芒属 *Miscanthus*	1	2. 38
4	菝葜属 *Smilax*	1	2. 38	24	木姜子属 *Litsea*	1	2. 38
5	白茅属 *Imperata*	1	2. 38	25	山柳属 *Clethra*	1	2. 38
6	白珠属 *Gaultheria*	1	2. 38	26	槭属 *Acer*	1	2. 38
7	淡竹叶属 *Lophatherum*	1	2. 38	27	榕属 *Ficus*	1	2. 38
8	杜鹃花属 *Rhododendron*	1	2. 38	28	山茶属 *Camellia*	1	2. 38
9	刚竹属 *Phyllostachys*	1	2. 38	29	山胡椒属 *Lindera*	1	2. 38
10	狗脊蕨属 *Woodwardia*	1	2. 38	30	杉木属 *Cunninghamia*	1	2. 38
11	合欢属 *Albizia*	1	2. 38	31	石楠属 *Photinia*	1	2. 38
12	红豆属 *Ormosia*	1	2. 38	32	柿属 *Diospyros*	1	2. 38
13	交让木属 *Daphniphyllum*	1	2. 38	33	鼠李属 *Rhamnus*	1	2. 38
14	桦木属 *Betula*	1	2. 38	34	水青冈属 *Fagus*	1	2. 38
15	黄檀属 *Dalbergia*	1	2. 38	35	松属 *Pinus*	1	2. 38
16	锦带花属 *Weigela*	1	2. 38	36	五味子属 *Schisandra*	1	2. 38
17	蕨属 *Pteridium*	1	2. 38	37	盐肤木属 *Rhus*	1	2. 38
18	栲属 *Castanopsis*	1	2. 38	38	杨梅属 *Myrica*	1	2. 38
19	里白属 *Diplopterygium*	1	2. 38	39	杨桐属 *Adinandra*	1	2. 38
20	栎属 *Quercus*	1	2. 38		总计	42	100. 00

3.3 群落的外貌特征

3.3.1 生活型和生活型谱

生活型是群落外貌特征的重要参数之一，采用 Ruankiaerr 生活型分类系统进行分类由表 3-25 可知，将小叶红豆群落的生活型分为高位芽植物、地面芽植物、地下芽植物，其中高位芽植物共 35 种，占 83.33%，地面芽植物共 4 种，占 9.52%，地下芽植物共 3 种，占 7.14%。高位芽植物中，中型高位芽植物 7 种，占总种数的 16.67%，小型高位芽植物与矮小型高位芽植物种数相同，均为 14 种，占总种数的 33.33%，无大型高位芽植物。可见，高位芽植物是该群落的主要组成部分，地面芽植物和地下芽植物占比较小，无地上芽植物和一年生植物。由于群落所处的地理位置海拔较高、光照时间久、强度大、湿度较大，这样的环境较为适宜中高位芽、小高位芽、矮高位芽和地上芽植物生长。

表 3-25 雷公山保护区小叶红豆群落生活型谱

生活型类群	生活型	种数（种）	占比（%）
高位芽植物	中型高位芽植物	7	16.67
	小型高位芽植物	14	33.33
	矮小型高位芽植物	14	33.33
地面芽植物		4	9.52
地下芽植物		3	7.14
	合计	42	100.00

3.3.2 群落的数量特征

（1）密度

乔木层树种密度：乔木层总密度为 533.3 株/hm²，平均密度为 38.1 株/hm²，其中，密度最大的树种为甜槠 *Castanopsis eyrei*，密度为 100 株/hm²；其次是马尾松 *Pinus massoniana*，其密度为 83.3 株/hm²；小叶红豆密度为 66.7/hm²，排在第三位；密度最小的树种为毛叶木姜子、锥栗 *Castanea henryi*、狭叶珍珠花 *Lyonia ovalifolia* var. *lanceolata*、油柿 *Diospyros oleifera*、盐肤木、山槐 *Albizia kalkora*，其密度均为 16.7 株/hm²。

灌木层树种密度：灌木层总密度为 4883.3 株/hm²，平均密度为 203.5 株/hm²，其中，密度最大的树种为菝葜，密度为 783.3 株/hm²；其次是藤黄檀，密度为 650 株/hm²；密度最小的树种为水青冈、冻绿 *Rhamnus utilis*、虎皮楠 *Daphniphyllum oldhamii*、中华槭 *Acer sinense* 、五味子 *Schisandra chinensis*，均为 16.7 株/hm²。

草本层密度：草本层总密度为 3300 株/hm²，平均密度为 471.4 株/hm²，其中，密度最大的物种为芒萁 *Dicranopteris pedata*，为 1416.7 株/hm²；其次为里白，密度为 1166.7 株/hm²；密度最小的物种为狗脊和白茅 *Imperata cylindrica*，均为 33.3 株/hm²。

（2）高度

乔木层高度：乔木层树高范围 3.5~15m，平均树高为 7.1m，其中，最矮 3.5m 的树种为小叶红豆，最高 15m 的树种为马尾松；平均树高最高的种群为马尾松种群，为 11m；乔木层平均树高最矮树种为狭叶珍珠花、毛叶木姜子，均为 4m。

灌木层高度：灌木层树高范围 0.3～3m，平均树高 1.33m，其中，整体树高最高的树种为藤黄檀，为 3m；整体树高最矮的树种为滇白珠 *Gaultheria leucocarpa* var. *erenulata*，树高为 0.3m。

（3）重要值

重要值是表征物种在群落中的地位和作用的综合指标，根据公式“重要值 = [相对密度+相对频度+相对优势度（盖度）] /3”计算重要值。

乔木层重要值：由表 3-26 可知研究区域共有乔木 14 种，其中，重要值最高的树种为马尾松（67.98），其次为甜槠（44.20），再次为异叶榕（37.73）和小叶红豆（27.24），且仅上述 4 种树种的重要值比乔木层平均重要值（21.43）高；重要值在 10.00 以下的树种有 6 种，分别为毛叶木姜子（7.22）、锥栗（7.07）、狭叶珍珠花（7.07）、油柿（7.02）、盐肤木（6.93）、山槐（6.80）。可见，乔木层中的优势种为马尾松，甜槠、异叶榕、小叶红豆为次要优势种。

表 3-26　雷公山保护区小叶红豆群落乔木层重要值

序　号	种　名	相对密度	相对优势度	相对频度	重要值	重要值序
1	马尾松 *Pinus massoniana*	15.63	36.73	15.63	67.98	1
2	甜槠 *Castanopsis eyrei*	18.75	6.70	18.75	44.20	2
3	异叶榕 *Ficus heteromorpha*	3.13	31.48	3.13	37.73	3
4	小叶红豆 *Ormosia microphylla*	12.50	2.24	12.50	27.24	4
5	亮叶桦 *Betula luminifera*	9.38	2.50	9.38	21.25	5
6	水青冈 *Fagus longipetiolata*	9.38	2.47	9.38	21.22	6
7	杨梅 *Myrica rubra*	6.25	7.11	6.25	19.61	7
8	杉木 *Cunninghamia lanceolata*	6.25	6.15	6.25	18.65	8
9	毛叶木姜子 *Litsea mollis*	3.13	0.97	3.13	7.22	9
10	锥栗 *Castanea henryi*	3.13	0.82	3.13	7.07	10
11	狭叶珍珠花 *Lyonia ovalifolia* var. *lanceolata*	3.13	0.82	3.13	7.07	11
12	油柿 *Diospyros oleifera*	3.13	0.77	3.13	7.02	12
13	盐肤木 *Rhus chinensis*	3.13	0.68	3.13	6.93	13
14	山槐 *Albizia kalkora*	3.13	0.55	3.13	6.80	14

灌木层重要值，由表 3-27 可知研究区域共有灌木 24 种，其中，重要值最高的两个树种为藤黄檀（48.73）和山胡椒 *Lindera glauca*（48.29），其重要值非常接近，其次是菝葜（36.51）和狭叶珍珠花（35.77）。重要值不足 5 的树种共有 6 种，分别为山莓 *Rubus corchorifolius*（4.79）、中华槭（4.45）、五味子（4.45）、水青冈（4.45）、虎皮楠（4.45）、冻绿（4.25）。可见，灌木层中的优势种为藤黄檀和山胡椒，山莓、中华槭等为偶见种。

表 3-27　雷公山保护区小叶红豆群落灌木层重要值

序号	种名	相对密度	相对盖度	相对频度	重要值	重要值序
1	藤黄檀 *Dalbergia hancei*	13. 31	20. 61	14. 81	48. 73	1
2	山胡椒 *Lindera glauca*	10. 58	19. 19	18. 52	48. 29	2
3	菝葜 *Smilax china*	16. 04	5. 66	14. 81	36. 51	3
4	狭叶珍珠花 *Lyonia ovalifolia* var. *lanceolata*	11. 26	9. 70	14. 81	35. 77	4
5	白栎 *Quercus fabri*	7. 51	9. 09	14. 81	31. 41	5
6	细齿叶柃 *Eurya nitida*	10. 92	7. 68	7. 41	26. 01	6
7	油茶 *Camellia oleifera*	6. 48	5. 05	11. 11	22. 65	7
8	小花石楠 *Photinia schneideriana* var. *parviflora*	2. 05	2. 42	14. 81	19. 29	8
9	南烛 *Vaccinium bracteatum*	4. 44	3. 64	11. 11	19. 18	9
10	贵定桤叶树 *Clethra delavayi*	4. 44	3. 43	11. 11	18. 98	10
11	滇白珠 *Gaultheria leucocarpa* var. *erenulata*	2. 05	2. 63	11. 11	15. 79	11
12	水竹 *Phyllostachys heteroclada*	2. 39	2. 42	7. 41	12. 22	12
13	周毛悬钩子 *Rubus amphidasys*	1. 71	1. 01	7. 41	10. 12	13
14	锦带花 *Weigela florida*	0. 68	2. 02	3. 70	6. 41	14
15	川杨桐 *Adinandra bockiana*	1. 37	1. 21	3. 70	6. 28	15
16	毛棉杜鹃 *Rhododendron moulmainense*	1. 02	1. 01	3. 70	5. 74	16
17	甜槠 *Castanopsis eyrei*	0. 68	1. 01	3. 70	5. 40	17
18	茅栗 *Castanea seguinii*	0. 68	1. 01	3. 70	5. 40	18
19	山莓 *Rubus corchorifolius*	0. 68	0. 40	3. 70	4. 79	19
20	中华槭 *Acer sinense*	0. 34	0. 40	3. 70	4. 45	20
21	华中五味子 *Schisandra sphenanthera*	0. 34	0. 40	3. 70	4. 45	21
22	水青冈 *Fagus longipetiolata*	0. 34	0. 40	3. 70	4. 45	22
23	虎皮楠 *Daphniphyllum oldhamii*	0. 34	0. 40	3. 70	4. 45	23
24	冻绿 *Rhamnus utilis*	0. 34	0. 20	3. 70	4. 25	24

草本层重要值，由表 3-28 可知研究区域共有草本植物 7 种，其中里白和芒萁占绝对优势，其重要值分别为 94. 29、92. 11，显著大于其他草本植物，其次是五节芒 *Miscanthus floridulus* 和蕨 *Pteridium aquilinum* var. *latiusculum*，其重要值为 40. 81 和 39. 29，其余草本植物重要值都较低，可见，草本层中优势种为里白和芒萁。

综上所述，小叶红豆群落中乔、灌、草三个层次中的优势种分别为马尾松、藤黄檀、山胡椒、里白，该群落为马尾松+甜槠群系。

表 3-28　雷公山保护区小叶红豆群落草本层重要值

序号	种名	相对密度	相对盖度	相对频度	重要值	重要值序
1	里白 *Diplopterygium glaucum*	35.35	47.83	11.11	94.29	1
2	芒萁 *Dicranopteris pedata*	42.93	26.96	22.22	92.11	2
3	五节芒 *Miscanthus floridulus*	8.59	10.00	22.22	40.81	3
4	蕨 *Pteridium aquilinum* var. *latiusculum*	7.07	10.00	9.22	39.29	4
5	淡竹叶 *Lophatherum gracile*	4.04	1.74	11.11	16.89	5
6	狗脊 *Woodwardia japonica*	1.01	3.04	5.56	9.61	6
7	白茅 *Imperata cylindrica*	1.01	0.43	5.56	7.00	7

3.3.3　物种多样性

采用小叶红豆群落乔木层、灌木层、草本层的物种多样性指数的比较来反映小叶红豆群落中乔木层、灌木层、草本层的植物丰富程度、植物的多样性程度、植物分布均匀程度。

根据表 3-29 计算结果表明，研究区群落的多样性指数（H_e'）为 6.355，其中，乔木层为 2.412，灌木层为 2.592，草本层为 1.351，即灌木层>乔木层>草本层，说明灌木层的植物多样性更为丰富，草本层植物多样性较为单一，乔木层次之。

根据表 3-29 计算结果表明，研究区群落的均匀度指数（H_e'）为 2.424，其中，乔木层为 0.914，灌木层为 0.816，草本层为 0.694，即乔木层>灌木层>草本层，说明乔木层植物分布更为均匀，灌木层和草本层的植物分布较为集中。

从计算结果来看，研究区群落的 Margalef 指数（D）（8.935）高于 Shannon-Wiener 指数（H_e'）（6.355）和 Pielou 指数（J_e）（2.424），Shannon-Wiener 指数（H_e'）（6.355）高于 Pielou 指数（J_e）（2.424），从乔、灌、草三个层次来看，多样性指数值最高的是灌木层的 Margalef 指数（D）（4.049），多样性指数值最低的是草本层的 Pielou 指数（J_e）（0.694）；乔木层、灌木层在 Shannon-Wiener 指数（H_e'）、Margalef 指数（D）上差异较小，且都大于草本层的 Shannon-Wiener 指数（H_e'）和 Margalef 指数（D）；乔、灌、草的 Pielou 指数（J_e）虽表现为乔木层>灌木层>草本层，但差异并不大。

综上所述，研究区域群落的生物多样性特征表现为灌木层树种较为多样，灌木层的植物多样性更为丰富，乔木层次之，而草本层植物多样性较为单一。从物种分布均匀度来看，乔木层植物分布更为均匀，说明大部分乔木树种的数量主要集中于少数物种，优势种比较明显，其他树种占比较小，而灌木层优势种并不明显。

表 3-29　雷公山保护区小叶红豆物种多样性指数

层次	D	H_e'	J_e
乔木层	3.751	2.412	0.914
灌木层	4.049	2.592	0.816
草本层	1.135	1.351	0.694
合计	8.935	6.355	2.424

【研究进展】

通过查阅资料，国内关于小叶红豆的研究较少，有研究表明小叶红豆主要靠种子繁殖，而种皮坚硬致密不易透水导致种子生产力和萌发能力差，只有在群落出现“林窗”的条件下，才进行天然更新；种群数量少，种内遗传多样性低，属于衰退型种群，无幼苗和幼树个体，缺乏自我更新能力，随着群落的进展演替，将会被取代；人为活动的破坏给小叶红豆种群的生长繁育也带来一定的危险性。另有，论述了关于小叶红豆的生长习性，也有研究报道小叶红豆应用价值、特征及造林技术等方面。

【繁殖方法】

采用种子繁殖方法，步骤如下。

①种子采集及处理：小叶红豆荚果成熟期在霜降前后成熟，在荚果未开裂前及时采种。采回后放在通风干燥的地方晾干，待豆荚开裂，种子自行脱出后收集，忌暴晒，稍阴干即可放入布口袋中或混沙贮藏。

②营养土配制：容器选择高 18cm、直径 8cm 圆柱形的塑料袋，中下部均匀截有排水通气孔。营养土的配制最好选择从来没种过农作物的沙壤土的生荒地表土。每立方米表土掺 1kg 优质硫酸钾复合肥拌匀，边拌边喷雾 1∶80 的福尔马林溶液，堆放盖上农膜沤 30d 后即可装杯。

③育苗床的准备：选择排水良好、背风向阳处作沙床，床宽 1m，长视播种量而定，用火砖在床四周砌成墙框，墙高 30cm；再在墙框外边每隔 80cm 处固定一根弯拱竹片，用于支撑覆盖薄膜保温保湿；床内铺上一层 20~25cm 厚的干净河沙，然后喷洒 800 倍液的退菌特消毒杀菌。

④播种：在广西 2 月中旬至 3 月初播种，播种前将已消毒浸泡处理过的种子均匀撒播上，盖上 1~1.5cm 厚的干净河沙，喷足水，盖上薄膜，四周用泥土压紧。要注意观察床内的温度，保持在 20~30℃，过高时打开两头薄膜通风换气，过后转盖回来，相对湿度 85%为宜，30~40d 种子发芽出土。

⑤芽苗移栽上杯：子叶颜色由淡绿色转为深绿色（或将要出真叶）时就可以移栽上杯了。芽苗上杯前，整齐将根部排放在盛有 0.1%退菌特溶液的小盆中。上杯时，先用小竹签在杯的中间引洞，左手拿苗放下，右手拿竹签在离苗 3~5cm 处按 45°插入土中向苗方向挤压，使苗木根系与土壤紧密接触；用花洒壶浇足定根水，上杯后要及时在苗床上搭棚遮阳，透光度 40%~50%。

⑥苗木管理：要保持容器内的土壤湿润，每天喷水 1~2 次，阴天或下雨天可不喷水。当幼苗出第一张真叶时便可追肥，追肥以氮肥为主，辅以磷、钾肥。氮肥以尿素或人粪尿兑清水洒施。初施尿素以 0.1%~0.2%水液洒施，每隔 10d 施一次氮肥。随着苗龄的增大而增加氮肥浓度到 0.5%。9 月初只施磷、钾肥，2∶1 兑水浇施，每次施后均用清水淋洗叶面肥粒、肥汁以防灼伤苗木。

⑦病虫害防治：为防止苗木病害的发生，在苗木恢复期后，可选用 25%的可湿性粉剂多菌灵 800 倍、5%的甲基托布津可湿性粉剂 1000 倍液交替喷洒，每 7d 一次，连续 3~5 次，

苗木生长正常，停止用药。对食叶害虫，可选用40%氧化乐果800倍、2.5%敌杀乳油1000倍喷雾，对多种食叶害虫有效。

【保护建议】

一是进行就地保护。通过对雷公山保护区的小叶红豆群落典型样地的种群和群落特征分析，小叶红豆群落幼年植株较多，种群的出生率大于死亡率，属于增长型种群，所以应当加强对小叶红豆原生境的保护，确保其能够正常的生长繁育，必要时可以在其生境设置相关防护措施，如围栏、提醒警示标志等。

二是进行迁地保护。将现有的小叶红豆种群植株进行迁地保存，根据其生长特性，迁入生长环境较好、生存条件较优的区域形成新的小叶红豆群落，或迁入科研基地和植物园进行保护，保护其生物多样性和优良遗传基因。

三是人为干扰。由于小叶红豆群落分布范围狭窄，种群内遗传多样性低，种群分布个体数少，且多为细小的幼树，在自然生长环境的群落并不占优势，生长繁育面临一定困难，所以应当加强小叶红豆自生生物学特性研究，进一步摸清其生物学特性，开展有利于其种群发展的相应措施，如合理配置小叶红豆群落结构，对群落结构和生长环境实施人为干扰，结合生态学、植物学等方面为小叶红豆种群生长繁育创造条件。

四是开展小叶红豆人工培育。加强小叶红豆的人工培植工作，扩大小叶红豆人工种群，逐步积累培植技术和管理经验，开展播种、扦插、嫁接、组织培养等技术研究和人工林培育技术研究，实施小叶红豆的规模化种植。

五是归化自然。在实行就地保护和人工培育的基础上，将人工培育的小叶红豆个体移植到其原有的生境中，让其归化至自然环境中，并正常发育、产生后代，扩大自然种群的规模。

六是加强公众宣传教育。通过长期的宣传教育工作，使当地群众了解珍稀植物保护的意义和责任，建立自觉保护植物的意识，这也是一种有效且必要的保护措施。

第4章 国家二级重点保护野生植物

金毛狗

【保护等级及珍稀情况】

金毛狗 *Cibotium barometz*（L.）J. Sm.，为蚌壳蕨科 Dicksoniaceae 金毛狗属 *Cibotium* 植物，为国家二级重点保护野生植物。

【生物学特性】

植株高达3m，根状茎卧生，粗大，于叶柄基部密生垫状的金黄色茸毛。叶丛生；叶柄长1~2m；叶片长达180cm，广卵状三角形，3回羽状分裂；叶为革质或厚纸质，上面褐色，有光泽，下面为灰白色或灰蓝色。孢子囊群在每一末回具能育裂片1~5对，生于下部的小脉顶端，囊群盖横长圆形，两瓣状，成熟时张开如蚌壳，露出孢子囊群。

在我国分布于浙江、台湾、福建、江西、湖南南部、广东、广西、香港、海南、四川南部、贵州、云南和西藏等地。印度、缅甸、泰国、中南半岛、马来西亚、印度尼西亚和琉球群岛、日本也有分布。在贵州分布于南部及北部的赤水、金沙，东部的铜仁、锦屏、月亮山等地，其中月亮山的种群数量较大。

【应用价值】

药用价值：根状茎可长年采收入药，具有通血脉、利关节、强腰背、壮筋骨、治顽痒等多种功效，且金毛狗的茸毛入药是治疗外伤出血的特效药。

观赏价值：因其密被金黄色茸毛的根状茎形似一只活泼可爱的毛绒玩具狗，再加上它有着四季常绿、雅致清新的大型羽状叶，可作为十分奇特的园林绿化观赏植物。密生金黄色茸毛的根状茎可作工艺品，供观赏。

【资源特性】

1 雷公山保护区资源分布情况

金毛狗分布于雷公山保护区的小丹江和昂英；生长在海拔600~700m的常绿阔叶林中；分布面积为70hm^2，共有500株。

2 最小面积法分析群落

根据余德会、唐秀俊等对雷公山保护区金毛狗采用线路法、样方法和最小面积法相结合的方法进行研究。线路法选取有代表性的植被，对通过保护区内布设较均匀的 10 条路线进行调查，每条路线长度不低于 5km。当发现目的物种分布少（面积小于 $1hm^2$），则采用实测；分布多，则采用 20m×30m 的样方法。样方法仅调查目的物种的株数、高度及盖度，用平板电脑中的“贵州省森林资源规划设计调查”（二类调查）软件勾绘目的物种分布面积。生境的调查采用样方法的最小面积来确定群落的植物种类组成，即中央逐步成 2 倍扩大样方面积（图 4-1），样方 2 包含样方 1（2m×2m），样方 3 包含样方 2，据此类推。统计面积扩大增加的物种数，绘制出物种数和样地面积关系曲线，即以物种数作为纵坐标，样方面积作为横坐标，绘制曲线。其他因子包括海拔、坡向、坡度、坡位、经纬度、森林类型、土壤类型、岩石裸露率等。

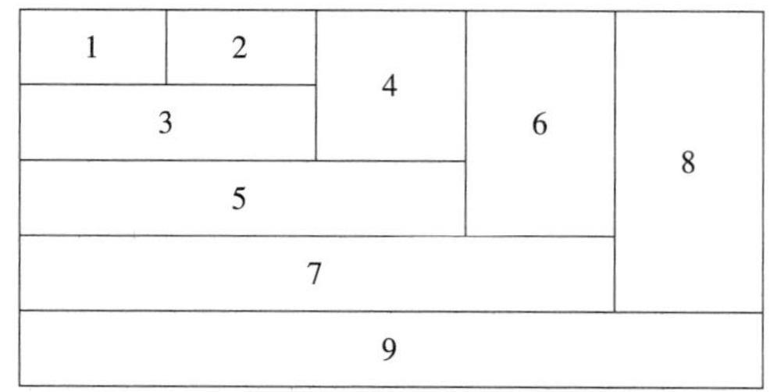

图 4-1 金毛狗生境调查样地示意

由表 4-1 绘制图 4-2 可知，金毛狗物种数起初迅速上升，而后逐渐趋于平缓，这是因为开始样方中出现许多物种，而后扩大的样方中增添的物种数越来越少，曲线开始平缓，后面几乎平行，即为目的物种群落的物种数。金毛狗为喜阴植物，最佳生长环境为阴湿沟谷地，生长的植物多数为林下的喜阴植物，与常绿阔叶林下伴生种相符。

表 4-1 雷公山保护区金毛狗随着样方面积扩大物种数的变化

样方号	面积（m^2）	先增物种	种数（种）
1	4	金毛狗 *Cibotium barometz*、狗脊 *Woodwardia japonica*、瑞木 *Corylopsis multiflora*、甜槠 *Castanopsis eyrei*、日本粗叶木 *Lasianthus japonicus*	5
2	8	尾叶复叶耳蕨 *Arachniodes caudata*、化香树 *Platycarya strobilacea*、溪畔杜鹃 *Rhododendron rivulare*、百两金 *Ardisia crispa*、虎舌红 *Ardisia mamillerata*、网脉酸藤子 *Embelia rudis*	11
3	16	牛皮消 *Cynanchum auriculatum*、棕榈 *Trachycarpus fortunei*、中华苔草 *Carex chinensis*、菝葜 *Smilax china*	15
4	32	抱石莲 *Lepidogrammitis drymoglossoides*、瓦韦 *Lepisorus thunbergianus*、杉木 *Cunninghamia lanceolata*、大叶新木姜子 *Neolitsea levinei*、闽楠 *Phoebe bournei*	20
5	64	光枝楠 *Phoebe neuranthoides*、柯 *Lithocarpus glaber*、西域旌节花 *Stachyurus himalaicus*、山矾 *Symplocos sumuntia*、紫金牛 *Ardisia japonica*、藤黄檀 *Dalbergia hancei*、疏花卫矛 *Euonymus laxiflorus*、黄连木 *Pistacia chinensis*、常春藤 *Hedera sinensis*、穗序鹅掌柴 *Schefflera delavayi*、淡竹叶 *Lophatherum gracile*、春兰 *Cymbidium goeringii*	32

（续）

样方号	面积（m^2）	先增物种	种数（种）
6	128	芒萁 *Dicranopteris pedata*、金星蕨 *Parathelypteris glanduligera*、樟 *Cinnamomum camphora*、红叶木姜子 *Litsea rubescens*、润楠 *Machilus nanmu*、草珊瑚 *Sarcandra glabra*、五味子 *Schisandra chinensis*、大血藤 *Sargentodoxa cuneata*、金线吊乌龟 *Stephania cephalantha*、枫香树 *Liquidambar formosana*、异叶榕 *Ficus heteromorpha*、栗 *Castanea mollissima*、亮叶桦 *Betula luminifera*、火炭母 *Polygonum chinense*、杨桐 *Adinandra millerettii*、油茶 *Camellia oleifera*、毛花猕猴桃 *Actinidia eriantha*、猴欢喜 *Sloanea sinensis*、滇白珠 *Gaultheria leucocarpa* var. *yunnanensis*、腺萼马银花 *Rhododendron bachii*	52
7	256	乌柿 *Diospyros cathayensis*、小叶石楠 *Photinia parvifolia*、周毛悬钩子 *Rubus amphidasys*、黄泡 *Rubus pectinellus*、毛桐 *Mallotus barbatus*、长叶冻绿 *Rhamnus crenata*、中华槭 *Acer sinense*、南酸枣 *Choerospondias axillaris*、野漆 *Toxicodendron succedaneum*、清香藤 *Jasminum lanceolarium*、水团花 *Adina pilulifera*、茜树 *Aidia cochinchinensis*、粗叶木 *Lasianthus chinensis*、鸡矢藤 *Paederia foetida*、艾纳香 *Blumea balsamifera*、十字苔草 *Carex cruciata*	68
8	512	狭叶方竹 *Chimonobambusa angustifolia*、五节芒 *Miscanthus floridulus*、山姜 *Alpinia japonica*、沿阶草 *Ophiopogon bodinieri*	72
9	1024	黑果菝葜 *Smilax glaucochina*、石松 *Lycopodium japonicum*、碗蕨 *Dennstaedtia scabra*、中华猕猴桃 *Actinidia chinensis*、构棘 *Maclura cochinchinensis*	77

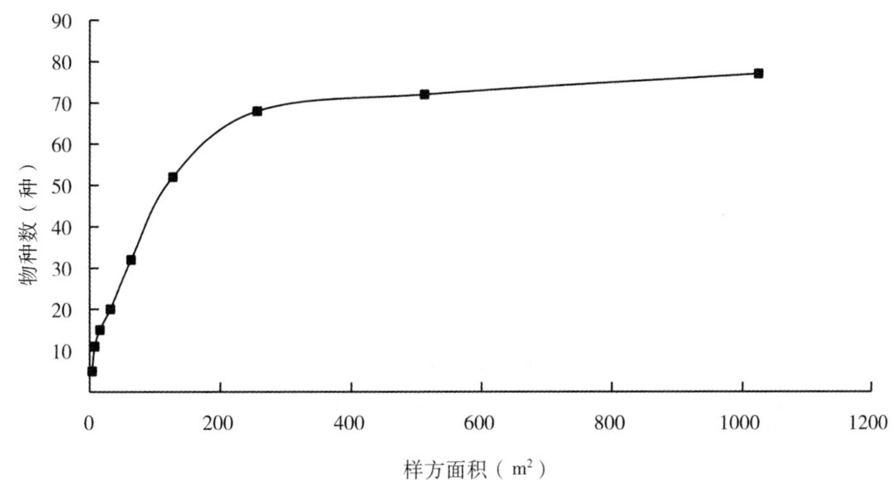

图 4-2 金毛狗样方面积和物种种数变化

3 典型样方法分析种群和群落结构

以雷公山保护区天然分布的金毛狗为研究对象，于 2019 年 6 月采用样线踏查法和样方法相结合，在雷公山保护区榕江县小丹江谢嘎（地名）选取天然分布的金毛狗群落设置典型样地面积为 600m^2（20m×30m）1 个。

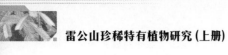

3.1 种群分散度分析

通过分散度公式计算得 $S^2=39.38$（表 4-2），明显大于 m（$m=3.4$）。因此，可以据此判断金毛狗在空间水平分布格局为密集型分布。

表 4-2 雷公山保护区金毛狗群落各样方数量统计信息

样方号	样方 1	样方 2	样方 3	样方 4	样方 5	样方 6	样方 7	样方 8	样方 9	样方 10	$\sum(x-m)^2$
个体数（株）	6	0	0	20	0	0	0	0	3	5	354.4

3.2 群落特征

根据金毛狗群落调查样地计算乔木层、灌木层和草本层的重要值见表 4-3 至表 4-5。

表 4-3 雷公山保护区金毛狗群落乔木层重要值

树种	相对密度	相对优势度	相对频度	重要值	排序
罗浮栲 *Castanopsis faberi*	26.00	61.00	24.24	111.24	1
蜡瓣花 *Corylopsis sinensis*	18.00	3.43	12.12	33.55	2
杜英 *Elaeocarpus decipiens*	10.00	10.10	9.10	29.20	3
杉木 *Cunninghamia lanceolata*	6.00	5.91	9.10	21.01	4
樱桃 *Cerasus pseudocerasus*	6.00	2.48	9.10	17.58	5
野漆 *Toxicodendron succedaneum*	6.00	2.53	6.06	14.59	6
溪畔杜鹃 *Rhododendron rivulare*	8.00	1.57	3.03	12.60	7
中华木荷 *Schima sinensis*	4.00	2.02	6.06	12.08	8
南酸枣 *Choerospondias axillaris*	4.00	4.24	3.03	11.27	9
杨梅 *Myrica rubra*	2.00	3.33	3.03	8.36	10
野桐 *Mallotus tenuifolius*	2.00	1.82	3.03	6.85	11
水青冈 *Fagus longipetiolata*	2.00	0.66	3.03	5.69	12
中华槭 *Acer sinense*	2.00	0.51	3.03	5.54	13
厚皮香属 *Ternstroemia* sp.	2.00	0.30	3.03	5.33	14
波叶新木姜子 *Neolitsea undulatifolia*	2.00	0.20	3.03	5.23	15

表 4-4 雷公山保护区金毛狗群落灌木层重要值

种名	相对盖度	相对频度	重要值	排序
狭叶方竹 *Chimonobambusa angustifolia*	13.71	4.44	18.15	1
西域旌节花 *Stachyurus himalaicus*	11.43	4.44	15.87	2
藤黄檀 *Dalbergia hancei*	11.43	4.44	15.87	3
黑果菝葜 *Smilax glaucochina*	8.57	6.68	15.25	4
构棘 *Maclura cochinchinensis*	5.14	6.68	11.82	5
中华猕猴桃 *Actinidia chinensis*	4.01	6.68	10.69	6
日本粗叶木 *Lasianthus japonicus*	4.01	6.68	10.69	7
紫金牛 *Ardisia japonica*	2.29	6.68	8.97	8
小花石楠 *Photinia schneideriana* var. *parviflora*	3.43	4.44	7.87	9
火炭母 *Polygonum chinense*	3.43	4.44	7.87	10

（续）

种名	相对盖度	相对频度	重要值	排序
山黄皮 *Aidia cochinchinensis*	2. 29	4. 44	6. 73	11
鸡矢藤 *Paederia foetida*	2. 29	4. 44	6. 73	12
菝葜 *Smilax china*	1. 71	4. 44	6. 15	13
穗序鹅掌柴 *Schefflera delavayi*	3. 43	2. 22	5. 65	14
周毛悬钩子 *Rubus amphidasys*	2. 86	2. 22	5. 08	15
长叶冻绿 *Rhamnus crenata*	2. 86	2. 22	5. 08	16
油茶 *Camellia oleifera*	2. 86	2. 22	5. 08	17
棕榈 *Trachycarpus fortunei*	1. 71	2. 22	3. 93	18
腺萼马银花 *Rhododendron bachii*	1. 71	2. 22	3. 93	19
毛花猕猴桃 *Actinidia eriantha*	1. 71	2. 22	3. 93	20
黄泡 *Rubus pectinellus*	1. 71	2. 22	3. 93	21
滇白珠 *Gaultheria leucocarpa* var. *erenulata*	1. 71	2. 22	3. 93	22
百两金 *Ardisia crispa*	1. 71	2. 22	3. 93	23
网脉酸藤子 *Embelia rudis*	1. 14	2. 22	3. 36	24
清香藤 *Jasminum lanceolaria*	1. 14	2. 22	3. 36	25
常春藤 *Hedera sinensis*	1. 14	2. 22	3. 36	26
水团花 *Adina pilulifera*	0. 57	2. 22	2. 79	27

表 4-5　雷公山保护区金毛狗群落草本层重要值

种名	相对盖度	相对频度	重要值	重要值排序
金毛狗 *Cibotium barometz*	36. 18	9. 30	45. 48	1
金星蕨 *Parathelypteris glanduligera*	6. 58	13. 95	20. 53	2
石松 *Lycopodium japonicum*	6. 58	9. 30	15. 88	3
碗蕨 *Dennstaedtia scabra*	5. 92	6. 98	12. 90	4
斜方复叶耳蕨 *Arachniodes amabilis*	5. 92	6. 98	12. 90	5
芒萁 *Dicranopteris pedata*	6. 58	4. 65	11. 23	6
虎舌红 *Ardisia mamillata*	3. 29	6. 98	10. 27	7
五节芒 *Miscanthus floridulus*	2. 63	6. 98	9. 61	8
十字苔草 *Carex cruciata*	3. 95	4. 65	8. 60	9
沿阶草 *Ophiopogon bodinieri*	3. 95	4. 65	8. 60	10
淡竹叶 *Lophatherum gracile*	3. 29	4. 65	7. 94	11
艾纳香 *Blumea balsamifera*	2. 63	4. 65	7. 28	12
牛皮消 *Cynanchum auriculatum*	2. 63	4. 65	7. 28	13
瓦韦 *Lepisorus thunbergianus*	3. 29	2. 33	5. 62	14
山姜 *Alpinia japonica*	1. 97	2. 33	4. 30	15
藏苔草 *Carex thibetica*	1. 97	2. 33	4. 30	16
抱石莲 *Lemmaphyllum drymoglossoides*	1. 32	2. 33	3. 65	17
春兰 *Cymbidium goeringii*	1. 32	2. 33	3. 65	18

以重要值作为综合指标来反映各个物种在群落中作用的相对大小，通过表4-3至表4-5可知，金毛狗群落结构主要有乔木层、灌木层、草本层。乔木层中13科15属15种，其中重要值排列最大的是罗浮栲 *Castanopsis faberi*（111.24），第二位是蜡瓣花 *Corylopsis sinensis*（33.55），第三为杜英 *Elaeocarpus decipiens*（29.20），第四位为杉木（21.01），第五位为樱桃 *Cerasus pseudocerasus*（17.58）共同构成了该层金毛狗群落的优势种，重要值小于3的为水团花 *Adina pilulifera*（2.79），为该层的偶见种。灌木层中有17科23属27种，其中狭叶方竹重要值最大（18.15），其次是西域旌节花 *Stachyurus himalaicus*（15.87）、藤黄檀（15.87）、黑果菝葜 *Smilax glaucochina*（15.25）、构棘 *Maclura cochinchinensis*（11.82），构成灌木层的优势种。在草本层中共有15科17属18种，其中，金毛狗重要值（45.48）排第一，第二是金星蕨 *Parathelypteris glanduligera*（20.53），第三是石松 *Lycopodium japonicum*（15.88），最低是抱石莲 *Lemmaphyllum drymoglossoides* 和春兰。可见草本层优势种为金毛狗、金星蕨和石松，其中金毛狗为建群种。

3.3　优势科属种分析

由表4-6可知，样地中共有维管束植物39科54属60种，其中，蕨类植物有7科8属8种，裸子植物有1科1属1种，双子叶植物有25科35属40种，单子叶植物有6科9属11种。含3属以上的科有3科，分别是壳斗科（3属）、兰科（3属）、里白科 Gleicheniaceae（3属），含3种以上的科有6科，分别为蔷薇科（4种）、紫金牛科 Myrsinaceae（4种）、百合科（3种）、杜鹃花科（3种）、禾本科（3种）、茜草科（3种）。含单科单属的有金星厥科 Thelyptereridaceae 金星厥属 *Parathelypteris*、槭树科 Aceraceae 槭属 *Acer*、棕榈科 Arecaceae 棕榈属 *Trachycarpus* 共18科，占总科数的46.15%。

表4-6　雷公山保护区金毛狗群落科种关系统计信息

排序	科名	属数/种数（个）	占总属/种数的比例（%）	排序	科名	属数/种数（个）	占总属/种数的比例（%）
1	蔷薇科 Rosaceae	2/4	3.77/6.67	21	金缕梅科 Hamamelidaceae	1/1	1.89/1.67
2	紫金牛科 Myrsinaceae	1/4	1.89/6.67	22	金星蕨科 Thelypteridaceae	1/1	1.89/1.67
3	百合科 Liliaceae	1/3	1.89/5.00	23	旌节花科 Stachyuraceae	2/1	3.77/1.67
4	杜鹃花科 Ericaceae	1/3	1.89/5.00	24	菊科 Asteraceae	1/1	1.89/1.67
5	禾本科 Poaceae	2/3	3.77/5.00	25	兰科 Orchidaceae	3/1	5.66/1.67
6	茜草科 Rubiaceae	1/3	1.89/5.00	26	里白科 Gleicheniaceae	3/1	5.66/1.67
7	壳斗科 Fagaceae	3/2	5.66/3.33	27	蓼科 Polygonaceae	1/1	1.89/1.67
8	猕猴桃科 Actinidiaceae	1/2	1.89/3.33	28	鳞毛蕨科 Dryopteridaceae	1/1	1.89/1.67
9	漆树科 Anacardiaceae	1/2	1.89/3.33	29	萝摩科 Asclepiadaceae	2/1	3.77/1.67
10	莎草科 Cyperaceae	2/2	1.89/3.33	30	木犀科 Oleaceae	1/1	1.89/1.67
11	山茶科 Theaceae	1/2	1.89/3.33	31	槭树科 Aceraceae	1/1	1.89/1.67

（续）

排序	科名	属数/种数（个）	占总属/种数的比例（%）	排序	科名	属数/种数（个）	占总属/种数的比例（%）
12	水龙骨科 Polypodiaceae	1/2	1.89/3.33	32	桑科 Moraceae	1/1	1.89/1.67
13	五加科 Araliaceae	1/2	1.89/3.33	33	杉科 Taxodiaceae	2/1	3.77/1.67
14	蚌壳蕨科 Dicksoniaceae	1/1	1.89/1.67	34	石松科 Lycopodiaceae	2/1	3.77/1.67
15	大戟科 Euphorbiaceae	2/1	3.77/1.67	35	鼠李科 Rhamnaceae	1/1	1.89/1.67
16	蝶形花科 Papibilnaceae	1/1	1.89/1.67	36	杨梅科 Myricaceae	1/1	1.89/1.67
17	杜英科 Elaeocarpaceae	1/1	1.89/1.67	37	芸香科 Rutaceae	1/1	1.89/1.67
18	紫树科 Nyssaceae	1/1	1.89/1.67	38	樟科 Lauraceae	2/1	3.77/1.67
19	姬蕨科 Hypolepidaceae	1/1	1.89/1.67	39	棕榈科 Arecaceae	1/1	1.89/1.67
20	姜科 Zingiberaceae	1/1	1.89/1.67		合计	54/60	100.00/100.00

通过表 4-7 可知，紫金牛属 *Ardisia* 的种数最多，为 3 种，其次为菝葜属 *Smilax*、杜鹃花属 *Rhododendron*、猕猴桃属、悬钩子属等，各含 2 种，属中含单种有 49 属，占总属数的 90.74%，可见优势属不明显，以单属种占优势。

表 4-7　雷公山保护区金毛狗群落属种关系统计信息

排序	属名	种数（种）	占总种数的比例（%）	排序	属名	种数（种）	占总种数的比例（%）
1	紫金牛属 *Ardisia*	3	5.00	29	木荷属 *Schima*	1	1.67
2	菝葜属 *Smilax*	2	3.33	30	南酸枣属 *Choerospondias*	1	1.67
3	杜鹃花属 *Rhododendron*	2	3.33	31	漆树属 *Toxicodendron*	1	1.67
4	猕猴桃属 *Actinidia*	2	3.33	32	槭属 *Acer*	1	1.67
5	悬钩子属 *Rubus*	2	3.33	33	山茶属 *Camellia*	1	1.67
6	艾纳香属 *Blumea*	1	1.67	34	山黄皮属 *Randia*	1	1.67
7	白珠属 *Gaultheria*	1	1.67	35	山姜属 *Alpinia*	1	1.67
8	常春藤属 *Hedera*	1	1.67	36	杉木属 *Cunninghamia*	1	1.67
9	粗叶木属 *Lasianthus*	1	1.67	37	石楠属 *Photinia*	1	1.67
10	淡竹叶属 *Lophatherum*	1	1.67	38	石松属 *Lycopodium*	1	1.67
11	杜英属 *Elaeocarpus*	1	1.67	39	鼠李属 *Rhamnus*	1	1.67
12	鹅绒藤属 *Cynanchum*	1	1.67	40	水青冈属 *Fagus*	1	1.67
13	鹅掌柴属 *Schefflera*	1	1.67	41	水团花属 *Adina*	1	1.67
14	复叶耳蕨属 *Arachniodes*	1	1.67	42	素馨属 *Jasminum*	1	1.67
15	伏石蕨属 *Lemmaphyllum*	1	1.67	43	酸藤子属 *Embelia*	1	1.67
16	寒竹属 *Chimonobambusa*	1	1.67	44	莎草属 *Cyperus*	1	1.67
17	蓝果树属 *Nyssa*	1	1.67	45	苔草属 *Carex*	1	1.67
18	黄檀属 *Dalbergia*	1	1.67	46	瓦韦属 *Lepisorus*	1	1.67

(续)

排序	属名	种数(种)	占总种数的比例(%)	排序	属名	种数(种)	占总种数的比例(%)
19	鸡矢藤属 *Paederia*	1	1.67	47	碗蕨属 *Dennstaedtia*	1	1.67
20	金毛狗属 *Cibotium*	1	1.67	48	新木姜子属 *Neolitsea*	1	1.67
21	金星蕨属 *Parathelypteris*	1	1.67	49	沿阶草属 *Ophiopogon*	1	1.67
22	旌节花属 *Stachyurus*	1	1.67	50	杨梅属 *Myrica*	1	1.67
23	栲属 *Castanopsis*	1	1.67	51	野桐属 *Mallotus*	1	1.67
24	蜡瓣花属 *Corylopsis*	1	1.67	52	樱属 *Cerasus*	1	1.67
25	兰属 *Cymbidium*	1	1.67	53	柘属 *Maclura*	1	1.67
26	蓼属 *Polygonum*	1	1.67	54	棕榈属 *Trachycarpus*	1	1.67
27	芒萁属 *Dicranopteris*	1	1.67		合计	60	100.00
28	芒属 *Miscanthus*	1	1.67				

3.4 多样性分析

采用植物物种数（S）、丰富度指数（d_{Ma}）、优势度指数（D_r）、物种多样性指数（D）和（H_e'）以及Pielou的均匀性指数（J_e）分别对研究区植物群落草本层、灌木层、乔木层植物物种多样性进行统计分析（表4-8）。

从丰富度指数（d_{Ma}）来看，从乔灌草各层得出草本层>灌木层>乔木层。

从物种优势度指数（D_r）可知，物种优势度指数表得出乔木层>灌木层>草本层。

J_e是指群落中各个种的多度或重要值的均匀程度，均匀度指数越大表明物种分布越均匀，可见均匀度指数为草本层>灌木层>乔木层。

表4-8　雷公山保护区金毛狗群落多样性指数

物种多样性指数	d	d_{Ma}	λ	D	D_r	H_e'	H_2'	J_e
乔木层	25.85	2.41	0.0025	0.9975	400.00	0.63	0.273	0.154
灌木层	8.40	2.47	0.0159	0.9841	62.89	1.31	0.570	0.320
草本层	9.88	2.92	0.0265	0.9735	37.74	1.58	0.685	0.386

3.5 生活型谱分析

根据生活型谱分类调查结果（表4-9）表明金毛狗群落中，以高位芽中矮小型植物为主，占55%，分别为百两金 *Ardisia crispa*、紫金牛 *Ardisia japonica*、周毛悬钩子 *Rubus amphidasys*、中华猕猴桃等33种，其次为高位芽中的中型占18%，分别为蜡瓣花、樱桃、水青冈等11种，小型占比为15%，为网脉酸藤子 *Embelia rudis* 和鸡矢藤 *Paederia foetida* 等9种，地上芽占比为5%。说明金毛狗高位芽占优势，群落中所在地区的气候在植物生长季节中温热多湿，从金毛狗群落生活型上看（表4-10），灌木物种最多，占45%；其次是草本，占30%；排最后的是乔木，占25%。

表 4-9 雷公山保护区金毛狗群落生活型谱

群落种类	高位芽植物			地上芽（不超过 25cm）
	中型（8~30m）	小型（2~8m）	矮小（0.25~2m）	
物种数量（%）	18	15	55	5

表 4-10 雷公山保护区金毛狗群落生活型

植物类型	乔木	草本	灌木
物种数量占比（%）	25	30	45

【研究进展】

通过查阅对珍稀濒危蕨类植物金毛狗的研究可知：①分别从金毛狗的形态特征的个体和居群水平上研究，结果表明均出现分化现象，但在个体水平上的分化较居群间居群水平上的分化明显；居群内形态特征呈现小聚类群分化现象，但受土壤及乔木层透光率等因子的影响，与空间距离间的相关性不明显。②金毛狗孢子体及配子体的发育金毛狗配子体发育过程为由丝状体、片状体发育为心脏形的原叶体，其萌发类型为书带蕨型。③金毛狗的离体繁殖分株繁殖是蕨类植物的主要繁殖方式，其次是孢子育种。

通过 ISSR 和 SRAP 分子标记法对分布相对集中的重庆云山、贵州赤水、四川长宁 3 个国家级自然保护区的金毛狗野生居群的遗传多样性分析结果显示，金毛狗在居群和个体两个水平上都具有较高的遗传多样性，且居群间遗传分化较大及基因交流频率低。

金毛狗中含有蕨素类、萜类、甾类、黄酮类、芳香族、吡喃酮类等化学成分。

【繁殖方法】

金毛狗采用孢子繁殖技术进行繁殖，步骤如下。

①孢子的采集：金毛狗的孢子采集要在孢子囊充分成熟（此时孢子囊的颜色为黄绿色）而又没有开裂时进行，最好采集羽状叶中下部的孢子，这一部位的孢子发育最为成熟。将背面有成熟孢子囊的羽片剪下装入干净的白色纸袋，置于室内通风干燥处，使孢子自然脱落。经过 7d 左右，在装有孢子囊羽片的白色纸袋外面轻轻拍打，使已经开裂的孢子囊内的孢子充分脱落出来，取出羽片后将纸袋内的孢子倒在孔径为 0.2mm 的金属筛上过筛，以去除其他杂质，过筛后的孢子用棕色广口瓶保存备用。

②播种器皿：为了便于管理和降低成本，播种器皿选用具有良好排水性能、口径 12cm 的白色塑料花盆，播种前清洗干净，并用沸水浸煮 3min 左右进行消毒处理。

③培养土：根据经验，该试验选用腐叶土、混合土（腐叶土、田园土和河沙以体积比为 1∶1∶1 均匀混合）以及从金毛狗原生境地采来的表层土 3 种培养土。将这 3 种培养土晾干后用较细的土壤筛过筛，为了进行对比，过筛后的每种播种基质平均分为 2 部分，其中一部分不进行消毒处理，另一部分放入干燥箱中，在 120℃高温下干燥 6h 左右进行消毒处理。

④孢子的消毒处理：孢子在播种前进行消毒处理，以避免有害微生物的污染。用滤纸

将称量好的每份为2mg的孢子包成一小包，并用细线扎紧；将孢子小包先在70%的酒精中浸泡30s左右，此时还要用镊子将滤纸包中的气泡赶净，使孢子表面完全被酒精浸润；然后将滤纸包放入5%的NaClO溶液中浸泡5~10min，捞出后用无菌水冲洗4~5次；在无菌培养皿中打开纸包，用10mL的无菌水将滤纸上的孢子全部冲入培养皿中形成无菌孢子悬浮液；将培养皿中的孢子悬浮液倒入无菌三角烧瓶中，并用少量无菌水将培养皿冲洗干净后全部倒入三角瓶中。

⑤播种：将干燥的播种基质装入花盆并平整表面后，用盆浸法对其进行充分湿润，然后用经过灭菌处理的胶头滴管将孢子悬浮液均匀地喷洒到培养土表面。为保证每份孢子悬浮液都能全部彻底地播种到相应的培养土中，三角瓶中的孢子悬浮液被播种完后，还要用无菌水冲洗3遍，每次冲洗下来的无菌水仍用原来的滴管将它们均匀地喷洒到培养土表面。最后，所用滴管也要用无菌水清洗3遍，清洗下来的无菌水也要均匀地喷洒到培养土表面。

⑥培养条件：由于金毛狗的原生境光照条件是林下荫蔽环境的散射光照（自然光照），自然光照是指模拟其原生境光照条件的自然散射光照，其余的光照条件为室内人工光照，光强为4000lx左右；自然变温也是指与原生境温度条件差别不大的当地自然温度条件，昼夜变温为白天25℃、夜间15℃，恒温为25℃。

⑦播种后的管理：培养土播种后立即按试验分组放入相应的培养条件里进行培养和观察，对萌发的苔藓和杂草要及时去除，出现霉菌时也要尽量清除。

⑧幼苗移栽：当孢子体幼苗长出4~5片真叶时即可进行移栽，移栽基质的种类与培养土相同，但不进行干燥消毒。为了便于土壤水分和空气湿度的调控，移栽容器选用口径45cm、净高30cm的塑料花盆，盆内土厚15cm。幼苗移栽后用透明塑料薄膜把盆口覆盖，并定时检查盆土和盆内空气湿度，尽量使其保持在60%~85%。移栽15d后统计成活率并观察生长状况。

【保护建议】

金毛狗具有珍贵的药用价值和观赏价值。通过研究发现金毛狗在空间水平分布格局为种群个体极不均匀，呈局部密集型。分析群落特征以重要值为判断依据说明金毛狗乔木层>草本层>灌木层；从优势科属占比情况来看优势科属不明显，以单属种占优势；由物种多样性指数得出草本层>灌木层>乔木层，金毛狗生活型谱以灌木为主，多生长在温热多湿的环境中。物种多样性丰富，均以单科单种占主要优势；建议加大保护力度与人工栽培技术研究，解决技术难题，从而缓解市场的供不应求。

进行就地保护，加强管理和巡护；进行无性繁殖；进行广泛宣传，利用电视广告、传单、图片等提高群众对金毛狗的认识，知道其利用价值，加大保护野生金毛狗的力度，不随意采挖，结合保护与发展，可对金毛狗进行大规模广泛人工栽培。

柔毛油杉

【保护等级及珍稀情况】

柔毛油杉 *Keteleeria pubescens* Cheng et L. K. Fu，俗称老鼠杉，为松科 Pinaceae 油杉属 *Keteleeria*，为国家二级重点保护野生植物，是我国特有种。

【生物学特性】

柔毛油杉为乔木，高达 20m，胸径达 200cm；树皮暗褐色，粗糙纵裂。1 年生枝红褐色，密被柔毛，2、3 年生枝褐色或灰褐色，毛渐脱落。叶条形，长 2~3cm，宽 2.5~3.5mm，先端钝尖或微凹，上面无气孔线，下面有灰白色气孔带。球果圆柱形，长 10~13cm，成熟后暗褐色；种鳞近五角状圆形，顶部圆，中央微凹，边缘无细缺齿，微向外反曲，鳞背露出部分密被短毛，常被白粉，苞鳞长过种鳞之半，先端 3 裂。种子近三角状卵形，长约 14cm，直径 5~6mm；种翅半圆形，中部宽约 1.1cm。球花期 4 月，球果 10 月成熟。

柔毛油杉分布于我国广西、湖南及贵州；在贵州分布于石阡、梵净山、榕江、雷山、镇远、剑河、丹寨、黎平、思南、锦屏、施秉、三穗、台江等地。

【应用价值】

柔毛油杉树体高大挺拔，树形优美、叶形秀丽，是很好的庭园绿化树种和观赏树种；而且材质坚硬，心材红褐色，耐腐朽，可供建筑、家具、桥梁等优质用材；同时在保持水土、防风固沙和涵养水分方面也具有一定的作用。

经深入村寨访问寨老、护林员和当地部分群众，在雷山县大塘镇桃良寨四旁的柔毛油杉在当地民间能保护一方水土、护村寨的说法。曾经有个传说，在很多年前，在丹寨那边发生火灾，该树前往救火，火灭后村民发现该树烧伤了半边，深得桃良群众敬拜，此后逢年过节当地的老百姓都拿酒肉到此树前来敬拜，求保一方平安，这么多年，从未间断过。

【资源特性】

1　研究方法

通过野外踏查选取天然分布在雷公山保护区的柔毛油杉群落为研究对象，设置典型样地 1 个，对四旁树采用实测法。

2　雷公山保护区资源分布情况

柔毛油杉分布于雷公山保护区的交密和桃江的桃良；生长在海拔 700~1100m 的针阔混交林及四旁树（桃良 4 株）；分布面积为 $10hm^2$，共有 20 株。

3　种群及群落特征

3.1　群落物种组成

此次调查植物共有维管束植物 32 科 42 属 50 种，其中，蕨类植物有 5 科 6 属 7 种，裸子植物有 1 科 3 属 5 种，被子植物有 26 科 33 属 38 种；被子植物中双子叶植物有 23 科 29

属 32 种，单子叶植物有 3 科 4 属 6 种。科种关系中（表 4-11），含种数最多的科为松科有 5 种，其次壳斗科 4 种，菝葜科 Smilaceaene、杜鹃花科、水龙骨科 Polypodiaceae、樟科分别 3 种，蝶形花科、禾本科、山茶科各 2 种，均为柔毛油杉群落的优势科；单科单种有 23 科，占总科数的 71. 88%。属种关系中（表 4-12），菝葜属 *Smilax*、松属 *Pinus*、樟属 *Cinnamomum* 的种数最多，为 3 种，其次为杜鹃花属、石韦属 *Pyrrosia* 各含 2 种，单属单种 37 种，占比为 88. 10%。可见，雷公山保护区分布的柔毛油杉群落优势科属不明显，以单科含单属单种为主。

表 4-11　雷公山保护区柔毛油杉群落科种数量关系

排序	科名	属数/种数（个）	占总属/种数的比率（%）	排序	科名	属数/种数（个）	占总属/种数的比率（%）
1	松科 Pinaceae	3/5	7. 14/10	18	蕨科 Pteridiaceae	1/1	2. 38/2
2	壳斗科 Fagaceae	4/4	9. 52/8	19	里白科 Gleicheniaceae	1/1	2. 38/2
3	菝葜科 Smilacaceae	1/3	2. 38/6	20	鳞毛蕨科 Dryopteridaceae	1/1	2. 38/2
4	杜鹃花科 Ericaceae	2/3	4. 76/6	21	漆树科 Anacardiaceae	1/1	2. 38/2
5	水龙骨科 Polypodiaceae	2/3	4. 76/6	22	槭树科 Aceraceae	1/1	2. 38/2
6	樟科 Lauraceae	1/3	2. 38/6	23	茜草科 Rubiaceae	1/1	2. 38/2
7	蝶形花科 Papibilnaceae	2/2	4. 76/4	24	莎草科 Cyperaceae	1/1	2. 38/2
8	禾本科 Poaceae	2/2	4. 76/4	25	山矾科 Symplocaceae	1/1	2. 38/2
9	山茶科 Theaceae	2/2	4. 76/4	26	山茱萸科 Cornaceae	1/1	2. 38/2
10	大风子科 Flacourtiaceae	1/1	2. 38/2	27	鼠刺科 Escalloniaceae	1/1	2. 38/2
11	木犀科 Oleaceae	1/1	2. 38/2	28	桃金娘科 Myrtaceae	1/1	2. 38/2
12	海桐花科 Pittosporaceae	1/1	2. 38/2	29	卫矛科 Celastraceae	1/1	2. 38/2
13	含羞草科 Mimosaceae	1/1	2. 38/2	30	乌毛蕨科 Blechnaceae	1/1	2. 38/2
14	胡桃科 Juglandaceae	1/1	2. 38/2	31	玄参科 Scrophulariaceae	1/1	2. 38/2
15	夹竹桃科 Apocynaceae	1/1	2. 38/2	32	紫金牛科 Myrsinaceae	1/1	2. 38/2
16	交让木科 Daphniphyllaceae	1/1	2. 38/2		合计	42/50	100. 00/100
17	金缕梅科 Hamamelidaceae	1/1	2. 38/2				

表 4-12　雷公山保护区柔毛油杉群落属种数量关系

排序	属名	种数（种）	占总种数的比率（%）	排序	属名	种数（种）	占总种数的比率（%）
1	菝葜属 *Smilax*	3	6	5	石韦属 *Pyrrosia*	2	4
2	松属 *Pinus*	3	6	6	梣属 *Fraxinus*	1	2
3	樟属 *Cinnamomum*	3	6	7	淡竹叶属 *Lophatherum*	1	2
4	杜鹃花属 *Rhododendron*	2	4	8	枫香树属 *Liquidambar*	1	2

（续）

排序	属名	种数（种）	占总种数的比率（%）	排序	属名	种数（种）	占总种数的比率（%）
9	狗脊蕨属 *Woodwardia*	1	2	27	芒属 *Miscanthus*	1	2
10	伏石蕨属 *Lemmaphyllum*	1	2	28	木荷属 *Schima*	1	2
11	海桐属 *Pittosporum*	1	2	29	蒲桃属 *Syzygium*	1	2
12	合欢属 *Albizia*	1	2	30	漆树属 *Toxicodendron*	1	2
13	红豆属 *Ormosia*	1	2	31	槭属 *Acer*	1	2
14	黄芪属 *Astragalus*	1	2	32	青冈属 *Cyclobalanopsis*	1	2
15	黄杞属 *Engelhardtia*	1	2	33	青荚叶属 *Helwingia*	1	2
16	黄杉属 *Pseudotsuga*	1	2	34	山茶属 *Camellia*	1	2
17	鸡矢藤属 *Paederia*	1	2	35	山矾属 *Symplocos*	1	2
18	交让木属 *Daphniphyllum*	1	2	36	木犀属 *Osmanthus*	1	2
19	蕨属 *Pteridium*	1	2	37	鼠刺属 *Itea*	1	2
20	栲属 *Castanopsis*	1	2	38	酸藤子属 *Embelia*	1	2
21	来江藤属 *Brandisia*	1	2	39	苔草属 *Carex*	1	2
22	栎属 *Quercus*	1	2	40	卫矛属 *Euonymus*	1	2
23	栗属 *Castanea*	1	2	41	油杉属 *Keteleeria*	1	2
24	鳞毛蕨属 *Dryopteris*	1	2	42	越橘属 *Vaccinium*	1	2
25	络石属 *Trachelospermum*	1	2		合计	50	100
26	芒萁属 *Dicranopteris*	1	2				

3.2 重要值分析

柔毛油杉群落结构主要分为乔木层、灌木层和草本层。构成乔木层的树种共 14 种，由表 4-13 可知，罗浮栲重要值最大（48.24），第二位是柔毛油杉（40.36），第三位为黄杞 *Engelhardia roxburghiana*（36.12），第四位为黄杉（31.20），第五位为木荷 *Schima superba*（26.58），共同构成了该层柔毛油杉的优势种，其中柔毛油杉为建群种；重要值小于 10.00 有山槐、马尾松和栗 *Castanea mollissima* 3 种。构成灌木层的树种有 26 种，由表 4-14可知，重要值最大为狭叶珍珠花（51.34），其次是多齿红山茶（41.84）、小紫果槭 *Acer cordatum*（41.30）、厚边木樨 *Osmanthus marginatus*（21.13）、薄叶山矾 *Symplocos anomala*（14.46）、腺萼马银花 *Rhododendron bachii*（13.48）、菝葜 *Smilax china*（10.76）、柔毛菝葜 *Smilax chingii*（10.52），该层以狭叶珍珠花为主要优势种。构成草本层的物种较少（表 4-15），有 10 种，芒萁为优势种（86.17）。综上可知，柔毛油杉群落为针阔混交林，为罗浮栲群系。

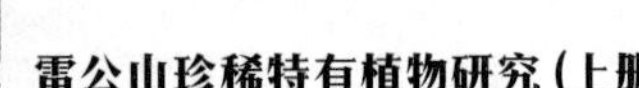

表 4-13　雷公山保护区柔毛油杉群落乔木层重要值

序号	种名	相对密度	相对优势度	相对频度	重要值
1	罗浮栲 *Castanopsis faberi*	23. 38	5. 42	19. 44	48. 24
2	柔毛油杉 *Keteleeria pubescens*	20. 78	5. 69	13. 89	40. 36
3	黄杞 *Engelhardtia roxburghiana*	11. 69	7. 76	16. 67	36. 12
4	黄杉 *Pseudotsuga sinensis*	11. 69	8. 40	11. 11	31. 20
5	木荷 *Schima superba*	2. 60	5. 69	5. 56	26. 58
6	海南五针松 *Pinus fenzeliana*	5. 19	5. 43	8. 33	18. 96
7	白栎 *Quercus fabri*	7. 79	5. 95	2. 78	16. 52
8	漆 *Toxicodendron vernicifluum*	3. 90	18. 43	5. 56	14. 86
9	青冈 *Cyclobalanopsis glauca*	6. 49	5. 41	2. 78	14. 68
10	小叶红豆 *Ormosia microphylla*	1. 30	9. 12	2. 78	13. 20
11	华山松 *Pinus armandii*	1. 30	6. 11	2. 78	10. 19
12	山槐 *Albizia kalkora*	1. 30	5. 69	2. 78	9. 76
13	马尾松 *Pinus massoniana*	1. 30	5. 69	2. 78	9. 76
14	栗 *Castanea mollissima*	1. 30	5. 50	2. 78	9. 57

表 4-14　雷公山保护区柔毛油杉群落灌木层重要值

序号	种名	相对频度	相对密度	相对盖度	重要值
1	狭叶珍珠花 *Lyonia ovalifolia* var. *lanceolata*	11. 63	14. 17	25. 54	51. 34
2	多齿红山茶 *Camellia polyodonta*	9. 30	17. 32	15. 22	41. 84
3	小紫果槭 *Acer cordatum*	9. 30	17. 32	14. 67	41. 30
4	厚边木犀 *Osmanthus marginatus*	6. 98	7. 09	7. 07	21. 13
5	薄叶山矾 *Symplocos anomala*	4. 65	7. 09	2. 72	14. 46
6	腺萼马银花 *Rhododendron bachii*	4. 65	3. 94	4. 89	13. 48
7	菝葜 *Smilax china*	4. 65	3. 94	2. 17	10. 76
8	柔毛菝葜 *Smilax chingii*	4. 65	3. 15	2. 72	10. 52
9	紫云英 *Astragalus sinicus*	4. 65	2. 36	2. 17	9. 19
10	屏边桂 *Cinnamomum pingbienense*	2. 33	0. 79	4. 35	7. 46
11	白蜡树 *Fraxinus chinensis*	2. 33	2. 36	1. 63	6. 32
12	溪畔杜鹃 *Rhododendron rivulare*	2. 33	2. 36	1. 63	6. 32
13	网脉酸藤子 *Embelia rudis*	2. 33	3. 15	0. 54	6. 02
14	香桂 *Cinnamomum subavenium*	2. 33	0. 79	2. 72	5. 83
15	扶芳藤 *Euonymus fortunei*	2. 33	2. 36	1. 09	5. 77
16	青荚叶 *Helwingia japonica*	2. 33	1. 57	1. 63	5. 53

（续）

序号	种名	相对频度	相对密度	相对盖度	重要值
17	川桂 *Cinnamomum wilsonii*	2.33	1.57	1.09	4.99
18	黑果菝葜 *Smilax glaucochina*	2.33	1.57	1.09	4.99
19	络石 *Trachelospermum jasminoides*	2.33	1.57	1.09	4.99
20	厚叶鼠刺 *Itea coriacea*	2.33	0.79	1.63	4.74
21	鸡矢藤 *Paederia foetida*	2.33	0.79	1.09	4.20
22	来江藤 *Brandisia hancei*	2.33	0.79	1.09	4.20
23	赤楠 *Syzygium buxifolium*	2.33	0.79	0.54	3.66
24	枫香树 *Liquidambar formosana*	2.33	0.79	0.54	3.66
25	光叶海桐 *Pittosporum glabratum*	2.33	0.79	0.54	3.66
26	虎皮楠 *Daphniphyllum oldhamii*	2.33	0.79	0.54	3.66

表 4-15　雷公山保护区柔毛油杉群落草本层重要值

序号	种名	相对频度	相对密度	相对盖度	重要值
1	芒萁 *Dicranopteris pedata*	15.00	21.74	49.43	86.17
2	庐山石韦 *Pyrrosia sheareri*	15.00	10.87	34.22	60.09
3	五节芒 *Miscanthus floridulus*	25.00	27.54	6.08	58.62
4	石韦 *Pyrrosia lingua*	5.00	10.87	3.80	19.67
5	狗脊 *Woodwardia japonica*	10.00	5.80	1.90	17.70
6	十字苔草 *Carex cruciata*	10.00	5.80	1.52	17.32
7	淡竹叶 *Lophatherum gracile*	5.00	7.25	0.38	12.63
8	蕨 *Pteridium aquilinum* var. *latiusculum*	5.00	4.35	0.76	10.11
9	抱石莲 *Lemmaphyllum drymoglossoides*	5.00	3.62	1.14	9.76
10	无盖鳞毛蕨 *Dryopteris scottii*	5.00	2.17	0.76	7.93

3.3　物种多样性分析

群落物种多样性是群落结构水平独特的可测定的生物学特征，能有效地表征生物群落和生态系统的复杂性质。本研究采用 Simpson 指数（D）、Shannon-Wiener 指数（H_e'）和 Pielou 指数（J_e）对柔毛油杉群落乔木层、灌木层、草本层进行多样性分析（表 4-16）。

表 4-16　雷公山保护区柔毛油杉物种多样性指数

物种多样性	D	H_e'	J_e
乔木层	0.87	2.20	0.83
灌木层	0.91	2.69	0.83
草本层	0.84	2.03	0.88
合计	2.62	6.92	2.54

研究区域群落的丰富度指数为2.62，其中，乔木层为0.87，灌木层为0.91，草本层为0.84，可见灌木层>乔木层>草本层，说明该群落中灌木树种更为丰富。据表4-16可知，研究区域群落的多样性指数为6.92，其中，乔木层为2.20，灌木层为2.69，草本层为2.03，即灌木层>乔木层>草本层，说明灌木层的植物多样性更为多样，草本层植物多样性较为单一，乔木层次之。研究区域群落的均匀度指数为2.54，其中，乔木层为0.83，灌木层为0.83，草本层为0.88，即草本层最多，乔木层、灌木层相等，说明草本层植物分布更为均匀，乔木层和灌木层植物分布较为集中。

综上所述，物种多样性表现趋势为，群落的乔木层丰富度、多样性低于灌木层，均匀度相等；草本层的均匀度最大，丰富度、多样性低于乔木层和灌木层，灌木层丰富度、多样性最大，说明植物种类灌木层最丰富，其次是乔木层和草本层，但不同层次之间的差异不显著。

3.4 柔毛油杉种群径级结构分析

柔毛油杉种群径级结构比较完整（图4-3），种群个体数量主要集中分布在Ⅰ径级，占种群总数量的40.00%，说明柔毛油杉种群绝大多数处于幼龄期。从第Ⅰ径级向第Ⅱ、Ⅲ径级过渡过程中，个体数量锐减，说明柔毛油杉种群在发育初期，自然繁育相对正常，植株较为丰富，然后以高死亡率从幼龄植株发展到中龄植株。从第Ⅳ径级向第Ⅴ径级来看，种群稳定性不高，中老龄个体数量总体呈现下降趋势，如果这种趋势持续下去，有可能导致柔毛油杉种群走向衰退。

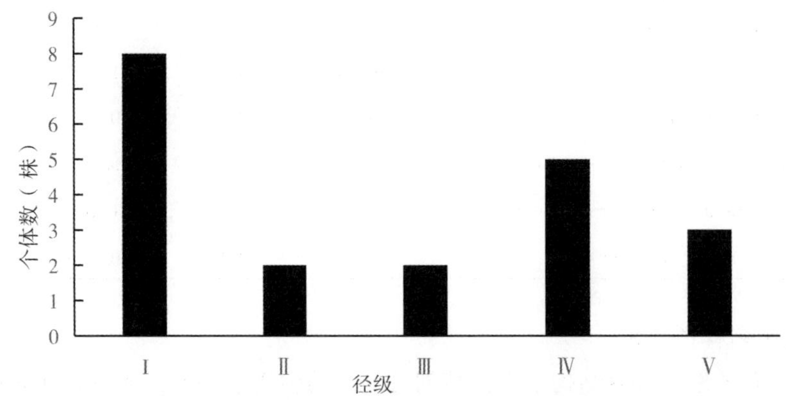

图4-3 雷公山保护区柔毛油杉种群径级结构

3.5 静态生命特征

根据柔毛油杉胸径级结构代替年龄结构，将胸径级从小到大顺序看作时间顺序，编制柔毛油杉种群生命表（表4-17）。从表4-17可以看出，柔毛油杉种群的生命周期（e_x）在不同龄级间变化较大，第1龄级生命周期期望最高；第2、3龄级死亡率高，生命周期期望较低；最后两个龄级处于生理衰亡期，生命周期期望越来越低。

表 4-17　雷公山保护区柔毛油杉种群生命表

龄级	径级	a_0	a_x	l_x	$\ln l_x$	d_x	q_x	L_x	T_x	e_x	k_x
1	0~5	8	13	1000	6.908	231	0.23	4553	10372	10.372	0.263
2	5~10	2	10	769	6.645	231	0.30	2426	5819	7.567	0.357
3	10~15	2	7	538	6.288	154	0.29	1721	3393	6.306	0.337
4	15~20	5	5	384	5.951	154	0.40	1442	1672	4.354	0.513
5	≥20	3	3	230	5.438	230	1.00	230	230	1.000	5.438

注：各龄级取径级下限。

3.5.1　种群存活曲线特征

以龄级为横坐标，静态生命表中各龄级柔毛油杉的标准化存活个体数 ln*lx* 为纵坐标，编制柔毛油杉种群存活曲线（图 4-4）。柔毛油杉种群早期死亡率上升，存活率下降，且下降趋于稳定。

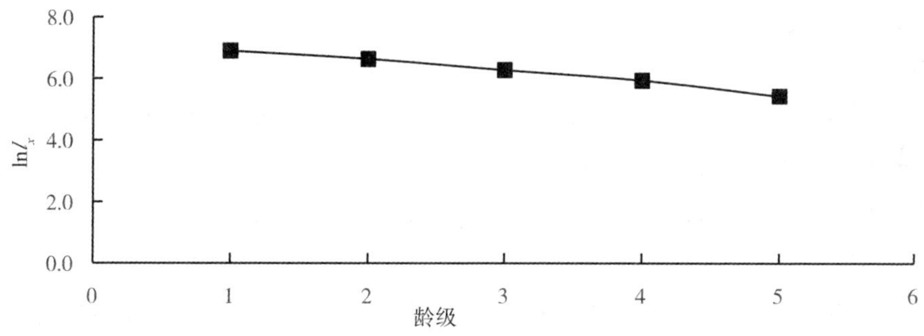

图 4-4　雷公山保护区柔毛油杉种群存活曲线

3.5.2　种群死亡率和损失度曲线

柔毛油杉种群死亡率和损失度曲线（图 4-5）反映了柔毛油杉种群的数量变化趋势。从第 1 龄级至第 4 龄级波动不大，变化趋势基本一致；到第 5 龄级个体死亡率和种群损失度达到最高值，在此阶段仅有少量的柔毛油杉个体生存下来。

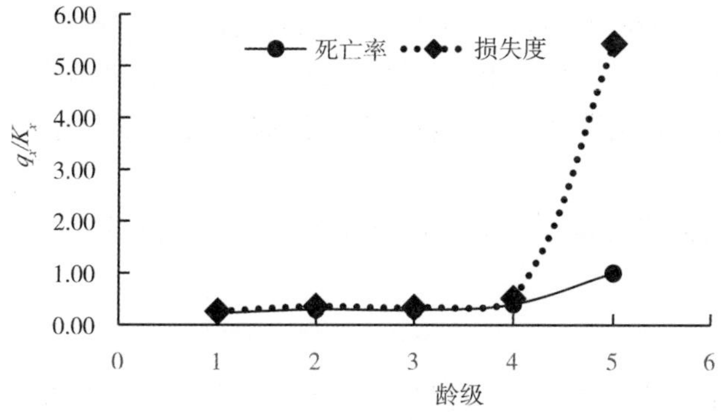

图 4-5　雷公山保护区柔毛油杉种群死亡率和损失度曲线

【研究进展】

通过查阅资料，主要对柔毛油杉的种子繁育、嫩枝扦插、切根和基质等进行研究。用种子繁殖发芽率不高，故播种量要大，幼苗生长缓慢，需经移栽，培育大苗，然后出圃造林。侯德平等对柔毛油杉播种实生苗切根移栽进行了对比试验，同时采用不同基质配比培育苗木，结果表明切根可显著提高柔毛油杉苗高，地径生长影响不明显；基质为60%松林土+40%泥炭土、60%松林土+40%腐熟木屑育苗效果好。侯德志等采用不同的试验处理来探讨柔毛油杉无性系苗木繁殖技术，结果表明，柔毛油杉无性系间穗条扦插生根率有显著差异，参试无性系穗条扦插生根率变幅为41.5%~87.6%。穗条带6~8片叶可显著提高穗条的生根率，用双吉尔植物生长调节剂不同浓度处理对穗条生根率有显著影响，扦插穗条长度处理为8cm可显著提高扦插成活率。柔毛油杉用种子繁殖发芽率不高，春播或冬播，一般每公顷播种量105~150kg。

【繁殖方法】

1　种子繁殖技术

①种子采集及处理：选择20年以上树龄、无病虫害的健康植株作为采种母树，于11月上旬，当果实外表面附着的白色果皮脱落，种皮呈淡褐色或黄褐色时进行种子采集。

②种子播种前预处理：种子播种前，用0.5%~1.5%高锰酸钾溶液浸种15~25min，然后用清水清洗种子，再将种子置于30~35℃清水中浸种1~2d，去除浮种和杂质，最后将种子晾干备用。

③沙床催芽：撒种前1d先将沙床推平，并洒水将沙床上的沙完全湿润后，淋洒质量浓度1%~2%的高锰酸钾溶液对沙床消毒后，用干净的薄膜覆盖；将湿沙与柔毛油杉种子混合进行播种催芽，沙与柔毛油杉种子的体积比为（1.5~2）：1。

④栽培基质处理：以重量分数计，取以下原料：火烧土20~30份、腐殖土20~30份、黄壤土20~30份、农作物秸秆5~10份、食用菌下脚料5~10份、有机肥5~8份、无机肥4~6份，混匀，制得栽培基质并将其装入育苗容器中。

⑤容器育苗：待种苗高3~4cm后进行移苗，移苗时剪去过长的胚根，保留胚根2~3cm；移苗前先将育苗容器内的栽培基质淋透，然后用筷子大小的木棍在基质上插一个小洞，放入种苗，并将周围基质轻轻压实，使其与种苗相结合，淋透水。

⑥苗期管理：容器育苗期间，保持栽培基质湿润，控制育苗场所的温度为12~27℃、遮阴度为70%~80%。

⑦苗木出圃：选择苗高40~50cm、地径0.2~0.4cm、根系发达、无病害且经过练苗的苗木出圃造林。

2　扦插繁殖

柔毛油杉无性系嫩枝秋季扦插繁殖时，选择质优穗条剪成长8cm、带6~8片叶，用100mg/kg浓度的GGR生根剂浸泡处理15min，基质采用0.6松林土+0.4腐熟木屑+少量钙镁磷、60%松林土+40%泥炭土、60%松林土+40%腐熟木屑扦插效果好，能有效提高苗木质量。

【保护建议】

为了保证柔毛油杉正常生存繁衍，应作为专项性生产、科研基地，同时进行柔毛油杉的生物和生态方面的研究，探索其育苗和栽培技术，对造林及用材林有着十分重要的意义。

主要保护建议措施：一是就地保护，专人守护看护，保护好母树及其生境；二是迁地保护，开展迁地保护的研究，进行生物生态学观察、建立档案等；三是人工繁殖，采取种子育苗、扦插育苗、组培育苗等方式，积极进行人工栽培，扩大栽培范围。

黄杉

【保护等级及珍稀情况】

黄杉 *Pseudotsuga sinensis* Dode，俗称黄帝杉、短片花旗松、罗汉松，为松科 Pinaceae 黄杉属 *Pseudotsuga* 植物，为第三纪遗留植物和国家二级重点保护野生植物，是我国特有种，模式标本采自云南东川。

【生物学特性】

黄杉为常绿乔木，高达 50m，胸径达 1. 8m，树皮灰色或深灰色，裂成不规则块状。1 年生小枝淡黄色或灰黄色，主枝通常无毛，侧枝被灰褐色短毛。叶条形，长 1. 5~3cm，宽约 2mm，先端凹缺，表面绿色，中脉凹陷，背面中脉隆起，有 2 条白色气孔带。球果卵圆形或椭圆状卵圆形，下垂，长 4. 5~8cm，直径 3. 5~4. 5cm，中部种鳞扇形或扇状斜方形，长约 2. 5cm，宽约 3cm，上部宽圆，基部宽楔形，两侧有凹缺，鳞背密生褐色短毛，苞鳞长而外露，先端 3 裂，反曲，中裂片长渐尖。种子长约 9mm，密生褐色短毛，种翅较种子长。花期 4 月，球果 10~11 月成熟。

黄杉分布于我国秦岭以南亚热带山地，垂直分布在海拔 300~2800m 地带，常散生于针阔混交林中。贵州是黄杉主要分布区，主要分布于湄潭、威宁，赫章、盘县、松桃、德江、施秉、黎平、三穗、雷公山、桐梓、道真、望谟、荔波等地。

【应用价值】

边材淡褐色，心材红褐色，纹理直，结构细致，比重 0. 6，可供房屋建筑和桥梁、电杆、板料、家具、文具及人造纤维原料等用材。黄杉的适应性强，生长较快，木材优良，在产区的高山中上部可选为造林树种。

单株或群落景观较具观赏价值，是园林绿化的好素材。

叶可入药。其耐干旱瘠薄，是治理喀斯特石漠化的优良树种。

【资源特性】

1　样地设置与调查方法

在野外实地踏查的基础上，选取天然分布在雷公山保护区的典型黄杉群落设置样地 1 个。样地概况：东南坡，中坡位，坡度 50°，海拔 900m，土壤为黄壤。

2　雷公山保护区资源分布情况

黄杉分布于雷公山保护区的交密；生长在海拔 700~1100m 的常绿阔叶林、针阔混交林；分布面积为 $10hm^2$，共有 20 株。

3　种群及群落特征

3.1　群落树种组成

根据调查，黄杉群落植物组成见表 4-18。黄杉群落中共有维管束植物 30 科 41 属 48 种，其中，蕨类植物 5 科 6 属 7 种，裸子植物 1 科 3 属 5 种，被子植物 24 科 32 属 36 种。被子植物中双子叶植物有 22 科 29 属 33 种，单子叶植物有 2 科 3 属 3 种。可见，在雷公山保护区分布的黄杉群落中双子叶植物物种数量占据绝对优势。

表 4-18　雷公山保护区黄杉群落分类信息　　单位：个

植物类型		科（个）	属（个）	种（种）
蕨类植物		5	6	7
裸子植物		1	3	5
被子植物	双子叶植物	22	29	33
	单子叶植物	2	3	3
合计		30	41	48

3.2　优势科属分析

科属种关系（表 4-19）中，含种类最多的是松科（5 种），占群落总数的 10.42%，为黄杉群落的优势科；其次为壳斗科（4 种），占群落总数的 8.33%；含 3 种的科有菝葜科、杜鹃花科、水龙骨科、樟科，皆占群落总数的 6.25%；单科单种有 21 科，占总科数的 70.00%。属种关系（表 4-20）中，松属和菝葜属的种数最多，都为 3 种，单属单种有 36 属，占总属数的 87.80%。可见，雷公山保护区分布的黄杉群落优势科属不明显，以单科单属单种为主。

表 4-19　雷公山保护区黄杉群落科种数量关系

排序	科名	属数/种数（个）	占总属/种数的比率（%）	排序	科名	属数/种数（个）	占总属/种数的比率（%）
1	松科 Pinaceae	3/5	7.32/10.42	10	报春花科 Primulaceae	1/1	2.44/2.08
2	壳斗科 Fagaceae	4/4	9.76/8.33	11	大戟科 Euphorbiaceae	1/1	2.44/2.08
3	樟科 Lauraceae	2/3	4.88/6.25	12	榆科 Ulmaceae	1/1	2.44/2.08
4	水龙骨科 Polypodiaceae	2/3	4.88/6.25	13	海桐花科 Pittosporaceae	1/1	2.44/2.08
5	杜鹃花科 Ericaceae	2/3	4.88/6.25	14	胡桃科 Juglandaceae	1/1	2.44/2.08
6	菝葜科 Smilacaceae	1/3	2.44/6.25	15	交让木科 Daphniphyllaceae	1/1	2.44/2.08
7	蝶形花科 Papibilnaceae	2/2	4.88/4.17	16	夹竹桃科 Apocynaceae	1/1	2.44/2.08
8	禾本科 Poaceae	2/2	4.88/4.17	17	蕨科 Pteridiaceae	1/1	2.44/2.08
9	山茶科 Theaceae	2/2	4.88/4.17	18	里白科 Gleicheniaceae	1/1	2.44/2.08

（续）

排序	科名	属数/种数（个）	占总属/种数的比率（%）	排序	科名	属数/种数（个）	占总属/种数的比率（%）
19	鳞毛蕨科 Dryopteridaceae	1/1	2.44/2.08	26	桃金娘科 Myrtaceae	1/1	2.44/2.08
20	木犀科 Oleaceae	1/1	2.44/2.08	27	卫矛科 Celastraceae	1/1	2.44/2.08
21	漆树科 Anacardiaceae	1/1	2.44/2.08	28	乌毛蕨科 Blechnaceae	1/1	2.44/2.08
22	茜草科 Rubiaceae	1/1	2.44/2.08	29	无患子科 Sapindaceae	1/1	2.44/2.08
23	莎草科 Cyperaceae	1/1	2.44/2.08	30	金缕梅科 Hamamelidaceae	1/1	2.44/2.08
24	山矾科 Symplocaceae	1/1	2.44/2.08		合计	41/48	100.00/100.00
25	鼠刺科 Escalloniaceae	1/1	2.44/2.08				

表 4-20　雷公山保护区黄杉群落属种数量关系

排序	属名	种数（种）	占总种数的比率（%）	排序	属名	种数（种）	占总种数的比率（%）
1	松属 *Pinus*	3	6.25	22	栲属 *Castanopsis*	1	2.08
2	菝葜属 *Smilax*	3	6.25	23	芒萁属 *Dicranopteris*	1	2.08
3	樟属 *Cinnamomum*	2	4.17	24	鳞毛蕨属 *Dryopteris*	1	2.08
4	杜鹃花属 *Rhododendron*	2	4.17	25	梣属 *Fraxinus*	1	2.08
5	石韦属 *Pyrrosia*	2	4.17	26	漆树属 *Toxicodendron*	1	2.08
6	酸藤子属 *Embelia*	1	2.08	27	鸡矢藤属 *Paederia*	1	2.08
7	野桐属 *Mallotus*	1	2.08	28	苔草属 *Carex*	1	2.08
8	山黄麻属 *Trema*	1	2.08	29	木荷属 *Schima*	1	2.08
9	合欢属 *Albizia*	1	2.08	30	山茶属 *Camellia*	1	2.08
10	红豆属 *Ormosia*	1	2.08	31	山矾属 *Symplocos*	1	2.08
11	珍珠花属 *Lyonia*	1	2.08	32	鼠刺属 *Itea*	1	2.08
12	海桐属 *Pittosporum*	1	2.08	33	伏石蕨属 *Lemmaphyllum*	1	2.08
13	淡竹叶属 *Lophatherum*	1	2.08	34	黄杉属 *Pseudotsuga*	1	2.08
14	芒属 *Miscanthus*	1	2.08	35	油杉属 *Keteleeria*	1	2.08
15	泡花树属 *Meliosma*	1	2.08	36	蒲桃属 *Syzygium*	1	2.08
16	交让木属 *Daphniphyllum*	1	2.08	37	卫矛属 *Euonymus*	1	2.08
17	络石属 *Trachelospermum*	1	2.08	38	狗脊蕨属 *Woodwardia*	1	2.08
18	蕨属 *Pteridium*	1	2.08	39	槭属 *Acer*	1	2.08
19	栎属 *Quercus*	1	2.08	40	枫香树属 *Liquidambar*	1	2.08
20	栗属 *Castanea*	1	2.08	41	木姜子属 *Litsea*	1	2.08
21	青冈属 *Cyclobalanopsis*	1	2.08		合计	48	100.00

3.3　重要值

从空间结构组成来看，黄杉群落主要分为乔木层、灌木层、草本层。其中，乔木层有6科12属14种，乔木层物种占样地总物种数的29.17%；灌木层19科21属24种，灌木层物种占样地总物种数的50.00%；草本层7科9属10种，草本层物种占样地总物种数的20.83%。从表4-21可知，大于乔木层重要值平均值21.43的有4种，其中甜槠重要值最大（62.93），其次为柔毛油杉（54.25）、黄杉（49.44）、黄杞（36.88），共同构成该层的优势树种。从表4-22可知，灌木层重要值最大的是溪畔杜鹃（37.31），其次为紫果槭 *Acer cordatum*（24.66）、腺萼马银花（24.12）。该层以溪畔杜鹃为优势种。从表4-23可知，草本层中芒萁的重要值最大，为64.43，庐山石韦 *Pyrrosia sheareri* 次之，重要值为49.22，共同构成该层的优势种。由重要值分析可知，黄杉所在群落为针阔混交林，为甜槠群系。

表4-21　雷公山保护区黄杉群落乔木层重要值

序号	树种	相对频度	相对密度	相对优势度	重要值
1	甜槠 *Castanopsis eyrei*	20.00	27.69	15.24	62.93
2	柔毛油杉 *Keteleeria pubescens*	11.43	13.85	28.97	54.25
3	黄杉 *Pseudotsuga sinensis*	11.43	12.31	25.71	49.44
4	黄杞 *Engelhardtia roxburghiana*	17.14	13.85	5.89	36.88
5	海南五针松 *Pinus fenzeliana*	8.57	6.15	6.53	21.25
6	白栎 *Quercus fabri*	2.86	9.23	5.23	17.32
7	木荷 *Schima superba*	5.71	3.08	6.80	15.59
8	漆 *Toxicodendron vernicifluum*	5.71	4.62	0.16	10.49
9	小叶红豆 *Ormosia microphylla*	2.86	1.54	3.48	7.88
10	栗 *Castanea mollissima*	2.86	1.54	0.67	5.07
11	华山松 *Pinus armandii*	2.86	1.54	0.67	5.07
12	山槐 *Albizia kalkora*	2.86	1.54	0.30	4.69
13	马尾松 *Pinus massoniana*	2.86	1.54	0.30	4.69
14	青冈 *Cyclobalanopsis glauca*	2.86	1.54	0.05	4.45

表4-22　雷公山保护区黄杉群落灌木层重要值

序号	树种	相对频度	相对盖度	重要值
1	溪畔杜鹃 *Rhododendron rivulare*	11.90	25.41	37.31
2	紫果槭 *Acer cordatum*	9.52	15.14	24.66
3	腺萼马银花 *Rhododendron bachii*	9.52	14.59	24.12
4	屏边桂 *Cinnamomum pingbienense*	4.76	5.41	10.17
5	黄杞 *Engelhardtia roxburghiana*	7.14	2.70	9.85
6	网脉酸藤子 *Embelia rudis*	4.76	4.86	9.63
7	白蜡树 *Fraxinus chinensis*	4.76	2.70	7.46
8	川桂 *Cinnamomum wilsonii*	4.76	2.70	7.46
9	黑果菝葜 *Smilax glaucochina*	4.76	2.16	6.92
10	络石 *Trachelospermum jasminoides*	2.38	4.32	6.71
11	鸡矢藤 *Paederia foetida*	2.38	2.70	5.08
12	狭叶珍珠花 *Lyonia ovalifolia* var. *lanceolata*	2.38	2.70	5.08

（续）

序号	树种	相对频度	相对盖度	重要值
13	薄叶山矾 *Symplocos anomala*	2.38	1.62	4.00
14	赤楠 *Syzygium buxifolium*	2.38	1.62	4.00
15	虎皮楠 *Daphniphyllum oldhamii*	2.38	1.62	4.00
16	光叶山黄麻 *Trema cannabina*	2.38	1.62	4.00
17	山鸡椒 *Litsea cubeba*	2.38	1.62	4.00
18	菝葜 *Smilax china*	2.38	1.08	3.46
19	白背叶 *Mallotus apelta*	2.38	1.08	3.46
20	扶芳藤 *Euonymus fortunei*	2.38	1.08	3.46
21	多齿红山茶 *Camellia polyodonta*	2.38	1.08	3.46
22	光叶海桐 *Pittosporum glabratum*	2.38	0.54	2.92
23	厚叶鼠刺 *Itea coriacea*	2.38	0.54	2.92
24	柔毛菝葜 *Smilax chingii*	2.38	0.54	2.92

表 4-23　雷公山保护区黄杉群落草本层重要值

序号	物种	相对频度	相对盖度	重要值
1	芒萁 *Dicranopteris pedata*	15	49.43	64.43
2	庐山石韦 *Pyrrosia sheareri*	15	34.22	49.22
3	五节芒 *Miscanthus floridulus*	25	6.08	31.08
4	狗脊 *Woodwardia japonica*	10	1.90	11.90
5	十字苔草 *Carex cruciata*	10	1.52	11.52
6	石韦 *Pyrrosia lingua*	5	3.80	8.80
7	抱石莲 *Lemmaphyllum drymoglossoides*	5	1.14	6.14
8	蕨 *Pteridium aquilinum* var. *latiusculum*	5	0.76	5.76
9	鳞毛蕨属 *Dryopteris*	5	0.76	5.76
10	淡竹叶 *Lophatherum gracile*	5	0.38	5.38

3.4　物种多样性分析

采用物种多样性指数（D、H_e'）以及均匀性指数（J_e）分别对研究区植物群落乔木层、灌木层、草本层物种多样性进行统计分析（表4-24）。

表 4-24　雷公山保护区黄杉群落物种多样性指数、均匀度指数

层次	D_r	H_e'	J_e
乔木层	0.87	2.19	0.83
灌木层	0.91	2.69	0.83
草本层	0.84	2.03	0.88

从物种多样性指数（H_e'）分析，D 越小表明群落的优势种越明显，某一种或几种优

势种的数量增加都会使该指数值降低；H_e'值与物种丰富度紧密相关，并且呈正相关关系。从结果分析，物种多样性均表现为灌木层>乔木层>草本层。

均匀度指数（J_e）是指群落中各物种的多度或重要值的均匀程度，均匀度指数越大表明物种分布越均匀。从结果分析，乔木层、草本层、灌木层均匀度均在0.85左右，乔木层和灌木层均匀度相等，草本层的分布更为均匀，但差异不明显。整体均匀度呈现出草本层>灌木层=乔木层。

3.5 种群空间分布格局

通过计算，该样地中黄杉种群分散度（S^2）为1.73，$S^2>m$，因此可见黄杉种群呈集群型分布，个体分布极不均匀。

3.6 主要优势种径级结构分析

对乔木层重要值排名前三的甜槠、柔毛油杉、黄杉以10cm为径级单位统计径级分布，如图4-6至图4-8所示。其中，甜槠*DBH*≤10cm的个体数为7，10cm<*DBH*≤40cm的个体数为8，*DBH*>40cm的个体数为3，幼苗幼树和中龄个体数占个体总数的83%，明显呈现增长型。柔毛油杉*DBH*≤10cm的个体数为8，10 cm<*DBH*≤40cm的个体数为3，*DBH*>40cm的个体数为5，幼苗幼树和中龄个体数占个体总数的68%，同样呈现增长型。黄杉*DBH*≤10cm的个体数为4，10cm<*DBH*≤40cm的个体数为3，*DBH*>40cm的个体数为4，显示为稳定型。

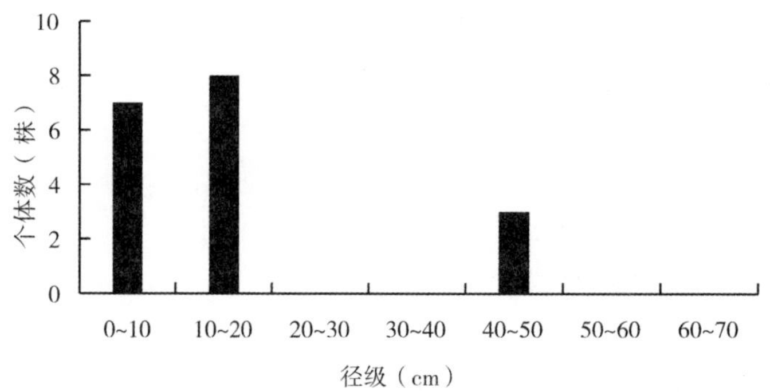

图4-6 黄杉群落甜槠径级结构

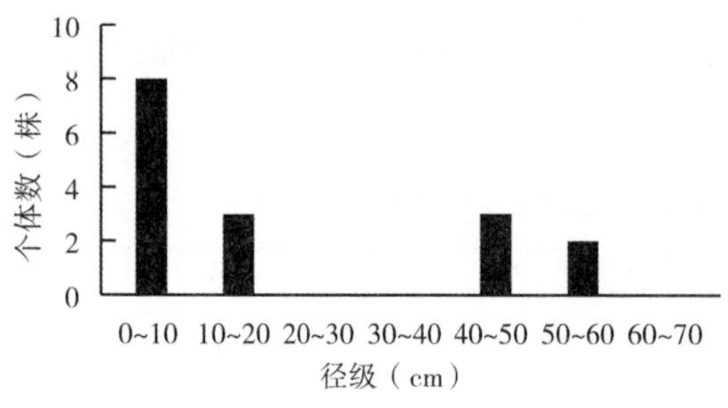

图4-7 黄杉群落柔毛油杉径级结构

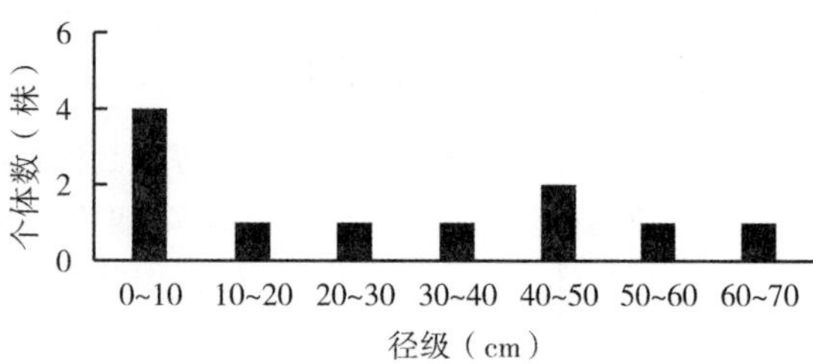

图4-8 黄杉群落黄杉径级结构

【研究进展】

经查，近年来国内对黄杉的研究仅限于适宜生长分布因子研究、种群特征、群落结构等方面。李望军等基于 Maxent 模型对贵州省天然黄杉林的潜在分布进行了预测研究，结果表明：①模型的总体预测精度达到优秀水平；②干旱季度降水量（Bio17）、年均降水量（Bio12）和昼夜温差月均温（Bio2）3 个气候因子为影响和控制贵州省天然黄杉林潜在分布的主导气候因子，3 个主导因子的适宜范围依次为 26～38mm、865～980mm、9.5～10.5℃，最适宜值依次为 32mm、915mm、10.2℃；③贵州省天然黄杉林潜在适宜区域总面积 21558.35km^2，其中包含高度适宜区域 10113.97km^2，中度适宜区域 11444.38km^2；④贵州省天然黄杉林高度适宜区域的海拔范围为 547～2622m，平均海拔 1319m，中度适宜区域的海拔范围为 593～2476m，平均海拔 1276m。

种群与群落研究方面：李明刚等对黔北喀斯特山地黄杉林群落及种群结构进行研究，结果表明黄杉林群落在树种组成上，是由典型的喀斯特树种形成的针阔混交林，并且在特殊的生境中，黄杉种群有较宽的生态位，可在乔木层中形成优势种群。黄杉在种群分布的格局上多为集群分布，人为干扰造成的林窗有利于黄杉的天然更新。田胜尼等进行了安徽宁国华东黄杉的种群动态研究，结果表明，宁国华东黄杉种群为衰退型，这与群落中种子萌发率低、林下幼苗少、群落郁闭度高、林下光强不足、个体竞争能力差、人为干扰严重有关。孟广涛等对滇东北黄杉种群数量动态进行研究，结果表明，不同人为干扰条件下，滇东北黄杉种群目前均处于中、幼林阶段，种群年龄结构表现为增长型，但增长性和稳定性存在差异。生存函数曲线反映了黄杉种群具有幼苗、幼树阶段死亡率高，中树阶段死亡率渐低，至大树阶段趋于稳定的特点。大量的人为砍伐是目前黄杉资源数量下降的主要原因，应严厉禁止。熊斌梅对七姊妹山自然保护区黄杉林群落学特征研究表明，黄杉种群年龄结构呈金字塔型，属于增长型种群。

【繁殖方法】

采用种子育苗技术进行繁殖，具体方法如下。

①采种：11 月中旬，选择生长迅速、健壮、主干通直、抗性强、无病虫害的 20～25 年生的优良母树作为采种树。采回球果后，放于通风的光滑地面晒干，干后用木棒轻轻敲打球果，种子就从球果中弹出，收集种子后，除去杂质、空粒及损伤的种子，阴干，即可播种或贮藏备用。

②苗圃地选择：选择坡度在 8°以下的半阳坡或平地，土质疏松，土壤肥沃，保水透气性好，便于排水且水源方便的沙壤土地块作为苗圃地，切忌选黏重土壤和积水地。

③整地：营养土配制及装袋，选好苗圃地后，应细致整地。无论是新苗圃地还是老苗圃地，都应在 11～12 月进行 1 次全面整地，深挖翻土，拣净石头草根。经过一段时间的暴晒和风化，于 3～4 月或播种前再深挖 1～2 次，然后碎土做床，床面宽为 1～1.2m（相当于并排放 30 个营养袋的宽度），长以地形和管理方便为宜：床面要整平，土块要敲细；床面的熟土应集于一旁作营养土的配料。用 2 份已腐熟的农家肥和 3 份腐殖质土，再加 4 份苗圃地的熟土和 1 份细沙混匀，进行 2～3d 暴晒，然后敲细，用 1mm 孔径的筛子筛去粗粒

及杂草作成营养土，以备装袋。装袋后以 30 个营养袋为 1 排，并排装于整好的苗床上，排与排之间相距 40cm，四周用土埋好（埋土与营养袋相平为宜）。

④种子处理：种子处理是黄杉育苗的关键环节，种子处理得好坏与发芽率和出苗时间关系很大。黄杉种子的处理多采用石灰浆沤种法，即用 10%的石灰液加少量硫酸铜泡种 5~6d，然后取出用清水洗净，再用清水泡种 1~2d，即可播种。用此方法处理种子，发芽率可达 90%以上。

⑤播种：播种一般于 3 月中旬进行，播种方式为点播。点播前将营养袋浇透水，每个营养袋播 1 粒处理过的种子。播完后再在营养袋上面覆盖一层细沙，厚度以看不到种子为宜。播种后要及时喷洒清水，注意不能冲走细沙。出苗后要搭遮阴棚，防止幼苗被太阳暴晒。第 2 年 6~7 月苗高 10~15cm 时，即可出圃造林。

【保护建议】

黄杉分布虽广，却无大面积纯林，多呈零星或小块状分布。由于材质优良，累遭砍伐，分布区正日益缩减。采运方便之处的林木几乎全被砍伐。残存植株多生于山脊和交通不便的深山。仅存的天然黄杉多残存在人烟稀少、交通不便之地，由于林分被多次采伐，正逐渐演变为疏林，使其在群落中失去优势地位。

保护建议：一是黄杉是一个具有古老性质的树种，它的结实率不很高且不饱满，空壳多，自然更新尚存在自身的不足，黄杉树干通直、饱满、自然整枝好、出材率高，是一个潜力很大的中山造林树种，因此必须加强对现有种群的就地保护，严禁乱砍滥伐，保护好现存林木，尤其是管护好母树，可在雷公山保护区建立黄杉种源基地。二是采取采种育苗等方式，扩大种植范围，建立种植园。

秃杉

【保护等级及珍稀情况】

秃杉 *Taiwania cryptomerioides* Hayata，俗称台湾杉、水杉，为杉科 Taxodiaceae 台湾杉属 *Taiwania* 植物，是国家二级重点保护野生植物。

【生物学特性】

秃杉为乔木，高达 75m，胸径达 200cm 以上。树干挺直，树皮棕褐色，有不规则条裂。叶二形，密生；老树小枝上的叶背腹隆成四棱钻形，上端略向内弯曲，先端尖；幼树小枝上的叶两侧扁，向内弯，先端锐尖。球果圆柱形或椭圆形，长 1~2.4cm，直径 5~12mm，种鳞通常 30 个左右，每个种鳞有 2 粒种子，种子两侧有窄翅。

本种与柳杉 *Cryptomeria fortunei* 相近，区别在于后者大枝向上斜展，叶钻形，种鳞盾形，上端有 3~7 齿裂。

秃杉分布于云南西北部及西部、湖北西南部、贵州，缅甸北部亦有分布；在贵州分布于黔东南雷山、榕江、剑河、台江、丹寨、黎平等地。

【应用价值】

1 生态价值

对我国三个秃杉分布区域进行分析，同时研究了秃杉分布的地理位置和气候特征。云南的怒江、澜沧江流域的纬度偏低，从而受到西南季风的影响，属于南亚热带区域。湖北利川所处位置纬度较高，为北亚热带，本区域是中亚热带。在这三个区域中，雷公山秃杉的植株分布最多，面积最大，保存最完整，具有较强的原生性，因此这一区域是中亚热带地区唯一的天然秃杉研究基地。对保护区进行初步统计得出，秃杉胸径在10cm以上的植株当前仅存在6000多株，其中胸径在50cm以上的大树有2800多株，占40%以上。

雷公山保护区秃杉的分布呈现出从单株或小群聚状，其中比较难得的是，小片秃杉纯林和主要以秃杉为主的针阔混交林。山区中深山峡谷错综复杂，秃杉高大挺拔，姿态优美，和四周的阔叶林相互交映，结构极为醒目，外貌也比较特别。秃杉给人的感觉就是“万木之王”。同时，秃杉林当中还生存着少量的杉木以及马尾松，这些伴生植物和秃杉相互交错，形成了不同秃杉群落类型。但是，林下秃杉更新不良，这一现象表明中亚热带地带性植被在演替过程中，基本上不生长秃杉林，只有借助人为干预的方式，确保秃杉林的稳定性。但是，雷公山区域所分布的秃杉林生长十分茂盛，具有重要的保护价值以及研究价值。

秃杉是雷公山森林生态系统的重要组成部分，在雷公山地区具有调节气候、涵养水源、保持水土、净化空气、保护野生动植物种源的生态功能。它对清水江以及都柳江的水量起到重要调节作用，秃杉不仅维系着雷公山地区的生态平衡，同时也为科研工作、教学活动提供不可多得的“活化石”。

①秃杉主要分布在两汪河与乌迷河的源头位置，属于两汪河以及乌迷河水源的涵养林。秃杉以及相应分布区域内的阔叶林共同形成了一个天然蓄水库，为两河以及区域内各个小溪提供水源，其中呈现出放射状态的河流，经过剑河南哨河汇合之后，均注入清水江。

②秃杉树体含水量高达90%以上，当地居民称为“水杉”，经过相应调查后发现，雷公山保护区秃杉主要分布在格头、方祥和桥水等地，是雷公山保护区水资源最丰富的地区之一。因此，秃杉在增加地下水的丰富程度方面有着密切的关系。

③对秃杉分布区所在地形进行分析，大多为地势陡峭、土质松散和切割较深的地区，秃杉枝干浓密，根系发达，树冠具有一定的截留作用，能够在很大程度上减缓雨水对地表的冲刷，避免洪水突袭，降低水土流失。在一定程度上抑制了洪水暴跌，还能够起到延长地表径流的作用，且积蓄了水源，在很长一段时期内，保持丰富的地表径流。

④秃杉和秃杉分布区的森林具有促进大气降水的作用，大气降水较为频繁，地表水和地下水之间转换呈现出良性循环情况下，促使地下水动态变化相对稳定，从而使该区域风调雨顺，生态平衡，旱涝保收，为农业生产提供保障作用。

2 经济价值

秃杉为我国广西、福建部分地区的主要造林珍贵用材树种之一，心材紫红褐色，边材深黄褐色带红，纹理直，结构细、均匀，可供建筑、桥梁、电线杆、舟车、家具、板材及造纸原料等用材；也是优良的庭园、道路、园林绿化树种。

3　科研价值

秃杉为第三纪古热带植物区孑遗植物，距今有6500年到180万年的历史，曾广泛分布于欧洲和亚洲东部，由于受距今200万年前的第四纪冰期影响，全球大面积冰盖的存在改变了地表水体和气候带的分布，大量喜暖性动植物物种灭绝，主要残存于中国云南的贡山、兰坪，湖北的利川、毛坝，福建尤溪，台湾中央山脉、阿里山、玉山及太平山，贵州东南部的雷公山，以及缅甸北部也有少量残存。因此秃杉对研究古地理、古气候、古植物区系都具有重要的科学价值。

【资源特性】

1　秃杉特性

秃杉是一种大型的杉科台湾杉属植物（APG3分类法将杉科并入柏科），为我国特有种，是分布于中亚热带季风气候区的一种常绿大乔木，起源古老，为第三纪古热带植物区孑遗植物，属于国家二级重点保护野生植物，为世界上稀有珍贵的树种，其树形高大挺拔，干形通直，高可达30~75m，树冠长卵形，树叶浓密翠绿，树姿端庄挺秀，无论近观还是远看，在深山密林之中，都给人以“万木之王”之感。

秃杉适于温凉湿润的气候以及肥沃、疏松、深厚与排水良好的酸性土壤。幼苗期喜欢阳光，成年后需要一定的荫蔽。在滇西北分布区域属西部中亚热带范围，为云南高原与青藏高原的交接地带，该地区正处于来自印度西南季风的风向面，年平均温度10~16℃，最冷月（1月）平均温度5~8℃，最热月（7月）平均温度20℃，极端最低温度-1.7~0.1℃，绝对最高温度31.1~33.2℃，年积温4000~5000℃。年降雨量1100~1600mm，在一年中3月和7月为两个降雨高峰期，干湿季不明显，年平均相对湿度76%~80%，冬季常降雪但不积聚。土壤多为片麻岩、花岗岩或砂页岩发育的山地黄壤，土层厚度在1m左右，枯枝落叶层5~10cm，表层多为比较疏松的轻壤质土壤，pH值为4.5~5.5。

位于东部中亚热带范围的黔鄂分布区域，属湘黔鄂高原的过渡区，受来自太平洋东南季风的影响。年平均温度12.8~15.4℃，最冷月（1月）平均温度1.7~5.0℃，最热月（7月）平均温度23.4~24.7℃，绝对最低温度-6.5~-8.5℃，绝对最高温度35.4~35.6℃，年积温4110℃，年降雨量1200~1500mm，其中4~9月降雨较多，由于山地云雾大，在一定程度上弥补了雨量的不足，年平均相对湿度80%~82%。土壤也为片麻岩、花岗岩、板岩或砂页岩所发育的酸性山地黄壤，土层较深，枯枝落叶层较厚。

秃杉的分布区属亚热带与北亚热带的过渡地带和中亚热带季风气候区，其特点是夏热冬凉，雨量充沛、雨日及云雾较多，光照较少，相对湿度较大。

雷公山年均温14.3℃，7月份均温23.5℃，1月份均温3.6℃，≥10℃有效积温4110℃，≥10℃天数197d，凝冻约20d，年降雨量为1400mm以上，雨量集中在4~9月，10月至次年3月较少，约300mm。

秃杉在贵州的主要分布区雷公山地质构造为江南古陆雪峰台凸，地处云贵高原东部边缘，由于雷公山台块上升，流水侵蚀，深切割的沟谷纵横交错，形成以高中山、中山为主，低山局部出现的地貌特征，基岩为前震旦纪板溪群变质岩系，以浅变质岩为主。土壤为山地黄壤类，酸性，pH 值为 4. 0~5. 3，质地为壤土，土层较深厚。

秃杉分布区域的自然环境基本一致，只是东部的冬季较冷，绝对最低温度较低，夏季较热，绝对最高温度也较高；而西部虽然年平均温度较低，但夏天不热，冬天不冷，反映出亚热带高原的特点。

2　内部结构

苗端以湖北利川采的材料为例，春季苗端呈圆锥形，平均高 117. 5μm，直径 173. 0μm，秋季呈半圆状，平均高 66. 3μm，直径 167. 5μm。苗端按细胞组织特征分区，可分为顶端原始细胞区、原表皮区、亚顶端母细胞区、周边分生组织区和髓母细胞区。其中顶端原始细胞区具平周和垂周分裂，两者分裂效率几乎相等，此等特征与杉木属 *Cunningamia* 和密叶杉属 *Arthoraxis* 一致。

2.1　叶片

叶片幼叶线形，背腹扁平。气孔两面生，皮下厚壁组织单层，维管束一条，位于叶片中央，转输组织柏木型，树脂道一个，内生于维管束的远轴面。成熟叶为两侧扁平的四棱钻形，叶中横切面呈四棱形轮廓，气孔四边生，内陷，完全双环型或偶见三环型，副卫细胞 4~7 个。皮下厚壁组织单层，间断排列。叶肉分化不明显，在萌发枝上，叶由背腹扁平的幼叶逐渐发育成两侧扁平的成熟叶，叶中各类组织均以叶脉维管束与树脂道为轴心，发生了 90°的旋转。

2.2　树皮

树皮外表淡褐灰色，裂成不规则长条形，内树皮红褐色。次生韧皮部由轴向系统的筛胞、韧皮薄壁组织细胞、蛋白质细胞、韧皮纤维以及径向系统的韧皮射线组成。在横切面上，轴向系统的各组成分子均以单层切向带交替的规则排列。其排列顺序为筛胞—韧皮薄壁组织细胞、筛胞—韧皮纤维—筛胞。

筛胞在横切面上呈长方形或方形。筛胞的径向壁上均匀分布有圆形或椭圆形的筛域，单列，在筛域之间的壁上，嵌埋了许多草酸钙结晶。筛胞长度 0. 88 ~ 2. 88mm，平均为（1. 40±0. 37）mm。韧皮薄壁组织细胞呈长矩形，端壁无节状加厚，通常由 12 ~ 20 个细胞连成细胞束。远离形成层的韧皮薄壁组织细胞明显扩大。蛋白质细胞单个散布在韧皮薄壁组织细胞束中。韧皮纤维具有两种类型：一类在横切面上呈方形或径向伸长的长方形，细胞壁明显加厚，木质化程度较高，纤维长 1. 9 ~ 4. 0mm，平均为（2. 67±0. 41）mm；另一类在横切面上呈扁长方形，壁较薄，木质化程度较低，纤维长 1. 4 ~ 3. 3mm，平均为（2. 52±0. 40）mm。通常在两层厚壁纤维的切向带之间，夹有 2 ~ 4 层薄壁纤维带。韧皮射线同型，单列，偶见双列，高 1 ~ 40 个细胞，多数 2 ~ 13 个细胞。每平方毫米含韧皮射线 26 ~ 31 条。

2.3　木材

木材生长轮明显，同一生长轮中早材管胞至晚材管胞渐变。树脂道缺如。

早材管胞在横切面上呈近方形，径向和切向直径为 21.90～43.80μm，晚材管胞呈长方形，径向直径 14.60～25.50μm，切向直径与早材相近。早材管胞径向壁上具缘纹孔单列，偶见双列，成对列纹孔式，具眉条，腔壁内偶见径列条。管胞切向壁上具少数具缘纹孔。早材管胞长 1.14～2.90mm，平均（1.98±0.40）mm。晚材管胞长 0.80～2.9mm，平均（1.86±0.53）mm。木薄壁组织细胞数量较多，细胞内富含深色树脂类物质。在木材横切面上，此等细胞排列成不连续的短切向带，或星散分布在早、晚材中。木薄壁组织细胞端壁平滑，无节状加厚。木射线同型，单列，偶见双列，高 1～17 个细胞，每毫米 4～9 条，平均 6.2 条。在径向切面上，木射线细胞呈长矩形，长平均为 142.50μm，高为 15.30μm，水平壁与端壁平滑，细胞四隅处凹痕明显，交叉场纹孔柏木型，1～4 个，多为 2～3 个，排列成 1～2 横列。

3 雷公山保护区资源分布情况

秃杉在雷公山保护区主要分布在格头村、雀鸟村、平祥村、昂英村等村，交包村、毛坪村、提香村、陡寨村、水寨村、小丹江村、乔歪村、乔洛村、三湾村等村有零星分布，分布范围 133650 亩，其中，集中连片 41 片，面积 1165.5 亩，最大一片 150 亩。

雷公山秃杉成片分布共 41 片，面积 77.7hm^2。其中，方祥管理站的格头村、平祥村有 16 片，面积 29.9hm^2；小丹江管理站的昂英村有 23 片，面积 45hm^2；交密管理站的交包村有 2 片，面积 2.8hm^2。超过 4hm^2 的有 4 片，最大一片 10hm^2，在格头村桐脑（小地名），其余 3 片分别在昂英村的白虾、大堰沟头和乔水对面。

在方祥乡的格头村寨中，距小河边 20m 处，有一棵巨大的秃杉，称为“秃杉王”，被当地奉为“镇守该寨的神树”，也是雷公山最大的秃杉，其胸径 218.9cm，据当地村民介绍，该树已有 300 多年的历史，曾于 1975 年遭大风雷雨天气将其上部三分之一分叉处折断，现树高仍达 45m，冠幅 20.0m，枝叶茂盛，树干直立挺拔，是人们观瞻秃杉最好的地方。

据调查统计，雷公山现有秃杉 282881 株，其中，检尺株数有 6314 株（50～100cm 的有 129 株，大于 100cm 的有 692 株），幼树 8269 株，幼苗 268298 株。

4 种群及群落特征

4.1 群落结构

通过 10 个样地的物种调查结果统计，秃杉群落有维管束植物 127 种，分别隶属 51 科 76 属。其中乔木层共有 47 种，隶属 26 科 33 属；灌木层共有 45 种，隶属 23 科 35 属；草本层共有 30 种，隶属 20 科 13 属。秃杉群落分层明显，可以分为乔木层、灌木层、草本层。地被物发育较差，层外植物不多见。

乔木层可分为两个亚层：第一亚层主要以秃杉占绝对优势。由于秃杉树体高大，冠大，高居乔木上层，一般高 20m 以上，最高达 53m，以 30～40m 的大树居多，胸径一般在 40～140cm，最大达 218cm，冠幅直径为 10～20m，最大可达 40m，有“万木之王”之称。达到该层的，还可见到杉木、阔叶树种有锥栗、水青冈、枫香树、马尾松等。第二亚层高度在 4～15m，胸径在 4～30cm，最大达 60cm，冠幅直径较小，一般为 1.5～10m。除有部

分秃杉和杉木外，主要以阔叶树种占优势，常见植物有毛棉杜鹃、雷公鹅耳枥 *Carpinus viminea*、多种柃木 *Eurya* spp.、桂南木莲、闽楠、水青冈、甜槠、薯豆 *Elacocarpus japonicus*、锥栗、山樱花 *Cerasus szechuanica*、大萼红淡 *Adinandra macrosepala*、香港四照花 *Dendrobenthamia hongkongensis*、瑞木 *Corylopsis multiflora*、木荷、贵州石栎 *Lithocarpus elizabathae*、茅栗 *Castanea seguinii*、越橘 *Vaccinium* sp.、阴香 *Cinnamomum burmannii*、青榨槭 *Acer davidii*、虎皮楠、海南木樨榄 *Olea hainanensis*、深山含笑等，整个乔木层郁闭度达95%，其中秃杉最大，占乔木层的80%～100%。

在秃杉群落中，常绿高位芽植物秃杉在乔木层第一亚层占优势，其次为常绿中高位芽植物和落叶中高位芽植物。第二亚层以常绿阔叶中高位芽植物占优势，占40.35%，其次为落叶阔叶中高位芽植物和落叶小高位芽植物，分别占28.07%和17.54%，再次为常绿阔叶小高位植物，占14.04%。

灌木层受上层林冠影响较大，密度不大，冠幅小，覆盖度为30%～60%，有细齿叶柃木 *Eurya nitida*、毛棉杜鹃、穗序鹅掌柴 *Schefflera dalauayi*、山鸡椒 *Litsea cubeba*、香叶树 *Lindera communis*、油茶 *Camellia oleifera*、满山红 *Rhododendron mariesii*、杜鹃 *Rhododendron simsii*、大萼红淡、总状山矾 *Symplocos botryantha*、山香圆 *Turpinia argute* 等树种组成，个别群落以箭竹为优势。灌木层主要是由常绿阔叶小高位芽植物和常绿阔叶矮高位芽植物构成，分别占灌木层种类的41.38%和24.14%。其次为落叶阔叶小高位芽植物和落叶阔叶矮高位芽植物，分别占20.69%和13.78%。此外，在灌木层中尚有部分常绿中高位芽植物的幼树，如杉木、小果润楠 *Machilus microcarpa*、桂南木莲、光枝楠 *Phoebe neuranthoides*、香樟 *Cinnamomum camphora*、栓叶安息香 *Styrax suberfolia*、薯豆、深山含笑、杨梅 *Myrica rubra*、罗浮栲、西南赛楠 *Nothaphoebe cawaleriei* 等，同时也有部分落叶阔叶中高位芽植物的幼树，如瑞木、青榨槭、马尾树、水青树、雷公鹅耳枥、枫香树等。

林内草本层不够发达，高40～120cm，盖度为30%～60%，主要有里白、狗脊、福建观音莲座 *Angiopteris fokiensis*、日本金星蕨 *Parathelypteris niponica*、小花姜花 *Hedychinm sinoauieum*、五节芒、苔草 *Carex* sp. 等。

层间植物极少，偶尔有藤黄檀、菝葜、悬钩子 *Rubus* sp.、花椒 *Zanthoxylum cuspidatum* 等。

4.2 物种多样性

雷公山保护区秃杉群落物种多样性从1985年到2015年都是很丰富的。调查中在样地里物种科的数量范围在60～80科，属的变化范围在110～190属，尤其是在2000—2006年，属数达到186属；种的变化范围在140～240种，同属一样在2000—2006年达到最高峰，有235种。从秃杉的立地条件看，从保护区建立到现在秃杉群落没有发生破坏。产生属和种的波动可能是研究人员多，调查季节不同，还有可能是选择样地有主观性等原因。

4.3 种群特征

4.3.1 水平结构

调查发现，雷公山保护区秃杉种群个体分布极不均匀，表现在常绿阔叶落叶混交林中有零星单株分布，且分布的单株都是古大树，呈最顶层林相。总体来看常成群、成簇、成块或成斑点地密集分布，并且各群的大小、群间的距离、群内个体的密度不等；本次样地调查区生境条件比较良好，属于秃杉种群都比较集中地带。总体而言，雷公山保护区秃杉种群空间分布类型是以集群型为主，随机型为辅。

4.3.2 垂直结构

秃杉群落垂直分布明显，秃杉主要分布在0~5m和25m以上的林层中。其中0~5m林层主要是秃杉的幼苗幼树；25m以上林层主要是秃杉胸径在45cm以上的大树，且多数达到结实年龄。林层高度0~5m主要以蕨类植物为主，其次是禾本科和秃杉幼苗幼树。5~10m中主要以山茶科植物和瑞木为主，其次是部分杜鹃花属的喜阴植物。10~25m的3个林层中，以针阔混交为主。其中栲属和水青冈占主要优势，杉木和马尾松种群次之。25m以上林层只有秃杉种群，在群落中都是“霸王树”。

5 保护情况

雷公山保护区建立30多年来，经过了两次综合科学考察，并出版了《雷公山自然保护区科学考察集》(1989）和《雷公山国家级自然保护区生物多样性研究》(2007）两部专著，都对秃杉有记载研究，查阅并分析其中的秃杉种群变化情况。通过查阅雷公山保护区秃杉（台湾杉）相关期刊文献，总结分析研究数据，找出共性，对比研究雷公山保护区秃杉更新状况及保护成效。

(1）建立保护区前秃杉种群情况

查阅1989年贵州人民出版社出版的《雷公山自然保护区科学考察集》，从中了解到1985年前调查的秃杉数据，距今也有36年的历史。该书籍中记载，对雷公山保护区秃杉种群的研究主要采用样方法和样带法相结合调查方法。共设了19个20m×20m的样地，据调查样地资料统计，样地中有60科115属170种。其中，蕨类植物8科10属10种，裸子植物4科5属5种，双子叶植物43科91属146种，单子叶植物5科9属9种。秃杉种群胸径在10cm以上共有5000株左右，主要分布在雷公山东南面斜坡中部800~1300m沟谷两侧，集中分布且保存完好的秃杉天然林有35片，面积约15hm^2，最大一片面积约2hm^2。

(2）2010年秃杉种群情况

2007年贵州科技出版社出版《雷公山国家级自然保护区生物多样性研究》，书中有“雷公山国家级自然保护区秃杉种质资源研究”专题。对秃杉的研究是在2005—2006年，主要是对秃杉天然林和散生植株进行了较为详细的调查研究。通过收集资料、数据，对秃杉分布有一个初步了解，然后用1：5万地形图到实地勾绘，在小班内对胸径大于10cm的秃杉进行检尺；对于散生秃杉则以线路调查为主，访问群众为辅。调查到成片分布共有41片，面积77.1hm^2。胸径在10cm以上的植物有6382株，主要分布在雷公山东南面斜坡中部800~1300m沟谷两侧，其中成片状分布的有4922株。对于秃杉群落中物种多样性没有研究。

通过查阅2000—2010年关于雷公山保护区秃杉研究期刊共计7篇，统计有23个20m×20m样地，样地中植物有78科186属235种。其中，蕨类植物12科14属25种，裸子植物4科5属5种，双子叶植物57科127属125种，单子叶植物5科40属80种。

（3）2018年秃杉种群情况

2018年对雷公山保护区20个20m×20m的样地进行调查，发现74科102属163种。其中，蕨类植物15科20属30种，裸子植物4科5属5种，双子叶植物49科56属89种，单子叶植物6科21属39种。并在2012—2018年对雷公山保护区秃杉种群胸径大于10cm的秃杉进行普查，共有6640株，分布在雷公山东南面斜坡中部650~1695m沟谷两侧，集中分布且保存完好的秃杉天然林有42片，面积约78hm^2。

6 秃杉在当地的传说故事

格头苗寨大约建立于1605年，至今已有400多年的历史。还没有人迁到格头居住前，周边的人把格头一带叫“虎局乌迷”（苗语）。因现台江县南宫镇有一条河叫乌迷河，乌迷河的源头就在格头，苗语的“虎局”是源头的意思，“乌迷”是河的意思。后有一罗姓老人从现在的榕江县平阳乡的小丹江村迁到格头，在一棵大秃杉的树枝下搭起了简陋的棚子居住。周边的人出于对这棵秃杉的敬仰，使把格头叫“甘丢”（苗语）。“甘丢”苗语是朝下弯的意思。

格头是雷公山保护区内秃杉保存得最好的村寨，最大的“秃杉王”就耸立在苗寨中央，村寨周边随处可见秃杉及秃杉林，胸径100cm左右的古老秃杉比比皆是，即使在“文化大革命”时期，也没人敢去破坏秃杉。秃杉树体高大挺拔，干形通直，高达30~50m，枝条呈弧形弯曲向外伸展，长5~10m，树枝优美，叶密并常年浓绿，是世界珍稀植物。秃杉是中文名，当地苗语称秃杉为“豆机欧”。他们认为“豆机欧”是他们的祖先、神树和老人。格头人把秃杉当作神树，认为只有保护好秃杉，秃杉才会保佑全村人平平安安、大吉大利、振兴家业、子孙兴旺发达。他们认为，他们种族能够发展、安康幸福，是秃杉的帮助与恩赐。格头苗族村民与秃杉之间的关系，是人与自然之间的关系，是相辅相成、互相依赖、肝胆相照、荣辱与共、情同“兄弟”般的关系。传说1895年前后，格头发生一场大洪水，一妇女不慎落入河中，被洪水冲走约一里多路，后自己爬上岸来，却未伤一根毫毛，她感到很惊奇，便请巫师到家来看，巫师看后说这次她没有被冲走是因为有本寨的秃杉相救才幸免于难。格头人常说，整个方祥乡都有五步蛇，并且近年来数量还在增多，基本上每个村每隔几年都有人被五步蛇咬死，只有格头村从来没有人被五步蛇咬死，他们说这也是秃杉保佑的原因。格头人之所以如此崇拜秃杉，有一个广为流传的故事：从前有罗姓两亲兄弟从小丹江村到格头一带打猎，看看天色已晚，便准备返回小丹江，但没看见他们的猎狗，于是朝天鸣枪，猎狗听到枪声便跑到他们跟前。他俩一看，从下面上来的猎狗全身湿透并沾满浮漂，亲兄弟俩便商量，现小丹江人多地少，无法养活我们，下面山谷有浮漂，可以种稻谷，干脆下去看一下，能否可以住人，于是，两兄弟便下到现在的格头村驻地，并找到了猎狗洗澡的水塘，两兄弟看看周围的环境，觉得人可居住。兄弟俩返回小丹江后，一个便迁到格头居住。迁到格头居住的罗公，一时没有房住，恰好在现在格头

寨子中间有一棵九抱大的秃杉，在离地面 4m 左右，有一大树枝朝下呈弧形向外伸展，老人便把它当作房檩来用，在树枝下搭起了简陋的棚子居住下来。后罗公到做买卖，在他住的旅店遇到一位英俊的青年，罗公问青年："你从哪里来?"青年人答："我从格头来，我俩是邻居。"罗公想，格头只有我一个人，从不见这位青年，认为青年骗他，就不再理青年，独自睡了。半夜，青年给罗公托梦，对罗公说："我没有骗你，的确从格头来，我是你住在下面的秃杉变来保护你的，以后你也要教你的子孙保护我。"罗公一惊，醒来往身边一看，原来睡在旁边的青年不见了，于是罗公相信了青年真的是秃杉变的。罗公回到格头便教育子孙，要把秃杉当作兄弟看待，任何人不可伤害秃杉，否则必遭报应。于是一代传一代，格头人除了崇拜秃杉外，谁也不去伤害它。即使秃杉自然枯死倒下，格头人不但没人去利用它，而且杀猪祭拜它后，才把它推下河让大水冲走，使它变成龙来保护格头人。2001 年 11 月 17 日上午 10 时左右，倒了一棵大秃杉压在格头村民杨文成、杨你里家田里，全村人都十分震惊。后杨文成、杨你里两合伙买了一头猪，请来巫师，并邀请了寨上的杨文刚、杨伟贤、杨先里等 10 多人，按送葬人的仪式，杀猪祭这棵倒下的秃杉树后，众人才将它推下河，不久大水便把它冲走了。后拿米去看巫师，巫师说："这棵秃杉已到了洞庭湖，变成龙了。"

格头人对秃杉有着深厚的感情和无限的崇拜。为此，格头人代代相传，从古到今，不管是哪朝哪代，山林使用权和所有权可归个人，但所有山上的秃杉以及房前屋后、田边地角等地的秃杉，所有权归全村人，任何人不得砍伐。格头秃杉能保护好，与格头人由对秃杉的崇拜、对秃杉所有权的明确有着重要的关系。

苗族人尊重秃杉、崇拜秃杉，视秃杉为自己的老人、兄弟、姐妹，与之和睦相处，互相爱护，并从感情升华到具体的行动上，加强对秃杉的保护。格头人在保护秃杉上有这样的口头自然协定：不准任何人、任何时候找借口砍伐秃杉；起房子、装房子、打家具不准用秃杉；秃杉是集体的、是国家的，不准任何人占有；秃杉枯死，也仍然留在山上，不准任何人去砍来用。

为了使秃杉真正得到保护，以前就有"谁破坏秃杉、谁砍伐秃杉，谁家断子绝孙，倾家荡产"的说法。上述规定形成了民间法律，传承至今，无人破坏民间律条。现在在格头山头上就可以看到一些枯死的秃杉没人去砍，仍然立在地上。据杨文清老人介绍：老人对秃杉的保护意识相当强，并形成了自然习惯，一直传到现在。因而，历史上从未出现过破坏或偷砍秃杉的行为。只是在 1930 年的时候，格头村的杨工九（已故）烧田坎时，当时田坎边有一棵秃杉，不小心被烧得半死，按当时格头的习俗，他自己承认做错了事，主动买酒 80 斤、猪肉 80 斤，请寨老、巫师去拜祭秃杉。在格头人心目中，保护和爱护秃杉像保护和爱护自己的亲人一样。格头苗族保护秃杉的思想理念历史悠久，并且用这种思想理念教育和激励子孙后代传承下去，把保护秃杉作为一种传统美德。

雷公山是以保护秃杉等珍稀植物为主的森林生态系统类型自然保护区，秃杉是雷公山的旗舰保护物种。秃杉的生存环境得到了有效的保护和发展，使其他野生动植物的生存繁衍环境也得到有效的保护。自保护区建立以来，对秃杉进行过比较详细的 3 次调查，第一

次调查于1985年，胸径大于10cm以上的有近5000株，第二次调查于2005年，胸径大于10cm以上的有近6382株，第三次调查于2013年，胸径大于10cm以上的有近6314株，并对胸径小于10cm的小树、幼苗幼树进行了调查，幼树268298株，幼苗（树高50cm以下）8269株，可见，秃杉资源数量和生存质量都得到了有效的提高。

【研究进展】

自20世纪80年代雷公山保护区建立以来，国内外专家学者就对秃杉的生物学、生态学、引种育苗造林、种群结构、群落结构、资源量、种子常规育苗、容器营养袋育苗、秃杉生境维护、秃杉生境对比、人工促进天然更新、秃杉天然更新演替规律、秃杉人工林林分生长规律、引种试验等开展了较为详细的研究，对秃杉进一步保护和利用具有重要的理论和实际意义。

陶国祥对云南秃杉立地质量评价系统进行研究认为，土壤容重、土壤有机质含量和土层厚度是影响秃杉生长的主要因子。胡兴宜对湖北省秃杉立地类型划分进行研究中认为，秃杉生长与土层厚度和土壤有机质含量呈正相关，与土壤容重呈负相关，并受土壤容重的影响较大。秃杉在华南和西南地区的河南、江苏、安徽、浙江、福建、广东、广西7个省份均有引种栽培试验。不同地区引种，其生长量与原产地相差不大，部分地区甚至超过了原产地。秃杉的抗性较强，但秃杉的抗寒能力、抗病能力在苗期较弱，并随秃杉的生长，抗性逐渐增强。

选择适宜树种与秃杉混交，能促进林分的生长，尤其是与阔叶树种混交，可提高生态资源和林地资源利用率。目前秃杉主要采用组培育苗、扦插育苗和种子育苗。组培育苗外植体主要包括未萌发种子的胚、种子刚发芽的苗端、实生苗顶芽或茎段、优良母株的枝条，目前实验研究中选育12年生秃杉优良种源的优良母株，取其枝条的顶芽为外植体培养的效果最佳。在扦插繁殖方面，梁胜耀研究认为11~12月较为适宜，王鸣凤研究认为以根际萌条为好，选用长6cm以上、粗0.2cm以上根际萌条穗条扦插成活率最高，成活率可达80%。杨宁对雷公山秃杉种群结构进行研究发现秃杉种群年龄结构中幼树少见，成年树所占比例大，呈现出一种衰退型进行年龄结构。冯金朝在编制雷公山秃杉天然种群生命表中发现秃杉种群的死亡率 q_x 从Ⅰ龄级至Ⅶ龄级增大，并在Ⅴ龄级与Ⅵ龄级有2次死亡高峰，存活曲线基本接近Deevey-Ⅱ型。秃杉种群数量动态一方面受到环境因子的影响，另一方面也由种群本身的生物学特性所决定。学术上一般认为，秃杉种群分布格局整体上呈聚集分布，从幼苗到大树聚集程度减小，进入大树阶段为均匀分布。

【繁殖方法】

1　种子繁殖

①采种储藏：秃杉球果于10~12月成熟，趁球果鳞片未张开时采摘，放置于通风干燥处，待球果鳞片开裂后用棍棒轻击球果，种子即脱出。储藏一般采用干藏法，种子宜用布袋装置，放于阴凉通风处干燥保存，勿暴晒或受潮发霉。

②种子处理：播前以清水浸泡种子24h，捞出晾干，以每100g种子用95%可溶性粉剂147.4~368.4g（有效成分140~350g）拌种，预防苗木立枯病、根腐病等病害，为播种均

匀可拌入细沙。

③整地及播种：秃杉于2~4月播种育苗，播种后20~30d种子萌发出土。

选择土壤疏松肥沃、排水性良好的农田或肥沃湿润、坡度平缓的旱地作苗圃。播前一个月按75~100kg/亩施普通过磷酸钙作底肥，深翻土壤30cm。播前整地作床，床面宽约1.2m，高15~20cm，步道宽40~50cm，苗床捣细土块，拣尽石砾等杂物。

播种采用条播，开播种沟宽10~12cm，深3~5cm，均匀撒上种子，盖土1~2cm，播后搭盖遮阴网，利于保持土壤湿润和种子发芽。

2　扦插育苗

经试验，秃杉也可以用扦插育苗，扦插时间以1月底至2月初为好。秋插虽然也能成活，但生根率低。3个月后，插穗开始生根，第1次翻床于7月初进行，生根率可达35%，未生根者，继续培养。第2次翻床于11月进行，生根率达7.3%，2次生根率达42.3%。

3　容器育苗

将苗床内5~10cm的实生苗或扦插苗移入容器内，培育壮苗，容器可用花盆、塑料袋、竹箩或其他材料做成。容器内盛营养土。营养土配制：用60%的红土、20%的炭灰、10%的沙，另加10%的有机肥（厩肥、油枯等）、无机肥（氮、磷、钾），拌和均匀，并经消毒后装进容器。将苗木移入培养，当苗高达到50cm左右，即可上山定植。

4　苗期管理

苗期管理主要为除草、病虫害防治和苗期追肥管理。

除草原则是“除早、除小、除了”，播种育苗当年人工除草3~4次。

病害防治：幼苗易感染病菌而发生根腐病和猝倒病，在晴天用65%敌克松可湿性粉剂800倍液喷洒防治，发病时要及时除去病苗，同时每隔5~7d喷洒400~500倍敌克松或百菌清溶液预防。

虫害防治：芽苗期于5~6月发现有蛞蝓取食芽苗子叶、幼芽等部位，造成植物组织的机械损伤，严重者芽苗根茎被咬断，特别是拔除杂草之后蛞蝓危害较重。以砷酸铝300倍液、20%速灭杀定乳油喷洒在地面防治，效果较好。

苗期追肥：当年追肥2~3次，追肥保持薄肥勤施。苗木出土后，当苗高4~5cm时，追施第1次肥，用尿素兑水浇施，浓度3%~4%。此后，每隔约20d追肥1次，连续2~3次，每次每亩施复合肥或尿素8~10kg。

【保护建议】

1982年，贵州省人民政府在雷公山建立了以保护秃杉等珍稀生物为主的森林生态系统类型自然保护区，为保护秃杉提供了可靠的保障，30多年来，雷公山的秃杉得到了有效保护、恢复和发展，生存环境得到了有效的改善，种群数量不断增加。

1　加强管理，提高社区居民对秃杉的保护意识

在秃杉集中分布区的格头、平祥、乔水、薅菜冲等地划出封禁区，并设立永久性保护碑牌，对毛坪村、交包村、提香村、陡寨村、水寨村、小丹江村、乔歪村、乔洛村、三湾村等零星分布在50cm以上的实行挂牌保护。

2　开展秃杉的相关研究

开展秃杉人工促进天然更新、人工育苗、造林及秃杉的无性繁殖等研究，扩大秃杉种群资源。

3　建立秃杉资源档案

对已调查记录在案并定位的10cm以上的6314株秃杉个体资料，收集归档，并适时跟踪监测，掌握其生长情况。

4　建立固定样地，监测秃杉消涨趋势

在格头、平祥、乔水、薅菜冲等秃杉集中分布区建立固定样地，对秃杉开展长期监测，掌握消涨趋势，适时调整保护措施。

5　加强宣传保护秃杉资源的意义

加强保护珍稀野生植物的法律法规的宣传，对破坏秃杉及其生存环境的行为给予相应的处罚，对保护秃杉及其生存环境和对秃杉相关研究作出贡献的给予奖励，形成保护秃杉及其生存环境的良好氛围，使我国这一特有的珍稀植物得到有效的保护，资源量得到持续的增长，从而使生态环境也得到良好的保护。

金叶秃杉

【保护等级及珍稀情况】

金叶秃杉 *Taiwania cryptomerilides* Hayata ‘Auroifolia’，俗称秃杉、水杉，为杉科台湾杉属植物，为国家二级重点保护野生植物。

【生物学特性】

金叶秃杉其形态与秃杉相似，但叶为金黄色，极为美观；为贵州特有种，仅分布于雷公山保护区的剑河县昂英村和台江县交包村。

【应用价值】

金叶秃杉具有极高的观赏价值和科研价值。

【资源特性】

为贵州省蓝开敏教授在20世纪90年代发表的新栽培变种，叶金黄色，极为美观，经采集种子繁殖，无该金黄色性状，扦插和嫁接仍保持此遗传特性，为雷公山保护区特有种；仅2株，其中1985年保护区综合科学考察发现1株，耸立在保护区剑河县太拥镇昂英村白虾的林中，其胸径为131.0cm，树高逾40m。2012年，保护区科研人员在开展秃杉资源调查中又在保护区交包村的混交林中发现了1株，胸径为82.8cm，树高37m（表4-25），其叶金黄色，远远看去，金黄色的树冠与周围绿色的针阔混交林形成鲜明的对比。它是园艺上值得推广的品种，2020年保护区管理局利用贵州省林业局下达的极小种群项目，采集昂英村辖区内的1株金叶秃杉枝条在保护区国有林场九十九工区利用3~10年地径为2~10cm，嫁接高度为0.2~1.2m的秃杉砧木进行嫁接试验，共嫁接了200余株，成活及生长状态良好，利用九十九工区科研示范基地温棚进行扦插试验，也获得了很好的效果，为金

叶秃杉资源的保存和繁衍技术提供了良好的示范作用。

表 4-25 雷公山保护区金叶秃杉信息

编号	胸径(cm)	树高(m)	枝下高(m)	冠幅(m)	分布海拔(m)	横坐标(m)	纵坐标(m)	地点	发现时间
1	131.0	40	13	14×14	1076	535120	2917440	昂英白虾	1985 年
2	82.8	37	9	12×14	1120	532639	2922422	交包乌干	2012 年

1 昂英白虾样地

昂英白虾样地海拔为 1076m，坡向为东南坡，土壤类型为黄壤。群落平均高度为 10m，总盖度为 80%，该样地内有 38 科 57 属 67 种植物，分为乔木层、灌木层、草本层，其中乔木层郁闭度为 0.5，灌木层盖度为 30%，草本层盖度为 80%（表 4-26）。

表 4-26 雷公山保护区金叶秃杉生境信息

样地点	生活型概况							总盖度(%)
	乔木层物种(种)	株数(株)	郁闭度	灌木层物种(种)	盖度(%)	草本层物种(种)	盖度(%)	
昂英白虾	19	42	0.5	28	30	20	80	80
交包乌干	20	140	0.7	22	30	8	20	90

乔木层主要有金叶秃杉（1 株）、木荷、南酸枣 *Choerospondias axillaris*、秃杉、异色泡花树 *Meliosma myriantha* var. *discolor* 各 3 株，瑞木 4 株，青榨槭 4 株，中华槭 3 株，黄丹木姜子 *Litsea elongata*、甜槠、山樱花、香港四照花、长蕊杜鹃 *Rhododendron stamineum* 各 2 株，宜昌润楠 *Machilus ichangensis*、齿叶红淡比 *Cleyera lipingensis*、川桂、灯台树、川杨桐 *Adinandra bockiana* 各 1 株等 19 种 42 株植物组成，各种株数 1~4 株，多为 1 株，且胸径树高都偏小，郁闭度 0.5，涉及杉科、蔷薇科、山茶科、鼠李科 Rhamnaceae、槭树科、樟科、金缕梅科 Hamamelidaceae、壳斗科、清风藤科 Sabiaceae、杜鹃花科、山茱萸科 Cornaceae 等 11 科，台湾杉属、李属 *Prunus*、木荷属、枣属 *Ziziphus*、槭属、润楠属 *Machilus*、蜡瓣花属 *Corylopsis*、樟属、栲属、杨桐属 *Adinandra*、泡花树属 *Meliosma*、杜鹃花属、山茱萸属 *Cornus*、红淡比属 *Cleyera*、楠属 *Phoebe* 等 16 属。

灌木层树种主要有草珊瑚 *Sarcandra glabra*、西域旌节花、直角荚蒾 *Viburnum foetidum* var. *rectangulatum*、黑果菝葜、棠叶悬钩子 *Rubus malifolius*、金樱子 *Rosa laevigata*、厚叶鼠刺 *Itea coriacea*、红凉伞 *Ardisia crenata* var. *bicolor*、溪畔杜鹃、常春藤、毛花猕猴桃 *Actinidia eriantha*、中国绣球 *Hydrangea chinensis*、穗序鹅掌柴、尖子木 *Oxyspora paniculata*、锈毛莓 *Rubus reflexus* 等 28 种，且株丛数也较少，盖度为 30%。

草本层植物主要有日本蛇根草 *Ophiorrhiza japonica*、卵叶盾蕨 *Neolepisorus dengii*、鸢尾 *Iris tectorum*、山姜、双盖蕨 *Diplazium donianum*、苏铁蕨 *Brainea insignis*、镰羽瘤足蕨 *Plagiogyria falcata*、大叶熊巴掌 *Phyllagathis longiradiosa*、天南星 *Arisaema heterophyllum*、刺齿

贯众 *Cyrtomium caryotideum*、长尾复叶耳蕨 *Arachniodes simplicior*、麦冬 *Ophiopogon japonicus*、楼梯草 *Elatostema involucratum*、庐山石韦、深绿卷柏 *Selaginella doederleinii*、天门冬 *Asparagus cochinchinensis*、黄鹌菜 *Youngia japonica*、小柴胡 *Bupleurum hamiltonii*、虎耳草 *Saxifraga stolonifera* 等 20 种，盖度为 80%。

样地中金叶秃杉仅 1 株，在该群落中重要值序为 1（表 4-27），是 1 棵“霸王树”。主要是由于该株金叶秃杉发现早，距离昂英村寨近，仅 1km，前往参观考察人员多，生境破坏较为严重，致使乔木层树种种类和数量少，郁闭度低，林下光照充足，灌木和草本层种类增多，特别是草本层种类、数量、盖度大幅增加。为便于人员参观考察，当地政府从昂英村所在地至该株金叶秃杉处硬化了长 1.2km、宽 1.5m 的人行步道，将对该株金叶秃杉的管理和保护产生一定的影响，应控制和减少人员活动，使该株珍稀植物得到有效保护。

表 4-27　雷公山保护区金叶秃杉样地植物重要值

样地	种名	数量（株）	密度	相对密度	优势度	相对优势度	频度	相对频度	重要值	重要值序
昂英白虾	金叶秃杉 *Taiwania cryptomerioides* ‘Auroifolia’	1	0.00	2.38	0.23	60.92	0.10	2.86	66.15	1
	木荷 *Schima superba*	3	0.01	7.14	0.05	13.60	0.30	8.57	29.31	2
	光枝楠 *Phoebe neuranthoides*	3	0.01	7.14	0.02	5.73	0.30	8.57	21.44	3
	南酸枣 *Choerospondias axillaris*	3	0.01	7.14	0.01	2.82	0.30	8.57	18.53	4
	秃杉 *Taiwania cryptomerioides*	3	0.01	7.14	0.02	5.45	0.20	5.71	18.31	5
	异色泡花树 *Meliosma myriantha* var. *discolor*	3	0.01	7.14	0.00	0.91	0.30	8.57	16.62	6
	大果蜡瓣花 *Corylopsis multiflora*	4	0.01	9.52	0.00	0.88	0.20	5.71	16.12	7
	青榨槭 *Acer davidii*	4	0.01	9.52	0.00	0.75	0.20	5.71	15.99	8
交包乌干	甜槠 *Castanopsis eyrei*	25	416.67	17.86	2.10	37.76	0.90	14.75	70.37	1
	十齿花 *Dipentodon sinicus*	27	450.00	19.29	0.42	7.59	0.60	9.84	36.71	2
	长蕊杜鹃 *Rhododendron stamineum*	17	283.33	12.14	0.64	11.54	0.70	11.48	35.16	3
	桂南木莲 *Manglietia conifera*	19	316.67	13.57	0.43	7.76	0.80	13.11	34.45	4
	木荷 *Schima superba*	12	200.00	8.57	0.20	3.59	0.60	9.84	22.00	5
	金叶秃杉 *Taiwania cryptomerioides* ‘Auroifolia’	1	16.67	0.71	1.00	17.94	0.10	1.64	20.29	6
	阴香 *Cinnamomum burmannii*	12	200.00	8.57	0.15	2.70	0.40	6.56	17.83	7

2　交包乌干样地

交包乌干样地海拔为 1120m，坡向为西北坡，土壤类型为黄壤。群落平均高度为 9.7m，总盖度为 90%，样地内有 28 科 36 属 48 种植物。分为乔木层、灌木层、草本层，其中，乔木层郁闭度为 0.7，灌木层盖度为 30%，草本层盖度为 20%（表 4-26）。

乔木层植物主要有甜槠 25 株、十齿花 27 株、长蕊杜鹃 17 株、桂南木莲 19 株、木荷 12 株、金叶秃杉 1 株、阴香 12 株、大叶新木姜子 *Neolitsea levinei* 5 株，以及江南花楸 *Sorbus hemsleyi*、水青冈各 3 株，猴欢喜 *Sloanea sinensis*、灰柯 *Lithocarpus henryi* 各 2 株，屏边桂 *Cinnamomum pingbienense* 3 株，川桂、紫果冬青 *Ilex tsoii*、腺萼马银花、红叶木姜子 *Litsea*

rubescens、石楠属 *Photinia* 各 1 株等 20 种 140 株组成，各种株数 1~27 株，郁闭度 0.7。

灌木层植物有茶荚蒾 *Viburnum setigerum*、川桂、云广粗叶木 *Lasianthus japonicus* subsp. *longicaudus*、黄脉莓、红凉伞、疏花卫矛 *Euonymus laxiflorus*、棱茎八月瓜 *Holboellia pterocaulis*、穗序鹅掌柴、常山、野茉莉、黄丹木姜子、毛果杜鹃 *Rhododendron seniavinii*、刺叶冬青 *Ilex bioritsensis*、扶芳藤 *Euonymus fortunei*、菝葜、地果 *Ficus tikoua*、格药柃 *Eurya muricata*、贵定桤叶树 *Clethra delavayi*、三叶木通 *Akebia trifoliata*、紫金牛、腺萼马银花、广东蛇葡萄 *Ampelopsis cantoniensis* 等 22 种，盖度为 30%。

草本层植物有华中瘤足蕨 *Plagiogyria euphlebia*、五岭细辛 *Asarum wulingense*、狗脊、里白、黑鳞珍珠茅 *Scleria hookeriana*、青城细辛 *Asarum splendens* 等 8 种，盖度为 20%。

金叶秃杉在该样地中重要值为 6，即在该群落中占第 6 位（表 4-27），该株金叶秃杉所处的群落为甜槠、十齿花、长蕊杜鹃为优势的常绿落叶阔叶混交林群落。主要是由于该株金叶秃杉发现较晚，距离村寨较远，前往参观考察人员少，生境未受到破坏，保存着较为完好的天然常绿落叶阔叶混交林的原生状态，使乔木层种类和数量较多，郁闭度高，林下光照不足，灌木和草本层种类较少，盖度较小。

【研究进展】

金叶秃杉是秃杉的一个变种，于 1985 年在贵州省剑河县太拥乡昂英村白虾的秃杉自然林中发现（散生于自然林中），1998 年由贵州大学林学院植物分类学家蓝开敏教授正式定名，为世界发现的第一株。之后有学者对金叶秃杉进行了形态特征研究、育苗及造林技术研究。杨秀钟等通过对金叶秃杉和秃杉球果、种子形态研究，用游标卡尺和电光天平分别测量球果的纵横径、种子的千粒重及用放大镜观察比较种子形态，结果表明：金叶秃杉球果、种子与秃杉球果、种子形态上存在很大的差异，金叶秃杉球果小、呈卵圆形，秃杉球果大、呈长卵形；金叶秃杉种子两侧的翅比秃杉种子稍宽，金叶秃杉的种子比秃杉稍短；金叶秃杉种子大多数头部和尾部的翅的裂隙比秃杉种子稍浅、稍小。杨秀钟等还采用大田育苗的方式研究金叶秃杉育苗技术，取得一定的进展。除此之外未见金叶秃杉的相关研究报道。

【繁殖方法】

采用大田育苗方式繁殖金叶秃杉。

1　种子采集与处理

金叶秃杉球果成熟期为 10 月底至 11 月。球果成熟时采回后，在阴凉通风处摊放阴干，15~20d 待球果种鳞展开时翻动种子或抖动即可脱出，收集进行除杂、提纯，然后用麻袋或专用种子袋装好，存放在通风干燥的室内。

2　圃地选择和整地作床

选向阳背风、水源方便、排水良好、土质肥沃、疏松、微酸性的沙壤土育苗，以生荒地为好，忌选低洼、风口处。对生荒地宜在上年秋季进行翻挖，深 20~30cm。金叶秃杉种子细小，对圃地应进行细致整地。11 月浅翻耙细，同时每亩施腐熟土杂肥 1000kg、磷肥

100kg 或复合肥 200kg，整地时用 2%福尔马林进行土壤消毒，然后拉厢作床。床宽 1～1.2m，床高 10～15cm，步行沟宽 30cm。

3 播种

在春季 3 月中下旬开始播种。采用条播，条间距 15cm、条内沟深 1～2cm、沟宽 5～10cm。播种前种子要用 1%的高锰酸钾溶液进行消毒，温水（25℃左右）浸种 24h，晾干后拌细土或细沙进行播种。播完后用过筛的火土灰或黄心土覆盖，以不见种子为度，然后用草覆盖，浇透水。

4 苗期管理

播后要勤浇水，保持苗床湿润，20d 左右苗木开始出土，出苗达 60%～70%时揭去覆盖的草，夏季用遮阳网遮阳，防止日灼。当幼苗长出真叶时，及时间苗、拔草及适时松土，并结合追肥。追肥以尿素为主，施肥浓度为 0.2%～0.5%，每半月或 1 月 1 次，到 8 月底停止施氮肥，视其苗木木质化情况，可追施钾肥。同时要加强病虫害的防治。

【保护建议】

1 受威胁因素

尽管金叶秃杉在保护好的情况下，但天然更新的能力差，且属异花传粉，雌球花自然授粉率低，结籽时间较晚，结籽数量少。雷公山保护区有且只有 2 株，数量稀少。

2 保护措施

目前在金叶秃杉分布都在雷公山保护区内，已得到了保护。建议为该种制定特殊的保护方案，专人管护。保护的同时注意监测其生长动态，促其天然更新。另外应加强异地（迁地）保存，以扩大金叶秃杉的分布区域。先要选择适宜的立地条件，然后采用无性繁殖，繁殖成功的苗木回归自然。

翠柏

【保护等级及珍稀情况】

翠柏 *Calocedrus macrolepis* Kurz，俗称格木，为柏科 Cupressaceae 翠柏属 *Calocedrus* 植物，是国家二级重点保护野生植物。

【生物学特性】

翠柏为常绿乔木，树皮红褐色或灰褐色，纵裂。生鳞叶的小枝直展，扁平，排列成平面状，两面异形，下面微凹。鳞叶两对交互对生成 1 节，中央的鳞叶扁平，先端尖，两侧鳞叶对折，生于中央之叶的侧面和下部。先端直伸，叶背具有气孔点，被白粉色或为淡绿色。球花雌雄同株，单生枝顶。球果当年成熟，长圆形或椭圆状圆柱状，成熟时红褐色；种鳞扁平，木质，顶端有短尖，中部 1 对各有 2 粒种子。种子近卵圆形或椭圆形微扁，长约 6mm，暗褐色，上部有 2 个大小不等的膜质翅。

在我国分布于海南、广西、云南、江西、贵州；印度、缅甸东北部、老挝、越南、泰国东北部亦有分布；在贵州分布于荔波、独山、三都、惠水、平塘、丹寨、从江、榕江、

雷山、望谟等地海拔 400～1700m 的山地。

【应用价值】

翠柏为东亚和北美间断分布，对研究植物起源有一定价值。材质优良，呈浅黄褐色或黄褐色，结构细致、均匀，干缩系数小，不变形，切面光滑，为高档家具、木模、雕刻及工艺品用材。树姿优美，生长快，为优良庭园观赏树种也可作造林、城镇绿化树种。

【资源特性】

1 调查方法

采取样线及样地调查研究资源特性。此次调查在雷公山保护区小丹江地区发现一株散生于村寨的大树，以目的树翠柏为样地中心，根据地形设置半径为 10m 的圆形样地。样地概况：海拔 720m，土壤为黄壤，坡向西北，坡度 25°，下坡位；针阔混交林；样地总盖度为 85%，其中乔木层平均高度为 10m，郁闭度 0.65；灌木层平均高度为 2.0m，盖度 80%；草本层高度 1.0m，盖度 70%。

2 雷公山保护区资源分布情况

翠柏分布于雷公山保护区的小丹江；生长在海拔 600～1100m 的常绿阔叶林、村寨旁；分布面积为 100hm^2，共有 61 株。

小丹江单株翠柏胸径 120cm，高 15m，冠幅 5m×4m，树干中空，周围人为活动痕迹明显，有当地百姓将其当神树进行祭拜。

3 种群及群落特征

3.1 生活型分析

根据调查结果统计，雷公山保护区单株翠柏样地物种组成情况如表 4-28 所示。

表 4-28 雷公山保护区翠柏样地物种组成情况

层级	种名	属名	科名	生活型
Ⅰ	杜英 *Elaeocarpus decipiens*	杜英属 *Elaeocarpus*	杜英科 Elaeocarpaceae	乔木
Ⅰ	枫香树 *Liquidambar formosana*	枫香树属 *Liquidambar*	金缕梅科 Hamamelidaceae	乔木
Ⅰ	杉木 *Cunninghamia lanceolata*	杉木属 *Cunninghamia*	杉科 Taxodiaceae	乔木
Ⅰ	漆 *Toxicodendron vernicifluum*	漆树属 *Toxicodendron*	漆树科 Anacardiaceae	乔木
Ⅰ	杨梅 *Myrica rubra*	杨梅属 *Myrica*	杨梅科 Myricaceae	乔木
Ⅰ	翠柏 *Calocedrus macrolepis*	翠柏属 *Calocedrus*	柏科 Cupressaceae	乔木
Ⅰ	小果冬青 *Ilex micrococca*	冬青属 *Ilex*	冬青科 Aquifoliaceae	乔木
Ⅰ	油桐 *Vernicia fordii*	油桐属 *Vernicia*	大戟科 Euphorbiaceae	乔木
Ⅱ	楤木 *Aralia elata*	楤木属 *Aralia*	五加科 Araliaceae	灌木
Ⅱ	檵木 *Loropetalum chinense*	檵木属 *Loropetalum*	金缕梅科 Hamamelidaceae	灌木
Ⅱ	木莓 *Rubus swinhoei*	悬钩子属 *Rubus*	蔷薇科 Rosaceae	灌木
Ⅱ	菝葜 *Smilax china*	菝葜属 *Smilax*	百合科 Liliaceae	灌木
Ⅱ	疏花卫矛 *Euonymus laxiflorus*	卫矛属 *Euonymus*	卫矛科 Celastraceae	灌木

（续）

层级	种名	属名	科名	生活型
Ⅱ	溪畔杜鹃 *Rhododendron rivulare*	杜鹃花属 *Rhododendron*	杜鹃花科 Ericaceae	灌木
Ⅱ	锐尖山香圆 *Turpinia arguta*	山香圆属 *Turpinia*	省沽油科 Staphyleaceae	灌木
Ⅱ	厚叶鼠刺 *Itea coriacea*	鼠刺属 *Itea*	虎耳草科 Saxifragaceae	灌木
Ⅱ	盐肤木 *Rhus chinensis*	盐肤木属 *Rhus*	漆树科 Anacardiaceae	灌木
Ⅱ	山鸡椒 *Litsea cubeba*	木姜子属 *Litsea*	樟科 Lauraceae	灌木
Ⅱ	红荚蒾 *Viburnum erubescens*	荚蒾属 *Viburnum*	忍冬科 Caprifoliaceae	灌木
Ⅱ	紫珠 *Callicarpa bodinieri*	紫珠属 *Callicarpa*	马鞭草科 Verbenaceae	灌木
Ⅱ	细枝柃 *Eurya loquaiana*	柃属 *Eurya*	山茶科 Theaceae	灌木
Ⅱ	山胡椒 *Lindera glauca*	山胡椒属 *Lindera*	樟科 Lauraceae	灌木
Ⅱ	杜茎山 *Maesa japonica*	杜茎山属 *Maesa*	紫金牛科 Myrsinaceae	灌木
Ⅱ	毛竹 *Phyllostachys edulis*	刚竹属 *Phyllostachys*	禾本科 Poaceae	竹类
Ⅲ	尾叶那藤 *Stauntonia obovatifoliola* subsp. *urophylla*	野木瓜属 *Stauntonia*	木通科 Lardizabalaceae	木质藤本
Ⅲ	大血藤 *Sargentodoxa cuneata*	大血藤属 *Sargentodoxa*	木通科 Lardizabalaceae	木质藤本
Ⅲ	黑老虎 *Kadsura coccinea*	南五味子属 *Kadsura*	五味子科 Schisandraceae	木质藤本
Ⅲ	毛花猕猴桃 *Actinidia eriantha*	猕猴桃属 *Actinidia*	猕猴桃科 Actinidiaceae	木质藤本
Ⅲ	香花鸡血藤 *Callerya dielsiana*	鸡血藤属 *Callerya*	蝶形花科 Papibilnaceae	木质藤本
Ⅲ	棠叶悬钩子 *Rubus malifolius*	悬钩子属 *Rubus*	蔷薇科 Rosaceae	木质藤本
Ⅳ	五节芒 *Miscanthus floridulus*	芒属 *Miscanthus*	禾本科 Poaceae	多年生草本
Ⅳ	马兰 *Kalimeris indica*	马兰属 *Kalimeris*	菊科 Asteraceae	多年生草本
Ⅳ	剑叶耳草 *Hedyotis caudatifolia*	耳草属 *Hedyotis*	茜草科 Rubiaceae	多年生草本
Ⅳ	黄连 *Coptis chinensis*	黄连属 *Coptis*	毛茛科 Ranunculaceae	多年生草本
Ⅳ	异叶茴芹 *Pimpinella diversifolia*	茴芹属 *Pimpinella*	伞形科 Apiaceae	多年生草本
Ⅳ	川党参 *Codonopsis tangshen*	党参属 *Codonopsis*	桔梗科 Campanulaceae	多年生草本
Ⅳ	糯米团 *Gonostegia hirta*	糯米团属 *Gonostegia*	荨麻科 Urticaceae	多年生草本
Ⅳ	日本续断 *Dipsacus japonicus*	川续断属 *Dipsacus*	川续断科 Dipsacaceae	多年生草本
Ⅳ	火炭母 *Polygonum chinense*	蓼属 *Polygonum*	蓼科 Polygonaceae	多年生草本
Ⅳ	里白 *Diplopterygium glaucum*	里白属 *Diplopterygium*	里白科 Gleicheniaceae	蕨类
Ⅳ	对马耳蕨 *Polystichum tsus-simense*	耳蕨属 *Polystichum*	鳞毛蕨科 Dryopteridaceae	蕨类
Ⅳ	碗蕨 *Dennstaedtia scabra*	碗蕨属 *Dennstaedtia*	姬蕨科 Hypolepidaceae	蕨类
Ⅳ	芒萁 *Dicranopteris pedata*	芒萁属 *Dicranopteris*	里白科 Gleicheniaceae	蕨类
Ⅳ	紫萁 *Osmunda japonica*	紫萁属 *Osmunda*	紫萁科 Osmundaceae	蕨类
Ⅳ	细毛碗蕨 *Dennstaedtia hirsuta*	碗蕨属 *Dennstaedtia*	姬蕨科 Hypolepidaceae	蕨类
Ⅳ	深绿卷柏 *Selaginella doederleinii*	卷柏属 *Selaginella*	卷柏科 Selaginellaceae	蕨类
Ⅳ	江南星蕨 *Microsorum fortunei*	星蕨属 *Microsorum*	水龙骨科 Polypodiaceae	蕨类
Ⅳ	白酒草 *Conyza japonica*	白酒草属 *Conyza*	菊科 Asteraceae	1年生草本
Ⅳ	早熟禾 *Poa annua*	早熟禾属 *Poa*	禾本科 Poaceae	1年生草本
Ⅳ	荩草 *Arthraxon hispidus*	荩草属 *Arthraxon*	禾本科 Poaceae	1年生草本
Ⅳ	贵州鼠尾草 *Salvia cavaleriei*	鼠尾草属 *Salvia*	唇形科 Lamiaceae	1年生草本

注：表中Ⅰ代表乔木层，Ⅱ代表灌木层，Ⅲ代表层间层，Ⅳ代表草本层。

由表 4-28 可知，翠柏样地的乔木层有翠柏、杜英、枫香树、杉木、漆 *Toxicodendron verniciflluum*、杨梅、小果冬青 *Ilex microcooca*、油桐 *Vernicia fordii* 8 种，占总物种数的 15.69%，乔木层物种数量明显小于灌木层与草本层，其原因是该株翠柏位于村寨旁，受人为活动影响比较大，周围是人工杉木林，原生的乔木树种被破坏，乔木层郁闭度下降导致灌木层阳光充足更利于灌木层物种与草本层物种的生长繁殖。

根据调查统计可知，此次调查的翠柏样地内木本植物占大多数（表 4-29），共 30 种，占样地总物种数的 58.82%，草本植物物种数为 22 种，占样地总物种数的 41.18%。木本植物中灌木物种最多有 15 种，占样地总物种数的 29.41%，其次是乔木物种，占总物种数的 15.69%；草本植物中多年生草本物种有 9 种，占样地总物种数的 17.65%，其次是蕨类有 8 种，占样地总物种数的 15.69%。

表 4-29　雷公山保护区翠柏样地物种生活型统计信息

生活型类型	生活型	科（个）	属（个）	种（种）	种的百分比（%）
木本植物	乔木	8	8	8	15.69
	灌木	14	15	15	29.41
	木质藤本	5	6	6	11.76
	竹类	1	1	1	1.96
	总计	28	30	30	58.82
草本植物	蕨类	7	7	8	15.69
	多年生草本	9	9	9	17.65
	一年生草本	3	4	4	7.84
	总计	20	21	22	41.18

3.2　优势科属种关系

统计翠柏样地物种科属种数量关系，列出科含 2 种的科属种关系见表 4-30。由表 4-30 可知，在雷公山保护区的翠柏样地中，禾本科共有 4 属 4 种，占总物种数的 7.84%，是翠柏群落的优势科，但优势不明显。科含 2 个物种有金缕梅科、菊科 Compositae、里白科、木通科 Lardizabalaceae、漆树科 Anacardiaceae、樟科等 6 个科，共有 12 个物种，占总物种数的 23.52%。

表 4-30　雷公山保护区翠柏样地科种数量关系

科　名	属数/种数（个）	占总属/种数的比率（%）
禾本科 Poaceae	4/4	8.16/7.84
金缕梅科 Hamamelidaceae	2/2	4.08/3.92
菊科 Asteraceae	2/2	4.08/3.92
里白科 Gleicheniaceae	2/2	4.08/3.92
木通科 Lardizabalaceae	2/2	4.08/3.92
漆树科 Anacardiaceae	2/2	4.08/3.92
樟科 Lauraceae	2/2	4.08/3.92

【研究进展】

张鹏等通过对翠柏主要分布区墨江、昌宁翠柏植株树干解析，研究了两地翠柏的生长特性，结果表明：①翠柏在20年前生长缓慢，20~60年进入快速生长期，70年以后达到数量成熟，材积生长量开始下降并趋于稳定；②翠柏幼苗期具有耐阴性和长大后有喜光特性，墨江地区翠柏生长好于昌宁地区，其生长表现与两地自然条件相符合；③针对翠柏特点，提出幼苗时搭建荫棚，幼树时期进行疏伐，数量成熟时期进行间伐或疏伐等促进生长经营措施，为翠柏资源培育与保护奠定基础。

陈文红等从群落特征、区系和种群分布格局的角度，首次较全面地分析了翠柏亟须保护的重要性。结果表明翠柏幼苗的耐阴性是其分布范围受限制的主要原因之一；根据化石资料得出翠柏可能起源于滇中南；从分析群落中种子植物属的分布区类型得出翠柏的分布地生境趋于热带性。

通过对翠柏的幼苗结构和种群结构的调查，发现翠柏更新良好，并且幼苗具较强的耐阴性，使其在上层树冠浓密的情形下，在与其他阔叶树种幼苗竞争中处于优势；相反，在林缘其幼苗的竞争能力就不如其他阔叶树种，这样就使翠柏较难扩展其分布区。所以，在自然条件下，翠柏幼苗的耐湿阴特性是翠柏变为珍稀植物的主要原因。

陈子牛等通过对滇中翠柏纯林的生态调查，着重阐述了气候、水分、光照、土壤及其他植物与翠柏的关系，在此基础上分析翠柏的生物学特性、生态学特性。

刘方炎等对滇中高原地区翠柏个体生长状况以及不同郁闭度翠柏纯林的种群结构、种内竞争进行比较研究。

贺圆在《濒危植物翠柏的研究现状》一文中，从地理分布，生境特性、生物和生态学特性化学成分，繁殖方法和经济利用价值等方面对翠柏的研究现状进行综述并对进一步的研究翠柏进行了展望。

此外，从翠柏的地理分布和生境状况的研究来看，翠柏资源总体数量逐步下降。因此，翠柏的地理分布和生境状况的进一步研究方向应开展全国性的资源普查，采用野外调查的方法摸清翠柏资源在全国的分布状况，了解其生境，提出详细而全面的保护措施。生物学特性的进一步研究方向应加强对翠柏的繁殖特性以及物候的研究，对翠柏进行优良品种的培育。对找出翠柏丰产栽培的方法方向进行了展望。

【繁殖方法】

以靠接为主，亦可播种、压条、扦插繁殖。翠柏在南方扦插成活率高，在北方扦插成活率低。

1　靠接

用侧柏做砧木，5月进行靠接。接时，砧木不要打头，在一侧削10cm左右长的刀口，接穗的一侧也削同样长的刀口，木质部要多带些，对准形成层，用麻绳或塑料条缠紧，50d左右可愈合，成活后再剪去侧柏的顶端。

2　腹接

时间以11~12月为宜，用侧柏作砧木。选当年生健壮新枝作接穗，长10~15cm，削

成楔形；在砧木向阴的一侧斜切一刀，切到 1mm 的木质部，切口在土里一半，地上一半的部位，刀口长 3cm。砧木不要去头，将接穗插入砧木的切口内，对准形成层，用塑料条缠紧，然后封土，封到接穗 1/3 处，用草粪盖 2cm，上面再封一层土。来年“春分”后浇一次水，促其生长，成活后再剪去砧木上部。

3　扦插

采条及扦插时间为春季生长季节开始前 2 个星期（2 月底至 3 月初），夏季以半木质化枝条为佳（7~8 月）。选择翠柏 3~10 年生母树的枝条作为插条。将所采集的枝条剪成 15~20cm 插条，带顶梢，下切口平切，在 50~100mg/L 浓度 ABT2 号溶液中浸泡 2h，深 2~3cm。采用平插床，上面加设电子叶喷雾或遮阴塑料小拱棚，基质为蛭石或细河沙。扦插密度以插条叶子不相互重叠为宜。插后立即喷水，同时进行遮阴，插后保持空气湿度在 90%~100%，气温不超过 30℃。应用 ABT 生根粉处理插条进行扦插育苗，生根率达 95% 以上。

4　栽培管理

苗木移栽宜在春季 3~5 月进行，要带土球。每年 1 月可在树周围刨坑或开沟施肥。春季修剪，夏季中耕除草，注意防治病虫害。盆栽翠柏要选择合适的侧柏作砧木，2~3 月上盆，1 年后再靠接翠柏。成活后要经常向枝叶喷水，保持清洁美观。室内放置的要注意通风，怕热捂，隔 3d、4d 要搬到室外晾晒，才能保持叶子翠蓝色，并注意整形修枝。

【保护建议】

作为一种重要的植物资源，翠柏具有重要的经济、生态、科研方面的价值。综合有关翠柏的各项研究进展，鉴于其目前的濒危状况，更好保护和开发利用翠柏资源。目前，需要更加深入开展翠柏种质资源调查，确定就地或迁地保护措施，加大其生物学特性和生态需求方面的研究，创造有利于其繁殖生长的适合生境，扩大其地理分布，找出丰产栽培的途径，才能更好保护濒危翠柏。

福建柏

【保护等级及珍稀情况】

福建柏 *Fokienia hodginsii*（Dunn）A. Henry et Thomas，俗名建柏、翠柏、托杉，属柏科福建柏属 *Fokienia*，为我国特有种，国家二级重点保护野生植物。

【生物学特性】

常绿乔木，树高达 30m，树皮紫褐色，条状纵浅裂。着生鳞叶的小枝扁平，排列成平面状、三出羽状。鳞叶二形，交互对生，着生小枝中央之叶较小，紧贴，两侧之叶较大，对折互覆于中央之叶的侧面，表面深绿色，小枝背面之叶及两侧之叶具有白色气孔带，鳞叶长 4~7mm，先端尖或钝尖。球花雌雄同株，单生小枝顶端。球果次年成熟，近球形，直径 1. 5~25cm，种鳞 6~8 对，木质，盾形，熟时开裂。发育种鳞具 2 粒种子，种子上端有 2 枚大小不等的薄翅。花期 3~4 月，种子翌年 10~11 月成熟。

我国分布于海南、广西、云南、江西、贵州，印度、缅甸东北部、老挝、越南、泰国东北部亦有分布。贵州分布于荔波、独山、三都、惠水、平塘、丹寨、从江、榕江、雷山、望谟等地海拔400~1700m山地。

【应用价值】

1　材用价值

为东亚和北美间断分布属，对研究植物起源有一定价值。材质优良，呈浅黄褐色或黄褐色，结构细致、均匀，干缩系数小，不变形，切面光滑，为高档家具、木模、雕刻及工艺品用材。

2　园林价值

（1）景观价值

福建柏对环境的要求不高，喜温暖湿润的气候，在酸性土壤中也能够生长旺盛，抗病虫害能力较强，耐瘠薄干旱，符合优良园林树种的基本条件。徐海兵等研究表明，在0.4~0.5郁闭度条件下，作为路缘风景林下层的福建柏树高达5.0~6.0m、胸径8.0~10.0cm、冠幅2.80~3.50m，使得风景林景观层次丰富，具有下层冬季增绿的绿化效果。

（2）生态价值

王茜等研究表明，福建柏林缘和林内温度与市区相比低0.6~4.2℃，增湿5.28%~33.7%，具有良好的降温增湿功能。不同混交模式下的福建柏林，通过根系改良土壤结构、增大土壤孔隙度以及增强林下凋落物拦截雨水能力，林间蓄水量达200~1400t/hm^2，具有较好的涵养水源能力。春季和夏季的福建柏林内外TSP、PM10、PM2.5、PM1.0空气颗粒物浓度均符合空气质量标准，对人体有益的烷烃类有机挥发物相对含量较高，有生态保健的功能。

3　药用和化工价值

福建柏有较高的药用价值，具有行气止痛、降逆止呕的功效，用于治疗脘腹疼痛、噎膈、反胃、呃逆、恶心呕吐等症状。丁林芬等分析显示，福建柏含有桧脂素、双氢芝麻脂素、植醇、水杨醇、7-氧代扁柏脂内酯、香草醛、松柏醛等14种化学成分，其中桧脂素、水杨醇、香草醛、松柏醛是药用原料和工业原料的组分。福建柏精油成分中的α-蒎烯（α-pinene）、氧化石竹烯（caryophylleneoxide）等主要化学成分对蚊子有显著的杀虫活性，能够作为环保型植物源灭蚊剂的原料。

【资源特性】

1　研究方法

1.1　样地设置与调查方法

采用样线法和典型样地相结合，在雷公山保护区内天然分布的福建柏设置3个样地（表4-31）。

表 4-31 雷公山保护区福建柏群落样地概况

样地号	小地名	坡度(°)	坡位	坡向	海拔(m)	土壤类型
样地 1	干脑后山	30	中	北	965	黄壤
样地 2	鸡冠岭	50	下部	全向	780	黄壤
样地 3	双溪口(中棚)	30	下部	西南	830	黄壤

1.2 径级划分

研究采用“空间替代时间”的方法，将福建柏按胸径大小分级，以径级结构代替年龄结构分析种群动态，可将该种分为 9 个径级，分别为Ⅰ级(BD<5cm)、Ⅱ级(5cm≤BD<10cm)、Ⅲ级(10cm≤BD<15cm)、Ⅳ级(15cm≤BD<20cm)、Ⅴ级(20cm≤BD<25cm)、Ⅵ级(25cm≤BD<30cm)、Ⅶ级(30cm≤BD<35cm)、Ⅷ级(35cm≤BD<40cm)、Ⅸ级(40cm≤BD)。

2 雷公山保护区资源分布情况

福建柏分布于雷公山保护区的干脑村、小丹江村；生长在海拔 700~1300m 的常绿阔叶林、杉木林中；分布面积为 300hm^2，共有 3750 株。

3 种群及群落特征

3.1 群落植物类型组成分析

经调查统计，在研究区的 3 个福建柏群落样地共有维管束植物 58 科 89 属 129 种(图 4-9)。由图 4-9 可知，蕨类植物 8 科 10 属 13 种，占样地物种总数 10.08%；裸子植物 4 科 5 属 6 种，占样地物种总数 4.65%；单子叶植物 6 科 8 属 9 种，占样地物种总数 6.98%；双子叶植物 40 科 66 属 101 种，占样地物种总数 78.29%。由此可见在福建柏群落样地中双子叶植物为优势植物类型。

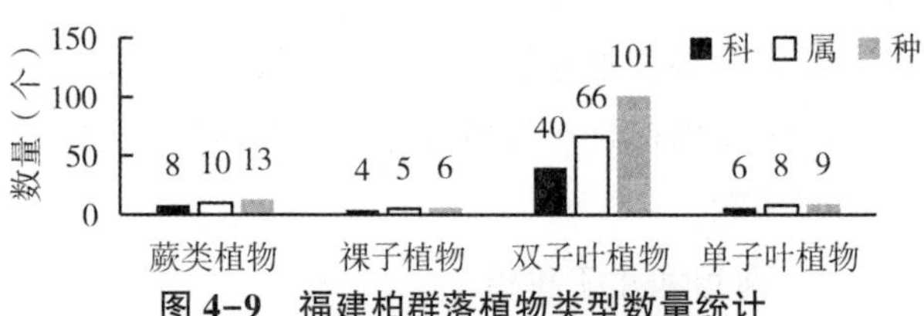

图 4-9 福建柏群落植物类型数量统计

统计三个样地物种科属关系，列出科含 2 种的科种关系表与属含 2 种以上的属种关系表得出表 4-32、表 4-33。由表 4-32 可知，在科种关系中，科含 10 种以上的有杜鹃花科(12 种)和壳斗科(11 种)；科含 2~9 种的有 26 科，占总科数的 44.83%；单科单种的有 31 科，占总科数的 53.44%。雷公山保护区福建柏群落样地中杜鹃花科共有 12 个物种为优势科，占总物种数的 9.30%，优势明显。

由表 4-33 可知，在属种关系中，物种数最多的属是杜鹃花属(10 种)，占总物种数的 7.75%，是雷公山保护区福建柏群落样地中的优势属，优势不明显。属含 2~9 种的有 21 属，占总物种数的 40.32%；单属单种有 67 属，占总物种数的 51.94%。在属种关系中，优势属的优势不明显。

综上可知，在雷公山保护区福建柏群落样地中优势科属为杜鹃花科与杜鹃花属，但优势不明显。福建柏群落科属组成复杂，物种主要集中在含 1 种的科和含 1 种的属，并且在属的区系成分上显示出复杂性和高度分化性的特点。

表 4-32　雷公山保护区福建柏群落科种数量关系

序号	科名	属数/种数（个）	占总属/种数的比率（%）	序号	科名	属数/种数（个）	占总属/种数的比率（%）
1	杜鹃花科 Ericaceae	3/12	3. 37/9. 30	15	胡颓子科 Elaeagnaceae	1/2	1. 12/1. 55
2	壳斗科 Fagaceae	7/11	7. 87/8. 53	16	桦木科 Betulaceae	1/2	1. 12/1. 55
3	山茶科 Theaceae	5/9	5. 62/6. 98	17	交让木科 Daphniphyllaceae	1/2	1. 12/1. 55
4	樟科 Lauraceae	3/8	3. 37/6. 20	18	旌节花科 Stachyuraceae	1/2	1. 12/1. 55
5	金缕梅科 Hamamelidaceae	5/5	5. 62/3. 88	19	鳞毛蕨科 Dryopteridaceae	1/2	1. 12/1. 55
6	山矾科 Symplocaceae	1/5	1. 12/3. 88	20	瘤足蕨科 Plagiogyriaceae	1/2	1. 12/1. 55
7	蝶形花科 Papibilnaceae	3/3	3. 37/2. 33	21	槭树科 Aceraceae	1/2	1. 12/1. 55
8	禾本科 Poaceae	2/3	2. 25/2. 33	22	莎草科 Cyperaceae	2/2	2. 25/1. 55
9	里白科 Gleicheniaceae	2/3	2. 25/2. 33	23	柿树科 Ebenaceae	2/2	2. 25/1. 55
10	漆树科 Anacardiaceae	3/3	3. 37/2. 33	24	鼠刺科 Escalloniaceae	1/2	1. 12/1. 55
11	松科 Pinaceae	2/3	2. 25/2. 33	25	水龙骨科 Polypodiaceae	2/2	2. 25/1. 55
12	菝葜科 Smilacaceae	1/2	1. 12/1. 55	26	卫矛科 Celastraceae	2/2	2. 25/1. 55
13	冬青科 Aquifoliaceae	1/2	1. 12/1. 55	27	野茉莉科 Styracaceae	2/2	2. 25/1. 55
14	杜英科 Elaeocarpaceae	2/2	2. 25/1. 55	28	紫金牛科 Myrsinaceae	1/2	1. 12/1. 55
					合计	59/99	66. 28/76. 77

表 4-33　雷公山保护区福建柏群落属种数量关系

序号	属名	种数（种）	占总种数的比率（%）	序号	属名	种数（种）	占总种数的比率（%）
1	杜鹃花属 *Rhododendron*	10	7. 75	12	胡颓子属 *Elaeagnus*	2	1. 55
2	山矾属 *Symplocos*	5	3. 88	13	交让木属 *Daphniphyllum*	2	1. 55
3	栲属 *Castanopsis*	4	3. 10	14	旌节花属 *Stachyurus*	2	1. 55
4	木姜子属 *Litsea*	4	3. 10	15	石栎属 *Lithocarpus*	2	1. 55
5	柃属 *Eurya*	3	2. 33	16	里白属 *Diplopterygium*	2	1. 55
6	山茶属 *Camellia*	3	2. 33	17	瘤足蕨属 *Plagiogyria*	2	1. 55
7	樟属 *Cinnamomum*	3	2. 33	18	芒属 *Miscanthus*	2	1. 55
8	菝葜属 *Smilax*	2	1. 55	19	槭属 *Acer*	2	1. 55
9	冬青属 *Ilex*	2	1. 55	20	鼠刺属 *Itea*	2	1. 55
10	鹅耳枥属 *Carpinus*	2	1. 55	21	松属 *Pinus*	2	1. 55
11	复叶耳蕨属 *Arachniodes*	2	1. 55	22	紫金牛属 *Ardisia*	2	1. 55
					合计	40	31. 02

3. 2　种群径级结构

通过对福建柏种群的径级结构统计，可以直观反映出该种群的更新特征。图 4-10 反

映了此次调查样地中福建柏种群的径级结构。由图 4-10 可知，在Ⅰ、Ⅱ龄级时数量最多，占在此次调查的福建柏总个体数的 76.40%，Ⅲ～Ⅶ径级个体数减少，说明福建柏种子自然更新明显，而在随后的生长过程中由于种间竞争，乔灌层荫蔽性增强，缺少光照，很多幼龄个体死亡，只有少部分个体存活到中龄个体，但从图 4-10 可以看出，福建柏种群幼龄个体数>中龄个体数>老龄个体数，中老龄个体数量总体呈现出逐渐减少的趋势，种群结构呈现为相对稳定的增长型。

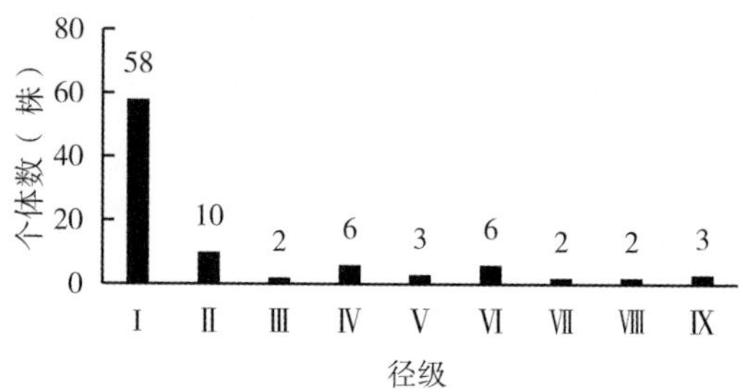

图 4-10　雷公山保护区福建柏种群径级结构

3.3　种群空间分布格局

通过统计各样地小样方内福建柏的数量，并计算福建柏各样地的种群分散度得表4-34。

表 4-34　雷公山保护区福建柏群落分散度　　单位：株

样地号	样方 1	样方 2	样方 3	样方 4	样方 5	样方 6	样方 7	样方 8	样方 9	样方 10	合计株数	$\sum (x-m)^2$
Ⅰ	6	28	2	0	2	2	0	1	1	2	44	664
Ⅱ	7	2	4	2	3	12	4	1	5	5	45	113
Ⅲ	0	0	0	1	0	0	0	0	0	0	1	85
合计											90	862

由表 4-34 可知在样地Ⅰ、Ⅱ中种群分散度大于样方平均个体数即 $S^2>m$，说明了在样地Ⅰ、Ⅱ中，福建柏呈集群型分布，在样地Ⅲ中种群分散度等于样方平均个体数即 $S^2=m$，说明在样地Ⅲ中福建柏是偶见种，在该样地群落中呈现出随机型分布。综合三个样地计算种群分散度 $S^2=29.72$，30 个小样方福建柏样方平均个体数 $m=3$，$S^2>m$ 即在雷公山保护区内福建柏呈集群型分布，个体分布极不均匀。

综合调查实际情况，在雷公山保护区内福建柏种群整体呈现出集群型分布，个体分布相对不均匀。个别福建柏种群呈随机型分布，是因为福建柏在群落中属于偶见种。

3.4　静态生命特征

静态生命表不仅可以反映种群从出生到死亡的数量动态，还可用于预测种群未来发展的趋势。由表 4-35 可知，种群个体数量随着径级结构的增加呈现出逐级减少的趋势，而种群个体存活数 l_x 和标准化存活数 $\ln l_x$ 随着径级的增加逐渐减小；从 x 到 $x+1$ 径级间隔期内标准化死亡数 d_x 呈现出先下降后期略有上升的趋势，其 d_x 在Ⅰ、Ⅱ龄级时出现最大值为 759；从 x 到 $x+1$ 龄级间隔期内种群死亡率 q_x 呈现出先减小再增大再减小的趋势，种群死亡率 q_x 在Ⅴ龄级增大后在Ⅶ减小，其次，在Ⅰ～Ⅱ龄级 q_x 为 0.759，死亡率达 75.9%，说明福建柏种群在演替过程中幼龄个体最容易死亡而被淘汰；从 x 到 $x+1$ 龄级存活个体数 L_x 随龄级的增加呈现出逐渐减小的趋势；个体期望寿命 e_x 随年龄的增加先增加后逐级降低，

这与其生物学特性相一致；损失度 K_x 随龄级的增加整体呈现出先下降后上升再下降的趋势，其损失度 K_x 在Ⅶ龄级最低为 0.190，在Ⅰ龄级最高为 1.423。

表 4-35　雷公山保护区福建柏种群静态生命表

径级	BD（cm）	A_x	a_x	l_x	$\ln l_x$	d_x	q_x	L_x	T_x	e_x	K_x
Ⅰ	0~5	58	116	1000	6.908	759	0.759	621	1347	2.169	1.423
Ⅱ	5~10	10	28	241	5.485	69	0.286	207	726	3.507	0.338
Ⅲ	10~15	2	20	172	5.147	43	0.25	151	519	3.437	0.287
Ⅳ	15~20	6	15	129	4.86	26	0.202	116	368	3.172	0.225
Ⅴ	20~25	3	12	103	4.635	25	0.243	91	252	2.769	0.278
Ⅵ	25~30	6	9	78	4.357	26	0.333	65	161	2.477	0.406
Ⅶ	30~35	2	6	52	3.951	9	0.173	48	96	2.000	0.19
Ⅷ	35~40	2	5	43	3.761	17	0.395	35	48	1.371	0.503
Ⅸ	≥40	3	3	26	3.258						

注：各龄级取径级下限。

3.5　存活曲线、死亡率和损失度曲线

按 Deevey 生存曲线划分为三种基本类型：Ⅰ型为凸型的存活曲线，表示种群几乎所有个体都能达到生理寿命；Ⅱ型为成对角线形的存活曲线，表示各年龄期的死亡率是相等的；Ⅲ型为凹型的存活曲线，表示幼期的死亡率很高，随后死亡率低而稳定。本研究以径级（相对龄级）为横坐标，以 $\ln l_x$ 为纵坐标做出福建柏种群存活曲线（图 4-11），标准化存活数 $\ln l_x$ 随着径级的增加整体呈现出逐渐减小的趋势，说明在雷公山保护区内福建柏种群的存活曲线趋近于 Deevey-Ⅱ型。

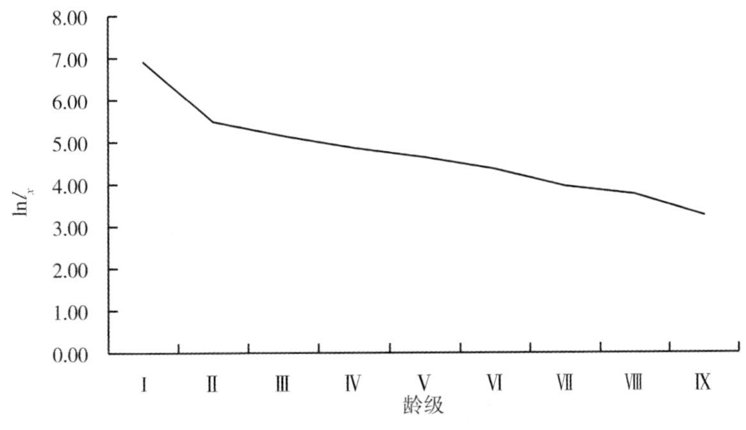

图 4-11　雷公山保护区福建柏种群存活曲线

以径级为横坐标，以各龄级的死亡率和损失度为纵坐标做出的死亡率和损失度曲线（图 4-12）。福建柏死亡率 q_x 和损失度 K_x 曲线变化趋势一致，均呈现出先下降后上升再下降的趋势，由此可知，福建柏种群个体数量具有前期短暂减少，中期存在短暂增长的情况。

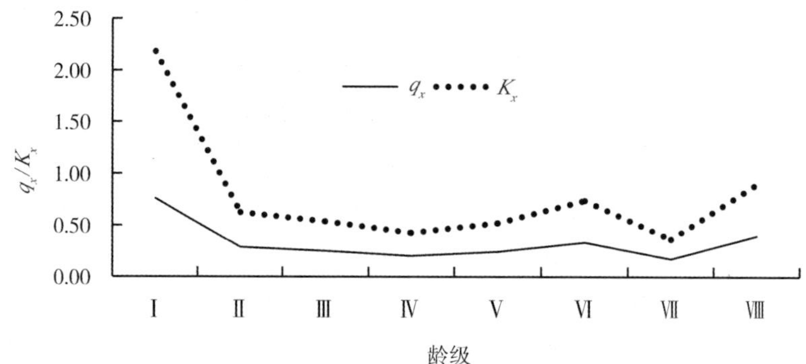

图 4-12　雷公山保护区福建柏种群死亡率和损失度曲线

3.6　重要值分析

森林群落在不同的演替阶段，物种组成、数量等各个方面都会发生一定的变化，而这种变化最直接的体现就是构成群落物种的重要值的变化。在研究区域内，将各个福建柏群落样地分别进行重要值分析，福建柏群落各样地乔木层、灌木层、草本层重要值见表 4-36，分别取群落中乔木层重要值前 10 位、灌木层与草本层重要值前 5 位的物种。

由表 4-36 可知，在样地Ⅰ中，乔木层中福建柏重要值为 74.21，为该样地乔木层的优势种，重要值大于该样地乔木层平均重要值 27.31 的有杉木（55.82）、马尾松（46.38）、栗（34.25）3 种，乔木层树种以针叶树种为优势树种。灌木层的优势物种为腺萼马银花（38.83），草本层的优势物种为里白（77.54）。综上样地Ⅰ为针阔混交林，优势物种为福建柏杉木群系。

在样地Ⅱ中乔木层中，重要值大于乔木层物种平均重要值（6.68）的有倒矛杜鹃 *Rhododendron oblancifolium*（62.33）、福建柏（40.62）、长苞铁杉（25.78）、深山含笑（23.81）等 9 种，其中倒矛杜鹃为样地Ⅱ乔木层优势树种，其与福建柏为该样地的建群种；样地Ⅱ中灌木层重要值最大的为倒矛杜鹃（14.56），为灌木层优势种，草本层优势物种为里白（66.11）。综上样地Ⅱ为常绿落叶阔叶混交林，优势物种为倒矛杜鹃+福建柏群系。

在样地Ⅲ中，乔木优势物种为青冈（66.34），优势明显，福建柏重要值（48.6）为第三，该样地中福建柏为散生树种，且胸径大于 128cm，远超样地中的其他树种。灌木层重要值在 20 以上的有黄丹木姜子（21.2）与川桂（20.09），其中优势物种为黄丹木姜子，但优势不明显。草本层优势物种为里白（43.44）。综上，在样地Ⅲ中，福建柏群落为常绿落叶阔叶混交林，优势物种为青冈群系。

综合三个样地，雷公山保护区的福建柏主要生长于常绿落叶阔叶混交林与针阔混交林中，灌木层主要是由倒矛杜鹃等灌木物种组成，但由于地理环境的限制，人为活动减少，导致倒矛杜鹃等灌木物种生长至小乔木；草本层物种主要是里白等蕨类植物。

表 4-36　雷公山保护区福建柏群落重要值

样地号	种名	重要值	重要值序	样地号	种名	重要值	重要值序
乔Ⅰ	福建柏 *Fokienia hodginsii*	74. 21	1	灌Ⅰ	腺萼马银花 *Rhododendron bachii*	38. 83	1
乔Ⅰ	杉木 *Cunninghamia lanceolata*	55. 82	2	灌Ⅰ	短脉杜鹃 *Rhododendron brevinerve*	31. 31	2
乔Ⅰ	马尾松 *Pinus massoniana*	46. 38	3	灌Ⅰ	白栎 *Quercus fabri*	17. 34	3
乔Ⅰ	栗 *Castanea mollissima*	34. 25	4	灌Ⅰ	野漆 *Toxicodendron succedaneum*	12. 44	4
乔Ⅰ	檫木 *Sassafras tzumu*	15. 62	5	灌Ⅰ	黄泡 *Rubus pectinellus*	10. 49	5
乔Ⅰ	枫香树 *Liquidambar formosana*	13. 81	6	灌Ⅱ	倒矛杜鹃 *Rhododendron oblancifolium*	14. 56	1
乔Ⅰ	赤杨叶 *Alniphyllum fortunei*	9. 77	7	灌Ⅱ	钩栲 *Castanopsis tibetana*	12. 97	3
乔Ⅰ	小果冬青 *Ilex micrococca*	8. 63	8	灌Ⅱ	长叶胡颓子 *Elaeagnus bockii*	12. 97	2
乔Ⅰ	贵定桤叶树 *Clethra delavayi*	7. 79	9	灌Ⅱ	南烛 *Vaccinium bracteatum*	9. 05	4
乔Ⅰ	野漆 *Toxicodendron succedaneum*	6. 83	10	灌Ⅱ	川桂 *Cinnamomum wilsonii*	8. 07	5
乔Ⅱ	倒矛杜鹃 *Rhododendron oblancifolium*	62. 33	1	灌Ⅲ	黄丹木姜子 *Litsea elongata*	21. 20	1
乔Ⅱ	福建柏 *Fokienia hodginsii*	40. 62	2	灌Ⅲ	川桂 *Cinnamomum wilsonii*	20. 09	2
乔Ⅱ	长苞铁杉 *Tsuga longibracteata*	25. 78	3	灌Ⅲ	厚叶鼠刺 *Itea coriacea*	16. 74	3
乔Ⅱ	深山含笑 *Michelia maudiae*	23. 81	4	灌Ⅲ	腺萼马银花 *Rhododendron bachii*	16. 74	4
乔Ⅱ	蕈树 *Altingia chinensis*	14. 22	5	灌Ⅲ	油柿 *Diospyros oleifera*	11. 83	5
乔Ⅱ	木荷 *Schima superba*	13. 78	6	草Ⅰ	里白 *Diplopterygium glaucum*	77. 54	1
乔Ⅱ	罗浮栲 *Castanopsis faberi*	11. 71	7	草Ⅰ	芒萁 *Dicranopteris pedata*	38. 76	2
乔Ⅱ	海南五针松 *Pinus fenzeliana*	11. 04	8	草Ⅰ	中华里白 *Diplopterygium chinense*	33. 5	3
乔Ⅱ	香桂 *Cinnamomum subavenium*	7. 93	9	草Ⅰ	五节芒 *Miscanthus floridulus*	14. 52	4
乔Ⅱ	南烛 *Vaccinium bracteatum*	6. 65	10	草Ⅰ	狗脊 *Woodwardia japonica*	12. 96	5
乔Ⅲ	青冈 *Cyclobalanopsis glauca*	66. 34	1	草Ⅱ	里白 *Diplopterygium glaucum*	66. 11	1
乔Ⅲ	倒矛杜鹃 *Rhododendron oblancifolium*	50. 25	2	草Ⅱ	瓦韦 *Lepisorus thunbergianus*	41. 42	2
乔Ⅲ	福建柏 *Fokienia hodginsii*	48. 60	3	草Ⅱ	芒萁 *Dicranopteris pedata*	18. 16	3
乔Ⅲ	深山含笑 *Michelia maudiae*	29. 51	4	草Ⅱ	石韦 *Pyrrosia lingua*	15. 33	4
乔Ⅲ	樟叶泡花树 *Meliosma squamulata*	28. 36	5	草Ⅱ	蕨 *Pteridium aquilinum* var. *latiusculum*	11. 98	5
乔Ⅲ	山矾 *Symplocos sumuntia*	21. 49	6	草Ⅲ	里白 *Diplopterygium glaucum*	43. 44	1
乔Ⅲ	蜡瓣花 *Corylopsis sinensis*	21. 42	7	草Ⅲ	草珊瑚 *Sarcandra glabra*	36. 5	2
乔Ⅲ	川桂 *Cinnamomum wilsonii*	21. 20	8	草Ⅲ	狗脊 *Woodwardia japonica*	28. 75	3
乔Ⅲ	西藏山茉莉 *Huodendron tibeticum*	7. 79	9	草Ⅲ	春兰 *Cymbidium goeringii*	17. 81	4
乔Ⅲ	腺鼠刺 *Itea glutinosa*	6. 74	10	草Ⅲ	芒萁 *Dicranopteris pedata*	17. 81	5

3.7　福建柏群落多样性分析

福建柏群落各样地物种丰富度为物种指数（S）、多样性指数（D、H_e'）和均匀度指数（J_e）见表 4-37。

表 4-37　雷公山保护区福建柏群落物种多样性指数、均匀度、丰富度比较

层级	物种多样性指数	样地编号		
		Ⅰ	Ⅱ	Ⅲ
乔木层	S	15	26	15
	D	0.827	0.839	0.898
	H_e'	2.148	2.617	2.366
	J_e	0.793	0.688	0.874
灌木层	S	28	10	20
	D	0.907	0.975	0.957
	H_e'	2.809	3.238	2.916
	J_e	0.843	0.994	0.973
草本层	S	15	7	10
	D	0.775	0.809	0.948
	H_e'	1.774	1.948	2.141
	J_e	0.771	0.784	0.930

在研究区中，利用物种多样性 Simpson 指数（D）和 Shannon-Wiener 指数（H_e'）以及均匀度指数（J_e）分别对植物群落样地乔木层、灌木层、草本层进行物种多样性统计分析。图 4-13 显示了雷公山保护区内 3 个福建柏群落样地的乔木层、灌木层、草本层物种多样性指数。

结合图 4-13 与表 4-37 可以看出可知，在乔木层中，Simpson 指数（D）样地Ⅲ>样地Ⅱ>样地Ⅰ；Shannon-Wiener 指数（H_e'）样地Ⅱ>样地Ⅲ>样地Ⅰ，与乔木层物种丰富度呈正相关；而在各个样地乔木层中，均匀度指数（J_e）波动不大，说明在各群落样地乔木层中，各物种重要值均匀程度相差不大。

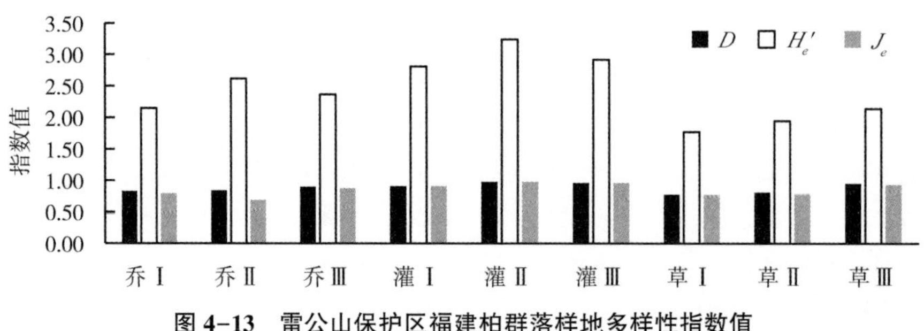

图 4-13　雷公山保护区福建柏群落样地多样性指数值

在灌木层中，各个群落样地 Simpson 指数（D）、Shannon-Wiener 指数（H_e'）相差不大，其中 Simpson 指数（D）、Shannon-Wiener 指数（H_e'）样地Ⅱ最大，样地Ⅰ最小。样地Ⅱ物种 D、H_e'之所以最大，是因为该群落几乎没有人为干扰，植被保存完好，加上其环境潮湿，灌木层物种生长良好；而样地Ⅰ群落多样性指数 D、H_e'之所以最小，该样地临近群众生产生活区，人为活动频繁干扰强，导致灌木层植被破坏严重；而在各个样地灌木层

Ⅰ均匀度指数（J_e）明显小于其他两个样地，说明在样地Ⅰ灌木层中，各物种重要值均匀程度相差大，灌木层优势物种明显。

在草本层中，样地Ⅰ群落物种 D、H_e' 相较于其他群落样地最小，原因该样地人为活动频繁干扰严重，对草本层物种生长不利；样地Ⅲ群落草本层物种 H_e' 相较于其他群落样地草本层最大，原因是样地Ⅲ群落人为干扰破坏少，草本层物种生长良好；而在各个群落样地草本层中，J_e 波动不大，说明在各群落样地草本层中，各物种重要值均匀程度也相差不大。

综合样地Ⅰ、Ⅱ、Ⅲ3个福建柏群落样地可知，各群落样地物种 D、H_e' 整体上呈现出灌木层>乔木层>草本层；J_e 在各个群落样地乔木层、灌木层、草本层中波动不大，说明在各群落样地中，乔木层、灌木层、草本层的各个物种重要值均匀程度相当。

【研究进展】

1　人工林研究

池上评等以福建省福建柏人工林为研究对象综合运用林分生长与收获预估模型、削度方程以及林分直径分布模型，测算福建柏人工林的林分材种出材率与森林成熟，研究不同条件下的林分培育福建柏大中径材的最优经营模式。李晨燕以福建柏人工林为研究对象，确定其经济成熟，从而为福建柏人工林的经营开发利用提供科学依据和指导。还分析了福建柏人工林经济成熟的价值运动规律以及经济成熟与数量成熟之间的关系。

2　种质资源

周成城等深入研究了解福建柏种质资源现状：①福建柏种源地分布广泛，中国26个、越南2个、老挝1个，国内主要分布在南部省份；②福建柏种群水平结构呈集群分布，垂直结构优势随着树龄增长呈“高—低—高”变化；③窄冠福建柏为仅有已报道的福建柏天然变型，福建柏变型变异集中体现在球果上且遗传变异系数大，地源间和家系间遗传多样性丰富。

3　森林培育研究

近年来，在福建柏优树的选择研究方面，郑仁华等开展了福建柏优树选择及种实表型变异研究。曾志光等、侯伯鑫等、李振军等进行了福建柏地理种源苗期研究，参试种源15个，家系61个，种源或家系间苗木的全高、地上及地下部分、径粗、分枝数、秋梢高生长、干鲜重等主要性状均有显著差异，并筛选出苗期表现较好的福建德化、永泰、仙游3个种源和德化21号等17个家系。彭玉忠等、侯伯鑫等通过容器、全光圃地、遮阴圃地等不同育苗方式进行试验，发现用不同方式培育的一年生苗的苗高、地径、侧根数、干鲜重等主要生物量指标差异显著，容器苗的主要生长指标均不及圃地苗，因此认为福建柏不适宜用容器育苗，而海拔400m的冬播苗生长最好，其平均苗高、根系发育、干鲜重等指标均优于春播、移植、切根等方式培育的苗木。王青天研究了不同化学药剂对种子育苗技术的影响，结果表明，应用ABT3号生根粉处理种子，能有效地提高种子呼吸作用与酶的活性，促进种子萌发，提高种子发芽率。

在种植技术方面，庄晨辉等进行了福建柏立地质量评价研究，认为影响福建柏林分优势高生长的主要立地因子有地势、坡形、坡位、土层厚度、腐殖质层厚度、土壤松紧度、土壤质地等，造林地必须选择在凹形坡面、下坡，土层深厚，土壤肥沃、疏松，质地为轻、中壤土。梁庆松等研究表明，挖大穴整地能促进幼林生长，炼山对林木生长影响不显著。李金良研究了天然幼苗移植技术指出，福建柏萌动时间早，一般选择在 3 月下旬阴雨天气，将天然幼苗用 ABT 生根粉处理后移植于容器中进行人工培育，成活率较高。

【繁殖方法】

福建柏采用种子播种育苗进行繁殖。

（1）采种

8~10 年开始结实。15~40 年为适龄采种母树。每年 3~4 月开花，翌年9~10 月籽熟。在“霜降”至“立冬”之间，当球果呈灰褐色应立即采集。“立冬”后 10d，果壳开裂，种子脱落。

（2）整地播种

应选择日照较短，水源充足，排水良好，土壤疏松肥沃的沙质壤土或壤土，干旱和强日照的地方不宜选作圃地。圃地要深耕细整，施足基肥。在整地时，每亩可用 6~7. 5kg 硫酸亚铁（研成粉末）和 1. 5~2. 5kg 的 6%可湿性六六六粉撒施。在“惊蛰”前 3~5d，约 2 月下旬至 3 月初播种，播种前种子要用 0. 1%福尔马林或 0. 1%高锰酸钾消毒 20 分钟，然后用清水洗净，阴干，每亩播种量 4kg。播后用 60%火烧土和 40%黄心土混合均匀覆盖，覆土要匀，以不见种子为度。

苗长出真叶后，勤施薄肥，6 月之前，每月 3~4 次。6 月之后，每月 1~2 次。

幼苗喜阴，忌强光照，尤其是在高温干旱季节，及时遮阴是育苗成功与否的主要技术关键。遮阴可采用荫棚或插荫枝，5 月底开始，9 月底渐次拆除。1 年生苗高达 30~40cm 选壮苗出圃造林，苗木细小的留床或移植，2 年生再出圃。

（3）造林

造林前的准备工作与杉木相似。根据山地条件不同，可采用全面整地、带状整地和穴状整地。如果山地条件较好的可套种杂粮，促进提早郁闭成林。福建柏以荒山植树造林为主。也可在稀疏林冠下造林和混交造林。侧枝发达，生长迅速，但树干尖削度比杉木大，如果稀植，林木天然整枝缓，侧枝生长茂盛，形成“头大尾小”；适当密植，可以提早郁闭，抑制侧枝生长，干形圆满。因此，立地条件好的，每亩造 200~240 株，立地条件较差的，每亩 240~270 株为宜。

造林季节以冬末早春为宜。最好在阴天雨后造林，成活率达 90%以上。栽植时要注意苗梢“不反山”（有白粉的一面向上坡），苗根舒展，苗身摆正，覆土打紧。福建安溪半林林场栽植前用黄心土、新鲜牛粪加钙镁磷调成泥浆沾根。并做到随起随栽，不隔夜，成活率高，生长快。

根系较浅，造林当年，苗木侧根分布在 10cm 左右范围内，松土不宜过深，切忌在夏季进行。第 1 年应在 10 月间土壤湿润时进行一次。第 2 年在春秋季进行两次。第 3 年以后，每年一次，直至幼林郁闭为止。

【保护建议】

1 就地保护

福建柏分布在雷公山保护区范围内，实行就地保护是最佳选择。根据福建柏的分布情况制定好巡护路线，生态护林员、天保护林员定期开展巡护，一旦发现采挖移栽等违法行为，及时制止、及时查处，把案情控制在最小状态，把损失降到最小值，确保福建柏群落自然生长环境不受影响。

2 迁地保护

因人为因素被处罚没收来的幼苗幼树，暴雨引起山体滑坡、洪涝灾害造成树根裸露或植株翻蔸，甚至整个植株倾倒的，要进行迁地保护。同时迁地保护中加强管理，增加迁地保护的成活率。

3 繁殖栽培推广

加强福建柏的繁殖技术研究特别是无性繁殖的研究，增加福建柏种群数量。

4 加强宣传教育，提高干部群众法律意识

雷公山保护区的居民群众文化程度低、法律意识淡薄、参与保护观念不强，自然保护区管理机构要定期组织执法人员进村入户开展法律宣传活动，也可以利用新闻媒体、微信公众号等信息宣传方式进一步加强法律法规及政策宣传，做到家喻户晓、人人皆知，切实提高区内居民对福建柏等珍稀濒危特有植物的保护意识。

篦子三尖杉

【保护等级及珍稀情况】

篦子三尖杉 *Cephalotaxus oliveri* Mast.，属三尖杉科 Cephalotaxaceae 三尖杉属 *Cephalotaxus*，为国家二级重点保护野生植物，是我国特有的古老孑遗植物。

【生物学特性】

篦子三尖杉为常绿灌木，叶条形，螺旋着生，排成二列，紧密，质硬，通常中部以上向上微弯，长 1.5~3.2cm，宽 3~4.5mm，先端微急尖，基部截形或心脏状截形，近无柄，下延部分之间有明显沟纹，上面微凸，中脉微明显或仅中下部明显，下面有两条白色气孔带。雄球花 6~7 聚生成头状，直径约 9mm，梗长约 4mm；雌球花由数对交互对生的苞片组成，有长梗，每苞片腹面基部生 2 个胚珠。种子倒卵圆形或卵圆形，长约 2.7cm，直径约 1.8cm。花期 3~4 月，种子成熟期 9~10 月。

分布于我国广东、江西、湖南、湖北、四川、贵州、云南，越南北部亦有分布。在贵州分布于梵净山、思南、镇远、黎平、榕江、台江、荔波、修文、道真、务川等地。

【应用价值】

篦子三尖杉为孑遗植物，它的叶形及其排列极为特殊，与同属其他种类有明显的区别，对于研究古植物区系和三尖杉属系统分类具有科学意义。同时，篦子三尖杉用途广

泛，其枝、叶、种子、根可提取多种植物碱，经临床试验证明，对于治疗人体非淋巴系统白血病，特别是急性粒细胞和单核型细胞白血病有较好的疗效。此外，篦子三尖杉木材结构细致、材质优良，宜作雕刻、棋类及工艺品材料。其叶片富含单宁，可提制栲胶；种子可榨油作工业原料；树形美观，树冠常绿，具有一定的观赏性，适宜庭院栽培观赏。

【资源特性】

1 研究方法

采用典型取样法，共设置 1 个样地。样地概况：坡向为南坡，坡位下部，坡度达 35°，海拔 670m，土壤为黄壤。

2 雷公山资源分布情况

篦子三尖杉分布于雷公山保护区的雷公坪和交密；生长在海拔 650～1200m 的常绿落叶阔叶混交林、针叶林中；分布面积为 210hm^2，共有 5130 株。

3 种群及群落特征

3.1 生境特点

篦子三尖杉为耐湿树种，喜温凉湿润的生境，多生于山谷、溪旁的常绿阔叶林或常绿落叶阔叶混交林下。花期 3～4 月，种子 9～10 月成熟，种子落地后，靠阔叶树落叶覆盖，经过一年的后熟作用，才能萌芽生长，植株萌芽力强。篦子三尖杉分布区的气候属中亚热带湿润性季风气候，热量条件十分优越，降水丰沛，年平均气温为 15.6～18.3℃，年降水量为 1100～1637mm。分布区的土壤为酸性黄壤或中性或微碱性的石灰土。篦子三尖杉喜温暖湿润的生境，常生于常绿阔叶林下的灌木层中。尽管生境较阴湿，局部地区光照条件较差，但仍生长良好，林下伴生的草本植物如黄金凤 *Impatiens siculifer*、血水草 *Eomecon chionantha* 及多种蕨类多为喜阴湿的种类。此外，本种对土壤的要求亦不严格。在荔波翁昂及镇远舞阳河地区，篦子三尖杉出现于石灰土上，而在梵净山及榕江等地，则出现于酸性黄壤上，在雷公山变质岩地区也能生长，说明本种对于土壤的适应能力较强。

3.2 群落特征

3.2.1 群落的组成

本次调查篦子三尖杉群落的组成仅发现一个分布地。据调查样地资料统计，样地共有维管束植物 59 科 83 属 132 种。其中，双子叶植物 45 科 65 属 109 种；单子叶植物 6 科 7 属11 种；蕨类 6 科 9 属 10 种；裸子植物 2 科 2 属 2 种；多数属含 1～3 种植物，植物种类极其丰富。从空间结构组成来看：乔木第一亚层有漆树科、清风藤科、无患子科 Sapindaceae、桦木科 Betulaceae、桑科 Moraceae、马鞭草科 Verbenaceae；第二亚层是以双子叶植物中的无患子科、蔷薇科、樟科、槭树科种类为主，计 8 种，占乔木层总种数的 50%。乔木层种数占样地总种数的 12.12%；灌木层种类丰富，占样地总种数的 71.97%；草本层种数占总种数的 15.91%。

3.2.2 群落的垂直结构

本篦子三尖杉群落以灌木层为主，上层乔木主要有盐肤木、海通、漆、复羽叶栾树 *Koelreuteria bipinnata*、伞花木、江南桤木 *Alnus trabeculosa*、构树 *Broussonetia papyryera*、腺叶桂樱 *Laurocerasus phaeosticta*、杉木、樟叶泡花树 *Meliosma squamulata*、中华槭、柔毛泡花树 *Meliosma myriantha* var. *pilosa*、香叶树、光枝楠、闽楠、紫楠等常绿落叶阔叶混交林为主，平均高为7m，散生于群落内，没有特别突出的个体。整体来看灌木层占主体地位。篦子三尖杉林中植物的生活型谱的统计见表4-38。

表4-38 雷公山保护区篦子三尖杉群落生活型谱

生活型	高位芽植物				地上芽植物
	大型（>30m）	中型（8~30m）	小型2~8m	矮小型（0.25~2m）	0~0.25m
数量（种）	0	11	47	67	7
占比（%）	0.00	8.33	35.61	50.76	5.30

由表4-38可以看出，以矮高位芽、小高位芽植物占绝对多数，分别为50.76%和35.61%；中高位芽植物仅占8.33%，地上芽植物也只占5.30%；群落结构层次明显。

3.2.3 种群水平分布格局

篦子三尖杉种群中各样方数量统计信息见表4-39。

表4-39 雷公山保护区篦子三尖杉种群各样方数量统计信息

样方号	1	2	3	4	5	6	7	8	9	10	平均
个体数（株）	32	8	6	16	8	12	9	28	42	27	18.8

通过上述公式计算得 $S^2=156.84$，明显大于平均值。因此，据此判断篦子三尖杉种群在空间水平分布格局呈局部密集型。其形成的主要原因是人为干扰少、种子成熟后就地脱落、自然更新成活。

3.2.4 种群年龄结构

种群的年龄结构是探索种群动态的有效方法，在研究中常采用径级或高度代替年龄。采用高度代替年龄对篦子三尖杉种群的年龄结构进行分析，结果见表4-40。

表4-40 雷公山保护区篦子三尖杉高度分布

高度（m）	0~0.5	0.5~1	1~1.5	1.5~2	2~2.5	2.5~3	3~3.5	3.5~4	4~4.5	4.5~5	$h>5$
株数（株）	89	19	35	20	13	6	2	1	1	1	1
占比（%）	47.34	10.11	18.62	10.64	6.91	3.19	2.13	0.53	0.53	0.53	0.53

由表4-40可以看出：高度≤0.5m的幼苗很多，占总数的47.34%，高度在1~1.5m的次之，占总数的18.62%，高度≥3.5m的仅占2.12%。从篦子三尖杉高度结构来看，幼苗比较多，总数接近一半，说明样地更新能力强，还处在幼龄林阶段，篦子三尖杉自然更新稳定。

3.2.5 乔木层数量特征

种类组成是群落最基本的特征。植物群落中各个物种对群落的作用因其自身数量的多寡和作用强度的不同而不同。在植物群落的调查中，除了获得完整的种类名录外，还需对群落的数量特征进行测定和描述。根据调查资料，统计结果见表4-41。

表4-41 雷公山保护区篦子三尖杉群落乔木层重要值

序号	种名	相对优势度	相对密度	相对频度	重要值
1	复羽叶栾树 *Koelreuteria bipinnata*	32.43	25.00	22.86	80.29
2	伞花木 *Eurycorymbus cavaleriei*	22.85	25.00	11.43	59.28
3	盐肤木 *Rhus chinensis*	12.54	5.77	5.71	24.02
4	海通 *Clerodendrum mandarinorum*	10.24	7.69	5.71	23.65
5	香叶树 *Lindera communis*	3.11	5.77	8.57	17.45
6	江南桤木 *Alnus trabeculosa*	3.10	3.85	5.71	12.66
7	腺叶桂樱 *Laurocerasus phaeosticta*	2.45	3.85	5.71	12.01
8	中华槭 *Acer sinense*	2.18	3.85	5.71	11.74
9	柔毛泡花树 *Meliosma myriantha* var. *pilosa*	3.15	3.85	5.71	12.71
10	闽楠 *Phoebe bournei*	0.69	3.85	5.71	10.25
11	漆 *Toxicodendron vernicifluum*	2.43	1.92	2.86	7.21
12	构树 *Broussonetia papyrifera*	1.24	1.92	2.86	6.02
13	杉木 *Cunninghamia lanceolata*	1.13	1.92	2.86	5.91
14	樟叶泡花树 *Meliosma squamulata*	1.09	1.92	2.86	5.87
15	光枝楠 *Phoebe neuranthoides*	0.69	1.92	2.86	5.47
16	紫楠 *Phoebe sheareri*	0.69	1.92	2.86	5.47
	合计	100.00	100.00	100.00	300.00

从表4-41可以看出，复羽叶栾树、伞花木在群落中起主导作用，重要值分别为80.29和59.28，其他物种在乔木层占次要地位。

3.2.6 灌草层数量特征

根据调查资料整理计算统计篦子三尖杉所在层重要值大于4的结果见表4-42。

从表4-42可以看出：重要值大于5的有篦子三尖杉、中华猕猴桃、紫麻 *Oreocnide frutescens*、常春藤 、珍珠莲 *Ficus sarmentosa* var. *henryi*、山地杜茎山 *Maesa montana*、菝葜、中华青荚叶、假蒟 *Piper sarmentosum*。篦子三尖杉重要值达39.00，其次是中华猕猴桃，重要值为20.95，第三是紫麻，重要值为13.18。重要值越大，说明该树种在此群落中占有重要地位。

表4-42 雷公山保护区篦子三尖杉群落灌草层重要值

序号	种名	相对盖度	相对密度	相对频度	重要值
1	篦子三尖杉 *Cephalotaxus oliveri*	0.73	29.94	8.33	39.00
2	中华猕猴桃 *Actinidia chinensis*	18.33	0.96	1.67	20.95

（续）

序号	种名	相对盖度	相对密度	相对频度	重要值
3	紫麻 *Oreocnide frutescens*	1.53	7.48	4.17	13.18
4	常春藤 *Hedera sinensis*	1.80	5.73	4.17	11.70
5	珍珠莲 *Ficus sarmentosa* var. *henryi*	1.53	6.85	1.67	10.04
6	山地杜茎山 *Maesa montana*	1.83	2.55	3.33	7.71
7	菝葜 *Smilax china*	0.31	2.07	4.17	6.54
8	中华青荚叶 *Helwingia chinensis*	3.06	1.59	0.83	5.48
9	假蒟 *Piper sarmentosum*	1.22	2.39	1.67	5.28
10	三叶木通 *Akebia trifoliata*	0.92	1.75	2.50	5.17
11	粉背南蛇藤 *Celastrus hypoleucus*	0.92	1.27	2.50	4.69
12	大血藤 *Sargentodoxa cuneata*	1.53	1.27	1.67	4.47
13	异叶爬山虎 *Parthenocissus heterophylla*	0.92	0.96	2.50	4.37
14	多齿红山茶 *Camellia polyodonta*	1.22	1.43	1.67	4.32
15	贵州花椒 *Zanthoxylum esquirolii*	1.83	0.80	1.67	4.30
16	桃叶珊瑚 *Aucuba chinensis*	1.83	0.80	1.67	4.30
17	山木通 *Clematis finetiana*	2.44	0.96	0.83	4.23
18	淡红忍冬 *Lonicera acuminata*	1.22	1.27	1.67	4.16
19	木莓 *Rubus swinhoei*	1.53	0.96	1.67	4.15
20	西域旌节花 *Stachyurus himalaicus*	1.53	0.96	1.67	4.15
21	乌柿 *Diospyros cathayensis*	1.22	1.11	1.67	4.00

3.2.7 物种多样性分析

多样性指数常用来测定群落中物种的丰富程度和均匀性，是物种丰富度和均匀度的综合指标。通过对篦子三尖杉群落物种多样性指标的计算，得到篦子三尖杉群落中的物种的丰富度指数（d_{Ma}）、多样性指数（D、H_e'）和均匀度指数（J_e）。Margalef 指数可反映出物种丰富度，其数值越高说明物种越丰富；H_e'能较好地反映出物种丰富度和群落的均匀度，即物种数量越多，分布越均匀，其数值越大；D 更侧重物种的多度，是一个反映群落优势度的指数，其数值越小表明群落的优势种越明显，某一种或几种优势种数量的增加都会使该指数值降低；J_e 反映植物空间分布均匀程度，其数值越大表示植物空间分布越均匀。

由表 4-43 可知，丰富度指数数值越高说明物种越丰富，灌木层物种丰富度指数最高，说明灌木层物种最丰富，该群落丰富度指数表现为灌木层>草本层>乔木层。

表 4-43 雷公山保护区篦子三尖杉群落生物多样性指数

生物多样性指数	d_{Ma}	D	H_e'	J_e
乔木层	3.79	0.87	1.96	0.83
灌木层	11.74	0.90	2.95	0.68
草本层	4.82	0.80	2.21	0.67

由表 4-43 可看出灌木层优势度指数数值越小，表明群落的优势种越明显，与调查结果一致，优势度灌木层>乔木层>草本层。该群落灌木层的多样性指数所呈现出的格局与均匀度指数一致，为灌木层>草本层>乔木层。乔木层分布最均匀，其顺序为乔木层>灌木层>草本层。

【研究进展】

当前国内外对篦子三尖杉的保护生物学、群落结构、遗传多样性、繁殖、保护等领域进行了研究。在保护生物学方面的研究结果表明温度是限制篦子三尖杉分布的主要因子，水分和光照是次要限制因子，土壤类型不是限制因子。有调查和研究结果表明篦子三尖杉自然分布范围窄、数量少、结实少、种子休眠期长，导致了篦子三尖杉低水平的遗传多样性，加上人类活动的干扰，生境受到破坏，致使篦子三尖杉更加珍稀和濒危。

不同学者对分布不同区域的篦子三尖杉群落结构进行了研究。冯邦贤等研究篦子三尖杉群落结构特征结果为篦子三尖杉缺乏成年个体和幼苗，种群属于衰退型。篦子三尖杉在不同的生境情况下，其群落结构特征差异显著；黎桂芳等、司马永康从群落的区系、结构、物种多样性、树种更新等方面对云南省新平县者奄乡的篦子三尖杉进行了研究，结果显示，该地的篦子三尖杉是在特定自然环境条件下形成的一类较稳定的暖亚热带森林植被，即暖热性沟谷针叶林，认为其非常稀有，亟待保护；张兴国等对贵州黎平县太平山的篦子三尖杉林进行了群落区系、结构、物种多样性、树种更新等特征的研究，表明该地篦子三尖杉居群的年龄结构是较稳定的中亚热带植被，即常绿阔叶林；杨成华等对分布贵州省台江县南宫自然保护区养开沟的篦子三尖杉群落进行了分析，该地篦子三尖杉群落的生长环境十分恶劣，土层浅薄，篦子三尖杉未在该群落的乔木层中出现，是灌木层中的优势种；艾启芳等对贵州修文县六桶乡凤莲村的篦子三尖杉群落进行了调查，该地的篦子三尖杉主要分布于以楸树为优势种的人工群落。

遗传结构和遗传多样性研究方面：陈少瑜等报道了篦子三尖杉等位酶分析的结果，篦子三尖杉遗传多样性水平较裸子植物和针叶植物的水平低；司马永康开展了篦子三尖杉及其近缘种（高山三尖杉和粗榧）间的遗传多样性比较研究表明篦子三尖杉及其近缘种的遗传多样性水平均很低，低于其他裸子植物、针叶植物、长命多年生木本植物和异交风媒植物，但接近特有种和狭域种及自交种。

【繁殖方法】

1　种植繁殖

①采种：霜降前后假种皮呈紫红色时采种。

②种实处理：采集的种实置于通风干燥的室内堆沤，堆厚 10~15cm。5~7d 后假种皮变黑变软时，置入清水中浸泡 24h，搓去假种皮在清水中漂去假种皮洗净晾干。

③种子储藏：先进行低温层积，将种子与沙子按 1：2 的比例（体积比）混合，沙子的湿度以手感湿润但手上不留湿印为宜，置于 0~5℃的冷库或冷藏室层积 2~3 周。低温层积后，再在室内常温下层积至播种前，整个层积体的厚度不宜超过 50cm，层积期每隔 2d 翻动 1 次。

④圃地选择：应选择地势平坦、土层深厚、湿润肥沃、微酸性或中性，具备灌溉设施和遮阳设施的地块。也可以选择郁闭度为0.6~0.9的林下作为苗圃地。

⑤苗床准备：先将苗圃地用3%的硫酸亚铁溶液消毒，每亩浇施330kg。整地后作高床，床宽1.0~1.2m，高25~30cm。在床上作条状播种沟，行距20cm，播沟深3cm。在沟内均匀撒上腐殖土，每亩施1500~2000kg。

⑥播种：插种时间为3月上中旬。采用条播，每隔5cm放1粒种子，种子宜横放，覆土2cm，盖草。

⑦苗期管理：用透光率75%的遮阳网遮阴，使床面保持湿润。幼苗出土后揭草，遇晴天早晨或傍晚浇水1次，每隔7d喷施1次800倍进口托布津，每亩喷50~80kg。每隔半月施1次0.5%的尿素液、每亩施600~1000kg，9月中旬停止施肥，并拆除遮阳网。

2 容器育苗

①圃地选择：应选择具备灌溉设施和遮阳设施的地块。也可以选择郁闭度为0.6~0.9的林下作为苗圃地。在圃地上搭好容器架。

②营养土配方：75%黄心土+20%腐殖土+5%钙镁磷肥，营养土过筛，每100kg营养土用1kg 3%的硫酸亚铁溶液搅拌消毒。

③播种：插种时间为3月上中旬。将营养土装入直径6~8cm、高8cm的营养杯内。每个容器放1粒种子，覆土2cm，将播种后的容器置于容器架上。

④苗期管理：同播种育苗苗期管理一致。

3 扦插育苗

①采穗圃的建立与管理：选择沙壤土，每亩撒施200kg复合肥，50kg饼肥作基肥；用透光率为75%的遮阳网搭建荫棚；采用I级苗栽植，密度为50cm×50cm；第2年3~4月摘去顶芽，4~5月压弯树干，使树干与地面呈30°角，用铁丝固定；采穗时留桩3~5cm，采穗后每株沟施氮肥（尿素）50g，冬季对采棉圃进行垦复培蔸，每亩施200kg复合肥。

②插床准备：用珍珠岩或河沙作扦插基质，床宽1.0~1.2m、高25~30cm，用透光率50%的遮阳网搭建荫棚。

③扦插时间：2月下旬至3月上旬。

④插穗准备：选择生长良好、无病虫害、无机械损伤的1年生萌芽条或2~3年生母树上的1年生枝条。将采下的枝条自顶部向下截成长8~12cm的插穗，下切口在节下斜切。保留2/3的叶片。

⑤插穗处理：用150~200mg/L的ABT处理30min后，再放在室外晾干15min。

⑥扦插密度及深度：扦插密度5.0cm×10.0cm。扦插深度5.0cm左右，直插。

⑦插后管理：扦插后遇晴天早、中晚浇水1次，阴天早、晚浇水1次。雨天不浇，晴天8：00~18：00盖上遮阳网，晴天的其他时段或阴雨天揭开遮阳网。

【保护建议】

篦子三尖杉种群数量稀少，应重点保护。主要保护措施建议：一是就地保护，专人巡

护看护，保护好母树及其生境；二是迁地保护，开展迁地保护的研究，如引种繁殖、栽培、生物生态学观察、建立档案等，以便取得更科学有效的措施，提高天然更新能力，扩大分布面积，这对篦子三尖杉的保护有非常重要的作用，如可以把篦子三尖杉作为城市园林绿化树种引种，设立驯化点，研究其栽培技术；三是人工繁殖，采取种子育苗、扦插育苗、组培育苗等方式，积极进行人工栽培，建立植物园，扩大栽培范围。

穗花杉

【保护等级及珍稀情况】

穗花杉 *Amentotaxus argotaenia*（Hance）Pilger，属红豆杉科穗花杉属 *Amentotaxus*，为国家二级重点保护野生植物，是我国特有种。

【生物学特性】

穗花杉为灌木或小乔木，高达 7m；树皮灰褐色或淡红褐色，裂成片状脱落；小枝斜展或向上伸展，圆或近方形。叶基部扭转列成两列，条状披针形，直或微弯镰状，长 3~11cm，宽 6~11mm，先端尖或钝，基部渐窄，楔形或宽楔形，有极短的叶柄，边缘微向下曲，下面白色气孔带与绿色边带等宽或较窄；萌生枝的叶较长，通常镰状，稀直伸，先端有渐尖的长尖头，气孔带较绿色边带为窄。雄球花穗 1~3（多为 2）穗，长 5~6.5cm，雄蕊有 2~5 个（多为 3 个花药）。种子椭圆形，成熟时假种皮鲜红色，长 2~2.5cm，径约 1.3cm，顶端有小尖头露出，基部宿存苞片的背部有纵脊，梗长约 1.3cm，扁四棱形。花期 4 月，种子 10 月成熟。

穗花杉分布于江西西北部、湖北西部及西南部、湖南、四川东南部及中部、西藏东南部、甘肃南部、广西、广东等地，生于海拔 300~1100m 地带的荫湿溪谷两旁或林内。模式标本采自广东罗浮山。

【应用价值】

经济价值：木材材质细密，可供雕刻、器具、农具及细木加工等用。

药用价值：根、树皮入药，能止痛、生肌，对于跌打损伤和骨折很有疗效；其种子入药，有消积驱虫之功效。

园林价值：叶常绿，上面深绿色，下面有明显的白色气孔带，种子熟时假种皮红色、下垂，极美观，可作庭院树。

研究价值：由于它起源古老，形态、结构和发育特异，对研究古地质、古地理、植物区系以及植物分类等方面有着重要意义。

【资源特性】

1　研究方法

在雷公山保护区选取天然分布的穗花杉群落，设置具代表性的样地 1 个。样地概况：下坡位，坡度 40°，海拔 800m，郁闭度 0.85。

2 雷公山保护区资源分布情况

穗花杉分布于雷公山保护区小丹江管理站的昂英；生长在海拔 700~1000m 的常绿阔叶林中；分布面积为 133hm²，共有 50 株。

3 种群及群落特征

3.1 群落树种组成

调查结果表明，在研究区域的样地中，共有维管束植物 33 科 46 属 54 种，其中蕨类植物有 7 科 9 属 9 种，裸子植物有 1 科 1 属 1 种，被子植物有 25 科 36 属 44 种；被子植物中有双子叶植物 21 科 32 属 39 种，单子叶植物 4 科 4 属 5 种。如表 4-44 所示，科种关系中，只有 3 科的物种数为 4 种，分别是壳斗科、樟科和槭树科，为穗花杉群落的优势科；单科单种的有 22 科，占总科数的 66.67%。由表 4-45 属种关系中，只有槭属的种数为 4 种，其次是菝葜属、杜鹃花属、蜡瓣花属、栲属及樟属为 2 种，单属单种的有 40 属，占总属数的 86.96%。由此可见，雷公山保护区分布的穗花杉群落的优势科属不明显，以单科单属单种为主。

表 4-44 雷公山保护区穗花杉群落科种数量关系

排序	科名	属数/种数（个）	占总属/种数的比例（%）	排序	科名	属数/种数（个）	占总属/种数的比例（%）
1	壳斗科 Fagaceae	3/4	2.17/3.7	18	姜科 Zingiberaceae	1/1	2.17/1.85
2	樟科 Lauraceae	3/4	2.17/1.85	19	卷柏科 Selaginellaceae	1/1	2.17/1.85
3	胡桃科 Juglandaceae	3/3	4.35/3.7	20	蕨科 Pteridiaceae	1/1	2.17/7.41
4	山茶科 Theaceae	3/3	2.17/1.85	21	鳞毛蕨科 Dryopteridaceae	1/1	2.17/1.85
5	水龙骨科 Polypodiaceae	3/3	2.17/3.7	22	马鞭草科 Verbenaceae	1/1	6.52/5.56
6	荨麻科 Urticaceae	3/3	2.17/1.85	23	木兰科 Magnoliaceae	1/1	2.17/1.85
7	大戟科 Euphorbiaceae	2/2	2.17/1.85	24	漆树科 Anacardiaceae	1/1	2.17/1.85
8	槭树科 Aceraceae	1/4	2.17/1.85	25	忍冬科 Caprifoliaceae	1/1	2.17/1.85
9	菝葜科 Smilacaceae	1/2	2.17/1.85	26	山矾科 Symplocaceae	1/1	6.52/5.56
10	杜鹃科 Ericaceae	1/2	6.52/5.56	27	鼠刺科 Escalloniaceae	1/1	2.17/1.85
11	金缕梅科 Hamamelidaceac	1/2	2.17/1.85	28	猕猴桃科 Actinidiaceae	1/1	2.17/1.85
12	百合科 Liliaceae	1/1	2.17/3.70	29	桃金娘科 Myrtaceae	1/1	2.17/1.85
13	蝶形花科 Papibilnaceae	1/1	2.17/1.85	30	铁角蕨科 Aspleniaceae	1/1	2.17/1.85
14	杜英科 Elaeocarpaceae	1/1	2.17/1.85	31	铁线蕨科 Adiantaceae	1/1	6.52/5.56
15	凤尾蕨科 Pteridaceae	1/1	6.52/7.41	32	绣球科 Hydrangeaceae	1/1	2.17/1.85
16	禾本科 Poaceae	1/1	2.17/1.85	33	延龄草科 Trilliaceae	1/1	6.52/7.41
17	红豆杉科 Taxaceae	1/1	2.17/1.85		合计	46/54	100.00/100.00

表 4-45　雷公山保护区穗花杉群落属种数量关系

排序	属名	种数（种）	占总种数的比例（%）	排序	属名	种数（种）	占总种数的比例（%）
1	槭属 *Acer*	4	7.41	24	紫珠属 *Callicarpa*	1	1.85
2	菝葜属 *Smilax*	2	3.70	25	含笑属 *Michelia*	1	1.85
3	杜鹃花属 *Rhododendron*	2	3.70	26	南酸枣属 *Choerospondias*	1	1.85
4	蜡瓣花属 *Corylopsis*	2	3.70	27	忍冬属 *Lonicera*	1	1.85
5	栲属 *Castanopsis*	2	3.70	28	柃属 *Eurya*	1	1.85
6	樟属 *Cinnamomum*	2	3.70	29	木荷属 *Schima*	1	1.85
7	蜘蛛抱蛋属 *Aspidistra*	1	1.85	30	山茶属 *Camellia*	1	1.85
8	乌桕属 *Sapium*	1	1.85	31	山矾属 *Symplocos*	1	1.85
9	野桐属 *Mallotus*	1	1.85	32	鼠刺属 *Itea*	1	1.85
10	黄檀属 *Dalbergia*	1	1.85	33	水东哥属 *Saurauia*	1	1.85
11	猴欢喜属 *Sloanea*	1	1.85	34	石韦属 *Pyrrosia*	1	1.85
12	凤尾蕨属 *Pteris*	1	1.85	35	线蕨属 *Colysis*	1	1.85
13	芒属 *Miscanthus*	1	1.85	36	星蕨属 *Microsorum*	1	1.85
14	穗花杉属 *Amentotaxus*	1	1.85	37	蒲桃属 *Syzygium*	1	1.85
15	胡桃属 *Juglans*	1	1.85	38	铁角蕨属 *Asplenium*	1	1.85
16	化香树属 *Platycarya*	1	1.85	39	铁线蕨属 *Adiantum*	1	1.85
17	黄杞属 *Engelhardtia*	1	1.85	40	绣球属 *Hydrangea*	1	1.85
18	山姜属 *Alpinia*	1	1.85	41	冷水花属 *Pilea*	1	1.85
19	卷柏属 *Selaginella*	1	1.85	42	楼梯草属 *Elatostema*	1	1.85
20	蕨属 *Pteridium*	1	1.85	43	水麻属 *Debregeasia*	1	1.85
21	青冈属 *Cyclobalanopsis*	1	1.85	44	重楼属 *Paris*	1	1.85
22	水青冈属 *Fagus*	1	1.85	45	楠属 *Phoebe*	1	1.85
23	复叶耳蕨属 *Arachniodes*	1	1.85	46	润楠属 *Machilus*	1	1.85
					合计	54	100.00

穗花杉群落结构主要分为乔木层、灌木层和草本层 3 个层次。

构成乔木层的树种共有 22 种。由表 4-46 可知，大于重要值平均值 13.05 的有 10 种，雷公山槭重要值最大（37.79）、第二是木荷（29.52）、第三是尼泊尔水东哥 *Saurauia napaulensis*（26.28）、第四是光叶山矾（21.69）、第五是甜槠（17.03）、第六是钩栲（16.42）、第七是香桂 *Cinnamomum subavenium*（16.17）、第八是瑞木（15.33）、第九是穗花杉（14.37），第十是野核桃 *Juglans cathayensis*（13.37），共同组成该层穗花杉群落的优势种，其中雷公山槭为建群种；重要值小于 5.00 的有青榨槭、中华槭及多齿红山茶 3 种，为该层的偶见种。

表 4-46　雷公山保护区穗花杉群落乔木层重要值

序号	种名	相对密度	相对优势度	相对频度	重要值
1	雷公山槭 *Acer leigongsanicum*	1. 56	20. 32	15. 91	37. 79
2	木荷 *Schima superba*	23. 44	1. 53	4. 55	29. 52
3	尼泊尔水东哥 *Saurauia napaulensis*	1. 56	22. 45	2. 27	26. 28
4	光叶山矾 *Symplocos lancifolia*	10. 94	1. 66	9. 09	21. 69
5	甜槠 *Castanopsis eyrei*	1. 56	8. 65	6. 82	17. 03
6	钩栲 *Castanopsis tibetana*	3. 12	8. 75	4. 55	16. 42
7	香桂 *Cinnamomum subavenium*	4. 69	2. 39	9. 09	16. 17
8	大果蜡瓣花 *Corylopsis multiflora*	6. 25	2. 26	6. 82	15. 33
9	穗花杉 *Amentotaxus argotaenia*	1. 56	10. 54	2. 27	14. 37
10	胡桃楸 *Juglans mandshurica*	9. 37	1. 73	2. 27	13. 37
11	猴欢喜 *Sloanea sinensis*	1. 56	5. 32	4. 55	11. 43
12	山乌桕 *Sapium discolor*	1. 56	2. 46	6. 82	10. 84
13	溪畔杜鹃 *Rhododendron rivulare*	6. 25	0. 70	2. 27	9. 22
14	南酸枣 *Choerospondias axillaris*	4. 69	2. 10	2. 27	9. 06
15	化香树 *Platycarya strobilacea*	1. 56	3. 66	2. 27	7. 49
16	水青冈 *Fagus longipetiolata*	4. 69	0. 20	2. 27	7. 16
17	青冈 *Cyclobalanopsis glauca*	3. 12	0. 73	2. 27	6. 12
18	黄樟 *Cinnamomum parthenoxylon*	3. 12	0. 53	2. 27	5. 92
19	小果润楠 *Machilus microcarpa*	3. 12	0. 43	2. 27	5. 82
20	野桐 *Mallotus tenuifolius*	1. 56	1. 26	2. 27	5. 09
21	青榨槭 *Acer davidii*	1. 56	1. 16	2. 27	4. 99
22	中华槭 *Acer sinense*	1. 56	1. 00	2. 27	4. 83
23	多齿红山茶 *Camellia polyodonta*	1. 56	0. 17	2. 27	4. 00

构成灌木层的树种有 17 种，其物种组成及重要值组成见表 4-47。

表 4-47　雷公山保护区穗花杉群落灌木层重要值

序号	种名	相对盖度	相对频度	重要值
1	厚叶鼠刺 *Itea coriacea*	14. 81	14. 29	29. 10
2	大果蜡瓣花 *Corylopsis multiflora*	12. 96	7. 14	20. 10
3	倒矛杜鹃 *Rhododendron oblancifolium*	11. 12	7. 14	18. 26
4	细齿叶柃 *Eurya nitida*	7. 42	10. 71	18. 13
5	闽楠 *Phoebe bournei*	7. 42	7. 15	14. 57
6	中国绣球 *Hydrangea chinensis*	5. 56	7. 15	12. 71
7	黑果菝葜 *Smilax glaucochina*	3. 70	7. 15	10. 85
8	菝葜 *Smilax china*	3. 70	7. 14	10. 84

（续）

序号	种名	相对盖度	相对频度	重要值
9	藤黄檀 *Dalbergia hancei*	5.56	3.57	9.13
10	紫珠 *Callicarpa bodinieri*	3.70	3.57	7.27
11	深山含笑 *Michelia maudiae*	3.70	3.57	7.27
12	大花忍冬 *Lonicera macrantha*	3.70	3.57	7.27
13	雷公山槭 *Acer leigongsanicum*	3.70	3.57	7.27
14	黄杞 *Engelhardtia roxburghiana*	3.70	3.57	7.27
15	黄樟 *Cinnamomum parthenoxylon*	3.70	3.57	7.27
16	赤楠 *Syzygium buxifolium*	3.70	3.57	7.27
17	水麻 *Debregeasia orientalis*	1.85	3.57	5.42

由表4-47可知，重要值最大的为厚叶鼠刺（29.10）其次分别是瑞木（20.10）、倒矛杜鹃（18.26）、细齿叶柃（18.13），该层以厚皮鼠刺为主要优势种，瑞木、倒矛杜鹃及细齿叶柃次之。

构成草本层的物种有15种（表4-48），以楼梯草为优势种（42.30）。综上可知，雷公山地区的穗花杉群落为常绿落叶阔叶混交林，为雷公山槭+木荷群系。

表4-48　雷公山保护区穗花杉群落草本层重要值

序号	种名	相对盖度	相对频度	重要值
1	楼梯草 *Elatostema involucratum*	28	14.30	42.30
2	九龙盘 *Aspidistra lurida*	14	9.52	23.52
3	铁角蕨 *Asplenium trichomanes*	8	9.53	17.53
4	冷水花 *Pilea notata*	8	9.53	17.53
5	山姜 *Alpinia japonica*	4	9.52	13.52
6	华重楼 *Paris polyphylla* var. *chinensis*	4	4.76	8.76
7	五节芒 *Miscanthus floridulus*	4	4.76	8.76
8	灰背铁线蕨 *Adiantum myriosorum*	4	4.76	8.76
9	石韦 *Pyrrosia lingua*	4	4.76	8.76
10	蕨 *Pteridium aquilinum* var. *latiusculum*	4	4.76	8.76
11	深绿卷柏 *Selaginella doederleinii*	4	4.76	8.76
12	江南星蕨 *Microsorum fortunei*	4	4.76	8.76
13	溪边凤尾蕨 *Pteris terminalis*	4	4.76	8.76
14	中华复叶耳蕨 *Arachniodes chinensis*	4	4.76	8.76
15	线蕨 *Colysis ellipticus*	2	4.76	6.76

3.2　种群分散度

对保护区穗花杉群落样地进行统计计算种群分散度（表4-49）。

表 4-49　雷公山保护区穗花杉群落样方中穗花杉个体数　　单位：株

样地号	样方1	样方2	样方3	样方4	样方5	样方6	样方7	样方8	样方9	样方10	合计株数	$\sum(x-m)^2$
样地1	0	0	0	1	0	0	0	0	0	0	1	0.9

由表4-49可得雷公山保护区穗花杉种群的分散度（S^2）为0.1，每个样方平均穗花杉个体数（m）为0.1。可见分散度值等于每个样方平均穗花杉个体数（$S^2=m$），说明保护区穗花杉分布呈随机型，种群个体随机分布。

3.3　生活型谱分析

生活型（life form）是指植物对综合环境及其节律变化长期适应而形成的生理、结构，尤其是外部形态的一种具体表现。生活型谱则是指某一地区植物区系中各类生活型的百分率组成。一个地区的植物生活型谱既可以表征某一群落对特定气候生境的反应、种群对空间的利用以及群落内部种群之间可能产生的竞争关系等信息，又能够反映该地区的气候、历史演变和人为干扰等因素，也是研究群落外貌特征的重要依据。

统计穗花杉群落样地出现的植物种类，列出穗花杉群落样地的植物名录确定每种植物的生活型，把同一生活型的种类归并在一起，计算各类生活型的百分率，编制穗花杉群落样地的植物生活型谱。雷公山保护区内穗花杉群落的生活型谱见表4-50。具体的计算公式：

某一生活型的百分率=该地区该生活型的植物种数/该地区全部植物的种数×100%

表 4-50　雷公山保护区穗花杉群落生活型谱

种类	MaPh	MePh	MiPh	NPh	Ch	H	Cr
数量（种）	2	19	9	15	0	8	1
百分比（%）	3.7	35.19	16.67	27.78	0	14.81	1.85

注：MaPh—大高位芽植物（18~32m）；MePh~中高位芽植物（6~18m）；MiPh—小高位芽植物（2~6m）；NPh—矮高位芽植物（0.25~2m）；Ch—地上芽植物（0~0.25m）；H—地面芽植物；Cr—地下芽植物。

由表4-50可知，群落中高位芽植物最多，占总数的83.33%，其次为地面芽植物。在高位芽植物中，又以中高位芽植物种类数目居首，占总种类的35.19%，矮高位芽植物次之，占27.78%。在穗花杉群落中，中高位芽植物主要是以雷公山槭为优势种，木荷、光叶山矾、甜槠、钩栲等次之，矮高位芽植物主要是紫珠 *Callicarpa bodinieri*、细齿叶柃、黄桤、中国绣球等灌木植物和九龙盘 *Aspidistra lurida*、五节芒等草本植物构成，地面芽植物主要是铁角蕨 *Asplenium trichomanes*、蕨、江南星蕨 *Microsorum fortunei* 等蕨类植物，地下芽是华重楼。

3.4　物种多样性指数分析

图4-14显示了穗花杉群落的物种多样性指数值。该群落的物种丰富度（S）为55。从图4-14可知，乔、灌、草3个层次的多样性指数均表现为Simpson指数（D）高于Shannon-Wiener指数（H_e'）和Pielou指数（J_e）；多样性指数值最高的为灌木层Simpson指数（D）；多样性指数最低的是草本层的Pielou指数（J_e）。乔木层、灌木层、草本层在

Shannon-Wiener 指数（H_e'）上差异不大，乔木层的指数略大于灌木层与草本层，Shannon-Wiener 指数（H_e'）值与物种丰富度紧密相关，并且呈正相关关系，由此表明乔木层物种丰富度高。Pielou 指数（J_e）是指群落中各个种的多度或重要值的均匀程度，由图 4-14 可知，均匀度指数表现为乔木层>草本层>灌木层，乔木层的物种分布更均匀。Simpson 指数（D）中种数越多，各种个体分配越均匀，指数越高，指示群落多样性好，是群落集中性的度量。从图 4-14 可知，群落中 Simpson 指数（D）为灌木层>乔木层>草本层，说明了大部分灌木层植物的数量主要集中于少数物种，优势种比较明显，其他树种占很小的比例，而草本层优势种并不明显。

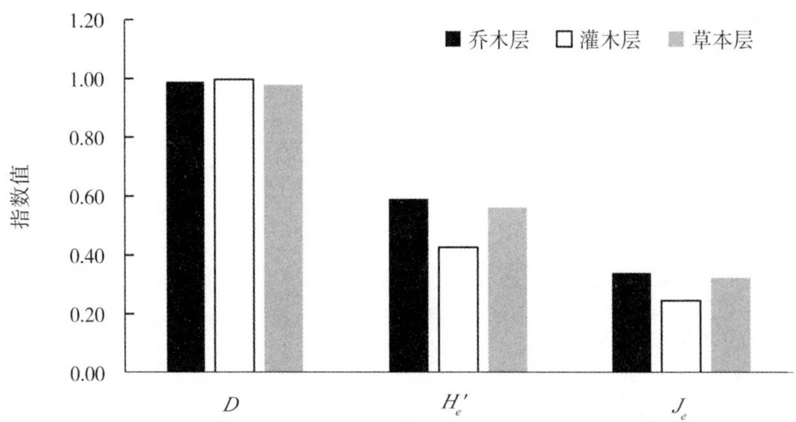

图 4-14　雷公山保护区穗花杉群落物种多样性指数值

【研究进展】

穗花杉是第三纪残遗植物，雌雄异株，雄球花稔状，具有极高的学术价值和经济价值，是我国的珍稀濒危树种。何飞等在《珍稀濒危植物穗花杉的研究进展》一文中系统地综述了穗花杉在系统分类、生物学和生态学特性、繁殖方法和濒危原因等方面的研究进展，以期对穗花杉的研究历史和研究内容作一个较系统的介绍和评价，为恢复和扩大穗花杉种群、合理利用和保护穗花杉资源提供较全面的技术资料。

1988 年，肖育檀首次在湖南省八面山调查研究了穗花杉林的群落特征，具体包括八面山穗花杉的生态分布、群落组成特点和种群发展动向的初步分析研究。1992 年，闻天声等对赣北黄花山穗花杉天然林的生态环境群落组成和种群发展等进行了调查分析，并认为黄花山穗花杉林分乔木结构简单，起源古老，属中亚热带北缘山地含阔叶（常绿与落叶）成分的针叶林类型，并具有较强的更新能力。1993 年，刘智慧等对四川省都江堰市青城山境内的穗花杉群落进行了调查研究，揭示了穗花杉群落和种群的基本特征，指出青城山穗花杉种群具明显的增长型特征，处于良好的发育状态，其空间分布格局为集群型，其生态习性为显著的耐阴性和岩生性。1993 年，刘克旺等对湖南省绥宁县神坡山穗花杉群落的区系组成外貌、季相、结构、优势种表现、种群动态进行了比较深入的研究，分析了穗花杉濒危原因，并提出了有关保护策略。2001 年，何飞等对江西省宜丰县官山的穗花杉群落特征进行了调查研究，得出该地的穗花杉群落结构简单、层次明显，可分为乔木层、灌木层和草本层，其中，乔木层可分为3个亚层，穗花杉在Ⅱ、Ⅲ亚层为主；组成穗花杉的乔木层中，穗花杉株数最多，相对频度最高，相对多度最大，重要值最大；穗花杉群落结构比较完整，各径级保存了一定株数，该群落正处于顺向演替阶段，幼树和中龄树占优势，发展趋势良好，只要保持该群落完整，演替将会继续下去。

【繁殖方法】

采用扦插繁殖法，步骤如下。

（1）插穗的采集与制作

在3月的阴雨天采集穗花杉树冠中上部、1~3年生、生长健壮的枝条或基部萌芽条，放入随身携带的低温恒温装置（内置冰袋）内，速回单位将插枝剪成长6cm左右的插穗，插穗下口成斜切面，插穗长度的一半作为尾部，对称剪除针形叶的1/2，穗条基部的叶片全部摘除。插穗制作前，枝条用清水冲洗一下。

（2）插穗处理

把剪好的穗条整理捆扎成小把，用制备好的200mg/kg ABT-2号生根粉浸泡插穗基部2h，浸泡深度2cm，然后扦插。

（3）扦插方式及密度

处理好的穗条按5cm×5cm的规格插到备好的苗床上，深度是穗条长度的一半，并保证保留的叶片露出苗床面为度（不宜过深）。为防插穗切口机械损伤，用穗条粗细类似的小棒引一孔，再插入穗条。插后立即喷水，使珍珠岩与插穗充分润实，及时拉好遮阳网。

（4）扦插后管理技术措施

①水分管理。启用自动喷雾装置，人工设定喷雾时长和间隙，白天每1h喷雾1次，夜晚每3h喷雾1次，30s/次。原则上保证插床和插穗叶表面的湿润，湿度控制在80%以上。8、9月气温较高，水分蒸发量很大，视天气状况适当增加喷雾频度，减少喷雾时长。

②光照控制。穗花杉为喜阴树种，幼苗期尤甚，天然环境条件下，穗花杉幼苗生长在光照较弱的阔叶林下。遮阴能起到降温、增湿的作用，有利于插穗的愈合生根。从扦插到生根长达7个月的观察期内，全程采用双层遮阳网遮阴，遮光率在70%左右。

③温度、湿度控制。插床两端布置了2只温度加湿度数字监测仪（型号：HC520），监测插床气温与水分的变化情况，通过喷雾和遮光微调，给插穗提供一个高湿、适温环境，促进穗条愈伤组织的尽快形成与不定根发生，即相对湿度保持在80%以上，温度保持在30℃以下。

（5）苗期管理

穗花杉扦插3个月后有愈伤组织形成，6个月后穗条的不定根基本形成。此后至11月底，施肥结合防病，人工喷施竹醋液有机液肥少许。10月底撤除一层遮阳网，保持苗床遮光率在50%左右，同时停止晚间喷雾，白天自动喷雾3~4次，每次1min。

由于穗花杉幼苗期生长较缓慢，幼苗实行扦插床上过冬。翌年3月进行移栽，小苗直接移入装有基质的营养袋中。营养袋的规格为高15cm，口径10cm。基质成分配置（体积比）为阔叶林表土：珍珠岩：泥炭=7：1：2。移栽后的容器苗集中放置在试验地旁的毛

竹 *Phyllostachysedulis* 和阔叶树混交林下，郁闭度在50%左右。在容器苗上方1.5m处左右，置透明或遮光率很小的网，以阻隔上层叶片落在穗花杉幼苗上粘盖，而造成幼苗死亡。

【保护建议】

一是就地保护。对分布在雷公山保护区范围内的穗花杉，实行就地保护是最佳选择。在保护的过程中查清其分布的实际情况，制定好巡护路线，定期开展巡护。

二是迁地保护。因受暴雨引起山体滑坡、洪涝灾害造成树根裸露或植株翻蔸，甚至整个植株倾倒的，要进行迁地保护。同时迁地保护中加强管理，增加迁地保护的成活率。

三是繁殖栽培推广。加强穗花杉的繁殖技术研究，特别是无性繁殖的研究，增加穗花杉种群数量，还能在一定程度上解决城市绿化用苗，也能促进当地社会经济可持续发展。

四是加强宣传教育，提高干部群众法律意识。雷公山区的居民群众文化程度低、法律意识淡薄，参与保护观念不强，自然保护区管理机构要定期组织执法人员进村入户开展法律宣传活动，也可以利用新闻媒体、微信公众号等信息宣传方式进一步加强法律法规及政策宣传，做到家喻户晓、人人皆知，切实提高区内居民对穗花杉等珍稀濒危特有植物的保护意识。

鹅掌楸

【保护等级及珍稀情况】

鹅掌楸 *Liriodendron chinense*（Hemsl.）Sarg. 俗名马褂木，为木兰科鹅掌楸属 *Liriodendron* 落叶乔木，列为国家二级重点保护野生植物，为我国特有种。

【生物学特性】

鹅掌楸为乔木，高达40m，胸径1m以上，小枝灰色或灰褐色。叶马褂状，长4~12（18）cm，近基部每边具1侧裂片，先端具2浅裂，下面苍白色，叶柄长4~8（~16）cm。花杯状，花被9片，外轮3片绿色，萼片状，向外弯垂，内两轮6片、直立，花瓣状、倒卵形，长3~4cm，绿色，具黄色纵条纹，花药长10~16mm，花丝长5~6mm，花期时雌蕊群超出花被之上，心皮黄绿色。聚合果长7~9cm，具翅的小坚果长约6mm，顶端钝或钝尖，具种子1~2颗。花期5月，果期9~10月。

鹅掌楸分布于长江流域以及陕西南、四川、贵州等地；在贵州分布于金沙、赤水、习水、正安、绥阳、印江（梵净山）、松桃、兴仁、望谟、锦屏、黎平、从江、剑河、施秉、雷山（雷公山）、都匀、荔波等地。

【应用价值】

鹅掌楸属植物是传统的药用植物，具有很高的药用价值。《全国中草药汇编》记载以中国鹅掌楸的树皮及树根入药，能够祛风除湿、止咳消喘，用于治疗风湿关节痛、风寒咳嗽等病症，具有抗菌、抗疟疾、抗肿瘤等作用。鹅掌楸不仅在研究古植物学等方面有着重要的科学价值，木材纹理直、质地轻软、易干燥、不变形，是建筑、家具、乐器和胶合板的良材，同时，树形端直，叶形奇特，花如金盏，是珍贵的园林观赏树种。

【资源特性】

1 研究方法

选择具有典型的天然群落设置2个样地，样地情况见表4-51。

表4-51 雷公山保护区鹅掌楸群落样地基本情况

样地编号	小地名	海拔（m）	坡度（°）	坡向	坡位	土壤类型
Ⅰ	雀鸟耶勒交	1660	30	东南	中部	黄壤
Ⅱ	脚尧	1486	15	西南	中部	黄棕壤

2 雷公山保护区资源分布情况

鹅掌楸分布于雷公山保护区的雀鸟、脚尧、西江等地；生长在海拔960~1670m的常绿落叶阔叶混交林中；分布面积为310hm^2，共有2310株。

3 种群及群落特征

3.1 群落生活型谱

表4-52可知，雷公山保护区鹅掌楸群落中高位芽植物共有植物96种，可分为中高位芽植物、小高位芽植物、矮高位芽植物，占群落总种数的86.47%，其中以矮小高位芽植物最多，共40种，占36.03%，是群落的重要组成成分。由表4-53可知，乔灌木高位芽植物最多，有82种，占73.38%；藤本高位芽植物的种次之，有9种，占8.10%，表现出比较适应当地生态环境，且具有强大的生命力，为耐荫喜湿植物；中高位芽植物种类稀少，以交让木 *Daphniphyllum macropodum*、枫香树为主，共17种，占15.31%。地上芽植物、地面芽植物共13种，占17.1%，其中以地上芽的蕨类、苔草植物最为丰富各3种。群落生活型分布的格局，反映了该地具有温暖、湿润的气候特点，群落属于有利于中高位芽、小高位芽、蕨类植物生长的常绿落叶阔叶混交林。

表4-52 雷公山保护区鹅掌楸群落生活型谱

群落种类	高位芽植物			地上芽	地面芽	地下芽
	中型	小型	矮小			
数量（种）	17	39	40	3	10	2
比例（%）	15.31	35.13	36.03	8.10	9.00	1.80

表4-53 雷公山保护区鹅掌楸群落生活型

植物类型	乔灌木	藤本	草本	蕨类
数量（种）	82	9	17	3
比例（%）	73.38	8.10	15.31	2.70

3.2 群落树种组成

通过调查统计得出，在研究区域的Ⅰ、Ⅱ样地中，共有维管束植物52科79属111种，详见表4-54，其中，蕨类植物有3科3属3种，被子植物有49科76属108种；在被子植物中单子叶植物有6科8属13种，双子叶植物有43科68属95种，双子叶植物占总物种数的85.59%。由此可知，在雷公山保护区分布的鹅掌楸群落样地中双子叶植物的物种数量占据绝对优势。

表4-54　雷公山保护区鹅掌楸群落物种组成　　单位：个

植物类型		科	属	种
蕨类植物		3	3	3
被子植物	双子叶植物	43	68	95
	单子叶植物	6	8	13
合计		52	79	111

3.3　群落优势科属

在研究区域的样地中，取科含2种以上和属含2种以上统计所得（表4-55）。由表4-55可知，在科种关系中，含10个种以上的科有樟科（11种）和蔷薇科（10种）2科，樟科为鹅掌楸群落样地中的优势科；其余含3个种以上的科有12科，含2种的有9科；仅含1种的科有29科，占总科数比55.77%。由表4-56可知，属种关系中，种最多的属为悬钩子属（7种），为此次调查鹅掌楸群落样地的优势属，其次为润楠属（4种）；含2~3种的属有17属，含1种的属有60属，占总属数的75.95%。由此可见，雷公山保护区鹅掌楸群落样地中樟科与悬钩子属为优势科属，但优势不明显。鹅掌楸群落科属组成复杂，物种主要集中在含1种的科与含1种的属内，并且在属的区系成分上显示出复杂性和高度分化性的特点。

表4-55　雷公山保护区鹅掌楸群落科种数量关系

排序	科名	属数/种数（个）	占总属/种数的比率（%）	排序	科名	属数/种数（个）	占总属/种数的比率（%）
1	樟科 Lauraceae	5/11	6.33/9.91	13	山茱萸科 Cornaceae	2/3	2.53/2.7
2	蔷薇科 Rosaceae	4/10	5.06/9.01	14	绣球科 Hydrangeaceae	2/3	2.53/2.7
3	壳斗科 Fagaceae	3/6	3.8/5.41	15	菝葜科 Smilacaceae	1/2	1.27/1.8
4	山茶科 Theaceae	4/5	5.06/4.5	16	百合科 Liliaceae	2/2	2.53/1.8
5	忍冬科 Caprifoliaceae	2/4	2.53/3.6	17	桦木科 Betulaceae	1/2	1.27/1.8
6	大戟科 Euphorbiaceae	3/3	3.8/2.7	18	姜科 Zingiberaceae	1/2	1.27/1.8
7	禾本科 Poaceae	3/3	3.8/2.7	19	金缕梅科 Hamamelidaceae	2/2	2.53/1.8
8	木兰科 Magnoliaceae	3/3	3.8/2.7	20	槭树科 Aceraceae	1/2	1.27/1.8
9	木通科 Lardizabalaceae	2/3	2.53/2.7	21	茜草科 Rubiaceae	2/2	2.53/1.8
10	莎草科 Cyperaceae	1/3	1.27/2.7	22	卫矛科 Celastraceae	2/2	2.53/1.8
11	山矾科 Symplocaceae	1/3	1.27/2.7	23	芸香科 Rutaceae	2/2	2.53/1.8
12	山柳科 Clethraceae	1/3	1.27/2.7				

表 4-56 雷公山保护区鹅掌楸群落样地Ⅰ、Ⅱ属种数量关系

排序	属名	种数（个）	占种数的比率（%）	排序	属名	种数（个）	占种数的比率（%）
1	悬钩子属 *Rubus*	7	6.31	11	鹅耳枥属 *Carpinus*	2	1.80
2	润楠属 *Machilus*	4	3.60	12	桦木属 *Betula*	2	1.80
3	荚蒾属 *Viburnum*	3	2.70	13	黄精属 *Polygonatum*	2	1.80
4	青冈属 *Cyclobalanopsis*	3	2.70	14	柃属 *Eurya*	2	1.80
5	山矾属 *Symplocos*	3	2.70	15	木姜子属 *Litsea*	2	1.80
6	山柳属 *Clethra*	3	2.70	16	槭属 *Acer*	2	1.80
7	苔草属 *Carex*	3	2.70	17	青荚叶属 *Helwingia*	2	1.80
8	樟属 *Cinnamomum*	3	2.70	18	水青冈属 *Fagus*	2	1.80
9	八月瓜属 *Holboellia*	2	1.80	19	绣球属 *Hydrangea*	2	1.80
10	菝葜属 *Smilax*	2	1.80				

3.4 重要值分析

森林群落在不同的演替阶段，物种组成、数量等各个方面都会发生一定的变化，而这种变化最直接的体现就是构成群落物种的重要值的变化。鹅掌楸群落结构主要分为乔木层、灌木层和草本层。由表 4-57 可知，两样地树种共 111 种，样地Ⅰ乔木层有 27 种，交让木重要值最大（67.39），其次是枫香树（52.72）、鹅掌楸（36.17）、光叶山矾（21.13）、红花木莲（14.48），交让木为优势种；小于重要值平均值（11.11）以下有 22 种，其中腺叶桂樱 *Laurocerasus phaeosticta*、李 *Prunus salicina*、中华槭、瑞木等 14 种为偶见种。样地Ⅱ乔木层有 34 种，大于重要值平均值（8.82）有 10 种，青冈（28.76）构成了该层鹅掌楸群落的优势种，其次是枫香树（28.7）、檫木（20.55）、山桐子 *Idesia polycarpa*（20.04）、少花桂 *Cinnamomum pauciflorum*（19.57）等，小于重要值平均值（8.82）有 24 种，而鹅掌楸重要值是（8.49），排在第 12 位，可见样地Ⅱ中，青冈为主，以枫香树、檫木、山桐子、少花桂、贵定桤叶树、香椿 *Toona sinensis* 等为辅，鹅掌楸在群落中地位不明显，为伴生种。

通过样地Ⅰ、Ⅱ乔木层重要值对比可知：在鹅掌楸群落样地中，样地Ⅰ中鹅掌楸重要值排在该群落乔木层中第 3 位，样地Ⅱ中鹅掌楸重要值排在对应群落乔木层中第 12 位，说明两样地鹅掌楸样地优势不明显，并且在这 2 个群落样地中，鹅掌楸都不是建群种与优势种。

由表 4-57 可知，在样地Ⅰ灌木层中有（25 种），狭叶方竹重要值最大为（71.38），是该层优势种，其余为伴生种；在样地Ⅱ灌木层中有（29 种），狭叶方竹重要值最大为（82.63），是该层优势种，其余为伴生种。

由表 4-57 可知，在样地Ⅰ草本层中（14 种），藏苔草 *Carex thibetica* 重要值最大（48.36），是该层的优势种，其次为三脉紫菀 *Aster trinervius* subsp. *ageratoides* 重要值为 22.02，其余有伴生种 12 种；在样地Ⅱ草本层中物种较少（5 种），沿阶草 *Ophiopogon bod-*

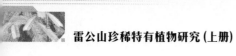

inieri 重要值是（69.29）是该层草本的优势种，其次为多鳞粉背蕨 *Aleuritopteris anceps* 重要值为（62.14），其余伴生种有 3 种。表 4-57 显示了雷公山保护区鹅掌楸群落样地Ⅰ、Ⅱ物种丰富度分别为 66 和 68，实际上两样地物种丰富度是 64 和 66，其中灌木树种圆锥绣球、光叶山矾、常山分别出现在乔木层和灌木层中，调查过程中径级大于 5cm 以上，也把它们记录在乔木层。

表 4-57　雷公山保护区鹅掌楸群落样地Ⅰ、Ⅱ乔木层、灌木层、草本层重要值

层次	种名	重要值	层次	种名	重要值
乔Ⅰ-1	交让木 *Daphniphyllum macropodum*	67.39	乔Ⅱ-1	青冈 *Cyclobalanopsis glauca*	28.76
乔Ⅰ-2	枫香树 *Liquidambar formosana*	52.72	乔Ⅱ-2	枫香树 *Liquidambar formosana*	28.70
乔Ⅰ-3	鹅掌楸 *Liriodendron chinense*	36.17	乔Ⅱ-3	檫木 *Sassafras tzumu*	20.55
乔Ⅰ-4	光叶山矾 *Symplocos lancifolia*	21.13	乔Ⅱ-4	山桐子 *Idesia polycarpa*	20.04
乔Ⅰ-5	红花木莲 *Manglietia insignis*	14.48	乔Ⅱ-5	少花桂 *Cinnamomum pauciflorum*	19.57
乔Ⅰ-6	圆锥绣球 *Hydrangea paniculata*	10.98	乔Ⅱ-6	贵定桤叶树 *Clethra delavayi*	18.65
乔Ⅰ-7	野鸦椿 *Euscaphis japonica*	10.15	乔Ⅱ-7	香椿 *Toona sinensis*	16.16
乔Ⅰ-8	苦枥木 *Fraxinus insularis*	10.04	乔Ⅱ-8	贵州桤叶树 *Clethra kaipoensis*	14.02
乔Ⅰ-9	青冈 *Cyclobalanopsis glauca*	8.52	乔Ⅱ-9	银木荷 *Schima argentea*	13.18
乔Ⅰ-10	贵定桤叶树 *Clethra delavayi*	8.29	乔Ⅱ-10	亮叶桦 *Betula luminifera*	8.95
乔Ⅰ-11	尾叶樱桃 *Cerasus dielsiana*	6.73	乔Ⅱ-11	香桂 *Cinnamomum subavenium*	8.61
乔Ⅰ-12	川桂 *Cinnamomum wilsonii*	5.58	乔Ⅱ-12	鹅掌楸 *Liriodendron chinense*	8.49
乔Ⅰ-13	雷公鹅耳枥 *Carpinus viminea*	5.06	乔Ⅱ-13	多脉青冈 *Cyclobalanopsis multinervis*	8.31
乔Ⅰ-14	腺叶桂樱 *Laurocerasus phaeosticta*	3.82	乔Ⅱ-14	宜昌润楠 *Machilus ichangensis*	6.89
乔Ⅰ-15	李 *Prunus salicina*	3.80	乔Ⅱ-15	木姜润楠 *Machilus litseifolia*	6.28
乔Ⅰ-16	中华槭 *Acer sinense*	3.27	乔Ⅱ-16	栓叶安息香 *Styrax suberifolius*	6.08
乔Ⅰ-17	瑞木 *Corylopsis multiflora*	3.12	乔Ⅱ-17	武当玉兰 *Magnolia sprengeri*	5.97
乔Ⅰ-18	毛叶木姜子 *Litsea mollis*	3.12	乔Ⅱ-18	云贵鹅耳枥 *Carpinus pubescens*	5.61
乔Ⅰ-19	青榨槭 *Acer davidii*	3.04	乔Ⅱ-19	红花木莲 *Manglietia insignis*	5.36
乔Ⅰ-20	盐肤木 *Rhus chinensis*	3.00	乔Ⅱ-20	小果润楠 *Machilus microcarpa*	5.31
乔Ⅰ-21	雷公青冈 *Cyclobalanopsis hui*	2.87	乔Ⅱ-21	川黔润楠 *Machilus chuanchienensis*	4.86
乔Ⅰ-22	五裂槭 *Acer oliverianum*	2.84	乔Ⅱ-22	白檀 *Symplocos paniculata*	4.64
乔Ⅰ-23	灯台树 *Cornus controversa*	2.79	乔Ⅱ-23	雷公鹅耳枥 *Carpinus viminea*	4.24
乔Ⅰ-24	朴树 *Celtis sinensis*	2.79	乔Ⅱ-24	华南桦 *Betula austrosinensis*	3.67
乔Ⅰ-25	西南红山茶 *Camellia pitardii*	2.79	乔Ⅱ-25	水青冈 *Fagus longipetiolata*	3.06
乔Ⅰ-26	野桐 *Mallotus tenuifolius*	2.77	乔Ⅱ-26	尾叶樱桃 *Cerasus dielsiana*	2.97
乔Ⅰ-27	光叶水青冈 *Fagus lucida*	2.70	乔Ⅱ-27	湖北算盘子 *Glochidion wilsonii*	2.86
灌Ⅰ-1	狭叶方竹 *Chimonobambusa angustifolia*	71.38	乔Ⅱ-28	毛叶木姜子 *Litsea mollis*	2.77
灌Ⅰ-2	菝葜 *Smilax china*	13.64	乔Ⅱ-29	灯台树 *Cornus controversa*	2.65
灌Ⅰ-3	南方荚蒾 *Viburnum fordiae*	12.29	乔Ⅱ-30	锦带花 *Weigela florida*	2.60

（续）

层次	种名	重要值	层次	种名	重要值
灌Ⅰ-4	大果卫矛 *Euonymus myrianthus*	10.44	乔Ⅱ-31	五裂槭 *Acer oliverianum*	2.57
灌Ⅰ-5	茵芋 *Skimmia reevesiana*	10.23	乔Ⅱ-32	光叶山矾 *Symplocos lancifolia*	2.56
灌Ⅰ-6	常山 *Dichroa febrifuga*	9.41	乔Ⅱ-33	常山 *Dichroa febrifuga*	2.54
灌Ⅰ-7	桦叶荚蒾 *Viburnum betulifolium*	6.82	乔Ⅱ-34	麻栎 *Quercus acutissima*	2.54
灌Ⅰ-8	西南绣球 *Hydrangea davidii*	6.82	灌Ⅱ-1	狭叶方竹 *Chimonobambusa angustifolia*	82.63
灌Ⅰ-9	南五味子 *Kadsura longipedunculata*	6	灌Ⅱ-2	藤黄檀 *Dalbergia hancei*	12.37
灌Ⅰ-10	圆锥绣球 *Hydrangea paniculata*	5.47	灌Ⅱ-3	菝葜 *Smilax china*	11.67
灌Ⅰ-11	尾叶悬钩子 *Rubus caudifolius*	4.44	灌Ⅱ-4	细枝柃 *Eurya loquaiana*	8.36
灌Ⅰ-12	香叶子 *Lindera fragrans*	4.44	灌Ⅱ-5	花椒簕 *Zanthoxylum scandens*	6.45
灌Ⅰ-13	藤五加 *Eleutherococcus leucorrhizus*	3.41	灌Ⅱ-6	齿叶红淡比 *Cleyera lipingensis*	5.92
灌Ⅰ-14	贵定桤叶树 *Clethra delavayi*	3.41	灌Ⅱ-7	尖叶毛柃 *Eurya acuminatissima*	4.18
灌Ⅰ-15	光叶山矾 *Symplocos lancifolia*	3.41	灌Ⅱ-8	杜鹃 *Rhododendron simsii*	4.18
灌Ⅰ-16	青荚叶 *Helwingia japonica*	3.41	灌Ⅱ-9	湖南悬钩子 *Rubus hunanensis*	3.83
灌Ⅰ-17	油桐 *Vernicia fordii*	3.41	灌Ⅱ-10	老鼠矢 *Symplocos stellaris*	3.66
灌Ⅰ-18	周毛悬钩子 *Rubus amphidasys*	3.41	灌Ⅱ-11	白花悬钩子 *Rubus leucanthus*	3.31
灌Ⅰ-19	红毛悬钩子 *Rubus wallichianus*	2.59	灌Ⅱ-12	光叶山矾 *Symplocos lancifolia*	3.31
灌Ⅰ-20	鸡矢藤 *Paederia foetida*	2.59	灌Ⅱ-13	阔叶十大功劳 *Mahonia bealei*	3.31
灌Ⅰ-21	阔叶十大功劳 *Mahonia bealei*	2.59	灌Ⅱ-14	灰叶南蛇藤 *Celastrus glaucophyllus*	3.31
灌Ⅰ-22	棱茎八月瓜 *Holboellia pterocaulis*	2.59	灌Ⅱ-15	攀枝莓 *Rubus flagelliflorus*	3.31
灌Ⅰ-23	水红木 *Viburnum cylindricum*	2.59	灌Ⅱ-16	棠叶悬钩子 *Rubus malifolius*	3.31
灌Ⅰ-24	藤黄檀 *Dalbergia hancei*	2.59	灌Ⅱ-17	小花清风藤 *Sabia parviflora*	3.31
灌Ⅰ-25	五月瓜藤 *Holboellia angustifolia*	2.59	灌Ⅱ-18	红毛悬钩子 *Rubus wallichianus*	2.96
草Ⅰ-1	藏苔草 *Carex thibetica*	48.36	灌Ⅱ-19	三叶木通 *Akebia trifoliata*	2.96
草Ⅰ-2	三脉紫菀 *Aster trinervius* subsp. *ageratoides*	22.02	灌Ⅱ-20	西域青荚叶 *Helwingia himalaica*	2.96
草Ⅰ-3	五节芒 *Miscanthus floridulus*	19.73	灌Ⅱ-21	白瑞香 *Daphne papyracea*	2.79
草Ⅰ-4	锦香草 *Phyllagathis cavaleriei*	19.15	灌Ⅱ-22	百两金 *Ardisia crispa*	2.79
草Ⅰ-5	沿阶草 *Ophiopogon bodinieri*	16.28	灌Ⅱ-23	常山 *Dichroa febrifuga*	2.79
草Ⅰ-6	书带苔草 *Carex rochebrunii*	16.28	灌Ⅱ-24	云广粗叶木*Lasianthus japonicus* subsp. *longicaudus*	2.79
草Ⅰ-7	黑足鳞毛蕨 *Dryopteris fuscipes*	8.13	灌Ⅱ-25	南五味子 *Kadsura longipedunculata*	2.79
草Ⅰ-8	如意草 *Viola arcuata*	8.13	灌Ⅱ-26	香叶子 *Lindera fragrans*	2.79
草Ⅰ-9	披针新月蕨 *Pronephrium penangianum*	8.13	灌Ⅱ-27	竹叶榕 *Ficus stenophylla*	2.79
草Ⅰ-10	十字苔草 *Carex cruciata*	8.13	灌Ⅱ-28	尖叶菝葜 *Smilax arisanensis*	2.61
草Ⅰ-11	小果丫蕊花 *Ypsilandra cavaleriei*	8.13	灌Ⅱ-29	三叶崖爬藤 *Tetrastigma hemsleyanum*	2.61
草Ⅰ-12	白顶早熟禾 *Poa acroleuca*	5.83	草Ⅱ-1	沿阶草 *Ophiopogon bodinieri*	69.29
草Ⅰ-13	金兰 *Cephalanthera falcata*	5.83	草Ⅱ-2	多鳞粉背蕨 *Aleuritopteris anceps*	62.14
草Ⅰ-14	异叶茴芹 *Pimpinella diversifolia*	5.83	草Ⅱ-3	绞股蓝 *Gynostemma pentaphyllum*	27.86
			草Ⅱ-4	点花黄精 *Polygonatum punctatum*	27.14
			草Ⅱ-5	湖北黄精 *Polygonatum zanlanscianense*	13.57

综上可知，在雷公山保护区内鹅掌楸主要分布于常绿落叶阔叶混交林中，样地Ⅰ鹅掌楸群落为常绿落叶阔叶混交林，为交让木+狭叶方竹群系；样地Ⅱ鹅掌楸群落为常绿落叶阔叶混交林，为青冈+狭叶方竹群系。

3.5　空间分布格局

通过分别统计各样地样方内鹅掌楸数量计算得出表4-58，在样地Ⅰ、Ⅱ中，鹅掌楸种群的分散度 $S^2>m$，鹅掌楸种群空间分布属于局部集群型，样地内鹅掌楸分布极不均匀。在样地Ⅰ、Ⅱ之所以呈现出局部密集分布，实际鹅掌楸大树个体数量少。结合实际调查情况分析，在雷公山保护区内鹅掌楸种群呈现出局部密集型分布。

表4-58　雷公山保护区鹅掌楸群落样方中鹅掌楸个体数　　单位：株

样地编号	样方1	样方2	样方3	样方4	样方5	样方6	样方7	样方8	样方9	样方10	合计株数	$\sum(x-m)^2$
样地Ⅰ	0	0	0	0	1	0	1	0	2	1	5	4.6
样地Ⅱ	0	0	0	0	3	0	0	0	0	0	3	8.2
合计											8	12.8

3.6　多样性分析

表4-59显示鹅掌楸群落的物种多样性指数值。在研究区中，利用植物物种数（S）、丰富度指数（d_{Ma}）、优势度指数（D_r）、多样性Simpson指数（D）和Shannon-Wiener指数（H_e'）以及Pielou指数（J_e）分别对植物群落样地乔木层、灌木层、草本层进行物种多样性统计分析，样地Ⅰ、Ⅱ分别对应雀鸟耶勒交（猴子岩）、脚尧鹅掌楸群落样地。由表4-59可知，在乔木层中，Simpson指数（D）、Shannon-Wiener指数（H_e'）均为脚尧>雀鸟耶勒交（猴子岩），与乔木层物种丰富度呈正相关；而在各个样地乔木层中，样地Ⅱ乔木层均匀度指数（J_e）为（0.92）>样地Ⅰ乔木层均匀度指数（J_e）为（0.82），说明在各群落样地乔木层中，各物种均匀程度相差很大，过去有人为干扰，现正在自然恢复中。样地Ⅰ、Ⅱ灌木层均匀度指数分别为0.95、0.94，草本层均匀度指数分别为0.98、0.93，说明在各群落样地灌木层和草本层中，各物种均匀程度相差不大。

综合雀鸟耶勒交（猴子岩）、脚尧群落样地可知，雀鸟耶勒交（猴子岩）群落样地物种多样性指数（D）呈现出灌木层>草本层>乔木层，H_e'整体上呈现出灌木层>乔木层>草本层；均匀度指数（J_e）雀鸟耶勒交（猴子岩）群落样地草本层>灌木层>乔木层中波动大，说明原来有人为干扰和其他自然因数的影响，现正在恢复期。脚尧鹅掌楸群落均匀度指数（J_e）灌木层>草本层>乔木层中均匀度指数均匀，说明在两样地群落样地中，乔木层、灌木层、草本层的各个物种重要值均匀程度相当。

两样地的乔木层、灌木层、草本层的各项多样性指数可知，立地条件尽管不同，但反映了灌木层的多样性比乔木层、草本层都高。

表 4-59　雷公山保护区鹅掌楸群落物种多样性值

多样性指数	样地 I			样地 II			整个群落
	乔木层	灌木层	草本层	乔木层	灌木层	草本层	
S	27	25	14	34	29	5	134.00
d	4.48	10.00	9.50	10.36	7.80	3.33	45.48
d_{Ma}	5.83	6.23	4.42	6.97	7.10	1.74	32.28
λ	0.09	0.03	0.03	0.04	0.03	0.16	0.38
D	0.91	0.97	0.97	0.96	0.97	0.84	5.62
D_r	11.15	31.20	34.20	25.16	30.88	6.43	139.02
H_e'	2.75	3.03	2.58	3.25	3.10	1.50	16.20
H_2	3.96	4.37	3.72	4.68	4.47	2.17	23.38
J_e	0.82	0.95	0.98	0.92	0.94	0.93	5.55

【研究进展】

国内外学者对鹅掌楸开展了多方面的研究，主要集中在药用、无性繁殖技术及遗传多样性研究，鹅掌楸属 SRAP 分子标记体系优化及遗传多样性研究，利用 EST-SSR 分子标记检测鹅掌楸种间渐渗杂交研究，种源的遗传变异与选择，人工林的生长特性，群落结构研究，鹅掌楸属树种杂交育种与利用，自交衰退的 SSR 分析等研究。董梅等对湖北近年来鹅掌楸的研究现状进行了阐述；对湖北省鹅掌楸的天然分布进行了调查和遗传多样性研究；开展了优树选择和种质资源保存；开展了鹅掌楸属种间杂交育种、子代测定和无性系测定，掌握了杂交的基本规律，选出了优良杂交组合和优良单株，并进行了优良无性系的材质测定；营建了亚美鹅掌楸优良无性系采穗圃；开展了亚美鹅掌楸优良无性系的扦插、嫁接和组织培养工作；进行了成果鉴定和转化。相关研究表明鹅掌楸自然群落中幼苗数量稀少，种群的年龄结构不甚完整，野生鹅掌楸自然更新能力差，种群已趋衰退，种群数量削减，在群落中的作用和地位已下降，可以判断目前这个群落处于发育过程的衰退型。

【繁殖方法】

1　种子繁殖

①采种：由于鹅掌楸花期不遇，因此受精不良。在自然条件下，种子发芽率极低仅在5.0%以下。为了得到较高的发芽率，需要对生长健壮的20~30年生的大树进行人工授粉。10月当果实颜色呈褐色时采收，将果枝摊放在阴凉处7~10d，然后在阳光下晒裂，去杂后装袋，在低温干燥处储存。

②整地、播种：圃地应选在避风向阳，土层厚、肥沃、湿润、排水良好，水源充足的沙壤地上。秋末深翻，第二年春季施底肥，做平整床，床高15~20cm、宽120cm。播种前用0.5%高锰酸钾溶液浸种2h，然后用清水洗净，再用35℃水泡24h。条播，行距20cm，播种量每亩12kg，播后覆土1.5~2cm，再覆盖薄膜保温增湿，15d后即可出苗。

③浇水、定苗：鹅掌楸幼苗植株较小，当阳光强时用遮阳网遮阴，因小苗根系不发达且不耐旱，因而苗期要注意少量多次浇水，保持苗床湿润。鹅掌楸生长速度快，幼苗出土

15d 后要及时间苗，留苗株距 8cm；苗高 10cm 时定苗，株距 15cm。

④除草、施肥：浇水或降水后 2~3d 进行中耕，先期深 3~5cm，后期加深到 5~10cm；苗木幼小时对肥料敏感，施肥应少量多次。第 1 次间苗后，每公顷喷 0.3%尿素溶液 15~45kg；定苗后每公顷沟施磷酸二铵 150~180kg；苗高 30cm 时，每公顷喷施 0.5%磷酸二氢钾 45~75kg。播种苗当年高度可达 40cm，地径达 0.6cm。在部分地区冬季寒冷、风大，留床露地苗木越冬需要进行埋土防寒。

2　扦插繁殖

上一年秋天落叶到下一年叶萌动前，从健壮母株向阳处或树冠外围剪 1~2 年生枝条（带2~3 个芽）长 15cm 做插穗，保证切口上端平齐，下切口成 45°斜角。插床底铺拌有 40%腐熟堆肥厚 15cm 的壤土，上盖 20cm 厚的沙壤土，喷水、控温，注意通风，成活率可达 90%以上。苗木发根前要保持湿度在 95%以上，生根后可降至 85%。愈伤组织未长好时应保持膜内温度 25~30℃，如超过 30℃要及时通风降温。苗木生根后要定时通风降温进行炼苗，逐渐延长通风时间至最后彻底去掉薄膜。

3　嫁接繁殖

由于鹅掌楸繁殖扦插难度较大、技术含量高、推广缓慢，而且近年来市场对其需求量加大，所以生产上开始采取优良的嫁接技术措施，通过双舌嫁接的方法培养苗木，最终成活率均达到 80%以上。试验以中国鹅掌楸为砧木，采用此法嫁接，不但成活率高、愈合快，而且成本低。用嫁接方法繁殖鹅掌楸操作简单，此法为种源收集引种及建立优质种子园，提供了极大的方便。

【保护建议】

结合实际调查发现，雷公山保护区鹅掌楸群落研究样地是以交让木和青冈为优势种的常绿落叶阔叶混交林；在群落结构组成中，两样地鹅掌楸的重要值分别排序为第 3 和第 12 位，属于该群落的伴生种。其不同树种个体占据不同林层，鹅掌楸种群的分散度 $S^2>m$，鹅掌楸种群空间分布属于局部集群型，样地内鹅掌楸分布极不均匀、种群年龄分布不合理，主要是以前出现人为干扰，样地Ⅰ乔木层均匀度指数小于样地Ⅱ，群落结构不稳定。建立保护区以后因两样地鹅掌楸群落人为破坏较轻，出现较稳定的自然恢复期。样地Ⅱ没有发现幼树，这与灌木层优势度有关，减少了鹅掌楸光照，应加以保护，倘若在人为保护下，鹅掌楸可能演替为顶级群落的优势种群。建议加强对该群落地巡护，减少其自然生境的人为破坏，对鹅掌楸自然资源严加保护。南京林业大学王章荣教授建议对鹅掌楸的保护应采取以下途径：一是营建母树林进行迁地保护。选择好年份进行采种、育苗，建立实生母树林；也可采集穗条嫁接，建立嫁接母树林，这样把种子繁育与种质资源保护结合起来。二是结合改良工作进行迁地保护。有计划地采集多个天然群体的种质资源（种子或穗条）建立母树林；或从多个天然群体中选择优良单株采集穗条嫁接，建立种内杂交种子园；或选择收集一定量的北美鹅掌楸优良单株穗条嫁接，建立种间杂交种子园，这样把树木改良与种质资源保护结合起来。三是采用促进天然更新辅助措施进行就地保护。在母树树冠下方或周围，在种子散落前进行局部除草和清理地被物，促使种子落地；发现鹅掌楸幼苗，适当采取措施促进幼苗生长。四是引入新的种质资源，促使基因交流与重组，探索树种演化。在天然群体中栽种一定数量的北美鹅掌楸或杂交鹅掌楸，观察引入树种的生长、与天然群体的基因交流及后代表现情况，从而探索人工促进树种进化进程与效果。

厚朴、凹叶厚朴

【保护等级及珍稀情况】

厚朴 *Magnolia officinalis* Rehd. et Wils.，为木兰科木兰属 *Magnolia* 植物，有亚种凹叶厚朴 *Magnolia officinalis* Rehd. et Wils. subsp. *biloba*（Rehd.et Wils.）Law，均为国家二级重点保护野生植物，且都为我国特有种。

【生物学特性】

厚朴为落叶乔木，高 10~15m，树皮厚、褐色，不开裂。小枝粗壮，幼时有绢毛。叶近革质，常 5~7 片聚生枝顶，长圆状倒卵形，长 20~45cm，宽 10~20cm，先端急尖或钝圆，基部楔形，全缘，背面幼时被灰色弯曲的细柔毛及白粉；叶柄粗壮，长 2.5~4cm，托叶痕长为叶柄的 2/3 以上。花白色，直径 10~15cm；花被片 9~12 片，外轮 3 片，长圆状倒卵形，长8~10cm，先端钝圆，内 2 轮渐小，倒卵状匙形；雄蕊多数，花丝红色；雌蕊群椭圆状卵形。聚合果长圆状卵圆形，长 9~15cm；蓇葖具长 3~4cm 的喙。种子三角状倒卵形，长约 1cm。花期 4~5 月，果期 9~10 月。

凹叶厚朴作为厚朴的变种，二者不同之处在于叶先端凹缺，成 2 钝圆的浅裂片，但幼苗之叶先端钝圆，并不凹缺。

其分布于浙江、安徽、福建、江西、河南、湖北、湖南、广东、广西、重庆、四川、云南、贵州、陕西、甘肃，在长江中下游地区有栽培；在贵州威宁、织金、正安、湄潭、思南、石阡、松桃、兴义、盘县、普安、水城、剑河、江口及佛顶山、雷公山等地有栽培。梵净山国家级自然保护区的青龙洞回香坪、陈家沟等一带海拔 900~1700m 的常绿落叶阔叶混交林中有野生分布。

【应用价值】

1　材用价值

厚朴与凹叶厚朴木材供板料、家具、雕刻、细木工、乐器、铅笔杆等用。

2　药用价值

厚朴、凹叶厚朴的树皮、根皮、花、种子及芽皆可入药，有化湿导滞、行气平喘、化食消痰、祛风镇痛之效。种子有明目益气功效，芽作妇科药用，性味苦、辛；性温。归脾经、胃经、大肠经。有行气消积、燥湿除满、降逆平喘功效。主治食积气滞；腹胀便秘；湿阻中焦，脘痞吐泻；痰壅气逆；胸满喘咳等；种子可榨油，制造肥皂等用。

3　庭院绿化价值

叶大荫浓，花大美丽，可作绿化观赏树种。

【资源特性】

1　研究方法

1.1　样地设置

本次调查中，选取两个有代表性的厚朴、凹叶厚朴人工纯林设置典型样地，样地概况见表 4-60。

表 4-60　雷公山保护区厚朴、凹叶厚朴群落调查样地基本情况

样地编号	小地名	海拔（m）	坡度（°）	坡向	坡位
Ⅰ	九十九桥头山	1260	20	东北	中部
Ⅱ	九十九桥头山	1266	25	南	下

1.2　径级划分

为了解厚朴和凹叶厚朴人工林生长状况，研究采用空间替代时间的方法，即将林木依地径大小分级，以立木径级结构代替年龄结构分析种群动态，将径级划分为 8 级：（小于 2.0cm），2 级（2.0～4.0cm），3 级（4.0～6.0cm），4 级（6.0～8.0cm），5 级（8.0～10.0cm），6 级（10.0～12.0cm），7 级（12.0～14.0cm），8 级（14.0～16.0cm）。分析厚朴和凹叶厚朴种群个体数量的增长、衰退及稳定的动态关系，并作对照分析。

1.3　分析树高生长曲线

本次统计树高，制作树高曲线，对比厚朴与凹叶厚朴在相同立地条件、相同林龄结构下树高生长差异。同时，分别制作厚朴、凹叶厚朴胸径—树高曲线，分别分析厚朴和凹叶厚朴胸径和树高的生长关系，并作对比分析。

2　雷公山保护区资源分布情况

1995 年 2 月从四川重庆引进厚朴、凹叶厚朴苗木 10 多万株，按照密度为 150 株/亩厚朴与凹叶厚朴之比为 1∶1 进行种植。其中 31100 株栽培在雷公山保护区国有林场九十九工区，形成 207 亩的厚朴、凹叶厚朴人工纯林；其余 6 万多株栽培在辖区内西江镇的羊排、方祥雀鸟、丹江镇的乌东等地四周的山坳、山坡、和山脊上集中成片，也有零星栽培。

雷公山成片人工厚朴林主要分布在大塘镇九十九工区，方祥乡陡寨、雀鸟，丹江镇乌东村等。人工厚朴四旁植树主要分布在西江镇羊排、平寨、脚尧、乌尧，桃江，方祥乡雀鸟、陡寨、格头，丹江镇乌东、白岩，台江县南宫交密等。面积约为 600hm^2。

生长在海拔 1000～1500m 的四旁树和阔叶林中，均为人工栽培，且面积均为 40hm^2，其中厚朴有 22300 株，凹叶厚朴有 60700 株。

3　种群及群落特征

3.1　径级生长结构

根据样地调查数据统计厚朴与凹叶厚朴胸径，两个样地共有厚朴 90 株、凹叶厚朴 86 株，厚朴平均胸径 12.30cm、凹叶厚朴平均胸径 12.37cm，胸径值比较相近。按照径级划分的方法分化径级并制作径级结构图（图 4-15）。由图 4-15 可见，厚朴与凹叶厚朴径级

曲线均为单峰型，峰值均出现在7径级处，即厚朴与凹叶厚朴在立地相同的条件下胸径生长在12~14cm为峰值。厚朴与凹叶厚朴在立地条件相同的情况下，厚朴生长速度稍匀滑，而凹叶厚朴则是在5~7径级时生长迅速，然后进入缓慢生长期。虽然厚朴到7龄级后生长也下降，但相对于凹叶厚朴而言要稍快一点。

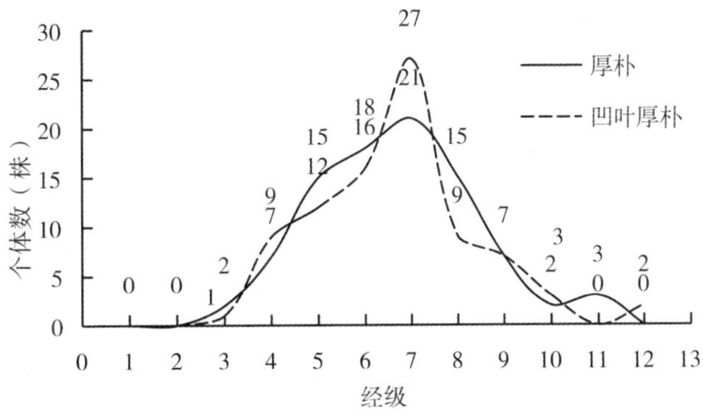

图4–15　厚朴与凹叶厚朴径级生长结构

3.2　树高生长曲线

在同一海拔等生境条件下，厚朴和凹叶厚朴树高调查统计得到平均高分别为9.92cm和10.02cm，值很接近。根据调查数据汇总绘制树高生长曲线（图4–16），由图4–16可见，树高11m以下时凹叶厚朴数量较厚朴要多，说明树高低于11m时凹叶厚朴生长较厚朴稍快；树高超过11m后二者生长缓慢且无太大差别。

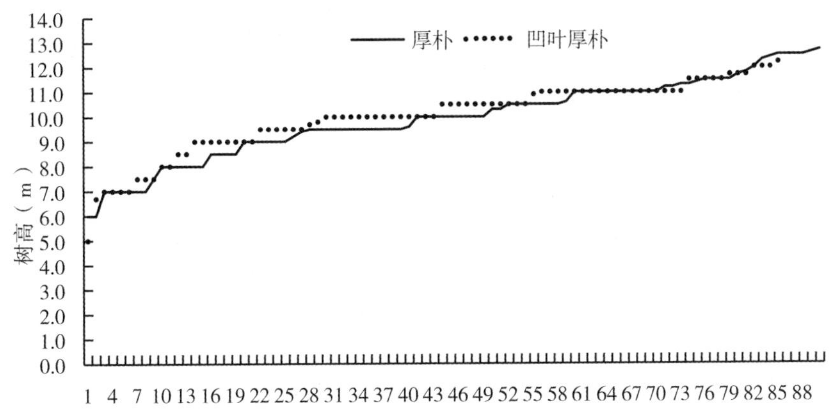

图4–16　厚朴、凹叶厚朴树高生长曲线

3.3　胸径—树高生长曲线

根据样地调查数据统计，分析厚朴、凹叶厚朴树高生长与胸径生长的变化，由统计数分别据制作厚朴胸径—树高生长曲线图（图4–17）、凹叶厚朴胸径—树高生长曲线图（图4–18）。

由图4–17可知，厚朴在胸径达到10cm前树高同步到达10m，随着胸径的生长树高多数处于10~12m缓慢生长；由图4–17可见，凹叶厚朴胸径到达10cm前多数树高都率先达到10m，随着胸径的生长树高同样处于10~12cm缓慢生长。图4–17、图4–18对比可知，厚朴与凹叶厚朴在胸径小于10cm时，凹叶厚朴树高生长较厚朴快一些，但优势并不明显。

【研究进展】

魏初认在研究厚朴药材两用林主要营林技术中分析了不同整地方式对林分生长的影响、中耕追肥对厚朴生长的影响、施基肥对厚朴生长的影响、肥种对厚朴生长的影响。斯金平提出了良种选育无性繁殖和其他丰产栽培配套的技术。于光艳等提出了通过昼夜变

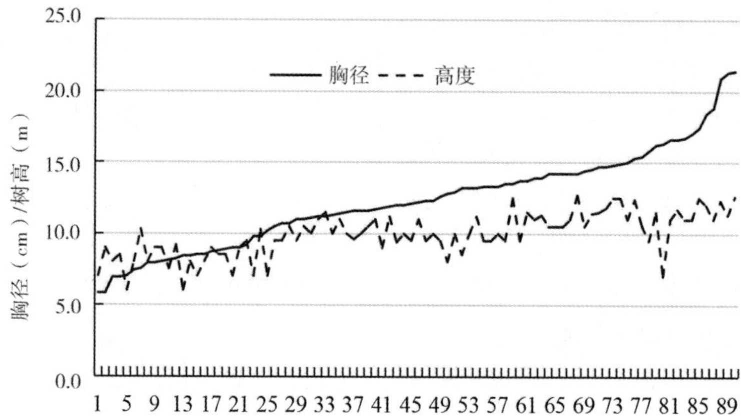

图 4-17　厚朴胸径与树高生长曲线

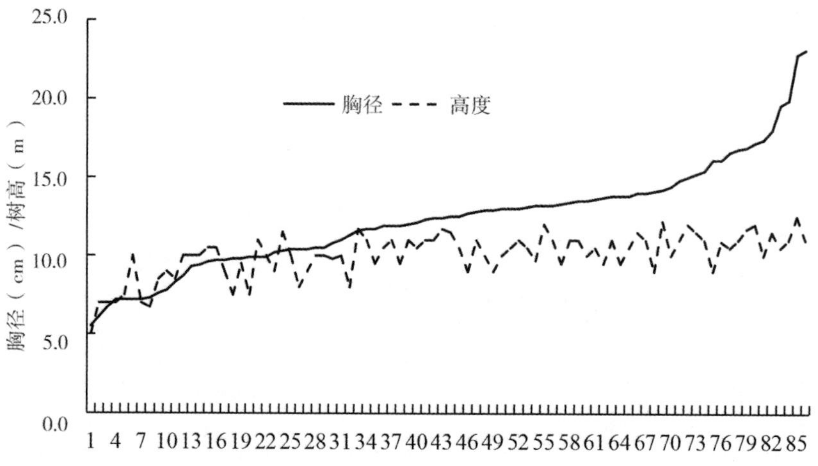

图 4-18　凹叶厚朴胸径与树高生长曲线

温、阶段变温和不同浓度 GA 结合低温层积等方法，提高了厚朴出苗率。郭卫庆开展加味半夏厚朴汤治疗糖尿病合并反流性食管炎总有效率达 92.86%；李跃文开展施维群芪灵合剂治疗慢性乙型肝炎研究；焦韵苹等开展厚朴酚对鼻咽癌细胞增殖和侵袭的分子机制研究，酚类物质约占厚朴活性成分的 5%。为提高凹叶厚朴的品质，缩短生产周期，胡乔铭等提出了通过采用施肥、修枝、环割、铁丝环扎对凹叶厚朴进行处理，提高凹叶厚朴中总酚的含量。

【繁殖方法】

采用种子繁殖转无性繁殖对厚朴进行繁殖。

①种子选留：在现有厚朴群林中选择树龄 15~20 年、树高 10~12m、胸径 10~13cm、茎皮活性成分含量 5.0%以上的优质树，采收该树的成熟种子，成为基础种子，备用。

②种子处理：播种前，将备用的基础种子用浓茶水浸泡 1~2d，搓去蜡质层，进行催芽；再用 1%~8%的石灰水浸泡 10~20h，进行消毒，成为待播种子，备用。

③选留母本树苗：将备用的待播种子植入育苗圃中，播种量为 12.5~15kg/亩，经过

1~2 年观察，选择其中株高年增长超过 0.5m、胸径年增长超过 0.6cm、抗病性好（以抗褐天牛病和根腐病为主）的树苗，作为母本树苗，备用。

④建立收集圃：选择疏松、富含腐殖质、中性或微酸性土壤（以砂质壤土或壤土为主，山地黄壤、红黄壤也可种植），施足基肥，翻耕耙细，整平，作为收集圃，将备用的母本树苗植入，成为无性繁殖的砧木，其行距为 25~30cm、株距为 10~12cm；同时，植入占总量 15%的其他同属植物（如川厚朴、温厚朴、潜山厚朴、长喙厚朴、桂南木莲等），作为无性繁殖采穗树，备用。

⑤种树筛选：将收集圃中种植的树木与备用的其他同属植物（如川厚朴、温厚朴、潜山厚朴、长喙厚朴、桂南木莲）经嫁接方式进行无性繁殖，标记与其无性繁殖的其他同属植物；待其成长后，以有效部位总重量及活性成分多少作为指标，选出最佳种树，备用；其最佳种树的选择标准为：嫁接后，造就的有效部位每亩年增加总重量 50kg 以上、活性成分含量年增长 2.0%以上。

⑥无性繁殖：将选出的最佳种树进行扦插或压条繁殖，即可繁殖出高产优质的厚朴种苗；也可将选出的最佳种树，经嫁接方式嫁接到其他同属植物群林树上或其他厚朴群林，即可繁殖出高产的厚朴群体。

【保护建议】

一是加强对野生资源的保护，依法管理，保护好母树，促进天然更新。

二是扩大人工厚朴栽培规模，建设规范化可持续的厚朴种植基地，未来随着成熟林比重增大，贵州、广西将成为我国重要厚朴产区，缓减野生厚朴资源的破坏。

三是提高厚朴人工林经营水平，改进厚朴栽培技术。厚朴是一种重要的中药材，生产周期长，厚朴药材除用于中药饮片外，还是 200 多个中成药的重要配方。

四是采取针对性的人工干预措施，保护与促进母树的优势，如对母树进行截顶，促进其侧枝生长发育，以提高结实率，提升厚朴种子产量；合理修枝整形，可以促进厚朴母树的结实率；清理厚朴采种母树萌条，抹去萌芽，可以避免它们对营养物质及生长空间的争抢导致母树生长不良，进而影响采种母树的结实率及种子产量、质量，以防止物种遗传多样性和优良遗传基因的丢失。

峨眉含笑

【保护等级及珍稀情况】

峨眉含笑 *Michelia wilsonii* Finet et Gagn.，属木兰科含笑属 *Michelia*，俗称威氏黄心树、峨眉白兰、黄木兰，列为国家二级重点保护野生植物，是我国特有种。

【生物学特性】

峨眉含笑为常绿乔木，高 10~20m，树皮灰色。小枝绿色，幼枝被淡褐色平伏毛。叶革质，倒卵形或倒披针形，长 10~15cm，宽 2~4cm，先端短尖，基部楔形或宽楔形，背面灰白色，疏被平伏短毛；叶柄长 1.5~4cm；托叶痕较短，长 2~4mm。花单生叶腋，黄色，气味芳香，直径 5~7cm；花被片 9~12 片，外轮倒卵形或倒披针形，长 4~5cm，向内

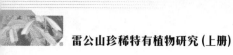

渐小；雌蕊群圆柱形，花丝绿色，密被短细毛。聚合果穗状，长12~15cm，果轴扭曲，成熟蓇葖紫褐色，具灰黄色皮孔，先端具弯曲喙状尖头。种子1~2粒，红色。花期3~5月，果期8~9月。

其分布于湖北利川、重庆南川、云南东南部、贵州、四川等地；在贵州分布于榕江计划乡拉力寨、梵净山鱼坳等地海拔700~1500m的常绿落叶阔叶混交林中。

【应用价值】

峨眉含笑木材为家具、乐器、雕刻等优良用材；花、叶含芳香油；树皮和花均可入药，具有行气通窍、芳香化湿的功效；种子油供工业用。其树冠圆满，枝叶茂密、花色素雅、芳香清爽，是优良的园林绿化观赏树种。

【资源特性】

峨眉含笑分布于雷公山保护区小丹江的昂英；生长在海拔600~1200m的常绿阔叶林；株数不详。

【研究进展】

对于珍稀物种峨眉含笑，国内学者也开展了系列研究，主要有遗传多样性、种群结构、物种特征、育苗技术与繁殖技术等。向成华等认为，峨眉含笑RAPD产物86.92%的多态性条带比例显示其遗传变异水平依然很高，因此遗传多样性不是峨眉含笑濒危的主要因素。秦爱丽等从生命表及相关的存活曲线、死亡率曲线、消失率曲线和种群动态量化分析表明峨眉种群前期幼苗和幼树期死亡率较高，突破该瓶颈后，种群死亡率就一直降低，直到老树阶段，种群存活曲线接近Deevey-Ⅱ增长型。彭希等通过研究认为不同发育阶段枝叶性状差异显著，大树倾向于高质量的投资策略，小树的投资策略为快速投资，不同发育阶段叶性状间和小枝性状间相关性显著，峨眉含笑种群大树阶段枝叶性状具有空间自相关性。蒲悦等通过峨眉含笑与喜树混交林凋落物研究发现峨眉含笑凋落物产量和归还量月动态趋势均呈双峰型。叶志荣认为要将采收的果实摊放于室内晾干，让蓇葖开裂脱出种子，并搓洗去肉质假种皮，经稍阴干后即可播种，或湿沙藏至春播。夏中林等在PEG-6000模拟干旱胁迫对峨眉含笑幼苗生理特性的影响研究中发现在低浓度的PEG溶液处理下，峨眉含笑幼苗通过提高SOD、POD活性及游离脯氨酸、可溶性蛋白含量，清除体内自由基，进行渗透调节，维持细胞膨压及体内正常生理活动的进行，主动抵御干旱胁迫造成的伤害，表现出较好的抗旱性。刘晓捷在峨眉含笑扦插繁殖中发现，对峨眉含笑生根影响最大的因素是母株年龄和植物生长调节剂的种类，生根率最高，根量较大，平均根长最长的组合是在3年生健康母株上采当年生半木质化枝条，采用ABT1生根剂400mg/L，浸泡处理8h后扦插在腐殖土（珍珠岩为1∶1的基质中）；而且高浓度、长时间的激素处理和幼龄母株有利于峨眉含笑的生根，特别是母株年龄，所有3年生母株的半木质化枝条效果最好，可能是处于幼年期的母株细胞再分化能力更强有关。张红等则发现使用河沙作扦插基质生根数目最多，单根长、总根最长，原因可能是沙的质地疏松、保水性和孔隙度适中、透气性好且干净无菌，有利于插条愈伤组织的产生及根系的生长、发育；河沙基质显著提高了插穗的生根率和炼存率。

【繁殖方法】

采用种子繁殖峨眉含笑，方法如下。

1　播种时期

峨眉含笑种子播种期分为春播和冬播。

①春播：在不致发生晚霜危害的情况下，春播期愈早愈好，早播可以提早发芽出土，加长苗木生长期，提高苗木生长量。春播时间太迟，气温升高，种子发芽率降低，幼苗生长不旺，且生长期缩短。

②冬播：冬播可免去种子沙藏这道工序，提早发芽出土，11 月下旬至次年 1 月中旬进行。苗圃地宜选择交通方便、劳力充足，有水源、电源的地方，面积大小依苗木生产量而定。苗圃地以地势平坦、排水良好、向阳湿润、疏松肥沃、酸碱度中性者为宜；地下水位最高不超过 1.5m，土层厚度不少于 50cm；沙壤土、壤土或砂质壤土为好。

2　整地

春播圃地准备工作在秋冬进行，亩施 0.5 万~1.0 万 kg 腐熟的有机肥，混入硫酸亚铁 2.5kg，辛硫酸 2.5kg 或呋喃丹 2.5kg，立即全面深翻 30~40cm，深耕可熟化土壤，有利于提高土壤肥力。冬播也宜在播种前 1~2 个月深耕土地；深耕的同时，清除圃地草根、石块、前茬杂桩。第二年春天耙地整平，开沟作苗床，苗床最好为东西走向，苗床宽 1~1.2m，两苗床间走道 30~40cm，苗床宜高出土面 10~15cm，再把苗床土壤打碎、搂平、耙细，这样浇水后不会积水，利于种子发芽和幼苗的生长。要先浇水，待水分被土壤吸收后，田间持水量保持在 80%左右再播种。

3　播种方法和技术处理

峨眉含笑种子播种方法一般有 3 种，即条播、撒播、容器育苗。大量种子宜用条播和撒播，少量种子宜用容器播种。条播按行距 5~8cm，开沟 2~3cm，也可不开沟直接条播在床面上，条播较为省工，间苗、除草、中耕较为方便，空气、水分、日照条件也较好，有利于苗木生长和提高苗木质量。

播种前用 5%的新洁尔灭 1000 倍液或每平方米用 2g 辛硫磷 50%混拌细土撒于床面，进行土壤消毒并准备部分消毒的河沙或黄土待用，消毒后床面用塑料薄膜封闭 3~5d。播种时把备用的细沙或黄土与种子混合并拌匀，均匀地撒播在消毒好的床面上，再将消毒的河沙或黄土覆盖在种子的表面，厚度以盖住种子为宜，喷湿床面，淋透水后用塑料薄膜封闭床面。

4　播种后管理

①浇水：春季播种后出苗前应一直保持床面湿润。床面温度控制在 25℃左右，当超过 30℃时，要揭开塑料薄膜通风。当床面发白时，说明水分不足即要浇水。有条件的地方和单位建议采用喷灌措施。

②覆盖：如大田播种则要用木板压实种子，再在种子上盖一层粉碎了的黄心土，最后在苗床盖上一层稻草。待种子发芽后，为了防止幼苗黄化，避免幼苗陡长，要及时揭去覆

盖物，揭覆盖物宜在傍晚或阴天进行。

【保护建议】

1 原生地保护

峨眉含笑自然居群遗传多样性水平较低，抗干扰能力弱，在保护过程中应以原生地保护为主，将整个生长区域保护起来，禁止进一步破坏生境、砍伐成年母树、采挖幼苗及掠夺性采种等，使其能够在自然栖息地繁衍和恢复，对于已破坏的生境应恢复或重建，并通过人工促进天然更新，扩大现有居群，提高遗传多样性。峨眉含笑作为国家二级重点保护野生植物，也是易危植物种群，建议在自然保护区建立成熟个体的档案，加强保护，禁止砍伐和任意采种；针对幼苗抗性适应性弱的特点，加强抚育力度，保护小生境；加强人工繁殖力度，建立资源圃，为野外种群的恢复和重建提供资源。

2 迁地保护

迁地保护是植物保育的一种重要手段，又称异地保护，是将种质材料迁出自然生长地，在与原生地环境条件相似的地区建立植物园和树木园等，将其迁移至此地保护，或在迁移地设置配备适宜其生长的环境条件。同时对自身繁殖困难的物种进行人工繁育、引种，扩大其种群数量，尽量减少因生物影响造成的濒危。引种成功的关键在于原产地与引种地气候的差异，其中温度和湿度是最关键的因子之一，生态环境的改变常常造成某种植物开花与结实物候期的改变。因此，建议选择和峨眉含笑小生境相适应的地点进行迁地保护，尽可能地选择与它们原来的分布区生态环境相似的地区，以保证它们正常的生长发育和尽可能地保存物种原有的遗传特性。

3 加强繁殖技术研究

加强峨眉含笑播种育苗和扦插繁殖育苗等方面的研究，关于峨眉含笑播种育苗和扦插育苗已取得了不少的成果，可以借鉴学习。对于种源缺乏的植物而言，峨眉含笑仅利用种子繁殖几乎不可能完成其种群的扩大与恢复。建议建立以扦插、嫁接和组织培养为主的快速繁殖体系，这对其种质资源保存和种群的恢复扩大起着至关重要的作用。

4 加强保护宣传

加强峨眉含笑分布范围监管力度，加强宣传教育及法律法规的宣传力度，增强民众生态保护意识，提高保护野生植物资源的自觉性和主动性，充分发挥各类保护机构、科研教育单位和新媒体多渠道、多形式开展宣传科普活动，广泛普及濒危植物法律保护知识，提高社会各界的认知程度，增进人们对濒危植物的关注和关爱，创造良好的生活氛围。

闽楠

【保护等级及珍稀情况】

闽楠 *Phoebe bournei*（Hemsl.）Yang，俗称楠木、金丝楠，为樟科楠木属植物，为国家二级重点保护野生植物，是我国特有种。

【生物学特性】

闽楠为乔木，高达 30m，树皮灰白色或黄褐色。芽鳞卵圆形，密生黄褐色柔毛；幼枝被毛，老枝无毛或微被毛。叶革质或厚革质，披针形，长椭圆状披针形或倒披针形，长 8~12cm，宽 2.5~4cm，先端渐尖或尾状长尖，基部楔形或宽楔形，表面光亮，背面有黄白色短柔毛，沿脉上被长柔毛，中脉表面凹下、背面凸起，侧脉每边 9~12 条，背面隆起，横脉及小脉显著，连接成网格；叶柄长 5~20mm。花序生于嫩枝叶腋，密生黄白色柔毛。果椭圆形或长椭圆形，长 1.1~15cm，直径 6~7mm；宿存花被裂片被毛，紧抱果实。花期 4 月，果期 10~11 月。

闽楠分布于江西、福建、广东、湖南、湖北、贵州、浙江南部和广西北部；在贵州分布于梵净山、石阡、从江、榕江、黎平、锦屏、岑巩、镇远、黄平、台江、剑河、丹寨、凯里、赤水、习水、三都等地。

【应用价值】

闽楠树干高大通直，木材黄褐色，气味芳香，纹理美观，结构细致，强度中等，不易变形，易加工，切面光滑，是用于高级建筑、高级家具、雕刻工艺、精密木模、仪器、漆器等的优良材料。树姿优美，植物体有香气，寿命长，少病虫害，为庭院及行道绿化的优良观赏树种。

【资源特性】

1　调查方法

本次调查采取样地调查和样线调查相结合的方式，对村寨及周边散生的野生闽楠开展实测记录，对林地内成片分布的野生闽楠设置典型样地（表 4-61）。

表 4-61　雷公山保护区闽楠群落样地基本情况

样地编号	小地名	海拔（m）	坡度（°）	坡向	坡位	土壤类型
YD1	小丹江新寨	970	35	西北	下部	黄壤
YD2	石灰河村	840	35	东南	中部	黄壤

2　雷公山保护区资源分布情况

闽楠分布于雷公山保护区的小丹江、交密、南刀、石灰河、提香、水寨、乔歪、干脑等地；生长在海拔 700~1200m 的常绿阔叶林和常绿落叶阔叶混交林中；分布面积为 1560hm^2，共有 51750 株。

3　种群及群落特征

3.1　种群特征

3.1.1　空间分布格局

采用计算分散度 S^2的方法研究种群的空间分布格局（表 4-62）。

表 4-62 雷公山保护区闽楠种群样地分散度

样方编号	样方序号	1	2	3	4	5	6	7	8	9	10	平均值(m)	分散度(S^2)
YD1	种群数量	1	0	0	4	0	1	3	3	2	1	1.5	2.06
YD2	种群数量	4	36	37	54	30	56	25	42	59	54	39.4	295.00

经计算，在 2 个样地内闽楠种群的分散度 S^2 都大于样方平均个体数 m，表明该闽楠种群的空间格局类型为集群型，种群个体分布极不均匀，呈局部密集。

3.1.2 生命表

采用径级代替龄级对闽楠种群的年龄结构进行分析，把树木径级从小到大的顺序看作是时间顺序关系，统计各龄级株数，编制种群静态生命表，进而分析其动态变化。在计算存活个体数（l_x）时，设定存活体系数为 1000，然后编制出闽楠种群特定时间生命表(表 4-63)。

表 4-63 雷公山保护区闽楠种群静态生命表

龄级	径级(cm)	组中值	a_x	l_x	$\ln l_x$	d_x	q_x	L_x	T_x	e_x	K_x
Ⅰ	0~5	3	348	1000	6.91	936.78	0.94	531.61	640.80	0.64	2.76
Ⅱ	5~10	8	22	63	4.15	31.61	0.50	47.41	109.20	1.73	0.69
Ⅲ	10~15	13	11	32	3.45	14.37	0.45	24.43	61.78	1.95	0.61
Ⅳ	15~20	18	6	17	2.85	0.00	0.00	17.24	37.36	2.17	0.00
Ⅴ	20~25	23	6	17	2.85	11.49	0.67	11.49	20.11	1.17	1.10
Ⅵ	25~30	28	2	6	1.75	2.87	0.50	4.31	8.62	1.50	0.69
Ⅶ	30~35	33	1	3	1.06	0.00	0.00	2.87	4.31	1.50	0.00
Ⅷ	35~38	38	3	1.06	1.06						

注：各龄级取径级下限。

由表 4-63 可知，种群数量随着径级结构的增加呈现出先锐减后逐渐减小的趋势，而种群个体存活数 lx 和标准化存活数 $\ln lx$ 随着径级的增加逐渐减小，从 x 到 $x+1$ 径级间隔期内标准化死亡数 d_x 呈现出先下降后上升的趋势，其 d_x 在Ⅰ和Ⅱ径级时出现最大值为 936.78；种群死亡率 q_x 从Ⅰ~Ⅷ径级随着时间的变化呈先减小再增大后减小的趋势，q_x 在Ⅰ和Ⅴ两个径级中出现“突变”，其 q_x 明显大于其他径级，说明闽楠种群在幼年和老年最容易死亡而被淘汰；从 x 到 $x+1$ 径级存活个体数 L_x 呈现出随径级的增加而减小的趋势，个体期望寿命 e_x 随着年龄的增加先升高后逐渐降低，在Ⅳ~Ⅵ径级阶段时，闽楠种群的平均生命期望出现明显波动；损失度 K_x 在Ⅰ和Ⅴ径级相对较高。在幼苗、幼树阶段，个体死亡率为 0.94，处于最高值。

存活曲线可以有效地反映种群个体在各龄级的存活状况。本研究以径级相对龄级为横坐标，以存活量的对数为纵坐标，根据闽楠生命表（表 4-63），绘制闽楠种群存活曲线(图 4-19)。闽楠种群存活曲线Ⅰ~Ⅱ径级的斜率相对于中年阶段斜率较大，结合表 4-63

分析，表明闽楠种群在早期死亡率较高，进入第Ⅳ径级后，死亡率逐渐下降，并趋于稳定。

由图4-19可以看出，闽楠种群胸径5cm以下幼树、幼苗十分丰富，到5~10cm时数量锐减，之后恢复正常演替过程，造成此种现象的原因是闽楠种子在自然条件下发芽率高，群落种间、种内竞争使多数幼苗、幼树死亡。

以径级为横坐标，以各龄级的死亡率和损失度为纵坐标做出的死亡率和损失度曲线如图4-20所示，闽楠死亡率 q_x 和损失度 K_x 曲线变化趋势基本一致，均呈现出先前期急剧下降后急剧升高再下降的趋势，可见闽楠种群数量前中期急剧减少。

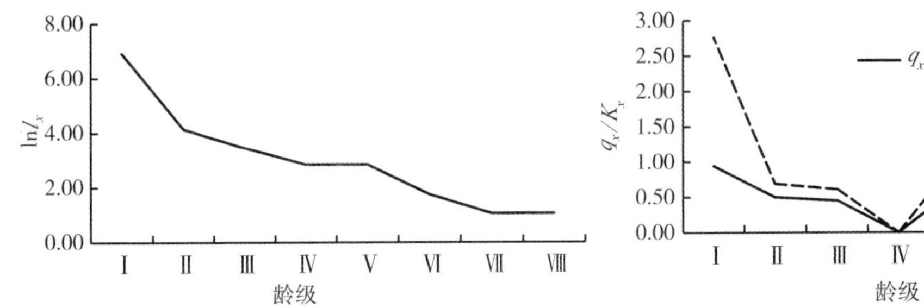

图4-19 雷公山保护区闽楠种群存活曲线

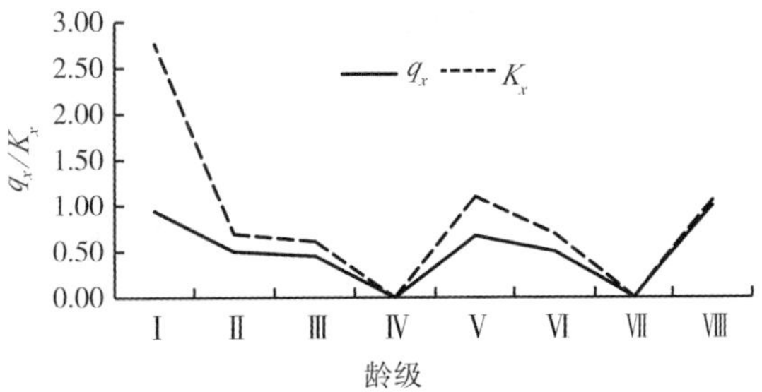

图4-20 雷公山保护区闽楠死亡率和损失度曲线

3.2 群落结构

3.2.1 群落组成

根据调查资料统计，1号样地内植物种类共有维管束植物28科32属38种，其中蕨类1科1属1种，被子植物27科31属37种，无裸子植物；被子植物中双子叶植物23科26属32种，单子叶植物4科5属5种。在1号样地中，3大类群科、属、种的数量总体表现为双子叶植物>单子叶植物>蕨类植物>裸子植物，双子叶植物的物种数量在闽楠群落中占据绝对优势（图4-21）。

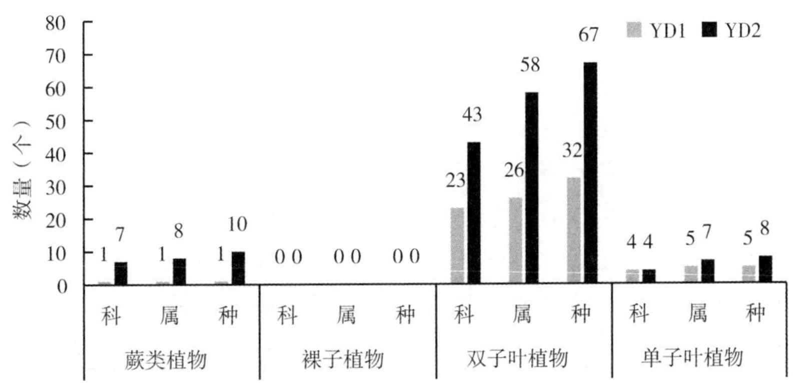

图4-21 雷公山保护区闽楠群落样地科属种分类

2号样地内植物种类共有维管束植物54科73属85种，其中蕨类7科8属10种，被子植物47科65属75种，无裸子植物；被子植物中双子叶植物43科58属67种，单子叶植物4科7属8种。在2号样地中，三大类群科、属、种的数量总体表现为双子叶植物>

蕨类植物>单子叶植物>裸子植物,双子叶植物的物种数量在闽楠群落中占据绝对优势(图 4-21)。

3.2.2 优势科属

根据调查得出闽楠群落 2 个样地优势科(表 4-64),取前 15 位。科属种关系中,含 3 属以上的科有 7 科,分别是樟科(4 属)、百合科(4 属)、壳斗科(3 属)、茜草科(4 属)、桑科(3 属)、荨麻科 Urticaceae(3 属)、菊科(3 属);含 5 种以上的科有 2 科,分别是樟科(7 种)、壳斗科(5 种);含 3 属 5 种以上的科有 2 科,分别是樟科(4 属 7 种)、壳斗科(3 属 5 种);在 1 号样地中仅含 1 科 1 属 1 种的科有 24 科,占总科数的 85%,在 2 号样地中仅含 1 科 1 属 1 种的科有 34 科,占总科数的 63%。樟科以含 4 属 7 种成为优势科。雷公山保护区分布的闽楠群落优势科属明显,偶见种的数量多,表明群落物种丰富。

表 4-64 雷公山保护区闽楠群落优势科统计信息

YD1				YD2			
序号	科名	属数/种数(个)	占总属数/种数比例(%)	序号	科名	属数/种数(个)	占总属数/种数比例(%)
1	樟科 Lauraceae	4/7	12.50/18.42	1	百合科 Liliaceae	4/4	5.48/4.71
2	壳斗科 Fagaceae	3/5	9.38/13.16	2	樟科 Lauraceae	3/4	4.11/4.71
3	百合科 Liliaceae	2/2	6.25/5.26	3	茜草科 Rubiaceae	3/3	4.11/3.53
4	大戟科 Euphorbiaceae	1/2	3.13/5.26	4	桑科 Moraceae	3/3	4.11/3.53
5	金缕梅科 Hamamelidaceae	1/1	3.13/2.63	5	荨麻科 Urticaceae	3/3	4.11/3.53
6	漆树科 Anacardiaceae	1/1	3.13/2.63	6	菊科 Asteraceae	3/3	4.11/3.53
7	柿树科 Ebenaceae	1/1	3.13/2.63	7	山茶科 Theaceae	2/3	2.74/3.53
8	五加科 Araliaceae	1/1	3.13/2.63	8	杜鹃花科 Ericaceae	1/3	1.37/3.53
9	杜英科 Elaeocarpaceae	1/1	3.13/2.63	9	大戟科 Euphorbiaceae	1/3	1.37/3.53
10	卫矛科 Celastraceae	1/1	3.13/2.63	10	禾本科 Poaceae	2/2	2.74/2.35
11	鸢尾科 Iridaceae	1/1	3.13/2.63	11	山茱萸科 Cornaceae	2:2	2.74/2.35
12	禾本科 Poaceae	1/1	3.13/2.63	12	野牡丹科 Melastomataceae	2/2	2.74/2.35
13	虎耳草科 Saxifragaceae	1/1	3.13/2.63	13	水龙骨科 Polypodiaceae	2/2	2.74/2.35
14	冬青科 Aquifoliaceae	1/1	3.13/2.63	14	瘤足蕨科 Plagiogyriaceae	1/2	1.37/2.35
15	乌毛蕨科 Blechnaceae	1/1	3.13/2.63	15	杜英科 Elaeocarpaceae	1/2	1.37/2.35
	合计	32/38			合计	73/85	

根据调查得出闽楠群落 2 个样地优势属(表 4-65),取前 15 位。由表 4-65 可知,属种关系中,2 个样地内栲属、野桐属 *Mallotus*、杜鹃花属的种数最多均为 3 种,其他都不超过 2 种,1 号样地单属单种占的比例为 75%,2 号样地单属单种占的比例为 46.6%。闽楠群落中栲属、野桐属、杜鹃花属为优势属。

表 4-65　雷公山保护区闽楠优势属统计信息

YD1				YD2			
序号	属名	种数（种）	种占比（%）	序号	属名	种数（种）	种占比（%）
1	栲属 *Castanopsis*	3	7.89	1	野桐属 *Mallotus*	3	3.53
2	野桐属 *Mallotus*	2	5.26	2	杜鹃花属 *Rhododendron*	3	3.53
3	楠属 *Phoebe*	2	5.26	3	柃属 *Eurya*	2	2.35
4	新木姜子属 *Neolitsea*	2	5.26	4	樟属 *Cinnamomum*	2	2.35
5	润楠属 *Machilus*	2	5.26	5	猴欢喜属 *Sloanea*	2	2.35
6	樟属 *Cinnamomum*	1	2.63	6	桃叶珊瑚属 *Aucuba*	2	2.35
7	青冈属 *Cyclobalanopsis*	1	2.63	7	堇菜属 *Viola*	2	2.35
8	猴欢喜属 *Sloanea*	1	2.63	8	苔草属 *Carex*	2	2.35
9	鹅掌柴属 *Schefflera*	1	2.63	9	天南星属 *Arisaema*	2	2.35
10	山茉莉属 *Huodendron*	1	2.63	10	瘤足蕨属 *Plagiogyria*	2	2.35
11	南蛇藤属 *Celastrus*	1	2.63	11	卷柏属 *Selaginella*	2	2.35
12	漆树属 *Toxicodendron*	1	2.63	12	楠属 *Phoebe*	1	1.18
13	柿属 *Diospyros*	1	2.63	13	润楠属 *Machilus*	1	1.18
14	粗叶木属 *Lasianthus*	1	2.63	14	栲属 *Castanopsis*	1	1.18
15	鼠刺属 *Itea*	1	2.63	15	漆树属 *Toxicodendron*	1	1.18
	合计	38			合计	85	

3.2.3　重要值

通过对调查样地各层进行重要值分析，来确定物种的优势地位。

在1号样地中，因灌木层和草本层的种类数量少，因此只分析其乔木层，取前15位树种重要值分析见表4-66。乔木层的树种共25种，大于重要值平均值20的有5种，其中最为显著的有2种，即罗浮栲的重要值最高为53.11，其次闽楠重要值为50.33，共同构成了该层闽楠群落的优势种；重要值小于6的有12种，为该层的偶见种。

表 4-66　雷公山保护区闽楠样地1乔木层重要值

序号	树种	相对密度	相对优势度	相对频度	重要值
1	罗浮栲 *Castanopsis faberi*	17.78	26.99	8.33	53.11
2	闽楠 *Phoebe bournei*	16.67	19.08	14.58	50.33
3	川桂 *Cinnamomum wilsonii*	10.00	8.64	8.33	26.98
4	青冈 *Cyclobalanopsis glauca*	5.56	14.72	2.08	22.35
5	猴欢喜 *Sloanea sinensis*	5.56	6.14	8.33	20.03
6	穗序鹅掌柴 *Schefflera delavayi*	4.44	1.24	6.25	11.93
7	狭叶润楠 *Machilus rehderi*	3.33	1.70	6.25	11.28
8	野桐 *Mallotus tenuifolius*	3.33	2.39	4.17	9.89

（续）

序号	树种	相对密度	相对优势度	相对频度	重要值
9	粗糠柴 *Mallotus philippinensis*	4.44	2.99	2.08	9.52
10	宜昌润楠 *Machilus ichangensis*	3.33	1.61	4.17	9.11
11	西藏山茉莉 *Huodendron tibeticum*	3.33	1.28	4.17	8.78
12	黄樟 *Cinnamomum parthenoxylon*	2.22	0.54	4.17	6.92
13	灰叶南蛇藤 *Celastrus glaucophyllus*	3.33	0.89	2.08	6.31
14	野漆 *Toxicodendron succedaneum*	1.11	2.54	2.08	5.73
15	大叶新木姜子 *Neolitsea levinei*	1.11	2.18	2.08	5.37

在样地 2 中分别对其乔木层、灌木层和草本层三个层次树种重要值进行计算，灌木层和草本层均取重要值前 10 位（表 4-67 至表 4-69）。

由表 4-67 可知，乔木层的树种共 14 种，大于重要值平均值 20 的有 1 种，即闽楠的重要值最高，为 163.68，其他树种重要值均低于 20，闽楠构成了该层闽楠群落的绝对优势种；重要值小于 6 的有 1 种，即多齿红山茶 *Camellia villosa*，为该层的偶见种。

由表 4-68 可知，灌木层植物共有 41 种，其中取其重要值前 10 位，重要值大于 10 的只有 3 种，重要值最大的是菝葜 *Smilax china* 为 13.35，其次是网脉酸藤子 *Embelia vestita*、毛棉杜鹃均为 10.77，在灌木层中菝葜、网脉酸藤子、毛棉杜鹃共同构成了该层的优势种；重要值低于 10 的物种占比高达 92.7%，表明灌木层物种丰富度高。

由表 4-69 可知，草本层植物共有 36 种，重要值大于 20 的有 1 种，即庐山楼梯草 *Elatostema stewardii*，重要值为 46.42，在该层中庐山楼梯草重要值比卵叶盾蕨（重要值 16.79）高 29.63，具有绝对优势。

综上可知，闽楠群落为闽楠群系，2 个样地物种丰富度较高，乔木层和草本层优势种比较明显，而灌木层优势种相对不明显。

表 4-67　雷公山保护区闽楠样地 2 乔木层重要值

序号	树种	数量（株）	相对密度	相对优势度	相对频度	重要值
1	闽楠 *Phoebe bournei*	49	68.06	58.59	37.04	163.68
2	漆 *Toxicodendron vernicifluum*	5	6.94	5.55	7.41	19.90
3	罗浮栲 *Castanopsis faberi*	2	2.78	5.76	7.41	15.95
4	赤杨叶 *Alniphyllum fortunei*	2	2.78	4.68	7.41	14.87
5	猴欢喜 *Sloanea sinensis*	2	2.78	2.17	7.41	12.35
6	狭叶润楠 *Machilus rehderi*	1	1.39	6.93	3.70	12.02
7	薄果猴欢喜 *Sloanea leptocarpa*	1	1.39	6.22	3.70	11.31
8	灯台树 *Cornus controversa*	1	1.39	5.55	3.70	10.64
9	暖木 *Meliosma veitchiorum*	2	2.78	1.38	3.70	7.86
10	粗糠柴 *Mallotus philippinensis*	2	2.78	0.45	3.70	6.93

（续）

序号	树种	数量（株）	相对密度	相对优势度	相对频度	重要值
11	毛桐 *Mallotus barbatus*	2	2.78	0.27	3.70	6.75
12	多脉榆 *Ulmus castaneifolia*	1	1.39	1.23	3.70	6.32
13	宜昌润楠 *Machilus ichangensis*	1	1.39	1.08	3.70	6.17
14	多齿红山茶 *Camellia polyodonta*	1	1.39	0.13	3.70	5.23

表 4-68　雷公山保护区闽楠样地 2 灌木层重要值

序号	树种	相对盖度	相对频度	重要值
1	菝葜 *Smilax china*	7.69	5.66	13.35
2	网脉酸藤子 *Embelia rudis*	6.99	3.77	10.77
3	毛棉杜鹃 *Rhododendron moulmainense*	6.99	3.77	10.77
4	鸡矢藤 *Paederia foetida*	4.20	5.66	9.86
5	桃叶珊瑚 *Aucuba chinensis*	5.59	3.77	9.37
6	异叶花椒 *Zanthoxylum dimorphophyllum*	4.90	3.77	8.67
7	假蒟 *Piper sarmentosum*	4.90	3.77	8.67
8	多齿红山茶 *Camellia polyodonta*	4.20	3.77	7.97
9	厚叶鼠刺 *Itea coriacea*	2.10	3.77	5.87
10	疏花卫矛 *Euonymus laxiflorus*	2.10	3.77	5.87

表 4-69　雷公山保护区闽楠样地 2 草本层重要值

序号	树种	相对盖度	相对频度	重要值
1	庐山楼梯草 *Elatostema stewardii*	39.76	6.67	46.42
2	卵叶盾蕨 *Neolepisorus dengii*	11.79	5.00	16.79
3	里白 *Diplopterygium glaucum*	13.48	1.67	15.14
4	深绿卷柏 *Selaginella doederleinii*	5.39	5.00	10.39
5	日本蛇根草 *Ophiorrhiza japonica*	1.68	8.33	10.02
6	华中瘤足蕨 *Plagiogyria euphlebia*	6.06	3.33	9.40
7	大百合 *Cardiocrinum giganteum*	1.01	5.00	6.01
8	艾纳香 *Blumea balsamifera*	0.34	5.00	5.34
9	对马耳蕨 *Polystichum tsus-simense*	1.68	3.33	5.02
10	狗脊 *Woodwardia japonica*	1.68	3.33	5.02

3.2.4　物种多样性

根据样地调查数据，采用植物物种数（S）、丰富度指数（d_{Ma}）、优势度指数（D_r）、物种多样性 Simpson 指数（D）和 Shannon-Wiener 指数（H_e'）以及 Pielou 指数（J_e）分别对研究区植物群落草本层、灌木层、乔木层植物物种多样性进行统计分析（表 4-70、表 4-71）。

表 4-70 雷公山保护区闽楠群落样地 1 物种多样性指数

层次	d	d_{Ma}	λ	D	D_r	H_e'	H_2	J_e
乔木层	5.6875	5.5422	0.0762	0.9238	13.1250	2.8189	4.0668	0.8652
灌木层	4.4000	1.9411	0.1299	0.8701	7.7000	1.8431	2.6590	0.9472
草本层	3.2667	1.7986	0.1794	0.8206	5.5735	1.8066	2.6064	0.8688

表 4-71 雷公山保护区闽楠群落样地 2 物种多样性指数

层次	d	d_{Ma}	λ	D	D_r	H_e'	H_2	J_e
乔木层	1.4510	3.0204	0.4780	0.5220	2.0922	1.3731	1.9810	0.5203
灌木层	11.0000	9.4704	0.0293	0.9707	34.1852	3.5918	5.1819	0.9278
草本层	2.4158	6.7307	0.1889	0.8111	5.2930	2.5321	3.6530	0.6961

从丰富度指数分析，在样地 1 中，乔木层、草本层、灌木层的 d_{Ma} 指数值差异明显，乔木层 d_{Ma} 指数值 5.5422 远高于灌木层、草本层，灌木层、草本层（d_{Ma}）指数值较为接近，说明乔木层物种最丰富，该群落丰富度指数表现为乔木层>灌木层>草本层。在样地 2 中，乔木层、草本层、灌木层的 d_{Ma} 指数值均在 3 以上，灌木层丰富度指数比乔木层和草本层高出很多，说明灌木层物种最丰富，该群落丰富度指数表现为灌木层>草本层>乔木层。

从物种优势度指数（D_r）和物种多样性 Shannon-Wiener 指数（H_e'）分析，优势度指数（D_r）越小表明群落的优势种越明显，某一种或几种优势种的数量增加都会使该指数值降低；H_e'值与物种丰富度紧密相关，并且呈正相关关系。从结果分析，优势度和群落物种丰富度均表现为：样地 1 中乔木层>灌木层>草本层，样地 2 中灌木层>草本层>乔木层。

Pielou 指数（J_e）是指群落中各个种的多度或重要值的均匀程度，在样本 1 中灌木层在 0.9 以上，乔木层、草本层均在 0.9 以下，均匀度指数越大表明物种分布越均匀，从结果分析，灌木层的分布更为均匀，整体均匀度呈现出灌木层>草本层>乔木层；在样本 2 中灌木层 J_e 值在 0.9 以上，乔木层、草本层 J_e 值均在 0.7 以下，整体均匀度呈现出灌木层>草本层>乔木层。

3.2.5 *群落生活型谱*

从 2 个样地来看，整体以乔木层为主，通过对闽楠群落中植物生活型谱的统计，具体信息见表 4-72。

表 4-72 雷公山保护区闽楠群落生活型谱

样地编号	生活型	高位芽植物				地上芽植物
		大型（≥30m）	中型（8~30m）	小型（2~8m）	矮小型（0.25~2m）	（0~0.25m）
YD1	株数		38	53	13	2
	占比（%）		35.85	50.00	12.26	1.89
YD2	株数	1	52	184	309	2
	占比（%）	0.22	11.61	41.07	68.97	0.45

从表 4-72 可以看出，闽楠群落在样地 1 以中、小高位芽植物占绝对优势，分别占比 35.85%和 50.00%；在样地 2 以小、矮小高位芽植物占绝对优势，分别占比 41.07%和 68.97%，中高位芽占比 11.61%，主要原因是样地内闽楠幼树数量多，其中树高 2m 以下有 244 株，树高 2~5m 有 98 株。

【研究进展】

目前国内外学者对闽楠进行了生物学特性、生态学特征、种群特征、资源地理分布、树种价值、资源保护现状、培育研究现状等方面进行了研究。生物学特征研究表明闽楠对立地条件要求严格，立地质量等级要求在Ⅱ级以上，在阴坡或阳坡下部山脚地带生长良好，最好在排水良好的山洼、山谷冲积地或河边，要求土层深厚、腐殖质含量高、土质疏松、湿润，富含有机质的中性或微酸性砂壤、红壤或黄壤土。闽楠为耐阴性树种，在不过分荫蔽的林下幼苗常见，天然更新能力强。主根发达，根部有较强的萌生力，11 年生主根可达 2m 以上，根幅 6m 左右，比冠幅大 1 倍。闽楠在天然林内初期生长缓慢，但人工林初期生长则较天然林迅速，13 年的人工林与 20 年的天然林相比胸径、树高和材积的年平均生长量分别比天然林快 3 倍、2.3 倍和 7.1 倍。江香梅等对江西吉安闽楠天然林和人工林的群落调查及树干解析结果得出，10~20 年为树高生长速生期，20 年后为生长匀速期。

闽楠作为优势树种分布时，其乔木层闽楠占绝对优势，且年龄结构为稳定增长型。吴大荣、张俊钦分别对福建省三明市罗卜岩自然保护区、明溪县翰仙镇大岬洲的闽楠群落生态位进行了研究，总结得出闽楠的生态位均较宽，分布较广，利用资源较充分。闽楠种群结构呈金字塔型，林下幼苗贮备丰富，但种群从Ⅰ级苗发育到Ⅱ级苗过程中死亡率较高，平均为 82.13%，不同生境条件对闽楠种群空间分布格局产生影响。闽楠的地理分布格局是气候、地质和人类活动等各种因子共同作用的结果。根据各地植物志及文献资料记载，在地理分布上，闽楠自然分布于我国福建、江西、浙江、广东、广西、湖南、湖北、贵州 8 个省份，跨越了中亚热带、北亚热带、暖温带和寒温带 4 个气候带，具有分布范围广、间断明显、地形地貌及气候差异大的特点。

闽楠繁殖在扦插育苗、种子育苗、组织培养等均取得一定进展。在扦插育苗方面，采 1 年生穗条，经 ABT-6 生根粉 800mg/kg 速沾后于 3 月份扦插在砻糠灰中，生根率可达 89.6%。在种子育苗方面，应用 ABT6 号浸种，苗木生长效果好，能有效地提高种子发芽生根出土，促进根系及地上部分生长发育，提高成活率，提高苗木生长量、苗高、地径粗。用轻基质容器育苗造林方便，苗木成活率高，幼树生长较快。在组织培养方面，闽楠的最佳分化与增殖培养基是 MS+2.0mg/L BA+0.1mg/L NAA。最适宜的生根培养基是 1/2MS+0.5mg/L IBA，发根时间短，根系发达，数量多。随着 IBA 浓度增加，刺激生根反而转化成抑制生根。

【繁殖方法】

采用种子容器繁殖，步骤如下。

1 采种

选取25年生生长健壮的优势树木，树上结果累累的母树采种。种子一般在11月下旬果实由青色转变为蓝黑色时采集。采种时用高枝剪采果枝或用竹竿击落收集种子。将果实搓擦去果皮，然后用清水漂洗干净，去除劣种瘪粒，置于通风室内阴干，待种壳水迹消失后，贮藏。

2 种子贮藏与处理

种子贮藏时，用0.3%的高锰酸钾溶液将种子和沙子消毒30min后，再用清水冲洗干净。然后将种子放在湿润的沙里，种子和沙子的比例是1∶3，每天早晚用温度为25℃的水喷湿，使种子均匀吸收水分，种子出芽率即可达80%~87%。

3 圃地准备

①基质土准备：轻基质育苗容器营养袋是用红壤、火烧土、泥炭土、谷壳、家禽粪、羊粪、钙镁磷7种不同原料按质量比例50∶15∶8∶12∶7∶7∶1配制而成，经过40d左右的发酵后形成轻基质营养土。

②圃地准备：圃地选择地形平坦，交通方便，太阳日晒、日照短，地方偏阴，排水灌溉便利，距造林近，即可作圃地，圃地要育苗前7d准备完毕。床底作畦高12cm左右，床宽1.2m左右，床间距离35cm，床长根据育苗地形而定，床面要整平，让太阳光照直晒2~3d，使床面土壤杀菌。然后把装好的轻基质容器袋子（无纺布育苗袋规格12cm×10cm）放在床面，容器袋子要挤紧、排整齐，要用清水喷湿透，使袋子里的营养土更扎实。

4 种子处理与播种

闽楠种子次年2月取出净种，待有种子露白时即可点播。种子点播时，先用含50%多菌灵800倍液喷洒轻基质容器袋，可防治根腐病、茎腐病；每个容器袋子点播1粒种子，个别袋子点播2粒。然后盖上一层营养土以不见种子为好。再用清水喷洒湿透轻基质容器袋子，保持水分。

5 管理与施肥

闽楠小苗喜阴，要用塑料网搭棚遮阴，搭棚一般高为100~120cm。遮阴度要达到70%，预防种子被暴晒，造成缺少水分，或被暴雨淋失，影响种子萌芽出土和苗木生长。

①水分管理：播种后晴天每天早晚对轻基质容器袋进行2~3次喷水，喷湿轻基质容器袋子；阴天可减少浇水暴雨天要及时排水防涝。10~15d种子就基本萌芽出齐。

②除草及施肥：苗木生长到2~5cm时，对个别未出土萌芽的轻基质容器袋及时补植；苗木生长到5~8cm时要及时施肥，先用0.1%的人尿肥水喷洒，或用0.1%的尿素水喷洒。苗木生长时要及时除草。

③病虫害防治：轻基质容器袋子放在床上时，先用0.3%的高锰酸钾溶液或用50%的代森锌500倍溶液喷洒消毒畦面，可减少幼苗病虫害发生。幼苗出土后，雨水多、空气湿度大，幼苗易感染病菌而发生茎腐病，应及时用50%的多菌灵可湿性粉剂1.5g/m^{2}喷粉喷洒。

【保护建议】

(1) 加强巡护监管，做好资源保护

对保护区内闽楠群落进行划片保护，加强林政员、护林员巡护监管。同时充分利用雷公山保护区生态监测系统，对重点区域适时、动态监测，确保闽楠资源得到有效保护。

(2) 开展人工培育，扩大种群数量

汲取经验，探索通过种子育苗、扦插育苗、组织培养育苗等多种手段开展育苗实验，大力营造人工林，既扩大了种群数量又解决了用材需求。

(3) 加强宣传教育，共建保护格局

利用海报、标语、广播等多种形式开展闽楠等珍稀植物保护宣传，组织观看破坏珍稀植物违法行为警示教育案例，宣讲相关法律法规，提升当地群众保护珍稀植物意识。

花榈木

【保护等级和珍稀情况】

花榈木 *Ormosia henryi* Prain，俗称花梨木，为蝶形花科红豆属。列入国家二级重点保护野生植物。

【生物学特性】

花榈木为常绿乔木，树高20m，胸径达150cm，树皮灰绿色，平滑。裸芽与小枝、叶轴、小叶背面及小叶柄、花序密被灰黄色茸毛。奇数羽状复叶，长13~30cm；小叶5~9片，长圆形、长圆状倒披针形或长圆状卵形，长6~10cm，先端急尖，基部圆形或宽楔形，小叶柄长4~5mm。圆锥花序顶生，花黄白色或淡绿色，边缘带淡紫色。荚果长圆形，扁平，长7~11cm，宽2~3cm，顶端有喙。种子2~7粒，椭圆形，长0.8~1.5cm，种皮鲜红色，有光泽，种脐长2.5~3mm。花期7~8月，果期10~11月。

花榈木分布于我国亚热带至越南北部；在贵州分布于梵净山、石阡、沿河、务川、赤水、正安、开阳、花溪、瓮安、关岭、凯里、锦屏、天柱、黎平、从江、都匀、荔波及雷公山等地的山谷、溪边的常绿阔叶林中。

【应用价值】

1 材用价值

花榈木为世界著名的珍贵用材树种，木材结构细、均匀，重量中等，硬度适中，耐腐朽，不翘不裂，不易腐朽，削面光滑美观、芳香而有光泽，是制作高档家具、工艺雕刻和特种装饰品的珍贵高档用材树种。

2 观赏价值

花榈木树体高大通直，端庄美观，枝叶繁茂多姿，宜作庭荫树、行道树或风景树，或在草坪中孤植、丛植，也可在大型建筑物前后配置，显得格外雄伟壮观。花榈木四季常青、繁花满树、荚果吐红，在公园绿地中可与其他落叶树种搭配使用，在寒风中矗立起片片绿荫，形成独具特色的景观。

3 药用价值

花榈木也是一种重要的中草药树种。根、枝、叶入药，能祛风散结、解毒去瘀、祛风消肿，可用于跌打损伤、腰肌劳损、风湿关节痛、产后血瘀疼痛、白带、流行性腮腺炎、丝虫病；根皮外用治骨折；叶外用治烧烫伤等。

4 保健价值

花榈木散发着甜甜的木质香，并带有花香以及淡淡的香料感，具有抗沮丧、抗菌、催情、杀菌、利脑、除臭、补身的功效；平日里用其精油调节健康，能够有效提高免疫力，减少病菌入侵的机会；运用其精油面霜，会比一般保养品效果更佳，具抗老功效；用花榈木精油喷洒家具，仿佛在大森林一般舒畅，还有杀毒消菌的功效。

【资源特性】

1 研究方法

1.1 样地设置与调查方法

在野外实地踏查的基础上，选取天然分布在雷公山保护区的花榈木群落设置典型样地1个。样地概况：坡位为中上部，坡度30°，海拔1840m，郁闭度0.8。

1.2 径级划分

为避免破坏花榈木野生植物资源，研究采用“空间替代时间”的方法，即将林木依胸径大小分级，按胸径可分为8级：Ⅰ级（XD<2.0cm）、Ⅱ级（2.0cm≤XD<4.0cm）、Ⅲ级（4.0cm≤XD<6.0cm）、Ⅳ级（6.0cm≤XD<8.0cm）、Ⅴ级（8.0cm≤XD<10.0cm）、Ⅵ级（10.0cm≤XD<12.0cm）、Ⅶ级（12.0cm≤XD<14.0cm）、Ⅷ级（14.0cm≤XD<16.0cm）。分析花榈木种群个体数量的增长、衰退及稳定的动态关系。

2 雷公山保护区资源分布情况

花榈木分布于雷公山保护区的昂英；生长在海拔700~1100m的常绿阔叶林；分布面积为330hm²，共有350株。

3 种群及群落特征

3.1 物种组成

通过对花榈木群落样地物种统计（图4-22），群落中共有维管束植物28科35属37种，

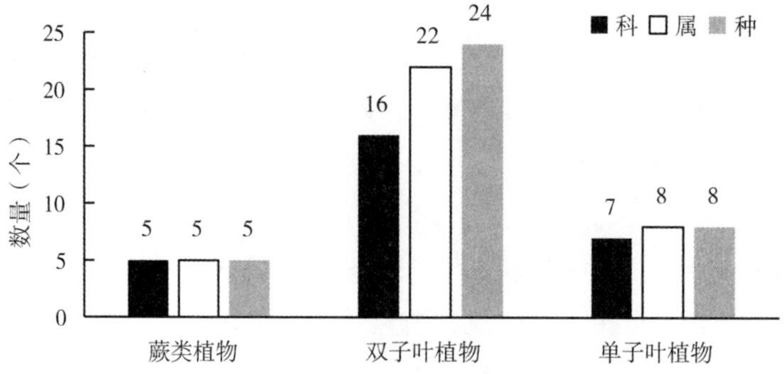

图4-22 雷公山保护区花榈木群落科属种统计

其中蕨类植物5科5属5种，被子植物23科30属32种；在被子植物中，单子叶植物7科8属8种，双子叶植物16科22属24种；可见双子叶植物在该物种群落中占据优势地位。

3.2 群落优势科属统计

科属种关系中取含有2种以上的科为优势科，取含有2种以上的属为优势属，统计结果见表4-73。由表4-73可知，有2种以上的科只有6科，为群落的优势科，分别是樟科（4种）、山茶科（3种）、壳斗科（2种）、漆树科（2种）、禾本科（2种）、杜鹃花科（2种）；单科单种有22科，占总科数的78.57%。

属种关系中，只有樟属和杜鹃花属的种数为2种，其余33个属为单属单种，占总属的比例为94.29%。可见，雷公山保护区分布的花榈木群落优势科属不明显，以单科单属单种为主。

表4-73 雷公山保护区花榈木群落优势科属统计信息

序号	科名	属数/种数（个）	占总属/种数的比（%）	序号	科名	属数/种数（个）	占总属/种数的比（%）
1	樟科 Lauraceae	3/4	8.57/10.81	16	里白科 Gleicheniaceae	1/1	2.86/2.70
2	山茶科 Theaceae	3/3	8.57/8.11	17	瘤足蕨科 Plagiogyriaceae	1/1	2.86/2.70
3	壳斗科 Fagaceae	2/2	5.71/5.41	18	马尾树科 Rhoipteleaceae	1/1	2.86/2.70
4	漆树科 Anacardiaceae	2/2	5.71/5.41	19	木兰科 Magnoliaceae	1/1	2.86/2.70
5	禾本科 Poaceae	2/2	5.71/5.41	20	木通科 Lardizabalaceae	1/1	2.86/2.70
6	杜鹃花科 Ericaceae	1/2	2.86/5.41	21	莎草科 Cyperaceae	1/1	2.86/2.70
7	百合科 Liliaceae	1/1	2.86/2.70	22	山矾科 Symplocaceae	1/1	2.86/2.70
8	蝶形花科 Papibilnaceae	1/1	2.86/2.70	23	柿树科 Ebenaceae	1/1	2.86/2.70
9	冬青科 Aquifoliaceae	1/1	2.86/2.70	24	乌毛蕨科 Blechnaceae	1/1	2.86/2.70
10	杜英科 Elaeocarpaceae	1/1	2.86/2.70	25	稀子蕨科 Monachosoraceae	1/1	2.86/2.70
11	虎耳草科 Saxifragaceae	1/1	2.86/2.70	26	荨麻科 Urticaceae	1/1	2.86/2.70
12	竹亚科 Bambusoideae	1/1	2.86/2.70	27	野牡丹科 Melastomataceae	1/1	2.86/2.70
13	姜科 Zingiberaceae	1/1	2.86/2.70	28	紫萁科 Osmundaceae	1/1	2.86/2.70
14	金缕梅科 Hamamelidaceae	1/1	2.86/2.70		合计	35/37	100.00/100.00
15	菊科 Asteraceae	1/1	2.86/2.70				

3.3 径级结构

花榈木种群结构呈现出幼龄个体数多，中龄个体数少（图4-23），种群个体数量在各个龄级差异不大，说明该花榈木种群的幼龄个体数充足，中老龄个体数量较少，这和调查研究呈现的资源保存量幼苗、幼树、林木

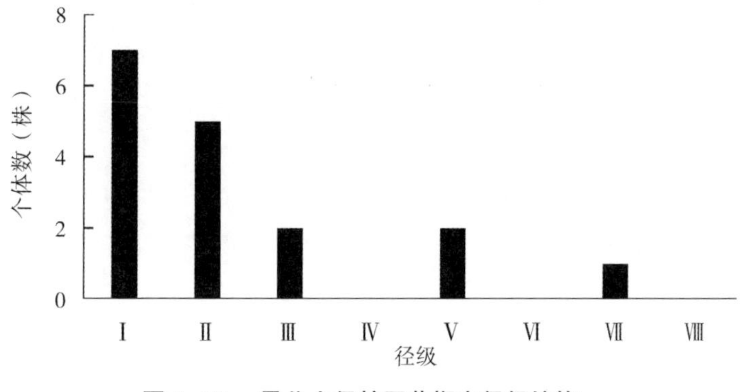

图4-23 雷公山保护区花榈木径级结构

的变化趋势是一致的。由此可见，虽然花榈木种群数量较少，少有中龄个体，但是幼龄个体数量充足，说明花榈木种群呈增长型，即幼体死亡率高，以后的死亡率低而稳定。这表明花榈木种群具有前期锐减、中期渐减、后期稳定的特点。导致花榈木呈现这种现状的原因是2、3径级期产生的环境资源的竞争以及5、6径级期受到的外界干扰。

3.4 空间分布格局

种群分布格局是指种群个体在水平空间的配置状况或分布状况，反映了种群个体在水平空间上的相互关系。花榈木种群水平分布格局的形成与构成群落的物种组成成员分布状况有关，取决于群落成员的分布格局。群落采用计算分散度 S^2 的方法研究种群的空间分布格局，根据分散度计算公式 $S^2=\sum(x-m)^2/(n-1)$ 计算花榈木分散度 S^2。在样地调查中调查了1个样地（10个样方），花榈木个体数为17株，即 $m=1.7$，通过公式得出 $S^2=9.58$，$S^2>m$，说明花榈木种群在空间分布格局上呈现种群个体不均匀分布。结合本次调查，花榈木呈局部密集型或零星分布类型。

3.5 重要值分析

3.5.1 垂直结构

花榈木群落可分为乔木层、灌木层、草本层。乔木层植物共有13科18属18种，平均胸径7.95cm，平均树高7.5m，物种有罗浮栲、瑞木、马尾树、花榈木、大叶新木姜子、水青冈、岩柿 *Diospyros dumetorum*、木荷、野漆、川桂、山矾 *Symplocos sumuntia*、檫木、南酸枣、小果冬青、长蕊杜鹃等。灌木层物种较少，有9科9属9种，为厚叶鼠刺、溪畔杜鹃、细齿叶柃、菝葜、茶、山矾、三叶木通、川桂、桂南木莲。草本层物种有12科13属13种，有里白等蕨类植物，覆盖度较高，分别为里白、藏苔草、竹叶草 *Oplismenus compositus*、镰羽瘤足蕨、狗脊、五节芒、楼梯草、蕨、地菍 *Melastoma dodecandrum*、山姜、紫萁 *Osmunda japonica*、淡竹叶 *Lophatherum gracile*、三脉紫菀。

3.5.2 乔木层重要值

群落乔木层重要值可知（表4-74），花榈木群落乔木层物种有18种，重要值最大的为罗浮栲（71.95），乔木层以罗浮栲为优势树种，重要值大于该层重要值均值（16.67）的有5种，其余4种分别为马尾树（48.40）、瑞木（38.84）、大叶新木姜子（30.88）、花榈木（17.29），可见花榈木在该群落中处于较优势地位。

表4-74 雷公山保护区花榈木群落乔木层重要值

种名	相对密度	相对优势度	相对频度	重要值	重要值序
罗浮栲 *Castanopsis faberi*	15.07	39.86	17.02	71.95	1
马尾树 *Rhoiptelea chiliantha*	13.70	19.81	14.89	48.40	2
瑞木 *Corylopsis multiflora*	19.18	6.90	12.77	38.84	3
大叶新木姜子 *Neolitsea levinei*	12.33	10.05	8.51	30.88	4
花榈木 *Ormosia henryi*	6.85	4.05	6.38	17.29	5
水青冈 *Fagus longipetiolata*	5.48	2.50	6.38	14.36	6
岩柿 *Diospyros dumetorum*	4.11	3.40	6.38	13.89	7

（续）

种名	相对密度	相对优势度	相对频度	重要值	重要值序
木荷 *Schima superba*	4. 11	2. 27	4. 26	10. 63	8
野漆 *Toxicodendron succedaneum*	2. 74	2. 18	4. 26	9. 17	9
川桂 *Cinnamomum wilsonii*	4. 11	1. 78	2. 13	8. 02	10
山矾 *Symplocos sumuntia*	2. 74	1. 31	2. 13	6. 18	11
檫木 *Sassafras tzumu*	1. 37	1. 70	2. 13	5. 20	12
南酸枣 *Choerospondias axillaris*	1. 37	1. 24	2. 13	4. 73	13
小果冬青 *Ilex micrococca*	1. 37	0. 97	2. 13	4. 47	14
长蕊杜鹃 *Rhododendron stamineum*	1. 37	0. 58	2. 13	4. 07	15
杜英 *Elaeocarpus decipiens*	1. 37	0. 50	2. 13	4. 00	16
桂南木莲 *Manglietia conifera*	1. 37	0. 50	2. 13	4. 00	17
细齿叶柃 *Eurya nitida*	1. 37	0. 43	2. 13	3. 92	18
总计	100. 00	100. 00	100. 00	300. 00	

3. 5. 3 灌木层重要值

群落灌木层重要值计算统计可知（表 4-75），灌木层共有 9 种物种，物种丰富度较小，重要值大于该层重要值均值（33. 33）的共有 4 种，重要值最大的为细齿叶柃（80. 89），重要值第 2 至第 4 位分别为厚叶鼠刺（60. 90）、溪畔杜鹃（53. 89）、菝葜（39. 05）。

表 4-75 雷公山保护区花榈木群落灌木层重要值

种名	相对频度	相对密度	相对盖度	重要值	重要值序
细齿叶柃 *Eurya nitida*	28. 00	25. 3	27. 59	80. 89	1
厚叶鼠刺 *Itea coriacea*	16. 00	26. 51	18. 39	60. 90	2
溪畔杜鹃 *Rhododendron rivulare*	20. 00	12. 05	21. 84	53. 89	3
菝葜 *Smilax china*	12. 00	13. 25	13. 79	39. 05	4
山矾 *Symplocos sumuntia*	8. 00	6. 02	9. 20	23. 22	5
三叶木通 *Akebia trifoliata*	4. 00	12. 05	2. 30	18. 35	6
川桂 *Cinnamomum wilsonii*	4. 00	2. 41	3. 45	9. 86	7
茶 *Camellia sinensis*	4. 00	1. 20	2. 30	7. 50	8
桂南木莲 *Manglietia conifera*	4. 00	1. 20	1. 15	6. 35	9
总计	100. 00	100. 00	100. 00	300. 00	

3. 5. 4 草本层重要值

群落草本层重要值计算统计可知（表 4-76），草本层共有物种 13 种，该层重要值均值为 23. 08，重要值大于该层重要值均值的只有 2 种，重要值最大的为里白（171. 05），重要值第 2 位为藏苔草（26. 48），重要值大于 20 的还有竹叶草（22. 62）、镰羽瘤足蕨（21. 91），可见草本层物种以里白为绝对优势种，占据了大量的草本层空间，其他物种竞争力较弱。

综上可知，花榈木所处群落结构为罗浮栲+马尾树群系。

表 4-76　雷公山保护区花榈木群落草本层重要值

种名	相对频度	相对密度	相对盖度	重要值	重要值序
里白 *Diplopterygium glaucum*	23.33	63.06	84.66	171.05	1
藏苔草 *Carex thibetica*	16.67	6.91	2.91	26.48	2
求米草 *Oplismenus undulatifolius*	13.33	6.91	2.38	22.62	3
镰羽瘤足蕨 *Plagiogyria falcata*	13.33	5.41	3.17	21.91	4
狗脊 *Woodwardia japonica*	6.67	4.50	1.85	13.02	5
五节芒 *Miscanthus floridulus*	3.33	3.00	0.79	7.13	6
楼梯草 *Elatostema involucratum*	3.33	3.00	0.79	7.13	7
蕨 *Pteridium aquilinum* var. *latiusculum*	3.33	1.20	1.32	5.86	8
地菍 *Melastoma dodecandrum*	3.33	1.50	0.53	5.36	9
山姜 *Alpinia japonica*	3.33	1.50	0.53	5.36	10
紫萁 *Osmunda japonica*	3.33	1.50	0.53	5.36	11
淡竹叶 *Lophatherum gracile*	3.33	0.90	0.26	4.50	12
三脉紫菀 *Aster trinervius* subsp. *ageratoides*	3.33	0.60	0.26	4.20	13
总计	100.00	100.00	100.00	300.00	

3.6　物种多样性分析

通过对花榈木群落的调查数据统计分析得知物种丰富度 S 为 37。计算该群落物种多样性指数（图 4-24），得到花榈木群落的物种多样性指数值。

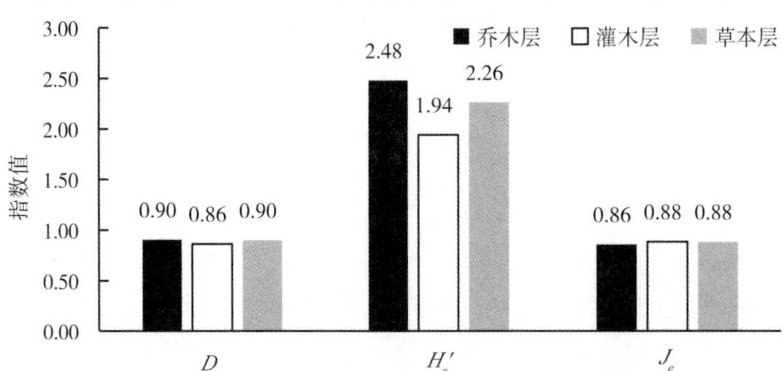

图 4-24　雷公山保护区花榈木群落的物种多样性指数值

由图 4-24 可知，乔、灌、草三个层次的多样性指数均表现为 Shannon Wiener 指数（H_e'）高于 Pielou 指数（J_e）和 Simpson 指数（D），Pielou 指数（J_e）和 Simpson 指数（D）值很接近。多样性指数值最高的为乔木层的 Shannon-Wiener 指数（H_e'）值，其次是草本层的 Shannon-Wiener 指数（H_e'）值仅比乔木层的略低，而灌木层的 Simpson 指数（D）和乔木层的 Pielou 指数（J_e）值最低。灌木层与乔木层和草本层在 Shannon-Wiener 指数（H_e'）上差异较大，Shannon-Wiener 指数（H_e'）表现为乔木层>草本层>灌木层。

H_e'值与物种丰富度紧密相关，并且呈正相关关系，由此表明乔木层物种丰富度高于草本层和灌木层，灌木层物种不丰富。Pielou 指数（J_e）是指群落中各个种的多度或重要值的均匀程度。由图 4-23 可以看出，均匀度指数表现为草本层=灌木层>乔木层，且乔木层和灌木层、草本层均匀度指数很相近，可见灌木层、草本层的物种分布都更为均匀。Simpson 指数（D）中种数越多，各种个体分配越均匀，指数越高，指示群落多样性好，是群落集中性的度量；群落中 Simpson 指数（D）为乔木层=草本层>灌木层，说明了乔木层和草本层物种多、个体分配均匀，群落更具有多样性。

【研究进展】

花榈木种子的种皮坚硬、致密，透水、透气性差，种子休眠期长，不易发芽，自然繁殖力弱。我国花榈木研究起步较晚，研究了花榈木人工林生长规律、野生种群生命表及生存分析、病虫害及防治方法等。花榈木为珍贵用材树种，人为干扰严重，其赖以生存的生态环境遭到严重破坏；一些其他因素也导致了花榈木野生种群数量急剧减少，现在花榈木大树已很难找到。自 20 世纪 60 年代后，野生花榈木分布区遭到大量砍伐，大部分分布区找不到纯林，更为甚者，有些地区找不到较大的单株。自然资源不断流失，花榈木已处于濒危边缘。目前花榈木人工繁殖多采用种子繁殖，现有常规无性繁殖法中，除了根插之外其余方法效果均很差。邓兆等研究发现花榈木种子休眠的原因是多方面的，其中花榈木种子的种皮和种胚中存在抑制种子萌发的物质。韦小丽等通过人工模拟土壤种子库进行野外种子萌发实验发现，自然条件下花榈木种子埋藏 1 年后发芽率仅 16%。

目前多采用物理化学方法处理花榈木种子，以促进萌发。如江志昌和沈绍南等采用草木灰浸种 1d，再用温水浸种 3d，最后进行湿沙层积处理 3～4d 的组合方法处理花榈木种子。邓兆等对花榈木种子休眠的破除方法进行研究，发现 500mg/L 赤霉素浸泡花榈木种子 12h 后，4℃低温混沙湿藏 45d 可破除花榈木种子休眠，发芽率、发芽势分别比自然条件下提高 36.6%、32.7%。化学处理法以及变温法能改善花榈木种皮透性，增强吸水率；用混沙湿藏处理可以提高相关酶活力，对破除花榈木种子休眠起关键作用。

【繁殖方法】

1 种子繁殖法

①种子采收贮藏：在 1 月中旬采收种子，人工敲落，荚果放阴凉通风处阴干，种子筛选去杂后装入塑料袋密封，遮光常温保存，每隔 30d 左右打开袋口通气半小时并重新密封。

②苗床处理：选择宽为 120cm、高为 15cm 的苗床，苗床基质由表层、上层、中层和底层组成：其中表层由腐熟谷壳、泥炭与黄心土按照一定比例混合组成，腐熟谷壳、泥炭、黄心土的体积比为 1∶3∶6；上层由泥炭与黄心土按照一定比例混合组成，泥炭、黄心土的体积比为 4∶6；中层由泥炭与黄心土按照一定比例混合组成，泥炭、黄心土的体积比为 3∶7；底层全部为黄心土。

③播种前处理：由于种子外种皮较致密，需要进行处理后播种，用小剪刀在种子一端

剪掉种皮，使胚乳裸露，长度2~3mm，伤口需远离种脐，采用机械破壁后种子放在常温清水中浸种48h，每隔12h换水一次，水中加入有效成分含量625mg/kg的多菌灵溶液消毒。

④播种：在3月底至4月初，取处理完的种子进行播种，播种于苗床或直接播种于口径为15cm、高度为18cm，播种深度为3cm，苗床播种为撒播于上层基质中，约450粒/m^2，撒播后覆盖表层基质。

⑤播种后的管理：播种后浇透水并消毒，搭建塑料拱棚保湿加温，播种后保持基质表层湿润，每周浇一次透水，气温达25℃以上时揭开两头塑料膜进行通风降温，出苗后每隔一周用有效成分浓度为700mg/kg的甲基硫菌灵溶液和625mg/kg的多菌灵溶液轮换喷施以防治病害。

⑥芽苗移栽及管理：芽苗展出2叶1芽后即可移栽，用宽2cm竹片撬出芽苗，修去过长根后移栽至容器培育大苗，轻基质容器选用加厚无纺布袋（120g/m^2），直径15cm，高18cm，基质配方为黄心土、泥炭和木糠按照体积比为3∶5∶2配置，每立方米基质料中加进口爱贝施控释肥3kg，移栽前一天傍晚将苗床浇透水，移栽好后将容器间隙8cm摆放，遮阳70%以上，隔3~5d后全面喷施有效成分浓度为700mg/kg的甲基硫菌灵溶液或625mg/kg的多菌灵溶液防止苗木病害，15~20d后在苗木移栽成活并抽发新叶时，除去塑料膜，每周喷施液肥、尿素或者复合肥，浓度0.1%~0.5%，9月中旬停止施肥，促进新梢木质化，利于越冬。

2　嫩枝扦插法

①枝条选择：选择母树年龄10年以上，生长健壮无病虫害，先于前一年生长季节修枝1~2次，促进枝条幼化，后于次年3月底至4月初新芽萌动前剪取半木质化枝条，剪去顶芽过嫩部分，穗条长度12cm，上部至少保留一个腋芽，扦插深度6cm，基质由黄心土、泥炭、珍珠岩按体积比2∶1∶1混合而成。

②对插条进行处理：对修剪下来的枝条上端伤口处涂抹凡士林避免细菌、真菌侵染和减少水分散失，并采用有效成分浓度为500mg/kg的萘乙酸生根剂浸泡穗条基部3h，扦插后浇透水使基质与穗条充分接触，苗床搭建塑料小拱棚，规格同芽苗培育，遮阴网遮阳30%；小拱棚内温度高于35℃时于棚上方喷水降温并结合遮阳、通风措施；穗条展新叶并生根后逐渐揭开拱棚塑料膜、撤去遮阳网，每周喷施一次液肥、尿素或者复合肥，浓度0.1%~0.5%。

【保护建议】

花榈木作为珍贵用材树种，受到人们的喜爱和追崇，《中国物种红色名录》收录其为易危物种，人为的破坏和干扰都易导致其濒危。

1　加强野生花榈木资源保护

花榈木作为珍贵用材树种，为国家二级重点保护野生植物，处于易危状态，在原产地进行种群重建、人工扩大种群数量、增加种群遗传多样性、增强种群的整体繁殖能力很有

必要性。这样不仅能保护现存的个体，还能保护其赖以生存繁衍的生态环境。在保护过程中应以原生地保护为主，将整个生长区域保护起来，禁止进一步破坏生境、砍伐成年母树、采挖幼苗及掠夺性采种等，使其能够尽快繁衍和恢复，对于已破坏的生境应尽快恢复或重建，并通过人工手段促进天然更新，扩大现有居群，提高种质资源。建议在自然保护区建立成熟个体的档案，加强保护，针对幼龄期抗性、适应性弱的特点，增加人工促进手段，保护小生境；加强人工繁殖力度，建立资源圃，为野外种群的恢复和重建提供资源。

2　加强花榈木人工繁育扩大种群数量

花榈木资源开发不能依靠野生资源，而应依赖栽培资源。建立自然保护区对花榈木进行就地保护及迁地保护，保护种质资源。研究花榈木育苗造林的新方法、新技术，进行人工育苗，促进人工繁殖，扩大种群数量。加强花榈木优良种质的无性快繁，加强花榈木组织培养技术及嫁接技术。

水青树

【保护等级及珍稀情况】

水青树 *Tetracentron sinense* Oliv.，属水青树科 Tetracentraceae 水青树属 *Tetracentron*，为单种属孑遗植物，列为国家二级重点保护野生植物。

【生物学特性】

水青树为乔木，高可达20m。全株无毛，树皮平滑，呈灰褐色，老时成片状剥落。幼枝呈紫红色，长枝细长，短枝矩状，有叠生环状的叶痕和芽鳞痕。叶纸质，单生于短枝顶端，心形、宽心形或卵形，长7~10cm，宽5~8cm，先端渐尖或尾状渐尖，基部心形，边缘密生齿尖具腺的细锯齿，具5~7条掌状脉，叶柄长2~3.5cm。穗状花序细长，长10~15cm，下垂，腋生或生于枝顶端；花小，直径1~2mm，淡黄色，近无梗，4朵成簇。蓇葖长椭圆形，长2~4mm，褐色，腹缝开裂。种子4~6粒，线形或长椭圆形。花期6~7月，果期9~10月。

水青树分布在我国河南、陕西、甘肃、湖北、湖南、云南、贵州、四川及西藏等省份；在尼泊尔、缅甸及越南亦有分布；在贵州省内主要分布在梵净山、松桃、佛顶山、施秉、雷公山、黎平、剑河、台江、榕江、三都、惠水、宽阔水、桐梓、道真、毕节等地。

【应用价值】

水青树木材质坚，结构致密，纹理美观，供制家具及造纸原料等。树形美观，可作造林、观赏树及行道树。

【资源特性】

1　雷公山保护区资源分布情况

水青树分布于雷公山保护区的冷竹山、雷公山、雷公坪和白水河等地；生长在海拔1500~1860m的常绿落叶阔叶混交林和落叶阔叶混交林、水青冈林中；土壤为黄棕壤，伴生种有银鹊树、中华槭、红柴枝、雷公山鹅耳枥、常春藤、木莓 *Rubus swinhoei* 等乔灌林。草本层常见蕨类植物等。分布面积为 1710hm^2，共有 586380 株。

2 种群及群落特征

2.1 种群密度

在 1710hm^{2}分布面积内共记录了 586300 株水青树，水青树种群的平均密度为 343 株/hm^2。

从冷竹山水青树分布区域种群密度来看（图 4-25），水青树种群平均密度为 388 株/hm^2，其中幼苗密度 158 株/hm^2，幼树密度 141 株/hm^2，林木密度 88 株/hm^2。该种群以幼苗和幼树占优势，但以幼苗比例稍高。

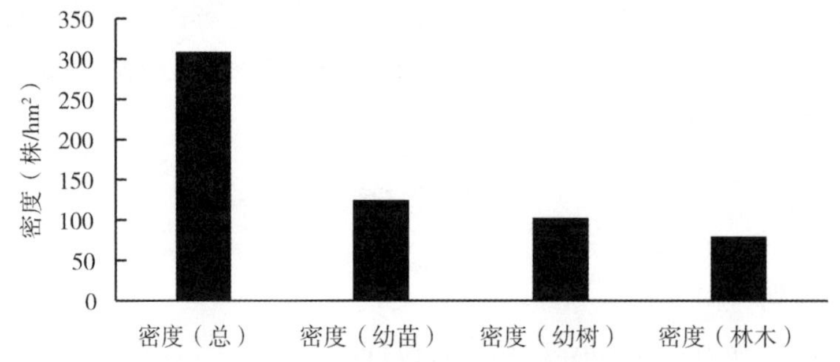

图 4-25 冷竹山水青树种群密度结构比较

从雷公山水青树分布区域来看（图 4-26），水青树种群平均密度为 309 株/hm^2，其中幼苗密度 125 株/hm^2，幼树密度 103 株/hm^2，林木密度 80 株/hm^2。该种群以幼苗最多，林木最少。

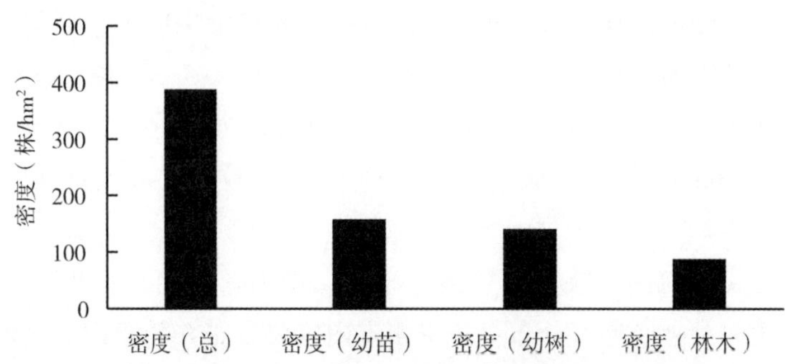

图 4-26 雷公山保护区水青树种群密度结构比较

从冷竹山—雷公山水青树种群密度来看（表 4-77），冷竹山的水青树种群密度大于雷公山水青树种群密度。这两个分布区都以幼苗为优势，都有较丰富的幼树，为幼龄—壮龄型种群结构。可以看出，水青树的幼苗、幼树都相对丰富，说明自然更新情况很好。但应注意，水青树幼苗生长缓慢，并且在生长过程中，受到灌木、草本等竞争影响，是其生长最不稳定的阶段。

表 4-77 雷公山保护区水青树资源分布统计信息

分布地点及范围	海拔 (m)	面积 (hm^2)	资源情况					
			资源数量（株）				资源特征	
			小计	幼苗	幼树	林木	林木平均胸径 (cm)	林木平均高 (m)
桃江站冷竹山国有林	1400~1800	710	276651	112679	100678	63294		
方祥、雷公山站雷公山国有林	1400~1800	1000	309729	125212	103863	80654		
合计	1400~1800	1710	586380	237891	204541	143948	12	10

2.2 群落物种组成

根据调查，样地共有维管束植物94种，隶属于50科74属，其中，蕨类植物7科8属10种，裸子植物1科1属1种，被子植物42科65属83种。蕨类植物中贵州鳞毛蕨 *Dryopteris wallichiana* var. *kweichowicola*、瘤足蕨 *Plagiogyria adnata* 数量最多。裸子植物只有三尖杉。被子植物含2种以上的科有菊科（6种）、蔷薇科（5种）、忍冬科 Caprifoliaceae（4种）、卫矛科 Celastraceae（3种）、禾本科（3种）、百合科（3种）、壳斗科（3种）、槭树科（3种）、山茶科（3种）、荨麻科（3种）、野茉莉科（2种）、猕猴桃科 Actinidiaceae（2种）、堇菜科 Violaceae（2种）、木兰科（2种）、伞形科 Umbelliferae（2种）、山茱萸科（2种）、省沽油科 Staphyleaceae（2种）、莎草科（2种）、菝葜科（2种）、小檗科 Berberidaceae（2种）、绣球科 Hydrangeaceae（2种）、山矾科（2种）、杜鹃花科（2种）、野牡丹科 Melastomataceae（2种）、樟科（2种），共25科，占总科数50.00%；共48属，占总属数的64.86%；种数66种，占总种数的70.21%；含1种的科有17科，占总科数34.00%，占总属数的22.97%，占总种数的18.09%。

2.3 群落层次结构

从调查来看，整个群落结构可分为乔木层、灌木层、草本层。

乔木层分层明显，可分为3个亚层。树高在10m以上的划分为第1亚层，5~9.99m为第2亚层，4.99m以下为第3亚层。第1亚层以银鹊树、小花香槐 *Cladrastis delavayi*、毛樱桃 *Cerasus tomentosa* 等为优势种，有15种61株，平均树高13.15m；第2亚层以西南红山茶 *Camellia pitardii*、野茉莉等为优势种，有22种83株，平均树高7.14m；第3亚层优势种不明显，胸径10cm以上有112株，其中20cm以上有38株。

灌木层主要由乔木层幼苗和灌木树种组成，平均高度2.09m，共有31种2230株（丛），平均地径2.5cm。以狭叶方竹、常春藤为主要优势种，其次为阔叶十大功劳 *Mahonia bealei*、木莓、黄脉莓、中国绣球等。

草本层有39种，数量多的有幌菊 *Ellisiophyllum pinnatum*、粗齿楼梯草、求米草、楮头红 *Sarcopyramis napalensis* 等。

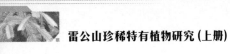

2.4 群落重要值分析

2.4.1 乔木层主要种类及优势种

从表 4-78 可以看出，乔木层所有种的重要值都在 2.0 以上，其中野茉莉、毛樱桃、水青树的重要值分别为 43.70、41.62 和 40.13，明显大于其他种，在群落中有较为明显的优势地位；其次为白辛树、银鹊树、西南红山茶、小花香槐、阔叶槭 *Acer amplum*、红柴枝、山矾，重要值分别为 35.54、32.06、20.51、20.43、19.90、14.56、14.23；再次为中华槭（11.88）、贵定桤叶树（8.61）、亮叶桦 *Betula luminifera*（7.85）、青冈（7.18）；其他种类的重要值较低。

表 4-78 雷公山保护区水青树群落乔木层重要值

种名	相对多度	相对显著度	相对频度	重要值
野茉莉 *Styrax japonicus*	22.88	7.78	13.04	43.70
毛樱桃 *Cerasus tomentosa*	18.64	14.28	8.70	41.62
水青树 *Tetracentron sinense*	11.86	21.75	6.52	40.13
白辛树 *Pterostyrax psilophyllus*	8.47	19.46	7.61	35.54
银鹊树 *Tapiscia sinensis*	8.47	10.55	13.04	32.06
西南红山茶 *Camellia pitardii*	8.47	3.34	8.70	20.51
小花香槐 *Cladrastis delavayi*	3.39	10.52	6.52	20.43
阔叶槭 *Acer amplum*	3.39	12.16	2.35	19.90
红柴枝 *Meliosma oldhamii*	3.39	2.47	8.70	14.56
山矾 *Symplocos sumuntia*	5.93	1.78	6.52	14.23
中华槭 *Acer sinense*	5.93	1.60	4.35	11.88
贵定桤叶树 *Clethra delavayi*	3.39	1.96	3.26	8.61
亮叶桦 *Betula luminifera*	1.69	1.81	4.35	7.85
青冈 *Cyclobalanopsis glauca*	1.69	1.14	4.35	7.18
雷公山凸果阔叶槭 *Acer amplum* var. *convexum*	0.85	3.93	2.17	6.95
红荚蒾 *Viburnum erubescens*	1.69	0.28	4.35	6.32
曼青冈 *Cyclobalanopsis oxyodon*	1.69	0.14	4.34	6.17
灯台树 *Cornus controversa*	1.69	1.65	2.17	5.51
水青冈 *Fagus longipetiolata*	2.54	0.69	2.17	5.40
野桐 *Mallotus tenuifolius*	0.85	0.92	2.17	3.94
美容杜鹃 *Rhododendron calophytum*	0.85	0.72	2.17	3.74
川桂 *Cinnamomum wilsonii*	0.85	0.23	2.17	3.25
云贵鹅耳枥 *Carpinus pubescens*	0.85	0.22	2.17	3.24
交让木 *Daphniphyllum macropodum*	0.85	0.11	2.17	3.13
武当玉兰 *Magnolia sprengeri*	0.85	0.06	2.17	3.08
江南越橘 *Vaccinium mandarinorum*	0.85	0.06	2.17	3.08
桂南木莲 *Manglietia conifera*	0.85	0.06	2.17	3.08
毛叶木姜子 *Litsea mollis*	0.85	0.05	2.17	3.07

2.4.2　灌木层主要种类及优势种

从表4-79看到，灌木层主要以狭叶方竹占绝对优势，重要值为204.14；其次为常春藤、三尖杉、野茉莉、木莓、阔叶十大功劳（重要值分别为9.86、9.22、8.99、8.96、8.26）等。

表4-79　雷公山保护区水青树群落灌木层重要值

种名	相对多度	相对盖度	相对频度	重要值
狭叶方竹 *Chimonobambusa angustifolia*	95.35	93.00	15.79	204.14
常春藤 *Hedera sinensis*	2.79	1.19	5.88	9.86
三尖杉 *Cephalotaxus fortunei*	0.84	2.50	5.88	9.22
野茉莉 *Styrax japonicus*	0.55	2.56	5.88	8.99
木莓 *Rubus swinhoei*	1.11	1.97	5.88	8.96
阔叶十大功劳 *Mahonia bealei*	0.84	1.54	5.88	8.26
黄脉莓 *Rubus xanthoneurus*	1.11	0.59	5.88	7.58
中国绣球 *Hydrangea chinensis*	0.81	0.57	5.88	7.26
十大功劳 *Mahonia fortunei*	0.18	1.15	5.88	7.21
接骨木 *Sambucus williamsii*	0.56	0.57	5.88	7.01
贵定桤叶树 *Clethra delavayi*	0.28	3.68	2.94	6.90
裂果卫矛 *Euonymus dielsianus*	0.14	0.13	5.88	6.15
中华猕猴桃 *Actinidia chinensis*	0.14	2.23	2.94	5.31
野鸦椿 *Euscaphis japonica*	0.14	1.84	2.94	4.92
软枣猕猴桃 *Actinidia arguta*	0.28	1.32	2.94	4.54
菝葜 *Smilax china*	0.09	1.06	2.94	4.09
狭叶珍珠花 *Lyonia ovalifolia* var. *lanceolata*	0.42	0.50	2.94	3.86
白檀 *Symplocos paniculata*	0.42	0.50	2.94	3.86
细齿叶柃 *Eurya nitida*	0.42	0.50	2.94	3.86
粗毛杨桐 *Adinandra hirta*	0.28	0.59	2.94	3.81
疏花卫矛 *Euonymus laxiflorus*	0.28	0.59	2.94	3.81
西南红山茶 *Camellia pitardii*	0.05	0.52	2.94	3.51
红荚蒾 *Viburnum erubescens*	0.09	0.38	2.94	3.41
乌蔹莓 *Cayratia japonica*	0.28	0.04	2.94	3.26
尾叶悬钩子 *Rubus caudifolius*	0.28	0.04	2.94	3.26
裂果卫矛 *Euonymus dielsianus*	0.28	0.04	2.94	3.26
淡红忍冬 *Lonicera acuminata*	0.14	0.17	2.94	3.25
桃叶珊瑚 *Aucuba chinensis*	0.28	0.02	2.94	3.24
柔毛菝葜 *Smilax chingii*	0.14	0.15	2.94	3.23
白叶莓 *Rubus innominatus*	0.14	0.02	2.94	3.10
圆锥绣球 *Hydrangea paniculata*	0.09	0.01	2.94	3.04

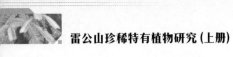

2.4.3 草本层主要种类及优势种

从表4-80分析，在草本层中，以求米草、粗齿楼梯草、黄金凤、楼梯草为主，重要值分别为36.55、33.50、29.73、28.20，其次为楮头红、六叶葎 *Galium asperuloides* 、幌菊等。

表4-80 雷公山保护区水青树群落草本层重要值

种名	相对多度	相对盖度	相对频度	重要值
求米草 *Oplismenus undulatifolius*	15.22	15.33	6	36.55
粗齿楼梯草 *Elatostema grandidentatum*	11.81	17.69	4.00	33.50
黄金凤 *Impatiens siculifer*	13.12	10.61	6.00	29.73
楼梯草 *Elatostema involucratum*	2.62	23.58	2.00	28.20
楮头红 *Sarcopyramis napalensis*	8.14	7.78	4.00	19.92
六叶葎 *Galium aspruloides*	7.35	5.90	6.00	19.25
幌菊 *Ellisiophyllum pinnatum*	3.94	11.79	2.00	17.73
大百合 *Cardiocrinum giganteum*	7.87	1.42	4.00	13.29
三脉紫菀 *Aster trinervius* subsp. *ageratoides*	3.67	3.30	6.00	12.97
蹄叶橐吾 *Ligularia fischeri*	5.77	1.18	6.00	12.95
山酢浆草 *Oxalis griffithii*	1.57	3.07	6.00	10.64
钝叶楼梯草 *Elatostema obtusum*	2.62	5.90	2.00	10.52
朝天罐 *Osbeckia opipara*	2.62	2.36	2.00	6.98
箐姑草 *Stellaria vestita*	1.32	3.53	2.00	6.85
贵州鳞毛蕨 *Dryopteris wallichiana* var. *kweichowicola*	1.57	0.94	4.00	6.51
高杆珍珠茅 *Scleria terrestris*	2.62	1.42	2.00	6.04
雨蕨 *Gymnogrammitis dareiformis*	2.62	1.18	2.00	5.80
蕨 *Pteridium aquilinum* var. *latiusculum*	1.31	2.36	2.00	5.67
华中瘤足蕨 *Plagiogyria euphlebia*	1.31	0.94	2.00	4.25
水芹 *Oenanthe javanica*	1.31	0.71	2.00	4.02
狗脊 *Woodwardia japonica*	1.05	0.94	2.00	3.99
瘤足蕨 *Plagiogyria adnata*	1.31	0.47	2.00	3.78
簇梗橐吾 *Ligularia tenuipes*	1.05	0.71	2.00	3.76
鼠掌老鹳草 *Geranium sibiricum*	0.79	0.71	2.00	3.50
耳翼蟹甲草 *Parasenecio otopteryx*	0.79	0.47	2.00	3.26
白苞蒿 *Artemisia lactiflora*	0.79	0.47	2.00	3.26
知风草 *Eragrostis ferruginea*	0.52	0.71	2.00	3.23
野茼蒿 *Crassocephalum crepidioides*	0.52	0.71	2.00	3.23
接骨草 *Sambucus chinensis*	0.52	0.47	2.00	2.99
毛堇菜 *Viola thomsonii*	0.52	0.47	2.00	2.99
光叶堇菜 *Viola sumatrana*	0.26	0.71	2.00	2.97

（续）

种名	相对多度	相对盖度	相对频度	重要值
贯众 *Cyrtomium fortunei*	0.52	0.24	2.00	2.76
十字苔草 *Carex cruciata*	0.26	0.47	2.00	2.73
吉祥草 *Reineckea carnea*	0.26	0.47	2.00	2.73
多花黄精 *Polygonatum cyrtonema*	0.26	0.24	2.00	2.50
凤丫蕨 *Coniogramme japonica*	0.26	0.24	2.00	2.50
黑足鳞毛蕨 *Dryopteris fuscipes*	0.26	0.24	2.00	2.50
裸茎囊瓣芹 *Pternopetalum nudicaule*	0.26	0.24	2.00	2.50
灰背铁线蕨 *Adiantum myriosorum*	0.26	0.24	2.00	2.50

2.5　物种多样性

根据调查资料统计，从表4-81可知，水青树群落灌木层均匀度指数、多样性指数、优势度指数低于乔木层和草本层，推测是狭叶方竹在灌木层中占绝对优势而造成的，并且数量也高于其他种类，导致灌木层的多样性指数降低。而在丰富度指数中草本层最高，其为草本层>灌木层>乔木层，说明群落各层中草本层物种类最多，乔木层物种类最少。从整个群落来看，较高的群落优势度指数（0.9341）与较低群落均匀度指数（0.7291）变化趋势分析，可以看出群落中种群分布均匀。

表4-81　水青树群落物种多样性指数

多样性指数	乔木层	灌木层	草本层	整个群落
丰富度指数	4.8090	5.4775	8.0995	15.0862
均匀度指数	0.8973	0.6037	0.8267	0.7291
多样性指数	2.7319	2.1797	3.2341	3.4136
优势度指数	0.9136	0.8343	0.9423	0.9341

【研究进展】

近年国内外学者对水青树群落特征，木材、花粉、种皮的超微结构，种子的生态学特性及萌发特性、化学成分、分子生物学等方面进行了研究，为保护和利用水青树提供科学基础。水青树的生长环境一定程度上影响着其生长发育，这也是造成其濒危的重要原因，其生长环境一般是在肥沃的土壤上，喜好阴湿生境，要求土壤为酸性或中性，需生长在自然植被较完整的山地黄棕壤的山谷或山坡下部。在生长环境适合的条件下，甚至在河漫滩、裸露的石质上、石壁缝隙中其都能很快生根发芽，出苗长树成林。

但是种子发芽率低是自然状态下水青树常遇到的问题。这导致种群难以更新，所以水青树种群逐渐减小，且有濒危的趋向。而水青树种子发芽率低下的原因是其生理特征和生长环境导致的，有内部因素，也有外部因素。

通过对水青树的木材进行解剖，发现水青树与大多数被子植物不同，它的木材结构并没有导管结构，而是只有较原始的梯纹管胞及螺纹管胞，类似于裸子植物。其次水青树的

某些组分具有针叶材特征，证实了它介于被子植物与裸子植物之间，这与木材解剖所得结论一致。通过红外光谱的分析，在系统位置上，水青树与金缕梅科处于更近的位置，而与木兰科更远。基于水青树木材的研究结果，为其系统学研究提供了一定的证据。

【繁殖方法】

采用种子繁殖，步骤如下。

1　种子采集

于 11~12 月采种，也可在 7~8 月采种，每 100kg 果实可获种子 1.5kg。

2　种子处理

可以当年播种也可以次年春播。播种前 3d 将种子浸泡在溪水里。

3　播种时间

①播种时间：大棚内可在 4 月 10 日前后播种。大田播种在 5 月 1 日以后，主要是防止出苗后的晚霜侵袭。

②沙床播种：干净河沙摊开在阳光下照晒 2d，把吸涨的种子沥干水分，按照 10cm 行距开 3mm 凹槽，种子大致单行均匀放置于凹槽内，用铁（竹）筛均匀筛落腐殖质土覆盖，厚度 1~2mm，覆盖草帘、喷水，目的是保温保湿。

③大田播种：选土壤疏松地块。高床、条播法，按照行距 15cm 直接均匀行播，不开播种槽。覆盖腐殖土约 2mm，覆盖草帘后喷水浇透。

4　苗期管理

①水分管理：吸足水分的水青树种子在适宜的温度下容易发芽。播种后勤检查，当芽长到 2mm 左右，轻轻揭掉草帘。芽苗不能见光太多，避免晒死。控制水分，保持床面微湿即可。

②除草及遮阴：水青树幼苗耐阴，干热高温对水青树幼苗生长不利。高温强光时，用树枝、遮阴网等遮阴。温度适宜的情况下，播种后 4~5d 出苗。随时拔掉苗床杂草。苗木在真叶展开后，还必须适当遮阴。

③浇水：水青树幼苗采取喷雾浇灌的方式灌水，浇透即可，水不能多，平时床面微干。高温时常喷雾降温。

④追肥：幼苗真叶展开一周后才能施肥；以施氮肥为主，叶面喷施浓度小于 0.3%尿素。时间在下午 5 点以后，间隔 6d，施肥后当天不喷水。也可以 0.3%尿素灌根追肥。施肥的原则是薄肥、勤施。

【保护建议】

强化种质资源保护，应保护好零星散生的母树，促进天然更新；加强科学研究，并积极开展育苗、造林，扩大野外种群数量；建立种植基地，可引入植物园、树木园栽培；加强濒危植物的宣传教育；加强保护监管，提高保护成效。

伯乐树

【保护等级及珍稀情况】

伯乐树 *Bretschneidera sinensis* Hemsl.，俗称钟萼木、鸡汤树，为伯乐树科 Bretschneideraceae 伯乐树属 *Bretschneidera* 植物，是我国特有及古老的单种科和残遗种，原是国家一级重点保护野生植物，现为国家二级重点保护野生植物。

【生物学特性】

伯乐树为乔木，高 20~25m。小枝粗壮，无毛，有大且呈椭圆形的叶痕，疏生圆形皮孔。奇数羽状复叶，长达 70cm；有小叶 3~6 对，对生，长圆状卵形，不对称，长 9~20cm，宽 4.5~8cm，先端短渐尖，基部圆形，有时偏斜，表面深绿色无毛，背面粉白色，沿脉被锈色柔毛，侧脉每边 8~10 条；叶柄长 10~18cm。总状花序长 20~30cm，总花轴密被锈色柔毛；花梗长 2~3cm，花粉红色；花萼钟状，长 1~1.6cm；花瓣 5 瓣。蒴果 3~5 瓣裂，果瓣木质，外面有微柔毛。种子近球形。

伯乐树分布于我国南方地区和东南亚各国，以中国为分布中心，在我国零星散布于长江以南省份的森林中。我国分布于四川、云南、贵州、广西、广东、海南、湖南、湖北、江西、浙江、福建、台湾等省份，少量分布在越南、泰国和缅甸。在贵州分布于平塘、三都、惠水、瓮安、黎平、榕江、梵净山、雷公山、从江、台江、麻江、贞丰、册亨、清镇、独山、荔波（月亮山）、习水、大方等地。

【应用价值】

花形大，花絮长，色泽艳丽，具有很强的园林观赏价值；木材硬度适中，不翘裂，色纹美观，为优良的家具及工艺用材，具有较高的开发利用前景；其幼嫩叶成束丛生，质地柔软，可食用，因味道鲜美如鸡汤而谓之“鸡汤树”，贵州省三都县的水族人民长期以来就有采食习惯。

【资源特性】

1 研究方法

1.1 样地设置与调查方法

在野外实地踏查的基础上，选取伯乐树天然群落为研究对象，分别设置具代表性的样地 4 个（表 4-82）。

表 4-82 雷公山保护区伯乐树群落样地基本情况

样地编号	小地名	海拔（m）	坡度（°）	坡向	坡位
Ⅰ	乔歪刚笑	1050	30	西	中部
Ⅱ	雷公山 26 公里	1600	25	东北	上部
Ⅲ	红阳草场	1620	30	东南	中部
Ⅳ	格头欧小	1100	35	北	下部

1.2 径级划分

研究采用“空间替代时间”的方法，将伯乐树按胸径大小分级，以径级结构代替年龄结构分析种群动态，可将该种分为6个径级。Ⅰ级（0~5cm）、Ⅱ级（5.0~15.0cm）、Ⅲ级（15.0~25.0cm）、Ⅳ级（25.0~35.0cm）、Ⅴ级（35.0~45.0cm）、Ⅵ级（45.0~55.0cm）。

2 雷公山保护区资源分布情况

伯乐树分布于雷公山保护区的大槽山、九洞山、乔歪、仙女塘、格头、乌替、红阳草场、毛坪、交腊等地；生长在海拔1000~1700m的常绿落叶阔叶混交林中；分布面积为630hm^2，共有600株。

3 种群及群落特征

3.1 群落树种组成

通过全面调查统计得出，在研究区域的样地中，共有维管束植物82科142属228种（表4-83），其中，蕨类植物有8科12属15种，裸子植物有1科1属1种；被子植物中单子叶植物有11科19属30种，双子叶植物有62科110属182种。由此可知，在雷公山保护区分布的伯乐树群落中双子叶植物的物种数量占绝对优势。

表4-83 雷公山保护区伯乐树群落物种组成

植物类型		科数（个）	属数（个）	种数（种）
蕨类植物		8	12	15
裸子植物		1	1	1
被子植物	双子叶植物	62	110	182
	单子叶植物	11	19	30
合计		82	142	228

3.2 优势科属种分析

取科含5种以上和属含3种以上的统计所得（表4-84）。科种关系中，含10种以上的科有蔷薇科（20种）、樟科（12种），为伯乐树群落优势科；含5~10种的科有山茶科（9种）、壳斗科（8种）、禾本科（7种）、冬青科Aquifoliaceae（7种）等15科；其余含4种的有3科，含3种的有7科，含2种的有17科；仅含1种的有38科，占总科数的46.34%。属种关系中，种最多的属为悬钩子属*Rubus*（12种），其次为冬青属*Ilex*（7种），为伯乐树群落优势属；含1种的属有96属，占总属数的67.61%。由此可见，雷公山保护区分布的伯乐树群落优势科属明显，群落科属组成复杂，物种主要集中在含1种的科与含1种的属，并且在属的区系成分上显示出复杂性和高度分化性的特点。

表 4-84 雷公山保护区伯乐树群落科属种数量关系

排序	科名	属数/种数（个）	占总属/种数的比率（%）	排序	属名	种数（个）	占种数的比率（%）
1	蔷薇科 Rosaceae	6/20	4.23/8.77	1	悬钩子属 *Rubus*	12	5.26
2	樟科 Lauraceae	6/12	4.23/5.26	2	冬青属 *Ilex*	7	3.07
3	山茶科 Theaceae	5/9	3.52/3.95	3	菝葜属 *Smilax*	5	2.19
4	壳斗科 Fagaceae	5/8	3.52/3.51	4	杜鹃花属 *Rhododendron*	5	2.19
5	禾本科 Poaceae	6/7	4.23/3.07	5	槭属 *Acer*	5	2.19
6	冬青科 Aquifoliaceae	1/7	0.70/3.07	6	山矾属 *Symplocos*	5	2.19
7	百合科 Liliaceae	4/6	2.82/2.63	7	绣球属 *Hydrangea*	5	2.19
8	木通科 Lardizabalaceae	4/6	2.82/2.63	8	粗叶木属 *Lasianthus*	3	1.32
9	忍冬科 Caprifoliaceae	4/6	2.82/2.63	9	花楸属 *Sorbus*	3	1.32
10	杜鹃科 Ericaceae	2/6	1.41/2.63	10	堇菜属 *Viola*	3	1.32
11	绣球科 Hydrangeaceae	2/6	1.41/2.63	11	鳞毛蕨属 *Dryopteris*	3	1.32
12	菊科 Asteraceae	4/5	2.82/2.19	12	柃属 *Eurya*	3	1.32
13	鳞毛蕨科 Dryopteridaceae	3/5	2.11/2.19	13	猕猴桃属 *Actinidia*	3	1.32
14	卫矛科 Celastraceae	2/5	1.41/2.19	14	木姜子属 *Litsea*	3	1.32
15	菝葜科 Smilacaceae	1/5	0.70/2.19	15	青冈属 *Cyclobalanopsis*	3	1.32
16	槭树科 Aceraceae	1/5	0.70/2.19	16	苔草属 *Carex*	3	1.32
17	山矾科 Symplocaceae	1/5	0.70/2.19	17	卫矛属 *Euonymus*	3	1.32
	合计	57/123	40.15/53.92		合计	73	32.80

3.3 重要值分析

森林群落在不同的演替阶段，物种组成、数量等各个方面都会发生一定的变化，而这种变化最直接的体现就是构成群落物种的重要值的变化。在研究区域的样地中，表 4-85 分别列出了各样地乔木层重要值排在前 15 位的物种，不足 15 种的全部列出；表 4-86、表 4-87 分别列出了各样地灌木层、草本层重要值排在前 5 位的物种。

由表 4-85 可知，在伯乐树群落样地Ⅰ中乔木层植物共有 6 种，杉木重要值最大，为 141.15，其次为伯乐树，为 64.95。乔木层物种重要值大于该群落乔木层平均重要值（50.00）的有 2 种，占总种数比的 33.33%。可见样地Ⅰ中，杉木占绝对优势，伯乐树为辅，乔木层中物种种类少，树种单一，优势种突出。在样地Ⅱ中乔木层植物共有 17 种，光叶水青冈重要值最大，为 78.19，其后的是青冈、苍背木莲、十齿花、多花山矾，它们的重要值分别为 38.63、23.39、22.02、20.45。乔木层物种重要值大于该层平均重要值（17.65）的有 5 种，占总种数比的 29.41%，而伯乐树重要值为 10.56，排在第 12 位。可见样地Ⅱ中，以光叶水青冈为主，以青冈、苍背木莲、十齿花、多花山矾为辅，伯乐树种群在群落中地位不明显。在样地Ⅲ中乔木层植物共有 11 种，野茉莉重要值最大，为 86.80，其次为毛樱桃，为 70.12，再次是伯乐树，为 37.71。乔木层物种重要值大于该层平均重要值（27.27）的有 3 种，其余 8 种都在平均值以下，占总种数比的 72.73%。可见，该样地以野茉莉和毛樱桃为主，伯乐树为辅，乔木层中物种种类单一，优势种突出，

伯乐树种群在群落中地位相较于野茉莉和毛樱桃不明显。在样地Ⅳ中乔木层植物共有 27 种，甜槠重要值最大，为 55.98，其后的是马尾树、瑞木、秃瓣杜英 *Elaeocarpus glabripetalus*、枫香树，它们的重要值分别为 39.54、21.54、18.20、16.80。乔木层物种重要值大于该层平均重要值（11.11）的有 9 种，占总种数比的 33.33%，而伯乐树重要值为 15.40，排在第 6 位。可见样地Ⅳ中，以甜槠为主，以马尾树、瑞木、秃瓣杜英、枫香树、伯乐树为辅，乔木层中物种种类丰富，分布不均，数量较少，伯乐树种群在群落中地位不明显。

对比可知：在样地Ⅰ中，伯乐树优势最为明显，重要值排在该群落乔木层中第 2 位，而在样地Ⅱ、Ⅲ、Ⅳ中，重要值分别排在对应群落乔木层中第 12 位、第 3 位、第 6 位，优势不明显，并且在这 4 个群落样地中，伯乐树都不是占主要优势的树种。

由表 4-86 可知，在样地Ⅰ灌木层中，毛竹重要值最大，为 55.09，是该层优势种，其余有伴生物种 27 种，伴生种占灌木层总种数 96.43%；在样地Ⅱ灌木层中，毛果杜鹃重要值最大，为 32.70，是该层优势种，其余有伴生物种 33 种，占灌木层总种数 97.06%；在样地Ⅲ灌木层中，狭叶方竹重要值最大，为 31.58，是该层优势种，其余有伴生种 23 种，占灌木层总种数 95.83%；在样地Ⅳ灌木层中，溪畔杜鹃重要值最大，为 41.73，是该层优势种，其余有伴生种 44 种，占灌木层总种数 97.78%。

由表 4-87 可知，在样地Ⅰ草本层中，求米草重要值最大，为 23.60，为优势种，其次为水芹 *Oenanthe javanica*，重要值为 22.77，其余有伴生物种 22 种，伴生种占草本层总种数 91.67%；在样地Ⅱ草本层中，锦香草重要值最大，为 43.19，为优势种，其次为条穗苔草 *Carex nemostachys*，重要值为 37.65，其余有伴生种 8 种，占草本层总种数 80%；在样地Ⅲ草本层中，知风草 *Eragrostis ferruginea* 重要值最大，为 25.13，为该层优势种，其余有伴生物种 33 种，占草本层总种数 97.06%；在样地Ⅳ草本层中，狗脊重要值最大，为 38.744，属该层优势种，其余有伴生种 12 种，占该层总种数 92.31%。

综上可知：在样地Ⅰ中伯乐树群落为针阔混交林，为杉木+毛竹群系；在样地Ⅱ中伯乐树群落为常绿落叶阔叶混交林，为光叶水青冈群系；在样地Ⅲ中伯乐树群落为常绿落叶阔叶混交林，为野茉莉+毛樱桃群系；在样地Ⅳ中伯乐树群落为常绿落叶阔叶混交林，为甜槠群系。

表 4-85　雷公山保护区伯乐树群落乔木层重要值

样地	种名	重要值	样地	种名	重要值
Ⅰ	杉木 *Cunninghamia lanceolata*	141.15	Ⅲ	吴茱萸 *Tetradium ruticarpum*	26.71
Ⅰ	伯乐树 *Bretschneidera sinensis*	64.95	Ⅲ	华桑 *Morus cathayana*	18.65
Ⅰ	华中樱桃 *Cerasus conradinae*	30.34	Ⅲ	漆 *Toxicodendron vernicifluum*	17.24
Ⅰ	漆 *Toxicodendron vernicifluum*	25.55	Ⅲ	山矾 *Symplocos sumuntia*	13.39
Ⅰ	多花山矾 *Symplocos ramosissima*	19.02	Ⅲ	胡桃楸 *Juglans mandshurica*	13.34
Ⅰ	青榨槭 *Acer davidii*	18.99	Ⅲ	阔叶槭 *Acer amplum*	5.36
Ⅱ	光叶水青冈 *Fagus lucida*	78.19	Ⅲ	小果冬青 *Ilex micrococca*	5.36

（续）

样地	种名	重要值	样地	种名	重要值
Ⅱ	青冈 *Cyclobalanopsis glauca*	38.63	Ⅲ	川榛 *Corylus heterophylla* var. *sutchuenensis*	5.31
Ⅱ	苍背木莲 *Manglietia glaucifolia*	23.39	Ⅳ	甜槠 *Castanopsis eyrei*	55.98
Ⅱ	十齿花 *Dipentodon sinicus*	22.02	Ⅳ	马尾树 *Rhoiptelea chiliantha*	39.54
Ⅱ	多花山矾 *Symplocos ramosissima*	20.45	Ⅳ	大果蜡瓣花 *Corylopsis multiflora*	21.54
Ⅱ	新木姜子 *Neolitsea aurata*	15.41	Ⅳ	秃瓣杜英 *Elaeocarpus glabripetalus*	18.20
Ⅱ	桂南木莲 *Manglietia conifera*	13.33	Ⅳ	枫香树 *Liquidambar formosana*	16.80
Ⅱ	江南花楸 *Sorbus hemsleyi*	13.11	Ⅳ	伯乐树 *Bretschneidera sinensis*	15.40
Ⅱ	川桂 *Cinnamomum wilsonii*	12.90	Ⅳ	锥栗 *Castanea henryi*	15.18
Ⅱ	银木荷 *Schima argentea*	12.31	Ⅳ	毛棉杜鹃 *Rhododendron moulmainense*	13.35
Ⅱ	青榨槭 *Acer davidii*	11.15	Ⅳ	中华杜英 *Elaeocarpus chinensis*	12.04
Ⅱ	伯乐树 *Bretschneidera sinensis*	10.56	Ⅳ	绿冬青 *Ilex viridis*	11.09
Ⅱ	长蕊杜鹃 *Rhododendron stamineum*	9.52	Ⅳ	多脉青冈 *Cyclobalanopsis multinervis*	7.97
Ⅱ	瓜木 *Alangium platanifolium*	7.85	Ⅳ	厚叶鼠刺 *Itea coriacea*	7.61
Ⅱ	苦枥木 *Fraxinus insularis*	4.55	Ⅳ	西域旌节花 *Stachyurus himalaicus*	7.11
Ⅲ	野茉莉 *Styrax japonicus*	86.80	Ⅳ	青冈 *Cyclobalanopsis glauca*	5.82
Ⅲ	毛樱桃 *Cerasus tomentosa*	70.12	Ⅳ	榕叶冬青 *Ilex ficoidea*	5.54
Ⅲ	伯乐树 *Bretschneidera sinensis*	37.71			

表 4-86　雷公山保护区伯乐树群落灌木层重要值

样地	种名	重要值	样地	种名	重要值
Ⅰ	毛竹 *Phyllostachys edulis*	55.09	Ⅲ	狭叶方竹 *Chimonobambusa angustifolia*	31.58
Ⅰ	西南绣球 *Hydrangea davidii*	13.46	Ⅲ	接骨木 *Sambucus williamsii*	14.66
Ⅰ	常山 *Dichroa febrifuga*	12.23	Ⅲ	小柱悬钩子 *Rubus columellaris*	11.65
Ⅰ	黄泡 *Rubus pectinellus*	10.52	Ⅲ	南方荚蒾 *Viburnum fordiae*	10.90
Ⅰ	穗序鹅掌柴 *Schefflera delavayi*	9.29	Ⅲ	山鸡椒 *Litsea cubeba*	10.90
Ⅱ	毛果杜鹃 *Rhododendron seniavinii*	32.70	Ⅳ	溪畔杜鹃 *Rhododendron rivulare*	41.73
Ⅱ	狭叶方竹 *Chimonobambusa angustifolia*	23.94	Ⅳ	狭叶方竹 *Chimonobambusa angustifolia*	15.02
Ⅱ	川桂 *Cinnamomum wilsonii*	20.18	Ⅳ	细枝柃 *Eurya loquaiana*	12.47
Ⅱ	白木通 *Akebia trifoliata* subsp. *australis*	11.53	Ⅳ	异叶榕 *Ficus heteromorpha*	7.73
Ⅱ	茵芋 *Skimmia reevesiana*	8.25	Ⅳ	杜茎山 *Maesa japonica*	7.09

表 4-87　雷公山保护区伯乐树群落草本层重要值

样地	种名	重要值	样地	种名	重要值
Ⅰ	求米草 *Oplismenus undulatifolius*	23.60	Ⅲ	知风草 *Eragrostis ferruginea*	25.13
Ⅰ	水芹 *Oenanthe javanica*	22.77	Ⅲ	橐吾 *Ligularia sibirica*	18.87
Ⅰ	鸢尾 *Iris tectorum*	14.52	Ⅲ	水芹 *Oenanthe javanica*	10.91
Ⅰ	山姜 *Alpinia japonica*	13.09	Ⅲ	细毛碗蕨 *Dennstaedtia hirsuta*	10.10
Ⅰ	三脉紫菀 *Aster trinervius* subsp. *ageratoides*	12.97	Ⅲ	透茎冷水花 *Pilea pumila*	9.60
Ⅱ	锦香草 *Phyllagathis cavaleriei*	43.19	Ⅳ	狗脊 *Woodwardia japonica*	38.74
Ⅱ	条穗苔草 *Carex nemostachys*	37.65	Ⅳ	里白 *Diplopterygium glaucum*	33.21
Ⅱ	十字苔草 *Carex cruciata*	26.05	Ⅳ	齿头鳞毛蕨 *Dryopteris labordei*	32.40
Ⅱ	竹根七 *Disporopsis fuscopicta*	20.34	Ⅳ	紫萁 *Osmunda japonica*	19.47
Ⅱ	两色鳞毛蕨 *Dryopteris setosa*	17.48	Ⅳ	淡竹叶 *Lophatherum gracile*	13.81

3.4　种群空间分布格局

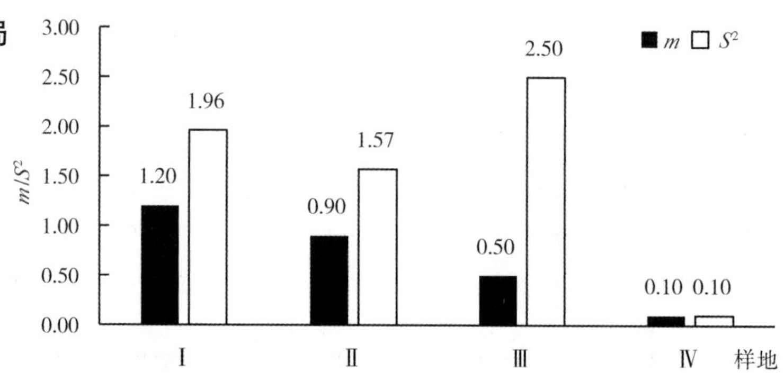

图 4-27　雷公山保护区伯乐树种群分散度

通过分别统计各样地样方内伯乐树数量可知（图 4-27），在样地Ⅳ中，$S^2=m$，伯乐树种群空间分布属于随机型，伯乐树种群个体随机分布，原因是在整个样地内伯乐树只有 1 株，无幼树幼苗，是偶见种；在样地Ⅰ、Ⅱ、Ⅲ中，伯乐树种群的分散度 $S^2>m$，伯乐树种群空间分布属于集群型，样地内伯乐树分布极不均匀。在样地Ⅰ、Ⅱ之所以呈现出局部密集分布，是因为样地中存在幼树幼苗，实际伯乐树大树个体数量少；而在样地Ⅲ中是因为在修公路时人为砍伐破坏，样地内 5 株伯乐树是从同一个树桩萌发长出而导致呈现出局部密集分布。

因此，结合实际调查情况分析：在雷公山保护区内伯乐树种群为随机零星分布。本研究在伯乐树群落样地Ⅰ、Ⅱ、Ⅲ中呈现出局部密集型，是因为在伯乐树群落样地Ⅰ、Ⅱ中存在幼苗幼树，在伯乐树群落样地Ⅲ中是因为样地中伯乐树被人为砍伐破坏，调查到的 5 株伯乐树是从同一个树桩萌发长出而导致呈现出局部密集型。

3.5　种群径级结构

通过对伯乐树种群的径级结构统计，可以直观反映出该种群的更新特征。伯乐树种群结构呈现出金字塔形（图 4-28）。该种群个体数量主要集中分布在Ⅰ径级，占种群总数量的 59.26%，说明种群中幼龄个体数量充足，伯乐树种子自然更新明显。而在Ⅱ～Ⅲ径级中种群个体数量急剧减少，说明其在随后的生长过程中由于种间竞争，乔灌层荫蔽性增强，缺少光照，很多幼龄个体死亡，只有少部分个体存活到中龄个体，伯乐树幼苗生长过程中由于对光的需求相对不足会遭遇一定的更新瓶颈。但从图 4-28 可以看出，该伯乐树

种群幼龄个体数>中龄个体数>老龄个体数，中老龄个体数量总体呈现出逐渐减少的趋势，种群结构呈现相对稳定增长型，而这与俞筱押等在贵州南部伯乐树种群研究中的结论不同。出现两种不同种群结构的原因是该伯乐树种群全部在保护区内，相较于区外人为干扰少，种群得到了相对较好的保护。

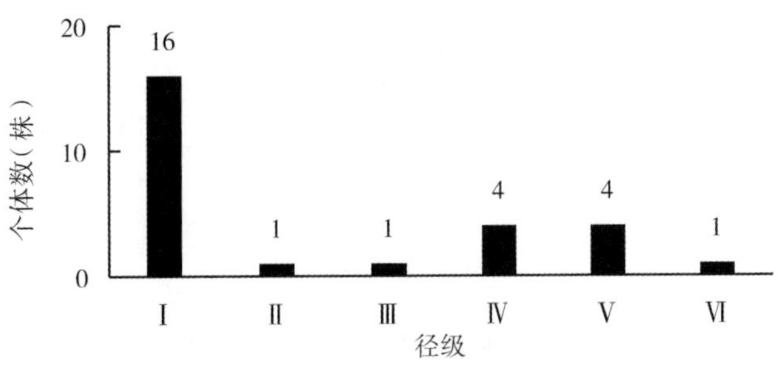

图 4-28　雷公山保护区伯乐树种群径级结构

3.6　静态生命特征

静态生命表不仅可以反映种群从出生到死亡的数量动态，还可用于预测种群未来发展的趋势。由表 4-88 可知，种群个体数量随着径级结构的增加呈现出先减小后增大再减小的趋势，而种群个体存活数 l_x 和标准化存活数 $\ln l_x$ 随着径级的增加逐渐减小；从 x 到 x+1 径级间隔期内标准化死亡数 d_x 呈现出先下降后上升的趋势，其 d_x 在Ⅰ、Ⅱ龄级时出现最大值为 313，d_x 在Ⅳ时为 0；从 x 到 x+1 龄级间隔期内种群死亡率 q_x 呈现出先增大后减小再增大的趋势，而 q_x 从Ⅳ～Ⅴ龄级间隔期间为 0，其次，在Ⅴ～Ⅵ龄级间隔期间 q_x 为 0.750，明显大于其他径级，说明伯乐树种群在演替过程中中龄个体最容易死亡而被淘汰；从 x 到 x+1 龄级存活个体数 L_x 随龄级的增加呈现出逐渐减小的趋势；个体期望寿命 e_x 随年龄的增加逐渐降低，这与其生物学特性相一致；损失度 K_x 随龄级的增加整体呈现出先上升后急剧下降再急剧上升的趋势，其损失度 K_x 在Ⅳ龄级最低为 0，在Ⅴ龄级最高为 1.386。

表 4-88　雷公山保护区伯乐树种群静态生命表

龄级	径级（cm）	A_x	a_x	l_x	$\ln l_x$	d_x	q_x	L_x	T_x	e_x	K_x
Ⅰ	0～5	16	16	1000	6.908	313	0.313	844	2125	2.519	0.375
Ⅱ	5～15	1	11	688	6.533	313	0.455	531	1281	2.412	0.606
Ⅲ	15～25	1	6	375	5.927	125	0.333	313	750	2.400	0.405
Ⅳ	25～35	4	4	250	5.521	0	0	250	438	1.750	0
Ⅴ	35～45	4	4	250	5.521	188	0.750	156	188	1.200	1.386
Ⅵ	45～55	1	1	63	4.135						

注：各龄级取径级下限。

3.6.1　存活曲线

按 Deevey 生存曲线划分为三种基本类型：Ⅰ型为凸型的存活曲线，表示种群几乎所有个体都能达到生理寿命；Ⅱ型为成对角线形的存活曲线，表示各年龄期的死亡率是相等的；Ⅲ型为凹型的存活曲线，表示幼期的死亡率很高，随后死亡率低而稳定。本研究以径级（相对龄级）为横坐标，以 $\ln l_x$ 为纵坐标做出伯乐树种群存活曲线（图 4-29），标准化存活数 $\ln l_x$ 随着径级的增加整体呈现出逐渐减小的趋势，说明在雷公山保护区内伯乐树种群的存活曲线趋近于 Deevey-Ⅱ型。

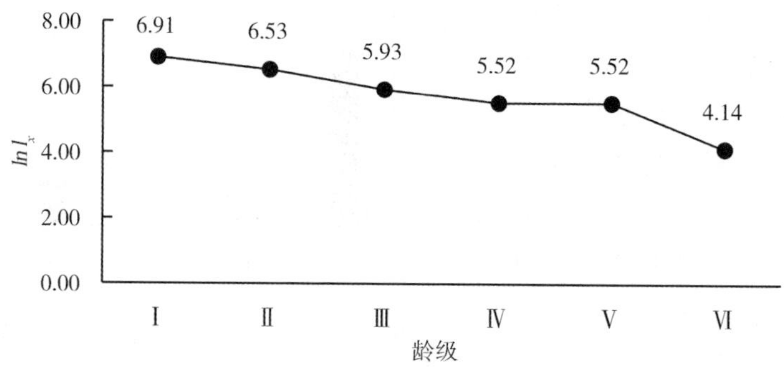

图 4-29　雷公山保护区伯乐树种群存活曲线

3.6.2　死亡率和损失度曲线

以径级为横坐标，以各龄级的死亡率和损失度为纵坐标做出死亡率和损失度曲线（图 4-30）。黔中杜鹃死亡率 q_x 和损失度 K_x 曲线变化趋势一致，均呈现出先上升后下降再急剧上升的趋势，由此可知，伯乐树种群个体数量具有前期短暂减少、中期短暂增长、后期急剧减少的特征。

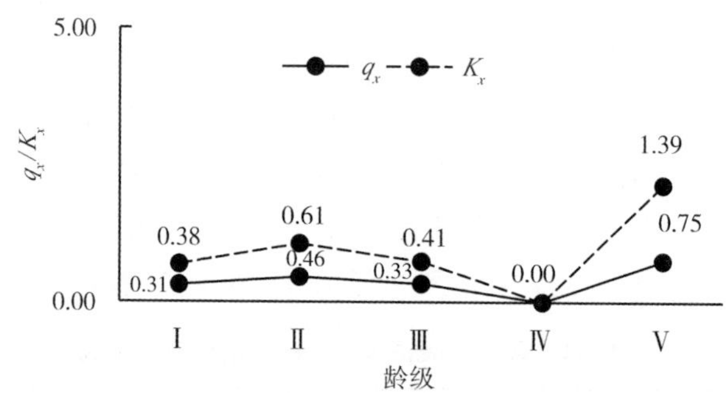

图 4-30　雷公山保护区伯乐树种群死亡率和损失度曲线

3.7　群落物种多样性分析

图 4-31 显示了雷公山保护区内 4 个伯乐树群落样地的乔木层、灌木层、草本层物种多样性指数。乔歪刚笑、雷公山 26 公里、红阳草场、格头欧小伯乐树群落样地的物种丰富度分别为 58、61、69、85。由图 4-31 可知，在乔木层中，Simpson 指数（D）、Shannon-Wiener 指数（H_e'）均为格头欧小>雷公山 26 公里>红阳草场>乔歪刚笑，变化趋势一致，与乔木层物种丰富度呈正相关；而在各个样地乔木层中，均匀度指数（J_e）波动不大，说明在各群落样地乔木层中，各物种重要值均匀程度相差不大。在灌木层中，各个群落样地 Simpson 指数（D）、Shannon-Wiener 指数（H_e'）相差不大，其中 Simpson 指数（D）、Shannon-Wiener 指数（H_e'）中雷公山 26 公里群落最大，红阳草场最小，雷公山 26 公里的物种多样性指数（D、H_e'）之所以最大，是因为该群落几乎没有人为干扰，植被保存完好，加上其后环境潮湿，灌木层物种种类丰富；而红阳草场群落多样性指数（D、H_e'）之所以最小，是因为修路，人为干扰强，导致灌木层植被破坏严重；而在各个样地灌木层中，均匀度指数（J_e）波动较小，说明在各群落样地灌木层中，各物种重要值均匀程度相

差不大。在草本层中，红阳草场群落样地物种多样性指数（D、H_e'）相较于其他群落样地最大，原因是乔木层、灌木层植被人为干扰破坏严重，草本层阳光相对充足，加上该群落样地临近小溪，水分湿度充足，从而导致草本层物种更为丰富；而在雷公山 26 公里群落样地草本层物种多样性指数（H_e'）相较于其他群落样地草本层最小，原因是乔歪刚笑、雷公山 26 公里群落样地人为干扰破坏少，乔木层、灌木层物种优势明显，光照不足，导致草本层物种极少；而在各个群落样地草本层中，均匀度指数（J_e）波动不大，说明在各群落样地草本层中，各物种重要值均匀程度也相差不大。

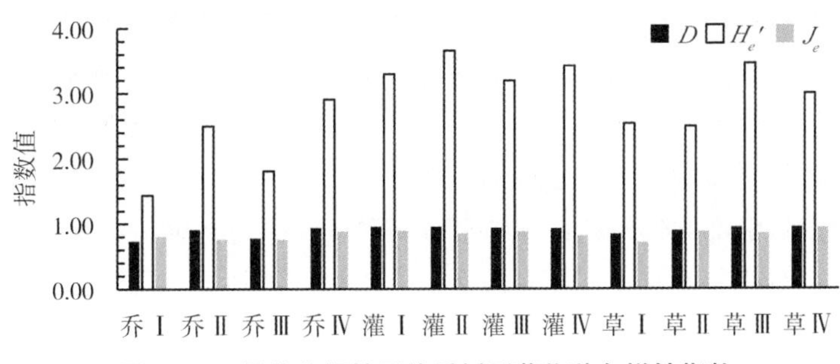

图 4-31 雷公山保护区伯乐树群落物种多样性指数

综合乔歪刚笑、雷公山 26 公里、红阳草场、格头欧小 4 个伯乐树群落样地可知，各群落样地物种多样性指数（D、H_e'）整体上呈现出灌木层>草本层>乔木层；均匀度指数（J_e）在各个群落样地乔木层、灌木层、草本层中波动不大，说明在各群落样地中，乔木层、灌木层、草本层的各个物种重要值均匀程度相当。

【研究进展】

通过查阅相关文献资料，国内外对伯乐树的形态解剖学、传粉生物学、遗传学、繁殖技术、种群特征、群落结构、保护等方面进行研究。

形态解剖学方面：黄久香等、乔琦等都对伯乐树的根进行了生态解剖学研究，都证实了其根无根毛，为典型的菌根营养型植物，而乔琦等研究更为深入，对伯乐树菌根的形态结构和生理特征进行了具体描述；林鹏对伯乐树木材纤维形态特征及其径向变异进行了研究；史刚荣对伯乐树叶片的生态解剖学进行研究，涂蕾等通过解剖对伯乐树不同发育阶段叶片表面附属结构特征进行研究；王娟等对伯乐树雌雄配子体发育进行了细胞学观察。

传粉生物学方面：乔琦对伯乐树的授粉生态进行了研究，证实人工异株授粉结实率高，而同株授粉结实率则较低，为远缘杂交繁殖系统。

遗传学方面：徐刚标等、彭莎莎等对伯乐树遗传多样性及遗传结构进行研究分析，结果表明伯乐树在物种和种群水平上都维持了较高的遗传多样性，具有较高的进化潜力。

繁殖技术方面：相较于其他方面研究较多，王娟等对伯乐树生长发育节律与物候特征研究表明伯乐树具有营养生长与生殖生长重叠现象；唐邦权等、邓见欢等从不同的角度阐述了伯乐树的繁殖技术；许晶等、曹俊林等对伯乐树种子育苗及扦插技术进行了试验研究；郭治友等以伯乐树春芽的顶芽为外殖体对伯乐树组织培养快繁技术研究，接种于 MS 为主的培养基上经组培后，炼苗成活率达 73%；欧阳献等以伯乐树种子无菌萌发的胚芽为

外殖体进行组织培养快繁技术研究，建立了伯乐树组织培养快速繁殖体系；杨国以伯乐树无菌播种的幼苗茎段和胚轴为外植体，得出了最利于伯乐树胚轴的不定芽诱导和增殖、最利于伯乐树茎段的增殖、最利于伯乐树生根的培养基配比，组织培养的研究能促进伯乐树的快速繁殖。伍铭凯等、张冬生等对伯乐树播种育苗技术进行了试验研究；康华靖等对伯乐树种子不同条件贮藏下前后生理进行了比较，结果显示低温湿沙储藏可以解除休眠，促进种子萌发；张季等对不同地理种源的伯乐树种子和苗期生长差异比较显示不同地理种源间和种源内伯乐树种子差异较大。

种群特征与群落结构方面：林泽信等对贵州印江洋溪自然保护区伯乐树群落进行研究表明天然伯乐树群落垂直结构明显，群落的物种多样性指数较高，物种丰富，伯乐树在群落中处于优势地位，群落结构属间歇性发展型；刘菊莲等对浙江九龙山国家级自然保护区伯乐树群落特征及种群结构分析显示该伯乐树种群为衰退型种群，幼苗和幼树数量明显不足；俞筱押等对贵州南部的伯乐树群落特征及其种间关系进行研究，结果显示该伯乐树种群属于衰退种群；乔琦等研究了广东省南昆山伯乐树群落特征，结果显示该伯乐树种群呈衰退型。

【繁殖方法】

1　种子育苗

（1）采种

10 月中下旬，当果实成熟，由青绿色转为红褐色时，即可采种；种子采回后摊在阴凉通风处阴干，待果开裂后剥出种子，再将种子浸在水中洗去外种皮，晾干 1~2d 后采取湿沙层积贮藏或低温干藏至 2 月初，进行湿沙层积催芽，2 月下旬至 3 月上旬可播种。

（2）育苗

选取排灌方便、沙质壤土的圃地，将苗圃地深翻、整细作床的同时进行土壤消毒，一次性施足底肥，每亩施腐熟农家肥 500g，钙镁磷肥 200g。催芽在播种前半月（3 月初），每 2~3d 淋一次水。高床育苗，选用森林腐殖土作床，床宽 1m、高 25cm，每隔 15cm 开 5cm 深的播种沟，每隔 5cm 点播一粒种子，每亩播种量 12. 5~15kg。播完后细土覆盖，以不见种子为度，然后覆盖松针。春播后约 2 个月发芽出土，20d 后苗木基本出齐。出土后及时揭除苗床覆盖的草，并适度遮阴，对于沙性较重的土壤，遮阴尤为重要，可防止幼苗灼伤。在生长期间可适量追施氮肥，生长后期即 9~10 月可施用一些磷、钾肥。

2　组织培养

以伯乐树种子无菌萌发的胚芽为外植体，以 MS+BA 1. 0mg/L+NA 0. 1mg/L 为芽诱导最佳培养基，以 MS+BA 2. 0mg/L+NAA 0. 1mg/L+琼脂 1. 0%+蔗糖 2. 5%为增殖培养基，以 MS+IBA 3. 0mg/L+琼脂 0. 8%+蔗糖 3. 0%为生根培养基进行组织培养，以蛭石 25%+珍珠 25%+河沙 50%为炼苗基质炼苗。以 2 年生实生苗的春芽顶芽作外植体，以 MS+6-BA 2. 5mg/L 为诱导培养基，以 MS+BA 1. 0mg/L+6-BA 2. 0mg/L+Zm 0. 2mg/L 为增殖培养基，以 1/2MS mg/L+IBA 1mg/L 为生根培养基，以上培养基均添加白砂糖 30g/L、琼脂条 7g/L、活性炭 3g/L，pH 值为 5. 6~5. 8，在以蛭石和细河沙（3：2）混合基质中炼苗。

3 扦插、埋根繁殖

在伯乐树萌芽展叶前采条，将一年生枝条剪成15~20cm的插穗用细河沙作基质扦插，6月中旬观察，发现4株插穗形成了愈伤组织并长出了1~2条长约1cm的根，地上部分高约12cm，生长正常，说明伯乐树属愈伤组织生根类型，可以通过扦插进行繁殖，但有待进一步研究提高生根成活率。将粗度6mm以上的1年生根剪成10~15cm长的根段用细河沙作基质埋根试验，6月中旬观察，取得了较好的效果，30%的根段萌芽展出3~4片叶，地上部分高达20cm，产生新根3~4条，最长的达10cm。

【保护建议】

根据大量野外调查发现，伯乐树的空间分布呈现出一定的规律性，即多生长在阔叶林沟谷旁、阳光充足的斜坡上，处于林缘或林窗，其种群的个体之间、种群之间相隔距离较远，同时，随着群落环境的荫蔽度增强，伯乐树幼苗生长过程中由于对光的需求相对不足而受到影响。然而，在幼苗阶段需要一定荫蔽，随着个体的成长对光照要求逐渐增强，但由于上层林冠的过分荫蔽，绝大部分幼苗不能成活；生长环境不利于伯乐树1年生更新幼苗的生长而导致死亡率较高。而且种子萌发困难、幼苗生长条件苛刻，加上伯乐树种群具有较高的遗传多样性，其致濒原因并非源于遗传进化潜力低，而可能源于其本身较低的繁殖力、适应力和竞争力。在野生状态下伯乐树结实率低，果实开裂后种子常不脱落，导致种子干燥失水而不能正常萌发。根据相关专家学者的研究结果反映出伯乐树种群天然更新会遭遇一定的更新瓶颈，而且天然更新对生态环境要求极高，然而在本次野外调查研究中发现：在雷公山保护区内，部分伯乐树种群离村寨较近，要加大宣传保护力度。

鉴于此种状况，建议：一是加强对保护区内居民宣传教育，进行重点保护植物的认识培训，对离村寨较近的伯乐树以及一些重点保护的珍稀植物进行挂牌保护。同时，加强就地保护，对伯乐树等珍稀植物分布林区加强野外巡护管理，以进一步减少人为干扰破坏其生长繁殖生境。二是针对幼树幼苗多，而荫蔽度高的伯乐树天然群落，进行适当人工干预，清除群落中部分影响伯乐树生存生长的常见物种，促进其种群发展，或者将荫蔽环境下的幼苗迁移至合适的环境，进行人工养护，以达到长期保护该种群的目的，不断扩大伯乐树种群规模。三是加强伯乐树生物学特性和繁殖技术方面的研究，利用组织培养育苗、扦插育苗、种子育苗等人工培育繁殖技术，扩大伯乐树人工繁育苗木的生产，并适时移栽到野外适宜环境中，从而加大伯乐树种群数量，扩大伯乐树种群规模。

黄柏

【保护等级及珍稀情况】

黄柏 *Phellodendron amurense* Rupr.，俗称黄柏、关黄柏，属芸香科 Rutaceae 黄檗属 *Phellodendron*，为国家二级重点保护野生植物，是第三系古热带植物区系的孑遗物种。

【生物学特性】

黄柏为落叶乔木，高10~25m。树皮厚，外皮灰褐色，木栓发达，不规则网状纵沟裂，内皮鲜黄色；小枝通常灰褐色或淡棕色，罕为红棕色，有小皮孔。奇数羽状复叶对生，小叶柄短；小叶5~15枚，披针形至卵状长圆形，长3~11cm，宽1.5~4cm，先端长渐尖，叶基不等的广楔形或近圆形，边缘有细钝齿，齿缝有腺点，上面暗绿色无毛，下面苍白色，仅中脉基部两侧密被柔毛，薄纸质；雌雄异株；圆锥状聚伞花序，花轴及花枝幼时被毛；花小，黄绿色；雄花雄蕊5，伸出花瓣外，花丝基部有毛；雌花的退化雄蕊呈小鳞片状；雌蕊1，子房有短柄，5室，花枝短，柱头5浅裂。浆果状核果呈球形，直径8~10mm，密集成团，熟后紫黑色，内有种子2~5颗。花期5~6月，果期9~10月。

黄柏产于东北和华北各省，河南、贵州、安徽北部、宁夏也有分布，内蒙古有少量栽种；朝鲜、日本、俄罗斯（远东）也有分布，也见于中亚和欧洲东部。

【应用价值】

1　材用价值

木材耐腐力强，耐水湿，材质坚硬，有光泽，花纹美丽，加工容易，可供军事用材，如枪托、飞机用材，还可用于工业建筑、造船、家具等。

2　经济价值

树皮的木栓层可作瓶塞、软木、浮漂、救生圈或用于隔音、隔热、防震等。内皮黄色可做染料，也是价值很高的中药材。果实含有甘露醇及一种不挥发性油分，可榨油供工业用，并可作驱虫剂及染料。

3　药用价值

《本草纲目》记载，黄柏有清热燥湿、泻火除蒸、解毒疗疮的功效，用于治疗湿热泻痢、湿疹瘙痒、骨蒸劳热、疮疡肿毒，以及黄疸、带下、热淋、脚气、痿辟、盗汗、遗精等。

【资源特性】

1　调查方法

经实地踏查，选取天然分布在雷公山保护区的黄柏群落，于2020年设置具有代表性调查样地1个（表4-89）。

表4-89　雷公山保护区黄柏群落样地概况

海拔	坡度	坡位	坡向	土壤类型
1381m	35°	中部	东北	黄壤

2　雷公山保护区资源分布情况

黄柏分布于雷公山保护区的雷公山、木姜坳、雷公坪等地；生长在海拔1300~1600m的常绿落叶阔叶混交林中；分布面积为160hm^2，共有50株。

3　种群及群落特征

3.1　群落组成

根据调查资料统计，样地共有维管束植物25科29属35种，其中，蕨类植物1科1属

1 种，被子植物 24 科 28 属 34 种，无裸子植物；被子植物中双子叶植物 21 科 24 属 29 种，单子叶植物 3 科 4 属 5 种。在样地中，3 大类群科、属、种的数量总体表现为双子叶植物>单子叶植物>蕨类植物>裸子植物，双子叶植物的物种数量在黄柏群落中占绝对优势（图 4-32）。

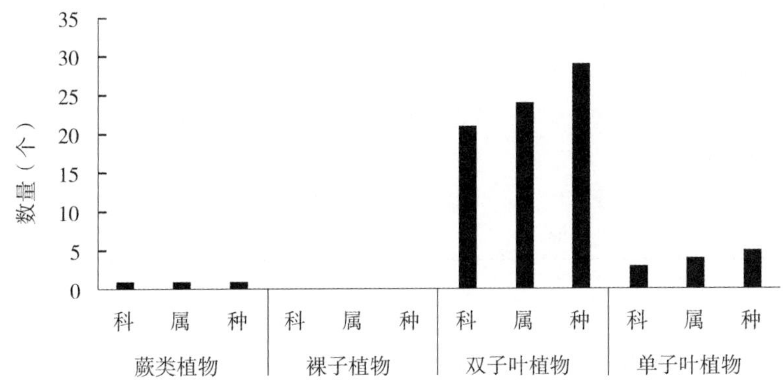

图 4-32　雷公山保护区黄柏群落样地植物科属种分类

3.2　优势科属

根据调查得出黄柏群落样地优势科属见表 4-90，优势科和优势属取前 15 位。

由表 4-90 可知，科属种关系中，含 2 属以上的科有 4 科，分别是壳斗科（2 属）、樟科（2 属）、蔷薇科(2 属)、百合科（2 属）；含 5 种以上的科有 1 科，是壳斗科（5 种）；含 2 属 2 种以上的科有 4 科，分别是壳斗科（2 属 5 种）、樟科（2 属 4 种）、蔷薇科(2 属 2 种)、百合科（2 属 2 种）；仅含 1 科 1 属 1 种的科有 20 科，占总科数的 80%。壳斗科含 2 属 5 种成为优势科；雷公山保护区分布的黄柏群落优势科属明显，偶见种的数量多，表明群落物种丰富。

由表 4-90 可知，属种关系中，青冈属的种数最多为 4 种，其次是樟属的 3 种，剩余除苔草属 *Carex* 有 2 种外其他都是单属单种，单属种占比为 89.66%。黄柏群落中青冈属、樟属为优势属。

表 4-90　雷公山保护区黄柏优势科属统计信息

序号	科名	属数/种数（个）	属占比/种占比（%）	序号	属名	种数（种）	种占比（%）
1	壳斗科 Fagaceae	2/5	6.90/14.29	1	青冈属 *Cyclobalanopsis*	4	13.79
2	樟科 Lauraceae	2/4	6.90/11.43	2	樟属 *Cinnamomum*	3	10.34
3	蔷薇科 Rosaceae	2/2	6.90/5.71	3	苔草属 *Carex*	2	6.90
4	百合科 Liliaceae	2/2	6.90/5.71	4	黄檗属 *Phellodendron*	1	3.45
5	莎草科 Cyperaceae	1/2	3.45/5.71	5	枫香树属 *Liquidambar*	1	3.45
6	金缕梅科 Hamamelidaceae	1/1	3.45/2.86	6	栎属 *Quercus*	1	3.45
7	芸香科 Rutaceae	1/1	3.45/2.86	7	胡桃属 *Juglans*	1	3.45
8	山茶科 Theaceae	1/1	3.45/2.86	8	香果树属 *Emmenopterys*	1	3.45

（续）

序号	科名	属数/种数（个）	属占比/种占比（%）	序号	属名	种数（种）	种占比（%）
9	清风藤科 Sabiaceae	1/1	3.45/2.86	9	泡花树属 *Meliosma*	1	3.45
10	胡桃科 Juglandaceae	1/1	3.45/2.86	10	槭属 *Acer*	1	3.45
11	杨柳科 Salicaceae	1/1	3.45/2.86	11	野桐属 *Mallotus*	1	3.45
12	茜草科 Rubiaceae	1/1	3.45/2.86	12	润楠属 *Machilus*	1	3.45
13	木犀科 Oleaceae	1/1	3.45/2.86	13	柳属 *Salix*	1	3.45
14	虎耳草科 Saxifragaceae	1/1	3.45/2.86	14	花楸属 *Sorbus*	1	3.45
15	鳞毛蕨科 Dryopteridaceae	1/1	3.45/2.86	15	耳蕨属 *Polystichum*	1	3.45
	总计	29/35			总计	29	

3.3 重要值

黄柏群落结构主要分为乔木层、灌木层和草本层，其中灌木层只有 2 种（细枝柃和狭叶方竹）不进行重要值计算，狭叶方竹在该层占优势地位。

由表 4-91 可知，乔木层的树种共 21 种，重要值大于 20 的有 5 种，其中最为显著的有两种即香果树的重要值最高为 44.4，其次胡核楸重要值为 42.23，共同构成了该层黄柏群落的优势种；重要值小于 6 的有 5 种即大果花楸 *Sorbus megalocarpa*、山樱花、雷公青冈 *Cyclobalanopsis hui*、细枝柃和五裂槭，为该层的偶见种。

表 4-91　雷公山保护区黄柏群落乔木层重要值

重要值排序	种名	数量（株）	相对密度	相对优势度	相对频度	重要值
1	香果树 *Emmenopterys henryi*	9	15.52	17.12	11.76	44.40
2	胡桃楸 *Juglans mandshurica*	5	8.62	24.79	8.82	42.23
3	枫香树 *Liquidambar formosana*	6	10.34	10.45	5.88	26.67
4	香桂 *Cinnamomum subavenium*	7	12.07	4.58	5.88	22.54
5	毛果青冈 *Cyclobalanopsis pachyloma*	4	6.90	8.10	5.88	20.87
6	青冈 *Cyclobalanopsis glauca*	4	6.90	4.14	5.88	16.92
7	少花桂 *Cinnamomum pauciflorum*	4	6.90	3.25	5.88	16.03
8	白栎 *Quercus fabri*	2	3.45	3.52	5.88	12.85
9	柔毛泡花树 *Meliosma myriantha* var. *pilosa*	2	3.45	3.44	5.88	12.78
10	贵州桤叶树 *Clethra kaipoensis*	2	3.45	1.10	5.88	10.43
11	黄柏 *Phellodendron amurense*	1	1.72	5.58	2.94	10.25
12	川桂 *Cinnamomum wilsonii*	2	3.45	2.29	2.94	8.68
13	黔桂润楠 *Machilus chienkweiensis*	2	3.45	1.68	2.94	8.07
14	白蜡树 *Fraxinus chinensis*	1	1.72	3.30	2.94	7.97
15	野桐 *Mallotus tenuifolius*	1	1.72	2.15	2.94	6.82
16	云山青冈 *Cyclobalanopsis sessilifolia*	1	1.72	1.52	2.94	6.19

（续）

重要值排序	种名	数量（株）	相对密度	相对优势度	相对频度	重要值
17	大果花楸 *Sorbus megalocarpa*	1	1.72	1.19	2.94	5.85
18	山樱花 *Cerasus serrulata*	1	1.72	0.65	2.94	5.31
19	雷公青冈 *Cyclobalanopsis hui*	1	1.72	0.42	2.94	5.09
20	细枝柃 *Eurya loquaiana*	1	1.72	0.42	2.94	5.09
21	五裂槭 *Acer oliverianum*	1	1.72	0.30	2.94	4.96

由表4-92可知，草本层植物共有13种，重要值大于20的有3种，分别是沿阶草为45.25，其次是大苞景天和乌头均为21.82，其中沿阶草的重要值最高，在草本层中占有主导地位。

综上可知，黄柏群落为香果树+胡桃楸群系，整个样地物种丰富度较高，乔木层和草本层优势种比较明显。

表4-92　雷公山保护区黄柏群落草本层重要值

重要值排序	种名	数量（株）	相对盖度	相对频度	重要值
1	沿阶草 *Ophiopogon bodinieri*	7	25.25	20.00	45.25
2	大苞景天 *Sedum oligospermum*	8	15.15	6.67	21.82
3	乌头 *Aconitum carmichaelii*	3	15.15	6.67	21.82
4	大叶金腰 *Chrysosplenium macrophyllum*	2	10.10	6.67	16.77
5	花葶苔草 *Carex scaposa*	2	10.10	6.67	16.77
6	扶芳藤 *Euonymus fortunei*	1	5.05	6.67	11.72
7	黑鳞耳蕨 *Polystichum makinoi*	1	5.05	6.67	11.72
8	虎耳草 *Saxifraga stolonifera*	5	5.05	6.67	11.72
9	冷水花 *Pilea notata*	2	5.05	6.67	11.72
10	川东苔草 *Carex fargesii*	2	1.01	6.67	7.68
11	深圆齿堇菜 *Viola davidii*	2	1.01	6.67	7.68
12	血水草 *Eomecon chionantha*	1	1.01	6.67	7.68
13	竹根七 *Disporopsis fuscopicta*	2	1.01	6.67	7.68

3.4　物种多样性

根据样地调查数据，采用植物物种丰富度指数（d_{Ma}）、优势度指数（D_r）、物种多样性Simpson指数（D）和Shannon-Wiener指数（H_e'）以及Pielou均匀性指数（J_e）分别对研究区植物群落草本层、灌木层、乔木层植物物种多样性进行统计分析（表4-93）。

表 4-93　雷公山保护区黄柏群落物种多样性指数

层次	d	d_{Ma}	λ	D	D_r	H_e'	H_2	J_e
乔木层	6.4444	4.9256	0.0635	0.9365	15.7429	2.7542	3.9735	0.9046
灌木层	1.0095	0.2144	0.9811	0.0189	1.0192	0.0534	0.0770	0.0770
草本层	4.7500	3.2989	0.0967	0.9033	10.3382	2.3240	3.3528	0.9060

从丰富度指数分析，乔木层、草本层的 d_{Ma} 指数值均在 3 以上，灌木层 d_{Ma} 指数值最低，乔木层丰富度指数比灌木层和草本层高出很多，说明乔木层物种最丰富，该群落丰富度指数表现为乔木层>草本层>灌木层。

从物种优势度指数（D_r）和物种多样性 Shannon-Wiener 指数（H_e'）分析，优势度指数越小表明群落的优势种越明显。H_e'值与物种丰富度紧密相关，并且呈正相关关系。从结果分析，优势度和群落物种丰富度均表现为灌木层>草本层>乔木层。

Pielou 指数（J_e）是指群落中各个种的多度或重要值的均匀程度，乔木层、草本层在 0.9 以上，灌木层均在 0.8 以下，均匀度指数越大表明物种分布越均匀，从结果分析，乔木层、草本层的分布更为均匀，整体均匀度呈现出草本层>乔木层>灌木层。

【研究进展】

近年来，黄柏的研究多集中在药用成分提取分析和药效学、黄柏栽培方面，从分子生物学方面探讨了黄柏濒危原因等，也有少部分工作涉及林学基础、病害以及与蝶类的化学生态方面。

1　化学成分和药理作用方面

黄柏的化学成分主要有生物碱类、甾醇类、柠檬甙素类、挥发油和黄柏树皮含青荧光酸及白鲜交酯。在黄柏有效成分研究方面，有文献报道不同光照强度、丛枝菌根菌、水分胁迫以及氮素形态等生态因素对小檗碱、巴马汀、药根碱的含量会产生影响；黄柏主要药用成分的分布规律与产地有关。黄柏的药理作用主要有降血糖、降血压、抗炎、解热抗癌、抑制细胞免疫、溃疡、抗氧化、痛风、前列腺渗透、抗病毒等。

2　栽培技术方面

黄柏常用的繁殖方法为种子繁殖，种子的果皮由绿褐色变为黄褐色，果皮开裂时即可进行采种，播种分为春播和秋播。春播需将种子经过植物生长调节剂进行低温或冷冻处理，打破休眠，才能播种；秋播的种子在土壤中自然起到低温层积的作用，充分吸胀后即可播种。黄柏也可以进行硬枝扦插繁殖，研究得出 1000mg/L 2,4-D 丁酯溶液处理 3h 效果为好；黄柏嫁接育苗以 4 月下旬至 5 月上旬间为宜，砧木高度以 6~8cm 为宜。黄柏组织培养快繁技术，利用黄柏顶芽和腋芽的茎段为材料，以 MS+0.8mg/L 6-BA 为培养基，浓度 10%的次氯酸钠溶液消毒黄柏茎段 8min，其组培苗生长最旺盛，成活率可达 92.8%，以 MS 为基本培养基，蔗糖浓度 20mg /L，pH5.8 对黄柏组培苗的壮苗效果最好。松散型胚性愈伤组织形成的最佳培养基组合是 MS+（0.8~8.8）μM BA+（2.0~8.0）μM 2,4-D/NAA，胚性愈伤组织形成胚的最佳培养基组合为 MS+8.8μM BA+4.0μM 2,4-D，黄柏愈伤组织在 1/2MS 培养基中出芽率最高，幼苗增殖的最佳培养基组合为 MS+2.0μM BA+

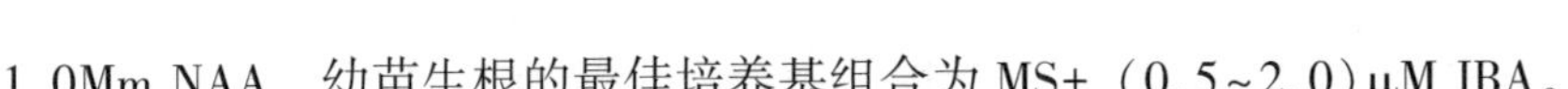

1.0Mm NAA，幼苗生根的最佳培养基组合为 MS+（0.5~2.0）μM IBA。

3　分子生物学方面

近年来，随着分子生物学的快速发展，对于黄柏在分子生物学方面的研究报道较少。祖元刚等以黄柏叶片为材料，分别利用改进的盐酸胍法 lrzo 法和 CTAB 法提取黄柏叶片总 RNA；闰志峰利用 AFLP 分子标记评价了黄柏迁地保护群体与野生种群的遗传多样性，结合实际调研情况，探讨了濒危机制，并提出了相应的保护对策和建议；王延兵、王慧梅等利用 SSH 技术构建了黄柏幼苗在干旱胁迫下差异表达基因，通过生物信息学分析研究了干旱胁迫过程中相关基因的表达情况，并克隆了金属硫蛋白基因的全长序列。为进行黄柏分子生物学的研究奠定了基础，同时为植物基因工程提供了丰富的抗逆基因。

【繁殖方法】

①选地、整地：黄柏为阳性树种，山区、平原均可种植，但以土层深厚、便于排灌、腐殖质含量较高的地方为佳，零星种植可在沟边路旁、房前屋后、土壤比较肥沃、潮湿的地方种植。在选好的地上，按穴距 3~4m 开穴，穴深 30~60cm、80cm，并每穴施入农家肥 5~10kg 作底肥。育苗地则宜选地势比较平坦、排灌方便、肥沃湿润的地方，每亩施农家肥 3000kg 作基肥，深翻 20~25cm，充分细碎整平后，作成 1.2~1.5m 宽的畦。

②种子繁殖：播种可春播或秋播。春播宜早不宜晚一般在 3 月上、中旬，播前用 40℃温水浸种 1d，然后进行低温或冷冻层积处理 50~60d，待种子裂口后，按行距 30cm 开沟条播。播后覆土，楼平稍加镇压、浇水，秋播在 11~12 月进行，播前 20d 湿润种子至种皮变软后播种。每亩用种 2~3kg。一般 4~5 月出苗，培育 1~2 年后，当苗高 40~70cm 时，即可移栽。移栽时间在冬季落叶后至翌年新芽萌动前，将幼苗带土挖出，剪去根部下端过长部分，每穴栽 1 株，填土至一半时，将树苗轻轻往上提，使根部舒展后再填土至平，踏实，浇水。

③分根繁殖：在休眠期间，选择直径 1cm 左右的嫩根，窖藏至翌年春解冻后扒出，截成 15~20cm 长的小段，斜插于土中，上端不能露出地面，插后浇水。也可随刨随插。1 年后即可成苗移栽。

④田间管理：苗齐后应拔除弱苗和过密苗。一般在苗高7~10cm 时，按株距 3~4cm 间苗；苗高 17~20cm 时，按株距 7~10cm 定苗。

⑤中耕除草：一般在播种后至出苗前，除草 1 次，出苗后至郁闭前，中耕除草 2 次。定植当年和发后 2 年内，每年夏秋两季，应中耕除草 2~3 次，3~4 年后，树已长大，只需每隔 2~3 年，在夏季中耕除草 1 次，疏松土层，并将杂草翻入土内。

⑥追肥：育苗期，结合间苗中耕除草应追肥 2~3 次，每次每亩施入畜粪水 2000~3000kg，夏季在封行前也可追施 1 次。定植后，于每年入冬前施 1 次农家肥，每株沟施 10~15kg。

⑦排灌：播种后出苗期间及定植半月以内，应经常浇水，以保持土壤湿润，夏季高温也应及时浇水降温，以利幼苗生长。郁闭后，可适当少浇或不浇水。多雨积水时应及时排除，以防烂根。

⑧防治病虫害。锈病：在叶片上出现黄色突起的小疮斑，即孢子堆，多在 5~7 月发

病；防治方法为发病初期用 15%的粉锈宁可湿性粉剂 1000～2000 倍兑水喷雾。煤污病：主要表现为在叶和嫩枝上的叶面出现密汁似的黏液，渐生黑色斑点，后形成一层煤烟状的厚霉层；防治方法为发病初期用 1：0.5：200 倍波尔多液喷雾，每隔 10d 左右喷雾一次，连续 2～3 次，或用 25%多菌灵可湿性粉剂 400 倍液喷雾处理。

【保护建议】

鉴于目前黄柏种群数量在雷公山保护区内严重缺少的现状，建议从以下几个方面加强黄柏物种保护。

一是保护黄柏的生存环境。通过实施监测保护、加强巡护等措施，保护黄柏的生境，促进黄柏种群的自然更新。严惩乱砍、盗伐和非法采集黄柏的不法行为，保护有限的天然黄柏资源。

二是人工扩大黄柏种群的数量及规模。采集成熟种子，经人工处理后回播或人工育苗后移栽于野生黄柏分布区域，令其自然生长，以扩大区域内黄柏种群的数量及规模。

三是开展迁地保护，扩大分布范围。采集成熟种子或枝条，或培育幼苗后，播种或扦插于生态环境、气候条件与原产地相近但无黄柏分布的区域，从而扩大黄柏的分布范围及种群数量。

伞花木

【保护等级及珍稀情况】

伞花木 *Eurycorymbus cavaleriei*（Lévl.）Rehd. et Hand. -Mazz.，俗称白苦楝，属无患子科伞花木属 *Eurycorymbus*，列为国家二级重点保护野生植物，是我国特有种。

【生物学特性】

伞花木为小乔木或乔木，高 6～20m。小枝、叶轴和叶柄均被灰黄色卷曲微柔毛。偶数羽状复叶，长 15～30cm，叶轴长 4.5～7cm，有小叶 4～10 对，近对生，膜质，长椭圆形，长 6～10cm，宽 2～3cm，先端渐尖，基部偏斜楔形，边缘有疏齿，两面沿中脉和侧脉上被卷曲微柔毛，小叶柄长 1～2.5mm。圆锥花序伞房状，长 10～30cm，宽 15～18cm，密被灰黄色细柔毛；花小，密集，白色；萼片小，长约 1.5mm，花瓣长圆状匙形，边缘具小睫毛；花盘无毛，雄蕊 8 枚，长约为花瓣的 2 倍。蒴果长圆形，密被黄褐色平伏细茸毛。种子球形。花期 5～6 月，果期 10 月。

伞花木分布于云南、广西、湖南、贵州、江西、广东、福建、台湾等地；在贵州分布于印江、思南、德江、江口、天柱、独山、荔波、三都、都匀、贵定、惠水、长顺、罗甸、凯里、黄平、榕江、黎平、从江、兴义等地。

【应用价值】

伞花木提取物具有抗肿瘤活性；种仁具有较高的营养、保健和药用价值；并具有很高开发价值的油脂植物资源。

【资源特性】

1 雷公山保护区资源分布情况

伞花木分布于交密管理站至交包村的公路边；生长在海拔 650～1000m 的天然阔叶林中；分布面积为 120hm²，共有 260 株。

2 种群及群落特征

2.1 空间格局分布

根据调查各样方实际个体数 x（图 4-33），横坐标表示样方号，纵坐标表示个体数量，计算出伞花木种群空间分布格局。

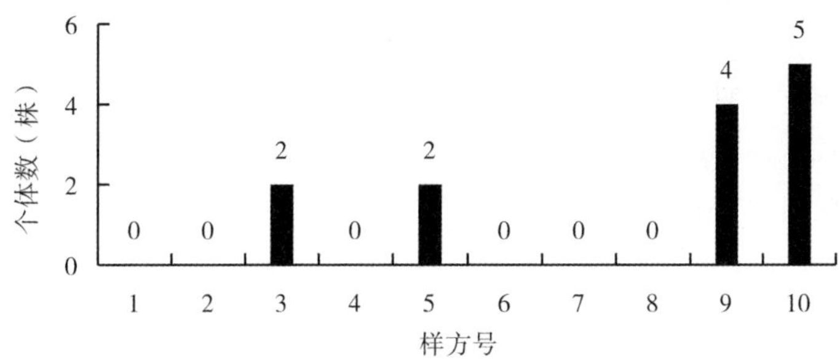

图 4-33 雷公山保护区伞花木在样方中的分布

经计算，种群的分散度（S^2）为 18.431，样方平均个体数 m 为 1.3。根据分散度的大小 S^2 与样方平均个体数 m 进行比较，得出 $S^2>m$，表明该伞花木种群的空间格局类型为集群型，种群个体分布极不均匀，呈局部密集。

2.2 生命表

根据调查结果，编制出伞花木种群特定时间生命表（表 4-94）。

表 4-94 雷公山保护区伞花木种群静态生命表

龄级	径级（cm）	A_x	a_x	l_x	$\ln l_x$	d_x	q_x	L_x	T_x	e_x	K_x
Ⅰ	0～2	0	15	1000	6.908	267	0.267	867	2633	2.633	0.310
Ⅱ	2～4	2	11	733	6.598	267	0.364	600	1767	2.409	0.452
Ⅲ	4～6	2	7	467	6.146	67	0.143	433	1167	2.500	0.154
Ⅳ	6～8	3	6	400	5.991	133	0.333	333	733	1.833	0.405
Ⅴ	8～10	4	4	267	5.586	133	0.500	200	400	1.500	0.693
Ⅵ	10～12	1	2	133	4.893	0	0	133	200	1.500	0.000
Ⅶ	12～14	1	2	133	4.893	133	1.000	67	67	0.500	4.893

注：各龄级取径级下限。

由表 4-94 可知，种群数量随着径级结构的增加呈现出先增大后减小的趋势，而种群个体存活数 l_x 和标准化存活数 $\ln l_x$ 随着径级的增加逐渐减小，从 x 到 $x+1$ 径级间隔期内标准化死亡数 d_x 呈现出先下降后上升的趋势，其 d_x 在径级Ⅰ和Ⅱ时出现最大值为 267；种群死亡率 q_x 从径级Ⅰ～Ⅷ随着时间的变化呈现出先增大再减小后增大的趋势，q_x 在径级Ⅱ、Ⅵ和Ⅶ中出现“突变”，其 q_x 明显大于其他径级，说明伞花木种群在幼年和老年最容

易死亡而被淘汰；从 x 到 $x+1$ 径级存活个体数 L_x 呈现出随龄级的增加而减小的趋势，个体期望寿命 e_x 随着年龄的增加逐渐降低，在Ⅳ～Ⅵ龄级阶段时，伞花木种群的平均生命期望明显减小，伞花木种群的生理衰退明显；损失度 K_x 整体表现为上升的趋势，其损失度 K_x 在径级Ⅱ、Ⅳ和Ⅴ相对较高，其次为径级Ⅰ。在幼苗阶段，个体死亡率为 0.267，略低于中幼树阶段；进入幼树、小树阶段，伞花木致死亡率逐渐增高，最高出现在Ⅴ龄级达到 0.5，在第Ⅱ龄级时死亡率达到 0.364，在第Ⅵ龄级时死亡率达到 0.333，整个阶段死亡率偏高，因此在这进入幼树这一阶段的种内、种间竞争中伞花木处于劣势，导致死亡率较高。在第Ⅵ龄级伞花木进入成年阶段，呈相对稳定趋势，但最终成活的株数只有近 14.29%。

存活曲线可以有效地反映种群个体在各年龄级的存活状况。以径级相对年龄为横坐标，以存活量的对数为纵坐标，根据伞花木生命表（表 4-94），绘制伞花木种群存活曲线（图 4-34）。按 Deevey 生存曲线划分，该种群的存活曲线介于Ⅱ型和Ⅲ型之间。伞花木种群存活曲线从第Ⅳ到第Ⅵ龄级的斜率相对于幼龄和成年阶段斜率较大，结合表 4-94 分析，表明伞花木种群在中期死亡率较高，进入第Ⅵ龄级后，死亡率逐渐下降，并趋于稳定。

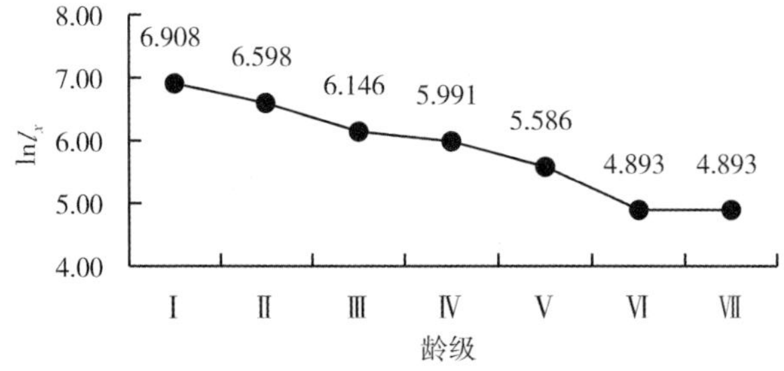

图 4-34　雷公山保护区伞花木种群存活曲线

以径级为横坐标，以各龄级的死亡率和损失度为纵坐标作出的死亡率和损失度曲线如图 4-35 所示。伞花木死亡率 q_x 和损失度 K_x 曲线变化趋势一致，均呈现出先前期相对平缓最后急剧升高的趋势（图 4-35），可见伞花木种群数量具有前中期缓慢增长，后期急剧减少的特点。

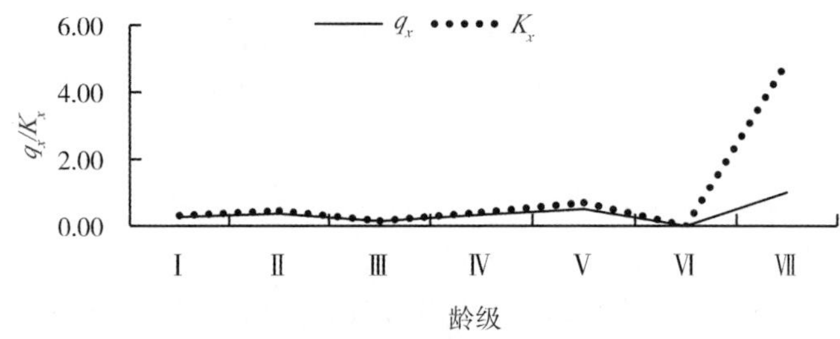

图 4-35　雷公山保护区伞花木死亡率和损失度曲线

伞花木种群结构呈现出不规则金字塔形（图 4-36），种群个体数量主要集中分布在径级Ⅱ～Ⅴ，这 4 个径级的个体数量占种群总数量的 84.46%，说明该伞花木种群的中龄个

体数很充足，但老龄个体数较少，仅为种群总数量的 14.30%，缺乏幼龄个体，中老龄个体数量总体呈现出下降趋势。伞花木种群处于稳定型。

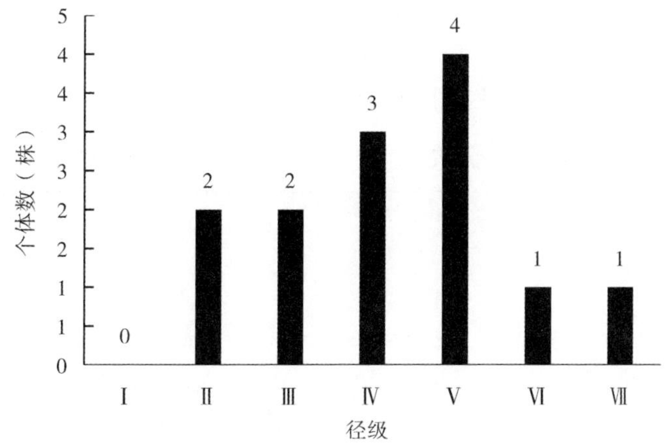

图 4-36　雷公山保护区伞花木种群径级结构

2.3　群落特征

2.3.1　群落组成

调查结果表明，在研究区域的样地中，共有维管束植物 55 科 83 属 106 种，其中，蕨类植物 6 科 9 属 10 种，裸子植物 2 科 2 属 2 种，被子植物 47 科 72 属 94 种；被子植物中双子叶植物 41 科 64 属 84 种，单子叶植物 6 科 8 属 10 种。在样地中，三大类群科、属、种的数量总体表现为双子叶植物>蕨类植物>单子叶植物>裸子植物，双子叶植物的物种数量在伞花木群落中占据绝对优势（图 4-37）。

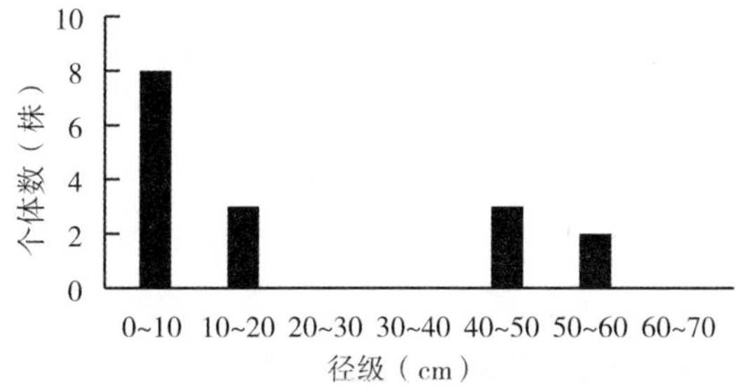

图 4-37　伞花木群落样地植物科属种分类

2.3.2　优势科属

根据调查得出伞花木群落样地优势科属见表 4-95，优势科和优势属取前 15 位。

由表 4-95 可知，科属种关系中，含 3 属以上的科有 5 科，分别是蔷薇科（3 属）、樟科（3 属）、紫金牛科（3 属）、蝶形花科（4 属）、鳞毛蕨科 Dryopteridaceae（3 属）；含 5 种以上的科有 4 科，分别是蔷薇科（7 种）、桑科（5 种）、樟科（5 种）、紫金牛科（5 种）；含 3 属 5 种以上的科有 3 科，分别是蔷薇科（3 属 7 种）、樟科（3 属 5 种）、紫金牛科（3 属 5 种）；仅含 1 科 1 属 1 种的科有 26 科，占总科数的 47.00%。蔷薇科以含 3 属 7

种成为优势科；雷公山保护区分布的伞花木群落优势科属明显，偶见种的数量多，表明群落物种丰富。

由表 4-95 可知，属种关系中，悬钩子属的种数最多为 5 种，其次是铁线莲属 *Clematis* 的 4 种，含 3 种以上的属有 3 个，分别是菝葜属 *Smilax*、楠属 *Phoebe*、榕属 *Ficus*；单属单种占的比例为 81.92%。伞花木群落中悬钩子属、铁线莲属为优势属。

表 4-95　雷公山保护区伞花木群落优势科属统计信息（按物种数量排序）

序号	科名	属数/种数（个）	属占比/种占比（%）	序号	属名	种数（种）	种占比（%）
1	蔷薇科 Rosaceae	3/7	3.61/6.60	1	悬钩子属 *Rubus*	5	4.72
2	桑科 Moraceae	2/5	2.41/4.72	2	铁线莲属 *Clematis*	4	3.77
3	樟科 Lauraceae	3/5	3.61/4.72	3	菝葜属 *Smilax*	3	2.83
4	紫金牛科 Myrsinaceae	3/5	3.61/4.72	4	楠属 *Phoebe*	3	2.83
5	百合科 Liliaceae	2/4	2.41/3.77	5	榕属 *Ficus*	3	2.83
6	蝶形花科 Papibilnaceae	4/4	4.82/3.77	6	杜茎山属 *Maesa*	2	1.89
7	毛茛科 Ranunculaceae	1/4	1.20/3.77	7	构属 *Broussonetia*	2	1.89
8	鳞毛蕨科 Dryopteridaceae	3/3	3.61/2.83	8	胡椒属 *Piper*	2	1.89
9	卫矛科 Celastraceae	2/3	2.41/2.83	9	旌节花属 *Stachyurus*	2	1.89
10	报春花科 Primulaceae	1/2	1.20/1.89	10	卷柏属 *Selaginella*	2	1.89
11	禾本科 Poaceae	2/2	2.41/1.89	11	南蛇藤属 *Celastrus*	2	1.89
12	胡椒科 Piperaceae	1/2	1.20/1.89	12	泡花树属 *Meliosma*	2	1.89
13	旌节花科 Stachyuraceae	1/2	1.20/1.89	13	山矾属 *Symplocos*	2	1.89
14	菊科 Asteraceae	2/2	2.41/1.89	14	珍珠菜属 *Lysimachia*	2	1.89
15	卷柏科 Selaginellaceae	1/2	1.20/1.89	15	紫金牛属 *Ardisia*	2	1.89

2.3.3　重要值

伞花木群落结构主要分为乔木层、灌木层和草本层，灌木层和草本层均取重要值前 10 位。由表 4-96 可知，乔木层的树种共 15 种，大于重要值平均值 20 的有 4 种，其中最为显著的有 2 种，即复羽叶栾树的重要值最高为 80.42，其次伞花木重要值为 59.37，共同构成了该层伞花木群落的优势种；重要值小于 6 的有 3 种即杉木、光枝楠和紫楠，为该层的偶见种。

由表 4-97 可知，灌木层植物共有 73 种，其中重要值只有两种大于 10，重要值最大的是篦子三尖杉为 48.80，其次是闽楠为 11.01，在灌木层中篦子三尖杉的重要值高出闽楠 37.79，具有绝对优势。重要值低于 10 的物种占比高达 97.30%，这表明灌木层物种丰富。

草本层植物共有 22 种，由表 4-98 可知，重要值大于 20 的有两种，分别是深绿卷柏为 27.94，其次是鸢尾为 20.58，其中深绿卷柏的重要值最高，在草本层中占有主导地位。

综上可知，伞花木群落为复羽叶栾树+伞花木+篦子三尖杉群系，整个样地物种丰富度较高，乔木层和灌木层优势种比较明显，而草木层优势种不明显。

表 4-96　雷公山保护区伞花木群落乔木层重要值

重要值排序	种名	相对密度	相对优势度	相对频度	重要值
1	复羽叶栾树 *Koelreuteria bipinnata*	25. 00	32. 57	22. 86	80. 42
2	伞花木 *Eurycorymbus cavaleriei*	25. 00	22. 94	11. 43	59. 37
3	盐肤木 *Rhus chinensis*	5. 77	12. 59	5. 71	24. 07
4	海通 *Clerodendrum mandarinorum*	7. 69	10. 28	5. 71	23. 69
5	暖木 *Meliosma veitchiorum*	5. 77	3. 16	8. 57	17. 50
6	香叶树 *Lindera communis*	5. 77	3. 12	8. 57	17. 46
7	赤杨叶 *Alniphyllum fortunei*	3. 85	3. 11	5. 71	12. 67
8	腺叶桂樱 *Laurocerasus phaeosticta*	3. 85	2. 46	5. 71	12. 02
9	中华槭 *Acer sinense*	3. 85	2. 19	5. 71	11. 75
10	闽楠 *Phoebe bournei*	3. 85	1. 38	5. 71	10. 94
11	漆 *Toxicodendron vernicifluum*	1. 92	2. 44	2. 86	7. 22
12	构树 *Broussonetia papyrifera*	1. 92	1. 24	2. 86	6. 02
13	杉木 *Cunninghamia lanceolata*	1. 92	1. 13	2. 86	5. 91
14	光枝楠 *Phoebe neuranthoides*	1. 92	0. 69	2. 86	5. 47
15	紫楠 *Phoebe sheareri*	1. 92	0. 69	2. 86	5. 47

表 4-97　雷公山保护区伞花木群落灌木层重要值

重要值排序	种名	相对盖度	相对频度	重要值
1	篦子三尖杉 *Cephalotaxus oliveri*	41. 17	7. 63	48. 80
2	闽楠 *Phoebe bournei*	5. 66	5. 34	11. 01
3	中华猕猴桃 *Actinidia chinensis*	5. 94	1. 53	7. 46
4	常春藤 *Hedera sinensis*	3. 56	3. 82	7. 38
5	三叶木通 *Akebia trifoliata*	2. 38	3. 82	6. 19
6	紫麻 *Oreocnide frutescens*	2. 19	3. 82	6. 01
7	山地杜茎山 *Maesa montana*	1. 92	3. 05	4. 97
8	菝葜 *Smilax china*	1. 10	3. 82	4. 91
9	粉背南蛇藤 *Celastrus hypoleucus*	1. 28	2. 29	3. 57
10	大芽南蛇藤 *Celastrus gemmatus*	2. 74	0. 76	3. 50

表 4-98　雷公山保护区伞花木群落草本层重要值

重要值排序	种名	相对盖度	相对频度	重要值
1	深绿卷柏 *Selaginella doederleinii*	18. 42	9. 52	27. 94
2	鸢尾 *Iris tectorum*	11. 05	9. 52	20. 58
3	对马耳蕨 *Polystichum tsus-simense*	9. 47	9. 52	19. 00
4	三脉紫菀 *Aster trinervius* subsp. *ageratoides*	14. 21	4. 76	18. 97
5	香附子 *Cyperus rotundus*	5. 26	9. 52	14. 79

（续）

重要值排序	种名	相对盖度	相对频度	重要值
6	贯众 *Cyrtomium fortunei*	5.26	7.14	12.41
7	楼梯草 *Elatostema involucratum*	5.26	7.14	12.41
8	山姜 *Alpinia japonica*	6.84	4.76	11.60
9	五节芒 *Miscanthus floridulus*	3.68	4.76	8.45
10	麦冬 *Ophiopogon japonicus*	5.26	2.38	7.64

2.3.4 物种多样性

根据样地调查数据，计算得出物种多样性结果见表4-99。

表4-99 雷公山保护区伞花木群落物种多样性指数

层次	S	d	d_{Ma}	λ	D	D_r	H_e'	H_2	J_e
乔木层	15	4.0000	3.5432	0.1320	0.8680	1.1520	2.2653	3.2682	0.8365
灌木层	73	3.4840	11.1032	0.1003	0.8997	1.1115	3.2685	4.7298	0.7618
草本层	22	2.7500	3.8935	0.1753	0.8247	1.2125	2.2249	3.2099	0.7198

采用植物物种数（S）、丰富度指数（d_{Ma}）、优势度指数（D_r）、物种多样性Simpson指数（D）和Shannon-Wiener指数（H_e'）以及Pielou的均匀性指数（J_e）分别对研究区植物群落草本层、灌木层、乔木层植物物种多样性进行统计分析（表4-99）。结果表明，从伞花木样地区域物种数目来看，灌木层占绝对优势。

从丰富度指数分析，乔木层、草本层、灌木层的d_{Ma}指数值均在3以上，灌木层丰富度指数比乔木层和草本层高出很多，说明灌木层物种最丰富，该群落丰富度指数表现为灌木层>草本层>乔木层。

从物种优势度指数（D_r）和物种多样性Shannon-Wiener指数（H_e'）分析，优势度指数越小表明群落的优势种越明显，某一种或几种优势种的数量增加都会使该指数值降低；H_e'值与物种丰富度紧密相关，并且呈正相关关系。可见，优势度和群落物种丰富度均表现为灌木层>乔木层>草本层。

Pielou指数（J_e）是指群落中各个种的多度或重要值的均匀程度，乔木层均匀度指数在0.8以上，草本层、灌木层均匀度指数均在0.8以下，均匀度指数越大表明物种分布越均匀。从结果分析，乔木层的分布更为均匀，整体均匀度呈现出乔木层>灌木层>草本层。

2.4 群落生活型谱

采用最广泛应用的Raunkiaer提出的生活型分类系统，根据调查结果得出生活型谱分类（表4-100）。结果表明伞花木群落中，以高位芽植物为主，占72.64%，分别为复羽叶栾树（12m）、盐肤木（11m）、暖木 *Meliosma veitchiorum*（10m）、伞花木（8m）、赤杨叶 *Alniphyllum fortunei*（8m）等77种；地面芽植物和地下芽植物均为10.38%，主要有深绿卷柏、鸢尾、对马耳蕨 *Polystichum tsus-simense*、三脉紫菀；地上芽植物较少为5.66%，一年生植物最少，仅为0.94%。其中在高位芽植物中又以矮高位芽植物最多为41.51%，其次为小高芽植物为 20. 75%，没有大高位芽植物。

表 4-100　雷公山保护区伞花木群落生活型谱

群落种类	高位芽植物			地上芽	地面芽	地下芽	一年生
	中型	小	矮小				
物种数量（%）	10. 38	20. 75	41. 51	5. 66	10. 38	10. 38	0. 94

从伞花木群落生活型分析（表 4-101），结果表明乔灌木物种最多 51. 89%，其次是藤本植物为 25. 47%，草本为 15. 09%排第三，蕨类植物最少为 7. 55%。从伞花木群落植物生活型谱和生活型分析，结果表明该伞花木群落以乔灌层植物为主，与伞花木群落重要值分析结果一致。

表 4-101　雷公山保护区伞花木群落生活型

植物类型	乔灌木	藤本	草本	蕨类
物种数量（%）	51. 89	25. 47	15. 09	7. 55

【研究进展】

毛玮卿等开展对九连山伞花木群落结构特征研究，王学兵开展对福建汀江源自然保护区伞花木群落特征研究，主要研究伞花木种群群落特征方面；吴显芝开展模拟干旱胁迫对伞花木生理特征影响的研究，表明调节酶保护系统活性和渗透调节物质含量是伞花木适应岩溶干旱环境的重要机制；陈琳、余泽平等 2018 年对珍贵野生植物资源保护制定了相关策略。

韦小丽、廖明等开展对伞花木 1 年生播种苗生长规律及育苗技术研究表明用混沙湿藏可促进种子提早萌发和提高场圃发芽率，而且育苗采用 60 株/m^2的密度较好；耿云芬开展对伞花木播种育苗技术的研究，为伞花木播种和病虫害防治等提供方法；朱红艳，康明开展对雌雄异株稀有植物伞花木自然居群的等位酶遗传多样性研究表明伞花木具有较高水平的遗传多样性，初步确定伞花木主要为风媒传粉，也存在少量的虫媒传粉。

曹丽敏等开展对伞花木种仁营养成分分析，表明伞花木种仁具有较高的营养、保健和药用价值；吴文珊、张清其等对伞花木组织培养的研究，在 Ms 培养基中附加细胞分裂素 BA 明显促进芽的形成和增殖，诱导生根用 MS 附加 IBA（2mg/L）和 BA（0. 2mg/L）；张清其、吴文珊等开展了对伞花木染色体核型的研究确定伞花木的染色体数目为 $2n=22$，属于 stebbinsl 的对称核型；何轶、车镇涛等开展对伞花木化学成分研究并从伞花木中首次分离得到 19 种化合物。曹丽敏、滕涛等提取伞花木种仁油研究表明伞花木是一种具有很高开发价值的油脂植物资源；陈慈禄开展对伞花木木材物理力学性质的初步分析研究表明伞花木木材密度、干缩系数和综合强度均小于同科树种无患子。

【繁殖方法】

采用种子繁殖方法，步骤如下。

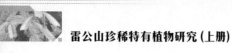

1 种子采集与贮藏

在每年的 10 月初到 11 月中旬时，观察其果实颜色由青绿色过渡到黑色后，便可以将其采摘。将果序剪下后进行揉搓，就能够获得种子。一个果序大约能够得到98 粒种子。将种子放入布袋内，保证环境的干燥通风状态。单粒伞花木种子，其重量在 0.08~1.0g，每千粒伞花木种子的重量为 80~100g，净度为 99%，种子发芽率通常在 80%~90%。

2 播种床的准备

作苗圃地的选择：地势平坦、土壤肥沃、日照条件好、排灌方便、土层深厚。对苗圃地进行深翻耙细，打造成宽度为 1m、高度为 15cm、步道宽 40cm 的高床，具体尺寸可根据实际地形而定。

容器育苗基质的准备：选择尺寸为 10cm×16cm 的塑料薄膜容器作为育苗容器。加入 10%的沙子、50%的红土、40%的森林腐殖质土，将营养土碾碎后混合均匀，放入容器中。

3 种子的处理

有两种种子处理方法，处理前先将种子放入浓度为 0.5%的高锰酸钾浸泡 30min，然后放入清水中进行冲洗：方法一是将种子放入温度为 45℃的温水中浸泡，3d 后可进行播种。方法二是混沙湿藏法。在方法一的基础上，将河沙与种子进行混合，当用手握成团不出水时确定为沙藏的湿度，且把手松开后不会散沙。每周进行一次翻动保证其透气性，根据情况调整湿度。经过试验对比后发现，温水浸泡的种子的发芽时间在 30d 左右，发芽率约为 80%；而混沙湿藏种子在 15d 后就有了露白的现象，播种后 5d 时间内完成发芽，发芽率超过了 90%，且出苗整齐。

4 播种

最佳播种时间为 3 月中旬至 4 月初，使用 0.5%的高锰酸钾在播种前 2d 对土壤消毒。将种子按照条播法进行播种，沟深 2cm 左右，行距保持在 10cm，覆土厚度在 1cm 左右，最后用松针或草等将其覆盖，减少土壤水分的流失。伞花木种子的播种量在每亩 9~10kg。

5 苗圃管理

完成播种任务后，应频繁地检查苗床的温度和湿度，及时进行调整，等到种子发芽后可以逐渐将苗床上的覆盖物撤走。

【保护建议】

根据调查结果分析，对伞花木的保护提出以下建议。

一是采取就地保护，防止偷盗或恶意采伐。

二是因伞花木缺乏幼苗数量，说明伞花木种子在自然更新受到生境和种间竞争的影响，可以针对性地开展人工栽培，进行科学的播种育苗，开展有性无性繁殖方式相结合进行回归引种试验，扩大种群数量。

三是因伞花木存活的成年树木较少，可以筛选存活的优良树种选作采种母树加以保护，也可以实施迁地保存，以防止物种遗传多样性和优良遗传基因的丢失。

四是因伞花木目前在乔木层中有一定优势，群落还处于演替的早期阶段，可以采取一定的人为干预措施，压制群落内其他树种的优势，提高伞花木的生存条件等，可扩大伞花木种群。

香果树

【保护等级及珍稀情况】

香果树 *Emmenopterys henryi* Oliv.，俗称丁木，属茜草科香果树属 *Emmenopterys*，是第四纪冰川期的孑遗植物，列为国家二级重点保护野生植物，是我国特有种。

【生物学特性】

香果树落叶大乔木，高达40m，胸径180cm，干形通直；树皮灰色，小片状剥落。小枝红褐色，具明显皮孔和托叶痕。单叶对生，薄革质，椭圆形、宽椭圆形或椭圆状卵形，长10~20cm，宽4~12cm，先端急尖或骤然渐尖，基部宽楔形或圆形，全缘；叶柄淡紫红色，长3~6cm；托叶大，三角状卵形，早落。聚伞花序排列成顶生大型圆锥花序，花有芳香味、淡黄色，有短柄，萼5裂，其中1片萼片扩大成叶状，白色宿存于花序或果实上；花冠漏斗状，长约2cm，被茸毛；雄蕊5枚。蒴果近纺锤状，长3~5cm，有纵棱，成熟时红色，开裂。种子多数，扁平，小而有阔翅。花期6~8月，果期8~11月。

香果树分布于陕西、甘肃、江苏、安徽、浙江、江西、福建、河南、湖北、湖南、广西、四川、贵州及云南东北部至中部。

【应用价值】

1 园林绿化价值

香果树主干高耸，树姿雄伟壮丽，树冠舒展，枝干苍劲，枝繁叶茂，叶色深绿，浓荫覆地，花大色艳，绚丽多彩，夏秋飘香，意韵淳厚，尤为珍奇可爱。香果树是中国森林中“最美丽动人”的树木之一，可作行道树、庭荫树、风景林、防风林和隔音林带，是优良园林绿化观赏树种。

2 药用价值

香果树的根和树皮具有和胃止呕的功效，可用于治疗反胃呕吐，其味辛、甘、微温。我国沿海地区是胃病多发地区，以香果树为主料的民间偏方广泛流传于此，妇幼皆知，疗效显著。

3 材用价值

香果树是优良的速生用材树种，其木材纹理通直，结构细致，色纹美观，材质轻柔，木材比重适中，加工容易，可用于建筑、家具、细木工艺、雕刻及大型雕塑等，过去多用于雕刻神像，故称为“神木”。

【资源特性】

1　研究方法

在野外实地踏查的基础上，选取香果树天然群落为研究对象，于 2019 年进行外业调查，分别设置具代表性的 4 个样地（表 4-102）。

表 4-102　雷公山保护区香果树样地概况

样地号	小地名	坡度（°）	坡位	坡向	海拔（m）	土壤类型
样地 1	蒿菜冲楼梯坡	25	下部	西南	910	黄壤
样地 2	开屯苦里冲	35	中部	西南	1240	黄壤
样地 3	乔歪	40	中下部	东北	1070	黄壤
样地 4	展包	40	中部	东南	1100	黄壤

2　雷公山保护区资源分布情况

香果树分布于雷公山保护区的三湾、乔歪、岩寨、干角、脚尧、雀鸟、陡寨、展包等地；生长在海拔 900~1610m 的天然次生林、常绿落叶阔叶混交林、杉木林和四旁树；分布面积为 1890hm^2，共有 10880 株。

3　种群和群落特征

3.1　群落树种组成

根据 4 个调查样地资料统计，共有维管束植物 222 种，隶属于 96 科 163 属（表 4-103）；其中，蕨类植物 14 科 19 属 21 种，裸子植物 2 科 2 属 2 种，被子植物中有双子叶植物 72 科 130 属 182 种，单子叶植物有 8 科 12 属 17 种。由此可知，在雷公山保护区分布的香果树群落中双子叶植物的物种数量占据绝对优势。

表 4-103　雷公山保护区香果树群落物种组成

植物类型		科（个）	属（个）	种（种）
蕨类植物		14	19	21
裸子植物		2	2	2
被子植物	双子叶植物	72	130	182
	单子叶植物	8	12	17
合计		96	163	222

3.2　群落优势科属

取科含 2 种以上和属含 2 种以上统计得表 4-104、表 4-105。由表 4-104 可知，科种关系中，含 10 种以上的科有蔷薇科（11 种），为香果树群落优势科；含 5~10 种的科有荨麻科（8 种）、樟科（8 种）、山茶科（7 种）、茜草科（5 种）4 科；其余含 4 种的有 8 科，含 3 种的有 6 科，含 2 种的有 13 科；仅含 1 种的有 54 科，占总科数比 56.25%。

表 4-104 雷公山保护区香果树群落科属种数量关系

排序	科名	属数/种数（个）	占总属/种数的比例（%）	排序	科名	属数/种数（个）	占总属/种数的比例（%）
1	蔷薇科 Rosaceae	5/11	3. 759/6. 587	18	壳斗科 Fagaceae	3/3	2. 256/1. 796
2	荨麻科 Urticaceae	6/8	4. 511/4. 79	19	鳞毛蕨科 Dryopteridaceae	3/3	2. 256/1. 796
3	樟科 Lauraceae	5/8	3. 759/4. 79	20	杜鹃花科 Ericaceae	1/2	0. 752/1. 198
4	山茶科 Theaceae	4/7	3. 008/4. 192	21	杜英科 Elaeocarpaceae	1/2	0. 752/1. 198
5	茜草科 Rubiaceae	5/5	3. 759/2. 994	22	禾本科 Poaceae	2/2	1. 504/1. 198
6	百合科 Liliaceae	3/4	2. 256/2. 395	23	虎耳草科 Saxifragaceae	2/2	1. 504/1. 198
7	菊科 Asteraceae	4/4	3. 008/2. 395	24	堇菜科 Violaceae	1/2	0. 752/1. 198
8	木通科 Lardizabalaceae	3/4	2. 256/2. 395	25	蓼科 Polygonaceae	2/2	1. 504/1. 198
9	漆树科 Anacardiaceae	3/4	2. 256/2. 395	26	毛茛科 Ranunculaceae	2/2	1. 504/1. 198
10	槭树科 Aceraceae	1/4	0. 752/2. 395	27	木兰科 Magnoliaceae	2/2	1. 504/1. 198
11	伞形科 Apiaceae	3/4	2. 256/2. 395	28	莎草科 Cyperaceae	1/2	0. 752/1. 198
12	桑科 Moraceae	4/4	3. 008/2. 395	29	省沽油科 Staphyleaceae	1/2	0. 752/1. 198
13	山矾科 Symplocaceae	1/4	0. 752/2. 395	30	卫矛科 Celastraceae	1/2	0. 752/1. 198
14	大戟科 Euphorbiaceae	2/3	1. 504/1. 796	31	五加科 Araliaceae	2/2	1. 504/1. 198
15	海桐花科 Pittosporaceae	1/3	0. 752/1. 796	32	玄参科 Scrophulariaceae	2/2	1. 504/1. 198
16	胡桃科 Juglandaceae	3/3	2. 256/1. 796		合计	83/117	62. 412/70. 061
17	金缕梅科 Hamamelidaceae	2/3	1. 504/1. 796				

表 4-105 雷公山保护区香果树群落属种数量关系

排序	属名	种数（种）	占总种数的比率（%）	排序	属名	种数（种）	占总种数的比率（%）
1	悬钩子属 *Rubus*	6	3. 593	13	冷水花属 *Pilea*	2	1. 198
2	槭属 *Acer*	4	2. 395	14	柃属 *Eurya*	2	1. 198
3	山矾属 *Symplocos*	4	2. 395	15	楼梯草属 *Elatostema*	2	1. 198
4	海桐属 *Pittosporum*	3	1. 796	16	漆树属 *Toxicodendron*	2	1. 198
5	木姜子属 *Litsea*	3	1. 796	17	润楠属 *Machilus*	2	1. 198
6	八月瓜属 *Holboellia*	2	1. 198	18	山茶属 *Camellia*	2	1. 198
7	菝葜属 *Smilax*	2	1. 198	19	山香圆属 *Turpinia*	2	1. 198
8	杜鹃花属 *Rhododendron*	2	1. 198	20	水芹属 *Oenanthe*	2	1. 198
9	杜英属 *Elaeocarpus*	2	1. 198	21	苔草属 *Carex*	2	1. 198
10	厚皮香属 *Ternstroemia*	2	1. 198	22	卫矛属 *Euonymus*	2	1. 198
11	堇菜属 *Viola*	2	1. 198	23	野桐属 *Mallotus*	2	1. 198
12	蜡瓣花属 *Corylopsis*	2	1. 198	24	樱属 *Cerasus*	2	1. 198
					合计	58	34. 737

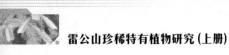

由表 4-105 知，属种关系中，种最多的属为悬钩子属（6 种），其次为槭属（4 种）、山矾属（4 种），为香果树群落优势属；含 3 种的属有 2 属，含 2 种的有 19 属，含 1 种的有 109 属，占总属数的 81.95%。由此可见，雷公山保护区分布的香果树群落优势科属明显，群落科属组成复杂，物种主要集中在含 1 种的科与含 1 种的属内，并且在属的区系成分上显示出复杂性和高度分化性的特点。

3.3 重要值分析

森林群落在不同的演替阶段，物种组成、数量等各个方面都会发生一定的变化，而这种变化最直接的体现就是构成群落物种的重要值的变化。在研究区域的样地中，表 4-106 分别列出了各样地乔木层重要值排在前 10 位的物种；表 4-107、表 4-108 分别列出了各样地灌木层及草本层各前 10 位。

3.3.1 乔木层主要种类及优势种

从表 4-106 可以看出，香果树群落样地 Ⅰ 中，蜡瓣花重要值最大，为 65.61，香果树次之，为 51.82。因此，该群落中，蜡瓣花为优势树种，香果树为辅，排第 2 位。在香果

表 4-106 雷公山保护区香果树群落乔木层重要值

样地号	种名	重要值	样地号	种名	重要值
Ⅰ	蜡瓣花 *Corylopsis sinensis*	65.61	Ⅲ	马尾树 *Rhoiptelea chiliantha*	71.47
Ⅰ	香果树 *Emmenopterys henryi*	51.82	Ⅲ	枫香树 *Liquidambar formosana*	25.34
Ⅰ	中华槭 *Acer sinense*	46.22	Ⅲ	银鹊树 *Tapiscia sinensis*	23.69
Ⅰ	粗糠柴 *Mallotus philippinensis*	19.81	Ⅲ	雷公山槭 *Acer leigongsanicum*	20.69
Ⅰ	灯台树 *Cornus controversa*	17.72	Ⅲ	十齿花 *Dipentodon sinicus*	14.45
Ⅰ	宜昌润楠 *Machilus ichangensis*	15.37	Ⅲ	蓝果树 *Nyssa sinensis*	13.73
Ⅰ	青钱柳 *Cyclocarya paliurus*	14.51	Ⅲ	湖南山核桃 *Carya hunanensis*	12.86
Ⅰ	朴树 *Celtis sinensis*	14.24	Ⅲ	香果树 *Emmenopterys henryi*	11.68
Ⅰ	青冈 *Cyclobalanopsis glauca*	12.81	Ⅲ	南酸枣 *Choerospondias axillaris*	11.68
Ⅰ	红叶木姜子 *Litsea rubescens*	11.50	Ⅲ	山鸡椒 *Litsea cubeba*	10.47
Ⅱ	香果树 *Emmenopterys henryi*	63.95	Ⅳ	杉木 *Cunninghamia lanceolata*	42.52
Ⅱ	杉木 *Cunninghamia lanceolata*	52.43	Ⅳ	山香圆 *Turpinia montana*	36.82
Ⅱ	红麸杨 *Rhus punjabensis* var. *sinica*	28.02	Ⅳ	窄叶柃 *Eurya stenophylla*	36.66
Ⅱ	青榨槭 *Acer davidii*	25.33	Ⅳ	木荷 *Schima superba*	34.88
Ⅱ	漆 *Toxicodendron vernicifluum*	16.81	Ⅳ	野茉莉 *Styrax japonicus*	27.16
Ⅱ	银鹊树 *Tapiscia sinensis*	12.68	Ⅳ	桂南木莲 *Manglietia conifera*	21.70
Ⅱ	八角枫 *Alangium chinense*	12.12	Ⅳ	西域旌节花 *Stachyurus himalaicus*	20.97
Ⅱ	野漆 *Toxicodendron succedaneum*	11.93	Ⅳ	大果山香圆 *Turpinia pomifera*	15.05
Ⅱ	赤杨叶 *Alniphyllum fortunei*	10.41	Ⅳ	青冈 *Cyclobalanopsis glauca*	11.20
Ⅱ	灯台树 *Cornus controversa*	9.22	Ⅳ	水青冈 *Fagus longipetiolata*	9.57

树群落样地Ⅱ中，乔木层物种中香果树重要值最大，为63.95，排第1位，为该样地乔木层优势树种；其次为杉木，重要值52.43，依次为盐肤木、青榨槭、漆重要值分别为28.02、25.33、16.81，可见香果树种群在该群落中占绝对优势，乔木层重要值大于该群落乔木层平均重要值（15.79）的有5种，占总种数的26.31%，以杉木、盐肤木、青榨槭、漆为辅，香果树种群在群落中地位明显。在香果树群落样地Ⅲ中，马尾树 *Rhoiptelea chiliantha* 的重要值为71.47，重要值大于该群落平均重要值（9.68）的物种有枫香树 *Liquidambar formosana*（25.34）、银鹊树 *Tapiscia sinensis*（23.69）、雷公山槭 *Acer legongshanicum*（20.69）、十齿花 *Dipentodon sinicus*（14.45）、蓝果树 *Nyssa sinensis*（13.73）、湖南山核桃 *Carya cathayensis*（12.86）、南酸枣（11.68）、山鸡椒（10.47），占总种数的32.26%，香果树重要值为11.68，排第8位，由此可见该群落乔木层以马尾树为优势树种，枫香树、银鹊树、雷公山槭等为辅，香果树种群在该群落中的地位不明显。在香果树群落样地Ⅳ中，杉木重要值为42.52，其次山香圆、窄叶柃重要值分别为36.82、36.66，群落中重要值大于该群落平均重要值（15.79）的物种有7种，占总种数的36.84%，而香果树的重要值仅有4.12，排第16位，明显在群落中处于不利地位，样地Ⅳ乔木层优势树种为杉木。

对比可知，在香果树群落样地Ⅱ中，香果树优势最为明显，重要值排在该群落中的第1位，为乔木层优势树种，而在样地Ⅰ、Ⅲ、Ⅳ中，重要值分别排在对应的群落乔木层中的第2位、第8位、第16位，优势不明显并不是优势树种。

3.3.2 灌木层主要种类及优势种

从表4-107可知，在样地Ⅰ灌木层中，锦带花 *Weigela florida* 重要值最大为61.71，为优势种，其次为常山重要值为29.65，其余为伴生种，23种伴生种占灌木层总种数的92%。在样地Ⅲ灌木层中，西南绣球重要值最大，为22.86，为优势种，其次为滇白珠，重要值为15.04，其余为伴生种，伴生种占灌木层总种数的97%。在样地Ⅳ灌木层中，狭叶方竹重要值最大，为126.69，为优势种，其次为溪畔杜鹃，重要值为30.75，其余有伴生种21种，伴生种占灌木层总种数的91%。

表4-107 雷公山保护区香果树群落灌木层重要值

样地号	种名	重要值	样地号	种名	重要值
Ⅰ	锦带花 *Weigela florida*	61.71	Ⅲ	广东蛇葡萄 *Ampelopsis cantoniensis*	8.88
Ⅰ	常山 *Dichroa febrifuga*	29.65	Ⅲ	瑞木 *Corylopsis multiflora*	8.81
Ⅰ	菝葜 *Smilax china*	17.47	Ⅲ	溪畔杜鹃 *Rhododendron rivulare*	8.51
Ⅰ	构树 *Broussonetia papyrifera*	15.77	Ⅲ	中华猕猴桃 *Actinidia chinensis*	7.81
Ⅰ	小叶女贞 *Ligustrum quihoui*	15.01	Ⅲ	红紫珠 *Callicarpa rubella*	7.51
Ⅰ	尾叶悬钩子 *Rubus caudifolius*	14.80	Ⅳ	狭叶方竹 *Chimonobambusa angustifolia*	126.69
Ⅰ	西南绣球 *Hydrangea davidii*	14.00	Ⅳ	溪畔杜鹃 *Rhododendron rivulare*	30.75

（续）

样地号	种名	重要值	样地号	种名	重要值
Ⅰ	细齿叶柃 *Eurya nitida*	11.50	Ⅳ	西南绣球 *Hydrangea davidii*	12.97
Ⅰ	粉葛 *Pueraria montana* var. *thomsonii*	11.08	Ⅳ	五月瓜藤 *Holboellia angustifolia*	11.41
Ⅰ	高粱泡 *Rubus lambertianus*	10.74	Ⅳ	川桂 *Cinnamomum wilsonii*	10.45
Ⅲ	西南绣球 *Hydrangea davidii*	22.86	Ⅳ	狭叶海桐 *Pittosporum glabratum* var. *neriifolium*	9.43
Ⅲ	滇白珠 *Gaultheria leucocarpa* var. *erenulata*	15.04	Ⅳ	海金子 *Pittosporum illicioides*	9.37
Ⅲ	贵定桤叶树 *Clethra delavayi*	12.45	Ⅳ	老鼠矢 *Symplocos stellaris*	8.35
Ⅲ	日本蛇根草 *Ophiorrhiza japonica*	10.29	Ⅳ	小花石楠 *Photinia schneideriana* var. *parviflora*	7.87
Ⅲ	棠叶悬钩子 *Rubus malifolius*	9.77	Ⅳ	周毛悬钩子 *Rubus amphidasys*	7.81

3.3.3 草本层主要种类及优势种

由表 4-108 可知，在样地Ⅰ草本层中，冷水花 *Pilea notata* 重要值最大，为 22.48，为优势种，其次为剑叶耳草 *Hedyotis caudatifolia*，重要值为 21.20，其余有伴生种 28 种，占草本层总种数的 93%。在样地Ⅲ草本层中，楼梯草重要值最大，为 36.14，为该层优势种，其余有伴生种 47 种，占草本层总种数的 97.9%。在样地Ⅳ草本层中，里白重要值最大，为 109.91，属该层优势种，其余有伴生种 21 种，占草本层总种数的 95.4%。

表 4-108 雷公山保护区香果树群落草本层重要值

样地号	种名	重要值	样地号	种名	重要值
Ⅰ	冷水花 *Pilea notata*	22.48	Ⅲ	三脉紫菀 *Aster trinervius* subsp. *ageratoides*	19.84
Ⅰ	剑叶耳草 *Hedyotis caudatifolia*	21.20	Ⅲ	酢浆草 *Oxalis corniculata*	18.58
Ⅰ	剑叶卷柏 *Selaginella xipholepis*	15.84	Ⅲ	如意草 *Viola arcuata*	15.89
Ⅰ	水芹 *Oenanthe javanica*	14.80	Ⅲ	十字苔草 *Carex cruciata*	12.45
Ⅰ	三脉紫菀 *Aster trinervius* subsp. *ageratoides*	11.85	Ⅲ	翠云草 *Selaginella uncinata*	11.95
Ⅰ	细毛碗蕨 *Dennstaedtia hirsuta*	11.15	Ⅳ	里白 *Diplopterygium glaucum*	109.91
Ⅰ	钝叶楼梯草 *Elatostema obtusum*	11.11	Ⅳ	赤车 *Pellionia radicans*	32.07
Ⅰ	看麦娘 *Alopecurus aequalis*	10.05	Ⅳ	镰羽瘤足蕨 *Plagiogyria falcata*	16.39
Ⅰ	芒 *Miscanthus sinensis*	9.61	Ⅳ	狗脊 *Woodwardia japonica*	15.25
Ⅰ	鸢尾 *Iris tectorum*	9.00	Ⅳ	楼梯草 *Elatostema involucratum*	12.14
Ⅲ	楼梯草 *Elatostema involucratum*	36.14	Ⅳ	瓦韦 *Lepisorus thunbergianus*	11.01
Ⅲ	五节芒 *Miscanthus floridulus*	25.01	Ⅳ	剑叶卷柏 *Selaginella xipholepis*	9.56
Ⅲ	求米草 *Oplismenus undulatifolius*	24.82	Ⅳ	水丝麻 *Maoutia puya*	9.56
Ⅲ	血水草 *Eomecon chionantha*	22.23	Ⅳ	花莛苔草 *Carex scaposa*	8.38
Ⅲ	里白 *Diplopterygium glaucum*	20.01	Ⅳ	黄金凤 *Impatiens siculifer*	8.12

综合上述，由此可得香果树群落样地Ⅰ为阔叶混交林，即蜡瓣花+锦带花群系；香果树群落样地Ⅱ为针阔混交林，为香果树+杉木群系；香果树群落样地Ⅲ为落叶阔叶混交林，为马尾树群系；香果树群落样地Ⅳ为针阔混交林，为杉木+狭叶方竹+里白群系。

3.4 物种多样性分析

在对研究区中，利用物种多样性 Simpson 指数（D）和 Shannon-Wiener 指数（H_e'），以及 Pielou 指数（J_e）分别对植物群落样地乔木层进行物种多样性统计分析，Ⅰ、Ⅱ、Ⅲ、Ⅳ分别对应蒿菜冲楼梯坡、开屯苦里冲、乔歪、展包 4 个香果树群落样地。

由图 4-38 可知，在雷公山保护区内 4 个香果树群落样地的乔木层，Simpson 指数（D）值为展包>蒿菜冲楼梯坡>乔歪>开屯苦里冲，且值变化不大，说明各样地的乔木层植物种类数量相当，优势种比较明显，如杉木、山香圆。其他树种占很小的比例，如枫香树等。在 Shannon-Wiener 指数（H_e'）依次为乔歪>展包>蒿菜冲楼梯坡>开屯苦里冲，Shannon-Wiener 指数（H_e'）值与物种丰富度紧密相关，由此可知，样地乔歪处的乔木层物种变化指数最大。均匀度 Pielou 指数（J_e）依次为展包>蒿菜冲楼梯坡>开屯苦里冲=乔歪，说明在香果树群落乔木层中，展包乔木物种均匀度指数虽然排第一，但各样地相差不大。综合上述，在 Simpson 指数值（D），各群落样地相差不大，乔木层树种占优势，在全局中起主导作用；Shannon-Wiener 指数（H_e'）值中，呈现相反的表现，主要原因乔歪人为活动频繁，海拔高，处于溪边沟谷地带潮湿的环境中，且阳光直射时间短，不利于植物的生长，而开屯苦里冲也处于高海拔，人为活动少，且群落坐落在山沟边坡上，利于植物生长；Pielou 指数（J_e）值中，相差不大。

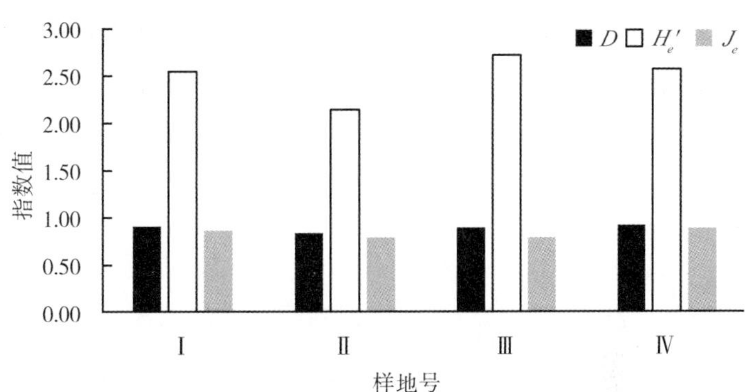

图 4-38 雷公山保护区香果树群落物种多样性指数

3.5 种群水平分布格局

通过对样地的统计汇总，得表 4-109 数据。

由表 4-109 可知，在每个样地中的香果树种群分散度均大于样方平均香果树个体数。综合 4 个样地计算出雷公山保护区香果树种群的分散度为 17.07，样方平均香果树个体数为 1.9。可见分散度值大于每个样方平均香果树个体数，说明在雷公山保护区内香果树种群呈局部密集型。

表 4-109　雷公山保护区香果树种群分散度分析　　单位：株

样地号	样方 1	样方 2	样方 3	样方 4	样方 5	样方 6	样方 7	样方 8	样方 9	样方 10	合计株数	$\sum(x-m)^2$	S^2	m
Ⅰ	1	1	19	7	1	0	0	3	13	0	45	388.50	43.17	4.5
Ⅱ	0	3	1	0	0	0	0	0	0	0	4	8.40	0.93	0.4
Ⅲ	0	0	0	12	0	0	1	0	0	0	13	128.10	14.23	1.3
Ⅳ	0	0	0	0	1	7	2	1	0	3	14	44.40	4.93	1.4

3.6　香果树种群特征

3.6.1　径级划分

为避免破坏香果树野生植物资源，研究采用“空间替代时间”的方法，即将林木依胸径大小分级，以立木径级结构代替年龄结构分析种群动态，“1，2，3，4，5，6，7，8 径级”分别对应“Ⅰ，Ⅱ，Ⅲ，Ⅳ，Ⅴ，Ⅵ，Ⅶ，Ⅷ 龄级”。径级划分方法：Ⅰ级（0~5cm）、Ⅱ级（5.0~10.0cm）、Ⅲ级（10.0~15.0cm）、Ⅳ级（15.0~20.0cm）、Ⅴ级（20.0~25.0cm）、Ⅵ级（25.0~30.0cm）、Ⅶ级（30.0~35.0cm）、Ⅷ级（35.0cm 以上）。

3.6.2　群落径级结构

通过对香果树种群的径级结构统计，以直观反映出该种群的更新特征。香果树种群结构呈现出相对规则金字塔形。从图 4-39 中可知，该种群个体数量主要集中分布在Ⅰ径级，说明种群中幼龄个体数量充足，占种群总数量的 79.74%。而在Ⅱ~Ⅲ径级中种群个体数量急剧减少，说明香果树种子自然更新明显，而在随后的生长过程中由于种间竞争，乔灌层荫蔽性增强，缺少光照，很多幼龄个体死亡，只有少部分个体存活到中龄个体，香果树幼苗生长过程中由于对光的需求相对不足会遭遇一定的更新瓶颈。但从图 4-39 可知，该香果树种群幼龄个体数>老龄个体数>中龄个体数，中老龄个体数量总体呈现出逐渐增加的趋势，种群结构呈现增长型。原因是该香果树种群全部在自然保护区内，相较于区外人为干扰少，种群保护相对较好。

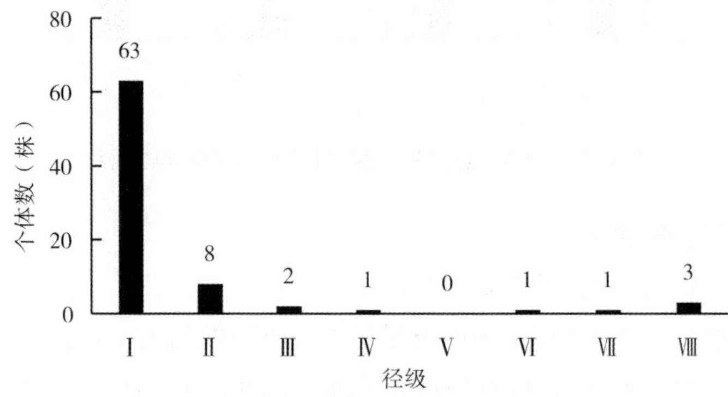

图 4-39　雷公山保护区香果树群落径级结构

【研究进展】

目前国内对香果树的枝干及树皮进行化学成分的研究。马忠武等在香果树枝干中已鉴定出 8 种成分，分别为蒲公英萜酮（taraxerone）、蒲公英萜（taraxerol）、乌索酸乙酸酯（ursolic acid acetate）、β-谷甾醇（β-sitosterol）、东莨菪（scopoletin）、伞形花内酯（umbelliferone）、胡萝卜甙（daucosterol）和伞形花内酯-7-β-D-葡萄糖甙（umbelliferone-7-β-D-glucoside）。丁林芬等对香果树的化学成分研究，从中分离得到 18 种化合物。李冬林等研究不同遮光处理对香果树幼苗光合作用及叶片解剖结构的影响。程喜梅首次在国内对香果树传粉特性及其影响因素进行了系统的研究。研究的创新之处体现在以下方面：在传粉生物学研究中，对香果树的花部特征及其传粉昆虫的种类数量、访花行为、传粉效果进行了较系统的研究，并揭示了在传粉过程中影响有性生殖成功的因素；对雌雄生殖器官的功能进行了研究，有利于种质资源的保护和利用。

【繁殖方法】

采用种子繁殖方法，步骤如下。

①选取枝叶茂盛，叶脉清晰的香果树在果实已经成熟且未落地之前进行采摘，摘取后的果实进行阴干，阴干后取出种子进行低温湿沙贮藏，将新采集的种子从中挑选出颗粒饱满、有光泽的备用；同一棵健康的香果树采下的种子，生理差异很微小，发芽时间接近相同，保证了苗木整齐。

②待到次年 4 月初，土地温度回升至 15℃以上时，选取地势稍高的沙质菜园地作为苗床，苗床进行消毒处理，消毒处理用消毒剂为多菌灵；苗床要平整表面消毒土要细，并且苗床内不能积水；选取适量山泥土进行杀菌处理，备用。

③贮藏的种子取出进行淘洗，使用 25～30℃的温水进行淘洗，去除种子表面的杂质、黏膜和残留的果肉，用微量元素溶液浸透纱布，将淘洗完成后的种子平铺在两片纱布之间，在 29℃静置 2d，打破休眠期。

④将②中的山泥土平铺在苗床上，厚度在 10cm 左右，再将③中处理完的种子种植在山泥土上，种子的种植密度应处于 4～5m^2/粒；充足的生长空间可以提供充足的养分，提高种子发芽率。

⑤在播种后的山泥土表面覆盖一层有机肥料，有机肥料为 100 份香果树树叶清理后捣碎加入 1 份氮肥、1 份磷肥、1 份钾肥以及 1 份氨肥，然后进行研磨、搅拌，使各成分之间充分混合，并保证山泥土温度 28～32℃，含水量保持在 35%～45%，光照强度在 5500～6500lux。

⑥种子萌发为幼苗后，保持泥土温度为 28～32℃，含水量低于 40%时，采用雾化喷水，保持含水量在 40%～45%，光照强度在 3000～5000lux；雾化喷水利用自然浸透的原理，减少水滴对嫩芽的损害，也保证了补水的均匀。

⑦夏季要搭棚遮阴保护幼苗越夏，幼苗长出 2～3 片真叶时，第二年早春进行翻栽育苗，拆除遮阴棚，在苗床周围及上方搭建防护网，防护网在苗床周围设置，顶端的防护网

距离地面1.5m左右，尼龙网网目为1cm×1cm，每隔3d清理尼龙网一次，减少覆盖的落叶，保证苗床的光照强度及通风情况，防止落叶与鸟兽破坏苗床环境。

⑧待香果树苗生长2~3年就可根据绿化美化需要移植定株，移栽时需要用苗床的泥土包裹住香果树的根部，并在泥土外侧覆盖一层地膜，向树盘和树茎喷水保湿，对羽状主叶进行修剪，当长出10~12片主叶后，由下至上剪除多余的老叶残叶。

【保护建议】

一是就地保护。香果树分布在雷公山保护区范围内，实行就地保护是最佳选择。

二是迁地保护。将受人为影响较大区域的部分香果树迁往适合生长的区域集中种植保护。

三是加强科学研究。主要是加强香果树繁育技术方面的研究。

四是加强宣传，提高认识。香果树的保护居民参与程度较低，而且当地居民往往会忽视参与香果树的保护。

贵州省级重点保护树种

长苞铁杉

【保护等级及珍稀情况】

长苞铁杉 *Tsuga longibracteata* W. C. Cheng，俗称铁油杉、贵州杉，属于松科 Pinaceae 铁杉属 *Tsuga*，为贵州省级重点保护树种，是我国特有种。

【生物学特性】

长苞铁杉为乔木，高达 30m，胸径达 115cm；树皮暗褐色，纵裂；一年生小枝干时淡褐黄色或红褐色，光滑无毛，二、三年生枝呈褐灰色、褐色或深褐色；冬芽卵圆形，无毛。叶辐射伸展，条形，长 1. 1~2. 4cm（多为 2cm），上部微窄或渐窄，先端尖或微钝，上面平或下部微凹，有 7~12 条气孔线，微具白粉，下面中脉隆起、沿脊有凹槽，两侧各有 10~16 条灰白色的气孔线，基部楔形，渐窄成短柄，柄长 1~1. 5mm。球果直立，长 2~5. 8cm，径 1. 2~2. 5cm；苞鳞长匙形，上部宽，边缘有细齿，先端有渐尖或微急尖的短尖头，微露出；种子三角状扁卵圆形，长 4~8mm，下面有数枚淡褐色油点，种翅较种子长，先端宽圆，近基部的外侧微增宽。花期 3~4 月，球果 10 月成熟。

长苞铁杉分布于福建、广东、湖南、广西、贵州和江西的局部地区。

【应用价值】

长苞铁杉在民间可药用，用于治疗关节炎和胃病；耐水湿，可供建筑、造船、板料、家具等用，树皮可提取栲胶；具有重要科研、用材和庭院观赏价值。

【资源特性】

1 研究方法

采用样线法和样方法相结合，对长苞铁杉天然分布区设置典型样地 1 个，海拔为 780m。

2 雷公山保护区资源分布情况

长苞铁杉分布于雷公山保护区的小丹江四道瀑和昂英，生长在海拔 900~1100m 的常

绿阔叶林中，分布面积为 $2hm^2$，共有 15 株。

3 种群及群落特征

3.1 群落物种组成

通过对样地内的种类调查统计，长苞铁杉群落中共有维管束植物 26 科 34 属 44 种（表 5-1）；其中，蕨类植物 6 科 8 属 9 种，裸子植物 2 科 3 属 4 种，被子植物 18 科 23 属 31 种；在被子植物中，双子叶植物 16 科 21 属 29 种，单子叶植物 2 科 2 属2 种。在这些植物中，蕨类植物有 9 种，占总种数的 20.45%，裸子植物有 4 种，占总种数的 9.09%，被子植物有 31 种，占总种数的 70.45%；其中单子叶植物 2 种，占总种数的 4.55%，双子叶植物 29 种，占总种数的 65.90%，可见，雷公山保护区分布的长苞铁杉群落中双子叶植物最多，裸子植物最少。

表 5-1 雷公山保护区长苞铁杉群落物种组成

植物类群		组成统计（个）		
		科数	属数	种数
蕨类植物		6	8	9
裸子植物		2	3	4
被子植物	双子叶植物	16	21	29
	单子叶植物	2	2	2
合计		26	34	44

3.2 生活型谱分析

一个地区的植物生活型谱既可以表征某一群落对特定气候生境的反应、种群对空间的利用以及群落内部种群之间可能产生的竞争关系等信息，又能够反映该地区的气候、历史演变和人为干扰等因素，也是研究群落外貌特征的重要依据。

统计长苞铁杉群落样地出现的植物种类，列出长苞铁杉群落样地的植物名录确定每种植物的生活型，把同一生活型的种类归并在一起，计算各类生活型的百分率，编制长苞铁杉群落样地的植物生活型谱（表 5-2）。具体计算公式：

某一生活型的百分率=该地区该生活型的植物种数/该地区全部植物的种数×100%

表 5-2 雷公山保护区长苞铁杉群落生活型谱

种类	MaPh	MePh	MiPh	NPh	Ch	H
数量（种）	2	20	7	4	0	11
百分比（%）	4.55	45.45	15.91	9.09	0	25

注：MaPh—大高位芽植物（18~32m）；MePh—中高位芽植物（6~18m）；MiPh—小高位芽植物（2~6m）；NPh—矮高位芽植物（0.25~2m）；Ch—地上芽植物（0~0.25m）；H—地面芽植物。

对雷公山保护区内长苞铁杉群落样地的生活型谱进行分析可知（表 5-2），群落大高位芽植物 2 种，即长苞铁杉、海南五针松 *Pinus fenzeliana*，占总种数的 4.55%；中高位芽植物主要有福建柏、蕈树 *Altingia chinensis*、日本桤木 *Alnus japonica*、屏边桂、西南红山茶、水青冈、交让木等，占总数的45.45%；小高位芽植物占15.91%，主要有南烛 *Vaccinium bracteatum*、赤楠 *Syzygium buxifolium*、山矾、倒矛杜鹃。矮高位芽植物主要是油茶、紫金牛、尖子木、川桂；地面芽植物主要是蕨、石韦 *Pyrrosia lingua*、铁线蕨 *Adiantum capillusveneris* 等草本植物。

3.3 优势科属种分析

经调查雷公山保护区长苞铁杉群落中科属种关系（表5-3），科中含3个种以上的有山茶科、杜鹃科、壳斗科、松科4科，占总种数的36.36%；含2个种的有冬青科、里白科、鳞毛蕨科、山矾科、水龙骨科、樟科6科，占总种数的27.27%；含单种的有柏科、杜英科 Elaeocarpaceae、桦木科等16科，占总种数的36.36%。可见，长苞铁杉群落优势科明显，科中含单种不明显，物种丰富度不高。

表5-3 雷公山保护区长苞铁杉群落科种数量关系

排序	科名	属数/种数（个）	占总属/种数的比例（%）	排序	科名	属数/种数（个）	占总属/种数的比例（%）
1	山茶科 Theaceae	3/5	8.82/11.36	14	桦木科 Betulaceae	1/1	2.94/2.27
2	杜鹃科 Ericaceae	2/4	5.88/9.09	15	交让木科 Daphniphyllaceae	1/1	2.94/2.27
3	壳斗科 Fagaceae	3/4	8.82/9.09	16	金缕梅科 Hamamelidaceae	1/1	2.94/2.27
4	松科 Pinaceae	2/3	5.88/6.82	17	蕨科 Pteridiaceae	1/1	2.94/2.27
5	冬青科 Aquifoliaceae	1/2	2.94/4.55	18	木兰科 Magnoliaceae	1/1	2.94/2.27
6	里白科 Gleicheniaceae	2/2	5.88/4.55	19	莎草科 Cyperaceae	1/1	2.94/2.27
7	鳞毛蕨科 Dryopteridaceae	1/2	2.94/4.55	20	桃金娘科 Myrtaceae	1/1	2.94/2.27
8	山矾科 Symplocaceae	1/2	2.94/4.55	21	铁线蕨科 Adiantaceae	1/1	2.94/2.27
9	水龙骨科 Polypodiaceae	2/2	5.88/4.55	22	姬蕨科 Hypolepidaceae	1/1	2.94/2.27
10	樟科 Lauraceae	1/2	2.94/4.55	23	卫矛科 Celastraceae	1/1	2.94/2.27
11	柏科 Cupressaceae	1/1	2.94/2.27	24	五列木科 Pentaphylacaceae	1/1	2.94/2.27
12	杜英科 Elaeocarpaceae	1/1	2.94/2.27	25	野牡丹科 Melastomataceae	1/1	2.94/2.27
13	禾木科 Poaceae	1/1	2.94/2.27	26	紫金牛科 Myrsinaceae	1/1	2.94/2.27
					总计	34/44	100.00/100.00

长苞铁杉群落属种数量如表5-4所示，含3种的属有杜鹃花属、山茶属，占总种数的13.64%，为长苞铁杉的优势属；含2种上的属有冬青属 *llex*、复叶耳蕨属 *Arachniodes*、栲属等6属，占总种数的27.27%；单属单种的有福建柏属、含笑属、猴欢喜属等26属，占总种数的59.09%。可见，属中含单种占优势，但优势属明显。

表 5-4　雷公山保护区长苞铁杉群落属种数量关系

排序	属名	种数（种）	占总种数的比例（%）	排序	属名	种数（种）	占总种数的比例（%）
1	杜鹃花属 *Rhododendron*	3	6. 82	18	里白属 *Diplopterygium*	1	2. 27
2	山茶属 *Camellia*	3	6. 82	19	鳞盖蕨属 *Microlepia*	1	2. 27
3	冬青属 *Ilex*	2	4. 55	20	芒萁属 *Dicranopteris*	1	2. 27
4	复叶耳蕨属 *Arachniodes*	2	4. 55	21	芒属 *Miscanthus*	1	2. 27
5	栲属 *Castanopsis*	2	4. 55	22	木荷属 *Schima*	1	2. 27
6	山矾属 *Symplocos*	2	4. 55	23	珍珠花属 *Lyonia*	1	2. 27
7	松属 *Pinus*	2	4. 55	24	蒲桃属 *Syzygium*	1	2. 27
8	樟属 *Cinnamomum*	2	4. 55	25	石栎属 *Lithocarpus*	1	2. 27
9	桤木属 *Alnus*	1	2. 27	26	石韦属 *Pyrrosia*	1	2. 27
10	福建柏属 *Fokienia*	1	2. 27	27	水青冈属 *Fagus*	1	2. 27
11	含笑属 *Michelia*	1	2. 27	28	苔草属 *Carex*	1	2. 27
12	猴欢喜属 *Sloanea*	1	2. 27	29	铁杉属 *Tsuga*	1	2. 27
13	厚皮香属 *Ternstroemia*	1	2. 27	30	铁线蕨属 *Adiantum*	1	2. 27
14	假卫矛属 *Microtropis*	1	2. 27	31	瓦韦属 *Lepisorus*	1	2. 27
15	尖子木属 *Oxyspora*	1	2. 27	32	五列木属 *Pentaphylax*	1	2. 27
16	交让木属 *Daphniphyllum*	1	2. 27	33	蕈树属 *Altingia*	1	2. 27
17	蕨属 *Pteridium*	1	2. 27	34	紫金牛属 *Ardisia*	1	2. 27
					总计	44	100. 00

3. 4　重要值分析

长苞铁杉群落结构主要分为乔木层、灌木层和草本层。构成乔木层的树种共 28 种，由表 5-5 可知，大于重要值平均值 10. 71 的有 6 种，倒矛杜鹃重要值最大（96. 48），其次是福建柏（44. 90），第三位为长苞铁杉（44. 86），共同构成了该层长苞铁杉群落的优势种，其中长苞铁杉在群落中占重要地位，占据了林层中上层的生态位；重要值小于 3. 00 有杜鹃、罗浮栲、甜槠、日本桤木、榕叶冬青 *llex ficoides* 等 16 种，为群落的伴生种。

表 5-5　雷公山保护区长苞铁杉群落乔木层重要值

种名	相对密度	相对优势度	相对频度	重要值	重要值排序
倒矛杜鹃 *Rhododendron oblancifolium*	50. 22	30. 3899	15. 8730	96. 48	1
福建柏 *Fokienia hodginsii*	16. 02	13. 0093	15. 8730	44. 90	2
长苞铁杉 *Tsuga longibracteata*	4. 33	32. 5931	7. 9365	44. 86	3
深山含笑 *Michelia maudiae*	6. 93	4. 0042	9. 5238	20. 45	4
海南五针松 *Pinus fenzeliana*	2. 60	10. 1766	6. 3492	19. 12	5
南烛 *Vaccinium bracteatum*	3. 90	0. 8568	6. 3492	11. 10	6

（续）

种名	相对密度	相对优势度	相对频度	重要值	重要值排序
西南红山茶 *Camellia pitardii*	2.16	0.6994	3.1746	6.04	7
毛果杜鹃 *Rhododendron seniavinii*	2.60	1.0666	1.5873	5.25	8
屏边桂 *Cinnamomum pingbienense*	1.30	0.4371	3.1746	4.91	9
山矾 *Symplocos sumuntia*	1.30	1.3639	1.5873	4.25	10
蕈树 *Altingia chinensis*	0.43	1.4338	1.5873	3.45	11
五列木 *Pentaphylax euryoides*	0.87	0.6645	1.5873	3.12	12
杜鹃 *Rhododendron simsii*	0.43	0.6470	1.5873	2.67	13
罗浮栲 *Castanopsis faberi*	0.43	0.5945	1.5873	2.61	14
甜槠 *Castanopsis eyrei*	0.87	0.1049	1.5873	2.56	15
日本桤木 *Alnus japonica*	0.43	0.3322	1.5873	2.35	16
木荷 *Schima superba*	0.43	0.3322	1.5873	2.35	17
榕叶冬青 *Ilex ficoidea*	0.43	0.1923	1.5873	2.21	18
赤楠 *Syzygium buxifolium*	0.43	0.1399	1.5873	2.16	19
厚皮香 *Ternstroemia gymnanthera*	0.43	0.1399	1.5873	2.16	20
黄牛奶树 *Symplocos cochinchinensis* var. *laurina*	0.43	0.1224	1.5873	2.14	21
灰柯 *Lithocarpus henryi*	0.43	0.1224	1.5873	2.14	22
小果冬青 *Ilex micrococca*	0.43	0.1049	1.5873	2.13	23
水青冈 *Fagus longipetiolata*	0.43	0.1049	1.5873	2.13	24
斜脉假卫矛 *Microtropis obliquinervia*	0.43	0.1049	1.5873	2.13	25
猴欢喜 *Sloanea sinensis*	0.43	0.0874	1.5873	2.11	26
交让木 *Daphniphyllum macropodum*	0.43	0.0874	1.5873	2.11	27
马尾松 *Pinus massoniana*	0.43	0.0874	1.5873	2.11	28

构成灌木层的树种有8种，其物种组成及重要值见表5-6，可知，重要值最大的为倒矛杜鹃（46.09），其次是南烛（28.71），该层以倒矛杜鹃为主要优势种，南烛次之。

表5-6　雷公山保护区长苞铁杉群落灌木层重要值

种名	重要值	重要值排序
倒矛杜鹃 *Rhododendron oblancifolium*	46.09	1
南烛 *Vaccinium bracteatum*	28.71	2
川桂 *Cinnamomum wilsonii*	25.68	3
油茶 *Camellia oleifera*	24.88	4
尖子木 *Oxyspora paniculata*	21.85	5
福建柏 *Fokienia hodginsii*	19.62	6
海南五针松 *Pinus fenzeliana*	16.59	7
紫金牛 *Ardisia japonica*	16.59	8

构成草本层的物种较少（表5-7），只有11种，以里白为优势种（68.55）。

综上可知，长苞铁杉群落为针阔混交林，为倒矛杜鹃+福建柏群系。

表5-7　雷公山保护区长苞铁杉群落草本层重要值

种名	重要值	重要值排序
里白 *Diplopterygium glaucum*	68.55	1
瓦韦 *Lepisorus thunbergianus*	42.58	2
芒萁 *Dicranopteris pedata*	18.91	3
石韦 *Pyrrosia lingua*	15.73	4
蕨 *Pteridium aquilinum* var. *latiusculum*	12.41	5
边缘鳞盖蕨 *Microlepia marginata*	9.82	6
中华复叶耳蕨 *Arachniodes chinensis*	7.45	7
五节芒 *Miscanthus floridulus*	6.97	8
斜方复叶耳蕨 *Arachniodes amabilis*	6.86	9
灰背铁线蕨 *Adiantum myriosorum*	5.68	10
十字苔草 *Carex cruciata*	5.08	11

3.5　多样性分析

图5-1显示了长苞铁杉群落的物种多样性指数值。该群落的物种丰富度（S）为44，乔、灌、草多样性指数均表现为Shannon Wiener指数（H_e'）高于Pielou指数（J_e）和Simpson指数（D），Pielou指数（J_e）和Simpson指数（D）相差不大。灌木层的Shannon-Wiener指数（H_e'）值最高，草本层的Simpson指数（D）值最低。灌木层、乔木层、草本层在Shannon-Wiener指数（H_e'）上差异较大，灌木层的指数远大于草本层和乔木层，灌木层H_e'值与物种丰富度（S）紧密相关，并且呈正相关关系，由此表明灌木层物种丰富度高。草本层的物种分布更为均匀。Simpson指数（D）中种数越多，各种个体分配越均

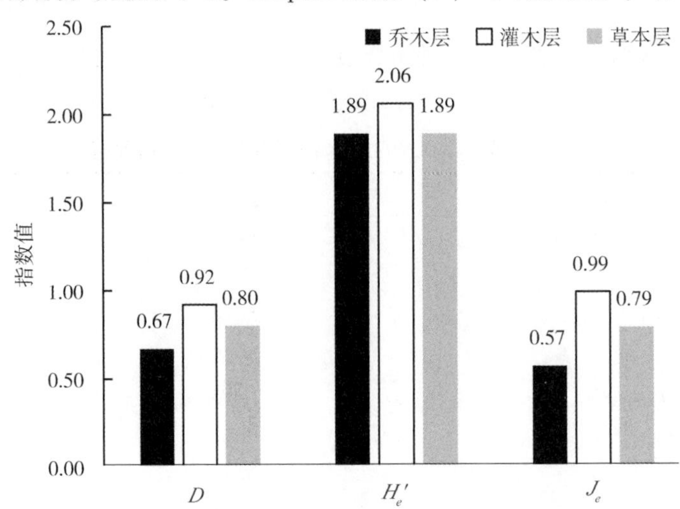

图5-1　雷公山保护区长苞铁杉群落样地物种多样性

匀，指数越高，指示群落多样性好，是群落集中性的度量。从图 5-1 可知，说明了大部分灌木层植物的数量主要集中于少数物种，优势种比较明显，其他树种占很小的比例，而乔木层优势种并不明显。

3.6 种群分散度分析

通过统计长苞铁杉样地小样方内长苞铁杉的数量计算的长苞铁杉种群分散度得表5-8。

表 5-8 雷公山保护区长苞铁杉群落样方中长苞铁杉个体数 单位：株

样地号	样方 1	样方 2	样方 3	样方 4	样方 5	样方 6	样方 7	样方 8	样方 9	样方 10	合计	$\sum(x-m)^2$
样地 1	0	0	0	1	3	3	1	0	0	2	10	14

由表 5-8 可知，在每个样地中的长苞铁杉种群分散度均大于样方平均长苞铁杉个体数。综合 5 个样方计算出雷公山保护区长苞铁杉种群的分散度为 1.56，样方平均长苞铁杉个体数为 1 个。可见分散度值大于每个样方平均长苞铁杉个体数，说明在保护区内长苞铁杉种群呈集群型，且种群个体极不均匀，呈局部密集。

【研究进展】

目前，对长苞铁杉林的研究主要集中在对其纯林的种群空间格局、生态位特征、种间竞争、水源涵养功能以及群落物种多度等方面，而对其不同群落的比较研究较少。

长苞铁杉的标本最早是蒋英教授于 1930 年从贵州梵净山采集，后经郑万钧教授鉴定。

【繁殖方法】

采用种子繁殖法，步骤如下：

①整地：长苞铁杉的造林地应选择海拔 1000m 以上，阳坡和半阳坡，土层深厚、疏松和排水良好的壤土和轻黏壤土，在背风向阳的地方生长较好，但在山脊当风地段也能生长。整地方式一般采用穴状、鱼鳞坑等。新采伐迹地，弃耕地杂草较少，灌木较稀的立地条件上，可采用穴状整地，穴的规格通常为 40cm×40cm×30cm 为佳。荒山、老迹地、灌木、杂草较密的立地条件上，应首先进行全面或宽带状割除灌丛和杂草，然后采用穴状整地，穴的规格可适当加大为 50cm×50cm×40cm。

②栽植：选择海拔 1000m 以上的中山区，按株行距 2m×3m、2m×2.5m 定植。因长苞铁杉生长缓慢，宜选择 2 年生实生苗造林，春季宜在早春造林最佳，成活率高，生长快。

③抚育管理：造林当年夏季全面砍杂，蔸抚一次，次年秋季全面砍杂抚育一次，因长苞铁杉生长较为缓慢，第三年还需进行砍杂抚育，以后可根据实际情况再进行必要管护。

④病虫防治：长苞铁杉抗性强，很少出现病虫害为害现象，种植后主要严防鼠雀为害。

【保护建议】

保护措施针对长苞铁杉的濒危现状，对其进行保护已势在必行，刻不容缓，亟须做好以下几项保护措施。

一是根据长苞铁杉生存状况，应采取就地保护为主，有利于长苞铁杉的更新；加大宣传力度并采取相应保护措施，迁地保护可以有效保护长苞铁杉。

二是长苞铁杉在乔木层中有一定优势，也可采取一定的人为干预措施，压制群落内其他树种的发展，提高长苞铁杉的光照条件，为长苞铁杉的发展创造良好的条件。

三是加强长苞铁杉现有森林的管理与保护，禁止任何形式的砍伐和破坏。在一些天然更新困难的林分，要用人工干预措施 ，辅助幼苗生长，确保种质资源。

四是加强长苞铁杉生物学特性的研究，尽快弄清造成长苞铁杉种子发芽率低的机理，以便通过人工培养或造林等辅助措施扩大长苞铁杉的资源和种植面积。

三尖杉

【保护等级及珍稀情况】

三尖杉 *Cephalotaxus fortunei* Hooker，属于三尖杉科三尖杉属，列为贵州省级重点保护树种，是我国特有种。

【生物学特性】

三尖杉为乔木，高达 20m，胸径达 40cm；树皮褐色或红褐色，裂成片状脱落。叶排成两列，披针状条形，长 4～13cm（多为 5～10cm），宽 3.5～4.5mm，上面深绿色，中脉隆起，下面气孔带白色。雄球花 8～10 聚生成头状，径约 1cm，总花梗粗，通常长 6～8mm，每一雄球花有 6～16 枚雄蕊，花药 3 个；雌球花的胚珠 3～8 枚发育成种子，总梗长 1.5～2cm。种子椭圆状卵形或近圆球形，长约 2.5cm，假种皮成熟时紫色或红紫色，顶端有小尖头。花期 4 月，种子 8～10 月成熟。

三尖杉分布于浙江、安徽南部、福建、江西、湖南、湖北、河南南部、陕西南部、甘肃南部、四川、云南、贵州、广西及广东等省份；在东部各省分布于海拔 200～1000m 地带；在西南各省份分布较高，海拔可达 2700～3000m。

【应用价值】

三尖杉木材浅黄色至浅黄褐色，纹理直、细致坚实，结构细密，有弹性，易干燥，不翘裂，易加工，切面光滑，为高级家具、室内装饰、器具、雕刻等良材；种子可榨油，可供制肥皂、油漆、硬化油和蜡等；种子和枝、叶可入药，种子秋季采摘，枝、叶四季可采，是润肺、止咳、消积、杀虫驱虫的良药；枝、木材、根、茎、皮、叶内含多种生物碱，体内可提取出三尖杉酯碱和高三尖杉酯碱有效单体，对治疗血癌（白血病）、肺癌和淋巴肉瘤有特殊疗效。三尖杉枝叶浓密，树姿优美，是良好的观赏树种。

【资源特性】

1　研究方法

主要采取典型样方法，选择代表性的地段设置 2 个样地，具体情况见表 5-9。

表 5-9　雷公山保护区三尖杉群落样地基本情况

样地号	小地名	海拔（m）	坡度（°）	土壤类型	乔木层郁闭度	灌木层盖度（%）
Ⅰ	雷公山 26 公里	1800	35	黄棕壤	0.75	80
Ⅱ	雷公山站背后	1300	35	黄壤	0.65	40

2 雷公山保护区资源分布情况

三尖杉分布于雷公山保护区的干角村、高岩、雷公山、雷公坪、雀鸟、交密、南刀、石灰河、小丹江、昂英等地；生长在海拔 800～1700m 的常绿阔叶林、常绿落叶阔叶混交林、针阔混交林中；分布面积为 1300hm^2，共有 9590 株。

3 种群及群落特征

3.1 群落物种组成

本次调查研究区域的样地中，共有维管束植物 68 科 112 属 135 种（图 5-2），其中，蕨类植物有 3 科 3 属 3 种，裸子植物有 9 科 11 属 12 种；被子植物 56 科 98 属 120 种，其中双子叶植物有 51 科 84 属 103 种，单子叶植物有 5 科 14 属 17 种。可见，在雷公山保护区分布的三尖杉群落中，双子叶植物物种数最多，构成了该群落的主要物种。

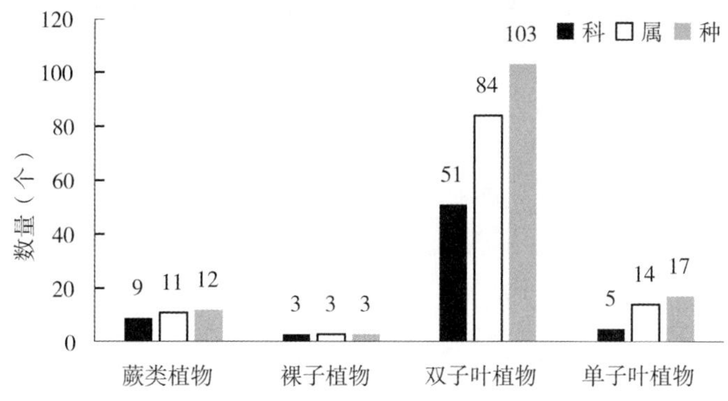

图 5-2 雷公山保护区三尖杉种群科属种分类

3.2 群落优势科属

在研究区域的样地中，取科含 3 种以上和属含 2 种以上的统计所得（表 5-10）。从表 5-10 看出科种关系中，含 6 种以上的 2 科，即禾本科（8 种），蔷薇科（8 种），为三尖杉群落的优势科；含 5 种的有 1 科，即菊科；含 4 种的有 4 科，即杜鹃花科、鳞毛蕨科、山茱萸科、卫矛科；含 3 种的有 11 科；含 2 种的有 15 科；仅含 1 种的有 35 科，占总科数比 51.47%。属种关系中，种数最多为悬钩子属（4 种），其次 3 种的有 6 属，即杜鹃花属、堇菜属 *Viola*、槭属、山矾属、山茱萸属 *Cornus*、卫矛属 *Euonymus*；含 2 种的有 8 属即菝葜属、画眉草属 *Eragrostis*、接骨木属 *Sambucus*、鳞毛蕨属 *Dryopteris*、猕猴桃属、薯蓣属、绣球属 *Hydrangea*、樱属 *Cerasus*，为三尖杉树群落优势属；含 1 种的属有 97 属，占总属数的 86.61%。由此可见，雷公山保护区分布的三尖杉群落优势科属不明显，群落科属组成复杂，物种主要集中在含 1 种的科和含 1 种的属内，并且在属的区系成分上显示出单一性和分散性的特点。

表 5-10 雷公山保护区三尖杉群落科属种数量关系

排序	科名	属数/种数（个）	属占比例（%）	排序	属名	种数（种）	种占比例（%）
1	禾本科 Gramineae	7/8	6.25/5.93	1	悬钩子属 *Rubus*	4	2.96
2	蔷薇科 Rosaceae	4/8	3.57/5.93	2	杜鹃属 *Rhododendron*	3	2.22
3	菊科 Compositae	5/5	4.46/3.70	3	堇菜属 *Viola*	3	2.22
4	杜鹃花科 Ericaceae	2/4	1.79/2.96	4	槭属 *Acer*	3	2.22
5	鳞毛蕨科 Dryopteridaceae	3/4	2.68/2.96	5	山矾属 *Symplocos*	3	2.22
6	山茱萸科 Cornaceae	2/4	1.79/2.96	6	山茱萸属 *Cornus*	3	2.22
7	卫矛科 Celastraceae	2/4	1.79/2.96	7	卫矛属 *Euonymus*	3	2.22
8	百合科 Liliaceae	3/3	2.68/2.22	8	菝葜属 *Smilax*	2	1.48
9	壳斗科 Fagaceae	3/3	2.68/2.22	9	画眉草属 *Eragrostis*	2	1.48
10	木通科 Lardizabalaceae	3/3	2.68/2.22	10	接骨木属 *Sambucus*	2	1.48
11	伞形科 Umbellifera	3/3	2.68/2.22	11	鳞毛蕨属 *Dryopteris*	2	1.48
12	山茶科 Theaceae	3/3	2.68/2.22	12	猕猴桃属 *Actinidia*	2	1.48
13	五加科 Araliaceae	3/3	2.68/2.22	13	薯蓣属 *Dioscorea*	2	1.48
14	樟科 Lauraceae	3/3	2.68/2.22	14	绣球属 *Hydrangea*	2	1.48
15	忍冬科 Caprifoliaceae	2/3	1.79/2.22	15	樱属 *Cerasus*	2	1.48
	合计	48/61	42.88/45.16		合计	38	28.15

3.3 重要值分析

森林群落在不同的演替阶段，物种组成、数量等各个方面都会发生一定的变化，而这种变化最直接的体现就是构成群落物种的重要值的变化。在研究区域的样地中，表 5-11、表 5-12、表 5-13 分别列出了两个样地的全部乔木层、灌木层和草本层物种重要值。

由表 5-11 可知，在三尖杉群落样地Ⅰ中乔木层植物共有 21 种，银鹊树重要值最大，为 62.11，紧随其后的是小花香槐、红柴枝、野茉莉、中华槭、阔叶槭、三尖杉，它们的重要值分别为 39.96、21.79、18.30、17.97、15.40、15.22，乔木层物种重要值大于该群落乔木层平均重要值（14.29）的有 7 种，占总种数比的 33.33%。可见样地Ⅰ中，银鹊树占绝对优势，三尖杉等 6 种为相对优势树种。在三尖杉群落样地Ⅱ中乔木层植物共有 14 种，尾叶樱桃重要值最大，其重要值是 64.91，紧随其后的是尖叶四照花、化香树、红柴枝、狭叶珍珠花 4 种，它们的重要值分别为 44.47、27.10、25.70、24.79，乔木层物种重要值大于该群落乔木层平均重要值（21.43）的有 4 种，占总种数比的 28.57%。可见样地Ⅱ中，乔木层物种以尾叶樱桃为主，以尖叶四照花、化香树、红柴枝、狭叶珍珠花为辅。

从样地Ⅰ和样地Ⅱ对比可知：在三尖杉群落样地中，样地Ⅰ重要值排在该样地乔木层中第 7 位，而在样地Ⅱ中乔木层没有三尖杉分布，并且在这两个样地中三尖杉都不是主要优势树种，可见三尖杉在样地Ⅰ较样地Ⅱ优势。

表 5-11　雷公山保护区三尖杉群落乔木层重要值

样地	种名	重要值	样地	种名	重要值
Ⅰ	银鹊树 *Tapiscia sinensis*	62.11	Ⅰ	武当玉兰 *Magnolia sprengeri*	4.02
Ⅰ	小花香槐 *Cladrastis delavayi*	39.96	Ⅰ	江南越橘 *Vaccinium mandarinorum*	4.02
Ⅰ	红柴枝 *Meliosma oldhamii*	21.79	Ⅰ	桂南木莲 *Manglietia conifera*	4.02
Ⅰ	野茉莉 *Styrax japonicus*	18.30	Ⅱ	尾叶樱桃 *Cerasus dielsiana*	64.91
Ⅰ	中华槭 *Acer sinense*	17.97	Ⅱ	尖叶四照花 *Cornus elliptica*	44.47
Ⅰ	阔叶槭 *Acer amplum*	15.40	Ⅱ	化香树 *Platycarya strobilacea*	27.10
Ⅰ	三尖杉 *Cephalotaxus fortunei*	15.22	Ⅱ	红柴枝 *Meliosma oldhamii*	25.70
Ⅰ	白辛树 *Pterostyrax psilophyllus*	13.75	Ⅱ	狭叶珍珠花 *Lyonia ovalifolia* var. *lanceolata*	24.79
Ⅰ	水青树 *Tetracentron sinense*	12.64	Ⅱ	盐肤木 *Rhus chinensis*	19.89
Ⅰ	山樱花 *Cerasus serrulata*	12.24	Ⅱ	朴树 *Celtis sinensis*	17.62
Ⅰ	亮叶桦 *Betula luminifera*	9.98	Ⅱ	梾木 *Cornus macrophylla*	15.38
Ⅰ	灯台树 *Cornus controversa*	9.57	Ⅱ	响叶杨 *Populus adenopoda*	13.71
Ⅰ	水青冈 *Fagus longipetiolata*	8.61	Ⅱ	青檀 *Pteroceltis tatarinowii*	12.44
Ⅰ	曼青冈 *Cyclobalanopsis oxyodon*	8.10	Ⅱ	漆 *Toxicodendron vernicifluum*	12.10
Ⅰ	贵定桤叶树 *Clethra delavayi*	7.49	Ⅱ	海南五针松 *Pinus fenzeliana*	11.46
Ⅰ	血桐 *Macaranga tanarius*	6.22	Ⅱ	山鸡椒 *Litsea cubeba*	5.27
Ⅰ	云贵鹅耳枥 *Carpinus pubescens*	4.43	Ⅱ	锥栗 *Castanea henryi*	5.16
Ⅰ	交让木 *Daphniphyllum macropodum*	4.16			

由三尖杉群落灌木层重要值计算统计（表 5-12）可知，在样地Ⅰ灌木层中，有 24 个物种，狭叶方竹重要值最大为 70.87，是该层优势种，其余有伴生物种 23 种，伴生种占灌木层总种数 95.83%，该层种没有三尖杉；在样地Ⅱ灌木层中，共有 38 种物种，黄脉莓重要值最大为 22.5，是该层优势种，其余有伴生物种 38 种，占灌木层总种数的 97.37%，三尖杉重要值为 17.27，排行第三。从样地Ⅰ和样地Ⅱ对比看出，在三尖杉群落样地灌木层中，样地Ⅰ中三尖杉明显没有地位，而在样地Ⅱ中三尖杉重要值排在该层物种重要值第 3 位，是该层相对优势种。

表 5-12　雷公山保护区三尖杉群落灌木层重要值

样地	种名	重要值	样地	种名	重要值
Ⅰ	狭叶方竹 *Chimonobambusa angustifolia*	70.87	Ⅱ	豆腐柴 *Premna microphylla*	10.68
Ⅰ	中华猕猴桃 *Actinidia chinensis*	12.10	Ⅱ	腺萼马银花 *Rhododendron bachii*	10.68
Ⅰ	阔叶十大功劳 *Mahonia bealei*	10.65	Ⅱ	中华猕猴桃 *Actinidia chinensis*	10.68
Ⅰ	木莓 *Rubus swinhoei*	10.33	Ⅱ	川桂 *Cinnamomum wilsonii*	10.45
Ⅰ	黄脉莓 *Rubus xanthoneurus*	9.17	Ⅱ	三裂蛇葡萄 *Ampelopsis delavayana*	9.77
Ⅰ	野茉莉 *Styrax japonicus*	8.71	Ⅱ	楮 *Broussonetia kazinoki*	9.55
Ⅰ	常春藤 *Hedera sinensis*	8.71	Ⅱ	湖北算盘子 *Glochidion wilsonii*	9.55

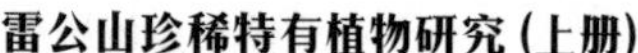

（续）

样地	种名	重要值	样地	种名	重要值
Ⅰ	接骨木 *Sambucus williamsii*	7.56	Ⅱ	穗序鹅掌柴 *Schefflera delavayi*	8.41
Ⅰ	粗毛杨桐 *Adinandra hirta*	6.32	Ⅱ	圆锥绣球 *Hydrangea paniculata*	7.95
Ⅰ	贵定桤叶树 *Clethra delavayi*	5.17	Ⅱ	白叶莓 *Rubus innominatus*	7.73
Ⅰ	中国绣球 *Hydrangea chinensis*	4.01	Ⅱ	三叶木通 *Akebia trifoliata*	6.82
Ⅰ	野鸦椿 *Euscaphis japonica*	4.01	Ⅱ	花椒簕 *Zanthoxylum scandens*	5.91
Ⅰ	细齿叶柃 *Eurya nitida*	4.01	Ⅱ	长蕊杜鹃 *Rhododendron stamineum*	4.77
Ⅰ	桃叶珊瑚 *Aucuba chinensis*	4.01	Ⅱ	五月瓜藤 *Holboellia angustifolia*	3.64
Ⅰ	疏花卫矛 *Euonymus laxiflorus*	4.01	Ⅱ	常春藤 *Hedera sinensis*	3.64
Ⅰ	软枣猕猴桃 *Actinidia arguta*	4.01	Ⅱ	大血藤 *Sargentodoxa cuneata*	3.64
Ⅰ	尾叶悬钩子 *Rubus caudifolius*	3.55	Ⅱ	光亮山矾 *Symplocos lucida*	3.64
Ⅰ	白叶莓 *Rubus innominatus*	3.55	Ⅱ	红紫珠 *Callicarpa rubella*	3.64
Ⅰ	乌蔹莓 *Cayratia japonica*	3.32	Ⅱ	木莓 *Rubus swinhoei*	3.64
Ⅰ	大花忍冬 *Lonicera macrantha*	3.32	Ⅱ	细齿叶柃 *Eurya nitida*	3.64
Ⅰ	白檀 *Symplocos paniculata*	3.32	Ⅱ	构树 *Broussonetia papyrifera*	3.64
Ⅰ	西南卫矛 *Euonymus hamiltonianus*	3.09	Ⅱ	紫果槭 *Acer cordatum*	3.64
Ⅰ	柔毛菝葜 *Smilax chingii*	3.09	Ⅱ	薄叶山矾 *Symplocos anomala*	3.41
Ⅰ	裂果卫矛 *Euonymus dielsianus*	3.09	Ⅱ	杜鹃 *Rhododendron simsii*	3.18
Ⅱ	黄脉莓 *Rubus xanthoneurus*	22.5	Ⅱ	绒毛鸡矢藤 *Paederia lanuginosa*	3.18
Ⅱ	油茶 *Camellia oleifera*	20.00	Ⅱ	软枣猕猴桃 *Actinidia arguta*	3.18
Ⅱ	三尖杉 *Cephalotaxus fortunei*	17.27	Ⅱ	西域旌节花 *Stachyurus himalaicus*	3.18
Ⅱ	大芽南蛇藤 *Celastrus gemmatus*	14.55	Ⅱ	绒毛鸡矢藤 *Paederia lanuginosa*	3.18
Ⅱ	山胡椒 *Lindera glauca*	13.64	Ⅱ	楤木 *Aralia elata*	2.95
Ⅱ	菝葜 *Smilax china*	12.95	Ⅱ	冻绿 *Rhamnus utilis*	2.95
Ⅱ	红豆杉 *Taxus chinensis*	11.14	Ⅱ	猴欢喜 *Sloanea sinensis*	2.95

由表5-13可知，在样地Ⅰ的草本层中，共有31种，求米草重要值最大为21.22，为优势种，其次为粗齿楼梯草重要值为20.44，其余有伴生种29种，伴生种占草本层总种数的93.55%；在样地Ⅱ的草本层中有23种，细毛碗蕨重要值最大，为58.69，系该层优势种，其次为求米草，重要值为39.97，其余有伴生种21种，占草本层总种数的91.30%。

综上可知，在样地Ⅰ中三尖杉树群落为针阔混交林，为银鹊树+狭叶方竹群系；在样地Ⅱ中三尖杉群落为常绿落叶阔叶混交林，为尾叶樱桃群系。

表 5-13 雷公山保护区三尖杉群落草本层重要值

样地	种名	重要值	样地	种名	重要值
Ⅰ	求米草 *Oplismenus undulatifolius*	21.22	Ⅰ	吉祥草 *Reineckea carnea*	2.26
Ⅰ	粗齿楼梯草 *Elatostema grandidentatum*	20.44	Ⅰ	黑足鳞毛蕨 *Dryopteris fuscipes*	2.26
Ⅰ	黄金凤 *Impatiens siculifer*	19.12	Ⅰ	凤丫蕨 *Coniogramme japonica*	2.26
Ⅰ	蹄叶橐吾 *Ligularia fischeri*	14.82	Ⅰ	多花黄精 *Polygonatum cyrtonema*	2.26
Ⅰ	六叶葎 *Galium aspruloides*	13.35	Ⅱ	细毛碗蕨 *Dennstaedtia hirsuta*	58.69
Ⅰ	楮头红 *Sarcopyramis napalensis*	12.14	Ⅱ	求米草 *Oplismenus undulatifolius*	39.97
Ⅰ	大百合 *Cardiocrinum giganteum*	11.87	Ⅱ	五节芒 *Miscanthus floridulus*	27.64
Ⅰ	贵州鳞毛蕨 *Dryopteris wallichiana* var. *kweichowicola*	10.20	Ⅱ	三脉紫菀 *Aster trinervius* subsp. *ageratoides*	27.28
Ⅰ	三脉紫菀 *Aster trinervius* subsp. *ageratoides*	9.67	Ⅱ	深绿卷柏 *Selaginella doederleinii*	23.14
Ⅰ	山酢浆草 *Oxalis griffithii*	7.57	Ⅱ	水杨梅 *Geum chiloense*	11.50
Ⅰ	幌菊 *Ellisiophyllum pinnatum*	5.94	Ⅱ	毛堇菜 *Viola thomsonii*	10.70
Ⅰ	高杆珍珠茅 *Scleria terrestris*	4.62	Ⅱ	庐山石韦 *Pyrrosia sheareri*	10.25
Ⅰ	水芹 *Oenanthe javanica*	3.31	Ⅱ	黑穗画眉草 *Eragrostis nigra*	10.10
Ⅰ	箐姑草 *Stellaria vestita*	3.31	Ⅱ	高山薯蓣 *Dioscorea delavayi*	9.97
Ⅰ	瘤足蕨 *Plagiogyria adnata*	3.31	Ⅱ	华北剪股颖 *Agrostis clavata*	9.46
Ⅰ	兔儿风蟹甲草 *Parasenecio ainsliiflorus*	2.79	Ⅱ	日本薯蓣 *Dioscorea japonica*	9.17
Ⅰ	鼠掌老鹳草 *Geranium sibiricum*	2.79	Ⅱ	里白 *Diplopterygium glaucum*	6.66
Ⅰ	白苞蒿 *Artemisia lactiflora*	2.79	Ⅱ	波叶山蚂蝗 *Desmodium sequax*	6.43
Ⅰ	野茼蒿 *Crassocephalum crepidioides*	2.52	Ⅱ	淡竹叶 *Lophatherum gracile*	6.15
Ⅰ	毛堇菜 *Viola thomsonii*	2.52	Ⅱ	荩草 *Arthraxon hispidus*	5.57
Ⅰ	接骨草 *Sambucus chinensis*	2.52	Ⅱ	蕨 *Pteridium aquilinum* var. *latiusculum*	4.49
Ⅰ	知风草 *Eragrostis ferruginea*	2.52	Ⅱ	斜方复叶耳蕨 *Arachniodes amabilis*	4.49
Ⅰ	贯众 *Cyrtomium fortunei*	2.52	Ⅱ	十字苔草 *Carex cruciata*	4.20
Ⅰ	光叶堇菜 *Viola sumatrana*	2.26	Ⅱ	鸭儿芹 *Cryptotaenia japonica*	3.91
Ⅰ	灰背铁线蕨 *Adiantum myriosorum*	2.26	Ⅱ	紫堇 *Corydalis edulis*	3.67
Ⅰ	十字苔草 *Carex cruciata*	2.26	Ⅱ	桔梗 *Platycodon grandiflorus*	3.38
Ⅰ	裸茎囊瓣芹 *Pternopetalum nudicaule*	2.26	Ⅱ	多花黄精 *Polygonatum cyrtonema*	3.15

3.4 空间分布格局

由表 5-14 可知，在每个样地中的三尖杉种群分散度（S^2）均大于样方平均三尖杉个体数（m），综合两个样地计算出雷公山保护区三尖杉种群的分散度（S^2）为 13.94，样方平均三尖杉个体数（m）为 1.95。可见，分散度 S^2 大于每个样方平均三尖杉个体数，即 $S^2>m$，说明在保护区内三尖杉种群呈集群型，且种群个体分布不均匀，呈局部密集型。

表 5-14　雷公山保护区三尖杉群落样方中三尖杉个体数　　单位：株

样方号	1	2	3	4	5	6	7	8	9	10	株数	$\sum (x-m)^2$	S^2
样地Ⅰ	4	2									6	16.40	1.82
样地Ⅱ			2	1	9	1	2	1	15	2	33	264.95	23.57

3.5　物种多样性

根据样地调查数据，计算得出物种多样性结果（表 5-15）。

表 5-15　雷公山保护区三尖杉群落物种多样性指数

层次	S	d	d_{Ma}	λ	D	D_r	H_e'	H_2
乔Ⅰ	5.50	4.74	0.07	0.93	15.31	2.73	3.94	0.91
乔Ⅱ	4.60	3.40	0.10	0.90	10.05	2.35	3.39	0.89
灌Ⅰ	1.15	3.50	0.75	0.25	1.33	0.75	1.08	0.24
灌Ⅱ	16.00	8.90	0.02	0.98	46.47	3.53	5.09	0.96
草Ⅰ	4.42	4.93	0.11	0.89	8.81	2.54	3.66	0.74
草Ⅱ	3.84	3.64	0.14	0.86	7.14	2.38	3.43	0.76

从三尖杉群落丰富度指数分析，乔木层、草本层、灌木层的 d_{Ma} 指数值均在 3 以上，灌木层丰富度指数比乔木层和草本层高出很多，说明灌木层物种最丰富，该群落丰富度指数表现为乔Ⅰ>乔Ⅱ、灌Ⅱ>灌Ⅰ、草Ⅰ>草Ⅱ。

从物种优势度指数（*Dr*）和物种多样性指数 Shannon-Wiener 指数（H_e'）分析，优势度指数越小表明群落的优势种越明显，某一种或几种优势种的数量增加都会使该指数值降低；H_e'值与物种丰富度紧密相关，并且呈正相关关系。从结果分析，优势度和群落物种丰富度均表现为乔Ⅱ>乔Ⅰ、灌Ⅰ远远大于灌Ⅱ、草Ⅱ>草Ⅰ。

Pielou 指数（J_e）是指群落中各个种的多度或重要值的均匀程度，乔木层中样地Ⅰ的均匀度强于样地Ⅱ；灌木层和草本层中，样地Ⅱ物种的分布均匀度大于样地Ⅰ。

【研究进展】

三尖杉常自然散生于山间潮湿地带，属于古老孑遗植物，生于山坡疏林、溪谷湿润而排水良好的地方。三尖杉的分布范围较广，气候为半湿润的气候，干湿季节交替较为明显，气温的日变化及年变化较大，热量条件较差。三尖杉多分布于亚热带常绿阔叶林中，因此三尖杉能适应林下光照强度较差的环境条件，并能正常生长和更新。在三尖杉的繁殖研究中，周维举提出了新种催芽播种法、隔年埋藏催芽法、越冬埋藏催芽法等种子繁殖法。马彦卿等研究从三尖杉属中提取出 20 多种生物碱，经动物实验和临床证明，其中 4 种酯碱类生物碱：三尖杉酯碱（harringtonine）、高三尖杉酯碱（homoharringtonine）、脱氧三尖杉酯碱（dexoharringtonine）和异三尖杉酯碱（isoharringtonine）对白血病具有一定的疗效。胡之壁等开展三尖杉细胞悬浮培养工作，并对其有效酯碱进行分析，研究不同的培养方式和理化因子对培养细胞生长和生物碱生物合成碱的影响。郭文杰等研究三尖杉悬浮培养细胞系，提高其有效碱含量，这样可解决三尖杉植株生长缓慢，自然资源有限，有效酯碱含量低，缓减临床上日益增长的需求问题。

【繁殖方法】

采用种子繁殖法，步骤如下。

①采种和种子处理：选用外皮呈紫色或紫红色的成熟三尖杉种子，同时将采收的种子堆放后、搓洗去除外皮后晾干；对要做催芽处理的三尖杉种子在常温下先用水浸泡，然后将三尖杉种子滤出放入漏勺，漏勺中三尖杉种子的空间占有率为1/4，随后将漏勺，放入沸水中，并左右摇晃，且漏勺的摇晃角度控制在10°；摇晃时间为15s，随后迅速放入25℃的水中冷却，冷却后，三尖杉种子放置10h；将三尖杉种子放入超声波催芽装置中，用52kHZ的超声波处理种子4min。

②场地选择：海拔在800~1300m，土壤肥力在pH值为5.5、排水良好、背阴处挖层积沟，沟深70~75cm，宽65~70cm，长度根据种子数量而定。

③苗床基质的制备：先在已挖好的沟底铺上8cm厚的湿河砂，湿河砂先用浓度为1%高锰酸钾溶液浸泡处理0.5h消毒灭菌，湿河砂的水分含量保持在25%~30%，浸泡完毕，经清水漂净药剂备用，并将步骤①中处理好的种子与湿河砂混合，种子与湿河砂的比例为1∶3；再铺上11cm厚的湿河砂。

④施肥：还未出苗时尿素8g/m^2、硝基复合肥16g/m^2、农家肥1kg/m^2，每隔15d施肥1次，共4次；待出苗后，尿素20g/m^2、硝基复合肥40g/m^2，4月初和7月初各施肥1次，共2次。

⑤田间管理：播种完毕后应在苗床上覆盖上一层厚稻草，并浇透水，维持土壤含水量在18.5%，当三尖杉幼苗大量出土时，揭去覆盖苗木的稻草，并使苗床的土壤含水量保持在15.5%。

【保护建议】

经调查分析，珍稀物种三尖杉为雌雄异株，同株结量少，天然更新极为困难，所以三尖杉生长缓慢，自然资源稀少。因此，建议加强保护：一是保护各地现存的常绿阔叶林是保护三尖杉的关键措施，三尖杉多混生于常绿阔叶林中；二是加强打击砍挖滥伐现象；三是加强细胞和组织培养，提高三尖杉植株的繁殖速度；四是开展三尖杉细胞悬浮培养工作，并对其有效醋碱进行分析，研究不同的培养方式和理化因子对培养细胞生长和生物碱生物合成的影响。

粗榧

【保护等级及珍稀情况】

粗榧 *Cephalotaxus sinensis*（Rehder et E. H. Wilson）H. L. Li，俗称中国粗榧、粗榧杉，属于三尖杉科三尖杉属，是第三纪孑遗物种，列为贵州省级重点保护树种，为中国特有种。

【生物学特性】

粗榧为灌木或小乔木，高达 15m，少为大乔木；树皮灰色或灰褐色，裂成薄片状脱落。叶条形，排列成两列，长 2~5cm，宽约 3mm，上面深绿色，中脉明显，下面有 2 条白色气孔带，较绿色边带宽 2~4 倍。雄球花 6~7 聚生成头状，径约 6mm，总梗长约 3mm，基部及总梗上有多数苞片，雄球花卵圆形，基部有 1 枚苞片，雄蕊 4~11 枚，花丝短，花药 2~4 个（多为 3 个）。种子通常 2~5 个着生于轴上，卵圆形、椭圆状卵形或近球形，很少成倒卵状椭圆形，长 1.8~2.5cm，顶端中央有一小尖头。花期 3~4 月，种子 8~10 月成熟。

粗榧分布于江苏南部、浙江、安徽南部、福建、江西、河南、湖南、湖北、陕西南部、甘肃南部、四川、云南东南部、贵州东北部、广西、广东西南部，多数生于海拔 600~2200m 的花岗岩、砂岩及石灰岩山地。模式标本采自四川宝兴。

【应用价值】

粗榧具有一定的观赏性，可观果、植株，可用作庭院、盆栽等观赏树种；此外，粗榧中含有多种生物活性物质，在医学、毒理学、植物化学等领域具有广阔的应用前景；粗榧提取物质具有抗癌、祛风除湿、治疗淋巴肉瘤、治疗白血病等功效。

【资源特性】

1　研究方法

1.1　样地设置

在野外实地踏查的基础上，选取天然分布在雷公山保护区的粗榧设置典型样地 1 个（表 5-16）。

表 5-16　雷公山保护区粗榧群落样地概况

海拔	坡度	坡位	坡向	土壤类型
2050m	35°	中部	东南	黄壤

1.2　径级划分

采用空间替代时间方法，将林木依地径大小分级，可分为 4 个径级：1 级（BD<2.0cm）、2 级（2.0cm≤BD<4.0cm）、3 级（4.0cm≤BD<6.0cm）、4 级（6.0cm≤BD<9.0cm）。

2　雷公山保护区资源分布情况

粗榧分布于雷公山保护区的雷公山、雷公坪和九眼塘等地；生长在海拔 1600~2170m 的阔叶林和杜鹃花属矮林中；分布面积为 560hm^2，共有 8520 株。

3　种群及群落特征

3.1　粗榧种群径级结构

根据各径级数据，绘制雷公山保护区粗榧种群的年龄结构（图 5-3）。粗榧种群共 227 株，1 径级 166 株，2 径级 47 株，3 径级 11 株，4 径级仅 3 株。由于在径级划分时，将原

始表格中记录为幼树、幼苗的个体数量全部纳入1径级，所以由图5-3可知，粗榧种群个体数量主要集中分布在1~2径级，占93.83%，说明粗榧种群的中、幼龄个体数充足，种群径级分布呈金字塔形，为增长型种群。

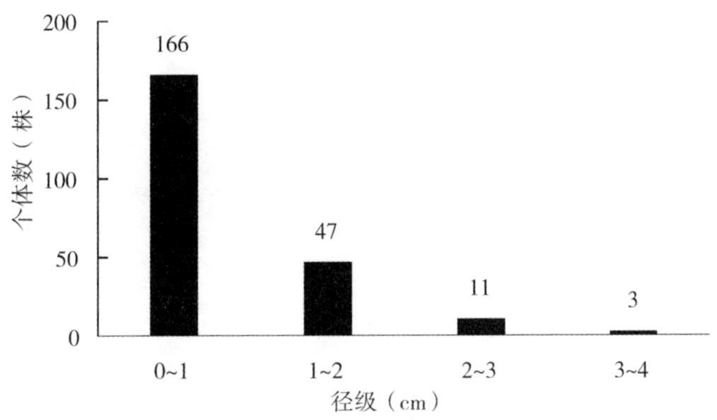

图5-3　粗榧种群径级分布情况

3.2　静态生命表分析

静态生命表不仅可以反映种群从出生到死亡的数量动态，还可用于预测种群未来发展的趋势。由表5-17可知，种群数量随着径级结构的增加而减小的趋势，到第4径级仅为3株，数量十分稀少，而径级超过8cm的为0。种群个体存活数 l_x 和标准化存活数 $\ln l_x$ 随着径级的增加逐渐减小，从 x 到 $x+1$ 径级间隔期内标准化死亡数 d_x 也呈现出下降趋势，其 d_x 在4径级时出现最小值，为18.072。种群死亡率 q_x 从1径级至4径级呈现先增大后减小的趋势，但波动幅度不大，在第2径级中出现相对最大值为0.766，说明粗榧在演替过程中1径级种群最容易死亡而被淘汰，71.69%在1径级死亡，只有28.31%的个体进入第2径级。从 x 到 $x+1$ 径级存活个体数 L_x 呈现出随径级的增加而减小的趋势；种群个体期望寿命 e_x 随着年龄的增加呈现减小趋势，在第4径级达到最小值，此阶段的个体处于大树、老树阶段，接近自然生理期开始衰老，渐渐达到树老枯死的龄级。

表5-17　雷公山保护区粗榧静态生命表

龄级	径级（cm）	组中值	a_x	l_x	$\ln l_x$	d_x	q_x	L_x	T_x	e_x	K_x
1	0~2	1	166	1000	6.908	717	0.717	642	867	0.867	1.262
2	2~4	3	47	283	5.646	217	0.766	175	226	0.798	1.452
3	4~6	5	11	66	4.194	48	0.727	42	51	0.773	1.299
4	6~8	7	3	18	2.894	18	1.000	9	9	0.500	2.894

注：各龄级取径级下限。

3.2.1　*存活曲线特征*

Deevey将个体存活概率随相对年龄的变化分为3个基本模型：Ⅰ型表示在接近生理寿命前只有少数个体死亡，即几乎所有的个体都能达到生理寿命；Ⅱ型表示各龄级死亡数基本相等；Ⅲ型表示幼年期死亡率较高，根据种群静态生命表绘制雷公山保护区粗榧种群存活曲线（图5-4）。

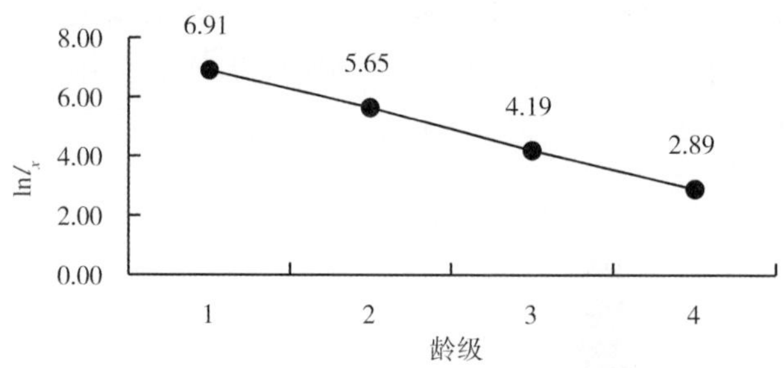

图 5-4　雷公山保护区粗榧种群生存曲线

从表 5-17 和图 5-4 可见，雷公山保护区粗榧从 1 径级到 4 径级个体标准存活数呈现相对均匀的减少，曲线近对角线，存活曲线趋向于 Deevey-Ⅲ型。

3.2.2　死亡率和损失度曲线分析

以静态生命表中的死亡率和损失度为纵坐标、以径级为横坐标，绘制出雷公山保护区粗榧的死亡率曲线和损失度曲线（图 5-5）。

由图 5-5 可知，在 1 至 4 径级间，粗榧的死亡率和损失度均呈现先上升后下降再上升的趋势，死亡率曲线与损失度曲线高度吻合。从 1 径级到 2 径级，粗榧的死亡率和损失度分别达到第一个峰值 0.766 和 1.452，这说明大量的 1 径级个体在 2 径级时出现死亡，亏损度较大。而第 2 径级到第 3 径级，死亡率和损失度均开始下降，此阶段，粗榧进入了中年期，生长处于相对优势阶段，而进入第 4 径级后死亡率和损失度均呈现急剧上升，达到最高值，分别为 1.000 和 2.894，表明此阶段粗榧的生命已进入自然生理寿命期，个体因为自然生理功能退化，逐渐衰老死亡被亏损。

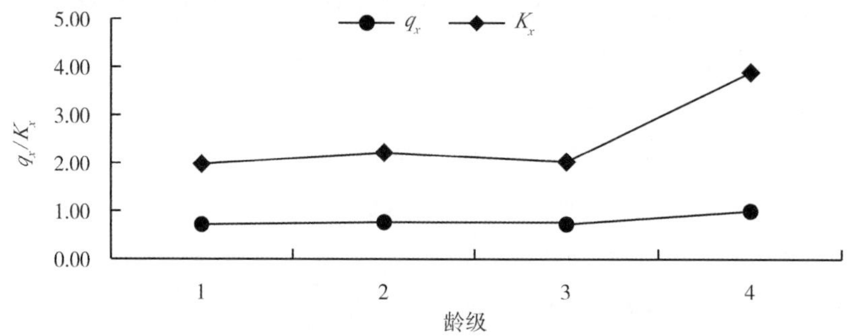

图 5-5　雷公山保护区粗榧种群死亡率和损失度曲线

3.3　空间分布格局

根据调查数据，统计样地内各样方粗榧个体数量，计算粗榧种群分散度 S^2（表5-18）。

表 5-18　雷公山保护区各样方粗榧种群个体数统计信息　　单位：株

样方 1	样方 2	样方 3	样方 4	样方 5	样方 6	样方 7	样方 8	样方 9	样方 10	$\sum(x-m)^2$
28	13	9	20	27	9	5	10	6	0	792.1

由表 5-18 可得，种群样地平均个体数 m 为 12.7 个，粗榧种群分散度 $S^2=88.011$，$S^2>m$，说明雷公山保护区粗榧种群个体分布呈集群型，且种群个体极不均匀，呈局部密集型。

3.4 群落树种组成

调查结果表明，在研究区域的样地中，共有维管束植物 36 科 47 属 54 种（表 5-19），其中，蕨类植物有 3 科 3 属 3 种，裸子植物 1 科 1 属 1 种；被子植物中双子叶植物有 27 科 35 属 42 种，单子叶植物有 5 科 8 属 8 种。由此可见，雷公山保护区粗榧群落中双子叶植物占据主导优势。

表 5-19　雷公山保护区粗榧群落物种组成

植物类群		组成统计（个）		
		科数	属数	种数
蕨类植物		3	3	3
裸子植物		1	1	1
被子植物	双子叶植物	27	35	42
	单子叶植物	5	8	8
合计		36	47	54

3.5 群落优势科属

由表 5-20 可知，科种关系中，蔷薇科植物种数最多为 7 种，占 12.96%，其次是禾本科 4 种，菊科和卫矛科均为 3 种；2 种的有车前科 Plantaginaceae、蓼科 Polygonaceae、堇菜科、葡萄科、山矾科 5 科，群落中，单科单种的有 27 科，占 75.00%。由表 5-21 可知，悬钩子属的物种数最多为 4 种，其次是堇菜属、南蛇藤属 *Celastrus*、山矾属、乌蔹莓属 *Cayratia* 2 种，单属单种的最多共 42 个属，占 89.36%。可见，雷公山保护区分布的粗榧群落优势科属不明显，以单科单属单种为主，较为优势的为蔷薇科悬钩子属植物。

表 5-20　雷公山保护区粗榧群落科种数量关系

序号	科名	属数/种数（个）	占总属/种数的比例（%）	序号	科名	属数/种数（个）	占总属/种数的比例（%）
1	蔷薇科 Rosaceae	4/7	8.51/12.96	20	马桑科 Coriariaceae	1/1	2.13/1.85
2	禾本科 Poaceae	4/4	8.51/7.41	21	猕猴桃科 Actinidiaceae	1/1	2.13/1.85
3	菊科 Asteraceae	3/3	6.38/5.56	22	木通科 Lardizabalaceae	1/1	2.13/1.85
4	卫矛科 Celastraceae	2/3	4.26/5.56	23	木犀科 Oleaceae	1/1	2.13/1.85
5	车前科 Plantaginaceae	2/2	4.26/3.70	24	槭树科 Aceraceae	1/1	2.13/1.85
6	蓼科 Polygonaceae	2/2	4.26/3.70	25	荨麻科 Urticaceae	1/1	2.13/1.85
7	堇菜科 Violaceae	1/2	2.13/3.70	26	百合科 Liliaceae	1/1	2.13/1.85
8	葡萄科 Vitaceae	1/2	2.13/3.70	27	忍冬科 Caprifoliaceae	1/1	2.13/1.85
9	山矾科 Symplocaceae	1/2	2.13/3.70	28	三尖杉科 Cephalotaxaceae	1/1	2.13/1.85
10	野茉莉科 Styracaceae	1/1	2.13/1.85	29	莎草科 Cyperaceae	1/1	2.13/1.85
11	菝葜科 Smilacaceae	1/1	2.13/1.85	30	山茶科 Theaceae	1/1	2.13/1.85

（续）

序号	科名	属数/种数（个）	占总属/种数的比例（%）	序号	科名	属数/种数（个）	占总属/种数的比例（%）
12	败酱科 Valerianaceae	1/1	2.13/1.85	31	石竹科 Caryophyllaceae	1/1	2.13/1.85
13	唇形科 Lamiaceae	1/1	2.13/1.85	32	水龙骨科 Polypodiaceae	1/1	2.13/1.85
14	酢浆草科 Oxalidaceae	1/1	2.13/1.85	33	姬蕨科 Hypolepidaceae	1/1	2.13/1.85
15	凤仙花科 Balsaminaceae	1/1	2.13/1.85	34	五加科 Araliaceae	1/1	2.13/1.85
16	葫芦科 Cucurbitaceae	1/1	2.13/1.85	35	小檗科 Berberidaceae	1/1	2.13/1.85
17	延龄草科 Trilliaceae	1/1	2.13/1.85	36	樟科 Lauraceae	1/1	2.13/1.85
18	瘤足蕨科 Plagiogyriaceae	1/1	2.13/1.85		合计	47/54	100.00/100.00
19	龙胆科 Gentianaceae	1/1	2.13/1.85				

表 5-21　雷公山保护区粗榧群落属种数量关系

序号	属名	种数（种）	占总种数的比例（%）	序号	属名	种数（种）	占总种数的比例（%）
1	悬钩子属 *Rubus*	4	7.41	25	金线草属 *Antenoron*	1	1.85
2	堇菜属 *Viola*	2	3.70	26	荩草属 *Arthraxon*	1	1.85
3	南蛇藤属 *Celastrus*	2	3.70	27	瘤足蕨属 *Plagiogyria*	1	1.85
4	山矾属 *Symplocos*	2	3.70	28	楼梯草属 *Elatostema*	1	1.85
5	乌蔹莓属 *Cayratia*	2	3.70	29	马桑属 *Coriaria*	1	1.85
6	野茉莉属 *Styrax*	1	1.85	30	猕猴桃属 *Actinidia*	1	1.85
7	菝葜属 *Smilax*	1	1.85	31	女贞属 *Ligustrum*	1	1.85
8	白茅属 *Imperata*	1	1.85	32	槭属 *Acer*	1	1.85
9	败酱属 *Patrinia*	1	1.85	33	荞麦属 *Fagopyrum*	1	1.85
10	车前属 *Plantago*	1	1.85	34	润楠属 *Machilus*	1	1.85
11	酢浆草属 *Oxalis*	1	1.85	35	三尖杉属 *Cephalotaxus*	1	1.85
12	盾蕨属 *Neolepisorus*	1	1.85	36	山茶属 *Camellia*	1	1.85
13	繁缕属 *Stellaria*	1	1.85	37	十大功劳属 *Mahonia*	1	1.85
14	风毛菊属 *Saussurea*	1	1.85	38	双蝴蝶属 *Tripterospermum*	1	1.85
15	凤仙花属 *Impatiens*	1	1.85	39	碗蕨属 *Dennstaedtia*	1	1.85
16	寒竹属 *Chimonobambusa*	1	1.85	40	万寿竹属 *Disporum*	1	1.85
17	蒿属 *Artemisia*	1	1.85	41	卫矛属 *Euonymus*	1	1.85
18	花楸属 *Sorbus*	1	1.85	42	五加属 *Eleutherococcus*	1	1.85
19	幌菊属 *Ellisiophyllum*	1	1.85	43	野木瓜属 *Stauntonia*	1	1.85
20	藿香属 *Agastache*	1	1.85	44	樱属 *Cerasus*	1	1.85
21	荚蒾属 *Viburnum*	1	1.85	45	玉山竹属 *Yushania*	1	1.85
22	假福王草属 *Paraprenanthes*	1	1.85	46	珍珠茅属 *Scleria*	1	1.85
23	假升麻属 *Aruncus*	1	1.85	47	重楼属 *Paris*	1	1.85
24	绞股蓝属 *Gynostemma*	1	1.85		合计	54	100.00

3.6 物种多样性分析

图 5-6 显示了粗榧群落的物种多样性指数值，且该群落总的物种丰富度 S 为 54。

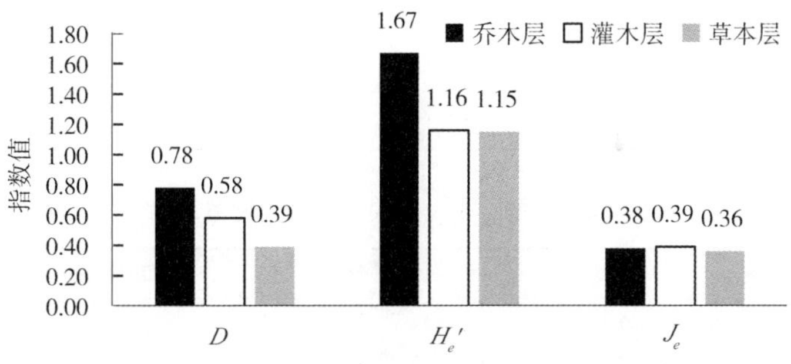

图 5-6 雷公山保护区粗榧群落物种多样性指数

从图 5-6 可知，乔、灌、草的多样性指数均表现为 Shannon-Wiener 指数（H_e'）高于 Pielou 指数（J_e）和 Simpson 指数（D）。多样性指数值最高的为乔木层的 Shannon-Wiener 指数（H_e'）值（1.67），而草本层的 Simpson 指数（D）值最低（0.39）。Simpson 指数（D）中种数越多，各种个体分配越均匀，指数越高，指示群落多样性好，是群落集中性的度量。从图 5-6 可知，群落中乔、灌、草的 Simpson 指数（D）呈较为均匀地减少，且乔木层>灌木层>草本层，说明了大部分乔木层植物的数量主要集中于少数物种，优势种比较明显，其他树种占很小的比例，而草本层优势种并不明显。样地中乔、灌、草层在 Shannon-Wiener 指数（H_e'）上差异较大，乔木层的指数远大于灌木层和草本层，而灌木层和草本层相差很小，近乎相等，实际调查中，乔木层物种丰富度（S）大于草本层和灌木层，这说明该样地 Shannon-Wiener 指数与物种丰富度关系不明显，而与样地中各物种的株数组成等关系更为密切。Pielou 指数（J_e）是指群落中各个种的多度或重要值的均匀程度，由图 5-6 可以看出，均匀度指数表现为灌木层>乔木层>草本层，说明灌木层物种分布更为均匀，但三个层次的 Pielou 指数（J_e）相差不大，均匀度也比较相近。

3.7 重要值分析

整理计算调查样地数据，按照重要值大小排序得到样地乔木层、灌木层、草本层重要值。由于样地乔木层物种数只有 8 种，所以将其乔木层种所有树种重要值列出（表 5-22），而对灌木层和草本层，则值列出了重要值排在前 10 位的种（表 5-23、表 5-24）。

表 5-22 雷公山保护区粗榧乔木层重要值

种名	相对密度	相对优势度	相对频度	重要值
白檀 *Symplocos paniculata*	38. 18	17. 28	24	79. 46
中华槭 *Acer sinense*	12. 73	37. 10	24	73. 83
小果润楠 *Machilus microcarpa*	21. 82	11. 15	20	52. 97
西南卫矛 *Euonymus hamiltonianus*	10. 91	15. 96	12	38. 86
锦带花 *Weigela florida*	10. 91	14. 63	8	33. 54

（续）

种名	相对密度	相对优势度	相对频度	重要值
光叶山矾 *Symplocos lancifolia*	1.82	1.40	4	7.22
尾叶樱桃 *Cerasus dielsiana*	1.82	1.25	4	7.07
野茉莉 *Styrax japonicus*	1.82	1.23	4	7.05

表 5-23　雷公山保护区粗榧灌木层重要值

种名	相对盖度	相对频度	重要值
雷公山玉山竹 *Yushania leigongshanensis*	33.78	6.38	40.17
狭叶方竹 *Chimonobambusa angustifolia*	27.87	4.26	32.13
粗榧 *Cephalotaxus sinensis*	8.11	8.51	16.62
黄泡 *Rubus pectinellus*	7.09	8.51	15.61
红荚蒾 *Viburnum erubescens*	8.45	4.26	12.70
尾叶悬钩子 *Rubus caudifolius*	1.86	6.38	8.24
乌蔹莓 *Cayratia japonica*	1.86	6.38	8.24
粉背南蛇藤 *Celastrus hypoleucus*	1.18	6.38	7.57
蜀五加 *Eleutherococcus setchuenensis*	1.01	4.26	5.27
小叶女贞 *Ligustrum quihoui*	1.01	4.26	5.27

表 5-24　雷公山保护区粗榧草本层重要值

种名	相对频度	相对盖度	重要值
钝叶楼梯草 *Elatostema obtusum*	8.16	54.44	62.60
细毛碗蕨 *Dennstaedtia hirsuta*	10.20	7.34	17.54
荞麦 *Fagopyrum esculentum*	4.08	5.02	9.10
白茅 *Imperata cylindrica*	6.12	2.70	8.83
风毛菊 *Saussurea japonica*	6.12	2.32	8.44
假福王草 *Paraprenanthes sororia*	4.08	3.86	7.94
尾叶瘤足蕨 *Plagiogyria gandis*	2.04	5.79	7.83
藿香 *Agastache rugosa*	6.12	1.54	7.67
万寿竹 *Disporum cantoniense*	4.08	1.93	6.01
峨眉双蝴蝶 *Tripterospermum cordatum*	4.08	1.54	5.63

3.7.1　乔木层物种重要值分析

由表 5-22 可知，该样地乔木层物种丰富度为 8，白檀重要值最大（79.46），其次是中华槭（73.83），乔木层中物种重要值大于该层平均重要值（37.50）的有白檀、中华槭、小果润楠（52.97）、西南卫矛（38.86）4 种，占乔木层物种的 50%。可见，粗榧群落乔木层中，白檀占绝对优势，中华槭为辅，乔木层中物种少，结构相对简单，优势树种突出。

3.7.2　灌木层物种重要值分析

调查结果表明，粗榧所在样地灌木层物种丰富度为 21。由表 5-23 可知，灌木层中物

种重要值最大的是雷公山玉山竹（40.17），其次为狭叶方竹（32.13），第三是粗榧（16.62），而灌木层中物种重要值大于该层平均重要值（9.52）的有5种，占比23.81%。由此可见，粗榧群落灌木层中，雷公山玉山竹占灌木层的主导地位，处于优势种，其他为伴生种。

3.7.3　草本层物种重要值分析

调查结果表明，粗榧所在样地草本层物种丰富度 *S* 为 25。由表 5-24 可知，草本层中物种重要值最大的是钝叶楼梯草 *Elatostema obtusum*（62.60），为优势种，其次是细毛碗蕨（17.54）。草本层中物种重要值大于该层所有物种平均重要值（8.00）的有5种，占比20%，由此可见，粗榧样地草本层中，钝叶楼梯草占绝对优势，细毛碗蕨为辅，其他为伴生种。

综上可得，粗榧所在群落样地乔、灌、草三层的优势物种分别为白檀、雷公山玉山竹、钝叶楼梯草，故粗榧所在群落为白檀+雷公山玉山竹群系。

【研究进展】

经查阅资料，姚芳等研究了粗榧的播种育苗、容器育苗、扦插育苗等，详细介绍了粗榧的生物学特征、习性及其在园林方面上的应用，探讨了粗榧苗木繁育种的圃地选择、种子采集、层积处理、播种方法、苗木管理、出圃等技术要点。

杨小刚等介绍了粗榧育苗的采种、圃地选择及管理、整地、苗木病虫害防治等技术。刘晓菊等报道了熊岳地区的粗榧引种表现及繁育技术，发现粗榧在熊岳地区可栽植应用。刘晓娇等研究了粗榧种子饼粕中植酸的提取方法，发现党酸洗 pH4.0、酸洗时间 3.0h、碱洗 pH11.5/EDTA 的浓度为 0.08mol/L 时，所得到的植酸含量最高。

司倩倩等研究发现采用低温层积法可打破粗榧种子休眠，粗榧种子生活力可达90%。刘晓娇等研究发现，粗榧种子油的脂肪酸组成以棕榈酸质量分数最高，高达24.31%，是一种天然的抗氧化物种的来源。

王洋在摘译文献时发现粗榧种子中具有抗菌二萜。蒋丹等研究发现粗榧提取物质具有抗癌、祛风除湿、治疗淋巴肉瘤、治疗白血病等功效。金钱荣报道了大姚县粗榧生境条件及分布现状。

【繁殖方法】

采用种子育苗繁殖方法，步骤如下。

①采种与种子处理：粗榧种子在10月下旬成熟，当外种皮由绿变成深红色时即可采收。种子采收后，用水浸24h后捞出，混合一定量的沙子后反复碾搓，以去除外种皮，然后漂洗数次，直至将不易储存的假种皮等杂质去除干净，置于阴凉处阴干，最后将阴干的种子与含水60%的干净湿沙按种沙1∶3的比例混合层积于地窖中低温储存。在储存过程中要勤翻动，并定期喷水，防止种子因霉变和失水而丧失活力。

②圃地选择：选取地势平坦、交通便利、靠近阴坡的沙壤土地块整地作床。

③整地作床：在播种前一年的秋季深耕，耕深以20~25cm为宜。春季播种前需施足底肥及对土壤进行消毒，然后浅耕一次，将肥料及土壤消毒药品均匀耕入圃地，浅耕深度

以 8~10cm 为宜，整细、耙平以利作床。在播种前用 0.1%~0.5%高锰酸钾溶液喷洒浇透苗床进行消毒。

④播种：4 月中旬，当土层完全解冻后，在地势平坦且易排水处整地。将种子取出，筛除沙子，按株距 5cm、行距 15cm 开沟条状点播，播种后覆土 2cm 左右，播完后立即浇水，以促进种子与土壤的紧密接触，利于种子的整齐萌发。另外，在离地 60cm 处搭遮阳网进行遮阳，以免种子萌发成幼苗后受到强光灼伤。

⑤除草松土：从幼苗出土开始，在育苗过程中，要及时拔草。拔草坚持“拔早、拔小、拔了”的原则，做到圃地无杂草。降雨和灌水之后要适时松土，保持土壤疏松。

⑥追肥：粗榧苗木幼时生长缓慢，对肥料要求较高。在苗木出土进入速生期之后，要适时进行苗木叶面追肥，亩用量一般为 3kg，每隔半月追施 1 次尿素，尿素的浓度以 2‰为宜。当苗木进入秋季时，要追施 1 次磷酸二氢钾溶液，以利苗木木质化。

⑦灌水：幼苗出土后，加强田间管理，经常浇水，保持苗床湿润，同时避免土壤板结；要根据实情及时灌水，灌水量和灌水次数应根据土壤、天气条件及苗木生长情况来确定。

⑧病虫害防治：可定期用 50%的多菌灵 500 倍液或 50%的甲基托布津可湿性粉剂 1000 倍液喷雾防治。在苗木生长期，加强肥水管理，促进苗木生长。在苗木生长停滞期，控制肥水，促进苗木木质化，提高抗寒能力。

【保护建议】

粗榧具有较高的观赏性，是庭院绿化、道路绿化以及盆景的优良树种；具有较高的药用价值，所以，加强粗榧资源的就地保护和栽培推广利用等显得尤为重要。此外，目前对粗榧的研究主要有育苗、引种繁殖及化学物质提取、药理等，而对其组织培养未见报道，所以，加强对粗榧的组织培养，进一步获取粗榧快速繁殖方法技术，尽快填补粗榧组织培养研究空白，也为粗榧的推广利用及走向市场化提供支撑。

天女花

【保护等级及珍稀情况】

天女花 *Magnolia sieboldii*（K. Koch）N. H. Xia，俗称天女木兰、小花木兰，属木兰科天女花属，为贵州省级重点保护树种。

【生物学特性】

天女花落叶小乔木，高达 10m，当年生小枝细长，直径约 3mm，淡灰褐色，初被银灰色平伏长柔毛。叶膜质，倒卵形或宽倒卵形，长（6）9~15（25）cm，宽 4~9（12）cm，先端骤狭急尖或短渐尖，基部阔楔形、钝圆、平截或近心形，上面中脉及侧脉被弯曲柔毛，下面苍白色，通常被褐色及白色多细胞毛，有散生金黄色小点，中脉及侧脉被白色长绢毛，侧脉每边 6~8 条，叶柄长 1~4（6.5）cm，被褐色及白色平伏长毛，托叶痕约为叶柄长的 1/2。花梗长 3~7cm，密被褐色及灰白色平伏长柔毛；花被片 9，近等大；雄蕊紫红色，长 9~11mm，花丝长 3~4mm；雌蕊群椭圆形，绿色，长约 1.5cm。聚合果熟时红

色，倒卵圆形或长圆体形，长 2~7cm；蓇葖狭椭圆体形，长约 1cm，沿背缝线二瓣全裂。顶端具长约 2mm 的喙；种子心形，长与宽 6~7mm。

天女花分布于辽宁、安徽、浙江、江西、福建北部、广西；生于海拔 1600~2000m 的山地；在朝鲜、日本也有分布；在雷公山保护区主要分布于雷公山山顶。

【应用价值】

天女花的木材可制农具，花可提取芳香油。花色美丽，具长花梗，随风招展，为著名中外的庭园观赏树种。花入药，可制浸膏。落叶小乔木，其叶肥厚，花白色，浓香，成熟果实呈淡紫色，种子鲜红，是名贵的珍稀观赏树种。其提取物可作化妆品、香料以及药品的原料。

【资源特性】

1　样地设置

采取样线法和样地法相结合，选取天女花的天然群落设置样地 1 个。样地概况：海拔 2146m，土壤类型为黄棕壤，植被类型为杜鹃、箭竹灌丛，其中灌木层植被高度为 2m，草本层高度 0.2m。

2　雷公山保护区资源分布情况

天女花分布于雷公山保护区的雷公山顶；生长在海拔 1900~2170m 的山顶苔藓矮林、杜鹃箭竹灌丛；分布面积为 $30hm^2$，共有 160 株。

3　种群及群落特征

3.1　群落科属种关系

根据调查统计，雷公山保护区内的天女花主要分布在雷公山主峰的上坡位，分布海拔 1900~2170m，远高于其他分布区的海拔高度。

在雷公山保护区的天女花样地中共有维管束植物 28 科 39 属 42 种。统计天女花样地的科含 2 种以上的科属种关系（表 5-25），科含 3 种的有禾本科、菊科、蔷薇科、忍冬科、莎草科，共计 15 种占总种数的 35.70%，构成雷公山保护区天女花群落样地的优势科，

表 5-25　雷公山保护区天女花群落科属种数量关系

科名	属数/种数（个）	占总属/种数的比例（%）
禾本科 Poaceae	3/3	7.69/7.14
菊科 Asteraceae	3/3	7.69/7.14
百合科 Liliaceae	2/2	5.13/4.76
木犀科 Oleaceae	2/2	5.13/4.76
蔷薇科 Rosaceae	2/3	5.13/7.14
忍冬科 Caprifoliaceae	2/3	5.13/7.14
莎草科 Cyperaceae	2/3	5.13/7.14
卫矛科 Celastraceae	2/2	5.13/4.76
小檗科 Berberidaceae	2/2	5.13/4.76

但无明显的优势。科含 2 种的有卫矛科、小檗科、百合科、木犀科 Oleaceae，共计 8 种，占总种数的 19.00%。

3.2 重要值分析

此次调查的天女花群落样地主要分为灌木层与草本层，分别计算重要值（表 5-26、表 5-27），组成灌木层的物种有 21 种，重要值大于灌木层平均重要值（14.29）的有钝叶木姜子 *Litsea veitchiana*（51.07）、粗叶悬钩子 *Rubus alceifolius*（42.69）、云锦杜鹃 *Rhododendron fortunei*（33.64）、雷公山玉山竹（33.08）、天女花（22.28）5 种，天女花重要值大于平均重要值，处于第五位，优势种为钝叶木姜子。草本层物种共 21 种，草本层物种平均重要值为 9.53，大于平均重要值的有火炭母 *Polygonum chinense*（65.07）、繁缕 *Stellaria media*（21.80）、六叶葎（12.56）、过路黄 *Lysimachia christiniae*（11.15），优势物种为火炭母。

综上所述，雷公山保护区内天女花群落为钝叶木姜子群系，生长于高山灌木林中。

表 5-26　雷公山保护区天女花群落灌木层重要值

种名	相对密度	相对盖度	相对频度	重要值	重要值序
钝叶木姜子 *Litsea veitchiana*	21.43	21.31	8.33	51.07	1
粗叶悬钩子 *Rubus alceifolius*	25.78	10.66	6.25	42.69	2
云锦杜鹃 *Rhododendron fortunei*	3.14	24.25	6.25	33.64	3
雷公山玉山竹 *Yushania leigongshanensis*	24.39	0.36	8.33	33.08	4
天女花 *Magnolia sieboldii*	2.26	13.77	6.25	22.28	5
尾叶樱桃 *Cerasus dielsiana*	2.09	4.00	6.25	12.34	6
西南绣球 *Hydrangea davidii*	3.31	4.53	4.17	12.01	7
菝葜 *Smilax china*	4.01	0.98	6.25	11.24	8
白檀 *Symplocos paniculata*	1.57	3.11	6.25	10.93	9
红荚蒾 *Viburnum erubescens*	1.92	1.95	6.25	10.12	10
小叶女贞 *Ligustrum quihoui*	1.22	6.22	2.08	9.52	11
西南卫矛 *Euonymus hamiltonianus*	1.22	2.31	4.17	7.70	12
淡红忍冬 *Lonicera acuminata*	0.87	0.27	6.25	7.39	13
阔叶十大功劳 *Mahonia bealei*	1.39	0.62	4.17	6.18	14
瑞香 *Daphne odora*	0.87	0.18	4.17	5.22	15
三花悬钩子 *Rubus trianthus*	0.52	0.18	4.17	4.87	16
直角荚蒾 *Viburnum foetidum* var. *rectangulatum*	1.39	1.33	2.08	4.80	17
锐齿小檗 *Berberis arguta*	0.87	1.33	2.08	4.28	18
清香藤 *Jasminum lanceolaria*	0.87	0.89	2.08	3.84	19
大芽南蛇藤 *Celastrus gemmatus*	0.70	0.89	2.08	3.67	20
毛花槭 *Acer erianthum*	0.17	0.89	2.08	3.14	21

表 5-27 雷公山保护区天女花群落草本层重要值

种名	相对频度	相对盖度	重要值	重要值序
火炭母 *Polygonum chinense*	11.54	53.53	65.07	1
繁缕 *Stellaria media*	7.69	14.11	21.80	2
六叶葎 *Galium asperuloides* subsp. *hoffmeisteri*	7.69	4.87	12.56	3
过路黄 *Lysimachia christiniae*	3.85	7.30	11.15	4
狭叶重楼 *Paris polyphylla* var. *stenophylla*	7.69	1.46	9.15	5
早熟禾 *Poa annua*	3.85	3.65	7.50	6
白茅 *Imperata cylindrica*	3.85	1.22	5.07	7
抱石莲 *Lemmaphyllum drymoglossoides*	3.85	1.22	5.07	8
贯叶连翘 *Hypericum perforatum*	3.85	1.22	5.07	9
牡蒿 *Artemisia japonica*	3.85	1.22	5.07	10
凹叶景天 *Sedum emarginatum*	3.85	1.22	5.07	11
具芒碎米莎草 *Cyperus microiria*	3.85	1.22	5.07	12
千里光 *Senecio scandens*	3.85	1.22	5.07	13
天胡荽 *Hydrocotyle sibthorpioides*	3.85	1.22	5.07	14
香附子 *Cyperus rotundus*	3.85	1.22	5.07	15
藏苔草 *Carex thibetica*	3.85	0.73	4.58	16
车前 *Plantago asiatica*	3.85	0.73	4.58	17
鬼针草 *Bidens pilosa*	3.85	0.73	4.58	18
维明鳞毛蕨 *Dryopteris zhuweimingii*	3.85	0.73	4.58	19
獐牙菜 *Swertia bimaculata*	3.85	0.73	4.58	20
竹根七 *Disporopsis fuscopicta*	3.85	0.49	4.34	21

3.3 生活型分析

统计天女花群落样地出现的植物种类，列出天女花群落样地的植物名录确定每种植物的生活型，把同一生活型的种类归并在一起，计算各类生活型的百分率，雷公山保护区天女花群落样地生活型统计见表 5-28。可知，雷公山保护区天女花样地的草本植物有 22 种，占总种数的 52.38%，木本植物有 20 种，占总物种数的 47.62%；草本植物中多年生草本植物占比最大 26.19%，其次是一年生草本植物 19.05%，蕨类占比 4.76%，此样地不利于草本植物的生长和繁殖。灌木在木本植物中占比 38.10%，是木本植物的优势生活型。

表 5-28 雷公山保护区天女花物种生活型统计信息

生活型类型	生活型	科（个）	属（个）	种（种）	种占百分比（%）
木本植物	灌木	12	14	16	38.10
	木质藤本	4	4	4	9.52
	竹类	1	1	1	2.38
	总计	17	19	21	50.00

（续）

生活型类型	生活型	科（个）	属（个）	种（种）	种占百分比（%）
草本植物	蕨类	2	2	2	4.76
	多年生草本	9	11	11	26.19
	一年生草本	7	7	8	19.05
	总计	18	20	21	50.00

【研究进展】

1　解剖结构及物候学

孟宪东等对天女花营养器官的解剖观察。不同因子对叶片解剖结构产生影响，干旱生境中的天女花与较湿润生境中相比，叶片下表皮气孔密度减少而栅海比增加。光照强度增大可促使天女花叶片栅栏组织增厚、栅海比增大；树龄大的天女花比树龄较小的天女花栅栏组织、海绵组织、栅海比等均较大。

2　种群动态及更新

王立龙通过对天女花年龄结构的统计发现，天女花年龄结构不完整，属于衰退型，幼苗储备严重不足，成为该种群更新的一大瓶颈；低温是它生存的一个重要保证；水分也是影响天女花种群动态的重要因素。天女花分布格局为聚集分布，生态位低，对群落环境和外貌影响不大，适应能力低下。天女花与多数树种的生态位重叠低，与其他树种生态位重叠较少，分布范围狭小，在群落中居次要地位。王子华研究认为，老岭自然保护区的天女花种子繁殖不能维持天女花的更新与繁衍，萌蘖繁殖是天女花的主要繁殖更新方式。

3　群落特征

该物种对土壤腐殖质要求不严格，对湿度要求较高，温度低于30%的条件会导致天女花发育不良、植株矮小。杜凤国在吉林集安通化调查发现天女花群落伴生种共有乔木35种，主要为木兰科、木犀科、榆科 Ulmaceae、槭树科和卫矛科；灌木12种，主要为虎耳草科、忍冬科和五加科 Araliaceae；草本33种，以蕨类植物为主。孟宪东等研究了河北省老岭自然保护区天女花林的群落结构。

【繁殖方法】

采用种子繁殖。天女花的种子繁殖过程包括种子采集、贮藏、种子处理、育苗地选择、整地、播种、苗期管理等。

①采种和贮藏：选择生长健壮、无病虫害、林龄20年左右的母树。采用长竹竿击落聚合果进行收集。将收集的聚合果置于阴凉的地方堆沤7d，再取出日晒3d。摊晒期间经常用钉耙翻动，待种子从聚合果中脱落后，筛去聚合果果脯，去除细碎杂物等，再用流动的河水漂洗，直至种子干净。采用低温贮藏，首先将天女花种子置于阴凉通风干燥处5~7d，待种子含水量下降至15%左右时，再进行低温贮藏。贮藏时要用通气的布袋装种子。

②种子处理：天女花种子外种皮较厚，播种前必须对种子进行催芽处理。将种子从冷库中取出，放在阴凉的地方摊晾1~2d，再用清水漂洗，去除漂浮的种子，用手揉搓数次，

直至种子干净、外种皮粗糙为止。再用2%硫酸铜溶液浸泡种子20min左右，其间要用木棒不停搅拌。之后捞出种子，用流动的水漂洗2~3次。将消毒处理后的种子置于45℃水中浸泡30h，浸泡期间更换3~4次45℃温水，更换温水后进行搅拌，以保证上下层种子受热均匀。最后将种子置于湿麻袋中，移至温度为20℃的室内催芽，每天用45℃温水淘洗2~3次，淘洗时要注意上下翻动不留死角，并沥干袋中过多水分。待8d左右，种子有15%以上吐白即可播种。

③育苗地选择：天女花整个苗期都不耐阴。选择背风向阳的地方，且地下水位低、排灌良好、土壤含砂性中等、交通运输便利。

④整地作床：播种前需施足底肥及对土壤进行消毒。经多次深翻犁耙后，再将育苗田整成南北向育苗床，苗床高35cm、宽80cm、长12~15m，苗床中沟宽40cm。整理苗床时，苗床中间略高于苗床两边，以便苗床排水。

⑤播种育苗：播种前在整理好的苗床上均匀铺一层5cm左右的黄心土，将经催芽处理的种子均匀撒播于床面，播种量以100~120粒/m^2为宜。再盖一层1cm厚的散碎黄心土，用细喷雾浇1遍透水，盖上干净的稻草以保温、保湿。播种后至种子出土前，要经常检查苗床，防止鸟兽危害和风吹等。

⑥苗床管理：当有30%左右的种子破土时于晴天傍晚揭去覆盖的稻草。第2天傍晚，喷1遍多菌灵600倍液防止幼苗病害。及时清理苗床沟，保证雨天排水通畅。当苗木高生长至8cm左右时，要结合间苗进行移栽，幼苗保留量为35株/m^2，多余的间苗也可以另行移栽。间苗和移栽幼苗前后都必须浇透水，防止幼苗根脆弱影响幼苗成活。6~8月每隔20d左右施肥1次。8月上旬停止施肥，促进苗木木质化便于苗木正常过冬。翌年春季即可将苗木进行移栽定植。

【保护建议】

天女花具有观赏、芳香及药用价值，在雷公山保护区分布于高海拔区域，分布生境狭窄，资源珍稀，建议保护措施如下：一是加强原生种群及生境的监测研究，为资源保护提供科学依据；二是加强原生种源的人工繁育，并开展回归栽植，增加资源数量；三是开展天女花人工培育利用，促进资源保护。

桂南木莲

【保护等级及珍稀情况】

桂南木莲 *Manglietia conifera* Dandy，属木兰科木莲属，列为贵州省级重点保护树种。

【生物学特性】

桂南木莲为常绿乔木，高达20m。树皮灰色，平滑。小枝带绿色。叶革质或薄革质，倒披针形或窄倒卵状椭圆形，长12~15cm，宽2~5cm，先端短渐尖或钝，基部狭楔形或渐窄，表面深绿色，侧脉每边12~14条；叶柄长2~3cm，上面具窄沟；托叶痕极短。花梗细长，下垂，果实长6.5~7cm；花被片9~11；雄蕊长约1.3cm；雌蕊长1.5~2cm，心皮无毛。聚合果卵形，长4~5cm；蓇葖具疣点凸起，先端具短喙。花期3~5月，果期9~10月。

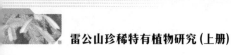

桂南木莲分布于广东北部和西南部、云南（富宁、屏边）、广西中部和东部、贵州东南部；生于海拔500~1700m的常绿阔叶林中。越南北部永富省也有其分布。模式标本采自广西十万大山。

【应用价值】

1 经济价值

其木材纹理通直，耐浸渍，干后不易开裂，心材耐腐，抗白蚁及虫蛀，其材质优良，出材率高，是很好的用材树种，可供室内装饰及细木工、乐器等用。

2 药用价值

其皮可作厚朴代用，主治便秘和干咳，是一个极具引种推广价值的树种。

3 观赏价值

枝叶浓密，四季常青，叶片革质有光泽，阳光照射下，闪闪发亮。芽与嫩枝密生红褐色毛，像披上一件金色的绒衣，十分醒目。先叶后花，花开在新梢顶端，雅致秀丽。5~6月盛花时，好像千万盏小巧“银钟”挂满枝头，又似上千只小白鸽振翅欲飞，令人称奇。聚合果卵球形，成熟时紫红色，悬挂在长长的果柄上，微风吹拂，悠悠扬扬，似碧波中红色浮标在涌动。果开裂后，具鲜红色假种皮的种子悬挂在白色丝状长柄上，凌空摆动，十分美丽动人，是木莲属中最具观赏价值的优良树种之一。值得注意的是，该树宜与落叶速生乔木混交，为其遮阴，能发挥速生特性。其次，不宜在马路两旁作为行道树栽培。因桂南木莲耐高温与抗灰尘能力较差，在干旱贫瘠的土壤中生长不良。

【资源特性】

1 研究方法

1.1 样地设置与调查方法

采用样线法和样方法相结合，在雷公山保护区内按不同的海拔高度，选取桂南木莲天然群落设置具代表性的典型样地4个（表5-29）。

表5-29 雷公山保护区桂南木莲群落样地基本情况

样地编号	小地名	海拔（m）	坡度（°）	坡向	坡位	土壤类型
Ⅰ	白虾	860	25	西北	下	黄壤
Ⅱ	格头干细欧、干打	1240	30	北	下	黄壤
Ⅲ	桃江乔歪	1380	40	东	中部	黄壤
Ⅳ	雷公山26公里	1600	25	东北	上部	黄棕壤

1.2 径级划分

研究采用“空间替代时间”的方法，即将本种按胸径大小分级，可分为8个：Ⅰ级（$BD<5cm$），Ⅱ级（$5cm \leq BD<10cm$），Ⅲ级（$10cm \leq BD<15cm$），Ⅳ级（$15cm \leq BD<20cm$），Ⅴ级（$20cm \leq BD<25cm$），Ⅵ级（$25cm \leq BD<30cm$），Ⅶ级（$30cm \leq BD<35cm$），Ⅷ级（$BD \geq 35cm$）。

2 雷公山保护区资源分布情况

桂南木莲广泛分布于雷公山保护区；生长在海拔700~1350m的常绿阔叶林、常绿落叶阔叶混交林和针叶林中；分布面积为7310hm²，共有32910株。

3 种群及群落特征

3.1 不同海拔桂南木莲群落样地对比分析

通过计算桂南木莲群落各个样地重要值，得出不同海拔桂南木莲群落类型(表5-30)。

表5-30 雷公山保护区不同海拔桂南木莲群落样地对比分析

样地编号	海拔（m）	群落类型	科/属/种（个）	桂南木莲重要值序
Ⅰ	860	木荷+油茶+狗脊群落	30/40/44	2
Ⅱ	1240	峨眉拟单性木兰+狭叶方竹+锦香草群落	38/49/62	3
Ⅲ	1380	青钱柳+常春藤+十字苔草群落	55/74/92	6
Ⅳ	1600	亮叶水青冈+狭叶方竹+锦香草群落	35/45/57	8

由表5-30可知，在海拔最低的样地Ⅰ中，桂南木莲重要值排第二位，在海拔最高的样地Ⅳ中，桂南木莲重要值排第八位，在样地Ⅱ、Ⅲ中，桂南木莲的重要值分别排在第三、第六位，说明桂南木莲的优势程度随着海拔高度的增加而减小；而在样地Ⅰ中桂南木莲的重要值排在第二位，相比于样地Ⅱ、Ⅲ、Ⅳ靠前，且在样地Ⅰ中的物种种数相较于其他3个样地较少，是因为该样地乔木层树种平均高度较高，且胸径较大，导致灌草层物种种类与数量较少。

3.2 种群特征分析

3.2.1 种群空间分布格局

通过分别计算各样地桂南木莲种群空间分散度得图5-7，由图5-7可知，各样地的空间分散度S^2均大于样方平均个体数m，即$S^2>m$。综合4个样地计算出雷公山保护区内桂南木莲种群的分散度（S^2）为3.54，40个小样方的平均桂南木莲个体数（m）为0.90，$S^2>m$呈现集群型分布，个体分布极不均匀。

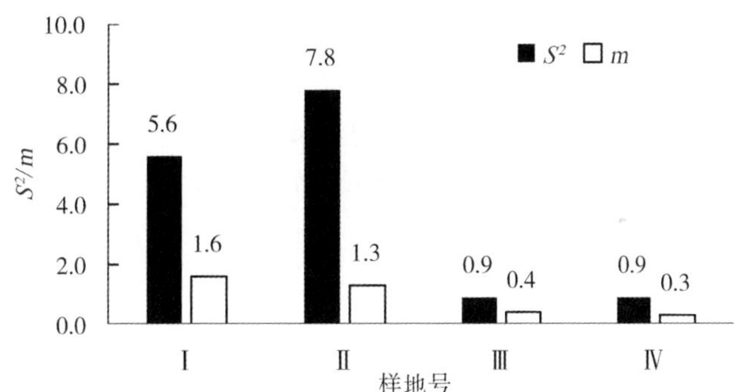

图5-7 雷公山保护区桂南木莲种群样地空间分散度

结合实际调查情况分析，在雷公山保护区内桂南木莲群落整体呈现出集群型分布，个体分布相对不均匀。

3.2.2 种群径级结构

通过对桂南木莲种群的径级结构统计（图5-8），可以直观反映出该种群的更新特征。从图5-8中可以看出，桂南木莲种群个体数量主要集中分布在Ⅰ、Ⅱ径级，说明种群中幼龄个体数量充足，占种群总数量的79.61%。而在Ⅲ～Ⅵ径级中种群个体数量急剧减少，说明桂南木莲种子自然更新明显，而在随后的生长过程中由于种间竞争，乔灌层荫蔽性增强，缺少光照，很多幼龄个体死亡，只有少部分个体存活到中龄个体，桂南木莲幼苗生长过程中由于对光的需求相对不足会遭遇一定的更新瓶颈。但从图 5-9 可以看出，桂南木莲种群幼龄个体数>中龄个体数>老龄个体数，中老龄个体数量总体呈现出逐渐减少的趋势，种群结构呈现相对稳定增长型。

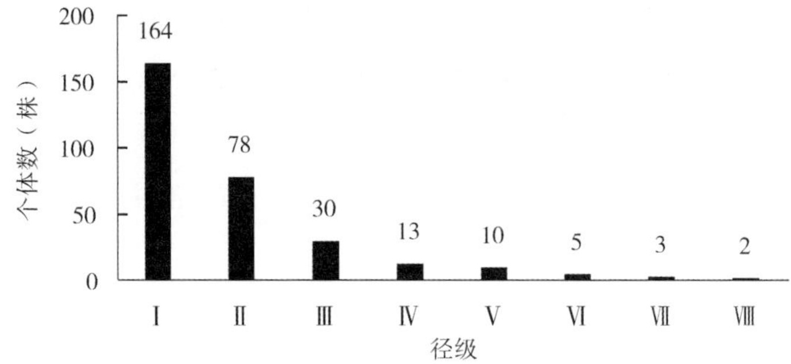

图 5-8　雷公山保护区桂南木莲种群径级结构

3.2.3　静态生命特征

静态生命表不仅可以反映种群从出生到死亡的数量动态，还可用于预测种群未来发展的趋势。由表 5-31 可知，种群个体数量随着径级结构的增加呈现出逐级减少的趋势，而种群个体存活数 l_x 和标准化存活数 $\ln l_x$ 随着径级的增加逐渐减小；从 x 到 $x+1$ 径级间隔期内标准化死亡数 d_x 呈现出先下降后上升再下降的趋势，其 d_x 在Ⅰ、Ⅱ龄级时出现最大值为 524；从 x 到 $x+1$ 龄级间隔期内种群死亡率 q_x 呈现出先增大后减小再增大的趋势，种群死亡率 q_x 在Ⅴ龄级增大后又开始减小，其次，在Ⅰ～Ⅱ龄级间隔期间 q_x 为 0.524，死亡率达 52.40%，说明桂南木莲种群在演替过程中幼龄个体最容易死亡而被淘汰；从 x 到 $x+1$ 龄级存活个体数 L_x 随龄级的增加呈现出逐渐减小的趋势；个体期望寿命 e_x 随年龄的增加先增加后逐级降低，这与其生物学特性相一致；损失度 K_x 随龄级的增加整体呈现出先下降后上升再下降的趋势，其损失度 K_x 在Ⅳ龄级最低为 0.258，在Ⅱ龄级最高为 0.956。

表 5-31　雷公山保护区桂南木莲种群静态生命表

龄级	径级（cm）	a_x	l_x	$\ln l_x$	d_x	q_x	L_x	T_x	e_x	K_x
Ⅰ	0～5	164	1000	6.908	524	0.524	738	1360	1.843	0.743
Ⅱ	5～10	78	476	6.165	293	0.616	330	622	1.885	0.956
Ⅲ	10～15	30	183	5.209	104	0.568	131	292	2.229	0.840
Ⅳ	15～20	13	79	4.369	18	0.228	70	161	2.300	0.258
Ⅴ	20～25	10	61	4.111	31	0.508	46	91	1.978	0.710
Ⅵ	25～30	5	24	3.178	12	0.400	24	45	1.875	0.511
Ⅶ	30～35	3	18	2.890	6	0.333	15	21	1.400	0.405
Ⅷ	≥35	2	12	2.485			6			

注：各龄级取径级下限。

3.2.4　种群存活曲线、死亡率和损失度曲线

按 Deevey 生存曲线划分为 3 种基本类型：Ⅰ型为凸型的存活曲线，表示种群几乎所

有个体都能达到生理寿命；Ⅱ型为成对角线形的存活曲线，表示各年龄期的死亡率是相等的；Ⅲ型为凹型的存活曲线，表示幼期的死亡率很高，随后死亡率低而稳定。以径级（相对龄级）为横坐标，以 $\ln l_x$ 为纵坐标做出桂南木莲种群存活曲线（图 5-9），标准化存活数 $\ln l_x$ 随着径级的增加整体呈现出逐渐减小的趋势，说明在雷公山保护区内桂南木莲种群的存活曲线趋近于 Deevey-Ⅱ型。

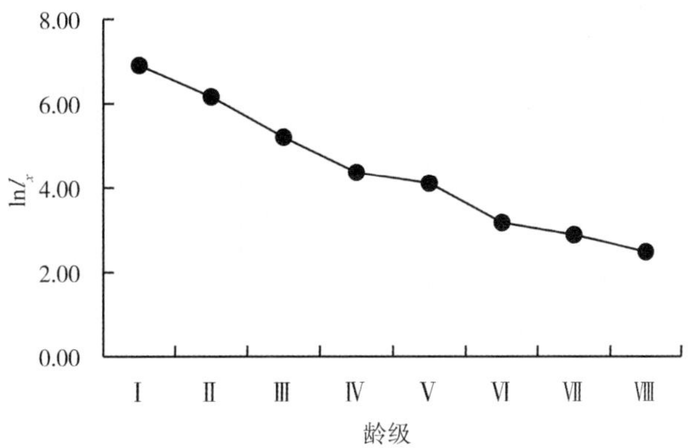

图 5-9　雷公山保护区桂南木莲种群存活曲线

以径级为横坐标，以各龄级的死亡率和损失度为纵坐标做出的死亡率和损失度曲线（图 5-10）。桂南木莲死亡率 q_x 和损失度 K_x 曲线变化趋势一致，均呈现出先上升后下降再上升再下降的趋势。由此可知，桂南木莲种群个体数量具有前期短暂减少，中期存在短暂的增长情况。

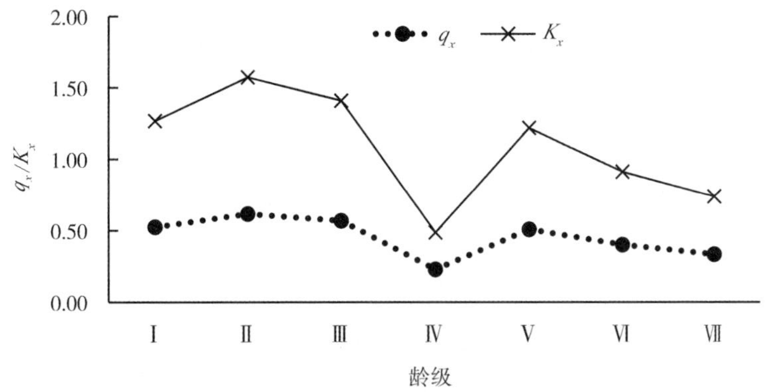

图 5-10　雷公山保护区桂南木莲种群死亡率和损失度

3.3　群落特征

3.3.1　群落物种组成

经调查统计，在研究区域的桂南木莲群落样地中，共有维管束植物 75 科 121 属 196 种，由图 5-11 可知，在桂南木莲群落中蕨类植物共有 9 科 12 属 14 种，占总种数的 7.14%，种子植物共有 66 科 109 属 182 种，占总种数的 92.86%。在种子植物中裸子植物有 3 科 4 属 4 种，占总种数的 2.04%；被子植物共有 63 科 105 属 178 种，占总种数的

90.82%。被子植物中单子叶植物有10科16属21种，占总种数的10.71%；双子叶植物有53科89属157种，占总种数的80.10%。由此可见在桂南木莲群落样地中双子叶植物为优势植物类型。

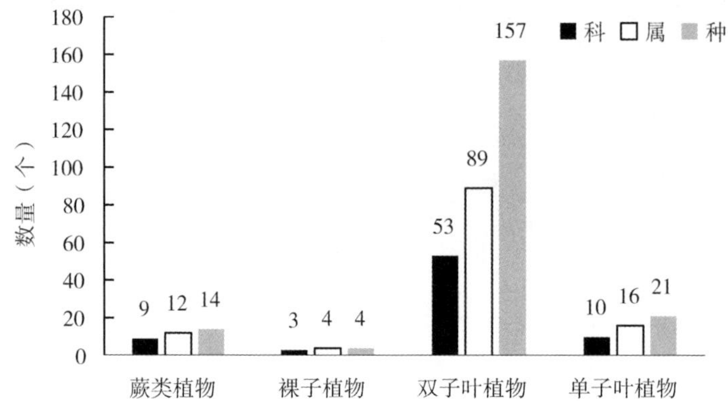

图5-11　雷公山保护区桂南木莲群落植物类型统计

统计4个群落样地物种科属种数量关系，列出科含2种的科种关系表（表5-32）与属含2种以上的属种关系表（表5-33）。由表5-32可知，在科种关系中，科含10种以上的有樟科（14种）、蔷薇科（13种）、山茶科（11种）等3科，占总科数的4.00%；科含2种至9种的有壳斗科（8种）、山矾科（7种）、杜鹃花科（6种）、百合科（5种）等37科，占总科数的49.33%。单科单种的有35科，占总科数的46.67%。由此可知，樟科为桂南木莲群落的优势科，共有14种，占总种数的7.14%，优势不明显。

由表5-33可知，在属种关系中，物种数最多的是山矾属 *Symplocos*（7种），占总种数的3.57%，是雷公山保护区桂南木莲群落样地中的优势属，优势不明显。属含2种至6种的有40属，总种数的55.61%；单属单种的有80属，总种数的40.82%。在属种关系中，优势属的优势不明显。

综上可知，在雷公山保护区桂南木莲群落样地中优势科属为樟科与山矾属，但优势不明显。桂南木莲群落科属组成复杂，物种主要集中在含1种的科与含1种的属内，并且在属的区系成分上显示出复杂性和高度分化性的特点。

表5-32　雷公山保护区桂南木莲科属种关系

序号	科名	属数/种数（个）	占总属/种数的比例（%）	序号	科名	属数/种数（个）	占总属/种数的比例（%）
1	樟科 Lauraceae	6/14	4.96/7.14	21	芸香科 Rutaceae	2/3	1.65/1.53
2	蔷薇科 Rosaceae	4/13	3.31/6.63	22	槭树科 Aceraceae	1/3	0.83/1.53
3	山茶科 Theaceae	4/11	3.31/5.61	23	茜草科 Rubiaceae	1/3	0.83/1.53
4	壳斗科 Fagaceae	4/8	3.31/4.08	24	清风藤科 Sabiaceae	1/3	0.83/1.53
5	山矾科 Symplocaceae	1/7	0.83/3.57	25	山柳科 Clethraceae	1/3	0.83/1.53
6	杜鹃花科 Ericaceae	2/6	1.65/3.06	26	胡桃科 Juglandaceae	2/2	1.65/1.02
7	百合科 Liliaceae	4/5	3.31/2.55	27	菊科 Asteraceae	2/2	1.65/1.02

（续）

序号	科名	属数/种数（个）	占总属/种数的比例（%）	序号	科名	属数/种数（个）	占总属/种数的比例（%）
8	木兰科 Magnoliaceae	3/5	2.48/2.55	28	杉科 Taxodiaceae	2/2	1.65/1.02
9	兰科 Orchidaceae	2/5	1.65/2.55	29	水龙骨科 Polypodiaceae	2/2	1.65/1.02
10	忍冬科 Caprifoliaceae	2/5	1.65/2.55	30	五味子科 Schisandraceae	2/2	1.65/1.02
11	卫矛科 Celastraceae	2/5	1.65/2.55	31	荨麻科 Urticaceae	2/2	1.65/1.02
12	鳞毛蕨科 Dryopteridaceae	3/4	2.48/2.04	32	野茉莉科 Styracaceae	2/2	1.65/1.02
13	桦木科 Betulaceae	2/4	1.65/2.04	33	八角枫科 Alangiaceae	1/2	0.83/1.02
14	木通科 Lardizabalaceae	2/4	1.65/2.04	34	菝葜科 Smilacaceae	1/2	0.83/1.02
15	紫金牛科 Myrsinaceae	2/4	1.65/2.04	35	冬青科 Aquifoliaceae	1/2	0.83/1.02
16	禾本科 Poaceae	3/3	2.48/1.53	36	杜英科 Elaeocarpaceae	1/2	0.83/1.02
17	葡萄科 Vitaceae	3/3	2.48/1.53	37	胡颓子科 Elaeagnaceae	1/2	0.83/1.02
18	山茱萸科 Cornaceae	3/3	2.48/1.53	38	桑科 Moraceae	1/2	0.83/1.02
19	五加科 Araliaceae	3/3	2.48/1.53	39	莎草科 Cyperaceae	1/2	0.83/1.02
20	绣球科 Hydrangeaceae	2/3	1.65/1.53	40	蹄盖蕨科 Athyriaceae	1/2	0.83/1.02
					合计	85/160	70.27/81.06

表 5-33　雷公山保护区桂南木莲属种关系

序号	属名	种数（种）	占总种数的比例（%）	序号	属名	种数（种）	占总种数的比例（%）
1	山矾属 *Symplocos*	7	3.57	22	杜英属 *Elaeocarpus*	2	1.02
2	悬钩子属 *Rubus*	6	3.06	23	鹅耳枥属 *Carpinus*	2	1.02
3	杜鹃花属 *Rhododendron*	5	2.55	24	含笑属 *Michelia*	2	1.02
4	柃属 *Eurya*	5	2.55	25	胡颓子属 *Elaeagnus*	2	1.02
5	花楸属 *Sorbus*	4	2.04	26	花椒属 *Zanthoxylum*	2	1.02
6	槭属 *Acer*	4	2.04	27	桦木属 *Betula*	2	1.02
7	青冈属 *Cyclobalanopsis*	4	2.04	28	鳞毛蕨属 *Dryopteris*	2	1.02
8	润楠属 *Machilus*	4	2.04	29	木荷属 *Schima*	2	1.02
9	卫矛属 *Euonymus*	4	2.04	30	木姜子属 *Litsea*	2	1.02
10	菝葜属 *Smilax*	3	1.53	31	木莲属 *Manglietia*	2	1.02
11	荚蒾属 *Viburnum*	3	1.53	32	忍冬属 *Lonicera*	2	1.02
12	兰属 *Cymbidium*	3	1.53	33	榕属 *Ficus*	2	1.02
13	木通属 *Akebia*	3	1.53	34	山胡椒属 *Lindera*	2	1.02
14	泡花树属 *Meliosma*	3	1.53	35	水青冈属 *Fagus*	2	1.02
15	山茶属 *Camellia*	3	1.53	36	苔草属 *Carex*	2	1.02
16	山柳属 *Clethra*	3	1.53	37	蹄盖蕨属 *Athyrium*	2	1.02
17	樟属 *Cinnamomum*	3	1.53	38	虾脊兰属 *Calanthe*	2	1.02

(续)

序号	属名	种数（种）	占总种数的比例（%）	序号	属名	种数（种）	占总种数的比例（%）
18	紫金牛属 *Ardisia*	3	1.53	39	新木姜子属 *Neolitsea*	2	1.02
19	八角枫属 *Alangium*	2	1.02	40	绣球属 *Hydrangea*	2	1.02
20	粗叶木属 *Lasianthus*	2	1.02	41	樱属 *Cerasus*	2	1.02
21	冬青属 *Ilex*	2	1.02		合计	116	59.16

3.3.2　重要值分析

森林群落在不同的演替阶段，其物种组成、数量等各个方面都会发生一定的变化，而这种变化最直接的体现就是构成群落物种的重要值的变化。在研究区域内，将各个桂南木莲群落样地分别进行重要值分析，桂南木莲群落各样地中乔木层、灌木层、草本层重要值见表5-34、表5-35，分别取群落中乔木层重要值前10位、灌木层与草本层重要值前5位的物种。

由表5-34可知，在样地Ⅰ中，乔木层中重要值大于该样地乔木层平均重要值(11.85)的有木荷（40.87）、桂南木莲（39.28）、水青冈（30.30）、秃杉（27.09）、山矾（26.21）、马尾松（21.11）、枫香树（15.83）、油茶（13.80）等8种，该样地乔木层优势树种为木荷。在样地Ⅰ中，灌木层的优势物种为油茶（36.62），草本层的优势物种为狗脊（60.17）（表5-35）。综上，样地Ⅰ为针阔混交林，为木荷+油茶+狗脊群落。

在样地Ⅱ的乔木层中，重要值大于物种平均重要值（9.68）的有峨眉拟单性木兰(73.95)、枫香树（30.27）、桂南木莲（29.56）、光叶山矾（26.64）、毛果青冈(12.02)、金叶含笑（10.29）等6种，其中峨眉拟单性木兰为样地Ⅱ乔木层的优势树种，为该样地的建群种；样地Ⅱ中灌木层重要值最大的为狭叶方竹重要值为109.41，为灌木层优势种；草本层优势物种为锦香草，重要值为72.77。综上，样地Ⅱ为常绿落叶阔叶混交林，为峨眉拟单性木兰+狭叶方竹+锦香草群落。

在样地Ⅲ中，乔木层的重要值大于乔木层物种平均重要值（11.54）的有青钱柳(52.63)、山樱花（37.44）、杉木（35.93）、枳椇 *Hovenia acerba*（21.38）、水青冈(17.70)、桂南木莲（13.47）等6种，其中青钱柳为该样地乔木层优势种；灌木层重要值在20以上的有常春藤（32.73）、棠叶悬钩子（26.13）、山地杜茎山（21.94）等3种，其中优势物种常春藤，但优势不明显；草本层优势物种为十字苔草，重要值为27.44。综上，样地Ⅲ为常绿落叶阔叶混交林，为青钱柳+常春藤+十字苔草群落。

在样地Ⅳ中，乔木层优势物种为光叶水青冈，重要值为74.93，桂南木莲重要值为12.73，小于该样地乔木层物种平均重要值（17.65）为偶见种；灌木层物种优势物种为狭叶方竹，重要值为53.00；草本层优势物种为锦香草，重要值为60.52。综上，样地Ⅳ为落叶阔叶混交林，为光叶水青冈+狭叶方竹+锦香草群落。

综合4个样地，雷公山保护区的桂南木莲主要生长在常绿落叶阔叶混交林；灌木层主要是由狭叶方竹、油茶、常春藤等灌木物种组成；草本层物种主要是由狗脊、锦香草等蕨类植物组成。

表 5-34　雷公山保护区桂南木莲群落各样地乔木层重要值（前 10 位物种）

样地号	种名	重要值	重要值序
样地Ⅰ	木荷 *Schima superba*	40. 87	1
样地Ⅰ	桂南木莲 *Manglietia conifera*	39. 28	2
样地Ⅰ	水青冈 *Fagus longipetiolata*	30. 30	3
样地Ⅰ	秃杉 *Taiwania cryptomerioides*	27. 09	4
样地Ⅰ	山矾 *Symplocos sumuntia*	26. 21	5
样地Ⅰ	马尾松 *Pinus massoniana*	21. 11	6
样地Ⅰ	枫香树 *Liquidambar formosana*	15. 83	7
样地Ⅰ	油茶 *Camellia oleifera*	13. 80	8
样地Ⅰ	中华槭 *Acer sinense*	8. 42	9
样地Ⅰ	青冈 *Cyclobalanopsis glauca*	8. 21	10
样地Ⅱ	峨眉拟单性木兰 *Parakmeria omeiensis*	73. 95	1
样地Ⅱ	枫香树 *Liquidambar formosana*	30. 27	2
样地Ⅱ	桂南木莲 *Manglietia conifera*	29. 56	3
样地Ⅱ	光叶山矾 *Symplocos lancifolia*	26. 64	4
样地Ⅱ	毛果青冈 *Cyclobalanopsis pachyloma*	12. 02	5
样地Ⅱ	金叶含笑 *Michelia foveolata*	10. 29	6
样地Ⅱ	山樱花 *Cerasus serrulata*	9. 09	7
样地Ⅱ	毛棉杜鹃 *Rhododendron moulmainense*	8. 32	8
样地Ⅱ	灯台树 *Cornus controversa*	7. 54	9
样地Ⅱ	多脉青冈 *Cyclobalanopsis multinervis*	7. 11	10
样地Ⅲ	青钱柳 *Cyclocarya paliurus*	52. 63	1
样地Ⅲ	山樱花 *Cerasus serrulata*	37. 44	2
样地Ⅲ	杉木 *Cunninghamia lanceolata*	35. 93	3
样地Ⅲ	枳椇 *Hovenia acerba*	21. 38	4
样地Ⅲ	水青冈 *Fagus longipetiolata*	17. 70	5
样地Ⅲ	桂南木莲 *Manglietia conifera*	13. 47	6
样地Ⅲ	赤杨叶 *Alniphyllum fortunei*	10. 87	7
样地Ⅲ	贵定桤叶树 *Clethra delavayi*	9. 69	8
样地Ⅲ	山矾 *Symplocos sumuntia*	9. 08	9
样地Ⅲ	多花山矾 *Symplocos ramosissima*	9. 00	10
样地Ⅳ	光叶水青冈 *Fagus lucida*	74. 93	1
样地Ⅳ	青冈 *Cyclobalanopsis glauca*	37. 20	2
样地Ⅳ	十齿花 *Dipentodon sinicus*	26. 88	3
样地Ⅳ	伯乐树 *Bretschneidera sinensis*	22. 70	4
样地Ⅳ	苍背木莲 *Manglietia glaucifolia*	21. 20	5

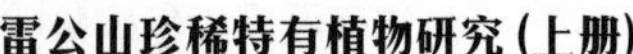

（续）

样地号	种名	重要值	重要值序
样地Ⅳ	多花山矾 *Symplocos ramosissima*	18.53	6
样地Ⅳ	新木姜子 *Neolitsea aurata*	13.96	7
样地Ⅳ	桂南木莲 *Manglietia conifera*	12.73	8
样地Ⅳ	银木荷 *Schima argentea*	11.98	9
样地Ⅳ	江南花楸 *Sorbus hemsleyi*	11.78	10

表 5-35　雷公山保护区桂南木莲群落灌木层与草本层重要值（前 5 位物种）

样地号	种名	重要值	重要值序
灌Ⅰ	油茶 *Camellia oleifera*	36.62	1
灌Ⅰ	三叶木通 *Akebia trifoliata*	27.00	2
灌Ⅰ	络石 *Trachelospermum jasminoides*	19.25	3
灌Ⅰ	紫金牛 *Ardisia japonica*	13.82	4
灌Ⅰ	川桂 *Cinnamomum wilsonii*	12.35	5
灌Ⅱ	狭叶方竹 *Chimonobambusa angustifolia*	109.41	1
灌Ⅱ	溪畔杜鹃 *Rhododendron rivulare*	31.63	2
灌Ⅱ	藤黄檀 *Dalbergia hancei*	15.02	3
灌Ⅱ	菝葜 *Smilax china*	8.62	4
灌Ⅱ	细枝柃 *Eurya loquaiana*	4.16	5
灌Ⅲ	常春藤 *Hedera sinensis*	32.73	1
灌Ⅲ	棠叶悬钩子 *Rubus malifolius*	26.13	2
灌Ⅲ	山地杜茎山 *Maesa montana*	21.94	3
灌Ⅲ	菝葜 *Smilax china*	14.45	4
灌Ⅲ	穗序鹅掌柴 *Schefflera delavayi*	14.19	5
灌Ⅳ	狭叶方竹 *Chimonobambusa angustifolia*	53.00	1
灌Ⅳ	毛果杜鹃 *Rhododendron seniavinii*	47.62	2
灌Ⅳ	川桂 *Cinnamomum wilsonii*	30.40	3
灌Ⅳ	白木通 *Akebia trifoliata* subsp. *australis*	18.87	4
灌Ⅳ	茵芋 *Skimmia reevesiana*	11.65	5
草Ⅰ	狗脊 *Woodwardia japonica*	60.17	1
草Ⅰ	边缘鳞盖蕨 *Microlepia marginata*	46.75	2
草Ⅰ	里白 *Diplopterygium glaucum*	41.78	3
草Ⅰ	山姜 *Alpinia japonica*	37.01	4
草Ⅰ	吉祥草 *Reineckea carnea*	14.07	5
草Ⅱ	锦香草 *Phyllagathis cavaleriei*	72.77	1
草Ⅱ	赤车 *Pellionia radicans*	37.71	2
草Ⅱ	多羽蹄盖蕨 *Athyrium multipinnum*	22.56	3

（续）

样地号	种名	重要值	重要值序
草Ⅱ	山姜 *Alpinia japonica*	13.93	4
草Ⅱ	间型沿阶草 *Ophiopogon intermedius*	10.21	5
草Ⅲ	十字苔草 *Carex cruciata*	27.44	1
草Ⅲ	狗脊 *Woodwardia japonica*	21.09	2
草Ⅲ	淡竹叶 *Lophatherum gracile*	16.52	3
草Ⅲ	透茎冷水花 *Pilea pumila*	14.23	4
草Ⅲ	斜方复叶耳蕨 *Arachniodes amabilis*	13.54	5
草Ⅳ	锦香草 *Phyllagathis cavaleriei*	60.52	1
草Ⅳ	条穗苔草 *Carex nemostachys*	32.73	2
草Ⅳ	竹根七 *Disporopsis fuscopicta*	23.12	3
草Ⅳ	抱石莲 *Lemmaphyllum drymoglossoides*	14.80	4
草Ⅳ	杏香兔儿风 *Ainsliaea fragrans*	14.80	5

3.4 物种多样性分析

桂南木莲群落各样地物种丰富度（S）、多样性指数（D、H_e'）和均匀度指数（J_e）见表 5-36。

结合图 5-12 与表 5-36 可以看出，除乔木层外各样地灌木层、草本层物种丰富度都波动幅度较大。在灌木层中，样地Ⅲ的丰富度最大 46，样地Ⅳ次之为 35，样地Ⅰ最小为 18，因为样地Ⅲ处于公路边，人为活动频繁，乔木层被破坏盖度小于其他样地，灌木生长良好且种类丰富，而在样地Ⅰ中乔木层盖度最大，灌木层需要的光照不足导致灌木层的演替发展缓慢，灌木物种少数量少；在草本层中，样地Ⅲ物种丰富度最大 27，因为该样地处在公路边溪沟上，水热条件丰富，较其他 3 个样地而言更适宜草本层植被的生长，因此物种丰富度偏高。样地Ⅰ草本层物种丰富度最小为 6，因为其乔木层盖度大且该样地地处山谷西北坡，该样地光照不足不适宜草本层物种的生长。其他两个样地相同，是因为样地Ⅱ、样地Ⅳ海拔相近、地形坡度相当，乔灌层物种总丰富度相差不大；样地Ⅲ较其他 3 个样地而言更适宜草本层植被的生长，因此物种丰富度偏高。

表 5-36　雷公山保护区桂南木莲群落样地物种多样性指数、均匀度、丰富度比较

层级	物种多样性指数	样地号			
		Ⅰ	Ⅱ	Ⅲ	Ⅳ
乔木层	S	25	31	26	17
	D	0.908	0.931	0.963	0.911
	H_e'	2.617	2.479	3.142	2.675
	J_e	0.840	0.859	0.938	0.885

（续）

层级	物种多样性指数	样地号			
		Ⅰ	Ⅱ	Ⅲ	Ⅳ
灌木层	S	18	22	46	35
	D	0.922	0.706	0.954	0.872
	H_e'	2.639	1.882	3.368	2.654
	J_e	0.913	0.618	0.880	0.746
草本层	S	6	11	27	11
	D	0.809	0.864	0.690	0.836
	H_e'	1.662	1.913	2.865	2.101
	J_e	0.801	0.817	0.933	0.863

由图5-12可知，各样地物种多样性指数 D、H_e'以及均匀度指数 J_e在其样地乔木层、灌木层、草本层中变化趋势一致。在4个样地中，在乔木层与灌木层中物种多样性指数 D、H_e'在样地Ⅲ中最为突出，乔灌层中Simpson指数（D）分别为0.963、0.954，Shannon-Wiener指数（H_e'）值分别为3.142、3.368，该样地处于公路与溪沟附近，且人为活动频繁，如修公路等不利因素使该样地乔木层植被遭到破坏且未恢复到鼎盛状态，因此其灌木层物种丰富度远高于其他样地灌木层。而在样地Ⅰ、Ⅱ、Ⅲ的草本层中，物种多样性指数 D、H_e'随样地海拔的增加而增加，但样地Ⅳ中例外，是因为在该样地灌木层中狭叶方竹、毛果杜鹃与川桂3个物种处于优势地位，重要值合计131.02，占该样地灌木层重要值的43.67%，且在该样地乔木层中光叶水青冈占优势，有大量的壮树、老树出现，群落发

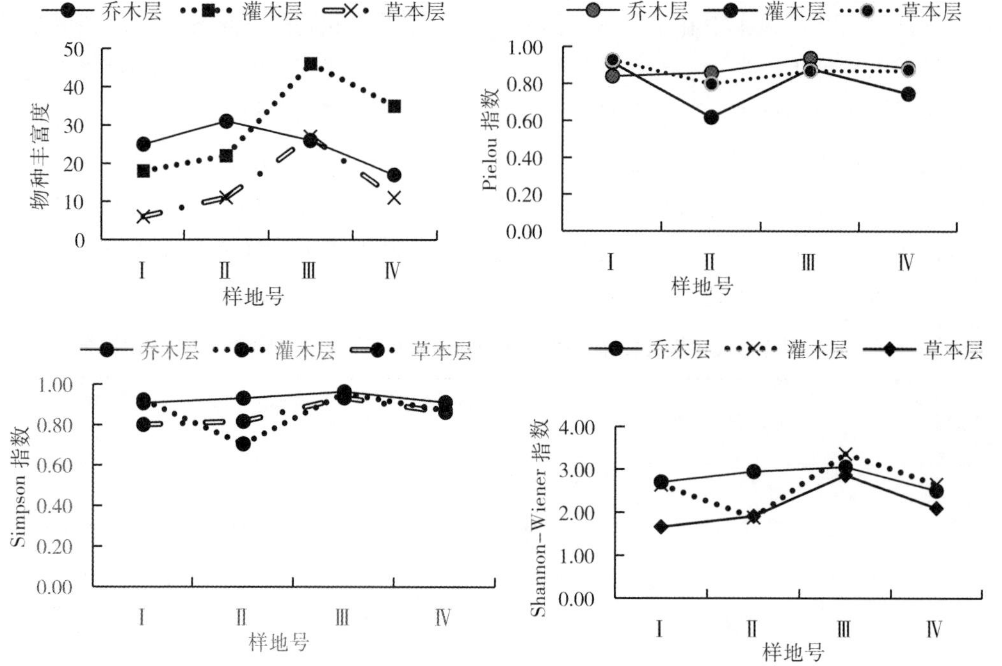

图5-12 雷公山保护区桂南木莲群落不同样地物种多样性指数、均匀度、丰富度比较

展比较成熟，可能处于演替后期，达到了顶级或亚顶级状态体，但群落整体上仍然处于相对稳定状态。

【研究进展】

罗峰等为了解桂南木莲和马关木莲两个物种繁育系统的特征，找出自然生长环境下座果率、结籽率低的原因，对这两种植物的花部特征、杂交指数（OCI）、花粉/胚珠值（P/0）及套袋处理等进行了系统研究。通过开花物候、开花动态、花粉活力变化和柱头可授性变化、传粉昆虫的观察等，探讨这两种植物二次开合开花的生殖适应性意义。此外为丰富木兰科植物新品种，以这两种植物为亲本材料进行正反奢交试验，运用形态学鉴定和 ISSR 分子标记相结合的方法对 1 年生杂交后代进行鉴定。

为阐明桂南木莲自然条件下结实率低的原因及其传粉适应性意义，罗峰等运用花粉活力测定、柱头可授性检测、传粉昆虫观察和套袋试验等方法研究其繁育系统及开花特征。

罗峰等为了解自然条件下桂南木莲、马关木莲结实率低的原因，运用杂交指数、花粉/胚珠值、花粉活力和柱头可授性观测、人工套袋实验等方法，对这两种植物的开花生物学、繁育系统进行比较研究。

余秋岫等以桂南木莲、马关木莲及两者的杂交后代（正反交）共 32 株为试验材料，运用 ISSR 分子标记技术鉴定杂交后代的真实性。

陶宙熔等报道从木兰科植物桂南木莲的树皮中首次提取出水瘩性生物碱，并进一步分离制得碘化物结晶，经鉴定为木兰箭毒碱，其含童比厚朴高达 15 倍以上。

徐奎源和杨成华分别开展了引种栽培和种子繁育方面的研究。

【繁殖方法】

采用种子繁殖，步骤如下。

（1）种子采集与贮藏

将采集的果实置于通风室内，让其后熟 2~3d，再置日光下适当晒一下，然后用木棍轻敲或翻动，取出红色种子，待外种皮发黑发软，再放在清水中搓去外种皮，淘洗干净晾干，用含水量 2%~4%的细沙分层贮藏，贮藏期间半月检查翻动 1 次，保持一定温度，发现霉烂的种子要及时剔除，发芽率可达 75%以上。数量大的可用冷藏法贮藏。

（2）芽苗培育

桂南木莲播种方法可随采随播或翌年 3 月撒播或条播，为了提高种子发芽率并提早发芽，一般采用芽苗移栽法育苗。选择好圃地，经过精耕细作，做好苗床，并在土壤消毒和杀虫后播种，播种后覆盖塑料薄膜，当 80%左右的种子发芽出土后，及时调控温度与通风，当 90%左右的小苗出土后，选择阴天或傍晚揭掉塑料薄膜，进行全光照炼苗 7~10d，当幼苗侧根发达时，即可移栽。

苗圃地宜选择在地势平坦、交通方便、排水良好、土壤肥活的砂质壤土。移苗前要深耕翻土，施足基肥，消毒杀虫，三耕三把，做好苗床。当芽苗长至 3~5cm，出现 1~2 枚真叶时，即可移栽，一般在 4 月中旬最佳，幼苗起苗后剪去过长主根，磷肥蘸根，移栽时用竹筷在移植床上播一小孔，再压紧土壤，栽毕及时浇足定根水，以后每 3~6d 浇水 1 次，

移栽时间最好选择在阴天进行，晴天应早晚进行，株行距以 20cm×20cm 为佳。

（3）苗期管理

病虫害防治：芽苗移栽后，立即用70%敌克松粉剂 0.2%浓度的溶液进行浇灌，并用甲基托布津 0.125%浓度溶液等药剂交替喷雾，每隔 7~10d 进行 1 次，起到杀菌防病，防止苗木猝倒病的发生。5~7 月用 0.067%浓度溶液敌杀死进行苗床喷雾，隔 7~10d 进行 1 次，或用护地净等撒施，以防治老虎等地下害虫危害。

除草：除草要及时，遵循“除草、除小、除了”原则。

施肥：施肥一般在 5~9 月进行。要适时，少量多次。6 月下旬至 9 月中旬，气温高，天气灼热，干旱，根据桂南木莲小苗喜阴特性，用 50%透光率遮阴网搭棚遮阴，并及时灌溉。9 月下旬后，停止施肥，在 11 月上中旬，喷施 0.3%磷酸二氢钾溶液或 0.1%硼砂，每隔 7d 进行 1 次，连喷 1~3 次，以促进苗木的木质化程度，提高苗木抗寒能力。

【保护建议】

一是就地保护。桂南木莲分布在雷公山保护区范围内，实行就地保护是最佳选择。根据桂南木莲的分布情况制定好巡护路线，生态护林员、天保护林员定期开展巡护，一旦发现采挖移栽等违法行为，及时制止、及时查处，把案情控制在最小范围，把损失降到最低，确保桂南木莲群落自然生长环境不受影响。

二是迁地保护。对受人为因素被处罚没收来的幼苗幼树，暴雨引起山体滑坡、洪涝灾害造成树根裸露或植株翻蔸，甚至整个植株倾倒的，要进行迁地保护。同时迁地保护中应加强管理，提高迁地保护的成活率。

三是繁殖栽培推广。加强桂南木莲的繁殖技术研究特别是无性繁殖的研究，增加桂南木莲种群数量。

四是加强宣传教育，提高群众法律意识。雷公山区的居民群众文化程度低、法律意识淡薄，参与保护观念不强，自然保护区管理机构要定期组织执法人员进村入户开展法律宣传活动，也可以利用新闻媒体、微信公众号等信息宣传方式进一步加强法律法规及政策宣传，做到家喻户晓、人人皆知，切实提高区内居民对桂南木莲等珍稀濒危特有植物的保护意识。

红花木莲

【保护等级及珍稀情况】

红花木莲 *Manglietia insignis*（Wall.）Blume，俗称红色木莲、木莲花、细花木莲、土厚朴，属木兰科木莲属，列为贵州省级重点保护树种。

【生物学特性】

红花木莲为常绿乔木，高达 30m，胸径达 60cm；小枝灰褐色，有明显的托叶环状纹和皮孔，幼枝被锈色或黄褐色柔毛，后变无毛。叶革质，倒披针形或长圆状椭圆形，长 10~26cm，宽 4~10cm，先端渐尖或尾状渐尖，基部楔形，全缘，稍反卷，上面绿色，无毛，下面苍绿色，中脉具红褐色柔毛或散生平伏微毛，侧脉 12~24 对；叶柄长 1.8~3.5cm；托叶痕为 0.5~1.2cm。花清香，单生枝顶；花梗粗壮，直径 8~10mm，花梗长

1.5~2cm，离花被片下约1cm处具1苞片脱落环痕；花被片9~12片；雄蕊长1~1.8cm，花丝与药隔近等长；雌蕊群圆柱形，子房无毛。聚合果卵状长圆形，长5~12cm，直径3~4cm；蓇葖成熟时深紫红色；种子有肉质红色外种皮，内种皮黑色。花期5~6月，果期8~9月。

红花木莲分布于湖南、贵州、广西、云南等地；在贵州分布于江口和东南部凯里、雷山、三都、榕江等地区。尼泊尔、印度东北部、缅甸及越南北部也有其分布。

【应用价值】

1 材用价值

红花木莲主干高大通直，生长快，为优良用材树种，木材淡黄色，纹理直，结构均匀细致，轻软，干缩小，强度中等，加工容易，切削面光滑，较耐腐，是家具、装修、文具、箱盒等的良好用材。

2 观赏价值

红花木莲，其树叶浓绿、秀气、革质，单叶互生，呈长圆状椭圆形、长圆形或倒披针形，树形繁茂优美，四季常绿，花色艳丽芳香，花生于当年生嫩枝顶端。花有两大特色：一是含苞待放时，颜色最为艳丽美观；二是花色随气温而变，气温越低，颜色越红，气温升高，颜色变淡。果熟期9~10月，深红色果实悬挂枝头，是秋天一大景观，为名贵稀有观赏树种。

3 绿化价值

红花木莲株形挺拔，树形美观，枝叶浓绿，花美丽而芳香，果大而紫红，是城乡、庭园、厂矿绿化美化的优良树种。

4 药用价值

药用在红花木莲的树皮和枝皮，树皮呈卷筒状或槽状。外表面棕褐色或黄棕色，粗糙，有显著而凸起的横长皮孔，气微香、味苦微涩、性温、行气醒脾、消积导滞。功能主治燥湿健脾、主脘腹痞满胀痛、宿食不化、呕吐、泄泻、痢疾。在《云南中药志》中记载：云南、四川、贵州当地群众当作厚朴用药，具厚朴同样之功效。

【资源特性】

1 研究方法

1.1 样地设置与调查方法

采用样线法和样方法相结合，选取天然分布在雷公山保护区的典型样地3个，样地情况见表5-37。

表5-37 雷公山保护区红花木莲样地概况

样地号	小地名	坡度（°）	坡位	坡向	海拔（m）	土壤类型
样地1	雀鸟耶勒交	30	中部	东南	1660	黄壤
样地2	野猪塘	35	中部	西北	1566	黄棕壤
样地3	野猪塘	20	中部	北	1538	黄棕壤

1.2 径级结构划分

采用“空间替代时间”的方法，将红花木莲按胸径划分为 8 个径级：Ⅰ级（$XD<2.0$cm）、Ⅱ级（$2.0\text{cm}\leq XD<4.0$cm）、Ⅲ级（$4.0\text{cm}\leq XD<6.0$cm）、Ⅳ级（$6.0\text{cm}\leq XD<8.0$cm）、Ⅴ级（$8.0\text{cm}\leq XD<10.0$cm）、Ⅵ级（$10.0\text{cm}\leq XD<12.0$cm）、Ⅶ级（$12.0\text{cm}\leq XD<14.0$cm）、Ⅷ级（$14.0\text{cm}\leq XD<16.0$cm）。

2 雷公山保护区资源分布情况

红花木莲分布于雷公山保护区的雷公山、雷公坪、冷竹山等地；生长在海拔 1400～1880m 的常绿落叶阔叶混交林和针阔混交林中；分布面积为 2510hm^2，共有 15060 株。

3 种群及群落特征

3.1 群落物种组成

根据样地调查数据统计分析，红花木莲群落样地中，共有维管束植物 47 科 72 属 101 种（图 5-13），其中，蕨类植物有 3 科 3 属 3 种，裸子植物 1 科 1 属 1 种，被子植物有 43 科 68 属 98 种；被子植物中双子叶植物有 37 科 56 属 83 种，单子叶植物有 6 科 12 属 14 种。

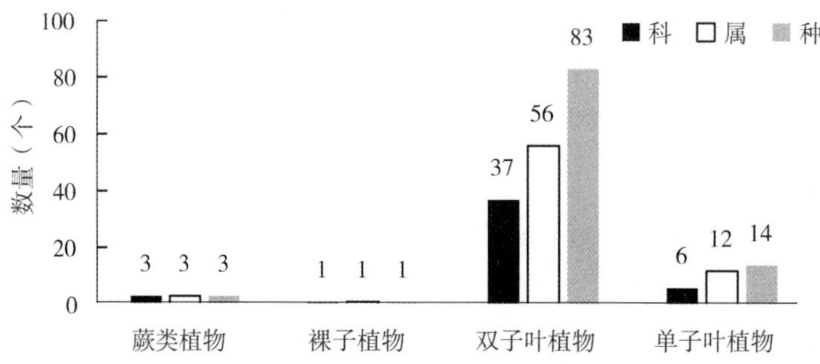

图 5-13　雷公山保护区红花木莲群落物种组成

3.2 群落优势科属统计

根据调查样地记录物种信息统计分析，科属种关系中取含有 2 种以上的科为优势科，取含有 2 种以上的属为优势属，统计结果见表 5-38、表 5-39。由表 5-38 可知，有 2 个物种以上的科有 21 科，为群落的优势科，占总科、属、种数的比例分别为 44.68%、64.84%、74.25%。其中含 5 种以上的有 4 科，分别是蔷薇科（5 属 11 种）、壳斗科（4 属7 种）、樟科（3 属 8 种）、山茶科（3 属 5 种）；含有 3 种以上的科有 6 科，分别为禾本科（4 种）、忍冬科（4 种）、山矾科（4 种）、槭树科（4 种）、兰科（3 种）、百合科（3 种）。单科单属单种有 26 科，占总物种数的 25.75%。由此可见群落物种丰富，优势科属明显。

属种关系中，有 2 个物种以上的有 16 个属，其中含 5 个物种以上的只有悬钩子属（5 种）；含 4 种的有 2 个属，为荚蒾属 *Viburnum*（4 种）、山矾属（4 种）；樟属、柃属、木姜子属 Litsea、槭属、青冈属和樱属 Cerasus 的种数为 3 种，其余 56 个属为单属单种，占总属数比例为 77.78%。

表 5-38　雷公山保护区红花木莲科属占总种数比率统计表信息

序号	优势科	属数/种数（个）	占总属/种数比例（%）	序号	优势科	属数/种数（个）	占总属/种数比例（%）
1	蔷薇科 Rosaceae	5/11	7.04/10.89	12	山茱萸科 Cornaceae	2/2	2.82/1.98
2	壳斗科 Fagaceae	4/7	5.63/6.93	13	卫矛科 Celastraceae	2/2	2.82/1.98
3	樟科 Lauraceae	3/8	4.23/7.92	14	五加科 Araliaceae	2/2	2.82/1.98
4	山茶科 Theaceae	3/5	4.23/4.95	15	芸香科 Rutaceae	2/2	2.82/1.98
5	禾本科 Poaceae	3/4	4.23/3.96	16	忍冬科 Caprifoliaceae	1/4	1.41/3.96
6	兰科 Orchidaceae	3/3	4.23/2.97	17	山矾科 Symplocaceae	1/4	1.41/3.96
7	百合科 Liliaceae	3/3	4.23/2.97	18	杜鹃科 Ericaceae	1/2	1.41/1.98
8	槭树科 Aceraceae	2/4	2.82/3.96	19	堇菜科 Violaceae	1/2	1.41/1.98
9	大戟科 Euphorbiaceae	2/2	2.82/1.98	20	莎草科 Cyperaceae	1/2	1.41/1.98
10	金缕梅科 Hamamelidaceae	2/2	2.82/1.98	21	绣球科 Hydrangeaceae	1/2	1.41/1.98
11	木兰科 Magnoliaceae	2/2	2.82/1.98		合计	46/75	64.84/74.25

表 5-39　雷公山保护区红花木莲属占总种数比率统计信息

序号	优势属	种数（个）	占总种数比例（%）	序号	优势属	种数（个）	占总种数比例（%）
1	悬钩子属 *Rubus*	5	4.95	9	樱属 *Cerasus*	3	2.97
2	荚蒾属 *Viburnum*	4	3.96	10	杜鹃花属 *Rhododendron*	2	1.98
3	山矾属 *Symplocos*	4	3.96	11	寒竹属 *Chimonobambusa*	2	1.98
4	樟属 *Cinnamomum*	3	2.97	12	堇菜属 *Viola*	2	1.98
5	柃属 *Eurya*	3	2.97	13	润楠属 *Machilus*	2	1.98
6	木姜子属 *Litsea*	3	2.97	14	水青冈属 *Fagus*	2	1.98
7	槭属 *Acer*	3	2.97	15	苔草属 *Carex*	2	1.98
8	青冈属 *Cyclobalanopsis*	3	2.97	16	绣球属 *Hydrangea*	2	1.98
					合计	45	44.55

3.3　生命表分析

静态生命表反映多个世代重叠的年龄动态历程中的一个特定时间，而不是对同种群的全部生活史追踪，根据红花木莲种群调查资料，把红花木莲种群分为 9 个龄级。由于Ⅱ、Ⅵ、Ⅷ龄级出现负死亡率，所以采用匀滑技术进行处理编制生命表。

红花木莲种群静态生命表（表 5-40）可看出：Ⅰ龄级个体数量较少，主要是由于该龄级的个体较小，因为物种本身萌发率低，生活区域为乔木层物种加上茂密的竹灌等灌木物种，光照和生长空间受到压制，难以满足其生存需要；在Ⅱ龄级时红花木莲个体数量较多，逐渐向高龄级减少，主要是因为随着个体的增大，和其他树种生态位发生重叠，光照、水分、养分和空间等因子不能充分满足其要求，导致高死亡率和消失率，Ⅳ、Ⅴ、Ⅵ龄级已进入壮龄期，生长较稳定，死亡率较低；Ⅶ龄级后红花木莲处在衰老期，经过环境的多次和长时间筛选，占据上层者地位已经巩固，环境条件能较好地满足其生长需求，因而植株的死亡率降低。

表 5-40　雷公山保护区红花木莲种群静态生命表

龄级	径级（cm）	A_x	a_x	l_x	$\ln l_x$	d_x	q_x	L_x	T_x	e_x	K_x
Ⅰ	0~5	22	94	1000	6.908	511	0.511	745	2000	2.686	0.715
Ⅱ	5~10	70	46	489	6.192	180	0.368	399	1256	3.147	0.459
Ⅲ	10~15	29	29	309	5.733	118	0.382	250	857	3.426	0.481
Ⅳ	15~20	18	18	191	5.252	10	0.052	186	607	3.261	0.054
Ⅴ	20~25	14	17	181	5.198	21	0.116	171	421	2.466	0.123
Ⅵ	25~30	16	15	160	5.075	86	0.538	117	250	2.137	0.771
Ⅸ	30~35	6	7	74	4.304	10	0.135	69	133	1.928	0.145
Ⅷ	35~40	7	6	64	4.159	32	0.500	48	64	1.333	0.693
Ⅸ	≥40	3	3	32	3.466	32	1.000	16	16	1.000	

注：各龄级取径级下限。

3.3.1　存活曲线

存活曲线是反映种群个体在各年龄级的存活状况曲线，是借助存活个体数量来描述特定年龄死亡率，通过把特定年龄组的个体数量相对时间作图而得到。以径级相对龄级为横坐标，以存活量的对数值为纵坐标，绘制红花木莲种群的存活曲线（图 5-14）。

从图 5-14 可看出，红花木莲在Ⅰ龄级到Ⅳ龄级呈下降趋势，Ⅳ~Ⅵ龄级基本处于平稳，Ⅵ~Ⅸ龄级也呈现下降趋势，总体而言，红花木莲存活曲线呈平缓的下降趋势，各个年龄期的死亡率相差不大，红花木莲存活曲线趋于 Deevey-Ⅱ型。

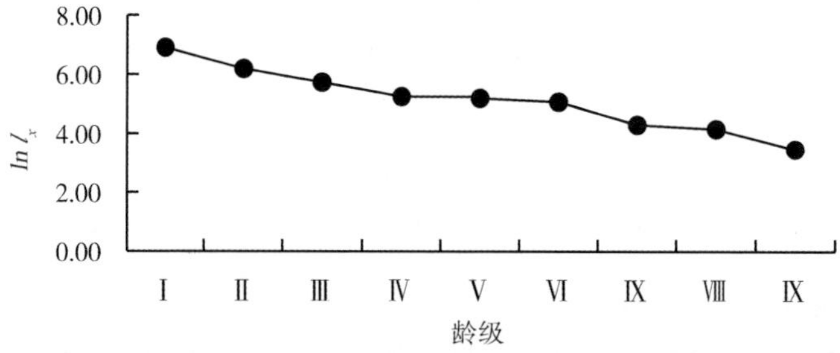

图 5-14　雷公山保护区红花木莲群落存活曲线

3.3.2　死亡率和损失度曲线

种群死亡率曲线反映种群死亡率的动态变化过程，以龄级为横坐标，以各龄级的死亡率（q_x）和损失度（K_x）为纵坐标绘制红花木莲的死亡率曲线和损失度曲线得图 5-15。从图 5-15 可知，红花木莲种群死亡率曲线与损失度曲线基本一致，均呈现出从Ⅰ~Ⅳ龄级死亡率和损失度缓慢下降到趋近于 0，Ⅴ~Ⅵ龄级呈现一个稳定的死亡率最低时期，Ⅵ龄级时出现一个死亡的小高峰，到Ⅶ龄级时死亡率又比较低，Ⅷ~Ⅸ龄级死亡率逐渐升高；由此可知，红花木莲种群具有前期环境筛选强度较高，红花木莲生长和竞争力不强，中期Ⅳ～Ⅵ龄级种群数量较平稳，平稳，后期因衰老等因素死亡率和损失度增加。

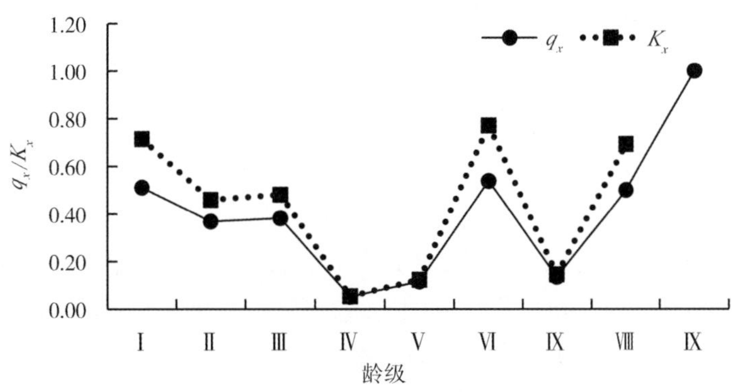

图 5-15　雷公山保护区红花木莲死亡率和损失度曲线

3.4　群落空间分布格局

3.4.1　群落垂直结构

从空间结构组成来看群落垂直结构为乔灌草型。群落中乔木层有 22 科 36 属 52 种，物种有枫香树、交让木、鹅掌楸、腺叶桂樱、雷公鹅耳枥、红花木莲、野桐 *Mallotus tenuifolius*、中华槭、野鸦椿 *Euscaphis japonica*、青冈、水青冈、光叶水青冈 、云贵鹅耳枥 *Carpinus pubescens*、华中樱桃 *Cerasus conradinae*、大白杜鹃 *Rhododendron decorum*、山樱花、薄叶润楠 *Machilus leptophylla*、甜槠等；乔木层物种科、属、种数占群落科、属、种数的比例分别为 46.81%、50.00%、51.49%。

群落灌木层有 18 科 21 属 29 种，物种有雷山方竹、狭叶方竹、红荚蒾 *Viburnum erubescens*、尾叶悬钩子等，物种科、属、种数占群落科、属、种数的比例分别为 38.30%、29.17%、28.7%。

群落草本层有 13 科 18 属 20 种，物种为藏苔草、光叶堇菜 *Viola sumatrana*、黑足鳞毛蕨 *Dryopteris fuscipes*、三脉紫菀、十字苔草、锦香草等。物种科、属、种数占群落科、属、种数的比例分别为 27.65%、25.00%、19.80%。

可见乔木层物种占群落物种科、属、种的一半，灌木层物种也较多，因为灌木层雷山方竹和狭叶方竹为竹灌，占据空间较大，草本层物种缺少生长空间，种类和数量都较少，因此红花木莲群落垂直结构以乔木层为主，灌木层次之，草本层较为匮乏。

3.4.2　群落水平分布格局

红花木莲的水平格局的形成与构成群落的成员分布状况有关，陆地群落的水平格局主要取决于植物的分布格局，采用计算分散度 S^2 的方法，研究种群的空间分布格局，样地调查数据统计，红花木莲共有 19 株、样方数为 $n=30$、样方平均个体数 $m=0.63$、根据分散度计算公式 $S^2=\frac{\sum (x-m)^2}{n-1}$ 计算得 $S^2=0.65$，可见 S^2 很接近于 m，因此可以据此判断红花木莲种群在水平分布格局呈现个体随机分布。

3.5　重要值分析

红花木莲群落共设 3 个样地，分别计算各样地乔木层、灌木层、草本层重要值。

根据样地 1 重要值（表 5-41），可知红花木莲群落样地 1 乔木层有物种 26 种，重要值大于该层重要值平均值（11.54）的有 5 种，重要值最大的为交让木（67.49），其次为枫香树（52.64），第 3～5 位分别为鹅掌楸（32.22）、白檀（23.46）、红花木莲（14.71），红花木莲重要值在该样地处于较优势地位。样地 1 灌木层有物种 25 种，重要值大于该层重要值平均值（12.00）的有 3 种，重要值最大的为狭叶方竹（155.42），其次为菝葜 *Liquidambar formosana*（15.74），第三为南方荚蒾 *Viburnum fordiae*（14.19），可见狭叶方竹占据样地 1 灌木层主要地位。样地 1 草本层有物种 14 种，重要值大于该层重要值平均值（21.43）的有 5 种，重要值最大的为藏苔草（67.98），为该样地草本层优势物种，第 2～5 位分别为锦香草（43.74）、三脉紫菀（35.14）、五节芒 *Miscanthus floridulus*（31.20）、堇菜 *Viola verecunda*（26.17）。由重要值分析可知红花木莲群落在样地 1 为交让木+狭叶方竹群系。

表 5-41　雷公山保护区样地 1 红花木莲群落重要值

种名	重要值	重要值序	种名	重要值	重要值序
乔木层			灌木层		
交让木 *Daphniphyllum macropodum*	67.49	1	南五味子 *Kadsura longipedunculata*	6.69	8
枫香树 *Liquidambar formosana*	52.64	2	圆锥绣球 *Hydrangea paniculata*	6.39	9
鹅掌楸 *Liriodendron chinense*	32.22	3	尾叶悬钩子 *Rubus caudifolius*	5.93	10
白檀 *Symplocos paniculata*	23.46	4	五月瓜藤 *Holboellia angustifolia*	5.86	11
红花木莲 *Manglietia insignis*	14.71	5	桦叶荚蒾 *Viburnum betulifolium*	5.07	12
圆锥绣球 *Hydrangea paniculata*	11.13	6	香叶子 *Lindera fragrans*	5.07	13
野鸦椿 *Euscaphis japonica*	10.29	7	棠叶悬钩子 *Rubus malifolius*	4.19	14
苦枥木 *Fraxinus insularis*	10.13	8	青荚叶 *Helwingia japonica*	4.04	15
青冈 *Cyclobalanopsis glauca*	8.64	9	油桐 *Vernicia fordii*	4.04	16
贵定桤叶树 *Clethra delavayi*	8.42	10	藤五加 *Eleutherococcus leucorrhizus*	3.90	17
雷公青冈 *Cyclobalanopsis hui*	8.01	11	光叶山矾 *Symplocos lancifolia*	3.90	18
华中樱桃 *Cerasus conradinae*	6.83	12	贵定桤叶树 *Clethra delavayi*	3.90	19
川桂 *Cinnamomum wilsonii*	5.66	13	常山 *Dichroa febrifuga*	3.08	20
腺叶桂樱 *Laurocerasus phaeosticta*	3.84	14	鸡矢藤 *Paederia foetida*	2.93	21
李 *Prunus salicina*	3.83	15	川莓 *Rubus setchuenensis*	2.79	22
中华槭 *Acer sinense*	3.31	16	阔叶十大功劳 *Mahonia bealei*	2.79	23
大果蜡瓣花 *Corylopsis multiflora*	3.15	17	水红木 *Viburnum cylindricum*	2.79	24
毛叶木姜子 *Litsea mollis*	3.15	18	藤黄檀 *Dalbergia hancei*	2.79	25
青榨槭 *Acer davidii*	3.08	19	草本层		
盐肤木 *Rhus chinensis*	3.04	20	藏苔草 *Carex thibetica*	67.98	1
五裂槭 *Acer oliverianum*	2.88	21	锦香草 *Phyllagathis cavaleriei*	43.74	2
灯台树 *Cornus controversa*	2.84	22	三脉紫菀 *Aster trinervius* subsp. *ageratoides*	35.14	3
朴树 *Celtis sinensis*	2.84	23	五节芒 *Miscanthus floridulus*	31.20	4

（续）

种名	重要值	重要值序	种名	重要值	重要值序
西南红山茶 *Camellia pitardii*	2.84	24	如意草 *Viola arcuata*	26.17	5
野桐 *Mallotus tenuifolius*	2.82	25	沿阶草 *Ophiopogon bodinieri*	21.19	6
雷公青冈 *Cyclobalanopsis hui*	2.75	26	花葶苔草 *Carex scaposa*	13.05	7
灌木层			黑足鳞毛蕨 *Dryopteris fuscipes*	9.78	8
狭叶方竹 *Chimonobambusa angustifolia*	155.42	1	披针新月蕨 *Pronephrium penangianum*	9.78	9
菝葜 *Smilax china*	15.74	2	十字苔草 *Carex cruciata*	9.78	10
南方荚蒾 *Viburnum fordiae*	14.19	3	小果丫蕊花 *Ypsilandra cavaleriei*	9.78	11
大果卫矛 *Euonymus myrianthus*	11.48	4	金兰 *Cephalanthera falcata*	7.48	12
茵芋 *Skimmia reevesiana*	11.41	5	异叶茴芹 *Pimpinella diversifolia*	7.48	13
西南绣球 *Hydrangea davidii*	7.94	6	白顶早熟禾 *Poa acroleuca*	7.48	14
常春藤 *Hedera sinensis*	7.66	7			

由样地2重要值（表5-42）可知红花木莲群落样地2乔木层有物种26种，重要值大于该层重要值平均值（13.64）的有6种，重要值最大的为水青冈（64.00），其次为大白杜鹃（52.99），第3~6位分别为光叶水青冈（39.89）、华中樱桃（20.84）、红花木莲（16.65）、山樱花（16.50）；红花木莲在该样地处于较优势地位。样地2灌木层仅有6种，重要值最大的为雷山方竹，重要值高达244.58，占据灌木层绝对主导地位，其他灌木物种仅为偶见种。样本2草本层仅有6种，重要值大于该层重要值平均值（50.00）的为观音草 *Peristrophe baphica*（93.33），为该样地草本层优势物种；第二位为蕨（60.00）。由重要值分析可得红花木莲群落在样地2为水青冈+雷山方竹群系。

表5-42　雷公山保护区样地2红花木莲群落重要值

种名	重要值	重要值序	种名	重要值	重要值序
乔木层			乔木层		
水青冈 *Fagus longipetiolata*	64.00	1	香桂 *Cinnamomum subavenium*	2.69	19
大白杜鹃 *Rhododendron decorum*	52.99	2	异色泡花树 *Meliosma myriantha*	2.57	20
光叶水青冈 *Fagus lucida*	39.89	3	少花桂 *Cinnamomum pauciflorum*	2.47	21
华中樱桃 *Cerasus conradinae*	20.84	4	大果卫矛 *Euonymus myrianthus*	2.45	22
红花木莲 *Manglietia insignis*	16.65	5	灌木层		
山樱花 *Cerasus serrulata*	16.50	6	雷山方竹 *Chimonobambusa leishanensis*	244.58	1
垂珠花 *Styrax dasyanthus*	12.48	7	西南绣球 *Hydrangea davidii*	12.84	2
薄叶润楠 *Machilus leptophylla*	10.88	8	红荚蒾 *Viburnum erubescens*	11.52	3
交让木 *Daphniphyllum macropodon*	10.76	9	菝葜 *Smilax china*	10.42	4
巴东栎 *Quercus engleriana*	8.63	10	大果卫矛 *Euonymus myrianthus*	10.32	5
青冈 *Cyclobalanopsis glauca*	6.07	11	青荚叶 *Helwingia japonica*	10.32	6
贵定桤叶树 *Clethra delavayi*	6.06	12	草本层		

（续）

种名	重要值	重要值序	种名	重要值	重要值序
云贵鹅耳枥 *Carpinus pubescens*	5.91	13	观音草 *Peristrophe baphica*	93.33	1
贵州桤叶树 *Clethra kaipoensis*	5.14	14	蕨 *Pteridium aquilinum*	60.00	2
野桐 *Mallotus japonicus*	3.81	15	多花黄精 *Polygonatum cyrtonema*	38.33	3
云锦杜鹃 *Rhododendron fortunei*	3.59	16	沿阶草 *Ophiopogon bodinieri*	38.33	4
黔桂润楠 *Machilus chienkweiensis*	2.88	17	一把伞南星 *Arisaema erubescens*	38.33	5
圆锥绣球 *Hydrangea paniculata*	2.73	18	羊耳蒜 *Liparis japonica*	31.67	6

由样地3重要值（表5-43）可知红花木莲群落样地3乔木层有20种，重要值大于该层重要值平均值（15.00）的有4种，重要值最大的为水青冈（103.27），其次为细枝柃（37.59），第3~4位分别为木荷（34.46）、青冈（16.01），红花木莲重要值为11.19，排在该层重要值第6位，表明红花木莲重要值在该样地处于中下地位，不占优势。灌木层有物种有13种，重要值最大的为雷山方竹，高达209.86，占据灌木层绝对主导地位，重要值第2位为西南绣球（17.36），西南绣球和其他灌木物种重要值均低于该层重要值平均值，仅为偶见种。草本层有物种仅有4种，重要值分别为羊耳蒜 *Liparis japonica*（90.00），第2~4位分别为光叶堇菜、沿阶草、斑叶兰 *Goodyera schlechtendaliana*，重要值均为70.00，因为雷山方竹太过密集，群落物种乔木层和灌木层覆盖度高，草本层物种仅为偶见种。由重要值分析可得红花木莲群落在样地3为水青冈+雷山方竹群系。

表5-43　雷公山保护区样地3红花木莲群落重要值

种名	重要值	重要值序	种名	重要值	重要值序
乔木层			灌木层		
水青冈 *Fagus longipetiolata*	103.27	1	雷山方竹 *Chimonobambusa leishanensis*	209.86	1
细枝柃 *Eurya loguiana*	37.59	2	西南绣球 *Hydrangea davidii*	17.36	2
木荷 *Schima superba*	34.46	3	茵芋 *Skimmia reevesiana*	10.75	3
青冈 *Cyclobalanopsis glauca*	16.01	4	毛叶石楠 *Photinia villosa*	7.65	4
薄叶山矾 *Symplocos anomala*	12.49	5	细枝柃 *Eurya loguiana*	7.42	5
红花木莲 *Manglietia insignis*	11.19	6	红毛悬钩子 *Rubus pinfaensis*	6.62	6
云贵鹅耳枥 *Carpinus pubescens*	9.50	7	棠叶悬钩子 *Rubus malifolius*	6.52	7
贵定桤叶树 *Clethra delavayi*	8.95	8	细齿叶柃 *Eurya nitida*	6.31	8
光叶山矾 *Symplocos lancifolia*	8.82	9	白花悬钩子 *Rubus leucanthus*	5.87	9
薄叶润楠 *Machilus leptophylla*	8.32	10	桦叶荚蒾 *Viburnum betulifolium*	5.55	10
八角枫 *Alangium chinensis*	6.54	11	青荚叶 *Helwingia japonica*	5.43	11
格药柃 *Eurya muricata*	6.35	12	粉背南蛇藤 *Celastrus hypoleucus*	5.32	12
大白杜鹃 *Rhododendron decorum*	6.22	13	尾叶悬钩子 *Rubus saxatilis*	5.32	13
豹皮樟 *Litsea coreana*	6.14	14	草本层		
响叶杨 *Populus adenopoda*	5.46	15	羊耳蒜 *Liparis japonica*	90.00	1

（续）

种名	重要值	重要值序	种名	重要值	重要值序
山樱花 *Cerasus serrulata* var. *spontanea*	5.23	16	光叶堇菜 *Viola hossei*	70.00	2
光叶槭 *Acer levogatatum*	4.11	17	沿阶草 *Ophiopogon bodinieri*	70.00	3
甜槠 *Castanopsis eyrei*	3.16	18	斑叶兰 *Goodyera schlechtendaliana*	70.00	4
五裂槭 *Acer oliverianum*	3.16	19			
老鼠矢 *Symplocos stellaris*	2.99	20			

3.6 物种多样性

多样性指数常用来测定群落中物种的丰富程度和均匀性，是物种丰富度和均匀度的综合指标，该群落物种丰富度（S）为101。通过对红花木莲群落物种多样性指标的计算（图5-16），得出红花木莲群落中的物种Simpson指数（D）、Shannon-Wiener指数（H_e'）、Pielou指数（J_e）。Simpson指数（D）更侧重物种的多度，是一个反映群落优势度的指数，其数值越小，表明群落的优势种越明显，某种或几种优势种数量的增加都会使该数值降低；Shannon-Wiener指数（H_e'）反映物种丰富度，其数值越高说明物种越丰富，能较好地反映出物种丰富度的和群落的均匀度，即物种数量越多，分布越均匀，其数值越大；Pielou指数（J_e）反映植物空间分布均匀程度，其数值越大表示植物空间分布越均匀。

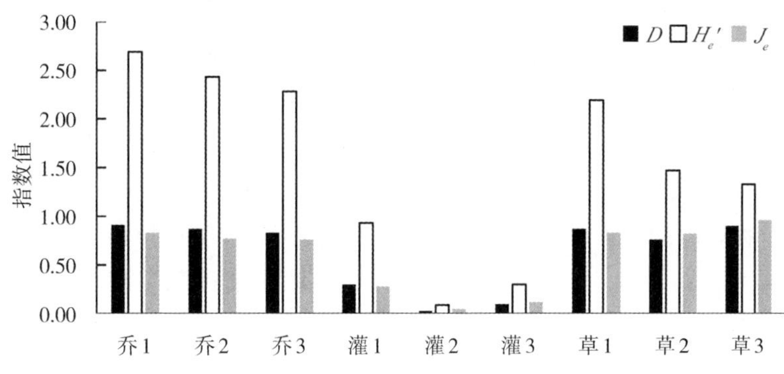

图5-16　雷公山保护区红花木莲样地多样性指数

从图5-16可以看出，样地1的Simpson指数（D）、Shannon-Wiener指数（H_e'）和Pielou指数（J_e）均表现为乔木层>草木层>灌木层，且乔木层和草本层的3项指数值差距不明显，而灌木层的指数值均远小于乔木层和草本层，表明乔木层和草本层优势种不突出，灌木层优势种比较明显；乔木层物种的物种丰富度比草本层更好，分布更为均匀，灌木层物种空间分布极不均匀。

样地2的Simpson指数（D）和Shannon-Wiener指数（H_e'）表现为乔木层>草本层>灌木层，Pielou指数（J_e）表现为草本层>乔木层>灌木层，且乔木层和草本层的Simpson指数（D）和Pielou指数（J_e）值差距不明显，而灌木层的3项指数值均远小于乔木层和草本层，表明乔木层和草本层优势种不突出，分布较为均匀，乔木层物种多样性更好，分布更为均匀，灌木层物种空间分布极不均匀，优势种突出，物种数量集中于优势种上，且数量远大于灌木层和草本层。

样地3的Simpson指数（D）和Pielou指数（J_e）表现为草本层>乔木层>灌木层，Shannon-Wiener指数（H_e'）表现为乔木层>草本层>灌木层，乔木层和草本层的Simpson指数（D）和Pielou指数（J_e）值差距不明显，而灌木层的3项指数值均远小于乔木层和草本层，乔木层Shannon-Wiener指数（H_e'）明显大于草本层和灌木层，表明乔木层物种丰富度更好，空间分布更均匀，更具有多样性；草本层优势种不突出，分布较为均匀，灌木层物种空间分布极不均匀，优势种极为突出，物种数量集中于优势种上，且数量远大于灌木层和草本层。

【研究进展】

国内对红花木莲进行了大量研究。董学芬开展了地形因素对红花木莲分布的影响，结果表明影响红花木莲分布的主要地形因素为土壤类型、海拔，红花木莲的适生海拔为1800~2300m，坡度为20°左右，红花木莲的分布与坡向和坡位差异不显著。潘跃芝等对红花木莲大孢子和雌配子体发育的研究、小孢子发生和雄配子体发育的研究，认为大孢子的发育是导致红花木莲结籽率低的主要原因，雄配子体发育不是导致红花木莲结籽率低的主要原因。钟栎等通过采取栽培技术和化学调控技术，促进红花木莲的生长发育和花芽分化，提早红花木莲的开花期，对红花木莲有性繁殖有较好的作用。鲁元学等认为红花木莲种子富含挥发性芳香油脂，种子容易失水，寿命短，加之动物（如鼠类）喜食其种子，自然更新困难，是导致其濒危的主要原因之一。於艳萍等研究低温胁迫对红花木莲幼苗生理特性的影响中发现随着温度的降低，过氧化物酶活性呈现出先增大后减小的变化规律，并在4℃时达到峰值，说明在较高的低温时（4~12℃），随着温度的降低，红花木莲通过提升POD等保护性酶活性来免受伤害，同时也表明红花木莲幼苗具有一定抗寒性，当温度降至0℃时，植物体内的生理代谢平衡遭到破坏，导致POD等保护活性酶活性降低。李卫东等在红花木莲繁殖技术中将得到的纯净种子处理后直接播种和湿沙储藏后播种都取得了较好的效果。陈兵研究了植物生长调节剂对红花木莲幼苗生长和生理特性有较为明显的促进作用；陈菊艳等开展了不同种源红花木莲实生苗年生长规律研究和容器育苗基质的筛选，利用树皮与珍珠岩9∶1的配比配制的轻型配方比较适合红花木莲育苗繁殖。关文灵等对红花木莲不同时期的断根和促根处理，发现6~8月进行断根促根处理，次年5月进行大苗移栽成活率较高。吴淑玲等对红花木莲扦插繁殖试验表明使用IBA生根促进剂质量分数为600×10^{-6}处理红花木莲半木质化的绿枝扦穗，扦插生根效果最好。高宇琼等对红花木莲组织培养外植体消毒方法研究了不同消毒剂、不同消毒时间及不同外植体对红花木莲组织培养外植体的消毒效果的影响，结果表明用75%酒精浸30s后，以0.1% HgC_{12}消毒10min，消毒效果最好；腋芽是组织培养的良好材料。

【繁殖方法】

采用种子繁殖，步骤如下。

(1) 种子处理

红花木莲的种子通常要在果实成熟未曾开裂之前采集。采集后的种子要做好风干处

理，通过轻轻翻动的方式使红色的种子脱出，将红色的外种皮采用洗涤的方式清除或者轻轻搓去，除去外种皮后用清水冲洗将多余的杂质和被损坏的种子清除，得到干净的黑色种子，再利用高锰酸钾进行消毒。贮藏种子是先准备消毒去除杂质的河沙，将处理后的河沙放置在贮藏工具中，并将其与水混合，保持湿润的状态，然后均匀摊开铺平后放置种子，最后种子上面铺一定厚度的河沙，保持其表面湿润，15d 翻动 1 次种子，从而达到良好的贮藏效果。播种前对种子进行催芽，在催芽过程中要保证盆内的水分适宜，适当揭开塑料膜给种子透气，当黑色的种子外皮裂开后，就可以正式开始播种。

（2）整地育苗

苗圃地宜选择在地势平坦、交通方便、排水良好、土壤肥活的砂质壤土。播种之前，对苗圃地进行深耕翻土，施足基肥，消毒杀虫，在整地的基础上把育苗地作成床。作床时间应在播种前五六天完成。在播种前进行开沟，要保持沟表面湿润，将种子均匀播于沟内，再盖上 2cm 左右的土。利用松针、毛草等对播种后的地段进行覆盖，以利于圃地浇水和保持土壤水分。如果室外气温较低，而且气候比较干燥，就需要搭建拱棚，使苗床保持一定的湿度和温度。

（3）幼苗管理

播种当天需要浇透水，在日后浇水的阶段只需要起到保湿作用即可。浇水时间可以选择在清晨或者傍晚，浇水完毕后要将塑料膜继续盖好，确保拱棚内的环境符合苗木生长的需求。而且要定期除草，保持土壤湿润和清洁，使幼苗生长具备足够的养分。幼苗出土之后，要将覆盖的松针或毛草一一去除，直至幼苗全部破土而出。随着季节的变化，温度在不断升高，当拱棚温度突破 30℃时，就需要将塑料膜换成遮阴网，保证温度适宜。在苗木生长后期，还要将四周的遮阴网卷至离地面 20cm 处，通风 7d，达到炼苗的目的，提高苗木的木质化程度。

【保护建议】

木莲属植物自身繁殖力差，在自然状态下要依靠有性繁殖。有性繁殖的每一环节发生障碍，都可能导致其稀有和濒危。雌雄异熟、花粉活性不高、萌发率低、柱头接受花粉的机会少、胚珠发育过程中败育率高，均是导致木莲属植物结籽率低的重要原因；同时种子胚胎发育不完全，休眠期长，种子不同部位均存在萌发抑制物，木莲属植物的种子在其后熟过程中需要保持充足的水分才能实现种子形态后熟和生理后熟，而在自然条件下，种子落地时正值干旱季节，难以完成后熟过程；从结构上看，种子种胚很小，靠近种孔，很容易因失水而失去生活力；种子萌发生物学特性需要低温高湿打破内源休眠、萌发期长，而物种生殖期在旱季，生境条件影响了种子萌发率；而其生态对策所造成的种子产量低影响了种子萌发数量和种群的更新；幼苗抗性差，对水分、光照和温度的窄适应性影响了其存活率；个体生长期长、成熟晚和窄生态适应性导致种群的更新和维持的困难。

1 原生地保护

原生地保护又称就地保护，就是种质资源在原生态环境中不迁移而采取措施就地加以保护，如划定自然保护区、保护林、国家森林公园、人工圈护稀有的良种单株等。在原产

地进行种群重建，人工扩大种群数量，增加种群遗传多样性，增强种群的整体繁殖能力。这样不仅能保护现存的个体，还能保护其赖以生存繁衍的生态环境。物种自然居群遗传多样性水平较低，抗干扰能力弱，在保护过程中应以原生地保护为主，将整个生长区域保护起来，禁止进一步破坏生境、砍伐成年母树、采挖幼苗及掠夺性采种等，使其能够在其自然栖息地繁衍和恢复，对于已破坏的生境应恢复或重建，并通过人工促进天然更新，扩大现有居群，提高遗传多样性。红花木莲作为易危植物种类，建议在自然保护区建立成熟个体的档案，加强保护，禁止砍伐和任意采种；针对幼苗抗性、适应性弱的特点，加强抚育力度，保护小生境；加强人工繁殖力度，建立资源圃，为野外种群的恢复和重建提供资源。

2 迁地保护

迁地保护是植物保育的一种重要手段，又称异地保护，是将种质材料迁出自然生长地，在与原生地环境条件相似的地区建立植物园和树木园等，将其迁移至此地保护，或在迁移地设置配备适宜其生长的环境条件。同时对自身繁殖困难的物种进行人工繁育、引种，扩大其种群数量，尽量减少因生物影响造成的濒危。引种成功的关键在于原产地与引种地气候的差异，其中温度和湿度是最关键的因素之一，生态环境的改变常常造成某种植物开花与结实物候期的改变。因此，建议选择和红花木莲小生境相适应的地点进行迁地保护，尽可能地选择与它们原来的分布区生态环境相似的地区，以保证它们正常的生长发育和尽可能地保存物种原有的遗传特性。

3 加强繁殖技术研究

加强对红花木莲播种育苗和扦插繁殖育苗等方面的研究，关于红花木莲播种育苗和扦插育苗已取得了不少的成果，可以借鉴学习。对于种源缺乏的植物而言，红花木莲仅利用种子繁殖来完成其种群的扩大与恢复几乎不可能。建议建立以扦插、嫁接和组织培养为主的快速繁殖体系，这对其种质资源保存和种群的恢复扩大起着至关重要的作用。

4 加强保护宣传

加强红花木莲分布范围的监管力度，加强宣传教育及法律法规的宣传力度，增强民众生态保护意识，提高保护野生植物资源的自觉性和主动性，充分发挥各类保护机构、科研教育单位和新媒体多渠道，多形式开展宣传科普活动，广泛普及濒危植物法律保护知识，提高社会各界的认知程度，增进人们对濒危植物的关注和关爱。

深山含笑

【保护等级及珍稀情况】

深山含笑 *Michelia maudiae* Dunn，俗称光叶白兰花、莫夫人含笑花，属木兰科含笑属，列为贵州省级重点保护树种。

【生物学特性】

深山含笑为常绿乔木，高达20m，各部均无毛；芽、嫩枝、叶背、苞片均被白粉。叶

互生，革质深绿色，叶背淡绿色，长圆状椭圆形，长 7~18cm，宽 3.5~8.5cm，先端渐尖，基部楔形，上面深绿色，下面灰绿色被白粉，侧脉每边 7~12 条，至近叶缘开叉网结。叶柄长 1~3cm，无托叶痕。花梗绿色具 3 环状苞片脱落痕，佛焰苞状苞片淡褐色，薄革质，长约 3cm；花被片 9 片，纯白色，基部稍呈淡红色；雄蕊长 1.5~2.2cm，药隔伸出长 1~2mm 的尖头，淡紫色；雌蕊群长 1.5~1.8cm；雌蕊群柄长 5~8mm。聚合果长 7~15cm。种子红色，斜卵圆形，长约 1cm，宽约 5mm。花期 2~3 月，果期 9~10 月。

深山含笑分布于浙江南部、福建、湖南、广东（北部、中部及南部沿海岛屿）、广西、贵州。在贵州主要分布于雷公山、凯里、台江、剑河、榕江、黎平、从江、丹寨、荔波、兴义、仁怀等地。

【应用价值】

深山含笑树姿优美、幽雅；叶椭圆形，较大，网脉清晰，叶背及芽、幼枝、苞片均被白粉，尤显素雅；花期长，花大而美丽，花被多层，香如兰花，盛开时满树白花将绿叶遮盖，甚为奇特。

深山含笑木材纹理通直，结构细致，易加工，不易变形，耐腐朽，是家具、建筑及细木工的优良用材。

【资源特性】

1 研究方法

1.1 样地设置与调查方法

采用样线法和样方法相结合，在雷公山保护区内选取深山含笑天然分布设置典型样地 5 个（表 5-44）。

表 5-44 雷公山保护区深山含笑群落样地基本情况

样地号	小地名	海拔（m）	地形	坡向	坡度（°）	坡位	土壤类型	总盖度（%）
Ⅰ	四道瀑 1	750	山脊	全向	50	下	黄壤	85
Ⅱ	四道瀑 2	750	坡地	西南	60	下部	黄壤	85
Ⅲ	毛坪姊妹岩	860	坡地	西北	30	下部	黄壤	85
Ⅳ	桥水溪	820	谷地	西南	30	下部	黄壤	90
Ⅴ	桃江乔歪	1380	坡地	东	40	中部	黄棕壤	95

1.2 径级划分

采用“空间替代时间”的方法，将深山含笑按胸径可划分为 7 个径级：Ⅰ级（$BD<5$cm）、Ⅱ级（5cm$\leq BD<$10cm）、Ⅲ级（10cm$\leq BD<$15cm）、Ⅳ级（15cm$\leq BD<$20cm）、Ⅴ级（20cm$\leq BD<$25cm）、Ⅵ级（25cm$\leq BD<$30cm）、Ⅶ级（$BD\geq$30cm）。

2 雷公山保护区资源情况

深山含笑分布于雷公山保护区的乔歪、小丹江、昂英、石灰河、水寨、提香村、毛坪等地；生长在海拔 700~1200m 的常绿阔叶林和针阔混交林中；分布面积为 8660hm^2，共有 70310 株。

3 种群及群落特征

3.1 群落类型组成分析

经调查统计，在研究区域的5个深山含笑群落样地共有维管束植物82科134属225种。其中，蕨类植物13科17属19种，占总种数的8.44%，种子植物69科117属206种，占总种数的91.56%。种子植物中裸子植物4科5属6种，占总种数的2.67%，被子植物65科112属200种，占总种数的88.89%；被子植物中双子叶植物54科96属177种，占总种数的78.67%，单子叶植物11科16属23种，占总种数的10.22%。由此可见在深山含笑群落样地中双子叶植物为优势植物类型（图5-17）。

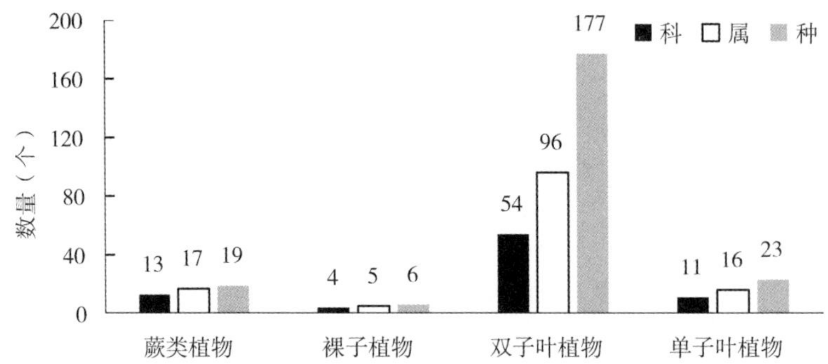

图5-17 雷公山保护区深山含笑群落植物类型数量统计

统计5个样地物种科属关系，列出科含2种的科种关系表与属含2种以上的属种关系表得出表5-45、表5-46。由表5-45可知，在深山含笑群落中，科含10种以上的山茶科(18)、樟科（17种）、杜鹃花科（11种）、蔷薇科（11种）、壳斗科（10种）等5科，占总种数的29.78%，单科单种的有42科，占总科数的51.22%。在深山含笑群落中山茶科为优势科，占总种数的8.00%，优势不明显，物种集中在含1种的科。

由表5-46可知，在属种关系中，物种数最多的属是杜鹃花属（9种），是深山含笑群落中的优势属，占总物种数的4.00%，优势不明显。属含5种以上的属有柃属（7种）、山矾属（7种）、悬钩子属（6种）、木姜子属（5种）、樟属（5种）。含2~4种的有菝葜属（4种）、冬青属（4种）等36属，占总种数的41.77%；仅含1种的有92属，占总种数的40.48%。在属种关系中，优势属的优势不明显。

综上可知雷公山保护区分布的深山含笑群落中优势科属不明显，群落科属组成复杂，物种主要集中在含1种的科与含1种的属内，并且在属的区系成分上显示出复杂性和高度分化的特点。

表5-45 雷公山保护区深山含笑群落科种数量关系

序号	科名	属数/种数（个）	占总属/种数的比例（%）	序号	科名	属数/种数（个）	占总属/种数的比率（%）
1	山茶科 Theaceae	4/18	2.99/8.00	21	杜英科 Elaeocarpaceae	2/3	1.49/1.33
2	樟科 Lauraceae	7/17	5.22/7.56	22	禾本科 Poaceae	2/3	1.49/1.33

（续）

序号	科名	属数/种数（个）	占总属/种数的比例（%）	序号	科名	属数/种数（个）	占总属/种数的比率（%）
3	杜鹃花科 Ericaceae	3/11	2.24/4.89	23	木兰科 Magnoliaceae	2/3	1.49/1.33
4	蔷薇科 Rosaceae	4/11	2.99/4.89	24	葡萄科 Vitaceae	3/3	2.24/1.33
5	壳斗科 Fagaceae	5/10	3.73/4.44	25	松科 Pinaceae	2/3	1.49/1.33
6	山矾科 Symplocaceae	1/7	0.75/3.11	26	五加科 Araliaceae	3/3	2.24/1.33
7	紫金牛科 Myrsinaceae	3/6	2.24/2.67	27	荨麻科 Urticaceae	3/3	2.24/1.33
8	桦木科 Betulaceae	3/5	2.24/2.22	28	大戟科 Euphorbiaceae	1/2	0.75/0.89
9	金缕梅科 Hamamelidaceae	4/5	2.99/2.22	29	胡桃科 Juglandaceae	2/2	1.49/0.89
10	兰科 Orchidaceae	2/5	1.49/2.22	30	胡颓子科 Elaeagnaceae	1/2	0.75/0.89
11	鳞毛蕨科 Dryopteridaceae	3/5	2.24/2.22	31	虎耳草科 Saxifragaceae	1/2	0.75/0.89
12	木通科 Lardizabalaceae	2/5	1.49/2.22	32	交让木科 Daphniphyllaceae	1/2	0.75/0.89
13	百合科 Liliaceae	3/3	2.24/1.33	33	金粟兰科 Chloranthaceae	2/2	1.49/0.89
14	蝶形花科 Papibilnaceae	2/4	1.49/1.78	34	里白科 Gleicheniaceae	2/2	1.49/0.89
15	冬青科 Aquifoliaceae	1/4	0.75/1.78	35	清风藤科 Sabiaceae	1/2	0.75/0.89
16	槭树科 Aceraceae	1/4	0.75/1.78	36	桑科 Moraceae	1/2	0.75/0.89
17	茜草科 Rubiaceae	2/4	1.49/1.78	37	柿树科 Ebenaceae	1/2	0.75/0.89
18	忍冬科 Caprifoliaceae	2/4	1.49/1.78	38	水龙骨科 Polypodiaceae	2/2	1.49/0.89
19	卫矛科 Celastraceae	2/4	1.49/1.78	39	五味子科 Schisandraceae	2/2	1.49/0.89
20	菝葜科 Smilacaceae	1/3	0.75/1.33	40	野茉莉科 Styracaceae	2/2	1.49/0.89
					合计	91/183	67.93/81.33

表 5-46　雷公山保护区深山含笑群落属种数量关系

序号	属名	种数（种）	占总种数的比例（%）	序号	属名	种数（种）	占总种数的比例（%）
1	杜鹃花属 *Rhododendron*	9	4.00	22	卫矛属 *Euonymus*	3	1.33
2	柃属 *Eurya*	7	3.11	23	杨桐属 *Adinandra*	3	1.33
3	山矾属 *Symplocos*	7	3.11	24	八月瓜属 *Holboellia*	2	0.89
4	悬钩子属 *Rubus*	6	2.67	25	杜英属 *Elaeocarpus*	2	0.89
5	木姜子属 *Litsea*	5	2.22	26	含笑属 *Michelia*	2	0.89
6	樟属 *Cinnamomum*	5	2.22	27	厚皮香属 *Ternstroemia*	2	0.89
7	菝葜属 *Smilax*	4	1.78	28	胡颓子属 *Elaeagnus*	2	0.89
8	冬青属 *Ilex*	4	1.78	29	交让木属 *Daphniphyllum*	2	0.89
9	槭属 *Acer*	4	1.78	30	石栎属 *Lithocarpus*	2	0.89
10	山茶属 *Camellia*	4	1.78	31	蜡瓣花属 *Corylopsis*	2	0.89
11	紫金牛属 *Ardisia*	4	1.78	32	芒属 *Miscanthus*	2	0.89

（续）

序号	属名	种数（种）	占总种数的比例（%）	序号	属名	种数（种）	占总种数的比例（%）
12	粗叶木属 *Lasianthus*	3	1.33	33	木荷属 *Schima*	2	0.89
13	鹅耳枥属 *Carpinus*	3	1.33	34	泡花树属 *Meliosma*	2	0.89
14	复叶耳蕨属 *Arachniodes*	3	1.33	35	榕属 *Ficus*	2	0.89
15	红豆属 *Ormosia*	3	1.33	36	石楠属 *Photinia*	2	0.89
16	栲属 *Castanopsis*	3	1.33	37	柿属 *Diospyros*	2	0.89
17	兰属 *Cymbidium*	3	1.33	38	松属 *Pinus*	2	0.89
18	木通属 *Akebia*	3	1.33	39	虾脊兰属 *Calanthe*	2	0.89
19	青冈属 *Cyclobalanopsis*	3	1.33	40	绣球属 *Hydrangea*	2	0.89
20	忍冬属 *Lonicera*	3	1.33	41	野桐属 *Mallotus*	2	0.89
21	润楠属 *Machilus*	3	1.33	42	樱属 *Cerasus*	2	0.89
					合计	133	59.10

3.2 不同海拔深山含笑群落样地对比分析

通过计算深山含笑群落各个样地重要值，得出不同海拔深山含笑群落类型（表 5-47），由表 5-47 可知，在海拔最高的样地Ⅴ中，深山含笑重要值排第 16 位，在该样地中为偶见种；在低海拔样地Ⅰ、样地Ⅱ、样地Ⅲ中，深山含笑的重要值分别排在第 4、第 3、第 2 位，在低海拔的样地Ⅳ中排名第 17 位，说明在雷公山保护区深山含笑分布在低海拔区且随海拔升高优势有所增加。

由此可见，总体深山含笑随着海拔的升高优势程度降低。

表 5-47　雷公山保护区不同海拔深山含笑群落样地对比分析

样地号	海拔（m）	群落类型	科/属/种（个）	重要值序	地形
Ⅰ	750	福建柏+倒矛杜鹃+里白群落	37/52/74	4	山脊
Ⅱ	750	丝栗栲+藤黄檀+芒萁群落	28/34/43	3	坡地
Ⅲ	860	黄杞+大果卫矛+狗脊群落	35/49/69	2	坡地
Ⅳ	820	山矾+伞形绣球+楼梯草、鸢尾群落	29/37/43	17	谷地
Ⅴ	1380	青钱柳+常春藤+十字苔草群落	55/73/92	16	坡地

3.3 种群分散度分析

通过分别统计各样地小样方内深山含笑的数量，计算深山含笑各样地的种群分散度（表 5-48）。综合 5 个样地计算出雷公山保护区深山含笑种群的分散度（S^2）为 4.57，样方平均深山含笑个体数（m）为 1.38 个。可见分散度值大于每个样方平均深山含笑个体数（$S^2>m$），说明在雷公山保护区内深山含笑种群呈集群型，且种群个体极不均匀，呈局部密集。

踏查中发现，在深山含笑的分布区内，深山含笑大树少，幼树幼苗较多，因此其物种自我更新能力强，尤其是在没人干扰的情况下能完成种群的更新换代。

表 5-48　雷公山保护区深山含笑群落分散度　　单位：株

样地号	样方 1	样方 2	样方 3	样方 4	样方 5	样方 6	样方 7	样方 8	样方 9	样方 10	合计株数	$\sum (x-m)^2$
Ⅰ	1	5	1	9	0	0	4	3	1	6	30	106.244
Ⅱ	2	2	0	1	3	1	0	0	0	0	9	13.204
Ⅲ	3	4	0	1	4	1	2	3	8	0	26	67.284
Ⅳ	0	0	0	0	3	0	0	0	0	0	3	19.764
Ⅴ	0	0	0	0	0	0	0	0	1	0	1	17.284
合计											69	223.78

3.4　种群径级结构分析

通过对深山含笑种群的径级结构统计（图 5-18），可以直观反映出该种群的更新特征。从图 5-18 中可以看出，该种群个体数量主要集中分布在Ⅰ径级，说明种群中幼龄个体数量充足，占种群总数量的 38.24%。而在Ⅱ～Ⅴ径级中种群个体数量急剧减少，说明深山含笑种子自然更新明显，而在随后的生长过程中由于种间竞争，乔灌层荫蔽性增强，缺少光照，很多幼龄个体死亡，只有少部分个体存活到中龄个体，深山含笑幼苗生长过程中由于对光的需求相对不足会对更新有影响。但从图 5-18 可以看出，深山含笑种群幼龄个体数>中龄个体数>老龄个体数，中老龄个体数量总体呈现出逐渐减少的趋势，种群结构为相对稳定增长型。

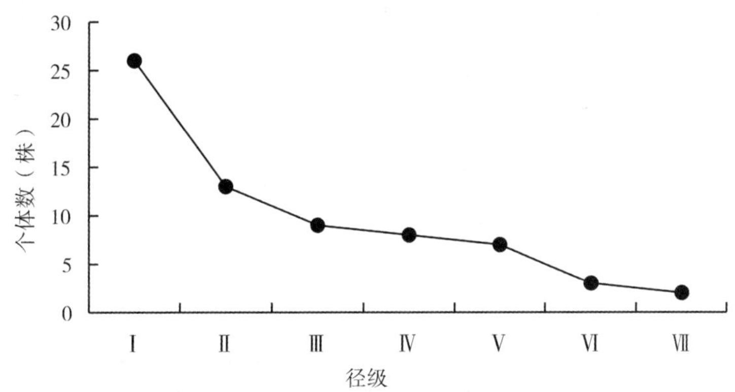

图 5-18　雷公山保护区深山含笑种群径级结构

3.4.1　静态生命特征

静态生命表不仅可以反映种群从出生到死亡的数量动态，还可用于预测种群未来发展的趋势。由表 5-49 可知，种群个体数量随着径级结构的增加呈现出逐级减少的趋势，而种群个体存活数 l_x 和标准化存活数 $\ln l_x$ 随着径级的增加逐渐减小；从 x 到 x+1 径级间隔期内标准化死亡数 d_x 呈现出先下降后上升再下降的趋势，其 d_x 在Ⅰ、Ⅱ龄级时出现最大值为 500；从 x 到 x+1 龄级间隔期内种群死亡率 q_x 呈现出先减小后增大再减小的趋势，种群死亡率 q_x 在Ⅴ龄级时增大，其次，在Ⅰ～Ⅱ龄级间隔期间 q_x 为 0.500，死亡率达 50%，说明深山含笑种群在演替过程中幼龄个体最容易死亡而被淘汰；从 x 到 x+1 龄级存活个体数 L_x

随龄级的增加呈现出逐渐减小的趋势；个体期望寿命 e_x 随年龄的增加先增加后逐级降低，这与其生物学特性相一致；损失度 K_x 随龄级的增加整体呈现出先下降后急剧上升再下降的趋势，其损失度 K_x 在Ⅲ龄级最低为 0.116，在Ⅴ龄级最高为 0.850。

表 5-49　雷公山保护区深山含笑静态生命表

龄级	径级（cm）	a_x	l_x	$\ln l_x$	d_x	q_x	L_x	T_x	e_x	K_x
Ⅰ	0~5	26	1000	6.908	500	0.500	750	2116	2.821	0.693
Ⅱ	5~10	13	500	6.215	154	0.308	423	1366	3.229	0.369
Ⅲ	10~15	9	346	5.846	38	0.110	327	943	2.884	0.116
Ⅳ	15~20	8	308	5.730	39	0.127	289	616	2.131	0.135
Ⅴ	20~25	7	269	5.595	154	0.572	192	327	1.703	0.850
Ⅵ	25~30	3	115	4.745	38	0.330	96	135	1.406	0.401
Ⅶ	≥30	2	77	4.344						

注：各龄级取径级下限。

3.4.2　种群存活曲线、死亡率和损失度曲线

按 Deevey 生存曲线划分为 3 种基本类型：Ⅰ型为凸型的存活曲线，表示种群几乎所有个体都能达到生理寿命；Ⅱ型为成对角线形的存活曲线，表示各年龄期的死亡率是相等的；Ⅲ型为凹型的存活曲线，表示幼期的死亡率很高，随后死亡率低而稳定。以径级（相对龄级）为横坐标，以 $\ln l_x$ 为纵坐标做出深山含笑种群存活曲线（图 5-19），标准化存活数 $\ln l_x$ 随着径级的增加整体呈现出逐渐减小的趋势，说明在雷公山保护区内深山含笑种群的存活曲线趋近于 Deevey-Ⅱ型。

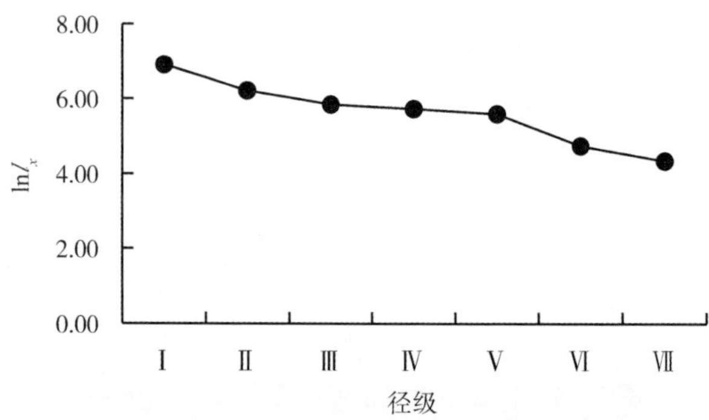

图 5-19　雷公山保护区深山含笑种群存活曲线

以径级为横坐标，以各龄级的死亡率和损失度为纵坐标绘制死亡率和损失度曲线（图 5-20）。深山含笑死亡率 q_x 和损失度 K_x 曲线变化趋势一致，均呈现出先上升后下降再急剧上升的趋势。由此可知，深山含笑种群个体数量前期短暂减少，中期短暂增长。

3.5　物种多样性分析

深山含笑群落各样地物种丰富度（S）、Simpson 指数（D）、Shannon-Wiener 指数（H_e'）和均匀度 Pieloue 指数（J_e）见表 5-50。

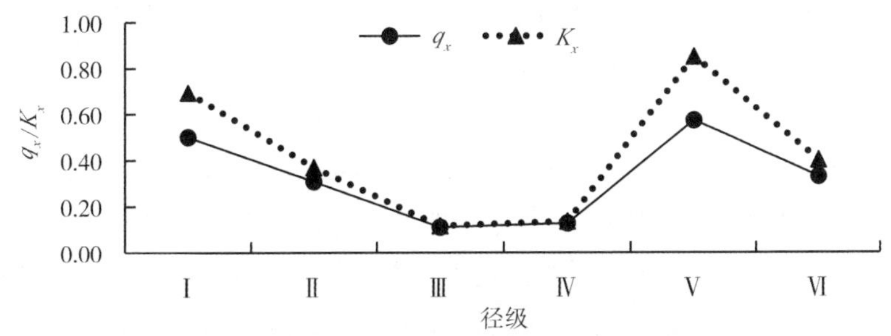

图 5-20 雷公山保护区深山含笑种群死亡率和损失度曲线

表 5-50 雷公山保护区深山含笑群落样地物种多样性指数、均匀度、丰富度比较

层级	物种多样性指数	样地号				
		Ⅰ	Ⅱ	Ⅲ	Ⅳ	Ⅴ
乔木层	S	45	26	39	22	26
	D	0.839	0.860	0.935	0.923	0.932
	H_e'	2.617	2.479	3.142	2.675	2.853
	J_e	0.688	0.761	0.858	0.865	0.876
灌木层	S	26	10	29	16	45
	D	0.975	0.904	0.915	0.963	0.949
	H_e'	3.238	1.925	2.850	2.701	3.307
	J_e	0.994	0.989	0.846	0.974	0.869
草本层	S	12	7	6	9	27
	D	0.809	0.864	0.69	0.836	0.933
	H_e'	1.948	2.094	1.321	1.887	2.865
	J_e	0.784	0.910	0.737	0.522	0.859

研究中，利用物种多样性 Simpson 指数（D）和 Shannon-Wiener 指数（H_e'）以及 Pielou 指数（J_e）分别对植物群落样地乔木层、灌木层、草本层进行物种多样性统计分析。样地Ⅰ、Ⅱ、Ⅲ、Ⅳ、Ⅴ物种丰富度分别为 83、43、74、47、98。由表 5-50 可知，多样性 Simpson 指数（D）和 Shannon-Wiener 指数（H_e'）在乔木层、灌木层中变化趋势一致。其中样地Ⅱ中灌木层 Shannon-Wiener 指数（H_e'）小于其他样地，其原因是样地Ⅱ坡度大岩石裸露率高于其他样地，不利于灌木树种的生长，灌木层物种丰富度小于其他样地。Pielou 指数（J_e）在乔木层、灌木层、草本层的变化波动不大。乔木层均匀度 Pielou 指数（J_e）值样地Ⅰ<Ⅱ<Ⅲ<Ⅳ<Ⅴ，说明了在各样地乔木层中样地Ⅴ中各物种重要值均匀程度相差最大。灌木层均匀度 Pielou 指数（J_e）值样地Ⅲ<Ⅴ<Ⅳ<Ⅱ<Ⅰ，说明了在各样地灌木层中样地Ⅰ中各物种重要值均匀程度相差最大。

在草本层中，5 个群落样地中物种多样性 Simpson 指数（D）与 Shannon-Wiener 指数（H_e'）变化趋势一致，在深山含笑群落样地Ⅲ中 Shannon-Wiener 指数（H_e'）相较于其他群落样地最小，原因是该样地草本层物种要比其他样地少，因在该样地中乔木层郁闭度

大，以及灌木层物种丰富导致草本层阳光相对不充足，导致草本层物种少且数量少。而在各个群落样地草本层中，均匀度指数（J_e）值波动不大，说明在各群落样地草本层中，各物种重要值均匀程度也相差不大。

综上，5个深山含笑群落样地多样性指数Simpson指数（D）与Shannon-Wiener指数（H_e'）值呈灌木层>乔木层>草本层。均匀度指数（J_e）值在各个群落样地乔木层、灌木层、草本层中波动不大，说明在各群落样地中，乔木层、灌木层、草本层的各个物种重要值均匀程度相当。

【研究进展】

张学武等通过开展马尾松林下套种深山含笑试验，结果表明，深山含笑的生长量随着马尾松林郁闭度的增大而降低；马尾松林下套种深山含笑有利于改善土壤结构和肥力状况。赵广华等对深山含笑叶过氧化物酶进行了纯化并初步研究了其性质。

熊海燕等采用石蜡切片技术对深山含笑大、小孢子的发生和雌、雄配子体发育进行观察：深山含笑花药4室，花药囊壁由5~7层细胞构成，腺质绒毡层，小孢子胞质分裂为修饰性同时型，四分体有四面体型、对称型，偶有交叉型，成熟花粉为二细胞型；胚珠倒生、双珠被、厚珠心，大孢子四分体直线型排列，合点端为功能大孢子、雌配子体发育方式为蓼型。从雌、雄配子体发育时间的先后来看，深山含笑春季雌、雄配子体能正常发育，雄蕊先熟，雄蕊和花瓣凋谢后雌蕊大孢子母细胞开始形成。

蒙好生等通过对深山含笑幼苗进行低光照处理，探究其苗期的生长及生理变化。研究结果表明，低光处理下，苗高和地径的增长率随遮光强度增大而减小；游离脯氨酸含量随着遮光度的增加呈现先减少后增加的趋势；叶绿素含量、POD含量、SOD含量随着遮光度的增加呈现先增加再减少后增加的趋势；叶片膜透性、MDA随着遮光度的增加呈现先减少后增加的趋势；可溶性糖含量随着遮光度的增加呈现先减少再增加后减少的趋势。刘佳雷等以深山含笑种子为试验材料，比较了光照和暗处理条件下种子在10℃、15℃、20℃和25℃温度下的萌发率，研究了深山含笑种子的萌发特性。

隋先进等在抑制种子萌发活性实验的指导下，对深山含笑的树皮进行了化学成分研究，并对部分所得次级代谢产物进行了抑制种子萌发活性测试。

罗奋容等对深山含笑的播种方式、施肥方式及田间管理方式进行探究，对其进行定期观测，分析实生苗苗高地径生长规律，并提出各生长发育时期的关键技术措施，为提高苗木产量及质量提供科学依据。试验结果表明：深山含笑适宜采用点播方式进行播种育苗，在基肥撒施基础上增施750kg/hm^{2}复合肥，在追肥过程中增施硝酸铵，且在其播种后1年内，采取遮阴、灌溉施肥及间苗并用的田间管理方式，可显著促进深山含笑苗木苗高及地径生长，提高苗木质量。通过对苗木进行定期观测得出深山含笑生长期可划分为萌发期、生长初期、速生期及生长停滞期4个阶段，实生苗生长呈明显的“慢—快—慢”规律。

郑峰等开展了深山含笑在人工林隙更新生长的研究，钱一凡等开展了深山含笑传粉生物学研究，黄日奎等开展了深山含笑实生苗苗高生长规律及育苗技术研究。

【繁殖方法】

通过查阅相关资料得知，深山含笑主要以播种育苗为主。

①圃地选择：深山含笑属浅根性树种，圃地应选择排灌条件好、光照中等、土层深厚且水源充足、排水良好的砂质壤土。

②苗床制作：播种前，圃地进行深翻细整，施足基肥，每亩施厩肥2500kg，同时每亩施用70%甲基硫菌灵5kg进行土壤消毒和施用90%敌百虫2kg进行土壤灭虫；筑苗床，床高25cm、宽110~120cm，步行沟宽30~35cm。床面略带龟背形，四周开好排水沟，做到雨停沟内不积水。

③播种：种子可随采随播，也可用湿沙贮藏到2月下旬至3月上旬播种。播种前，用浓度为0.5%的高锰酸钾溶液浸种消毒2h，放入温水中催芽24h，待种子吸水膨胀后捞出放置晾干。种子晾干后用钙镁磷肥拌种。采用条播，条距25cm，播种量每亩8~10kg，播种沟深1.5~2cm。播种后，先用焦泥灰覆盖种子，厚度约1cm，然后覆盖黄心土1~2cm。可以覆盖薄膜，保持苗床土壤疏松、湿润，待种子发芽时揭去薄膜。

④苗期管理：当70%~80%的幼苗出土后，就可在阴天或晴天傍晚揭去覆盖物，揭后第二天用70%甲基硫菌灵0.125%溶液和0.5%等量式波尔多液交替喷雾2~3次，以预防发生病害；后期做好除草、松土、适量施肥等工作，每隔10~15d施浓度为3%~5%的稀薄人粪尿和2%腐熟饼肥。合理控制苗木密度，每平方米留苗30~35株。应及时拔除病苗并集中烧毁，每隔4~6d喷1次1%~3%的硫酸亚铁溶液，连续2~4次，并在苗床撒生石灰（每亩15kg），或喷洒50%多菌灵（每亩1kg）0.1%~0.125%溶液，进行土壤消毒；用90%敌百虫和马拉松乳剂0.1%溶液防治蛴螬、地老虎等地下害虫；用50%马拉松、40%的乐果0.1%溶液或25%亚胺硫磷0.125%溶液喷雾防治介壳虫；气温高时，应及时防旱，在苗床上盖遮阳网，做好水肥管理，可用0.2%的复合肥和尿素交替浇灌苗根周围，后根据苗木生长情况停止追肥；每隔10~15d喷浓度为0.3%~0.5%的磷酸二氢钾溶液2次，促进苗木木质化。

【保护建议】

（1）就地保护

深山含笑分布在雷公山保护区内，实行就地保护是最佳选择。根据深山含笑的分布情况制定巡护路线，生态护林员、天保护林员定期开展巡护，一旦发现采挖移栽等违法行为，及时制止、及时查处，把案情控制在最小范围，把损失降到最低，确保深山含笑群落自然生长环境不受影响。

（2）迁地保护

对于受人为因素被处罚没收来的幼苗幼树，暴雨引起山体滑坡、洪涝灾害造成树根裸露或植株翻蔸，甚至整个植株倾倒的，要进行迁地保护。同时迁地保护中应加强管理，提高迁地保护的成活率。

（3）繁殖栽培推广

加强深山含笑的繁殖技术研究特别是无性繁殖的研究，增加深山含笑种群数量。

（4）加强宣传教育，提高群众法律意识

雷公山区的居民群众文化程度低、法律意识淡薄，参与保护观念不强，自然保护区管理机构要定期组织执法人员进村入户开展法律宣传活动，也可以利用新闻媒体、微信公众号等信息宣传方式进一步加强法律法规及政策宣传，做到家喻户晓、人人皆知，切实提高区内居民对深山含笑等珍稀濒危特有植物的保护意识。

阔瓣含笑

【保护等级及珍稀情况】

阔瓣含笑 *Michelia cavaleriei* var. *platypetala*（Handel-Mazzetti）N. H. Xia，俗称云山白兰花、阔瓣白兰花，属木兰科含笑属，是贵州省级重点保护树种。

【生物学特性】

阔瓣含笑为乔木，高达 20m，胸径 50cm。嫩枝、芽、嫩叶均被红褐色绢毛。叶薄革质，长圆形、椭圆状长圆形，长 11~18（20）cm，宽 4~6（7）m，先端渐尖，或骤狭短渐尖，基部宽楔形或圆钝，下面被灰白色或杂有红褐色平伏微柔毛，侧脉每边 8~14 条；叶柄长 1~3cm，无托叶痕，被红褐色平伏毛。花梗长 0.5~2cm，通常具 2 苞片脱落痕，被平伏毛；花被片 9 片，白色，外轮倒卵状椭圆形或椭圆形，长 5~5.6（7）cm，宽 2~2.5cm，中轮稍狭，内轮狭卵状披针形，宽 1.2~1.4cm；雄蕊长约 1cm，花丝长 2mm，花药长约 6mm，药室内向开裂，药隔伸出成 1~1.5mm 的长狭三角形的尖头；雌蕊群圆柱形，长 6~8mm，被灰色及金黄色微柔毛，雌蕊群柄长约 5mm；心皮卵圆形，花柱长约 4mm，胚珠约 8 颗。聚合果长 5~15cm；蓇葖无柄，长圆体形，很少球形或卵圆形，长 1.5~2（2.5）cm，宽 1~1.5cm，顶端圆，有时偏上部一侧有短尖，基部无柄，有灰白色皮孔，常背腹两面全部开裂；种子淡红色，扁宽卵圆形或长圆体形，长 5~8mm。花期 3~4 月，果期 8~9 月。

阔瓣含笑产于湖北西部、湖南西南部、广东东部、广西东北部、贵州东部；生于海拔 1200~1500m 的密林中。模式标本采自湖南。

【应用价值】

木材边材与心材区别不明显，黄白色、纹理通直、结构细致、刨面光滑、易加工、耐腐，可作家具、室内装修等，是优良的用材树种。其为常绿乔木，侧枝发达，分枝点低，树形开张，枝叶繁茂。早春开白花，花大香浓，花量大，始花早且花期长，是集绿化、美化、香化为一体的优良园林植物。

【资源特性】

阔瓣含笑分布于雷公山保护区的西江王沟、格头、大塘湾；生长在海拔 1200~1500m 的常绿阔叶林、常绿落叶阔叶混交林中；分布面积为 $420hm^2$，共有 8580 株。

【研究进展】

通过查阅相关文献资料，国内外对阔瓣含笑的引种培育、繁育技术、抗逆性等方面进行研究。

2000—2009年，徐海兵等在南京地区开展了阔瓣含笑引种试验，通过种子育苗和造林试验，对阔瓣含笑苗期和幼龄期的适应性进行观测，结果表明：阔瓣含笑在苗期和幼龄期能适应南京气候，且在缓坡立地条件下能正常生长。

对阔瓣含笑繁育技术的研究相对较多，主要集中在种子繁育与嫁接繁育两方面。郝日明等利用阔瓣含笑进行田间育苗试验中发现，阔瓣含笑的出苗率为28%，存活率仅为19.8%。而刘兴剑等对阔瓣含笑进行播种试验表明：在播种苗床上覆以稻草或塑料薄膜，播种效果较好，发芽率可达40%，对1年生苗进行遮光处理，其生长状况明显优于未遮光处理的生苗。从相关研究可以看出：对阔瓣含笑进行种子繁殖的效果并不理想。生产繁育中嫁接为阔瓣含笑的主要繁殖方式，李修鹏等以紫玉兰为砧木，采用春季切接的方法嫁接阔瓣含笑，成活率达72.73%；王亚玲等研究认为不同属间木兰科植物的嫁接均有较高的成活率，不同地区可根据接穗种类、砧木状况与天气条件选择不同嫁接时间和方法以提高成活率；蔡梦颖等探究不同砧木对阔瓣含笑的影响发现：深山含笑作砧木嫁接阔瓣含笑时，苗成活率最高，生长速度快且代谢旺盛，紫玉兰和白玉兰次之，乐昌含笑较差。

同时，相关学者还对阔瓣含笑抗逆性方面进行了不同程度的研究：亓白岩等研究发现，抗寒性能力为深山含笑>台湾含笑>金叶含笑>含笑>阔瓣含笑>乐昌含笑>峨眉含笑>川含笑；而李刚等、许东新等研究发现，阔瓣含笑的抗寒性强于深山含笑，与亓白岩等的研究结果相反；田如男等对5种木兰科常绿树种的抗寒性研究中发现，阔瓣含笑与深山含笑的抗寒性相当，但明显强于金叶含笑与乐昌含笑，且同一树种，随着年龄的增长，抗寒性有所提高；而李晓储等、张永兵对4种含笑属植物研究均发现其抗旱性能力为阔瓣含笑>深山含笑>金叶含笑>乐昌含笑，阔瓣含笑抗旱性最强；何开跃等研究发现抗旱能力为阔瓣含笑>乐昌含笑>观光木>金叶含笑>红花木莲；郝胜利研究发现耐盐性为乐东拟单性木兰>阔瓣含笑>金叶含笑。田如男对木兰科3个树种的抗重金属胁迫能力进行研究表明阔瓣含笑抗铅及抗镉的能力均强于金叶含笑和桂南木莲；李志国等对4种木兰科植物进行模拟酸雨处理，研究了酸雨对其生理指标的影响发现阔瓣含笑抗酸性较强。

【繁殖方法】

采用种子育苗进行繁殖，步骤如下。

①种子采集与贮藏：首先将采回的阔瓣含笑果实摊于通风的室内，每天翻动1~2次，让其后熟2~3d，再置日光下适当晒一下（注意切勿暴晒）。待其果皮裂开取出红色种子，置室内摊凉2~3d，并每天翻动2~3次，严防发热。置清水中搓去外种皮，去浮子，淘洗干净，随后摊开晾1~2d以降低种子含水量，再进行沙藏。贮藏沙子以中、细河沙为好，湿度以手握成团放手自然松开为宜。种子与沙子比例为1∶3，种子与沙混后，堆放厚度为15~20cm，上层盖沙3~4cm，再贮藏半个月，隔3~5d检查1次，及时除去霉烂种子。种子发芽率可达70%以上。另外也可以用冷藏法，但发芽率不及沙藏高。

②芽苗培育：阔瓣含笑播种方式可随采随播或翌春3月撒播或条播，一般采用芽苗移栽法育苗。选择好圃地（切忌种过疏菜、土豆、花生等），以沙性土壤最好，精耕细作做

好培育芽苗的苗床。苗床用5%三氰氯菊脂乳油15mL加辛硫酸50%乳油2mL充水15kg进行喷洒防治地下害虫或用甲基托布津0.25%的溶液进行杀菌、消毒，然后在每畦上均匀地铺1层2cm厚的黄心土，并用木板轻轻敲实，再将沙藏后的种子均匀地撒播在苗床上，然后覆盖1层1.5cm左右的黄心土，以不见种子为宜，再拱上塑料薄膜。当80%左右的种子发芽出土后，白天要两头揭膜通风，晚上盖回，以保持苗床的温度。当籽播小苗陆续出土到90%左右，幼苗长至两叶一芯时，选择在阴天或傍晚揭掉塑料薄膜，进行全光照炼苗，并用70%甲基托布津700倍液或多菌灵或波尔多液进行喷雾，以防止幼苗发生猝倒病，炼苗7~10d后，幼苗侧根发达时，即可移苗。

③芽苗移栽：苗圃地的选择与苗床制作苗圃地宜选择地势平坦、交通方便、水源充足、排灌水方便、无污染、土层深厚、肥沃的沙质壤土；移栽前苗圃地要进行深耕翻土，施足基肥每亩栏施肥200kg或复合肥50kg加碳酸氢铵100kg；同时施入硫酸亚铁15kg或呋喃丹等，然后在芽苗移栽前用1000倍敌杀死进行喷洒苗床或3kg护地净均匀撒于床面。苗床最好东西走向，床高25cm、宽1~1.2m，步道宽30cm，床面略带龟背形，做到雨停不积水。芽苗移栽当芽苗长至3~5cm，中间出现1~2枚真叶时，就可以进行移栽，幼苗起苗后剪去过长主根磷肥蘸根，移栽时用毛竹筷移栽，株行距以（15~20）cm×20cm，每亩产苗量1万~1.3万株。

④苗期管理：芽苗移栽后立即用70%敌克松粉剂500倍液进行浇灌，并用甲基托布津800倍液或多菌灵等药剂交替喷雾，每隔7d轮换1次，防止苗木发生猝倒病，在5月下旬至7月中旬用1500~2000倍液敌杀死进行苗床喷雾，隔7~10d喷施1次以防治地老虎等地下害虫的危害。施肥、除草、遮阴除草要及时，施肥要在小苗定植20d后进行追肥。在4~6月苗木生长初期，每隔10d左右，施浓度为3%~5%的稀薄人粪尿或0.5%的尿素浇苗根周围最佳，有条件的可在苗床上搭高1.8m的荫棚，用50%透光率的单层遮阴网覆盖苗床遮阴，也可插松枝等遮阴。9月下旬以后，停止施肥。对于营养生长过盛的苗木，在11月上旬喷施0.3%磷酸二氢钾水溶液或0.1%的硼砂每隔7~10d喷1次，连续喷2~3次，以促进苗木的木质化程度，提高苗木抗寒能力。

川桂

【保护等级及珍稀情况】

川桂 *Cinnamomum wilsonii* Gamble，俗称官桂、三条筋、臭樟、柴桂、桂皮树、大叶叶子树、臭樟木，属樟科樟属，为贵州省级重点保护树种。

【生物学特性】

川桂为乔木，高25m，胸径30cm。叶互生或近对生，卵圆形或卵圆状长圆形，长8.5~18cm，宽3.2~5.3cm，先端渐尖，基部渐狭下延至叶柄，边缘软骨质而内卷，上面绿色，光亮，无毛，下面灰绿色，离基三出脉；叶柄长10~15mm，腹面略具槽，无毛。圆锥花序腋生，长3~9cm，单一或多数密集，少花，近总状或为2~5花的聚伞状，具梗，长1.5~6cm。花白色，长约6.5mm；花梗丝状，长6~20mm，被细微柔毛。能育雄蕊

9个，花丝被柔毛，花丝稍长于花药，药室4；退化雄蕊3个，位于最内轮，长2.8mm，具柄。成熟果未见；果托顶端截平，边缘具极短裂片。花期4~5月，果期6月以后。

川桂分布于陕西、四川、湖北、湖南、广西、广东及江西；生于山谷或山坡阳处或沟边，疏林或密林中，海拔（30~300）800~2400m；在贵州主要分布于遵义、习水、平坝、印江、德江、兴仁、望谟、安龙、凯里、黄平、施秉、镇远、岑巩、锦屏、剑河、黎平、榕江、从江、雷山、都匀、瓮安、独山、惠水等地。

【应用价值】

川桂是一种具有较高经济利用价值的药食两用植物，川桂的叶、枝和皮都可用作烹饪香料，烹制各种肉类、鱼类等食品，具有去腥增香的作用。川桂皮可入药，有补肾和散寒祛风的功效，可治疗风湿筋骨痛、跌打及腹痛吐泻等症。

【资源特性】

1　样地设置与调查方法

选取雷公山保护区内天然分布的川桂群落为研究对象，采用样线法和样方法相结合，设置典型样地3个（表5-51）。

表5-51　雷公山保护区川桂群落样地概况

样地号	小地名	海拔（m）	地形	坡向	坡度（°）	坡位	土壤类型
YD1	小丹江新寨乌细湾	970	坡地	西北	35	下	黄壤
YD2	昂英村桥水老寨	1000	坡地	东南	30	下	黄壤
YD3	雷公山26公里	1600	坡地	东北	25	中	黄棕壤

2　雷公山保护区资源分布情况

川桂广泛分布于雷公山保护区内各村；生长在海拔800~1700m的常绿阔叶林和常绿落叶阔叶混交林中；分布面积为3890hm^2，共有12680株。

3　种群及群落特征

3.1　种群特征

3.1.1　*种群分布格局*

种群分布格局是指种群个体在水平空间的配置状况或分布状况，反映了种群个体在水平空间上的相互关系。川桂群落水平分布格局的形成与构成群落的物种组成成员分布状况有关。通过计算各样地川桂种群空间分散度得表5-52。

表5-52　雷公山保护区川桂群落样地中川桂个体数　　单位：株

样地号	样方1	样方2	样方3	样方4	样方5	样方6	样方7	样方8	样方9	样方10	合计株数	$\sum(x-m)^2$	S^2	m
YD1	0	5	0	1	1	0	0	0	0	2	9	22.90	2.54	0.90
YD2	1	0	0	0	0	0	1	1	3	2	8	9.60	1.07	0.80
YD3	0	2	0	2	0	0	1	0	4	35	44	1056.40	117.38	4.40
					合计						61	1172.97	30.08	2.03

由表 5-52 可知，各样地的空间分散度 S^2 均大于样方平均个体数 m，即 $S^2>m$。综合 3 个样地计算出雷公山保护区内川桂种群的分散度（S^2）为 30.08，30 个小样方的川桂平均个体数（m）为 2.03 个，$S^2>m$ 呈现集群型分布，个体分布不均匀。

结合实际调查情况分析，在雷公山保护区内川桂群落整体呈集群型分布，个体分布不均匀。

3.1.2 种群径级结构

将调查到的达到检尺径的川桂进行径级划分，划分为幼龄组、中龄组、老龄组 3 个径级，即Ⅰ、Ⅱ、Ⅲ径级，统计川桂种群的各径级中的川桂个体数制成图 5-21，可以直观反映出雷公山保护区内川桂种群的更新特征。从图 5-21 中可以看出，川桂种群个体数量主要集中分布在Ⅰ径级，说明种群中幼龄个体数量充足。而在Ⅱ、Ⅲ径级中种群个体数量急剧减少，说明川桂种子自然更新明显，而在随后的生长过程中由于种间竞争，乔灌层荫蔽性增强，缺少光照，很多幼龄个体死亡，只有少部分幼龄个体存活到中龄个体，川桂幼苗生长过程中由于光照相对不足会遭遇一定的更新瓶颈。

但从图 5-21 可以看出，川桂种群幼龄个体数>中龄个体数>老龄个体数，中老龄个体数量总体呈逐渐减少的趋势，种群结构呈相对稳定增长型。

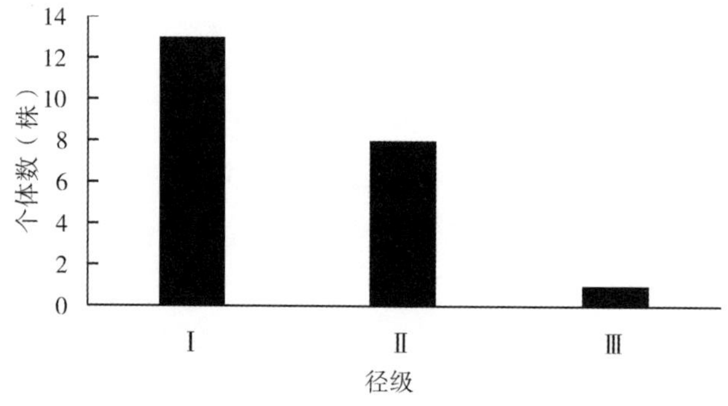

图 5-21 雷公山保护区川桂径级结构

3.2 群落特征

3.2.1 群落物种组成及科属种数量

经调查统计，川桂 3 个样地中共有维管束植物 63 科 94 属 128 种，其中蕨类植物 8 科 12 属 13 种，占总种数的 10.16%，种子植物 55 科 79 属 115 种，占总种数的 89.84%。在种子植物中双子叶植物 48 科 69 属 100 种，占总种数的 78.13%，单子叶植物 7 科 13 属 15 种，占总种数的 11.72%。

统计 3 个川桂群落样地物种科属种数量关系，列出科含 2 种的科种关系表与属含 2 种以上的属种关系表得出表 5-53、表 5-54。

表 5-53　雷公山保护区川桂群落科种数量关系

序号	科名	属数/种数（个）	占总属/种数的比例（%）	序号	科名	属数/种数（个）	占总属/种数的比例
1	樟科 Lauraceae	6/14	6. 38/10. 94	16	卫矛科 Celastraceae	2/3	2. 13/2. 34
2	壳斗科 Fagaceae	4/7	4. 26/5. 47	17	菝葜科 Smilacaceae	1/2	1. 06/1. 56
3	杜鹃花科 Ericaceae	2/4	2. 13/3. 13	18	大戟科 Euphorbiaceae	1/2	1. 06/1. 56
4	木通科 Lardizabalaceae	2/4	2. 13/3. 13	19	冬青科 Aquifoliaceae	2/2	2. 13/1. 56
5	蔷薇科 Rosaceae	2/4	2. 13/3. 13	20	蝶形花科 Papibilnaceae	2/2	2. 13/1. 56
6	山茶科 Theaceae	2/4	2. 13/3. 13	21	杜英科 Elaeocarpaceae	2/2	2. 13/1. 56
7	水龙骨科 Polypodiaceae	4/4	4. 26/3. 13	22	菊科 Asteraceae	2/2	2. 13/1. 56
8	百合科 Liliaceae	3/3	3. 19/2. 34	23	鳞毛蕨科 Dryopteridaceae	2/2	2. 13/1. 56
9	禾本科 Poaceae	3/3	3. 19/2. 34	24	瘤足蕨科 Plagiogyriaceae	1/2	1. 06/1. 56
10	虎耳草科 Saxifragaceae	2/3	2. 13/2. 34	25	木兰科 Magnoliaceae	1/2	1. 06/1. 56
11	槭树科 Aceraceae	1/3	1. 06/2. 34	26	漆树科 Anacardiaceae	2/2	2. 13/1. 56
12	茜草科 Rubiaceae	1/3	1. 06/2. 34	27	忍冬科 Caprifoliaceae	2/2	2. 13/1. 56
13	莎草科 Cyperaceae	2/3	2. 13/2. 34	28	桑科 Moraceae	2/2	2. 13/1. 56
14	山矾科 Symplocaceae	1/3	1. 06/2. 34	29	紫金牛科 Myrsinaceae	2/2	2. 13/1. 56
15	柿树科 Ebenaceae	1/3	1. 06/2. 34	30	合计	60/94	63. 80/73. 40

由表 5-53 可知在科种关系中，在川桂群落中科含 10 种以上的只有樟科，樟科共有 14 个物种，占总物种数的 10. 94%，说明在川桂群落中优势科为樟科。科含 2 种以上至科含 9 种（包括 9 种）以下的共有壳斗科、杜鹃花科、木通科、蔷薇科等 28 科，占总科数的 44. 44%，此 28 科共有物种 80 个种，占总种数的 82. 5%。单科单种的有 34 科 34 种，占总科数的 36. 2%，占总物种数的 26. 6%。由表 5-54 可知在属种关系中，物种最多的是樟属，共有 4 种，占总物种数的 3. 13，优势不明显；属含 2 种至 3 种的有 24 个属，占总物种数的 41. 34%；单属单种的有 69 属，占总属数的 73. 4%，占总物种数的 53. 9%。

综上可知，在雷公山保护区川桂群落样地中优势科属为樟科与樟属，但优势不明显。川桂群落科属组成复杂，物种主要集中在含 2 种至 9 种的科与含 1 种的属内，并且在属的组成上显示出复杂性和高度分化性的特点。

表 5-54　雷公山保护区川桂群落属种数量关系

序号	属名	种数（种）	占总种数的比例（%）	序号	属名	种数（种）	占总种数的比例（%）
1	樟属 *Cinnamomum*	4	3. 13	14	木荷属 *Schima*	2	1. 56
2	粗叶木属 *Lasianthus*	3	2. 34	15	木姜子属 *Litsea*	2	1. 56
3	杜鹃花属 *Rhododendron*	3	2. 34	16	木莲属 *Manglietia*	2	1. 56
4	槭属 *Acer*	3	2. 34	17	木通属 *Akebia*	2	1. 56
5	润楠属 *Machilus*	3	2. 34	18	楠属 *Phoebe*	2	1. 56

（续）

序号	属名	种数（种）	占总种数的比例（%）	序号	属名	种数（种）	占总种数的比例（%）
6	山矾属 *Symplocos*	3	2.34	19	水青冈属 *Fagus*	2	1.56
7	柿属 *Diospyros*	3	2.34	20	苔草属 *Carex*	2	1.56
8	栲属 *Castanopsis*	3	2.34	21	卫矛属 *Euonymus*	2	1.56
9	八月瓜属 *Holboellia*	2	1.56	22	新木姜子属 *Neolitsea*	2	1.56
10	菝葜属 *Smilax*	2	1.56	23	绣球属 *Hydrangea*	2	1.56
11	花楸属 *Sorbus*	2	1.56	24	悬钩子属 *Rubus*	2	1.56
12	柃属 *Eurya*	2	1.56	25	野桐属 *Mallotus*	2	1.56
13	瘤足蕨属 *Plagiogyria*	2	1.56		合计	59	46.03

3.2.2 生活型谱

生活型（life form）是指植物对综合环境及其节律变化长期适应而形成的生理结构，尤其是外部形态的一种具体表现，生活型谱则是指由某一地区植物区系中各类生活型的百分率组成。一个地区的植物生活型谱既可以表征某一群落对特定气候生境的反应、种群对空间的利用以及群落内部种群之间可能产生的竞争关系等信息，又能够反映该地区的气候、历史演变和人为干扰也是研究群落外貌特征的重要依据。

统计川桂群落样地出现的植物种类，列出川桂群落样地的植物名录确定每种植物的生活型，把同一生活型的种类归并在一起，计算各类生活型的百分率，编制川桂群落样地的植物生活型谱。具体计算公式：

某一生活型的百分率=该地区该生活型的植物种数/该地区全部植物的种数×100%

雷公山保护区内川桂群落的生活型谱见表5-55。

表5-55 雷公山保护区川桂群落的生活型谱

种类	MaPh	MePh	MiPh	NPh	Ch	H	Cr
数量（种）	3	38	31	25	2	25	4
百分比（%）	2.34	29.69	24.22	19.53	1.56	19.53	3.13

注：MaPh—大高位芽植物（18~32m）；MePh—中高位芽植物（6~18m）；MiPh—小高位芽植物（2~6m）；NPh—矮高位芽植物（0.25~2m）；Ch—地上芽植物（0~0.25m）；H—地面芽植物，Cr—地下芽植物。

由表5-55可知，在川桂群落中，高位芽植物最多，占总种数的75.78%；其次为地面芽植物，占总种数的19.53%。在高位芽植物中，又以中高位芽植物种类数目居首，占总种数的29.69%，小高位芽植物次之占24.22%。在大高位芽植物中，最高的物种是青冈与罗浮栲，高度为20m，其次是伯乐树，高度为18m；研究对象川桂为中高位芽植物中，高度为12m，在乔木层中处于第二亚层。矮高位芽主要是溪畔杜鹃、细齿叶柃等灌木植物。地面芽植物主要是狗脊、铁角蕨、紫萁等蕨类植物与山姜 *Alpinia japonica* 等植物。地下芽植物有七叶一枝花 *Paris polyphylla*、竹根七 *Disporopsis fuscopicta* 等植物。

综上，雷公山保护区内川桂种群中优势生活型为高位芽植物。

3.2.3 重要值分析

森林群落在不同的演替阶段，物种组成、数量等各个方面都会发生一定的变化，而这种变化最直接的体现就是构成群落物种的重要值的变化。

分别计算各样地群落物种重要值，取各样地乔木层重要值排名前10位的物种，灌木层与草本层重要值前5位的物种组成川桂群落样地重要值表（表5-56）。

由表5-56可知，3个样地中，川桂都不是优势物种，其重要值分别排在第3位、第4位、第2位。在高海拔的样地3中，因为人为活动的影响，在灌木层有较多的川桂幼树幼苗未达检尺径。在样地1中，乔木层共有物种26种，大于乔木层平均重要值（11.54）的有罗浮栲（52.57）、闽楠（49.73）、川桂（26.64）、青冈（22.16）、猴欢喜（19.75）与穗序鹅掌柴（11.75）；穗序鹅掌柴本为灌木树种，但在样地1中，因为环境因素适宜其生长，使其生长到检尺径达到乔木的标准。重要值排名第一的是罗浮栲为优势种。样地1灌木层中共有物种23种，其中重要值最大的是杜茎山 *Maesa japonica*（25.92）。草本层中共有物种17种，其中重要值最大的是楼梯草（53.10）。由此可知，样地1为常绿落叶阔叶混交林，为罗浮栲+闽楠群系。

样地2中，乔木层共有物种19种，大于乔木层物种平均重要值（16.67）的有罗浮栲（69.46）、马尾树（46.42）、瑞木（36.98）、川桂（24.86）、花榈木（21.94）、大叶新木姜子（20.08）等6种，其中优势种为罗浮栲。在灌木层中有物种9种，物种重要值排名第1位的是菝葜（86.75），为该层优势种。草本层中共有物种8种，其中重要值最大的是里白（183.85）。综上样地2为常绿落叶阔叶混交林，为罗浮栲群系。

样地3中，乔木层共有物种17种，乔木层物种重要值大于平均重要值（17.64）的有光叶水青冈（70.75）、川桂（41.86）、青冈（30.68）、十齿花（22.84）、伯乐树（20.07）、苍背木莲（18.54）等6种；其中重要值最大的光叶水青冈为建群种，在其中还有国家保护区树种伯乐树与十齿花以及贵州省级保护植物苍背木莲、桂南木莲等。灌木层中共有物种35种，重要值排名第一的是狭叶方竹（60.15），为该样地灌木层优势种。草本层共有物种11种，重要值最大的是锦香草（72.28），为样地3草本层的优势物种。综上该样地为常绿落叶阔叶混交林，为光叶水青冈+针阔混交林群系。

综上可知，在雷公山保护区内的川桂群落为常绿落叶阔叶混交林，乔木层主要物种有罗浮栲、光叶水青冈，灌木层主要物种有狭叶方竹、菝葜、杜茎山等，草本层主要物种有楼梯草、里白、锦香草等。

表 5-56　雷公山保护区川桂群落物种重要值

层级	样地号	种名	重要值	重要值序
乔木层	YD1	罗浮栲 *Castanopsis faberi*	52.57	1
乔木层	YD1	闽楠 *Phoebe bournei*	49.73	2
乔木层	YD1	川桂 *Cinnamomum wilsonii*	26.64	3
乔木层	YD1	青冈 *Cyclobalanopsis glauca*	22.16	4
乔木层	YD1	猴欢喜 *Sloanea sinensis*	19.75	5
乔木层	YD1	穗序鹅掌柴 *Schefflera delavayi*	11.75	6
乔木层	YD1	狭叶润楠 *Machilus rehderi*	11.11	7
乔木层	YD1	野桐 *Mallotus tenuifolius*	9.76	8
乔木层	YD1	粗糠柴 *Mallotus philippinensis*	9.42	9
乔木层	YD1	宜昌润楠 *Machilus ichangensis*	8.98	10
乔木层	YD2	罗浮栲 *Castanopsis faberi*	69.46	1
乔木层	YD2	马尾树 *Rhoiptelea chiliantha*	46.42	2
乔木层	YD2	大果蜡瓣花 *Corylopsis multiflora*	36.98	3
乔木层	YD2	川桂 *Cinnamomum wilsonii*	24.86	4
乔木层	YD2	花榈木 *Ormosia henryi*	21.94	5
乔木层	YD2	大叶新木姜子 *Neolitsea levinei*	20.08	6
乔木层	YD2	水青冈 *Fagus longipetiolata*	13.60	7
乔木层	YD2	油柿 *Diospyros oleifera*	13.18	8
乔木层	YD2	木荷 *Schima superba*	10.10	9
乔木层	YD2	漆 *Toxicodendron vernicifluum*	8.70	10
乔木层	YD3	光叶水青冈 *Fagus lucida*	70.75	1
乔木层	YD3	川桂 *Cinnamomum wilsonii*	41.86	2
乔木层	YD3	青冈 *Cyclobalanopsis glauca*	30.68	3
乔木层	YD3	十齿花 *Dipentodon sinicus*	22.84	4
乔木层	YD3	伯乐树 *Bretschneidera sinensis*	20.07	5
乔木层	YD3	苍背木莲 *Manglietia glaucifolia*	18.54	6
乔木层	YD3	多花山矾 *Symplocos ramosissima*	16.42	7
乔木层	YD3	新木姜子 *Neolitsea aurata*	12.44	8
乔木层	YD3	桂南木莲 *Manglietia conifera*	11.85	9
乔木层	YD3	银木荷 *Schima argentea*	11.65	10
灌木层	YD1	杜茎山 *Maesa japonica*	25.92	1
灌木层	YD1	溪畔杜鹃 *Rhododendron rivulare*	18.01	2
灌木层	YD1	棠叶悬钩子 *Rubus malifolius*	17.96	3
灌木层	YD1	地果 *Ficus tikoua*	15.82	4
灌木层	YD1	紫金牛 *Ardisia japonica*	12.94	5
灌木层	YD2	菝葜 *Smilax china*	86.75	1

（续）

层级	样地号	种名	重要值	重要值序
灌木层	YD2	溪畔杜鹃 *Rhododendron rivulare*	58.28	2
灌木层	YD2	厚叶鼠刺 *Itea coriacea*	55.22	3
灌木层	YD2	细齿叶柃 *Eurya nitida*	46.29	4
灌木层	YD2	山矾 *Symplocos sumuntia*	16.56	5
灌木层	YD3	狭叶方竹 *Chimonobambusa angustifolia*	60.15	1
灌木层	YD3	毛果杜鹃 *Rhododendron seniavinii*	55.03	2
灌木层	YD3	白木通 *Akebia trifoliata* subsp. *australis*	20.91	3
灌木层	YD3	狭叶海桐 *Pittosporum glabratum* var. *neriifolium*	12.21	4
灌木层	YD3	茵芋 *Skimmia reevesiana*	12.81	5
草本层	YD1	楼梯草 *Elatostema involucratum*	53.10	1
草本层	YD1	翠云草 *Selaginella uncinata*	24.55	2
草本层	YD1	狗脊 *Woodwardia japonica*	14.28	3
草本层	YD1	五节芒 *Miscanthus floridulus*	12.18	4
草本层	YD1	鸢尾 *Iris tectorum*	11.42	5
草本层	YD2	里白 *Diplopterygium glaucum*	183.85	1
草本层	YD2	十字苔草 *Carex cruciata*	27.17	2
草本层	YD2	求米草 *Oplismenus undulatifolius*	26.63	3
草本层	YD2	镰羽瘤足蕨 *Plagiogyria falcata*	20.26	4
草本层	YD2	狗脊 *Woodwardia japonica*	17.92	5
草本层	YD3	锦香草 *Phyllagathis cavaleriei*	72.28	1
草本层	YD3	条穗苔草 *Carex nemostachys*	50.38	2
草本层	YD3	竹根七 *Disporopsis fuscopicta*	34.88	3
草本层	YD3	抱石莲 *Lemmaphyllum drymoglossoides*	26.56	4
草本层	YD3	杏香兔儿风 *Ainsliaea fragrans*	26.56	5

3.2.4 多样性分析

在研究区中，利用物种多样性指数 Simpson 指数（D）和 Shannon-Wiener 指数（H_e'）以及 Pielou 指数（J_e）分别对植物群落样地乔木层、灌木层、草本层进行物种多样性统计分析，样地 1、样地 2、样地 3 分别对应新寨乌细湾样地、桥水老寨样地及雷公山 26 公里样地。图 5-22 显示了新寨乌细湾、桥水老寨及雷公山 26 公里处的 3 个样地的物种多样性指数。根据调查统计，3 个样地的物种丰富度分别为 66、35、63。

根据调查结果统计，样地 1、样地 2、样地 3 乔木层物种总数分别为 91、76、101 种，Simpson 指数（D）值与 Shannon-Wiener 指数（H_e'）值均为样地 1>样地 3>样地 2，变化趋势一致，与各样地乔木层物种总数呈正相关。而在各个样地乔木层中，均匀度指数（J_e）波动不大，说明在各群落样地乔木层中，各物种重要值均匀程度相差不大。在灌木层中各个群落样地 Simpson 指数（D）值与 Shannon-Wiener 指数（H_e'）值及 Pielou 指数

(J_e) 均为样地1>样地3>样地2;样地1的各项指数值最大是因为在样地1中，乔木层盖度小于其他两个样地且该样地处于溪沟边且坡度大，人为干扰小于其他两个样地，因此该样地灌木层物种种类丰富且生长良好;样地2的各项指数值最小是因为样地2处于村寨的农田边上，人类活动干扰较大，导致灌木层植被破坏严重。Pielou指数(J_e)在各样地灌木层中波动较大，是因为在各样地灌木层中物种的重要值差距较大，样地2灌木层中的各物种的重要值相差最大。Pielou指数(J_e)在各样地草本层中波动较大，是因为在各样地草本层中物种的重要值差距较大，样地2的Pielou指数(J_e)最小是因为在样地2草本层中的物种数最少且各物种的重要值相差最大。

综合新寨乌细湾、桥水老寨、雷公山26公里3个川桂群落样地可知，各群落样地物种多样性指数D、H_e'整体上呈现出乔木层>灌木层>草本层;均匀度指数J_e在各个群落样地乔木层中波动不大，说明在各群落样地中，乔木层的各个物种重要值均匀程度相当。在灌木层、草本层波动较大，说明在各样地中灌木层、草本层的各个物种重要值均匀程度差距较大。

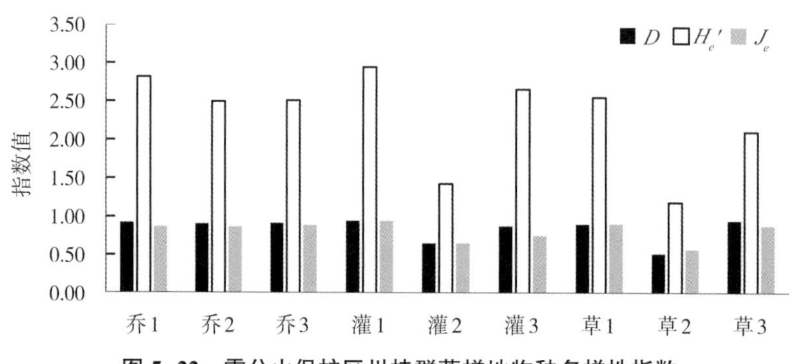

图5-22 雷公山保护区川桂群落样地物种多样性指数

【研究进展】

川桂的研究主要集中在对川桂的树皮与枝叶中提取物质进行研究，魏夏兰等利用各种柱层析方法对川桂皮的化学成分进行了系统研究，分离出11个化合物。利用波谱方法鉴定了11个化合物的结构，分别为1个新的甾体类化合物、5个已知甾体类化合物、5个已知的苯丙素类化合物。以环孢素A(Cyclosporin A，CsA)为阳性药物，评价了11个化合物的体外免疫调节活性，化合物1、5和6能显著抑制刀豆A(ConA)诱导的T细胞增殖，化合物6能显著抑制脂多糖(LPS)诱导的B细胞增殖，化合物9对脂多糖(LPS)诱导的B细胞增殖有一定的抑制作用，为进一步开发利用川桂皮提供了科学依据;李姣娟等采用水蒸气蒸馏法、蒸馏萃取法和有机溶剂提取-水蒸气蒸馏法从川桂叶中提取挥发油，以金黄色葡萄球菌、大肠杆菌、枯草芽孢杆菌、酵母、曲霉、青霉等6种常见污染菌作为供试菌，通过体外抑菌实验研究了3种不同提取工艺对挥发油抑菌活性的影响;李姣娟等开展了川桂叶总黄酮对油脂抗氧化作用的研究与川桂叶和川桂枝中挥发油的比较研究。而对其川桂种群特征、群落结构方面的研究未见报道。

【繁殖方法】

经查阅相关资料，2011 年王素卿以川桂成年树冠当年生茎段为原料，进行组织培养试验，试验结果显示 1/2MS 培养基上培养的川桂茎段隐芽萌发得最早，生长得也最好。MS 培养基上的茎段长出的愈伤组织直径最大且结构紧密。White 培养基介于二者之间。因此，l/2MS 培养基即 1/2MS+2. 0BA+0. 05NAA 为川桂茎段初代培养的最适培养基。川桂繁殖育苗方面的研究未见报道。

【保护建议】

一是加强对保护区内居民的宣传教育，进行重点保护植物的认识培训，对离村寨较近的川桂以及一些重点保护的珍稀植物进行挂牌保护。同时，加强就地保护，对川桂等珍稀植物分布林区加强野外巡护管理，以进一步减少人为干扰对其生长繁殖生境破坏。

二是针对幼树幼苗多，而荫蔽度高的天然川桂群落，进行适当人工干预，清除群落中部分影响川桂生存生长的常见物种，促进其种群发展，或者将荫蔽环境下的幼苗迁移至合适的环境，进行人工养护，以达到长期保护该种群的目的，不断扩大川桂种群规模。

三是加强川桂生物学特性和繁殖技术方面的研究，利用组织培养育苗、扦插育苗、种子育苗等人工培育繁殖技术，扩大川桂人工繁育苗木的生产，并在适时移栽到野外适宜环境中，从而加大川桂种群数量，扩大川桂种群规模。

紫楠

【保护等级及珍稀情况】

紫楠 *Phoebe sheareri*（Hemsl.）Gamble，俗称黄心楠，属樟科楠属，为贵州省级重点保护树种。

【生物学特性】

紫楠为小乔木，高 5~15m；树皮灰白色。小枝、叶柄及花序密被柔毛。叶革质，阔倒披针形，长 8~27cm，宽 3. 5~9cm，先端渐尖，基部渐狭，上面无毛，下面被长柔毛，叶脉上面下陷，侧脉每边 8~13 条，弧形，在边缘连接，横脉及小脉多而密集，结成明显网格状；叶柄长 1~2. 5cm。圆锥花序长 7~15（18）cm；花被片近等大，两面被毛；子房球形，无毛，花柱通常直，柱头不明显或盘状。果卵形，长约 1cm，果梗被毛。花期 4~5 月，果期 9~10 月。

紫楠分布于安徽、江苏、江西、浙江、湖南、湖北、四川、贵州、云南、福建、广东、广西等；产于长江流域及以南地区，多生于海拔 1000m 以下的山地阔叶林中；在贵州垂直分布上限可达 1500m。

【应用价值】

木材纹理直，结构细，材质坚硬，耐腐性强，木性稳定，不翘不裂，经久耐用，木材具有特殊香气，常作建筑、造船、家具等用材。紫楠树冠广展，枝叶茂密，气势雄伟，是优良的绿化树、行道树。在我国民间也可以作为草药应用，具备比较好的活性功能，如治

疗腹泻、镇痛、抗炎抑菌等。

【资源特性】

1　研究方法

1.1　样地设置与调查方法

在雷公山保护区内选取天然分布的紫楠为研究对象，设置具代表性的典型样地 1 个，概况为中坡位，坡度 35°，海拔 1040m，郁闭度 0.9。

1.2　径级划分

采用“空间替代时间”的方法，将紫楠按胸径大小分级，分为 3 级，Ⅰ级（$BD<$ 5cm）、Ⅱ级（5cm$\leq BD<$30cm）、Ⅲ级（$BD\geq$30cm）。

2　雷公山保护区资源分布情况

紫楠在雷公山保护区内主要分布于小丹江、方祥、桃江、交密 4 个管理站辖区，主要生长在常绿落叶阔叶混交林中，垂直分布在 650～1200m 的海拔范围，分布面积 300hm^2，共有 5200 株，其中幼树 2700 株，幼苗 1550 株，胸径大于 5cm 的有 950 株。

3　种群及群落特征

3.1　种群空间分布格局

根据调查各样方实际个体数 x（图 5-23），横坐标表示样方号，纵坐标表示个体数量，计算出紫楠种群空间分布格局。

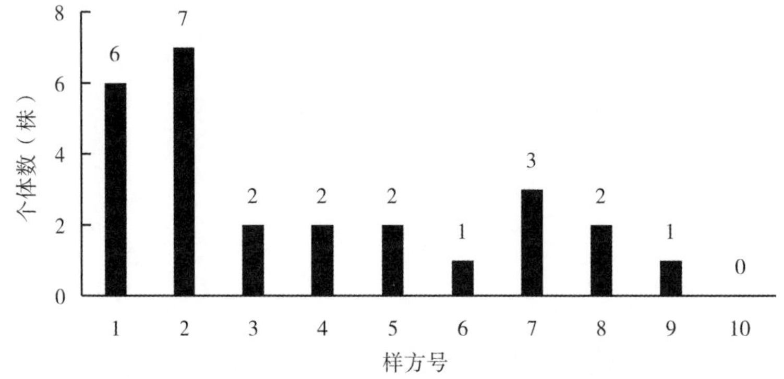

图 5-23　雷公山保护区紫楠在样地各个样方的分布数量

经计算，S^2 为种群的分散度等于 4. 93，样方平均个体数 m 为 2. 6 个。根据分散度的大小 S^2 与样方平均个体数 m 进行比较，得出 $S^2>m$，表明该紫楠种群的空间格局类型为集群型，种群个体分布极不均匀，呈局部密集。

3.2　种群径级结构

通过对紫楠种群的径级结构统计，可以直观反映出该种群的更新特征。紫楠种群结构呈金字塔型（图 5-24）。从图 5-24 中可以看出，紫楠种群个体数在Ⅰ径级的幼苗幼树最多（16 株），占个体总数的 61. 54%，说明紫楠种群中幼龄个体数量充足，种子自然更新明显。在Ⅱ径级的中龄个体（9 株），占总数的 34. 62%。Ⅲ径级的老龄个体有且只有1 株。

该紫楠种群幼龄个体数>中龄个体数>老龄个体数，说明在雷公山保护区内紫楠属于典型的增长型种群。

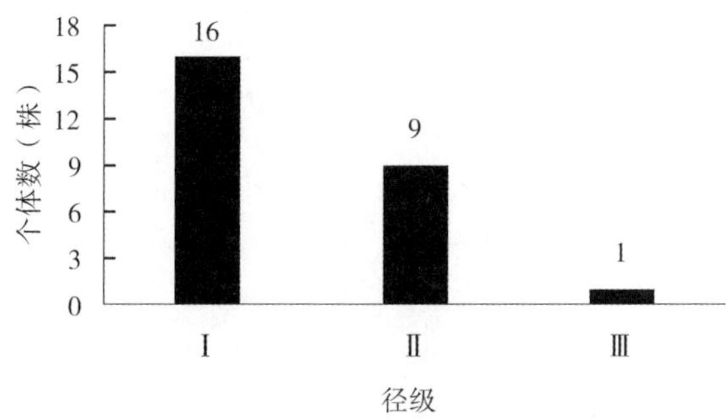

图 5-24　雷公山保护区紫楠的径级结构

3.3　群落树种组成

调查结果表明，在研究区域的样地中，共有维管束植物 61 科 83 属 97 种（表5-57），其中，蕨类植物有 6 科 8 属 8 种，被子植物有 54 科 75 属 89 种；被子植物中双子叶植物有 46 科 64 属 78 种，单子叶植物有 9 科 11 属 11 种。由此可知，在雷公山保护区分布的紫楠群落中双子叶植物的物种数量占据绝对优势。

表 5-57　雷公山保护区紫楠群落物种组成

植物类型		科（个）	属（个）	种（种）
蕨类植物		6	8	8
裸子植物		0	0	0
被子植物	双子叶植物	46	64	78
	单子叶植物	9	11	11
合计		61	83	97

3.4　优势科属种分析

取科含 2 种以上和属含 2 种以上的分别统计所得（表 5-58、表 5-59）。

科种关系中，由表 5-58 可知，含 5 种以上的科有蔷薇科（3 属 8 种），为紫楠群落优势科；含 2~5 种的科有樟科（3 属 5 种）、荨麻科（4 属 4 种）、金缕梅科（2 属 3 种）、菊科（2 属 3 种）、壳斗科（3 属 3 种）等 20 科；单科单种的有 41 科，占总科数比的 67.21%。

由表 5-59 可知，在属种关系中，种最多的属为悬钩子属（6 种），为紫楠群落优势属，其次为槭属（3 种）、山矾属（3 种）；单属单种的有 75 属，占总属数的 90.36%。由此可见，雷公山保护区分布的紫楠群落优势科属相对明显，群落科属组成复杂，以单科单属单种为主，物种主要集中在含 1 种的科与含 1 种的属内。

表 5-58　雷公山保护区紫楠群落优势科属数量关系

排序	科名	属数/种数（个）	占总属/种数的比例（%）	排序	科名	属数/种数（个）	占总属/种数的比例（%）
1	蔷薇科 Rosaceae	3/8	3. 61/8. 25	12	金粟兰科 Chloranthaceae	2/2	2. 41/2. 06
2	樟科 Lauraceae	3/5	3. 61/5. 15	13	鳞毛蕨科 Dryopteridaceae	2/2	2. 41/2. 06
3	荨麻科 Urticaceae	4/4	4. 82/4. 12	14	伞形科 Apiaceae	2/2	2. 41/2. 06
4	金缕梅科 Hamamelidaceae	2/3	2. 41/3. 09	15	桑科 Moraceae	2/2	2. 41/2. 06
5	菊科 Asteraceae	2/3	2. 41/3. 09	16	禾本科 Poaceae	2/2	2. 41/2. 06
6	壳斗科 Fagaceae	3/3	3. 61/3. 09	17	忍冬科 Caprifoliaceae	2/2	2. 41/2. 06
7	槭树科 Aceraceae	1/3	1. 20/3. 09	18	五加科 Araliaceae	2/2	2. 41/2. 06
8	山矾科 Symplocaceae	1/3	1. 20/3. 09	19	五味子科 Schisandraceae	2/2	2. 41/2. 06
9	野茉莉科 Styracaceae	2/2	2. 41/2. 06	20	稀子蕨科 Monachosorceae	2/2	2. 41/2. 06
10	报春花科 Primulaceae	1/2	1. 20/2. 06		合计	42/56	50. 60/57. 73
11	姜科 Zingiberaceae	2/2	2. 41/2. 06				

表 5-59　雷公山保护区紫楠群落属种数量关系

排序	属名	种数（种）	占种数的比例（%）	排序	属名	种数（种）	占种数的比例（%）
1	悬钩子属 *Rubus*	6	6. 19	6	润楠属 *Machilus*	2	2. 06
2	槭属 *Acer*	3	3. 09	7	珍珠菜属 *Lysimachia*	2	2. 06
3	山矾属 *Symplocos*	3	3. 09	8	紫菀属 *Aster*	2	2. 06
4	蜡瓣花属 *Corylopsis*	2	2. 06		合计	22	22. 68
5	楠属 *Phoebe*	2	2. 06				

3. 5　重要值分析

森林群落在不同的演替阶段，物种组成、数量等各个方面都会发生一定的变化，而这种变化最直接的体现就是构成群落物种的重要值的变化。通过统计计算得出紫楠群落乔木层、灌木层、草本层种类组成及重要值，分别取群落中重要值排在前 10 位的物种（表 5-60）。

在紫楠群落中，乔木层共有 25 种，其中重要值大于 10 的有 10 种，紫楠重要值最大，为 46. 17，为群落优势种，其后分别是暖木、闽楠、小果润楠、银鹊树、野桐，它们的重要值分别为 28. 58、21. 29、20. 03、20. 02、17. 91；乔木层物种重要值大于该群落乔木层平均重要值（12. 00）的有 10 种，占总种数的 40%；可见，在紫楠群落乔木层中，以紫楠为主，以暖木、闽楠、小果润楠、银鹊树、野桐为辅，紫楠处于优势地位，其次为暖木。灌木层中共植物有 32 种，重要值大于 10 的有 7 种，其中紫麻重要值最大，为 53. 62，为灌木层优势种，其次为空心泡 *Rubus rosifolius*、常山、木莓、山地杜茎山重要值分别为 35. 92、18. 98，14. 20、12. 13；灌木层物种重要值大于该层平均重要值（9. 38）的有 9 种，占总种数的 28. 12%；可见，灌木层中紫麻占明显优势，空心泡、常山、木莓等次之。草本层中，共有 43 种，重要值大于 10 的有 8 种，其中赤车重要值最大为 58. 05，为该成

优势种，其次为深绿卷柏、锦香草、蕺菜 *Houttuynia cordata*，重要值分别为 35.63、15.07、11.30；草本层物种重要值大于该层平均重要值（6.98）的有 10 种，占总种数的 23.26%；可见，草本层中以赤车为主，以深绿卷柏、锦香草等为辅。综上可知：紫楠群落为常绿落叶阔叶混交林，样地物种丰富，各层级优势种明显。

表 5-60　雷公山保护区紫楠群落各层级物种组成及重要值

各层排序	层次	种名	重要值	各层排序	层次	种名	重要值
1	乔	紫楠 *Phoebe sheareri*	46.17	6	灌	黄泡 *Rubus pectinellus*	11.26
2	乔	暖木 *Meliosma veitchiorum*	28.58	7	灌	大叶白纸扇 *Mussaenda shikokiana*	10.24
3	乔	闽楠 *Phoebe bournei*	21.29	8	灌	贵定桤叶树 *Clethra delavayi*	9.95
4	乔	小果润楠 *Machilus microcarpa*	20.03	9	灌	高粱泡 *Rubus lambertianus*	9.44
5	乔	银鹊树 *Tapiscia sinensis*	20.02	10	灌	蔓构 *Broussonetia kaempferi* var. *australis*	9.22
6	乔	野桐 *Mallotus tenuifolius*	17.91	1	草	赤车 *Pellionia radicans*	58.05
7	乔	饭甑青冈 *Cyclobalanopsis fleuryi*	15.99	2	草	深绿卷柏 *Selaginella doederleinii*	35.63
8	乔	罗浮栲 *Castanopsis faberi*	14.54	3	草	锦香草 *Phyllagathis cavaleriei*	15.07
9	乔	赤杨叶 *Alniphyllum fortunei*	13.50	4	草	蕺菜 *Houttuynia cordata*	11.30
10	乔	八角枫 *Alangium chinense*	13.12	5	草	黄金凤 *Impatiens siculifer*	11.13
1	灌	紫麻 *Oreocnide frutescens*	53.62	6	草	宽叶金粟兰 *Chloranthus henryi*	10.44
2	灌	尾叶悬钩子 *Rubus caudifolius*	35.92	7	草	鸢尾 *Iris tectorum*	10.11
3	灌	常山 *Dichroa febrifuga*	18.98	8	草	金线草 *Antenoron filiforme*	10.11
4	灌	木莓 *Rubus swinhoei*	14.20	9	草	三脉紫菀 *Aster trinervius* subsp. *ageratoides*	9.83
5	灌	山地杜茎山 *Maesa montana*	12.13	10	草	牛膝 *Achyranthes bidentata*	8.18

3.6　物种多样性分析

图 5-25 显示了紫楠群落 Simpson 指数（D）、Shannon-Wiener 指数（H_e'）和 Pielou 指数（J_e）值。

该群落的物种丰富度为 97。从图 5-25 可知，乔木层、灌木层、草本层的多样性指数均表现为 Shannon-Wiener 指数（H_e'）远高于 Simpson 指数（D）和 Pielou 指数（J_e），Pielou 指数（J_e）和 Simpson 指数（D）相差不大。物种多样性指数（D、H_e'）在乔木层、灌木层、草本层中变化趋势基本一致，Pielou 指数（J_e）是指群落中各个种的多度或重要值的均匀程度，由图 5-25 可以看出，均匀度指数表现为乔木层>草本层>灌木层，说明乔木层的物种分布更为均匀。Simpson 指数（D）中种数越多，各种个体分配越均匀，指数越高，指示群落多样性越好，是群落集中性的度量。从图 5-25 可知，群落中 Simpson 指数（D）为乔木层>草本层>灌木层，说明了大部分乔木层植物的数量主要集中于少数物种，优势种比较明显，其他树种占的比例很小。

【研究进展】

通过查阅资料，对紫楠的种子萌发、繁殖育苗、群落结构与种群特征等方面都开展了相关研究。

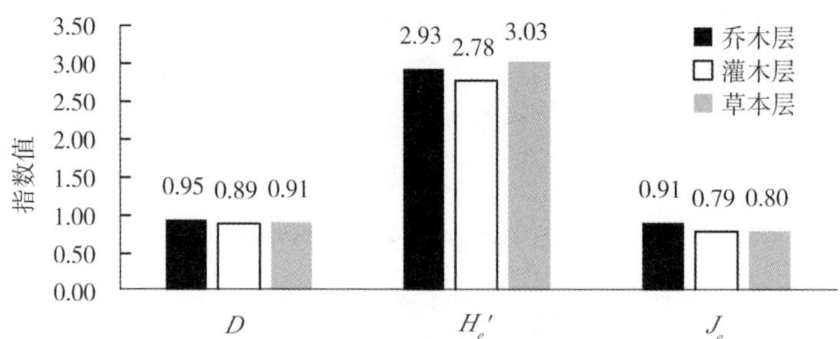

图 5-25　雷公山保护区紫楠群落物种多样性指数

种子萌发方面：姜宗庆等对紫楠种子休眠特性及解除措施进行研究，结果表明紫楠种皮内含有种子萌发抑制物质，是导致种子休眠和阻碍种子萌发的主要因素，在满足低温层积的基础上，逐步变温层积，结合破眠剂处理，再播种于苗床（25~30℃）上，这些综合措施的有机结合大大提高了种子发芽率，更有利于紫楠种子休眠的解除。李珍等对紫楠种子萌发特性研究发现，紫楠最适萌发温度为25℃。

繁殖育苗方面：李鑫等通过对不同芽苗切根强度对紫楠容器苗生长的影响研究得出，紫楠容器苗的最佳芽苗切根强度为切除主根1/2。程翔进行了紫楠引种栽培方面的研究。

群落结构与种群特征方面：邓送求等对宝华山紫楠风景林研究表明，该紫楠风景林物种丰富度较高，径级结构分布连续，群落垂直结构特征明显，紫楠种群优势度明显，群落暂时处于相对稳定状态。李军等对紫楠天然群落物种多样性对不同干扰强度的响应研究发现，中等强度的干扰对灌木层物种多样性具有促进作用，相比气候条件，干扰强度对紫楠群落物种多样性的影响更大。范忆等研究发现天目山紫楠种群属于增长型的发展模式，呈集群分布，不同径级间的关系密切，以正关联为主。

其他相关方面研究：陈爱莉等对气候变化背景下紫楠在中国的适宜分布区模拟结果显示，在未来气候变化背景下，紫楠的适宜分布区有向北扩张的趋势。侯盼盼等用水杨酸诱导紫楠对炭疽病的抗性研究显示，SA 可诱导紫楠叶片可溶性蛋白质、SOD、CAT 和 POD 升高，对炭疽病产生抗病性。周存宇等对紫楠叶片油细胞和黏液细胞的比较发现，紫楠叶片中油细胞为圆形，直径 20~35μm，黏液细胞多为椭圆形，长轴直径 30~75μm，2 种细胞的分布密度在某些种类之间差异显著，油细胞和黏液细胞均分布于栅栏组织，且靠近上表皮。

【繁殖方法】

采用种子繁殖方法，步骤如下。

①种子采集与贮藏：种子成熟期在 11 月中下旬，果皮由青色转为蓝黑色即可采摘。采种选择 20 年以上的优良母树的饱满种子，采集的果实要先放水中漂去浮在水面上的劣质果实，而后去果皮，捞出干净种子。置室内阴干，切忌暴晒，水迹稍干贮藏。采用湿沙贮藏法，用河底清水沙，过筛，用 0.5%高锰酸钾液喷洒消毒，可在室内通风处，地面铺 3~5cm 厚沙，然后按种子与沙 1∶3 均匀混合堆放于上面，再于上面盖沙 4~6cm，高度一般在 50cm 较宜，种子含水较高，为防止脱水，经常保持细沙湿润，开始半个月翻堆 1 次，

以后月余翻1次，注意每翻1次要消毒1次。

②圃地处理：按常规育苗整地方法经过三犁三耙并施足基肥，即每亩施复合肥50kg、饼肥150kg。做床宽1~1.2m、高25cm，步道沟宽25~30cm，挖中心沟和四周沟深40~50cm，以便及时排灌。

③种子播前处理：播种在春季进行，播种前用自然水浸泡24h，用0.5%高锰酸钾浸种30min。紫楠种子发芽极慢需进行催芽。催芽方法为种子与湿沙混合层积平摊室外地面，高度25~30cm，上面用塑料薄膜搭棚，高1m，待种子大量萌动便可播种。每亩用种量约7.5~10kg。条播行距20cm，播后覆盖土或土粪灰，厚度为种子的1.5~2倍，用木板条振压，使种子嵌在土壤内，上面再盖新鲜稻草或稻壳。盖草可保持土壤湿润，圃地如果不是阴坡或半阴坡要搭阴棚或拉遮阴网。

④苗木的田间管理：播种后到幼苗出齐期间，保持苗床湿润。当幼苗出齐后一段时间，要清沟沥水，当幼苗出土40%开始分批揭草，幼苗出齐后要追肥，即叶面追肥，用尿素每亩每次0.5kg，之后结合拔草进行间苗，间苗标准，苗床净面积每平方米保留60株，伏天过后，进行定苗，每平方米保留40~50株，产苗量控制在每亩2万株以内，以达培育优质壮苗的目的。

【保护建议】

综合保护区内紫楠种群的野外调查以及群落结构、种群特征的分析可知，整体上来说，在雷公山保护区内野生紫楠资源保存现状相对较好，幼苗幼树较多，种群属于典型的增长型种群，未来一段时间内种群规模会不断增大。而紫楠为珍贵商品木材“金丝楠木”的原植物种，是珍贵的用材树种，同时也是优良的园林绿化树种。在利益与人为干扰和环境变化下等几重因素的影响下，区内现存天然紫楠种群也有被破坏的风险，因此对紫楠天然资源保护刻不容缓。鉴于这些对紫楠种群生存发展的不利因素，结合区内实际情况，针对其种群的保护提出以下建议。

一是切实加强对紫楠现存资源的生境保护，尽可能最大限度保存野生珍贵资源，针对野生紫楠古大树资源进行挂牌保护。

二是针对干扰较强的天然紫楠群落进行适度人工干预，减小群落的种内竞争，利于林下更新幼苗或幼树不断进入乔木层，提高群落物种多样性水平，促进紫楠种群自然更新与发展。

三是开展遗传学、生物学特性、繁殖技术与人工造林等方面的研究，进一步了解紫楠种群遗传结构及致濒原因，制定科学保护策略，不断扩大紫楠资源量与面积。

檫木

【保护等级及珍稀情况】

檫木 *Sassafras tzumu*（Hemsl.）Hemsl.，俗称鹅脚板、梓木、山檫、檫树，为樟科檫木属 *Sassafras*，是贵州省级重点保护树种。

【生物学特性】

檫木为落叶乔木，高达35m，胸径达250cm。顶芽大，外面密被黄色绢毛。枝条粗壮无毛。叶互生，聚集于枝顶，卵形或倒卵形，长9~18cm，宽6~10cm，先端渐尖，基部楔形，全缘或2~3浅裂，羽状脉或离基三出脉；叶柄纤细，长2~7cm。花序顶生，先叶开放，长4~5cm，多花，具梗，梗长不及1cm，与序轴密被棕褐色柔毛，基部承有迟落互生的总苞片。花黄色，雌雄异株。雄花花被筒极短，花被裂片6片；能育雄蕊9个。雌花退化雄蕊12个；子房卵珠形，花柱长约1.2mm，柱头盘状。果直径达8mm，成熟时蓝黑色而带有白蜡粉。花期3月，果期5~9月。

檫木主要分布于我国浙江、江苏、安徽、江西、福建、广东、广西、湖南、湖北、四川、贵州及云南等省份；常生于海拔150~1900m疏林或密林中。

【应用价值】

1　药用价值

檫木的根或茎、叶可作药材；有祛风除湿、活血散瘀、止血的功效；主治风湿痹痛、跌打损伤、腰肌劳损、半身不遂、外伤出血。其根可治胃病、风湿、半身不遂；茎叶可去湿、治浮肿、关节炎。

2　材用价值

檫木是我国南方珍贵用材树种，生长快、木材佳、质坚韧、富弹性、耐水湿、具香气、花纹美丽、色彩鲜艳，是优良的造船、家具，建筑用材。

【资源特性】

1　研究方法

在雷公山保护区的脚尧、雷公山25公里、桃江、桥歪、干脑、杉木坳、四道瀑7个区域，以典型的檫木所处群落为对象，设置7个样地（表5-61）。

表5-61　雷公山保护区檫木样地基本特征

样地点	面积（m^2）	海拔（m）	地形	坡向	坡度（°）	坡位	土壤	总盖度（%）
脚尧	600	1485	平缓	西北	15	中	黄棕壤	95
25公里	600	1410	坡地	西南	30	上	黄棕壤	90
桃江	600	1070	小溪边	东北	40	中下	黄壤	98
乔歪	600	1400	坡地	西南	35	上	黄棕壤	98
干脑	600	965	坡地	北向	30	中	黄壤	95
杉木坳	600	1108	坡地	西北	35	中	黄壤	95
四道瀑	600	860	坡地	西北	30	下部	黄壤	90

2　雷公山保护区资源情况

檫木广泛分布于雷公山保护区内各村；生长在海拔650~1800m的常绿落叶阔叶混交林和针阔混交林中；分布面积为19120hm^2，共有480420株。

3 种群及群落特征

3.1 群落组成

由表 5-62 可知，调查的檫木群落共有维管束植物 100 科 184 属 314 种，其中蕨类植物 10 科 16 属 18 种，裸子植物 2 科 3 属 3 种，被子植物 88 科 165 属 293 种。群落种类组成中含 5 种以上的科有野茉莉科（4 属 5 种）、百合科（5 属 12 种）、杜鹃花科（3 属 10 种）、虎耳草科（3 属 6 种）、桦木科（2 属 6 种）、菊科（5 属 6 种）、壳斗科（6 属 13 种）、猕猴桃科（2 属 5 种）、木兰科（4 属 7 种）、木通科（4 属 7 种）、漆树科（3 属 5 种）、槭树科（1 属 6 种）、茜草科（4 属 5 种）、蔷薇科（6 属 26 种）、桑科（3 属 5 种）、山茶科（6 属 15 种）、山矾科（1 属 7 种）、五加科（3 属 6 种）、樟科（6 属 20 种）等 19 科；科属组成中仅含 1~2 种的科有 63 科（占总科数的 63.00%），仅含 1 种的属有 41 属（占总属数的 22.28%）。可见，檫木所处天然群落的科属组成比较复杂、多样。

表 5-62 雷公山保护区所处群落植物科属种组成 单位：个

科名	属数	种数	科名	属数	种数	科名	属数	种数
野茉莉科 Styracaceae	4	5	里白科 Gleicheniaceae	2	4	柿树科 Ebenaceae	1	1
八角枫科 Alangiaceae	1	1	楝科 Meliaceae	1	1	禾本科 Poaceae	4	4
百合科 Liliaceae	5	12	鳞毛蕨科 Dryopteridaceae	3	4	鼠李科 Rhamnaceae	1	1
柏科 Cupressaceae	1	1	鳞始蕨科 Lindsaeaceae	1	1	薯蓣科 Dioscoreaceae	1	1
败酱科 Valerianaceae	1	1	瘤足蕨科 Plagiogyriaceae	1	1	水龙骨科 Polypodiaceae	1	1
报春花科 Primulaceae	1	1	龙胆科 Gentianaceae	2	2	松科 Pinaceae	1	1
大风子科 Flacourtiaceae	1	1	萝藦科 Asclepiadaceae	1	1	桃金娘科 Myrtaceae	1	1
大戟科 Euphorbiaceae	3	4	马鞭草科 Verbenaceae	2	3	金丝桃科 Hypericaceae	1	2
蝶形花科 Papibilnaceae	4	4	马尾树科 Rhoipteleaceae	1	1	蹄盖蕨科 Athyriaceae	1	1
冬青科 Aquifoliaceae	1	2	毛茛科 Ranunculaceae	1	1	天南星科 Araceae	1	2
杜鹃花科 Ericaceae	3	10	猕猴桃科 Actinidiaceae	2	5	卫矛科 Celastraceae	2	4
杜英科 Elaeocarpaceae	1	3	木兰科 Magnoliaceae	4	7	乌毛蕨科 Blechnaceae	1	1
凤尾蕨科 Pteridaceae	1	1	木通科 Lardizabalaceae	4	7	忍冬科 Caprifoliaceae	1	3
古柯科 Erythroxylaceae	1	1	木犀科 Oleaceae	1	1	五加科 Araliaceae	3	6
海桐花科 Pittosporaceae	1	2	葡萄科 Vitaceae	3	4	五味子科 Schisandraceae	2	3
胡桃科 Juglandaceae	3	3	山柳科 Clethraceae	1	1	稀子蕨科 Monachosoraceae	2	2
胡颓子科 Elaeagnaceae	1	2	漆树科 Anacardiaceae	3	5	苋科 Amaranthaceae	1	1
葫芦科 Cucurbitaceae	1	1	槭树科 Aceraceae	1	6	小檗科 Berberidaceae	1	1
虎耳草科 Saxifragaceae	3	6	茜草科 Rubiaceae	4	5	玄参科 Scrophulariaceae	1	1
桦木科 Betulaceae	2	6	蔷薇科 Rosaceae	6	26	荨麻科 Urticaceae	4	4
禾本科 Poaceae	1	1	山茱萸科 Cornaceae	1	2	杨柳科 Salicaceae	1	1
姜科 Zingiberaceae	1	1	清风藤科 Sabiaceae	2	3	杨梅科 Myricaceae	1	1
交让木科 Daphniphyllaceae	1	2	忍冬科 Caprifoliaceae	1	2	罂粟科 Papaveraceae	1	1
金缕梅科 Hamamelidaceae	2	3	瑞香科 Thymelaeaceae	1	1	省沽油科 Staphyleaceae	1	1

（续）

科名	属数	种数	科名	属数	种数	科名	属数	种数
金粟兰科 Chloranthaceae	2	2	伞形科 Apiaceae	2	2	榆科 Ulmaceae	1	1
金星蕨科 Thelypteridaceae	1	1	桑科 Moraceae	3	5	鸢尾科 Iridaceae	1	1
堇菜科 Violaceae	1	3	莎草科 Cyperaceae	2	3	芸香科 Rutaceae	1	1
旌节花科 Stachyuraceae	1	2	山茶科 Theaceae	6	15	樟科 Lauraceae	6	20
菊科 Asteraceae	5	6	山矾科 Symplocaceae	1	7	紫草科 Boraginaceae	1	1
卷柏科 Selaginellaceae	1	1	山龙眼科 Proteaceae	1	1	紫金牛科 Myrsinaceae	2	4
爵床科 Acanthaceae	1	1	山茱萸科 Cornaceae	1	1	紫萁科 Osmundaceae	2	2
壳斗科 Fagaceae	6	13	杉科 Taxodiaceae	2	2	酢浆草科 Oxalidaceae	1	1
兰科 Orchidaceae	2	2	十齿花科 Dipentodontaceae	1	1	总计	184	314
紫树科 Nyssaceae	1	1	石蒜科 Amaryllidaceae	1	1			

3.2 群落的外貌

3.2.1 生活型谱

根据 Raunkiaer 生活型分类系统，将雷公山保护区檫木所处天然群落中 314 种植物进行分类。其中，高位芽植物所占比例较高，有 183 种（占总种数的 58.28%）；地面芽植物（含藤本、矮高位芽植物）131 种（占总种数的 41.72%）。在高位芽植物中，又以小高位芽植物（2~8m）种类所占比例最高，有 114 种（占总种数的 36.31%）；其次是中高位芽（8~30m）植物，有 65 种（占总种数的 20.70%）；大高位芽植物（>30m）很少，仅 4 种，占 1.27%。

3.2.2 叶的性质

檫木所处天然群落植物以纸质叶为主，有 305 种，占 97.13%，是群落的主要组成者，对群落外貌以及结构起决定性作用。革质叶仅 9 种，所占比例 2.87%。可见檫木所处天然阔叶林以落叶阔叶林为主。

3.2.3 群落的垂直结构

檫木所处群落可分为乔木层、灌木层、草本层。

（1）乔木层

乔木层有 45 科 75 属 120 种，主要有栗、檫木、赤杨叶、灯台树、杜英、多脉青冈、云贵鹅耳枥、枫香树、福建柏、亮叶桦、贵定桤叶树、海通、虎皮楠、黄杞、蓝果树、雷公山槭、光叶水青冈、柳叶润楠、马尾树、马尾松、毛果杜鹃、木荷、南酸枣、漆、青榨槭、山鸡椒、山桐子、杉木、少花桂、深山含笑、十齿花、毛棉杜鹃、甜槠、香椿、香果树、小果冬青、银木荷 *Schima argentea*、银鹊树、樱桃、长蕊杜鹃、枳椇、中华蜡瓣花 *Corylopsis sinensis*、中华槭、锥栗等 45 种。

檫木所处群落乔木层高 7~36m，可分出 3 个亚层，上层主为枫香树、马尾松、银木荷，高度在 20m 以上，檫木高度主要在 5~20m，处在第 2、第 3 亚层，在 7 个调查样地群落中，檫木株数 1~5 株，占样地总株数的 0.87%~6.69%，占总种数的 2.56%~6.67%，

平均胸径 6.4~30.5cm、平均高 5.6~15m，有 4 个样地中有幼苗幼树，说明檫木具有较强的天然更新能力，重要值 3.1081~36.6925，重要值序 3~26，说明檫木是其所在天然阔叶林中的重要组成树种（表 5-63）。

表 5-63　雷公山保护区檫木所处群落乔木层特征数据

样地点	种数（种）	样地总株数（株）	层次		株数（株）	平均胸径（cm）	平均高（m）	幼苗幼树（株）	样地中重要值	重样地中要值序
脚尧	34	112	Ⅱ	Ⅲ	5	22.7	11.6		20.56	3
雷公山 25 公里	17	59	Ⅱ	Ⅲ	3	17.5	8.8	6	36.69	3
桃江	32	109			1	1.0	1.0	1	2.67	32
乔歪	22	116		Ⅲ	8	6.4	5.6	3	17.93	4
干脑	15	36		Ⅲ	2	6.8	7.0	8	8.38	8
杉木坳	39	115	Ⅱ		1	19.6	12.7		3.11	26
四道瀑	31	122	Ⅱ		2	30.5	15.0		20.38	5

注：檫木所处层次“Ⅱ”为群落中第二亚层，“Ⅲ”为第三亚层。

（2）灌木层

灌木层有 41 科 58 属 111 种，主要有狭叶方竹、长蕊杜鹃、西南红山茶、圆锥绣球、琴叶榕 *Ficus pandurata*、淡红忍冬、山莓、悬勾子属、柃木、穗序鹅掌柴、草珊瑚、朱砂根 *Ardisia crenata*、溪畔杜鹃、细齿叶柃等种及常春藤、黑老虎 *Kadsura coccinea*、菝葜、藤黄檀等 10 科 13 属 17 种藤本植物和乔木树种亮叶桦、檫木、桂南木莲、青榨槭、中华槭、灯台树、山矾、水青冈、贵定桤叶树、山鸡椒、海通、秃杉、蜡瓣花、小果润楠、黄丹木姜子、雷公山槭、云贵鹅耳枥、樱桃等幼苗幼树组成。

（3）草本层

草本层有 23 科 37 属 81 种，主要为紫萁、光里白、里白、蕨、楼梯草、狗脊等蕨类、其次为兰科植物、堇菜类、苔草、橐吾、山姜、五节芒 *Miscanthus floridlus*、三脉紫菀、水芹、鸢尾等。

【研究进展】

国内对檫木的研究报道文献较多，从形态解剖特征（如檫木开花与果实发育规律初步研究、檫木叶片秋季衰老时叶色、色素和营养元素的关系研究、檫木茎挥发油化学成分的研究、檫木花粉发育过程的解剖学研究等）；遗传选育（檫木三个群体的遗传结构初探、檫木家系生长、叶色遗传变异及优良家系选择研究、天目山不同海拔檫木群体遗传多样性和遗传结构研究）、繁殖技术（檫木种子贮藏试验、檫木生长情况及造林技术、檫木种子繁殖技术研究）、组织培养（檫木组培快繁试验研究、檫木的组织培养技术）、造林试验（黔中地区檫木造林试验初报、檫木生长情况及造林技术）、引种试验（豫南地区檫木引种栽培技术研究）、生长量（人工杉木林内 18 年生檫木生长规律研究、天然次生檫木、枫香树混交林生物量及生产力研究）、生态学特性（檫木生境与生态位研究、群落生境特征及区划、秋色叶性状变化机制研究与品系景观应用价值评价、檫木种群数量动态分析、海拔和坡向对北亚热带檫木天然次生林生长、空间结构和树种组成的影响、天然更新檫木林的能量分析、天然更新檫木林竞争规律研究、闽北天然檫树种群结构与分布格局初步研究、天然更新的檫木林根系生物量的研究、不同混交方式对马尾松和檫木生长的影响、天然次生檫木枫香混交林生物量及生产力研究、檫木次生林空间结构的研究、湖北桂花林场檫木次生林单木生长模型的研究、不同岩性土体对檫木幼树生长影响初步研究等)、病虫害防治（银杏大蚕蛾危害檫木及其防治等）等方面，开展对檫木的研究。

【繁殖方法】

采用种子繁殖方法，步骤如下。

①种子采集与贮藏：70%果实由红转紫黑色或蓝黑色、果托由绿变红时成熟，成熟一批，采集一批。采集后去皮、脱蜡、净种处理。种子贮藏温度控制在 20℃ 左右，再用 0.5%高锰酸钾液消毒，室内铺 3~5cm 的湿砂，种子与湿沙按 1∶3 的比例均匀混合堆放，最后盖上 4~6cm 的湿沙，沙湿度以手握可成团，指间有潮湿无滴水为宜，堆放的高度不超过 50cm。保持细沙湿润，气温较高时，每隔 10d 左右翻堆一次。然后将种子、沙分别消毒，再照此法贮藏。之后随着气温的下降可相应减少翻堆次数，11 月以后可不必翻堆。少量种子，可按种子与砂 1∶3 的比例拌湿沙寄存在冷藏室内，但要每隔 20d 检查一次，发现种堆干燥则须用喷雾器适量喷水，以保持种堆湿润无积水为宜。

②圃地选择与整地：选择水源充足，灌溉方便、土层较厚、排水良好的酸性壤土，pH 值为 4.5~6。深翻圃地 20cm，每亩 2000~2500kg 施入厩肥或厩肥与火粪灰的混合肥或按每亩 40kg 复合肥均匀撒入圃地中作基肥，整平耙细作畦，畦宽 1~1.2m、高 20cm。

③催芽：播种前 4~5d，筛选出种子，用冷水浸种 24h，然后用 0.05%~0.1%高锰酸钾溶液浸种 20~30min，用清水冲洗干净，倒入 60℃ 温水中搅拌，浸种 30min 后，箩筐下垫一层经热水烫过的稻草，将种子放入其中，再盖上一层稻草，压实，放入铺满稻草的水缸中，每天浇淋一次 40℃ 左右的温水，温度保持在 20~30℃，并翻动均匀。

④播种：以“春分”至“清明”为播种最佳时间，播种量每亩 1~1.5kg。待种子“破胸露白”时选出“破白”种子进行点播，株行距（15~20）cm×（15~20）cm 为宜。播种后盖 1.5~2cm 黄心土，最后均匀铺上一层薄薄的稻草，保湿保温，有利于种子发芽。

⑤苗期管理：视幼苗生长情况及时揭草。在生长期除草 7~8 次，松土 3~4 次，最后一次应培土。出苗初期追肥，第一次追肥用腐熟的沼液或人畜尿加清水按 1∶10 的比例混合均匀。进入 7 月中旬后，应结合抗旱，用腐熟的沼液或人畜尿加清水按 1∶5 的比例，另每 50kg 水加入尿素 200g，视苗木生长情况，施肥 1~2 次。入秋以后，应以钾肥为主，停施氮肥，以促进苗木木质化，提高苗木抗寒力。

【保护建议】

檫木在雷公山保护区分布较广，主要分布在海拔 700~1700m 的天然阔叶林中，呈零星、散生、群落状分布，是贵州较为珍稀植物，由于雷公山为国家级自然保护区，所有林地又均为国家公益林，区内各种自然资源都受到严格的保护和管理，保护区建立 40 年来，区内各种资源都得到有效的严格的保护，在区内包括檫木等珍稀珍贵濒危的各种植物都得到了有效的保护，保护区管理局继续按照森林法和自然保护区条例等法律法规对包括檫木在内的各种珍稀珍贵濒危野生植物进行严格保护，并使各种资源数量质量得到有效增加。

白辛树

【保护等级及珍稀情况】

白辛树 *Pterostyrax psilophyllus* Diels ex Perk.，属于野茉莉科白辛树属 *Pterostyrax*，是贵州省级重点保护树种。

【生物学特性】

白辛树为乔木，高达 15m，胸径达 45cm；树皮灰褐色且不规则开裂；嫩枝被星状毛。叶硬纸质，长椭圆形、倒卵形或倒卵状长圆形，长 5~15cm，宽 5~9cm，边缘具细锯齿，近顶端有时具粗齿或 3 深裂，侧脉每边 6~11 条；叶柄长 1~2cm，密被星状柔毛，上面具沟槽。圆锥花序顶生或腋生，长 10~15cm；花序梗、花梗和花萼均密被黄色星状茸毛；花白色，花萼钟状；雄蕊 10 枚，柱头稍 3 裂。果近纺锤形。花期 4~5 月，果期 8~10 月。

白辛树分布于湖南、湖北、四川、贵州、广西和云南等地，在贵州分布于水城、息烽、绥阳、望谟、松桃、黎平、雷公山、梵净山、宽阔水、月亮山，太阳山、佛顶山等地。

【应用价值】

白辛树木材纹理直，结构细且均匀，可供家具、游艇、电热绝缘材料、绘图板、木尺、机模等用；可作为低湿地造林或护堤树种；花序较大，花香叶美，可栽培供观赏，为庭园绿化的优良树种。

【资源特性】

1 研究方法

1.1 样地设置与调查方法

在雷公山保护区内选取白辛树天然群落为研究对象，设置具代表性的典型样地 2 个，样地情况见表 5-64。

表 5-64 雷公山保护区白辛树群落样地概况

样地编号	小地名	海拔（m）	坡度（°）	坡向	坡位	土壤类型	总盖度（%）
样地 1	石灰河	930	35	西	中部	黄壤	90
样地 2	雷公山 26 公里	1800	35	东南	中上部	黄棕壤	85

1.2 径级划分

为避免破坏白辛树野生植物资源，采用“空间替代时间”的方法，将白辛树按胸径大小分级，可分为 4 级：Ⅰ径级（$BD<10$cm）、Ⅱ径级（10cm$\leq BD<$20cm）、Ⅲ径级（20cm$\leq BD<$30cm）、Ⅳ径级（30cm$\leq BD<$40cm）。

2 雷公山保护区资源分布情况

白辛树分布于雷公山保护区的乔歪、雷公山 26 公里、雷公坪、木姜坳、交包、昂英等地；生长在海拔 700~1900m 的常绿落叶阔叶混交林和落叶阔叶混交林中；分布面积为 5520hm^2，共有 47080 株。

3 种群及群落特征

3.1 种群径级结构

通过对白辛树种群的径级结构统计，可以直观反映出该种群的更新特征。白辛树种群结构呈金字塔形（图5-26）。从图5-26中可以看出，白辛树种群个体数在Ⅰ径级的幼苗幼树最多（8株），占个体总数的66.67%，幼龄个体数量充足，而在Ⅱ~Ⅲ径级的中龄个体（3株）占总数的25%，Ⅳ径级的老龄个体有且只有1株，白辛树种群幼龄个体数>中龄个体数>老龄个体数，说明在雷公山保护区内白辛树属于增长型种群。

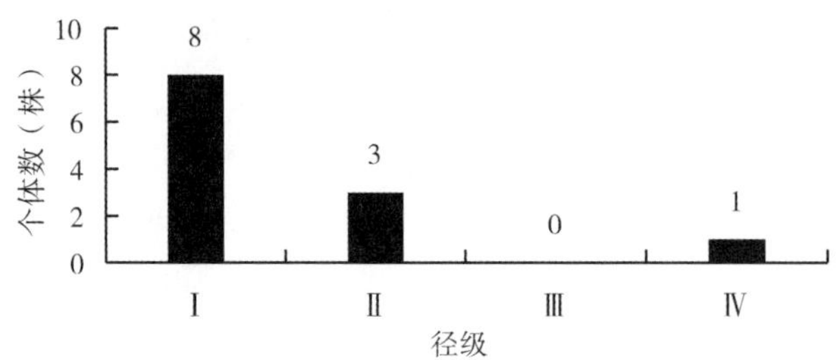

图5-26 雷公山保护区白辛树种群径级结构

3.2 群落物种组成

通过全面调查统计得出，在研究区域的样地中，共有维管束植物65科99属119种植物（表5-65），其中，蕨类植物4科5属6种，裸子植物1科1属1种，被子植物60科93属112种，在被子植物中单子叶植物8科13属13种，双子叶植物52科80属99种；而在整个群落样地中，木本植物种数占总种数的47.9%（57种），藤本植物种数占总种数的9.2%（11种），草本植物种数占总种数的42.9%（51种）。综上可知，在雷公山保护区分布的白辛树群落中双子叶植物的物种数量占据绝对优势，且主要是木本和草本植物。

表5-65 雷公山保护区白辛树群落物种组成

植物类群		科数（个）	属数（个）	种数（种）	木本		藤本		草本	
					种数（种）	占比（%）	种数（种）	占比（%）	种数（种）	占比（%）
蕨类植物		4	5	6	0	0.0	0	0.0	6	100.0
裸子植物		1	1	1	1	100.0	0	0.0	0	0.0
被子植物	双子叶植物	52	80	99	54	54.5	10	10.1	35	34.4
	单子叶植物	8	13	13	2	15.3	1	7.6	10	76.9
合计		65	99	119	57	47.9	11	9.2	51	42.9

3.3 优势科属种分析

取科含2种以上和属含2种以上的分别统计所得（表5-66、表5-67）。科种关系中，含5种以上的科有蔷薇科（3属6种）、菊科（5属5种）、槭树科（1属5种）、荨麻科（3属5种）；含2~5种的科有忍冬科（3属4种）、伞形科（4属4种）、山茶科（3属4种）、山茱萸科（4属4种）、卫矛科（2属4种）等20科；其余仅含1种的科有41科，

占总科数的63.08%。属种关系中，含2种以上的属有槭属（5种），悬钩子属（4种）、堇菜属 *Viola*（3种）、楼梯草属 *Elatostema*（3种）、卫矛属（3种）等12属；其含1种的属有87属，占总属数的87.88%。由此可见，在雷公山保护区分布的白辛树群落优势科属不明显，群落科属组成复杂，物种主要集中在含1种的科与含1种的属内。

表5-66　雷公山保护区白辛树群落优势科属数量关系

排序	科名	属数/种数（个）	占总属/种数的比例（%）	排序	科名	属数/种数（个）	占总属/种数的比例（%）
1	蔷薇科 Rosaceae	3/6	3.03/5.04	14	壳斗科 Fagaceae	3/3	3.03/2.52
2	菊科 Asteraceae	5/5	5.05/4.20	15	蓼科 Polygonaceae	2/3	2.02/2.52
3	槭树科 Aceraceae	1/5	1.01/4.20	16	鳞毛蕨科 Dryopteridaceae	2/3	2.02/2.52
4	荨麻科 Urticaceae	3/5	3.03/4.20	17	车前科 Plantaginaceae	2/2	2.02/1.68
5	忍冬科 Caprifoliaceae	3/4	3.03/3.36	18	胡桃科 Juglandaceae	2/2	2.02/1.68
6	伞形科 Apiaceae	4/4	4.04/3.36	19	猕猴桃科 Actinidiaceae	1/2	1.01/1.68
7	山茶科 Theaceae	3/4	3.03/3.36	20	木兰科 Magnoliaceae	2/2	2.02/1.68
8	山茱萸科 Cornaceae	4/4	4.04/3.36	21	清风藤科 Sabiaceae	1/2	1.01/1.68
9	卫矛科 Celastraceae	2/4	2.02/3.36	22	莎草科 Cyperaceae	2/2	2.02/1.68
10	百合科 Liliaceae	3/3	3.03/2.52	23	省沽油科 Staphyleaceae	2/2	2.02/1.68
11	禾本科 Poaceae	3/3	3.03/2.52	24	野茉莉科 Styracaceae	2/2	2.02/1.68
12	金缕梅科 Hamamelidaceae	2/3	2.02/2.52		合计	58/78	58.59/65.54
13	堇菜科 Violaceae	1/3	1.01/2.52				

表5-67　雷公山保护区白辛树群落属种数量关系

排序	属名	种数（种）	占总种数的比例（%）	排序	属名	种数（种）	占总种数的比例（%）
1	槭属 *Acer*	5	4.20	8	蓼属 *Polygonum*	2	1.68
2	悬钩子属 *Rubus*	4	3.36	9	鳞毛蕨属 *Dryopteris*	2	1.68
3	堇菜属 *Viola*	3	2.52	10	柃属 *Eurya*	2	1.68
4	楼梯草属 *Elatostema*	3	2.52	11	猕猴桃属 *Actinidia*	2	1.68
5	卫矛属 *Euonymus*	3	2.52	12	泡花树属 *Meliosma*	2	1.68
6	接骨木属 *Sambucus*	2	1.68		合计	32	26.89
7	蜡瓣花属 *Corylopsis*	2	1.68				

3.4　重要值分析

由表5-68可知，在白辛树群落样地1中乔木层植物共有20种，其中重要值枫香树最大，为44.67，其次为胡桃楸，重要值为40.67，其后分别是瑞木、白辛树、紫楠，重要值分别为27.68、22.21、19.22，乔木层物种重要值大于该群落乔木层平均重要值（15.00）的有8种，占总种数的40%，而白辛树的重要值在群落中排第4位，可见在样地

1 中，以枫香树、胡桃楸为主，以瑞木、白辛树、紫楠为辅，白辛树种群在群落中地位不明显。而在样地 2（表 5-69）中乔木层植物共有 21 种，银鹊树重要值最大，为 63.97，其次分别是小花香槐、红柴枝、野茉莉、中华槭、亮叶桦，它们的重要值分别为 43.05、23.40、17.46、16.34、15.29。乔木层物种重要值大于该层平均重要值（14.29）的有 7 种，占总种数的 33.33%，而白辛树重要值为 13.65，排在第 8 位，可见样地 2 中，以银鹊树、小花香槐为主，以红柴枝、野茉莉、中华槭、亮叶桦为辅，而白辛树种群在群落中地位不明显。

综上可知：在样地 1 中，白辛树重要值排在该群落乔木层中第 4 位，而在样地 2 中，白辛树重要值排在对应群落乔木层中第 8 位，在 2 个群落样地中优势不明显，都不是占主要优势的树种；从重要值可知，样地 1 所在群落为枫香树+胡桃楸群系，样地 2 为银鹊树+小花香槐群系。

表 5-68　雷公山保护区白辛树群落样地 1 乔木层重要值

种名	相对密度	相对优势度	相对频度	重要值	重要值排序
枫香树 *Liquidambar formosana*	15.05	22.30	7.32	44.67	1
胡桃楸 *Juglans mandshurica*	15.05	18.30	7.32	40.67	2
瑞木 *Corylopsis multiflora*	13.71	6.65	7.32	27.68	3
白辛树 *Pterostyrax psilophyllus*	4.30	5.71	12.20	22.21	4
紫楠 *Phoebe sheareri*	6.45	5.45	7.32	19.22	5
野茉莉 *Styrax japonicus*	7.53	3.54	7.32	18.39	6
八角枫 *Alangium chinense*	7.53	3.26	7.32	18.11	7
细齿叶柃 *Eurya nitida*	5.11	4.12	7.32	16.55	8
雷公山槭 *Acer leigongsanicum*	3.63	3.62	7.32	14.57	9
小果冬青 *Ilex micrococca*	2.15	8.33	2.44	12.92	10
灰柯 *Lithocarpus henryi*	3.49	4.59	2.44	10.52	11
银鹊树 *Tapiscia sinensis*	2.02	3.44	4.88	10.34	12
灯台树 *Cornus controversa*	4.70	2.80	2.44	9.94	13
暖木 *Meliosma veitchiorum*	1.61	4.39	2.44	8.44	14
蜡瓣花 *Corylopsis sinensis*	2.42	0.72	2.44	5.58	15
长穗桑 *Morus wittiorum*	1.61	0.94	2.44	4.99	16
青榨槭 *Acer davidii*	1.08	0.53	2.44	4.05	17
阔叶槭 *Acer amplum*	1.08	0.52	2.44	4.04	18
贵定桤叶树 *Clethra delavayi*	0.81	0.69	2.44	3.94	19
青钱柳 *Cyclocarya paliurus*	0.67	0.10	2.44	3.21	20

表 5-69 雷公山保护区白辛树群落样地 2 乔木层重要值

种名	相对密度	相对优势度	相对频度	重要值	重要值排序
银鹊树 *Tapiscia sinensis*	23.09	26.93	13.95	63.97	1
小花香槐 *Cladrastis delavayi*	9.22	26.85	6.98	43.05	2
红柴枝 *Meliosma oldhamii*	7.79	6.31	9.30	23.40	3
野茉莉 *Styrax japonicus*	6.84	1.32	9.30	17.46	4
中华槭 *Acer sinense*	7.51	1.86	6.98	16.34	5
亮叶桦 *Betula luminifera*	6.02	4.61	4.65	15.29	6
阔叶槭 *Acer amplum*	2.85	10.03	2.33	15.21	7
白辛树 *Pterostyrax psilophyllus*	4.56	2.12	6.98	13.65	8
山樱花 *Cerasus serrulata*	5.55	3.00	4.65	13.19	9
水青树 *Tetracentron sinense*	4.85	3.40	4.65	12.90	10
灯台树 *Cornus controversa*	3.90	4.21	2.33	10.43	11
水青冈 *Fagus longipetiolata*	4.18	1.75	2.33	8.25	12
贵定桤叶树 *Clethra delavayi*	1.81	3.62	2.33	7.75	13
曼青冈 *Cyclobalanopsis oxyodon*	2.66	0.35	4.65	7.66	14
野桐 *Mallotus tenuifolius*	2.66	2.35	2.33	7.33	15
三尖杉 *Cephalotaxus fortunei*	0.48	0.00	4.65	5.13	16
云贵鹅耳枥 *Carpinus pubescens*	1.41	0.56	2.33	4.29	17
交让木 *Daphniphyllum macropodum*	1.52	0.29	2.33	4.13	18
桂南木莲 *Manglietia conifera*	1.14	0.15	2.33	3.62	19
武当玉兰 *Magnolia sprengeri*	1.14	0.15	2.33	3.62	20
江南越橘 *Vaccinium mandarinorum*	0.86	0.15	2.33	3.33	21

3.5 物种多样性分析

图 5-27 显示了雷公山保护区内 2 个白辛树群落样地的乔木层、灌木层、草本层物种多样性指数 Simpson 指数（D）、Shannon-Wiener 指数（H_e'）以及 Pielou 均匀度指数（J_e）。从图 5-27 可以看出，在样地 1 中，乔木层、灌木层、草本层的物种多样性指数 D、H_e'以及均匀度指数 J_e相差不大，在样地 2 中物种多样性指数 D、H_e'以及均匀度指数 J_e呈现出乔木层>草本层>灌木层。而在乔木层中，样地 1 与样地 2 的物种多样性指数 D、H_e'及均匀度指数 J_e值相差不大，变化趋势一致。在灌木层中，样地 1 的物种多样性指数 D、H_e'以及均匀度指数 J_e远大于样地 2，是因为样地 1 所在群落几乎没有人为干扰，植被保存完好，加上其处在溪沟旁，水热条件丰富，导致其灌木层物种种类丰富，而样地 2 海拔相对较高，该群落灌木层中狭叶方竹处于绝对优势地位且在样地中呈集群型分布，占据了其他物种绝大部分生存空间、光照等立地因子，导致该样地灌木层物种较少，且在该样地乔木层中银鹊树、小花香槐占优势，有大量的壮树、老树出现，乔木层植被郁闭度较大，群落发展比较成熟，因此导致在灌木层中样地 1 的物种多样性指数 D、H_e'以及均匀度指数 J_e远大于样地 2。在草本层中，样地 1 的物种多样性指数 D、H_e'相差不大，表现为样地 1 略

大于样地 2，而样地 1 均匀度指数 J_e 与样地 2 相差较大，说明样地 1 草本层中各物种重要值均匀程度优于样地 2。

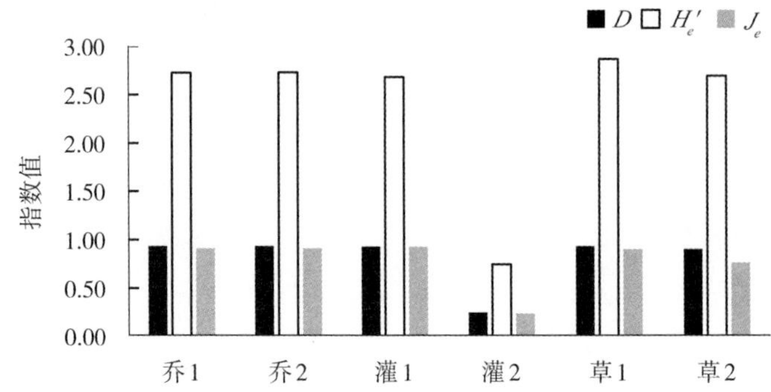

图 5-27　雷公山保护区白辛树群落物种多样性指数

【研究进展】

通过查阅文献，对白辛树的研究较少，如陈焦成研究了白辛树育苗技术，提出了相关的研究方法和计算。陈龙等对宽阔水保护区白辛树群落物种组成及种群结构分析，得出白辛树虽占据优势，但龄级结构不正常，呈“两头多，中间少”，群落物种多样性指数及均匀度指数不高，白辛树幼苗和幼树极少，更新困难，且受林下金佛山方竹干扰较强，大径阶植株比重大，年龄结构总体呈衰退型。种群在该区处于濒危状态，亟待保护，这些结果与本次调查和分析得出的相关论述比较吻合，要更全面、深入地了解白辛树的生长和繁殖，以及其影响因子还待进一步加强研究。

【繁殖方法】

采用种子繁殖方法，步骤如下。

①采种与种子处理：选择 20~50 年生、树干通直、枝叶繁茂、无病虫害的健壮树木为采种母树，于 9 月下旬采种。采后放在通风处阴干，并于土壤结冻前选择背风、向阳、排水良好的地方沙藏。

②整地：圃地选在海拔 1450m 的山地苗圃，圃地向阳，土层深厚，排水良好，整地时，先深翻 1 次，翌年春结合施肥（每公顷撒施复合肥 150kg）翻耕耙磨，清除杂草，作成苗床。

③种子催芽：白辛树种子外种皮较厚，经沙藏后种子依然不易发芽。催芽时，将混沙的种子筛出，用 25~30℃的温水浸泡 1d，然后混沙堆放在室内，每天早、中、晚翻动并浇温水，经过 7~8d，种壳吸水膨胀，开始萌动，此时即可播种。

④播种：按行距 20cm，将苗床开宽 5cm、深 3cm 的浅沟，于 4 月上旬进行条播，播后覆土 1~2cm，每公顷播种量 150kg。

⑤苗木的抚育和管理：4 月上旬播种，4 月下旬开始出苗，至 5 月中旬苗基本出齐，此阶段每两天喷水 1 次。至 6 月中旬和 7 月初根据出苗情况及时进行间苗和补苗，共进行 2 次。至 6 月底时喷洒高效、速效、多元素液体微肥（A 型）1 次，每公顷喷 3750g。喷肥

时，将该肥稀释300倍，于下午4时以后呈雾状喷施在页面上，以后于7月上旬和8月中旬前后，在施肥量为15~225kg/ha。

【保护建议】

1 就地保护

就地保护是生态环境、生物多样性和自然资源最重要、最经济、最有效的措施，可以显示和反映自然界的原始面目，保存生物多样性，为人类提供研究自然生态系统的场所，还能涵养水源和净化空气。总之，就地保护可以把科学研究、教育、生产和旅游等活动有机结合起来，使它的生态、社会和经济效益都得到充分发展。

2 迁地保护

迁地保护是指为了保护生物多样性，把因生存条件不复存在、物种数量极少等原因，而生存和繁衍受到严重威胁的物种迁出原地，移入植物园等地进行特殊的保护和管理。通过迁地保护，可以深入认识被保护生物的形态学特征、系统和进化关系、生长发育等生物学规律，从而为就地保护的管理和检测提供依据。迁地保护的最高目标是建立野生群落。

木瓜红

【保护等级及珍稀情况】

木瓜红 *Rehderodendron macrocarpum* Hu.，属于野茉莉科木瓜红属 *Rehderodendron*，为贵州省级重点保护树种。

【生物学特性】

木瓜红为小乔木，高约10m，胸径约20cm；树皮灰黑色；小枝被毛，老枝无毛；冬芽卵形，最外的鳞片被短柔毛。叶纸质至薄革质，椭圆形，长9~13cm，宽4~5.5cm，顶端急尖或短渐尖，基部楔形，边缘有疏锯齿，上面绿色，下面灰绿色，侧脉每边7~13条；叶柄长1~1.5cm，疏被星状柔毛。总状花序有花6~8朵，生于小枝下部叶腋，长4~5cm；花白色，与叶同时开放；花萼高约4mm，密被星状短柔毛；花冠裂片椭圆形或倒卵形，长1.5~1.8cm，宽5~8mm；花柱棒状，较雄蕊稍长。果实长圆形，稍弯，长3.5~9cm，宽2.5~3.5cm，有8~10棱，棱间平滑，无毛，熟时红褐色。花期3~4月，果期7~9月。

木瓜红分布于四川、云南、广西、贵州等地；生于海拔1000~1500m密林中；模式标本采自四川峨眉山。

【应用价值】

木瓜红为我国特有的稀有珍贵树种。其木材结构紧密，纹理细致，硬度适中，切面光滑。树姿古雅，白花红果奇特美丽，可供庭园观赏。

【资源特性】

1 调查方法

在雷公山 27 公里、黑水塘 2 个区域，以典型的木瓜红群落为对象，设置 2 个样地（表 5-70）。

表 5-70 雷公山保护区木瓜红样地基本特征

样地点	面积（m^2）	海拔（m）	地形	坡向	坡度（°）
雷公山 27 公里	600	1840	谷地	东北	25
黑水塘	600	1876	山脊	东北	15

2 资源分布特征

木瓜红分布于雷公山保护区的仙女塘、二十七公里、雷公坪、南刀等地；生长在海拔 1000~1840m 的常绿落叶阔叶混交林中；分布面积为 2850hm^2，共有 5660 株。

3 种群及群落特征

3.1 群落物种组成

根据调查，木瓜红分布区共有维管束植物 48 科 61 属 78 种（表 5-71 至表 5-73），占保护区植物总科数（219 科）的 21.91%，总属数（812 属）的 7.51%，总种数（2229 种）的 3.49%；其中蕨类植物有 6 科 6 属 6 种；裸子植物有 2 科 2 属 2 种，被子植物有 40 科 53 属 70 种。在这些植物中，木本有 47 种（不含木质藤本），占总种数的 60.25%，藤本种类 7 种（含草质藤本），占总种数的 8.97%，草本种类 24 种，占总种数的 30.76%；被子植物中，单子叶植物有 7 科 10 属 12 种；双子叶植物有 33 科 43 属 58 种。在这些植物中含 4 种以上的科为蔷薇科（2 属 5 种）和山茶科（3 属 5 种），占群落总属中的 3.27%和 4.91%；其次是山矾科（1 属 4 种）、野茉莉科（3 属 3 种），分别占群落总属数的 1.63%和 4.91%；科属组成中仅含 2~3 种的科有 14 科（占总科数的 29.16%），仅含 1 种的属有 30 属（占总属数的 69.76%），蔷薇科、山茶科占据绝对优势。可见，木瓜红所在天然群落的科属组成比较复杂、多样，并且能与多种物种伴生，但同样为了生存空间，相互竞争也大。

表 5-71 雷公山保护区木瓜红样地植物优势科统计信息

序号	科名	属数/种数（个）	占属数/种数的比例（%）	序号	科名	属数/种数（个）	占属数/种数的比例（%）
1	蔷薇科 Rosaceae	2/5	0.03/0.06	25	桦木科 Betulaceae	1/1	0.02/0.01
2	山茶科 Theaceae	3/5	0.05/0.06	26	夹竹桃科 Apocynaceae	1/1	0.02/0.01
3	山矾科 Symplocaceae	1/4	0.02/0.05	27	姜科 Zingiberaceae	1/1	0.02/0.01
4	野茉莉科 Styracaceae	3/3	0.05/0.04	28	菊科 Asteraceae	1/1	0.02/0.01
5	百合科 Liliaceae	2/3	0.03/0.04	29	蕨科 Pteridiaceae	1/1	0.02/0.01
6	壳斗科 Fagaceae	2/3	0.03/0.04	30	瘤足蕨科 Plagiogyriaceae	1/1	0.02/0.01

（续）

序号	科名	属数/种数（个）	占属数/种数的比例（%）	序号	科名	属数/种数（个）	占属数/种数的比例（%）
7	槭树科 Aceraceae	1/3	0.02/0.04	31	马鞭草科 Verbenaceae	1/1	0.02/0.01
8	菝葜科 Smilacaceae	1/2	0.02/0.03	32	木通科 Lardizabalaceae	1/1	0.02/0.01
9	杜鹃花科 Ericaceae	1/2	0.02/0.03	33	木犀科 Oleaceae	1/1	0.02/0.01
10	禾本科 Poaceae	2/2	0.03/0.03	34	漆树科 Anacardiaceae	1/1	0.02/0.01
11	金星蕨科 Thelypteridaceae	2/2	0.03/0.03	35	茜草科 Rubiaceae	1/1	0.02/0.01
12	堇菜科 Violaceae	1/2	0.02/0.03	36	清风藤科 Sabiaceae	1/1	0.02/0.01
13	蓼科 Polygonaceae	2/2	0.03/0.03	37	三尖杉科 Cephalotaxaceae	1/1	0.02/0.01
14	鳞毛蕨科 Dryopteridaceae	2/2	0.03/0.03	38	伞形科 Apiaceae	1/1	0.02/0.01
15	木兰科 Magnoliaceae	2/2	0.03/0.03	39	山柳科 Clethraceae	1/1	0.02/0.01
16	忍冬科 Caprifoliaceae	1/2	0.02/0.03	40	石竹科 Caryophyllaceae	1/1	0.02/0.01
17	莎草科 Cyperaceae	2/2	0.03/0.03	41	鼠李科 Rhamnaceae	1/1	0.02/0.01
18	小檗科 Berberidaceae	1/2	0.02/0.03	42	薯蓣科 Dioscoreaceae	1/1	0.02/0.01
19	樟科 Lauraceae	2/2	0.03/0.03	43	天南星科 Araceae	1/1	0.02/0.01
20	败酱科 Valerianaceae	1/1	0.02/0.01	44	五加科 Araliaceae	1/1	0.02/0.01
21	大戟科 Euphorbiaceae	1/1	0.02/0.01	45	荨麻科 Urticaceae	1/1	0.02/0.01
22	冬青科 Aquifoliaceae	1/1	0.02/0.01	46	芸香科 Rutaceae	1/1	0.02/0.01
23	红豆杉科 Taxaceae	1/1	0.02/0.01	47	酢浆草科 Oxalidaceae	1/1	0.02/0.01
24	胡颓子科 Elaeagnaceae	1/1	0.02/0.01		合计	61/78	

表 5-72　雷公山保护区木瓜红样地植物优势属统计信息

序号	属名	种数（种）	种数的比例（%）	序号	属名	种数（种）	种数的比例（%）
1	山矾属 *Symplocos*	4	0.05	32	鳞毛蕨属 *Dryopteris*	1	0.01
2	柃属 *Eurya*	3	0.04	33	瘤足蕨属 *Plagiogyria*	1	0.01
3	槭属 *Acer*	3	0.04	34	楼梯草属 *Elatostema*	1	0.01
4	悬钩子属 *Rubus*	3	0.04	35	络石属 *Trachelospermum*	1	0.01
5	菝葜属 *Smilax*	2	0.03	36	猫儿屎属 *Decaisnea*	1	0.01
6	杜鹃花属 *Rhododendron*	2	0.03	37	毛蕨属 *Cyclosorus*	1	0.01
7	荚蒾属 *Viburnum*	2	0.03	38	木瓜红属 *Rehderodendron*	1	0.01
8	堇菜属 *Viola*	2	0.03	39	木荷属 *Schima*	1	0.01
9	青冈属 *Cyclobalanopsis*	2	0.03	40	木姜子属 *Litsea*	1	0.01
10	十大功劳属 *Mahonia*	2	0.03	41	木莲属 *Manglietia*	1	0.01
11	沿阶草属 *Ophiopogon*	2	0.03	42	牛膝菊属 *Galinsoga*	1	0.01
12	樱属 *Cerasus*	2	0.03	43	女贞属 *Ligustrum*	1	0.01
13	野茉莉属 *Styrax*	1	0.01	44	泡花树属 *Meliosma*	1	0.01

（续）

序号	属名	种数（种）	种数的比例（%）	序号	属名	种数（种）	种数的比例（%）
14	白辛树属 *Pterostyrax*	1	0.01	45	漆树科 *Anacardiaceae*	1	0.01
15	败酱属 *Patrinia*	1	0.01	46	三尖杉属 *Cephalotaxus*	1	0.01
16	粗叶木属 *Lasianthus*	1	0.01	47	莎草属 *Cyperus*	1	0.01
17	大青属 *Clerodendrum*	1	0.01	48	山茶属 *Camellia*	1	0.01
18	冬青属 *Ilex*	1	0.01	49	山胡椒属 *Lindera*	1	0.01
19	鹅耳枥属 *Carpinus*	1	0.01	50	山柳属 *Clethra*	1	0.01
20	耳蕨属 *Polystichum*	1	0.01	51	薯蓣属 *Dioscorea*	1	0.01
21	繁缕属 *Stellaria*	1	0.01	52	水芹属 *Oenanthe*	1	0.01
22	勾儿茶属 *Berchemia*	1	0.01	53	水青冈属 *Fagus*	1	0.01
23	含笑属 *Michelia*	1	0.01	54	苔草属 *Carex*	1	0.01
24	寒竹属 *Chimonobambusa*	1	0.01	55	天南星属 *Arisaema*	1	0.01
25	红豆杉属 *Taxus*	1	0.01	56	吴茱萸属 *Tetradium*	1	0.01
26	胡颓子属 *Elaeagnus*	1	0.01	57	五加属 *Eleutherococcus*	1	0.01
27	金线草属 *Antenoron*	1	0.01	58	舞花姜属 *Globba*	1	0.01
28	金星蕨属 *Parathelypteris*	1	0.01	59	野桐属 *Mallotus*	1	0.01
29	荩草属 *Arthraxon*	1	0.01	60	油点草属 *Tricyrtis*	1	0.01
30	蕨属 *Pteridium*	1	0.01	61	酢浆草属 *Oxalis*	1	0.01
31	蓼属 *Polygonum*	1	0.01		总计	78	

表 5-73　雷公山保护区木瓜红群落物种组成信息

植物类群		科数（个）	属数（个）	种数（种）	木本		藤本		草本	
					种类（种）	占比（%）	种类（种）	占比（%）	种类（种）	占比（%）
蕨类植物		6	6	6	0	0.00	0	0.00	6	25.00
裸子植物		2	2	2	2	4.26	0	0.00	0	0.00
被子植物	双子叶植物	33	43	58	44	93.62	4	57.14	10	41.66
	单子叶植物	7	10	12	1	2.12	3	42.86	8	33.33
合计		48	61	78	47	100.00	7	100.00	24	100.00

3.2　群落外貌

3.2.1　生活型谱

根据 Raunkiaer 生活型分类系统，将木瓜红所在群落中 78 种植物进行分类（表 5-74）。其中，高位芽植物所占比例最高有 68 种（占总种数的 87.18%）；地上芽植物 10 种（占总种数的 12.82%）。在高位芽植物中，又以小高位芽植物（2~8m）种类所占比例最高，有 29 种（占总种数的 37.18%）；其次是矮小高位芽植物（0.25~2m），有 21 种（占总种数的 26.92%），中高位芽植物（8~30m），有 18 种（占总种数的 23.08%），大高位芽植物（>30m）为零。其中，87.18%的高位芽植物为落叶成分，占群落的绝对优势，对群落外貌以及结构起决定性作用。

表 5-74 雷公山保护区木瓜红群落植物生活型

植物生活型		数量（种）	百分比（%）
高位芽植物	大高位芽植物（30m 以上）	0	0.00
	中高位芽植物（8~30m）	18	23.08
	小高位芽植物（2~8m）	29	37.18
	矮小高位芽植物（0.25~2m）	21	26.92
地上芽植物	0.01~0.25m	10	12.82
	总计	78	100.00

3.2.2 叶的性质

雷公山保护区木瓜红群落叶型以单叶为主（表 5-75），有 62 种，达 79.49%，比例远高于复叶，纸质叶和革质叶所占比例分别为 56.41%和 33.33%，膜质叶占 7.69%，草质叶仅占 2.56%。可见，该群落的叶性质特征表现为纸质单叶。

表 5-75 雷公山保护区木瓜红所在群落植物的叶型、叶质

指标	分类	种数（种）	占比（%）
叶型	复叶	16	20.51
	单叶	62	79.49
叶质	革质	26	33.33
	纸质	44	56.41
	草质	2	2.56
	膜质	6	7.69

3.2.3 群落的垂直结构

木瓜红所在群落维管束植物有 48 科 61 属 78 种，可分为乔木层、灌木层和草本层 3 层。

乔木层郁闭度为 0.8，共有 21 科 28 属 38 种，高 7~20m，可分出 2 个亚层，上层高度为 10~20m，树种有木瓜红、白辛树、光叶山矾、青冈、水青冈、野桐、野茉莉、美容杜鹃、尾叶樱桃、中华槭、阔叶槭等组成，多为落叶树种，其中，木瓜红高度为 9~12m，胸径为 14.5~36.8cm，也有少量木荷、冬青、吴茱萸等常绿种类出现在该层；下层高度为 7~10m，主要为落叶种类，如贵定桤叶树、耳叶杜鹃 *Rhododendron auriculatum*、毛叶木姜子、西南红山茶和山矾等。

灌木层郁闭度为 0.85，共有 12 科 12 属 16 种，主要由狭叶方竹、十大功劳 *Mahonia fortunei*、红荚迷、黑果菝葜、棠叶悬钩子、细齿叶柃、阔叶十大功劳、灰毛泡 *Rubus irenaeus* 及乔木树种的幼树幼苗等组成，但少见木瓜红幼苗。狭叶方竹在两个样地中平均重要值达到 54.36，为灌木层的优势种。

草本层盖度为15%，有17科22属24种植物。高度在1.0m以下，主要组成种类有戟叶蓼 *Polygonum thunbergii*、堇菜、楼梯草、金线草 *Antenoron filiforme*、荩草等，覆盖度较低，主要是因为上层覆盖度大，林下透光少。

3.3 乔木层主要树种及优势种分析

在植物群落学研究中优势种的确定通常以重要值的大小为重要依据，是衡量物种在群落中地位和作用的综合数量指标。由2个样地的乔木层重要值（表5-76）分析得到，群落中，样地1的尾叶樱桃、野茉莉和样地2的白辛树、西南红山茶、光叶山矾、野桐的重要值分别为76.48、47.86和39.43、37.93、32.76、129.74，占据了一定的优势。其次是苍背木莲和毛叶木姜子，木瓜红在两个样地中的重要值分别为15.90和18.48，均处于第五位，且重要值大于平均值，是组成群落的重要物种。此外，还有9种树种对群落的构成起一定的作用，分别是雷公山凸果阔叶槭、海通、红豆杉、中华槭、贵定桤叶树、水青冈、野茉莉、美容杜鹃、山胡椒等。

表5-76　雷公山保护区木瓜红所在群落乔木层重要值

样地	种名	相对密度	相对频度	相对优势度	重要值	重要值序
乔1	尾叶樱桃 *Cerasus dielsiana*	23.33	15.22	37.93	76.48	1
	野茉莉 *Styrax japonicus*	18.89	13.04	15.93	47.86	2
	苍背木莲 *Manglietia glaucifolia*	5.56	6.52	6.47	18.55	3
	毛叶木姜子 *Litsea mollis*	5.56	6.52	4.68	16.76	4
	木瓜红 *Rehderodendron macrocarpum*	4.44	4.35	7.11	15.90	5
	雷公山凸果阔叶槭 *Acer amplum* var. *convexum*	4.44	4.35	5.29	14.08	6
	海通 *Clerodendrum mandarinorum*	4.44	6.52	2.08	13.04	7
	红豆杉 *Taxus chinensis*	5.56	4.35	0.77	10.68	8
	山胡椒 *Lindera glauca*	4.44	4.35	1.71	10.50	9
	青冈 *Cyclobalanopsis glauca*	2.22	2.17	5.22	9.61	10
	红柴枝 *Meliosma oldhamii*	3.33	4.35	1.72	9.40	11
	西南红山茶 *Camellia pitardii*	2.22	4.35	0.99	7.56	12
	猫儿屎 *Decaisnea insignis*	2.22	4.35	0.65	7.22	13
	山樱花 *Cerasus serrulata*	2.22	2.18	2.77	7.17	14
	白檀 *Symplocos paniculata*	3.33	2.17	1.46	6.96	15
	野桐 *Mallotus tenuifolius*	1.12	2.18	2.41	5.71	16
	漆 *Toxicodendron vernicifluum*	1.11	2.17	0.71	3.99	17
	小叶女贞 *Ligustrum quihoui*	1.12	2.17	0.59	3.88	18
	吴茱萸 *Tetradium ruticarpum*	1.11	2.17	0.47	3.75	19
	乐昌含笑 *Michelia chapensis*	1.11	2.17	0.37	3.65	20
	红荚蒾 *Viburnum erubescens*	1.11	2.17	0.37	3.65	21
	窄叶柃 *Eurya stenophylla*	1.12	2.18	0.30	3.60	22

（续）

样地	种名	相对密度	相对频度	相对优势度	重要值	重要值序
乔2	白辛树 *Pterostyrax psilophyllus*	5.45	5.26	28.72	39.43	1
	西南红山茶 *Camellia pitardii*	14.55	17.54	5.84	37.93	2
	光叶山矾 *Symplocos lancifolia*	14.55	7.02	11.19	32.76	3
	野桐 *Mallotus tenuifolius*	14.55	8.77	6.42	29.74	4
	木瓜红 *Rehderodendron macrocarpum*	4.55	5.26	8.67	18.48	5
	中华槭 *Acer sinense*	2.73	3.51	11.17	17.41	6
	美容杜鹃 *Rhododendron calophytum*	7.27	3.51	6.32	17.10	7
	贵定桤叶树 *Clethra delavayi*	7.27	7.02	2.44	16.73	8
	水青冈 *Fagus longipetiolata*	5.45	5.26	2.47	13.18	9
	野茉莉 *Styrax japonicus*	4.55	5.26	2.03	11.84	10
	青冈 *Cyclobalanopsis glauca*	3.64	3.51	1.96	9.11	11
	吴茱萸 *Tetradium ruticarpum*	1.82	3.51	2.38	7.71	12
	山樱花 *Cerasus serrulata*	2.73	3.51	1.40	7.64	13
	桃叶杜鹃 *Rhododendron annae*	1.82	3.51	1.64	6.97	14
	细齿叶柃 *Eurya nitida*	1.82	3.51	0.73	6.06	15
	阔叶槭 *Acer amplum*	0.91	1.75	2.87	5.53	16
	木荷 *Schima superba*	0.91	1.75	1.48	4.14	17
	山矾 *Symplocos sumuntia*	0.91	1.75	0.60	3.26	18
	川黔千金榆 *Carpinus fangiana*	0.91	1.75	0.60	3.26	19
	绿冬青 *Ilex viridis*	0.91	1.75	0.58	3.24	20
	多脉青冈 *Cyclobalanopsis multinervis*	0.91	1.75	0.21	2.87	21
	南方荚蒾 *Viburnum fordiae*	0.91	1.75	0.16	2.82	22
	黄牛奶树 *Symplocos cochinchinensis* var. *laurina*	0.91	1.75	0.13	2.79	23

3.4 多样性分析

从雷公山保护区木瓜红群落2个样地（表5-77）中乔木层、灌木层和草本层的物种多样性指数分析比较中可以看出，群落的多样性指数Simpson指数（D）的大小顺序为乔木层>草本层>灌木层，Shannon-Wiener指数（H_e'）和Pielou指数（J_e）大小顺序为乔木层>草本层>灌木层。

在两个样地的乔木层中，Simpson指数（D）显示Q1高；Shannon-Wiener指数（H_e'）Q2比Q1高；Pielou指数（J_e）Q2高。

两个样地灌木层中，Simpson指数（D）显示Q1高；Shannon-Wiener指数（H_e'）Q1比Q2高；Pielou指数（J_e）Q1高。

比较两个样地草本层的多样性指数，可以看出Simpson指数（D）显示Q1高；Shannon-Wiener指数（H_e'）Q1比Q2高；Pielou指数（J_e）Q2高。

分析结果表明，不管是Simpson指数（D），还是Shannon-Wiener指数（H_e'）和Pielou指数（J_e），乔木层均显著大于灌木层和草本层，这是因为乔木层的生态环境分化程度比灌木层和草本层大，草本层与灌木层的Simpson指数（D）较低是因随着群落的演

替，受乔木层遮阴效果的影响和雷公山天然群落优势种作用明显如白辛树、尾叶樱桃，其他树种生长处于弱势，使其多样性指数和均匀度指数较低。

表 5-77　雷公山保护区木瓜红群落 2 个样地的物种多样性指数

层次	样地	D	H_e'	J_e
乔木层	Q1	4.81	2.65	0.86
	Q2	4.51	2.70	0.87
灌木层	Q1	2.05	0.45	0.18
	Q2	1.49	0.28	0.11
草本层	Q1	3.58	2.15	0.79
	Q2	1.65	1.98	0.90

3.5　空间分布格局

根据空间分布格局情况分析，木瓜红种群在群落中的分散度为 0.78 大于平均值 0.45，表明木瓜红种群总体局部密集。种群个体的集群强度随着种群的不断发育和年龄增加而快速减小，最后演变为随机分布。

【研究进展】

经查阅相关资料，未见相关研究报道。

【繁殖方法】

经查阅相关资料，未见木瓜红繁殖方面的研究报道。

【保护建议】

木瓜红群落中有维管束植物 48 科 61 属 78 种，但经调查发现群落中木瓜红没有幼苗、幼树，只是本群落的伴生种，说明木瓜红所在群落中是一个不稳定的种群。

该种在雷公山保护区主要分布在海拔 1500～1900m 的天然阔叶林中，呈零星、散生、局部密集分布，人为活动少，所在植物群落少受破坏，植物种类较丰富，相互竞争大，天然更新较弱，使其资源数量较少，应加强对现有母树的保护。木瓜红生长较快速，有萌芽性，可开展人工培育，扩大资源量。

马蹄参

【保护等级及珍稀情况】

马蹄参 *Diplopanax stachyanthus*，又名大果五加、大果木五加、白花树、大果树参、大果野茉莉、野枇杷等，为五加科马蹄参属 *Diplopanax* 植物，是贵州省级重点保护树种。

【生物学特性】

马蹄参为乔木，高 5～13m；枝暗棕色，有长圆形皮孔。叶片革质，倒卵状披针形或倒卵状长圆形，长 9.5～15.5cm，宽 3.5～6.5cm，先端短尖，基部狭楔形，上面亮绿色，无毛，下面灰绿色，沿中脉有稀疏的星状毛或无毛，边缘全缘，侧脉 6～11 对，两面均明显，网脉上面不明显；叶柄粗壮，无毛，长 2～6cm。穗状圆锥花序单生，长达 27cm，主轴粗

壮；花序上部的花单生，无花梗，下部的花排成伞形花序；伞形花序有花3~5朵，无总花梗或有长0.2~1.5cm的总花梗；萼下面有关节，长3~4mm，密生短柔毛，边缘有5个三角形尖齿；花瓣5片，肉质，长3mm，外面有短柔毛；雄蕊10个，5个常不育，花丝比花瓣短；子房1室，花柱圆锥状。果实长圆状卵形或卵形稍侧扁，无毛，干时坚硬，长4.5~5.5cm，直径2.5~3.5cm，外果皮厚，有稍明显的纵脉。种子1个，侧扁而弯；胚弯曲，横切面成马蹄形。

马蹄参主要分布于我国湖南、广东、广西、云南、贵州5个省份，主要集中在南岭山地、大瑶山、大明山、十万大山、河尾山及云贵高原南麓，呈岛屿状间断分布，目前该种的绝大部分分布区属于自然保护区，分布区跨16个经度和6个纬度。

【应用价值】

马蹄参为孑遗植物，是主产中国的单种属植物，对研究五加科、山茱萸科的系统发育和古地理、古气候都具有科学价值。

【资源特性】

马蹄参分布于雷公山保护区的昂英和小丹江；生长在海拔700~1200m的常绿阔叶林中；分布面积为210hm^2，共有520株。

【研究进展】

对马蹄参属植物的研究仅见于20世纪末和21世纪初有限的报道，主要是对其起源、解剖学特征、植物化学、古植物学和系统位置进行了初步研究。朱伟华等通过解剖学、木材学和植物化学等方法的研究，认为马蹄参属应该与单室茱萸属一起作为单室茱萸科（Mastixiaceae）较为合适，他还认为马蹄参属在山茱萸目Cornales中处于比较原始的演化水平，向秋云等依据分子生物学资料支持将马蹄参属合并到山茱萸科。李耀利等利用cpDNA中的rbcL的PAUP分析表明马蹄参属与单室茱萸属亲缘关系最近。马蹄参起源于距今7000万年的晚白垩纪，起源地为劳亚古陆，在第三纪早期，已广泛分布于北半球，经研究发现，它即是分布于北美和欧洲第三纪的化石*Mastixicarpum*属植物，但在北美和欧洲已灭绝，故被称为东亚活着的*Mastixicarpum*的代表，生长稀少，有时被当作神树而保存下来。马蹄参属的果实化石在北美、英国、波兰、德国均有发现。由于晚第三纪的气候变化及地质变迁，特别是第四纪冰期的影响，导致马蹄参属的分布区退却变化，仅残留于中国南部山地及越南北部山区，形成现今的岛屿状间断分布区。因此，马蹄参被很多学者称为“活化石”植物。

【繁殖方法】

通过查阅资料，未见马蹄参繁殖方法方面的相关报道。

【保护建议】

第一，为珍稀植物种群得到更新和发展，首先需保障母树得到有效保护，建议采取就地保护措施，将现有的母树进行挂牌保护，禁止砍伐和任意采种；针对幼树幼苗的特点，加强抚育力度，保护小生境，人为促进其自然生长。

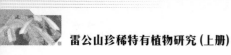

第二，寻找与马蹄参生长环境相适应的区域开展种子育苗以及人工繁育，建立资源圃，促进种群数量的扩大，为野外种群的恢复和重建提供资源保障。

第三，对于种源缺乏的活化石植物而言，已经接近濒危的马蹄参仅利用种子繁殖来完成其种群的扩大与恢复几乎不可能。建议建立以扦插、嫁接和组织培养为主的快速繁殖体系，这对其种质资源保存和种群的恢复扩大起着至关重要的作用。

第四，加强马蹄参分布范围监管力度，加强宣传教育力度，增强民众生态保护意识，提高保护野生植物资源的自觉性和主动性，多形式开展科普宣传活动，广泛普及濒危植物法律保护知识，提高社会各界的认知程度，营造良好的生态保护氛围。

刺楸

【保护等级及珍稀情况】

刺楸 *Kalopanax septemlobus* var. *septemlobus*，属五加科刺楸属 *Kalopanax* 植物，俗称鼓钉刺、刺枫树、刺桐、云楸、茨楸、棘楸、辣枫树等，为贵州省级重点保护树种。

【生物学特性】

刺楸为落叶乔木，高约 10m，胸径达 70cm；小枝散生粗刺；刺基部宽阔扁平。叶片纸质，在长枝上互生，在短枝上簇生，圆形或近圆形，直径 9~25cm，稀达 35cm，掌状 5~7 浅裂，上面深绿色，边缘有细锯齿，放射状主脉 5~7 条，两面均明显；叶柄长 8~50cm。圆锥花序长 15~25cm，直径 20~30cm；伞形花序直径 1~2.5cm，有花多数；总花梗细长，长 2~3.5cm；花白色或淡绿黄色；花瓣 5 片，三角状卵形；雄蕊 5 个；花柱合生成柱状，柱头离生。果实球形，直径约 5mm，蓝黑色；宿存花柱长 2mm。花期 7~10 月，果期 9~12 月。

刺楸分布广，北自东北起，南至广东、广西、云南，西至四川西部，东至海滨的广大区域内均有分布；多生于阳性森林、灌木林中和林缘，水湿丰富、腐殖质较多的密林，向阳山坡，甚至岩质山地也能生长；除野生外，也有人工栽培；垂直分布海拔自数十米起至千余米，在云南可达 2500m，通常数百米的低丘陵较多；朝鲜、苏联和日本也有分布。

【应用价值】

刺楸木材纹理美观，有光泽，易加工，供建筑、家具、车辆、乐器、雕刻、箱筐等用材。根、皮为民间草药，有清热祛痰、收敛镇痛之效。嫩叶可食。树皮及叶含鞣酸，可提制栲胶，种子可榨油，供工业用。其集药用、材用、园林绿化、食用等为一体，是我国重要的用材树种、园林观赏树种、药食兼用树种，开发利用前景广阔。

【资源特性】

1　样地设置

对雷公山保护区内选取刺楸天然群落，用样线法与样方法相结合，设置典型样地两个（表 5-78）。

表 5-78 刺楸样地概况

样地号	小地名	坡度（°）	坡位	坡向	海拔（m）	土壤类型
Ⅰ	蒿菜冲	15	下部	南	860	黄壤
Ⅱ	鸡冠岭	40	下部	东北	860	黄壤

2 资源分布情况

刺楸广泛分布于雷公山保护区内各村；生长在海拔 800～1800m 的常绿阔叶林和常绿落叶阔叶混交林中；分布面积为 380hm^2，共有 8750 株。

3 种群及群落特征

3.1 种群特征

3.1.1 分布格局

种群分布格局是指种群个体在水平空间的配置状况或分布状况，反映了种群个体在水平空间上的相互关系。刺楸群落水平分布格局的形成与构成群落的物种组成成员分布状况有关，取决于群落成员的分布格局。通过分别计算各样地刺楸种群空间分散度得表 5-79。

表 5-79 雷公山保护区刺楸群落样地中刺楸个体数　　单位：株

样地号	样方 1	样方 2	样方 3	样方 4	样方 5	样方 6	样方 7	样方 8	样方 9	样方 10	合计株数	Σ $(x-m)^2$
Ⅰ	2	0	1	0	0	0	0	0	0	0	3	4.1
Ⅱ	0	0	0	0	0	0	1	0	2	0	3	4.1
合计											6	8.2

由表 5-79 可知，各样地的空间分散度 S^2 均大于样方平均个体数 m，即 $S^2>m$。综合两个样地计算出雷公山保护区内刺楸种群的分散度（S^2）为 0.43，20 个小样方的刺楸平均个体数（m）为 0.3 个，$S^2>m$ 呈现集群型分布，个体分布不均匀。

结合实际调查情况分析，在雷公山保护区内刺楸群落整体呈现出集群型分布，个体分布不均匀。

3.1.2 种群径级结构

将调查的刺楸种群进行径级划分，分为幼龄组、中龄组、老龄组 3 个径级，即Ⅰ、Ⅱ、Ⅲ径级，统计刺楸种群各径级中的刺楸个体数制成图 5-28，可以直观反映雷公山保护区内刺楸种群的更新特征。从图 5-28 中可以看出，刺楸种群个体数量主要集中分布在Ⅰ径级，说明种群中幼龄个体数量充足。而在Ⅱ、Ⅲ径级中种群个体数量急剧减少，说明刺楸种子自然更新明显，而在随后的生长过程中由于种间竞争，乔灌层荫蔽性增强，缺少光照，很多幼龄个体死亡，只有少部分个体

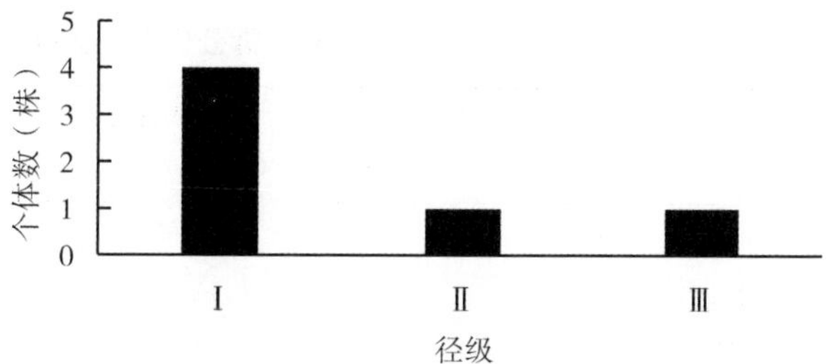

图 5-28 雷公山保护区刺楸种群径级结构

存活到中龄个体，刺楸幼苗生长过程中由于对光的需求相对不足会遭遇一定的更新瓶颈。但从图 5-28 可以看出，刺楸种群幼龄个体数>中龄个体数=老龄个体数，中老龄个体数量总体呈现逐渐减少的趋势，种群结构呈现相对稳定。

3.2 群落特征

3.2.1 群落组成及科属种数量关系

经调查统计，刺楸两个样地中共有维管束植物 51 科 71 属 86 种，其中蕨类植物 10 科 10 属 10 种，占总种数的 11.63%；种子植物 41 科 61 属 76 种，占总种数的 88.37%。双子叶植物 35 科 53 属 68 种，占总种数的 79.07%；单子叶植物 6 科 8 属 8 种，占总种数的 9.3%。

统计两个刺楸群落样地物种科属种数量关系，列出科含 2 种的科种关系表与属含 2 种以上的属种关系表得出表 5-80、表 5-81。由表 5-80 可知，在科种关系中，科含 5 种以上的有樟科（7 种）、山茶科（6 种）、壳斗科（5 种），占总科数的 5.88%；科含 2~4 种的有山矾科（4 种）、金缕梅科（3 种）等 14 科，占总科数的 27.45%；单科单种的有 34 科，占总科数的 66.67%。综上含有 7 种物种的樟科，占总种数的 8.14%，是雷公山保护区刺楸群落的优势科，但优势不明显。

表 5-80 雷公山保护区刺楸群落科种数量关系

序号	科名	属数/种数（个）	占总属/种数的比例（%）	序号	科名	属数/种数（个）	占总属/种数的比例（%）
1	樟科 Lauraceae	3/7	4.23/8.14	10	桦木科 Betulaceae	1/2	1.41/2.33
2	山茶科 Theaceae	5/6	7.04/6.98	11	兰科 Orchidaceae	2/2	2.82/2.33
3	壳斗科 Fagaceae	3/5	4.23/5.81	12	木兰科 Magnoliaceae	2/2	2.82/2.33
4	山矾科 Symplocaceae	1/4	1.41/4.65	13	槭树科 Aceraceae	1/2	1.41/2.33
5	金缕梅科 Hamamelidaceae	3/3	4.23/3.49	14	忍冬科 Caprifoliaceae	2/2	2.82/2.33
6	漆树科 Anacardiaceae	3/3	4.23/3.49	15	柿树科 Ebenaceae	1/2	1.41/2.33
7	蔷薇科 Rosaceae	2/3	2.82/3.49	16	五加科 Araliaceae	2/2	2.82/2.33
8	紫金牛科 Myrsinaceae	2/3	2.82/3.49	17	野茉莉科 Styracaceae	2/2	2.82/2.33
9	百合科 Liliaceae	2/2	2.82/2.33		合计	37/52	52.20/60.51

表 5-81 雷公山保护区刺楸群落属种数量关系

序号	属名	种数（种）	占总种数的比例（%）	序号	属名	种数（种）	占总种数的比例（%）
1	山矾属 *Symplocos*	4	4.65	6	柃属 *Eurya*	2	2.33
2	木姜子属 *Litsea*	3	3.49	7	槭属 *Acer*	2	2.33
3	润楠属 *Machilus*	3	3.49	8	柿属 *Diospyros*	2	2.33
4	栲属 *Castanopsis*	3	3.49	9	悬钩子属 *Rubus*	2	2.33
5	鹅耳枥属 *Carpinus*	2	2.33	10	紫金牛属 *Ardisia*	2	2.33
					合计	15	17.45

由表 5-81 可知，在雷公山保护区刺楸群落样地中，物种最多的是山矾属，有 4 种，占总种数的 4.65%，为优势属，但优势不明显。属含 2~3 种的共 9 属，占总属数的 12.68%，单属单种的有 61 属，占总属数的 85.92%。

综上可知，在雷公山保护区刺楸群落样地中优势科属为樟科与山矾属，但优势不明显。刺楸群落科属组成复杂，物种主要集中在含 1 种的科与含 1 种的属内，并且在属的成分上显示出复杂性的特点。

3.2.2　生活型谱

生活型是指植物对综合环境及其节律变化长期适应而形成的生理、结构，尤其是外部形态的一种具体表现。生活型谱则是指某一地区植物区系中各类生活型的百分率组成。一个地区的植物生活型谱既可以表征某一群落对特定气候生境的反应、种群对空间的利用以及群落内部种群之间可能产生的竞争关系等信息，又能够反映该地区的气候、历史演变和人为干扰等因素，亦是研究群落外貌特征的重要依据。

统计刺楸群落样地出现的植物种类，列出刺楸群落样地的植物名录确定每种植物的生活型，把同一生活型的种类归并在一起，计算各类生活型的百分率，编制刺楸群落样地的植物生活型谱。具体计算公式：

某一生活型的百分率=该地区该生活型的植物种数/该地区全部植物的种数×100%

雷公山保护区内刺楸群落的生活型谱可知（表 5-82），在刺楸群落中，高位芽植物最多，占总种数的 79.07%，其次为地面芽植物，占总种数的 17.44%。在高位芽植物中，又以中高位芽植物种类数目居首，占总种类的 32.56%，矮高位芽植物次之，占 29.07%。在大高位芽植物中，最高的物种是云贵鹅耳枥，高度为 28m，其次是甜槠与青钱柳，高度分别为 25m 与 22m；刺楸为中高位芽植物，高度达 17m，在乔木层中处于第一亚层。矮高位芽主要是厚皮香 *Ternstroemia gymnanthera*、老鼠矢 *Symplocos stellaris*、溪畔杜鹃、细齿叶柃等灌木植物。地面芽植物主要是凤丫蕨 *Coniogramme japonica*、狗脊、铁角蕨、紫萁等蕨类植物与山姜等植物。地下芽植物有玉竹 *Polygonatum odoratum*、一把伞南星 *Arisaema erubescens* 等 2 种植物。

综上，雷公山保护区内刺楸种群中优势生活型为高位芽植物。

表 5-82　雷公山保护区刺楸群落生活型谱

种类	MaPh	MePh	MiPh	NPh	Ch	H	Cr
数量（株）	3	28	12	25	1	15	2
百分比（%）	3.49	32.56	13.95	29.07	1.16	17.44	2.33

注：MaPh—大高位芽植物（18~32m），MePh—中高位芽植物（6~18m），MiPh—小高位芽植物（2~6m），NPh—矮高位芽植物（0.25~2m），Ch—地上芽植物（0~0.25m），H—地面芽植物，Cr—地下芽植物。

3.2.3　重要值分析

森林群落在不同的演替阶段，物种组成、数量等方面都会发生一定的变化，而这种变化最直接的体现就是构成群落物种的重要值的变化。在研究区域内，将各个刺楸群落看成一个整体群落进行重要值分析，刺楸群落乔木层、灌木层、草本层种类组成及重要值见表 5-83。

刺楸群落结构主要分为乔木层、灌木层和草本层。乔木层中，构成乔木层的树种共35种，重要值大于乔木层物种平均重要值（8.57）的有甜槠（67.66）、蜡瓣花（25.07）、罗浮栲（22.35）、云贵鹅耳枥（18.73）、南酸枣（17.87）、青钱柳（15.50）、乌柿 *Diospyros cathayensis*（12.15）、刺楸（10.34）、樱桃（10.04）、红叶木姜子（9.24）等10种，由此可见刺楸群落样地中乔木层的优势种是甜槠。乔木层重要值小于3.0的有山矾、灯台树、闽楠、蕈树等14种，为刺楸群落中的偶见种。

灌木层中，组成灌木层的物种共38种，重要值大于灌木层平均重要值（5.26）的有紫金牛、细枝柃、菝葜、杜茎山等17种，其中重要值最大的是紫金牛，重要值为13.82，是灌木层的优势物种。构成草本层的物种相对较少，只有18种，草本层平均重要值为11.11；重要值大于30的有山姜（37.09）、光里白（32.65）等2种，为草本层的优势物种。

刺楸群落乔木层、灌木层、草本层共有91种，大于物种组成数量86种，其原因是在乔木层有灌木树种达到检尺径，在灌木层存在乔木树种的幼树幼苗。

综上可知，刺楸群落为常绿落叶阔叶混交林，为甜槠群系。

表 5-83　雷公山保护区刺楸群落各层物种组成及重要值

序号	种名	重要值	序号	种名	重要值
乔 1	甜槠 *Castanopsis eyrei*	67.66	灌 11	水青冈 *Fagus longipetiolata*	6.36
乔 2	蜡瓣花 *Corylopsis sinensis*	25.07	灌 12	厚皮香 *Ternstroemia gymnanthera*	6.24
乔 3	罗浮栲 *Castanopsis faberi*	22.35	灌 13	常春藤 *Hedera sinensis*	6.00
乔 4	云贵鹅耳枥 *Carpinus pubescens*	18.73	灌 14	棠叶悬钩子 *Rubus malifolius*	6.00
乔 5	南酸枣 *Choerospondias axillaris*	17.87	灌 15	中华槭 *Acer sinense*	5.76
乔 6	青钱柳 *Cyclocarya paliurus*	15.50	灌 16	枫香树 *Liquidambar formosana*	5.40
乔 7	乌柿 *Diospyros cathayensis*	12.15	灌 17	老鼠矢 *Symplocos stellaris*	5.40
乔 8	刺楸 *Kalopanax septemlobus*	10.34	灌 18	钩藤 *Uncaria rhynchophylla*	4.80
乔 9	樱桃 *Cerasus pseudocerasus*	10.04	灌 19	木莓 *Rubus swinhoei*	4.32
乔 10	红叶木姜子 *Litsea rubescens*	9.24	灌 20	三叶木通 *Akebia trifoliata*	4.32
乔 11	马尾树 *Rhoiptelea chiliantha*	8.15	灌 21	细齿叶柃 *Eurya nitida*	4.20
乔 12	深山含笑 *Michelia maudiae*	7.44	灌 22	直角荚蒾 *Viburnum foetidum* var. *rectangulatum*	4.20
乔 13	尼泊尔水东哥 *Saurauia napaulensis*	7.33	灌 23	木荷 *Schima superba*	3.25
乔 14	中华槭 *Acer sinense*	7.07	灌 24	青榨槭 *Acer davidii*	3.25
乔 15	枫香树 *Liquidambar formosana*	5.97	灌 25	深山含笑 *Michelia maudiae*	3.25
乔 16	木荷 *Schima superba*	5.43	灌 26	西南红山茶 *Camellia pitardii*	3.25
乔 17	小果冬青 *Ilex micrococca*	4.83	灌 27	长叶胡颓子 *Elaeagnus bockii*	3.25
乔 18	漆 *Toxicodendron vernicifluum*	4.62	灌 28	漆 *Toxicodendron vernicifluum*	3.25
乔 19	野桐 *Mallotus tenuifolius*	4.39	灌 29	大花忍冬 *Lonicera macrantha*	2.77
乔 20	柳叶润楠 *Machilus salicina*	4.12	灌 30	赤楠 *Syzygium buxifolium*	2.64

（续）

序号	种名	重要值	序号	种名	重要值
乔 21	暖木 *Meliosma veitchiorum*	3.09	灌 31	闽楠 *Phoebe bournei*	2.64
乔 22	山矾 *Symplocos sumuntia*	2.99	灌 32	青冈 *Cyclobalanopsis glauca*	2.51
乔 23	灯台树 *Cornus controversa*	2.89	灌 33	盐肤木 *Rhus chinensis*	2.16
乔 24	闽楠 *Phoebe bournei*	2.41	灌 34	花椒簕 *Zanthoxylum scandens*	2.16
乔 25	蕈树 *Altingia chinensis*	2.15	灌 35	川杨桐 *Adinandra bockiana*	2.16
乔 26	朱砂根 *Ardisia crenata*	1.92	灌 36	大芽南蛇藤 *Celastrus gemmatus*	2.16
乔 27	盐肤木 *Rhus chinensis*	1.91	灌 37	尖子木 *Oxyspora paniculata*	2.04
乔 28	黄牛奶树 *Symplocos cochinchinensis* var. *laurina*	1.90	灌 38	交让木 *Daphniphyllum macropodum*	1.08
乔 29	宜昌润楠 *Machilus ichangensis*	1.86	草 1	山姜 *Alpinia japonica*	37.09
乔 30	杜英 *Elaeocarpus decipiens*	1.8	草 2	光里白 *Diplopterygium laevissimum*	32.65
乔 31	贵定桤叶树 *Clethra delavayi*	1.75	草 3	鸢尾 *Iris tectorum*	19.44
乔 32	山鸡椒 *Litsea cubeba*	1.75	草 4	狗脊 *Woodwardia japonica*	19.29
乔 33	垂珠花 *Styrax dasyanthus*	1.74	草 5	十字苔草 *Carex cruciata*	18.70
乔 34	川黔润楠 *Machilus chuanchienensis*	1.73	草 6	华中瘤足蕨 *Plagiogyria euphlebia*	14.85
乔 35	香合欢 *Albizia odoratissima*	1.73	草 7	凤丫蕨 *Coniogramme japonica*	10.38
灌 1	紫金牛 *Ardisia japonica*	13.82	草 8	蕨 *Pteridium aquilinum* var. *latiusculum*	9.79
灌 2	细枝柃 *Eurya loquaiana*	11.64	草 9	石韦 *Pyrrosia lingua*	8.01
灌 3	菝葜 *Smilax china*	10.80	草 10	铁角蕨 *Asplenium trichomanes*	7.12
灌 4	桂南木莲 *Manglietia conifera*	10.19	草 11	光蹄盖蕨 *Athyrium otophorum*	5.19
灌 5	杜茎山 *Maesa japonica*	9.60	草 12	春兰 *Cymbidium goeringii*	4.60
灌 6	蜡瓣花 *Corylopsis sinensis*	8.65	草 13	点花黄精 *Polygonatum punctatum*	2.96
灌 7	多花山矾 *Symplocos ramosissima*	8.39	草 14	肾蕨 *Nephrolepis cordifolia*	2.82
灌 8	溪畔杜鹃 *Rhododendron rivulare*	8.39	草 15	楼梯草 *Elatostema involucratum*	2.07
灌 9	赤杨叶 *Alniphyllum fortunei*	6.84	草 16	虾脊兰 *Calanthe discolor*	1.78
灌 10	黄丹木姜子 *Litsea elongata*	6.84	草 17	紫萁 *Osmunda japonica*	1.78
			草 18	一把伞南星 *Arisaema erubescens*	1.48

3.3 群落多样性分析

此次调查刺楸群落的样地分别是 G211 国道蒿菜冲双孔桥与 803 县道鸡冠岭，均处于公路边，人为干扰强，样地总盖度为90%，乔木层郁闭度 0.75，平均高度 10m。灌木层盖度 50%，平均高度 1.8m。草本层盖度 30%，平均高度 0.5m。

在研究区中，利用物种多样性指数 Simpson 指数（D）和 Shannon-Wiener 指数（H_e'）以及 Pielou 指数（J_e）分别对植物群落样地乔木层、灌木层、草本层进行物种多样性统计分析，样地Ⅰ、样地Ⅱ分别对应 G211 国道蒿菜冲双孔桥与 803 县道鸡冠岭样地。图 5-29 显示了刺楸群落样地物种多样性指数。Ⅰ、Ⅱ号样地物种丰富度（S）分别为 57、49。

由图 5-29 可知，在乔木层中 Simpson 指数（D）和 Shannon-Wiener 指数（H_e'）及

Pielou 指数（J_e）值样地Ⅰ>样地Ⅱ变化趋势一致，与乔木层物种丰富度呈正相关。

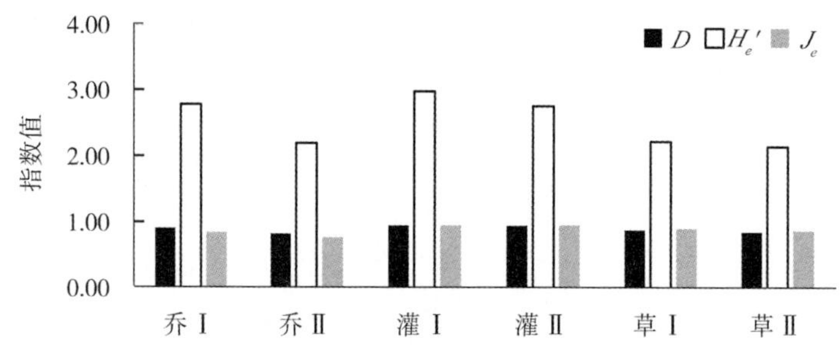

图 5-29　雷公山保护区刺楸群落物种多样性指

在灌木层与草本层中 Simpson 指数（D）和 Shannon-Wiener 指数（H_e'）值样地Ⅰ>样地Ⅱ变化趋势一致。样地Ⅰ灌木层的 Shannon-Wiener 指数（H_e'）值远大于其他层次，其原因是调查时该样地附近正在实施公路改扩建工程，人为活动频繁，强度大于样地Ⅱ，乔木层破坏大于样地Ⅱ，导致灌木生长比样地Ⅱ好，物种数多且数量大。均匀度指数（J_e）在两个样地中的灌木层与草本层都相差不大，说明在灌木层与草本层中各物种重要值均匀程度也相差不大，其原因是两个样地都受人为影响大，导致乔木层、灌木层、草本层都遭受不同程度的破坏，物种演替缓慢。

综合Ⅰ、Ⅱ号样地，物种多样性指数 D、H_e' 整体上呈现灌木层>乔木层>草本层；均匀度指数（J_e）在各个群落样地乔木层、灌木层、草本层中波动不大，说明在各群落样地中，乔木层、灌木层、草本层的各个物种重要值均匀程度相当。

【研究进展】

1　造林研究

刺楸为肉质根，抗旱、忌涝，造林地的土壤排水、通气状况对其保存率和生长影响较大，应选择土壤疏松、通气、排水良好的地块进行造林，其中山地造林以中上部为宜。造林季节以秋季为佳，以 2 年生壮苗、2m×2m 造林密度为宜。刺楸幼龄时期的叶部病害可通过喷洒百菌清或退菌特等控制。

2　材用研究

刺楸的材质坚硬，纹理美观，具光泽，而且其胶接和油漆性能良好，为我国珍贵的用材树种，适宜作造纸原料、建筑用材、室内装修装饰及工艺美术品等。另外，其木材声衰减率大，导热系数低，是减震和隔热保温的好材料。

3　园林绿化应用

刺楸叶大干直，树形美观，具有较强的滞尘防污、抗氯气的功能，是当前重要的园林绿化树种之一，常作行道树、庭院绿化树种。同时，由于其抗逆性强，并具有较好的水土涵养能力，也是低矮山岭地区的重要造林树种。

4　林业经济应用

刺楸嫩芽是具有独特风味的山野菜珍品，具有很高的营养价值和保健作用。刺楸嫩芽中含有丰富的蛋白质、粗纤维以及钙、镁及锌、铁、β-胡萝卜素等元素，部分含量高于白菜和菠菜，是一种营养价值较高且污染较少的天然绿色食品，也是具有独特风味的山野菜珍品。

5 药用研究

刺楸始载于明代朱棣所著的《救荒本草》，其后，在汪连仕的《采药书》和清代赵学敏编著的《本草纲目拾遗》中均有记载，其根皮、茎皮、花、叶都可以入药。临床用于治疗类风湿性关节炎、腰膝疼痛，外用跌打损伤。

【繁殖方法】

1 播种育苗

①种子采集及处理：刺楸果实为浆果状核果，当有60%以上的果实由黄绿色转蓝黑色时应及时采摘。采集果实应摊放于阴凉处阴干，后先将果实用30~40℃的温水浸泡2~3d，随后捞出拌以草木灰或烧碱用半硬物件反复揉搓去皮，用清水漂洗干净，捞出控水阴干备用。经过100~120d沙藏，然后再用100~200mg/kg赤霉素处理沙藏过的种子。

②圃地选择：苗圃地应选择在地势平坦，排灌方便，土层深厚，土壤肥沃，地下水位在2m以下的沙壤土或壤土地。

③整地作床：要求育苗地床面平整，土壤细碎，上虚下实，便于排水，苗床用高床或平畦均可。每亩施30~50kg硫酸亚铁进行土壤消毒，用0.5kg甲基1605拌毒土翻入苗床杀灭地下害虫。

④播种：播种时间以地区气候确定，如果用地膜覆盖或拱棚覆盖，播种时间可提前至2月下旬至3月上旬。垄床种植以条播为主，行距20~30cm，播幅3~5cm，播后覆盖细土0.5cm厚；平畦种植则以撒播为好，先将畦床浇透水，待畦内水分下渗后随即撒入种子，上覆0.3~0.5cm的细沙土、腐熟牛马粪、蛭石或锯末等，播后加盖覆盖物，保持床面湿润，每亩播量10kg左右；后期做好水肥管理。

2 插根育苗

①整地作床：对选好的圃地进行精耕细作和施肥，床高15~20cm，床面宽50~60cm，床沟宽30~40cm，并按前述方法对苗床消毒和杀虫。

②种根选择及采集：用于刺楸育苗的种根最好是1~2年生苗木的根系，种根长度12~15cm，大头粗度0.8~1.5cm，采根部位紧靠根茎部为最好；从落叶到土壤冰冻之前或春季2~3月采挖均可，冬季采挖的种根要沙藏，春季采挖的种根可随采随埋。

③阳畦催根：于1月下旬至2月中旬，选背风向阳、排水良好处建造阳畦，用麦糠、牛粪与人粪尿的混合物作发热物，将种根大头朝上，种根上下及间隙用营养土隔离填充，浇透水，覆膜密封；种根底部温度保持在20~25℃，约经过1个月，大部分种根新根吐白时，即可移埋大田。该方法可以解决刺楸埋根发芽迟，出土不整齐的缺点。

④种根处理与埋根：埋根前用浓度为50~100mg/kg的ABT生根粉2号或吲哚丁酸（IBA）溶液浸泡种根12h，以2月下旬至3月上旬埋根最好，不同粗细的种根要分片种

植，以保证出苗和生长整齐，对新挖取的种根，应晾根1~2d，以防烂根；以直埋为好，先按株行距挖穴，将种根大头向上直立穴内，上端与地面平，再封5~10cm厚的土丘拍实即可。埋根密度以2220~3700株/亩为宜；埋根苗应特别注意对土壤湿度的控制，保持土壤湿度适中，且疏松透气。

3 留根育苗

①整地施肥：在刺楸苗木起挖后，整地前应每亩施入腐熟有机肥2000~3000kg，然后对圃地进行全面人工松土，深度10~15cm。

②当萌芽出土时要及时进行人工辅助松土，刺楸根蘖苗多是片状丛生的，在苗高10cm左右时，去弱留强，每亩留根蘖苗3000~5000株为宜，苗木的抚育管理定苗后，进行正常的水肥管理。

【保护建议】

1 就地保护

刺楸分布于雷公山保护区范围内，实行就地保护是最佳选择。根据刺楸的分布情况制定好巡护路线，生态护林员、天保护林员定期开展，一旦发现采挖移栽等违法行为，及时制止、查处，把损失降到最小，确保刺楸群落自然生长环境不受影响。

2 强化良种选育推广

保护为利用，以利用促保护。目前，尽管刺楸的繁育栽培技术渐趋完善，但良种缺乏，品种培育技术、高效繁育栽培技术、合理经营和采收利用技术等仍亟待开发和突破，而这些恰恰是刺楸产业化发展和可持续经营的技术关键。因此，应注重育种遗传资源的收集、评价研究，根据不同应用目标建立育种园，开展定向育种，并配套研发集成高效繁育栽培技术，实现刺楸产业化经营和利用，从而实现刺楸树种的可持续、全方位发展。

3 继续做好科普宣传

刺楸种质资源的减少主要原因是人为的破坏和干预，今后应当强化科普宣传，增强保护意识和自觉性，严格执行植物保护相关法律法规，减少人为原因对刺楸及其生存环境的影响。

华南桦

【保护等级及珍稀情况】

华南桦 *Betula austro-sinensis*，为桦木科桦木属 *Betula* 植物，是贵州省级重点保护树种。

【生物学特性】

华南桦为乔木，高达25m；树皮褐色、灰褐色或暗褐色，成块状开裂；枝条褐色或灰褐色，无毛；小枝黄褐色，初被淡黄色柔毛，瞬即无毛。叶厚纸质，长卵形、椭圆形、矩圆形或矩圆状披针形，长5~14cm，宽2~7cm，顶端渐尖至尾状渐尖，基部圆形或近心形，有时两侧不等，边缘具不规则的细而密的重锯齿，上面无毛或幼时疏被毛，下面密生

腺点，沿脉密被长柔毛，脉腋间具细髯毛，侧脉 12～14 对；叶柄长 1～2cm，粗壮，幼时密被白色长柔毛，后渐变无毛。果序单生，直立，圆柱状，长 2.5～6cm，直径 1.1～2.5mm；序梗短而粗，长 2～3（2～5）mm，大多被短柔毛；果苞长 8～13mm；背面密被短柔毛，边缘具短纤毛，脱落后常以纤维与序轴相连，中裂片矩圆披针形，顶端常具一束长纤毛，钝或渐尖，侧裂片矩圆形，微开展，长及中裂片 1/2。小坚果狭椭圆形或矩圆倒卵形，长 4～5mm，宽约 2mm，膜质翅宽为果的 1/2。小坚果具显明的膜质翅，果苞裂片也较宽而易与其他种相区别。

华南桦产于广东、广西、湖南、贵州、云南、四川；生于海拔 1000～1800m 之山顶或山坡杂木林中；模式标本采自广西临桂。

【应用价值】

华南桦功效：利水通淋，清热解毒。主治：淋症、水肿、疮毒。

【资源特性】

华南桦分布于雷公山保护区的雷公坪、雷公山和冷竹山等地；生长在海拔 1000～1800m 的常绿落叶阔叶混交林中；分布面积为 3780hm^2，共有 28760 株。

【研究进展】

经查阅相关文献，仅有罗伯良在关于阔叶林区的采伐更新——莽山林场采育结合的一些做法中提到在海拔 1300m 以下避风处宜栽华南桦等材质优良树种，未见有对华南桦其他方面相关的研究报道。

【繁殖方法】

通过查阅资料，未见华南桦繁殖方法方面的相关报道。

青钱柳

【保护等级及珍稀情况】

青钱柳 *Cyclocarya paliurus*（Batal.）Iljinsk，俗称摇钱树、青钱李、山化树、山麻柳等，为胡桃科 Juglandaceae 青钱柳属 *Cyclocarya* 植物，是中国特有种，被誉为“植物界的大熊猫”，为贵州省级重点保护树种。

【生物学特性】

青钱柳落叶乔木，高达 30m，枝裸芽具柄，密被锈褐色腺鳞，枝条髓部薄片状分隔；奇数羽状复叶长 20（～25）cm，具（5）7～9（11）小叶，叶柄长 3～5cm；小叶长椭圆状卵形或宽披针形，长 5～14cm，基部歪斜，宽楔形或近圆，具锐锯齿，上面被腺鳞，下面被灰色及黄色腺鳞，侧脉 10～16 对，沿脉被短柔毛，下面脉腋具簇生毛；雌雄同株，雌、雄花序均葇荑状，花期 4～5 月；果具短柄，果翅革质，圆盘状，直径 2.5～6cm，被腺鳞，顶端具宿存花被片，果期 7～9 月。

青钱柳分布于长江以南地区，分布广泛，主要分布江西、浙江、安徽、江苏、福建、台湾、湖北、四川、贵州、云南等 13 个省份，海拔为 420～2500m 的山地、沟谷或石灰岩

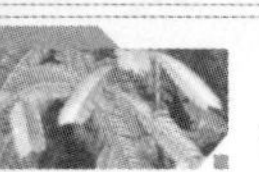

山地区；在贵州分布于兴仁、安龙、册亨、贞丰、普安、绥阳、惠水、印江（梵净山）、榕江、雷山等县，混生于海拔 850~1800m 的山地常绿林中。

【应用价值】

青钱柳属于典型的珍贵树种，具有较高的经济价值。青钱柳生长快、树形优美、干形通直、可塑性强，是很好的园林绿化树种。青钱柳材质好、纹理交错、有光泽、木材轻软，容易加工，属于家具良材。研究表明青钱柳的枝、根含有的有机酸、黄铜、三萜等成分具有降血糖、血压、血脂和胆固醇的功效，具有较高的药用价值，是很好的天然保健食品资源，被医学界称为“天然胰岛素”。此外，青钱柳叶中含有较高的铁、锌、铜等元素，常被制成青钱柳茶饮用，具有减肥、抗衰老、抗肿瘤、抗过敏、清热解毒、提高免疫力、促进人体新陈代谢等功效。

通过走访调查区内群众，雷公山地区苗族同胞对青钱柳利用主要是采集青钱柳叶子加工成青钱柳茶叶和青钱柳酒。而由于雷公山地区青钱柳野外分布及年产量有限，当地苗族同胞及合作社（公司）等还将青钱柳进行人工培育，青钱柳苗木产业已初具规模，如贵州雷山老倪青钱柳开发有限公司主要从事青钱柳种植、加工、生产及销售；技术研发及食品包装；保健用品、消毒用品批零兼营；货物进出口业务等。在访问中，小丹江管理站辖区一名群众还将青钱柳不同时期采集的青钱柳茶叶的口感进行了尝试探索，发现在秋季稻谷成熟前后采集的叶子制成的青钱柳茶叶口感更佳，效果更好。

【资源特性】

1 研究方法

在雷公山保护区青钱柳天然分布区域设置典型样地 2 个（表 5-84）。

表 5-84 雷公山保护区青钱柳样地概况

样地号	群落类型	海拔（m）	坡度（°）	坡位	坡向	土壤类型
Y1	青钱柳、光枝楠群落	1000	40	中部	东	黄壤
Y2	青钱柳、亮叶桦群落	980	35	中部	东南	黄壤

2 资源分布情况

青钱柳分布于雷公山保护区的雀鸟、格头、毛坪、小丹江、昂英、桥歪、桃江等地；生长在海拔 700~1700m 的常绿落叶阔叶混交林中；分布面积为 11130hm^2，共有 23950 株。

3 种群及群落特征

3.1 空间分布格局

雷公山保护区两个样地青钱柳在各样方调查统计结果见表 5-85。

表 5-85 雷公山保护区样方中青钱柳分布实际个体数　单位：株

样地号	样方 1	样方 2	样方 3	样方 4	样方 5	样方 6	样方 7	样方 8	样方 9	样方 10	总数	$\sum(x-m)^2$
Y1	1	1	0	0	2	0	0	0	7	0	11	43.3
Y2	2	2	0	0	1	2	0	0	0	0	7	8.5
合计											18	51.8

由表 5-85 可知，雷公山保护区青钱柳种群的分散度 $S^2=2.7263$。每个样方平均青钱柳个体数 $m=0.9$，可见 $S^2>m$，说明雷公山保护区青钱柳种群呈集群型，且种群个体极不均匀，呈局部密集型。

在踏查中发现，雷公山保护区青钱柳种群个体分布极不均匀，表现在常绿阔叶落叶混交林中有零星单株分布，且分布的单株都是大树，常成群、成簇、成块或成斑点状密集分布。总体而言，雷公山保护区青钱柳种群空间分布类型是以集群型为主，零星分布为辅。

3.2 生境特征

青钱柳多生长在海拔 500~2500m 的山区、溪谷或石灰岩山地的森林中，喜光，幼苗稍耐阴，土壤类型多为黄壤，要求土壤深厚、肥沃湿润；萌芽力强，耐修剪，生长中速。从调查结果来看，雷公山青钱柳常与长穗桑、光叶石楠 *Photiniaglabra*、野茉莉、棠叶悬钩子、粗糠柴、十字苔草、狗脊等伴生。

3.3 群落物种组成

通过对 Y1 样地物种调查统计，Y1 样地群落物种共有维管束植物 53 科 71 属 93 种（表 5-86）。其中，蕨类植物 4 科 5 属 5 种，裸子植物 2 科 2 属 2 种，被子植物中双子叶植物 36 科 51 属 70 种，单子叶植物 11 科 13 属 16 种。

统计可得 Y2 样地群落物种共有维管束植物 45 科 63 属 66 种（表 5-87）。其中，蕨类植物 7 科 8 属 8 种，裸子植物 0 种，被子植物中双子叶植物 33 科 48 属 50 种，单子叶植物 5 科 7 属 8 种。

表 5-86 雷公山保护区 Y1 样地青钱柳群落组成信息

植物类群		组成统计（个）		
		科数	属数	种数
蕨类植物		4	5	5
裸子植物		2	2	2
被子植物	双子叶植物	36	51	70
	单子叶植物	11	13	16
合计		53	71	93

表 5-87 雷公山保护区 Y2 样地青钱柳群落组成信息

植物类群		组成统计（个）		
		科数	属数	种数
蕨类植物		7	8	8
裸子植物		0	0	0
被子植物	双子叶植物	33	48	50
	单子叶植物	5	7	8
合计		45	63	66

由表 5-86 和表 5-87 可得，Y1 样地科属种数量分别比 Y2 的多 8 科 8 属 27 种，说明 Y1 样地的物种组成和生态系统比 Y2 样地复杂，资源数量更加丰富。Y2 样地中，未出现裸子植物，但蕨类植物中 Y2 样地相较于 Y1 样地科属种分别多 3 科 3 属 3 种，这可能与 Y2 样地海拔有关，该样地海拔为 980m，相较于 Y1 样地低了 20m，主要的群落为常绿落叶混交林，更有利于蕨类植物的生长。

3.4 优势科属种分析

对本次调查的两个样地进行优势科属种关系统计，取含有 2 个属或 2 个种以上的科为优势科统计，将含 2 个种以上的属为优势属，分别统计得出表 5-88 至表 5-91。

表 5-88 雷公山保护区青钱柳群落 Y1 样地优势科统计信息

序号	科名	属数/种数（个）	占本样地总属/种数的比例（%）	序号	科名	属数/种数（个）	占本样地总属/种数的比例（%）
1	山茶科 Theaceae	2/7	2.82/7.53	11	禾本科 Poaceae	2/2	2.82/2.15
2	蔷薇科 Rosaceae	2/6	2.82/6.45	12	胡桃科 Juglandaceae	2/2	2.82/2.15
3	兰科 Orchidaceae	2/5	2.82/5.38	13	鳞毛蕨科 Dryopteridaceae	2/2	2.82/2.15
4	山矾科 Symplocaceae	1/5	1.41/5.38	14	木通科 Lardizabalaceae	2/2	2.82/2.15
5	樟科 Lauraceae	4/5	5.63/5.38	15	槭树科 Aceraceae	1/2	1.41/2.15
6	壳斗科 Fagaceae	3/3	4.23/3.23	16	清风藤科 Sabiaceae	1/2	1.41/2.15
7	木兰科 Magnoliaceae	3/3	4.23/3.23	17	忍冬科 Caprifoliaceae	2/2	2.82/2.15
8	葡萄科 Vitaceae	3/3	4.23/3.23	18	五加科 Araliaceae	1/2	1.41/2.15
9	百合科 Liliaceae	1/2	1.41/2.15	19	紫金牛科 Myrsinaceae	2/2	2.82/2.15
10	杜鹃科 Ericaceae	1/2	1.41/2.15		合计	37/59	52.16/63.46

表 5-89 雷公山保护区青钱柳群落 Y2 样地优势科统计信息

序号	科名	属数/种数（个）	占本样地总属/种数的比例（%）	序号	科名	属数/种数（个）	占本样地总属/种数的比例（%）
1	樟科 Lauraceae	5/5	7.94/7.58	8	鳞毛蕨科 Dryopteridaceae	2/2	3.17/3.03
2	百合科 Liliaceae	3/4	4.76/6.06	9	木通科 Lardizabalaceae	2/2	3.17/3.03

（续）

序号	科名	属数/种数（个）	占本样地总属/种数的比例（%）	序号	科名	属数/种数（个）	占本样地总属/种数的比例（%）
3	蔷薇科 Rosaceae	3/3	4.76/4.55	10	葡萄科 Vitaceae	2/2	3.17/3.03
4	桑科 Moraceae	3/3	4.76/4.55	11	槭树科 Aceraceae	1/2	1.59/3.03
5	卫矛科 Celastraceae	2/3	3.17/4.55	12	山茱萸科 Cornaceae	2/2	3.17/3.03
6	野茉莉科 Styracaceae	2/2	3.17/3.03	13	荨麻科 Urticaceae	2/2	3.17/3.03
7	菊科 Asteraceae	2/2	3.17/3.03	合计	31/34	49.17/51.53	

表 5-90　雷公山保护区青钱柳 Y1 样地优势属种统计信息

排序	属名	种数（种）	占本样地总种数的比例（%）	排序	属名	种数（种）	占本样地总种数的比例（%）
1	泡花树属 Meliosma	6	6.45	7	鹅耳枥属 Carpinus	2	2.15
2	山矾属 Symplocos	5	5.38	8	木姜子属 Litsea	2	2.15
3	悬钩子属 Rubus	5	5.38	9	槭属 Acer	2	2.15
4	兰属 Cymbidium	3	3.23	10	山茶属 Camellia	2	2.15
5	菝葜属 Smilax	2	2.15	11	虾脊兰属 Calanthe	2	2.15
6	杜鹃花属 Rhododendron	2	2.15		合计	33	35.49

表 5-91　雷公山保护区青钱柳 Y2 样地优势属种统计信息

排序属名	种数（种）	占本样地总种数的比例（%）	排序	属名	种数（种）	占本样地总种数的比例（%）
1　槭属 Acer	2	3.03	3	沿阶草属 Ophiopogon	2	3.03
2　卫矛属 Euonymus	2	3.03		合计	6	9.09

由表 5-88 和表 5-90 中 Y1 样地的科属种关系可知，单科植物在 5 种及以上的有山茶科、蔷薇科 、兰科、山矾科、樟科共 5 科；单科植物在2~4 种的有壳斗科 Fagaceae、木兰科 Magnoliaceae 等 14 科，占比为 26.42%。群落中属最多的科为樟科，共 4 个属，占总属数的 5.63%。属中超过 5 种的仅有泡花树属 6 种，占 6.45%，5 种的属有山矾属和悬钩子属，占 5.38%。进一步分析可知，Y1 样地单属单种植物科最多，为 34 科，占 64.15%；单种植物属的占比相当大，共 60 属，占 84.51%。

由表 5-89 和表 5-91 可知，Y2 样地仅樟科植物有 5 属 5 种，科占比为 2.22%，单科植物含 2~4 种的有百合科、蔷薇科、桑科、卫矛科等 12 个科，科占比为 26.67%，单属单种植物科 32 科，占总科数的 71.11%。群落物种多为单属单种植物有 60 种，占总属数的 95.24%，含 2 种的属只有槭属、卫矛属、沿阶草属 *Ophiopogon* 3 种，只占总属数的 4.76%。

3.5 重要值分析

3.5.1 Y1、Y2样地乔木层重要值分析

整理调查样方数据，按照重要值大小排序得到Y1、Y2样地乔木层重要值（表5-92、表5-93）。

表5-92 雷公山保护区青钱柳Y1样地乔木层重要值

种名	相对密度	相对优势度	相对频度	重要值	重要值序
青钱柳 *Cyclocarya paliurus*	13.92	35.95	8.51	58.39	1
杉木 *Cunninghamia lanceolata*	16.46	10.92	12.7	40.14	2
山樱花 *Cerasus serrulata*	10.13	20.77	8.52	39.41	3
水青冈 *Fagus longipetiolata*	8.86	5.20	6.38	20.45	4
枳椇 *Hovenia acerba*	5.06	8.88	6.38	20.33	5
赤杨叶 *Alniphyllum fortunei*	3.79	2.52	4.25	10.57	6
桂南木莲 *Manglietia conifera*	5.06	1.05	4.25	10.37	7
山矾 *Symplocos sumuntia*	3.79	0.73	4.25	8.78	8
多花山矾 *Symplocos ramosissima*	3.79	0.66	4.25	8.72	9
贵定桤叶树 *Clethra delavayi*	2.53	1.34	4.25	8.13	10
暖木 *Meliosma veitchiorum*	2.53	0.43	4.25	7.22	11
白檀 *Symplocos paniculata*	3.79	0.20	2.12	6.13	12
亮叶桦 *Betula luminifera*	1.26	2.60	2.12	5.99	13
青榨槭 *Acer davidii*	2.53	1.14	2.12	5.81	14
多脉榆 *Ulmus castaneifolia*	2.53	0.22	2.12	4.88	15
深山含笑 *Michelia maudiae*	1.265	1.38	2.12	4.80	16
灰柯 *Lithocarpus henryi*	1.26	1.32	2.12	4.71	17
南酸枣 *Choerospondias axillaris*	1.26	0.79	2.12	4.18	18
光叶山矾 *Symplocos lancifolia*	1.26	0.71	2.12	4.11	19
毛棉杜鹃 *Rhododendron moulmainense*	1.26	0.68	2.12	4.07	20
川杨桐 *Adinandra bockiana*	1.26	0.54	2.12	3.94	21
大叶新木姜子 *Neolitsea levinei*	1.26	0.42	2.12	3.80	22
云贵鹅耳枥 *Carpinus pubescens*	1.26	0.42	2.12	3.82	23
红柴枝 *Meliosma oldhamii*	1.26	0.39	2.12	3.79	24
红豆杉 *Taxus chinensis*	1.26	0.32	2.12	3.71	25
中华槭 *Acer sinense*	1.26	0.30	2.12	3.70	26
合计	100.00	100.00	100.00	300.00	

表5-93 雷公山保护区青钱柳Y2样地乔木层重要值

种名	相对密度	相对优势度	相对频度	重要值	重要值序
青钱柳 *Cyclocarya paliurus*	8.43	52.91	10.81	72.15	1
光枝楠 *Phoebe neuranthoides*	27.71	8.85	18.92	55.48	2
野茉莉 *Styrax japonicus*	19.27	11.31	13.51	44.10	3
长穗桑 *Morus wittiorum*	13.25	7.28	10.81	31.34	4

（续）

种名	相对密度	相对优势度	相对频度	重要值	重要值序
尾叶樟 *Cinnamomum foveolatum*	8.43	5.08	8.11	21.62	5
狭叶润楠 *Machilus rehderi*	6.02	2.59	8.11	16.72	6
灯台树 *Cornus controversa*	2.40	2.29	5.41	10.10	7
中华槭 *Acer sinense*	2.40	1.58	2.70	6.69	8
南酸枣 *Choerospondias axillaris*	1.20	2.42	2.70	6.33	9
青榨槭 *Acer davidii*	1.20	2.42	2.70	6.33	10
细齿叶柃 *Eurya nitida*	2.41	0.30	2.70	5.41	11
粗糠柴 *Mallotus philippinensis*	2.41	0.27	2.70	5.39	12
赤杨叶 *Alniphyllum fortunei*	1.20	1.36	2.70	5.26	13
红皮木姜子 *Litsea pedunculata*	1.20	0.61	2.70	4.51	14
山樱花 *Cerasus serrulata*	1.20	0.42	2.70	4.32	15
青冈 *Cyclobalanopsis glauca*	1.20	0.27	2.70	4.17	16
合计	100.00	100.00	100.00	300.00	

由表5-92和表5-93可知，两个样地乔木层重要值最大的树种均为青钱柳，分别为58.39和72.15，处于优势树种中建群种。Y1样地乔木层重要值大于该样地乔木层重要值平均值（11.54）的有4种分别为杉木（40.14）、山樱花（39.41）、水青冈（20.45）、枳椇（20.33）。Y2样地乔木层重要值大于该样地乔木层重要值平均值（18.75）的有4种，分别为光枝楠（55.48）、野茉莉（44.10）、长穗桑（31.34）、云南樟（21.62）。Y1、Y2样地乔木层优势树种重要值分别占乔木层总重要值的59.57%、74.90%，在各样地乔木层中占据主导地位，其他树种占次要地位。

3.5.2 Y1、Y2样地灌木层重要值分析

根据调查数据整理，计算灌木层各物种重要值，按照重要值大小排序得到Y1、Y2样地灌木层重要值表（表5-94、表5-95）。

表5-94 雷公山保护区青钱柳Y1样地灌木层重要值

种名	相对盖度	相对频度	重要值	重要值序
常春藤 *Hedera sinensis*	16.95	5.75	22.70	1
棠叶悬钩子 *Rubus malifolius*	10.65	5.75	16.40	2
山地杜茎山 *Maesa montana*	9.44	5.75	15.19	3
穗序鹅掌柴 *Schefflera delavayi*	6.05	4.60	10.65	4
菝葜 *Smilax china*	4.84	4.60	9.44	5
黄丹木姜子 *Litsea elongata*	4.12	3.45	7.57	6
黄泡 *Rubus pectinellus*	4.12	3.45	7.57	7
五月瓜藤 *Holboellia angustifolia*	3.87	3.45	7.32	8
尖叶毛柃 *Eurya acuminatissima*	2.91	3.45	6.36	9

(续)

种名	相对盖度	相对频度	重要值	重要值序
油茶 *Camellia oleifera*	2. 42	3. 45	5. 87	10
黄杞 *Engelhardtia roxburghiana*	2. 18	3. 45	5. 63	11
罗浮栲 *Castanopsis faberi*	2. 18	3. 45	5. 63	12
南方荚蒾 *Viburnum fordiae*	3. 15	2. 30	5. 45	13
异叶榕 *Ficus heteromorpha*	1. 45	3. 45	4. 90	14
西南红山茶 *Camellia pitardii*	2. 18	2. 3	4. 48	15
老鼠矢 *Symplocos stellaris*	0. 97	3. 45	4. 42	16
西南绣球 *Hydrangea davidii*	2. 42	1. 15	3. 57	17
山矾 *Symplocos sumuntia*	2. 42	1. 15	3. 57	18
花椒簕 *Zanthoxylum scandens*	1. 21	2. 30	3. 51	19
淡红忍冬 *Lonicera acuminata*	0. 97	2. 30	3. 27	20
桃叶珊瑚 *Aucuba chinensis*	0. 97	2. 30	3. 27	21
八角枫 *Alangium chinense*	0. 73	2. 30	3. 03	22
毛花猕猴桃 *Actinidia eriantha*	0. 73	2. 30	3. 03	23
溪畔杜鹃 *Rhododendron rivulare*	1. 21	1. 15	2. 36	24
水青冈 *Fagus longipetiolata*	1. 21	1. 15	2. 36	25
细枝柃 *Eurya loquaiana*	1. 21	1. 15	2. 36	26
黄脉莓 *Rubus xanthoneurus*	1. 21	1. 15	2. 36	27
毛叶木姜子 *Litsea mollis*	0. 73	1. 15	1. 88	28
细齿叶柃 *Eurya nitida*	0. 73	1. 15	1. 88	29
狭叶润楠 *Machilus rehderi*	0. 73	1. 15	1. 88	30
红凉伞 *Ardisia crenata* var. *bicolor*	0. 73	1. 15	1. 88	31
红柴枝 *Meliosma oldhamii*	0. 73	1. 15	1. 88	32
疏花卫矛 *Euonymus laxiflorus*	0. 48	1. 15	1. 63	33
南五味子 *Kadsura longipedunculata*	0. 48	1. 15	1. 63	34
乌蔹莓 *Cayratia japonica*	0. 48	1. 15	1. 63	35
尾叶悬钩子 *Rubus caudifolius*	0. 48	1. 15	1. 63	36
刺叶冬青 *Ilex bioritsensis*	0. 48	1. 15	1. 63	37
藤黄檀 *Dalbergia hancei*	0. 48	1. 15	1. 63	38
巴东胡颓子 *Elaeagnus difficilis*	0. 48	1. 15	1. 63	39
三叶木通 *Akebia trifoliata*	0. 24	1. 15	1. 39	40
周毛悬钩子 *Rubus amphidasys*	0. 24	1. 15	1. 39	41
柔毛菝葜 *Smilax chingii*	0. 24	1. 15	1. 39	42
贵定桤叶树 *Clethra delavayi*	0. 24	1. 15	1. 39	43
云广粗叶木 *Lasianthus japonicus* subsp. *longicaudus*	0. 24	1. 15	1. 39	44
合计	100. 00	100. 00	200. 00	

表 5-95　雷公山保护区青钱柳 Y2 样地灌木层重要值

种名	相对盖度	相对频度	重要值	重要值序
扶芳藤 *Euonymus fortunei*	32.26	3.03	35.29	1
紫麻 *Oreocnide frutescens*	10.32	12.12	22.44	2
常春藤 *Hedera sinensis*	12.90	6.06	18.96	3
棠叶悬钩子 *Rubus malifolius*	5.16	9.09	14.25	4
南五味子 *Kadsura longipedunculata*	3.87	6.06	9.93	5
圆锥绣球 *Hydrangea paniculata*	6.45	3.03	9.48	6
五月瓜藤 *Holboellia angustifolia*	2.58	6.06	8.64	7
三叶木通 *Akebia trifoliata*	2.58	6.06	8.64	8
西域旌节花 *Stachyurus himalaicus*	5.16	3.03	8.19	9
小叶女贞 *Ligustrum quihoui*	1.29	6.06	7.35	10
刺叶冬青 *Ilex bioritsensis*	3.23	3.03	6.26	11
杜茎山 *Maesa japonica*	1.94	3.03	4.97	12
楮 *Broussonetia kazinoki*	1.94	3.03	4.97	13
香叶树 *Lindera communis*	1.94	3.03	4.97	14
粗糠柴 *Mallotus philippinensis*	1.29	3.03	4.32	15
豆腐柴 *Premna microphylla*	1.29	3.03	4.32	16
桃叶珊瑚 *Aucuba chinensis*	1.29	3.03	4.32	17
大芽南蛇藤 *Celastrus gemmatus*	1.29	3.03	4.32	18
淡红忍冬 *Lonicera acuminata*	0.65	3.03	3.68	19
裂果卫矛 *Euonymus dielsianus*	0.65	3.03	3.68	20
贵州榕 *Ficus guizhouensis*	0.65	3.03	3.68	21
异叶爬山虎 *Parthenocissus heterophylla*	0.65	3.03	3.68	22
三裂蛇葡萄 *Ampelopsis delavayana*	0.65	3.03	3.68	23
合计	100.00	100.00	200.00	

由表 5-94 可知，Y1 样地中灌木层物种重要值排在前 5 位的分别为常春藤（22.70）、棠叶悬钩子（16.40）、山地杜茎山（15.19）、穗序鹅掌柴（10.65）、菝葜（9.44），常春藤在该样地灌木层中重要值最大，为灌木层优势树种。由表 5-95 可知，Y2 样地物种重要值排在前 5 位的分别为扶芳藤（35.29）、紫麻（22.44）、常春藤（18.96）、棠叶悬钩子（14.25）、南五味子（9.93），扶芳藤在 Y2 样地灌木层中重要值最大，比紫麻大 12.85，为 Y2 样地灌木层中的相对优势树种。进一步分析发现，两个样地灌木层中常春藤的重要值都很高，说明两个样地的生境条件比较相近。

3.5.3　5 Y1、Y2 样地草本层重要值分析

根据调查数据整理，计算得到草本层各物种重要值，并按照重要值大小排序得到 Y1、Y2 样地草本层重要值表（表 5-96、表 5-97）。

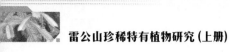

表 5-96　雷公山保护区青钱柳 Y1 样地草本层重要值

种名	相对盖度	相对频度	重要值
十字苔草 *Carex cruciata*	14.63	10.53	25.16
山姜 *Alpinia japonica*	6.10	7.89	13.99
狗脊 *Woodwardia japonica*	7.32	5.26	12.58
斜方复叶耳蕨 *Arachniodes amabilis*	9.76	7.89	11.36
黑鳞耳蕨 *Polystichum makinoi*	4.88	5.26	10.14
淡竹叶 *Lophatherum gracile*	4.88	5.26	10.14
五节芒 *Miscanthus floridulus*	6.10	2.63	8.73
艾纳香 *Blumea balsamifera*	2.44	5.26	7.70
薯蓣 *Dioscorea polystachya*	2.44	5.26	7.70
春兰 *Cymbidium goeringii*	4.88	2.63	7.51
里白 *Diplopterygium glaucum*	4.88	2.63	7.51
绞股蓝 *Gynostemma pentaphyllum*	3.66	2.63	6.29
透茎冷水花 *Pilea pumila*	3.66	2.63	6.29
三褶虾脊兰 *Calanthe triplicata*	2.44	2.63	5.07
矮桃 *Lysimachia clethroides*	2.44	2.63	5.07
蕙兰 *Cymbidium faberi*	2.44	2.63	5.07
豆瓣兰 *Cymbidium serratum*	2.44	2.63	5.07
虾脊兰 *Calanthe discolor*	2.44	2.63	5.07
宽叶金粟兰 *Chloranthus henryi*	2.44	2.63	5.07
一把伞南星 *Arisaema erubescens*	2.44	2.63	5.07
竹叶吉祥草 *Spatholirion longifolium*	1.22	2.63	3.85
瘤足蕨 *Plagiogyria adnata*	1.22	2.63	3.85
三叶崖爬藤 *Tetrastigma hemsleyanum*	1.22	2.63	3.85
多花黄精 *Polygonatum cyrtonema*	1.22	2.63	3.85
三裂蛇葡萄 *Ampelopsis delavayana*	1.22	2.63	3.85
七叶一枝花 *Paris polyphylla*	1.22	2.63	3.85
合计	100.00	100.00	200.00

由表 5-96 可知，Y1 样地中草本层重要值最大的为十字苔草（25.16），占草本层 12.58%，为该样地草本层优势种，重要值大于 10 的分别为山姜（13.99）、狗脊（12.58）> 斜方复叶耳蕨 *Arachniodes amabilis*（11.36）、黑鳞耳蕨 *Polystichum makinoi*、淡竹叶（10.14），占该样地草本层重要值的 41.69%。Y2 样地中草本层重要值最大的为血水草（57.90），占 28.95%，重要值大于 10 的血水草、鸢尾（12.71），且血水草重要值比鸢尾高 45.19，说明 Y2 样地草本层中血水草占据主导地位，其他为次要地位。

由表 5-97 可得，Y2 样地乔灌草三层的优势物种分别为青钱柳、常春藤、血水草，Y2 样地为青钱柳群系，同理可得 Y1 样地为青钱柳群系，且两个样地生境特征相近，均为以乔灌草为主的典型复层林群落。

表 5-97　雷公山保护区青钱柳 Y2 样地草本层重要值

种名	相对盖度	相对频度	重要值
血水草 *Eomecon chionantha*	50. 21	7. 69	57. 90
鸢尾 *Iris tectorum*	5. 02	7. 69	12. 71
山姜 *Alpinia japonica*	3. 35	5. 13	8. 48
里白 *Diplopterygium glaucum*	2. 93	5. 13	8. 06
斜方复叶耳蕨 *Arachniodes amabilis*	2. 93	5. 13	8. 06
三脉紫菀 *Aster trinervius* subsp. *ageratoides*	2. 51	5. 13	7. 64
金线草 *Antenoron filiforme*	2. 51	5. 13	7. 64
江南星蕨 *Microsorum fortunei*	4. 18	2. 56	6. 75
花莛苔草 *Carex scaposa*	1. 26	5. 13	6. 38
剑叶卷柏 *Selaginella xipholepis*	1. 26	5. 13	6. 38
狗脊 *Woodwardia japonica*	3. 35	2. 56	5. 91
如意草 *Viola arcuata*	3. 35	2. 56	5. 91
大百合 *Cardiocrinum giganteum*	2. 09	2. 56	4. 66
楼梯草 *Elatostema involucratum*	2. 09	2. 56	4. 66
麦冬 *Ophiopogon japonicus*	2. 09	2. 56	4. 66
井栏边草 *Pteris multifida*	1. 26	2. 56	3. 82
青牛胆 *Tinospora sagittata*	1. 26	2. 56	3. 82
川鄂粗筒苣苔 *Briggsia rosthornii*	1. 26	2. 56	3. 82
沿阶草 *Ophiopogon bodinieri*	1. 26	2. 56	3. 82
绞股蓝 *Gynostemma pentaphyllum*	0. 84	2. 56	3. 40
宽叶金粟兰 *Chloranthus henryi*	0. 84	2. 56	3. 40
杜若 *Pollia japonica*	0. 84	2. 56	3. 40
对马耳蕨 *Polystichum tsus-simense*	0. 84	2. 56	3. 40
蛇莓 *Duchesnea indica*	0. 84	2. 56	3. 40
碗蕨 *Dennstaedtia scabra*	0. 42	2. 56	2. 98
藿香 *Agastache rugosa*	0. 42	2. 56	2. 98
兔儿风蟹甲草 *Parasenecio ainsliiflorus*	0. 42	2. 56	2. 98
七叶一枝花 *Paris polyphylla*	0. 42	2. 56	2. 98
合计	100. 00	100. 00	200. 00

3. 6　物种多样性分析

采用 α 多样性分别计算 Y1、Y2 样地乔木层、灌木层、草本层生物多样性指数(表 5-98 至表 5-100)。

由表 5-98 可知，Y1 样地乔木层物种丰富度（*S*）为 26，Y2 样地乔木层物种丰富度为 16。两个样地乔木层中，Simpson 指数（*D*）、Shannon-Wiener 指数（H_e'）、Pielou 指数

（J_e）三个指数均表现出 Y1 样地大于 Y2 样地，其中 Simpson 指数（D）Y1 样地比 Y2 样地高 0.0456，Shannon－Wiener 指数（H_e'）Y1 样地比 Y2 样地高 0.4734，相差最大，Pielou 指数（J_e）Y1 样地比 Y2 样地高 0.0271，两者相近。由此可知，两样地乔木层 Simpson 指数（D）、Shannon-Wiener 指数（H_e'）、Pielou 指数（J_e）三个指数随着物种丰富度 S 的增加而增加，其中 Shannon-Wiener 指数（H_e'）增加值最大，多样性越丰富。

表 5-98　雷公山保护区 Y1、Y2 样地乔木层生物多样性指数

样地号	S	d	d_{Ma}	λ	D	D_r	H_e'	H_2'	J_e
Y1	26	5.6154	8.8268	0.0696	0.9304	14.3678	2.8583	4.1237	0.8873
Y2	16	4.1667	3.2572	0.1152	0.8848	8.6806	2.3849	3.4407	0.8602

表 5-99 可知，灌木层中，Y1 样地物种丰富度指数为 41，Y2 样地物种丰富度为 22。两个样地灌木层多样性指数都表现为 Shannon-Wiener 指数（H_e'）>Simpson 指数（D）> Pielou 指数（J_e）。由表 10 可知，虽然 Y1 样地和 Y2 样地物种丰富度相差近 1 倍，但两个样地灌木层 Simpson 指数（D）和 Pielou 指数（J_e）相差不大，说明灌木层 Simpson 指数（D）和 Pielou 指数（J_e）随丰富度指数（S）增加而增大，但关系不密切。而两个样地灌木层 Shannon-Wiener 指数（H_e'）表现为相差 0.603，说明灌木层中随着 S 增加，Shannon-Wiener 指数（H_e'）增大较快，呈现正相关关系。

表 5-99　雷公山保护区 Y1、Y2 样地灌木层生物多样性指数

样地号	S	d	d_{Ma}	λ	D	D_r	H_e'	H_2'	J_e
Y1	41	16.6	9.0522	0.0217	0.9783	46.0829	3.5431	5.1116	0.9541
Y2	22	8.5	5.9551	0.0339	0.9661	29.4985	2.9401	4.2417	0.9511

由表 5-100 可知，Y1 样地草本层物种丰富度为 26，小于 Y2 样地草本层物种丰富度（28）。而两个样地草本层中，Simpson 指数（D）、Shannon-Wiener 指数（H_e'）、Pielou 指数（J_e）三个指数均表现为 Y1 样地大于 Y2 样地，说明在草本层中，Simpson 指数（D）、Shannon-Wiener 指数（H_e'）、Pielou 指数（J_e）与物种丰富度指数值的关系不明显。实际调查中 Y1 样地草本层所有物种个体总数为 39 株，Y2 样地为 322 株，由表 11 可知 Y1 样地草本层 Simpson 指数（D）比 Y2 样地草本层 Simpson 指数（D）大，Y1 样地草本层中各个物种的分布更为均匀。

表 5-100　雷公山保护区 Y1、Y2 样地草本层生物多样性指数

样地号	S	d	d_{Ma}	λ	D	D_r	H_e'	H_2'	J_e
Y1	26	7.8000	6.8240	0.0283	0.9717	35.2858	3.1105	4.4875	0.9547
Y2	28	2.3676	4.6757	0.1983	0.8017	5.0429	2.3783	3.4311	0.7137

由图 5-30 可知，Y1 样地的乔、灌、草三个层次中 Simpson 指数（D）、Shannon－Wiener 指数（H_e'）、Pielou 指数（J_e）均比 Y2 样地三个层次高，说明 Y1 样地的物种丰富

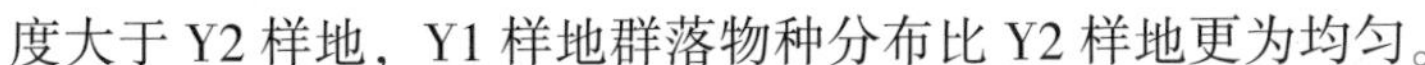
度大于 Y2 样地，Y1 样地群落物种分布比 Y2 样地更为均匀。

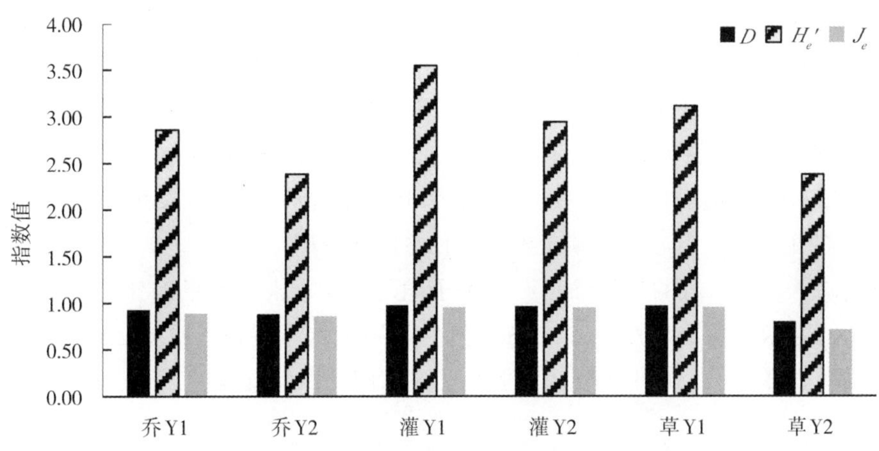

图 5-30　雷公山保护区青钱柳群落样地物种多样性指数

Y1 样地 Simpson 指数（D）和 Shannon-Wiener 指数（H_e'）均表现为灌木层>草本层>乔木层，说明 Y1 样地灌木层植物数量相对集中在少数物种，优势种较为明显，物种多样性最丰富；而 Y1 样地 Pielou 指数（J_e）则表现为草本层>灌木层>乔木层，说明 Y1 样地群落草本层中各物种分布更为均匀。

Y2 样地 Simpson 指数（D）、Shannon-Wiener 指数（H_e'）、Pielou 指数（J_e）均表现为灌木层>乔木层>草本层，说明了大部分灌木层植物的数量相对集中于少数物种，灌木层优势树种较为明显，而乔木层优势树种并不明显，且灌木层中各物种分布更为均匀。

【研究进展】

通过查阅资料，关于青钱柳的研究开始于 20 世纪 70 年代，但对其理化成分及药理作用研究则起始于 20 世纪 80 年代中期。目前，国内外对青钱柳的研究主要为资源分布及生长环境群落结构、生物学特性级专利分析、开发利用价值及产业发展、青钱柳植株中微量元素含量测定分离鉴定及化合物提取工艺，各化合物成分药理研究、种子育苗、幼苗管理、花的发芽规律、青钱柳人工培育技术、青钱柳扦插繁殖技术、栽培技术、苗木管理技术和丰产技术、青钱柳组织培养技术以及产品开发等方面。而对青钱柳种子休眠机理、组织培养、遗传形状改良等方面还有待进一步加大研究。柳誉等对青钱柳+杉木林混交林中青钱柳平均木、亚优势木的生长过程分析，将青钱柳生长过程划分成 4 个时期，即幼林生长期（1~3 年）、速生期（4~14 年）、干材生长期（15~26 年）、成熟期（26 年以后），为了解青钱柳生长过程和合理经营、抚育间伐等提供了可靠的理论依据。

【繁殖方法】

1　播种育苗

①采种：采集时间因地而异，一般为 9 月前后，当种子由青色转黄绿色即可采摘。采下的种子可于阴凉处摊凉几天，晒干后搓碎果翅，扬净，除去杂质，剩下的坚硬果实即为纯净种子。

②种子贮藏：选择河沙混沙贮藏，沙子湿度以手捏成团，放开即散为佳。河沙颗粒不宜太细，以增加透气性，忌用泥沙。将沙子和种子拌匀，然后推放于阴凉处，面上加盖1层沙子，不能露出种子。沙藏的种子最好每月翻动1~2次，保持沙子轻度湿润，要沙藏1年后播，播种时间以2月初播种为佳，最迟不宜超过2月底。

③苗床准备：选择开阔避风且水源充足，排水良好的沙土或壤土稻田作为苗床。整地时施100kg/亩磷肥作底肥即可。整地时用8kg/亩硫酸亚铁进行土壤消毒。分厢后苗床表面铺5cm厚的黄心土，黄心土必须是细土，扫平床面待用。

④播种方法：将沙藏的种子筛出，将种子均匀密撒于准备好的苗床上。种子播好后，用细小黄心土覆盖，盖土厚度1~1.5cm，然后再用锯木屑覆盖，厚度2cm左右；种子播好后，用竹条做弧形拱，竹拱上先盖农膜再盖遮阳网，以保温保湿。膜、网围压实，防风吹散。

⑤后期管理：要经常揭开农膜观察，若土壤干燥应及时补水；做好病虫害防治，防病可用波尔多液或敌克松防治，杀虫可用辛硫磷喷施或浇灌。

2 扦插育苗

①采穗母株处理：于每年2月前将采穗母株从25cm处剪断。

②扦插接穗处理：剪取4~8月生长旺盛的枝条，剪去叶片，剪成长12~15cm且带有2个芽眼以上的短穗。按照上下顺序，每50枝扎成一捆，然后将底端部分（3~5cm）置于1000倍吲哚丁酸稀释液中浸泡4h，取出稍晾干药液后即可扦插。

③扦插基质处理：取深层松软的黄心土铺在已平整的畦面上，厚度要求在10~15cm，平整压实。

④扦插与苗床管理：将经生根剂处理的插穗按照5cm×10cm株行距进行扦插，扦插深度5~8cm。扦插后及时喷淋2次透水，使插穗与基质紧密结合。同时，在畦面上搭建竹棚，盖上尼龙薄膜。育苗期间基质1cm以下为湿润状态时不用浇水。小苗新生根木质化以后，及时揭去尼龙薄膜，并在叶面上喷施0.5%磷酸二氢钾，也可结合浇水喷施低浓度（0.5%~1.0%）尿素液。

3 组织培养

①外植体处理：用青钱柳的成熟种子作试材，饱和洗衣粉浸泡30min后，以流水洗干净；再用70%酒精浸泡30min、0.2%$HgCl_2$浸泡20min，无菌水冲洗5~6遍；无菌水浸泡3d，充分吸水膨胀，临接种的前晚换0.1%$HgCl_2$，浸泡12h，正式接种前以70%酒精浸泡1h、0.2%$HgCl_2$浸泡20min，无菌水冲洗5遍，沥干备用。

②离体胚培养消毒后的种子在无菌条件下剥取离体胚，立即接入培养基（6.5g/L琼脂+30g/L蔗糖，pH值为5.8），胚轴与培养基平行放置。

③丛生芽诱导增殖培养切取带有3片真叶以上、高1.5~2.0cm的无菌芽苗进行丛生芽诱导增殖，每瓶接种一株无菌芽苗，每隔40d继代一次。丛生芽诱导增殖培养基可选用6.5g/L琼脂+30g/L蔗糖+0.5mg/L 6-BA或WPM培养基+0.5mg/L 6-苄氨基嘌呤（6-BA）+0.01mg/L吲哚丁酸（IBA）+30g/L蔗糖。

④壮苗培养在 WPM 吲哚丁酸+1.0mg/L 吲哚丁酸 6-BA+0.01mg/L 吲哚丁酸 IBA+30g/L 蔗糖的培养基中添加 0.1mg/L 烯效唑能抑制苗高，抑制丛生分化，促使苗径增粗。

⑤生根诱导在 1/2 WPM+1.0mg/L IBA+20g/L 蔗糖生根诱导培养基上暗培养 15d，再转入 1/2 WPM+20g/L 蔗糖继续培养 1 周，能够诱导出不定根，诱导率为 23.33%。

【保护建议】

一是加大野生种群的保护。如加大对青钱柳野生种群采叶、采挖等违法犯罪行为的打击力度，从而促进雷公山保护区内野生青钱柳种群的就地保护。

二是合理人工干扰促进野生青钱柳自然更新生长。如对青钱柳母树及周围的植被进行适当清除，以满足幼苗幼树阳光需求，有利于青钱柳种群的生长发展。

三是加大青钱柳人工繁殖技术研究。如进一步加大青钱柳种子育苗、扦插、嫁接、组织培养、建立人工繁育基地等，尤其是加大对青钱柳组织培养方面技术研究，以期破解青钱柳组织培养研究方面的相关技术难题。

银鹊树

【保护等级及珍稀情况】

银鹊树 *Tapiscia sinensis* Oliv.，俗称瘿椒树、银雀树、瘿漆树，属省沽油科银鹊树属 *Tapiscia*，是古老树种，为第三纪古热带的孑遗植物，是贵州省级重点保护树种，是我国特有种。

【生物学特性】

银鹊树为落叶乔木，高 8~15m，树皮灰黑色或灰白色，小枝无毛；芽卵形。奇数羽状复叶，互生，长达 30cm；小叶 5~9 片，狭卵形或卵形，长 6~14cm，宽 3.5~6cm，基部心形或近心形，边缘具锯齿，两面无毛或仅背面脉腋被毛，上面绿色，背面带灰白色，密被近乳头状白粉点；侧生小叶柄短，顶生小叶柄长达 12cm。圆锥花序腋生，雄花与两性花异株，雄花序长达 25cm，两性花的花序长约 10cm，花小，长约 2mm，黄色，有香气；两性花花萼钟状，长约 1mm，浅裂 5 个；花瓣 5 个，狭倒卵形，比萼稍长；雄蕊 5 个，与花瓣互生，伸出花外；子房 1 室，有 1 个胚珠，花柱长过雄蕊；雄花有退化雌蕊。果序长达 10cm，核果近球形或椭圆形，熟时紫黑色，长达 7mm。

银鹊树分布于贵州、云南、四川、湖南、湖北、江西、福建、浙江、安徽、陕西、广西等省份；在贵州主要分布于三都、独山、凯里、榕江、黄平、安龙、息峰、纳雍、雷山、黎平等地。

【应用价值】

1 材用价值

银鹊树材质具有干后不开裂不变形、纹理通直、结构细致、质轻软的特点，是制作胶合板、火柴盒及火柴梗、文具用品、一般雕刻和牙签、纤维工业用材、建筑门窗和室内装修、箱柜箱盒及包装、一般家具和农具用材等的优良的用材树种。

2 观赏价值

树干通直，高耸挺拔，树冠开阔，枝叶茂盛、树形优美，花黄色、有香气，秋叶黄灿，春夏青翠，果紫色，是园林绿化上优良的观叶、观果树种。

3 药用价值

叶可入药，树皮可作纤维原料。

【资源特性】

1　研究方法

1.1　样地设置与调查方法

在雷公山保护区银鹊树天然分布区域设置典型样地 5 个（表 5-101）。

表 5-101　雷公山保护区银鹊树群落样地基本情况

样地编号	小地名	海拔（m）	坡度（°）	坡向	坡位	经度	纬度	土壤类型
YD1	石灰河	1040	35	东南	中部	108°17′49.92″E	26°29′11.71″N	黄壤
YD2	乔歪 1	1070	40	东北	中下部	108°16′45.21″E	26°16′45.44″N	黄壤
YD3	苦里冲	1240	35	东南	中部	108°10′39.51″E	26°16′47.58″N	黄壤
YD4	乔歪 2	1400	35	东南	上部	108°16′20.10″E	26°16′01.28″N	黄棕壤
YD5	雷公山 26 公里	1800	35	东南	中上部	108°10′39.51″E	26°16′47.58″N	黄棕壤

1.2　径级划分

研究采用“空间替代时间”的方法，将银鹊树按胸径大小划分为 8 个等级：Ⅰ级（$BD<5$cm）、Ⅱ级（5cm$\leq BD<$10cm）、Ⅲ级（10cm$\leq BD<$15cm）、Ⅳ级（15cm$\leq BD<$20cm）、Ⅴ级（20cm$\leq BD<$25cm）、Ⅵ级（25cm$\leq BD<$30cm）、Ⅶ级（30cm$\leq BD<$35cm）、Ⅷ级（35cm$\leq BD<$40cm）。

2　资源分布情况

银鹊树广泛分布于雷公山保护区内各村；生长在海拔 1000～1800m 的针叶林、针阔混交林和阔叶林中；分布面积为 5980hm^2，共有 19010 株。

3　种群及群落特征

3.1　不同海拔银鹊树群落样地对比分析

通过计算银鹊树群落各个样地重要值，得出不同海拔银鹊树群落类型（表 5-102）可知，在海拔最高的 YD5 中，银鹊树重要值排第 1，在群落中为优势种；在 YD1、YD2、YD3、YD4 样地中，银鹊树的重要值分别排在第 5、第 3、第 6、第 5 位，说明在 1000～1400m 海拔高度的群落中银鹊树优势不明显；而在 YD2 中银鹊树的重要值排在第 3 位，相比于 YD1、YD3、YD4 靠前，且在 YD2 中的物种种数相较于其他 4 个样地较多，是因为人为活动频繁与修公路使样地植被遭到破坏，从而使喜阳树种入侵，物种丰富。

从表 5-102 中各样地科、属、种数量可知，不同海拔高度银鹊树群落中的物种丰富度随海拔的升高呈减少的趋势，个别群落物种丰富度不符此规律，是因为人为干扰破坏等因素导致。

表 5-102　雷公山保护区不同海拔银鹊树群落样地对比分析

样地编号	海拔（m）	群落类型	科/属/种（个）	银鹊树重要值序
YD1	1040	紫楠+紫麻+赤车群落	60/83/97	5
YD2	1070	马尾树+西南绣球+楼梯草群落	69/93/115	3
YD3	1240	杉木+锦带花+冷水花群落	56/80/89	6
YD4	1400	十齿花+大乌泡+求米草群落	50/69/88	5
YD5	1800	银鹊树+狭叶方竹+锐齿楼梯草群落	47/64/76	1

3.2　种群空间分布格局

通过分别计算各样地银鹊树种群分散度（图 5-31），可知，在样地 YD1 中，$0<S^2<m$，是因为乔木层郁闭度大于 0.9，下层光线严重不足，对于银鹊树的喜阳特性，当有幼苗幼树时通过自然选择被淘汰，另一个原因是银鹊树种子的胚根具休眠特性，具有超长的有性生殖周期，天然更新困难，因而在该样地接近于随机型分布。而在 YD2、YD4、YD5 中 $S^2>$m，银鹊树种群呈集群型分布，个体分布极不均匀；而在 YD3 中，$S^2=m$，原因是在整个样地内银鹊树只有 1 株，无幼树幼苗，是偶见种，因此银鹊树在该群落中呈现随机型分布；综合 5 个样地计算出雷公山保护区内银鹊树种群的分散度（S^2）为 2.74，50 个小样方的平均银鹊树个体数（m）为 0.88 个，$S^2>m$，呈现集群型分布，个体分布极不均匀。

因此，结合实际调查情况分析：在雷公山保护区内银鹊树种群整体呈现集群型分布，个体分布相对不均匀。个别银鹊树种群呈随机型分布，是因为银鹊树在群落中属于偶见种或者群落受人为干扰等原因所致。

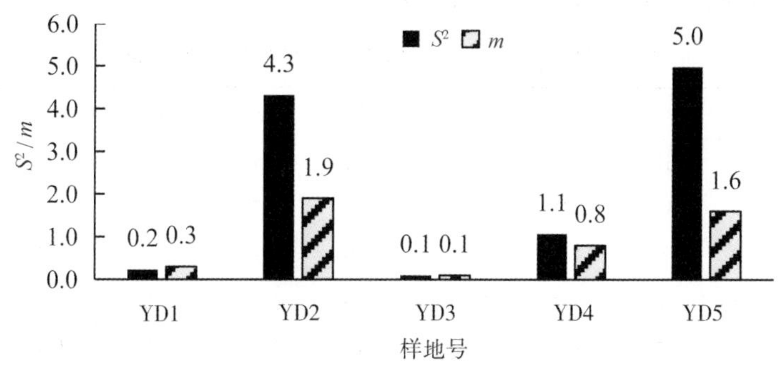

图 5-31　雷公山保护区各样地银鹊树种群分散度

3.3　径级结构

通过对银鹊树种群的径级结构统计，可以直观反映出该种群的更新特征。从图 5-32 中可以看出，银鹊树种群结构呈金字塔形。银鹊树种群个体数在Ⅰ～Ⅱ径级的幼苗幼树最多（31 株），占个体总数的 70.45%，在Ⅲ～Ⅶ径级的中龄个体（12 株）占个体总数的 27.27%，Ⅷ径级的老龄个体有且只有 1 株，说明在雷公山保护区内银鹊树属于增长型种群。

Ⅱ径级幼树个体数远大于Ⅰ径级幼苗个体数，这是因为种子结实存在大小年所致。

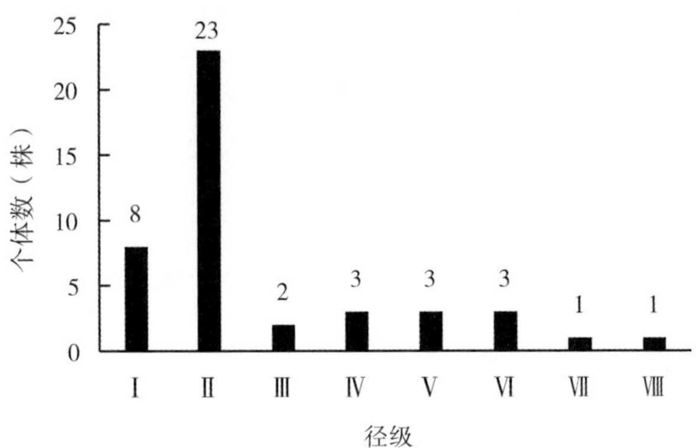

图 5-32　雷公山保护区银鹊树种群径级结构

3.4　静态生命特征

由表 5-103 可知，银鹊树种群个体数量随着径级结构的增加呈现先增大后减小再增大再减小的趋势，而种群个体存活数 l_x 和标准化存活数 $\ln l_x$ 随着径级的增加逐渐减小；从 x 到 $x+1$ 径级间隔期内标准化死亡数 d_x 呈现先下降后上升再减小的趋势，其 d_x 在Ⅰ、Ⅱ径级时出现最大值为 492；从 x 到 $x+1$ 龄级种群死亡率 q_x 呈现先增大后急剧减小再增大再减小的趋势，而在Ⅱ～Ⅲ径级 q_x 最大，为 0.750，明显大于其他径级，说明银鹊树种群在演替过程中该龄级个体最容易死亡而被淘汰；从 x 到 $x+1$ 龄级存活个体数 L_x 随龄级的增加呈现逐渐减小的趋势；个体期望寿命 e_x 随径级的增加呈现先逐渐升高后逐渐降低趋势；损失度 K_x 随径级的增加整体呈现先急剧上升后急剧下降再上升再急剧下降的趋势，其损失度 K_x 在Ⅲ径级最低为 0.118，在Ⅱ径级最高为 1.237。

表 5-103　雷公山保护区银鹊树种群静态生命表

龄级	径级（cm）	A_x	a_x	l_x	$\ln l_x$	d_x	q_x	L_x	T_x	e_x	K_x
Ⅰ	0～5	8	61	1000	6.908	492	0.492	754	828	1.098	0.677
Ⅱ	5～10	23	31	508	6.231	361	0.710	328	500	1.525	1.237
Ⅲ	10～15	2	9	148	4.994	16	0.111	139	361	2.588	0.118
Ⅳ	15～20	3	8	131	4.876	16	0.125	123	238	1.933	0.134
Ⅴ	20～25	3	7	115	4.743	16	0.143	107	131	1.231	0.154
Ⅵ	25～30	3	6	98	4.589	49	0.500	74	57	0.778	0.693
Ⅶ	30～35	1	3	49	3.895	16	0.333	41	16	0.400	0.405
Ⅷ	35～40	1	2	33	3.490						

注：各龄级取径级下限。

3.4.1　*存活曲线*

按 Deevey 生存曲线划分为 3 种基本类型：Ⅰ型为凸型的存活曲线，表示种群几乎所有个体都能达到生理寿命；Ⅱ型为成对角线形的存活曲线，表示各年龄期的死亡率是相等的；Ⅲ型为凹型的存活曲线，表示幼期的死亡率很高，随后死亡率低而稳定。以径级（相对龄级）为横坐标，以 $\ln l_x$ 为纵坐标做出银鹊树种群存活曲线（图 5-33），标准化存活数

lnl_x随着径级的增加整体呈现逐渐减小的趋势，说明在雷公山保护区内银鹊树种群的存活曲线趋近于 Deevey-Ⅱ型。

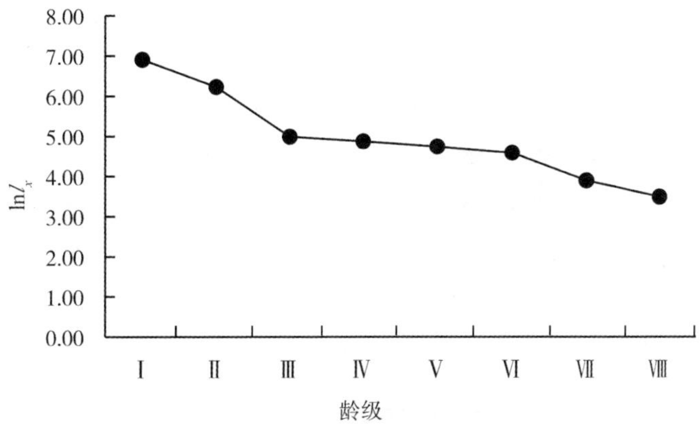

图 5-33　雷公山保护区银鹊树种群存活曲线

3.4.2　死亡率和损失度曲线

以径级为横坐标，以各龄级的死亡率和损失度为纵坐标绘制死亡率和损失度曲线（图 5-34）。银鹊树死亡率 q_x 和损失度 K_x 曲线变化趋势一致，均呈现先上升后急剧下降再平缓到急剧上升再急剧下降的趋势，由此可知，银鹊树种群个体数量具有前期短暂急剧减少，中期存在急剧增加再平稳减少到急剧减少，后期急剧减少的特征。

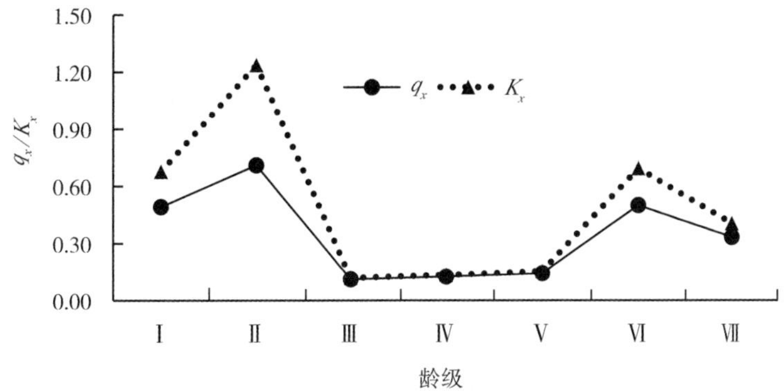

图 5-34　雷公山保护区银鹊树种群死亡率和损失度曲线

3.5　重要值分析

森林群落在不同的演替阶段，物种组成、数量等各个方面都会发生一定的变化，而这种变化最直接的体现就是构成群落物种的重要值的变化。在研究区域内，将各个银鹊树群落看成一个整体群落进行重要值分析，银鹊树群落乔木层、灌木层、草本层种类组成及重要值见表 5-104，分别取群落中重要值大于 5 的物种。

在银鹊树群落中，乔木层共有 76 种，重要值大于 5 的有 17 种，其中银鹊树重要值最大，为 29.13，其次是十齿花，为 26.11，其后分别是马尾树、枫香树、紫楠、银木荷、小花香槐，它们的重要值分别为 11.57、10.68、9.53、9.28、9.10；乔木层物种重要值大于该群落乔木层平均重要值（3.95）的有25种，占总种数的32.89%；可见，在银鹊树群落乔木层中，以银鹊树为主，以十齿花、马尾树、枫香树、紫楠、银木荷、小花香槐为辅，银鹊树处于优势地位，其次为十齿花。灌木层中，共有127种，重要值大于5的有14种，其中狭叶方竹重要值最大，为55.30，为优势种，其次为空心泡、紫麻、高粱泡 *Rubus lambertianus*、锦带花重要值分别为10.25、9.15、8.56、8.31；灌木层物种重要值大于该层平均重要值（2.36）的有28种，占总种数的22.05%；可见，灌木层中狭叶方竹占绝对优势，空心泡、紫麻、高粱泡等次之。草本层中，共有124种，重要值大于5的有14种，其中求米草重要值最大，为19.40，其次为三脉紫菀、赤车、五节芒重要值分别为15.82、15.82、11.45；草本层物种重要值大于该层平均重要值（2.42）的有38种，占总种数的29.92%；可见，草本层中求米草为主，以三脉紫菀、赤车、五节芒等为辅。

表5-104　雷公山保护区银鹊树群落各层种类组成及重要值

各层排序	层次	种名	重要值	各层排序	层次	种名	重要值
1	乔木层	银鹊树 *Tapiscia sinensis*	29.13	7	灌木层	贵定桤叶树 *Clethra delavayi*	7.51
2	乔木层	十齿花 *Dipentodon sinicus*	26.11	8	灌木层	大乌泡 *Rubus pluribracteatus*	7.42
3	乔木层	马尾树 *Rhoiptelea chiliantha*	11.57	9	灌木层	常山 *Dichroa febrifuga*	6.59
4	乔木层	枫香树 *Liquidambar formosana*	10.68	10	灌木层	菝葜 *Smilax china*	5.95
5	乔木层	紫楠 *Phoebe sheareri*	9.53	11	灌木层	西南绣球 *Hydrangea davidii*	5.84
6	乔木层	银木荷 *Schima argentea*	9.28	12	灌木层	木莓 *Rubus swinhoei*	5.79
7	乔木层	小花香槐 *Cladrastis delavayi*	9.10	13	灌木层	棠叶悬钩子 *Rubus malifolius*	5.56
8	乔木层	杉木 *Cunninghamia lanceolata*	7.99	14	灌木层	常春藤 *Hedera sinensis*	5.17
9	乔木层	光叶水青冈 *Fagus lucida*	7.92	1	草本层	求米草 *Oplismenus undulatifolius*	19.40
10	乔木层	青榨槭 *Acer davidii*	7.61	2	草本层	三脉紫菀 *Aster trinervius* subsp. *ageratoides*	15.82
11	乔木层	香果树 *Emmenopterys henryi*	7.60	3	草本层	赤车 *Pellionia radicans*	15.82
12	乔木层	亮叶桦 *Betula luminifera*	6.72	4	草本层	五节芒 *Miscanthus floridulus*	11.45
13	乔木层	暖木 *Meliosma veitchiorum*	6.64	5	草本层	深绿卷柏 *Selaginella doederleinii*	9.91
14	乔木层	红麸杨 *Rhus punjabensis* var. *sinica*	6.37	6	草本层	黄金凤 *Impatiens siculifer*	8.60
15	乔木层	雷公山槭 *Acer leigongsanicum*	6.32	7	草本层	骤尖楼梯草 *Elatostema cuspidatum*	8.20
16	乔木层	山鸡椒 *Litsea cubeba*	5.97	8	草本层	楼梯草 *Elatostema involucratum*	7.47
17	乔木层	野桐 *Mallotus tenuifolius*	5.34	9	草本层	冷水花 *Pilea notata*	7.12
1	灌木层	狭叶方竹 *Chimonobambusa angustifolia*	55.30	10	草本层	六叶葎 *Galium asperuloides* subsp. *hoffmeisteri*	6.88
2	灌木层	尾叶悬钩子 *Rubus caudifolius*	10.25	11	草本层	锦香草 *Phyllagathis cavaleriei*	6.20
3	灌木层	紫麻 *Oreocnide frutescens*	9.15	12	草本层	十字苔草 *Carex cruciata*	5.95
4	灌木层	高粱泡 *Rubus lambertianus*	8.56	13	草本层	水芹 *Oenanthe javanica*	5.39
5	灌木层	锦带花 *Weigela florida*	8.31	14	草本层	剑叶耳草 *Hedyotis caudatifolia*	5.09
6	灌木层	中华猕猴桃 *Actinidia chinensis*	7.94				

3.6 群落树种组成

银鹊树群落中共有维管束植物 109 科 209 属 298 种（图 5-35），其中，蕨类植物有 11 科 20 属 27 种，裸子植物有 2 科 2 属 2 种；被子植物中单子叶植物有 15 科 26 属 31 种，双子叶植物有 81 科 161 属 238 种。由此可知，在雷公山保护区分布的银鹊树群落中双子叶植物的物种数量占据绝对优势。

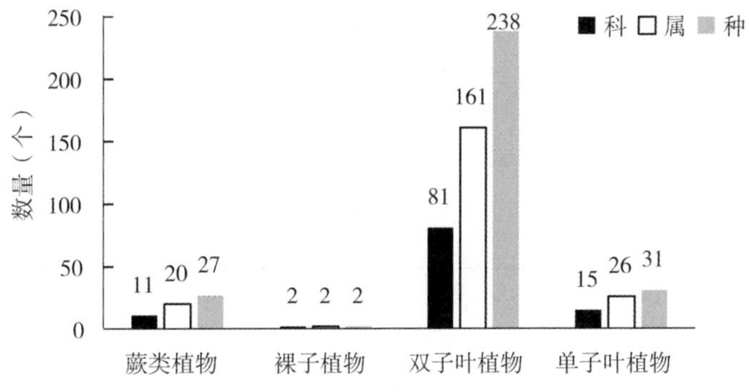

图 5-35 雷公山保护区银鹊树群落物种组成

3.7 优势科属种分析

在研究区域的样地中，取科含 5 种以上和属含 3 种以上的统计所得（表 5-105）。含 20 种以上的科有蔷薇科（23 种），为优势科；含 10～20 种的科有樟科（14 种）、菊科（12 种）、荨麻科（11 种）；含 5～10 种的科有鳞毛蕨科（8 种）、百合科（7 种）、茜草科（7 种）、山茶科（7 种）等 15 科；其余含 4 种的有 8 科，含 3 种的有 10 科，含 2 种的有 19 科；仅含 1 种的有 54 科，占总科数的 49.54%。属种关系中，种最多的属为悬钩子属（16 种），其次为山矾属（7 种），为银鹊树群落优势属；含 1 种的属有 163 属，占总属数的 77.99%。由此可见，雷公山保护区分布的银鹊树群落优势科属明显，群落科属组成复杂，物种丰富，物种主要集中在含 1 种的科与含 1 种的属内。

表 5-105 雷公山保护区银鹊树群落科属种数量关系

排序	科名	属数/种数（个）	占总属/种数的比例（%）	排序	属名	种数（种）	占总属/种数的比例（%）
1	蔷薇科 Rosaceae	6/23	2.87/7.72	1	悬钩子属 *Rubus*	16	5.37
2	樟科 Lauraceae	6/14	2.87/4.70	2	山矾属 *Symplocos*	7	2.35
3	菊科 Asteraceae	9/12	4.31/4.03	3	槭属 *Acer*	6	2.01
4	荨麻科 Urticaceae	7/11	3.35/3.69	4	木姜子属 *Litsea*	5	1.68
5	鳞毛蕨科 Dryopteridaceae	4/8	1.91/2.68	5	堇菜属 *Viola*	4	1.34
6	百合科 Liliaceae	6/7	2.87/2.35	6	卫矛属 *Euonymus*	4	1.34
7	茜草科 Rubiaceae	7/7	3.35/2.35	7	楤木属 *Aralia*	3	1.01
8	山茶科 Theaceae	5/7	2.39/2.35	8	杜鹃花属 *Rhododendron*	3	1.01
9	山矾科 Symplocaceae	1/7	0.48/2.35	9	构属 *Broussonetia*	3	1.01
10	壳斗科 Fagaceae	3/6	1.44/2.01	10	荚蒾属 *Viburnum*	3	1.01
11	槭树科 Aceraceae	1/6	0.48/2.01	11	卷柏属 *Selaginella*	3	1.01

（续）

排序	科名	属数/种数（个）	占总属/种数的比例（%）	排序	属名	种数（种）	占总属/种数的比例（%）
12	五加科 Araliaceae	3/6	1.44/2.01	12	柃属 *Eurya*	3	1.01
13	蝶形花科 Papibilnaceae	5/5	2.39/1.68	13	楼梯草属 *Elatostema*	3	1.01
14	杜鹃花科 Ericaceae	3/5	1.44/1.68	14	猕猴桃属 *Actinidia*	3	1.01
15	漆树科 Anacardiaceae	3/5	1.44/1.68	15	润楠属 *Machilus*	3	1.01
16	伞形科 Apiaceae	5/5	2.39/1.68	16	绣球属 *Hydrangea*	3	1.01
17	桑科 Moraceae	2/5	0.96/1.68	17	樱属 *Cerasus*	3	1.01
18	忍冬科 Caprifoliaceae	2/5	0.96/1.68	18	鳞毛蕨属 *Dryopteris*	3	1.01
				19	珍珠菜属 *Lysimachia*	3	1.01
	合计	78/144	37.32/48.32		合计	81	27.18

3.8 物种多样性分析

银鹊树群落各样地物种丰富度（S）、Simpson 指数（D）、Shannon-Wiener 指数（H_e'）和 Pielou 指数（J_e）见表 5-106。

结合图 5-36 与表 5-106 可以看出，除乔木层外各样地灌木层、草本层物种丰富度波动幅度较大，在灌木层中，样地 YD2 的丰富度最大为 63，样地 YD4 次之为 49，其他各样地较为接近，是因为样地 YD2 临近乔歪公路，样地 YD4 在乔歪公路养蜂场边上，人为活动频繁与修公路使样地乔木层植被遭到破坏，导致物种丰富度偏高；而在草本层中，样地 YD3 物种丰富度最大，为 48，样地 YD1 次之为 43，其他各样地较为接近，是因为样地 YD3、样地 YD1 都处在溪沟旁，水热条件丰富，受人为干扰较少，较其他 3 个样地而言更适宜草本层植被的生长，从而导致物种丰富度偏高。

表 5-106 雷公山保护区银鹊树群落样地物种多样性指数、均匀度指数、丰富度比较

层级	物种多样性指数	样地编号				
		YD1	YD2	YD3	YD4	YD5
乔木层	S	25	30	19	21	20
	D	0.95	0.90	0.93	0.76	0.93
	H_e'	2.93	2.71	2.62	2.10	2.73
	J_e	0.91	0.80	0.89	0.69	0.91
灌木层	S	32	63	25	49	24
	D	0.89	0.96	0.89	0.96	0.25
	H_e'	2.78	3.65	2.63	3.45	0.75
	J_e	0.79	0.88	0.82	0.88	0.24
草本层	S	43	30	48	22	33
	D	0.91	0.92	0.95	0.86	0.90
	H_e'	3.03	2.83	3.41	2.32	2.70
	J_e	0.80	0.82	0.87	0.75	0.76

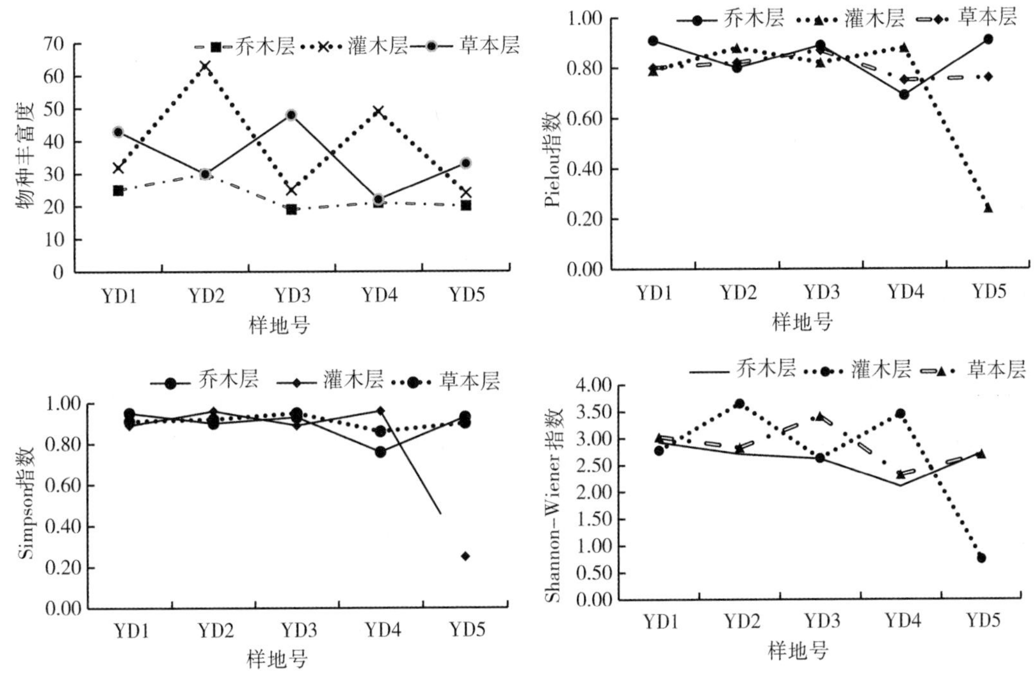

图 5-36　雷公山保护区银鹊树群落不同样地物种多样性指数、均匀度、丰富度比较

由图 5-36 可知，各样地物种多样性指数 D、H_e'以及均匀度指数 J_e 在其样地乔木层、灌木层、草本层中变化趋势一致。在 5 个样地中，灌木层中物种多样性指数 D、H_e'以及均匀度指数（J_e）在样地 YD2、YD4 中最为突出，且在样地 YD2、YD4 中 Simpson 指数（D）（0.96）、均匀度指数（J_e）（0.88）分别相等，而 Shannon-Wiener 指数（H_e'）值分别为 3.65、3.45，也是在各样地灌木层中最大的两个值，是因人为活动频繁、修公路等不利因素影响使两个样地乔木层植被遭到破坏，导致其灌木层物种丰富度远高于其他样地灌木层所致。而在样地 YD1、YD2、YD3、YD4、YD5 的乔木层与草本层中，物种多样性指数 D、H_e'以及均匀度指数 J_e 随样地海拔的增加波动幅度较小，但在样地 YD5 灌木层中，多样性指数 D、H_e'以及均匀度指数 J_e，相较于前面 4 个样地出现较大幅度波动，且相比于前面 4 个样地灌木层中多样性指数 D、H_e'以及均匀度指数 J_e 都最小，是因为在该群落灌木层中狭叶方竹处于绝对优势地位，重要值（157.61）占该样地灌木层重要值的 52.54%，且在该样地乔木层中银鹊树占优势，有大量的壮树、老树出现，群落发展比较成熟，可能处于演替后期，达到了顶级或亚顶级状态体，但群落整体上仍然处于相对稳定状态。

【研究进展】

通过查阅相关文献资料，国内外对银鹊树的解剖学、传粉生态学、繁殖生物学、细胞学、种群特征与群落结构等方面都有研究。

解剖学方面：对银鹊树的解剖学研究较多，研究结果表明银鹊树木材为非叠生型，导管类型为梯状穿孔板，轴向薄壁细胞为聚翼傍管薄壁细胞组织；根的内皮层为 1 层椭圆形

细胞，无明显的凯氏带，初生木质部和初生韧皮部中无纤维，初生茎的表皮细胞排列紧密，具有单细胞毛、多细胞毛和腺毛，表皮细胞外无角质层；总叶柄中维管束在横切面上排成不连续的圆环，除韧皮部外方具有比茎更发达的纤维束外，其他构造与茎相同，在横切面上排成半圆形，近轴面维管束排列平坦。

传粉生态学方面：吕文对银鹊树的传粉生物学和维持策略进行研究表明，银鹊树为功能性雄全异株，雄株的存在是权衡两性植株上同时进行的两种生命形态花和果实的生长，为该居群提供雄性相对适合度高的花粉两性花的雄蕊为该物种提供繁殖保障，同时为传粉者提供报酬。

繁殖生物学方面：陶金川等用电子叶间歇喷雾扦插育苗，生根率达 90%以上；王跃跃对银鹊树两性花的花粉发育异常进行了研究，麻力对雄全异株植物银鹊树花果同期发育的性别分配进行了研究；周佑勋等对银鹊树种子休眠和萌发特性方面研究发现胚根具休眠特性。滕丽等对银鹊树超长生殖周期中的越冬策略研究发现，子房壁和花托表面形成类似周皮的次生保护组织，花托膨大并向下延伸包围果柄，与裸露的子房形成了一个“越冬复合体”。刘文哲等对银鹊树超长有性生殖周期的观察发现，超长生殖周期形成的主要原因是合子长时间休眠。

细胞学方面：韦虹宇等对银鹊树胚性愈伤组织诱导和胚性细胞悬浮培养的最佳培养条件进行研究，初步建立了银鹊树胚性细胞悬浮系与植株再生体系；陈发菊等在银鹊树胚性愈伤组织继代培养过程中发现，胚性愈伤组织细胞在染色体水平上发生部分变异；张博等对银鹊树体细胞胚时期同工酶分析表明，体细胞胚胎发生过程中同工酶酶谱变化与其体细胞胚的发生和发育过程密切相关。

种群特征与群落结构方面：张记军等对银鹊树群落研究表明，该种群在湖南桃源洞自然保护区内属于顶级、亚顶级状态；廖进平等对银鹊树种群抵御风雪方面的研究表明，银鹊树受雪灾破坏严重的种群，幼苗、幼树数量严重不足，相反未受破坏的样地中则低龄级个体充足，高度明显低于未受破坏的种群。

【繁殖方法】

1　播种育苗

①采种：银鹊树果实一般在 9~10 月成熟，当果皮由黄绿色转为黄红色时将果穗梗截下，薄摊阴凉通风处 2~3d，搓掉果肉，洗净、阴干；采用湿沙层积储藏，一般每隔 1 个月左右，筛出种子，调换新沙，重新沙藏，至翌年 2 月底，筛出种子，进行春播。

②苗床准备：需选择地形平坦、排灌方便、疏松肥沃的黄壤土作为苗床。于 12 月底前深耕耙细，深翻 25cm 以上，然后每公顷撒施腐熟农家肥 25000~30000kg，或腐熟菜籽饼 5000~8000kg，床宽 120cm、高 20~30cm，沟宽 40cm。翻深的同时撒入硫酸亚铁或呋喃丹 30~50kg，以便杀灭地下害虫，消毒杀菌。

③播种：播种的时间 2 月下旬为好，播种方法一般采用条播，条沟不宜太深，3~4cm 为好，沟与沟间距 25~30cm，每条沟播种子 25~30 粒，播种后覆盖 2~3cm 焦泥灰，最后

覆盖一层稻草抑制杂草生长，并能起到保湿和保温的作用。

④苗期管理：做好除草、间苗、移苗、补苗、施肥，病虫害防治每公顷用呋喃丹30~50kg进行撒施，其余叶面害虫的危害，可用胃毒剂农药进行灭杀。

2　扦插繁殖

选取生长健壮、发育充实、无病虫害、再生能力强、当年萌发的嫩枝在扦插池进行繁殖试验，扦插基质主要为蛭石或珍珠岩；扦插前对扦插池进行深翻，用0.3%~0.5%高锰酸钾溶液消毒，插穗长12~15cm，采用径切方式，插穗要做到随采集随处理；选用NAA、911生根素和ABT生根粉等3种不同的激素及浓度浸泡0.5h，然后扦插；结果显示911生根素500mg/L生根效果最好，且成本最低。

3　组织培养

①材料处理：取银鹊树幼果在洗洁净液中用软刷洗，然后用洗洁净液浸泡30min，接着用流动水冲洗2h，之后在超净工作台上用75%酒精溶液消毒1min，无菌水漂洗1次，再用0.1%$HgCl_2$溶液消毒15min，无菌水漂洗5次。在超净台上用手术刀将果皮纵向切开，挑出未成熟种子，再将种子中的未成熟子叶胚用手术刀和镊子配合挑出。

②胚性愈伤组织的诱导：将挑出的子叶胚培养在添加在1.0mg/L 2,4-D、0.5g/L活性炭的MS（Murashige and Skoog，1962）培养基上，培养基中添加3g/L蔗糖和0.8g/L琼脂。用0.1mol/L HCl溶液和0.1mol/L NaOH溶液调节pH值至6.0，121℃灭菌20min。培养温度（25±2）℃，光照强度2000Lx，光照时间16h/d。

③胚性细胞悬浮体系的建立：将诱导得到的胚性愈伤组织放入150mL的三角瓶中，加入50mL添加了0.2mg/L 6-BA、0.05mg/L NAA和3g/L蔗糖的MS液体培养基。放在水平摇床上，以120rpm进行振荡培养，培养条件为温度（25±2）℃，光照强度1000Lx，光照时间16h/d。悬浮培养每15d继代1次，继代时用60目的尼龙网过筛处理，将过滤后的液体静置1~2h，然后弃去一半的上清液，再补入等量的新鲜培养基；将尼龙网筛上的细胞团倒入新的三角瓶，再倒入新鲜的培养基继续培养，连续培养一段时间后就能得到细胞大小均一、分散程度良好的小细胞团和单细胞。

④植株再生：经悬浮培养2~3代后，将获得的小细胞团转移到MS基本培养基上，在培养温度（25±2）℃、光照强度2000Lx、光照时间16h/d的条件下培养，使其增殖并促使体细胞胚的发育成熟并发芽，以获得完整植株。

【保护建议】

综合雷公山保护区内银鹊树种群的野外调查以及群落结构、种群特征的分析可知，整体上来说，在雷公山保护区内银鹊树种群属于相对典型的增长型，未来一段时间内种群规模会不断增大，但在银鹊树分布的部分区域内，由于人员聚居、人为活动频繁对银鹊树种群的生存与发展还存在较大的威胁；加上银鹊树对光照条件反应比较敏感，光照较好的幼苗生长明显高于阴坡同龄幼苗，且在区内银鹊树种群多分布在山谷密布区，乔木层郁闭度较大，下层光线严重不足，对于银鹊树的喜阳特性不利，当有幼苗、幼树时通过自然选择

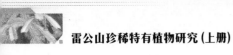

极易被淘汰。虽然银鹊树在我国分布虽广，但各地多局限于少数分布点上，个体稀少，天然更新能力弱，自然林木遭砍伐，野生植株日益减少，已处于渐危状态。鉴于这些对银鹊树种群生存发展的不利因素，结合雷公山保护区内实际情况，针对其种群的保护提出以下两点建议。

一是要加强对雷公山保护区内银鹊树种群原生境的保护，尤其是对银鹊树群落生境的保护，进一步减少人为活动的干扰，同时针对幼树、幼苗较多，而郁闭度较高的银鹊树天然群落，适当进行人工干预，清除群落中常见物种，为幼苗、幼树的生存生长创造有利条件，促进其种群发展，或者将荫蔽环境下的幼苗迁移至合适的环境，进行人工养护，以达到长期保护该种群的目的，不断扩大银鹊树种群规模。

二是加强银鹊树种群在群落学、育种遗传学、繁殖技术、组织培养等方面的研究，为银鹊树的繁育和保护提供理论依据与技术支持。

第6章 贵州特有植物

苍背木莲

【保护等级及珍稀情况】

苍背木莲 *Manglietia glaucifolia* Law et Y. F. Wu，属于木兰科木莲属，为贵州特有种。

【生物学特性】

苍背木莲为乔木，高约 8m，芽、嫩枝和小枝无毛。叶倒披针形或狭椭圆形，长 9~18cm，宽 2~3.5cm，先端渐尖，基部楔形，上面深绿色，下面苍白色，被白粉，两面无毛，中脉在上面凹下，侧脉和网脉不明显，侧脉每边 10~15 条；叶柄长 1.5~2cm；托叶与叶柄连生，托叶痕长为叶柄的 1/3~1/2。花梗长约 4cm，花白色；花被片 9 枚，外轮 3 片，长圆状倒卵形，长 4~5cm，内轮 6 片，肉质，倒卵形或倒卵状匙形；雄蕊多数，长 1~1.5cm，花药长 8~10mm。雌蕊群长 1.6~2cm。聚合果卵圆形，下垂，长 4.5~5cm；成熟心皮椭圆体形，长 1.5~2cm，背面具乳头状突起，顶端具短喙；果柄长 4~6cm；种子心形，长约 7mm，宽约 5mm。花期 5~6 月，果期 8 月。

苍背木莲分布于贵州的雷山、凯里、榕江，生于海拔 1580m 的林中，模式标本采自雷山。

【应用价值】

苍背木莲作为木兰科木莲属植物，其树冠浑圆，枝叶并茂，绿荫如盖，典雅清秀，初夏盛开玉色花朵，秀丽动人，具有较高观赏价值。于草坪、庭院、名胜古迹或道路两旁孤植、群植，能起到绿荫避夏，寒冬如春的效果，是具有园林绿化价值的一种树种。

【资源特性】

1 样地设置

选取天然分布在雷公山保护区的苍背木莲群落设置典型样地 2 个（表 6-1）。

表 6-1　雷公山保护区苍背木莲样地概况

样地	小地名	坡度（°）	坡位	坡向	海拔（m）	土壤类型
样地 1	雷公山 27 公里	25	中上部	东北	1840	黄棕壤
样地 2	雷公山 26 公里	25	上部	东北	1600	黄棕壤

2　资源分布情况

苍背木莲分布于雷公山保护区的冷竹山、仙女塘至野猪塘一带；生长在海拔 1400～1700m 的常绿落叶阔叶混交林和针阔混交林中；分布面积为 $430hm^2$，共有 4180 株。

3　种群及群落特征

3.1　群落组成

调查结果表明，在研究区域的样地中，共有维管束植物 51 科 77 属 96 种（图 6-1），其中，蕨类植物有 5 科 7 属 7 种，裸子植物 1 科 1 属 1 种，被子植物有 45 科 69 属 88 种；被子植物中双子叶植物有 39 科 59 属 75 种，单子叶植物有 6 科 10 属 13 种。

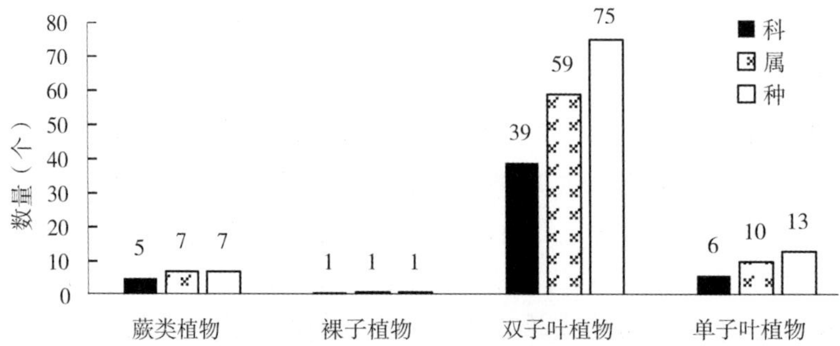

图 6-1　雷公山保护区苍背木莲样地调查植物类型分类

由表 6-2、表 6-3 可知，科种关系中，只有 2 科的种数达到 5 种，分别是樟科（8 种）和蔷薇科（6 种），为苍背木莲群落的优势科，单科单种有 29 科，占总科数的 56.86%。

属种关系中，只有山矾属的种数最多为 4 种，其次是槭属和苔草属均为 3 种，单属单种有 62 属，占总属数的比例为 80.52%。可见，雷公山保护区分布的苍背木莲群落优势科属不明显，以单科单属单种为主。

表 6-2　雷公山保护区苍背木莲群落科种数量关系

科名	属数/种数（个）	占总属/种数的比例（%）	科名	属数/种数（个）	占总属/种数的比例（%）
樟科 Lauraceae	5/8	6.49/8.33	木通科 Lardizabalaceae	2/2	2.60/2.08
蔷薇科 Rosaceae	3/6	3.90/6.25	木犀科 Oleaceae	2/2	2.60/2.08
木兰科 Magnoliaceae	3/4	3.90/4.17	茜草科 Rubiaceae	2/2	2.60/2.08
山茶科 Theaceae	3/4	3.90/4.17	水龙骨科 Polypodiaceae	2/2	2.60/2.08
百合科 Liliaceae	3/3	3.90/3.13	野茉莉科 Styracaceae	2/2	2.60/2.08
壳斗科 Fagaceae	3/3	3.90/3.13	芸香科 Rutaceae	2/2	2.60/2.08

（续）

科名	属数/种数（个）	占总属/种数的比例（%）	科名	属数/种数（个）	占总属/种数的比例（%）
莎草科 Cyperaceae	2/4	2.60/4.17	山矾科 Symplocaceae	1/4	1.30/4.17
杜鹃花科 Ericaceae	2/3	2.60/3.13	槭树科 Aceraceae	1/3	1.30/3.13
忍冬科 Caprifoliaceae	2/3	2.60/3.13	菝葜科 Smilacaceae	1/2	1.30/2.08
禾本科 Poaceae	2/2	2.60/2.08	卫矛科 Celastraceae	1/2	1.30/2.08
菊科 Asteraceae	2/2	2.60/2.08	合计	48/67	62.34/69.79
鳞毛蕨科 Dryopteridaceae	2/2	2.60/2.08			

表 6-3　雷公山保护区苍背木莲群落属种数量关系

属名	种数（种）	占总种数的比例（%）	属名	种数（种）	占总种数的比例（%）
山矾属 *Symplocos*	4	4.16	木姜子属 *Litsea*	2	2.08
槭属 *Acer*	3	3.13	木莲属 *Manglietia*	2	2.08
苔草属 *Carex*	3	3.13	卫矛属 *Euonymus*	2	2.08
菝葜属 *Smilax*	2	2.08	新木姜子属 *Neolitsea*	2	2.08
杜鹃花属 *Rhododendron*	2	2.08	悬钩子属 *Rubus*	2	2.08
花楸属 *Sorbus*	2	2.08	樱属 *Cerasus*	2	2.08
荚蒾属 *Viburnum*	2	2.08	樟属 *Cinnamomum*	2	2.08
柃属 *Eurya*	2	2.08	合计	34	35.42

苍背木莲群落结构主要分为乔木层、灌木层和草本层。构成乔木层的树种共 39 种（表 6-4），大于重要值平均值（7.69）的有 9 种，光叶水青冈重要值最大（51.26），其次是尾叶樱桃（28.36），第三位为青冈（22.83），第四位为苍背木莲（19.94），第五至九位分别为野茉莉（19.70）、十齿花（11.92）、多花山矾（10.77）、桂南木莲（8.66）、银木荷（8.47），可见，苍背木莲群落乔木层优势种为光叶水青冈；重要值小于 3.00 的有山樱花、苦枥木、野桐、漆树等 11 种，为该层的偶见种。

构成灌木层中树种有 42 种，其物种组成及重要值见表 6-5，大于重要值平均值（7.14）的有 6 种，重要值最大的为狭叶方竹（146.47），其次是毛果杜鹃（20.57），第三为川桂（12.46），第四为白木通 *Akebia trifoliata* var. *australis*（9.12），第五为山矾（8.99），第六为菝葜（7.16）；可见，该层以狭叶方竹为主要优势种。

构成的草本层物种较少（表 6-6），有 25 种，重要值平均值为 11.54，以莛草（35.58）、锦香草（31.63）为优势种。综上可知，苍背木莲群落为常绿落叶阔叶混交林，为光叶水青冈群系。

表 6-4　雷公山保护区苍背木莲群落乔木层重要值

序号	种名	重要值	序号	种名	重要值
1	光叶水青冈 *Fagus lucida*	51. 26	21	新木姜子 *Neolitsea aurata*	4. 65
2	尾叶樱桃 *Cerasus dielsiana*	28. 36	22	红豆杉 *Taxus chinensis*	4. 52
3	青冈 *Cyclobalanopsis glauca*	22. 83	23	瓜木 *Alangium platanifolium*	4. 29
4	苍背木莲 *Manglietia glaucifolia*	19. 94	24	西南红山茶 *Camellia pitardii*	3. 45
5	野茉莉 *Styrax japonicus*	19. 7	25	大叶新木姜子 *Neolitsea levinei*	3. 43
6	十齿花 *Dipentodon sinicus*	11. 92	26	猫儿屎 *Decaisnea insignis*	3. 37
7	多花山矾 *Symplocos ramosissima*	10. 77	27	白檀 *Symplocos paniculata*	3. 22
8	桂南木莲 *Manglietia conifera*	8. 66	28	多脉青冈 *Cyclobalanopsis multinervis*	3. 04
9	银木荷 *Schima argentea*	8. 47	29	山樱花 *Cerasus serrulata*	2. 84
10	海通 *Clerodendrum mandarinorum*	6. 92	30	苦枥木 *Fraxinus insularis*	2. 62
11	伯乐树 *Bretschneidera sinensis*	6. 86	31	野桐 *Mallotus tenuifolius*	2. 19
12	江南花楸 *Sorbus hemsleyi*	6. 83	32	漆 *Toxicodendron vernicifluum*	1. 78
13	青榨槭 *Acer davidii*	6. 78	33	小叶女贞 *Ligustrum quihoui*	1. 75
14	川桂 *Cinnamomum wilsonii*	6. 71	34	吴茱萸 *Tetradium ruticarpum*	1. 72
15	木瓜红 *Rehderodendron macrocarpum*	6. 07	35	红荚蒾 *Viburnum erubescens*	1. 7
16	红柴枝 *Meliosma oldhamii*	5. 88	36	深山含笑 *Michelia maudiae*	1. 70
17	雷公山凸果阔叶槭 *Acer amplum* var. *convexum*	5. 62	37	大叶新木姜子 *Neolitsea levinei*	1. 68
18	毛叶木姜子 *Litsea mollis*	5. 41	38	窄叶柃 *Eurya stenophylla*	1. 68
19	长蕊杜鹃 *Rhododendron stamineum*	4. 98	39	钝叶木姜子 *Litsea veitchiana*	1. 67
20	山胡椒 *Lindera glauca*	4. 75		合计	300. 00

表 6-5　雷公山保护区苍背木莲群落灌木层重要值

序号	种名	重要值	序号	种名	重要值
1	狭叶方竹 *Chimonobambusa angustifolia*	146. 47	23	西南红山茶 *Camellia pitardii*	2. 34
2	毛果杜鹃 *Rhododendron seniavinii*	20. 57	24	多叶勾儿茶 *Berchemia polyphylla*	2. 28
3	川桂 *Cinnamomum wilsonii*	12. 46	25	海通 *Clerodendrum mandarinorum*	1. 72
4	白木通 *Akebia trifoliata* subsp. *australis*	9. 12	26	贵定桤叶树 *Clethra delavayi*	1. 66
5	山矾 *Symplocos sumuntia*	8. 99	27	云贵鹅耳枥 *Carpinus pubescens*	1. 55
6	菝葜 *Smilax china*	7. 16	28	疏花卫矛 *Euonymus laxiflorus*	1. 5
7	茵芋 *Skimmia reevesiana*	6. 92	29	五月瓜藤 *Holboellia angustifolia*	1. 44
8	细齿叶柃 *Eurya nitida*	6. 29	30	东方古柯 *Erythroxylum sinense*	1. 44
9	狭叶海桐 *Pittosporum glabratum* var. *neriifolium*	6. 01	31	琴叶榕 *Ficus pandurata*	1. 33
10	黄丹木姜子 *Litsea elongata*	5. 41	32	阔叶十大功劳 *Mahonia bealei*	1. 32
11	大叶新木姜子 *Neolitsea levinei*	4. 89	33	黑果菝葜 *Smilax glaucochina*	1. 21
12	屏边桂 *Cinnamomum pingbienense*	4. 56	34	南烛 *Vaccinium bracteatum*	1. 21
13	红荚蒾 *Viburnum erubescens*	4. 12	35	小叶女贞 *Ligustrum quihoui*	1. 21

（续）

序号	种名	重要值	序号	种名	重要值
14	茶荚蒾 *Viburnum setigerum*	3.87	36	云广粗叶木 *Lasianthus japonicus* subsp. *longicaudus*	1.21
15	黄脉莓 *Rubus xanthoneurus*	3.74	37	淡红忍冬 *Lonicera acuminata*	1.21
16	棠叶悬钩子 *Rubus malifolius*	3.34	38	红柴枝 *Meliosma oldhamii*	1.21
17	新木姜子 *Neolitsea aurata*	3.34	39	络石 *Trachelospermum jasminoides*	1.21
18	绿冬青 *Ilex viridis*	2.88	40	茜草 *Rubia cordifolia*	1.21
19	腺柄山矾 *Symplocos adenopus*	2.77	41	石灰花楸 *Sorbus folgneri*	1.21
20	小果润楠 *Machilus microcarpa*	2.77	42	五裂槭 *Acer oliverianum*	1.21
21	中国绣球 *Hydrangea chinensis*	2.77		合计	300.00
22	裂果卫矛 *Euonymus dielsianus*	2.6			

表 6-6　雷公山保护区苍背木莲群落草本层重要值

序号	种名	重要值	序号	种名	重要值
1	荩草 *Arthraxon hispidus*	35.58	14	高杆苔草 *Carex alta*	8.77
2	锦香草 *Phyllagathis cavaleriei*	31.63	15	瓦韦 *Lepisorus thunbergianus*	7.64
3	条穗苔草 *Carex nemostachys*	22.17	16	少蕊败酱 *Patrinia monandra*	5.95
4	山酢浆草 *Oxalis griffithii*	18.97	17	牛膝菊 *Galinsoga parviflora*	5.95
5	对马耳蕨 *Polystichum tsus-simense*	18.78	18	水芹 *Oenanthe javanica*	5.95
6	十字苔草 *Carex cruciata*	16.97	19	黄花油点草 *Tricyrtis pilosa*	5.38
7	金星蕨 *Parathelypteris glanduligera*	16.41	20	具芒碎米莎草 *Cyperus microiria*	5.38
8	竹根七 *Disporopsis fuscopicta*	15.09	21	舞花姜 *Globba racemosa*	5.38
9	瘤足蕨 *Plagiogyria adnata*	12.9	22	峨眉双蝴蝶 *Tripterospermum cordatum*	4.63
10	毛堇菜 *Viola thomsonii*	12.83	23	狗脊 *Woodwardia japonica*	4.63
11	杏香兔儿风 *Ainsliaea fragrans*	11.52	24	麦冬 *Ophiopogon japonicus*	4.63
12	两色鳞毛蕨 *Dryopteris setosa*	9.26	25	箐姑草 *Stellaria vestita*	4.63
13	抱石莲 *Lemmaphyllum drymoglossoides*	8.96		合计	300.00

3.2　种群特征

通过调查，苍背木莲分布于冷竹山、雷公山的仙女塘至野猪塘一带，分布面积约 22.5hm^2，分布于海拔 1500~1800m 的林中，常生长在常绿阔叶林及针阔混交林下、山谷、斜坡地带。通过在雷公山 26 公里处和雷公山 27 公里处海拔 1600~1850m 开展 20m×30m 样地调查。土壤为黄棕壤，样地总盖度为 95%，乔木层郁闭度 0.8，平均高度 10m。灌木层盖度 60%，平均高度 2.5m。草本层盖度 25%，平均高度 0.5m。人为干扰因素强。乔木树种为光叶水青冈、十齿花、江南花楸、青冈、尾叶樱桃等。灌木层为狭叶方竹、毛果杜鹃、中国绣球、大叶新木姜、新木姜子、黄丹木姜子、五裂槭、红柴枝等。草本层为荩草、锦香草、竹根七、两色鳞毛蕨 *Dryopteris setosa*、抱石莲、瓦韦 *Lepisorus thunbergianus*、

峨眉双蝴蝶 *Tripterospermum cordatum* 等。踏查统计苍背木莲资源保存量为幼苗 1691 株、幼树 1384 株、林木 1105 株，平均胸径 5. 5cm、林木平均高 2. 5m。

苍背木莲种群结构呈现出不规则线性结构（图 6-2），种群个体数量在各个龄级差异不大，说明该苍背木莲种群的中、幼龄个体数充足，中老龄个体数量微弱呈下降趋势，这和调查研究呈现的资源保存量幼苗、幼树、林木的变化趋势是一致的。由此可见，虽然苍背木莲种群结构呈较小波动变化过程，但整体处于稳定型。

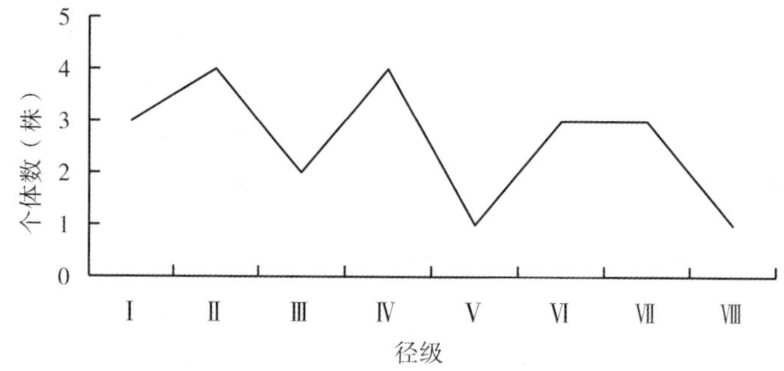

图 6-2　雷公山保护区苍背木莲种群径级结构

种群分布格局是指种群个体在水平空间的配置状况或分布状况，反映了种群个体在水平空间上彼此间的相互关系。苍背木莲群落水平分布格局的形成与构成群落的物种组成成员分布状况有关，取决于群落成员的分布格局。本群落采用计算分散度 S^2 的方法研究种群的空间分布格局。在本次样地调查中调查了 2 个样地（20 个样方），苍背木莲个体数为 14，即 $m=0.7$，通过公式得出 $S^2=1.59$，$S^2>m$，说明苍背木莲群落在空间分布格局上呈现种群个体不均匀，为局部密集型分布类型。

3. 3　物种多样性分析

通过对苍背木莲群落的调查得知物种丰富度（S）为 96。图 6-3 显示了苍背木莲群落的物种多样性指数值。从图 6-3 可知，乔、灌、草三个层次的多样性指数均表现为 Shannon-Wiener 指数（H_e'）高于 Pielou 指数（J_e）和 Simpson 指数（D），Pielou 指数（J_e）和 Simpson 指数（D）相差不大。多样性指数值最高的为草本层的 Shannon-Wiener（H_e'）指数值，其次是乔木层的 Shannon-Wiener（H_e'）指数值仅比草本层的略低，而灌木层的 Pielou 指数（J_e）值最低。灌木层与乔木层和草本层在 Shannon-Wiener 指数（H_e'）

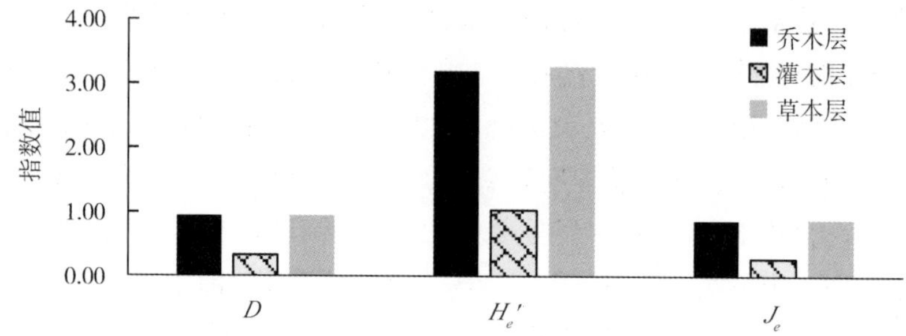

图 6-3　雷公山保护区苍背木莲群落的物种多样性指数

上差异较大，灌木层的指数远小于草本层和乔木层，$H_e{}'$值与物种丰富度紧密相关，并且呈正相关关系，由此表明草本层和乔木层物种丰富度高，灌木层物种不丰富。Pielou 指数（J_e）是指群落中各个种的多度或重要值的均匀程度，由图 6-3 可以看出，均匀度指数表现为草本层>乔木层>灌木层，且乔木层和草本层均匀度指数很相近，可见草本层和乔木层的物种分布都更为均匀。Simpson 指数（D）中种数越多，各种个体分配越均匀，指数越高，指示群落多样性好，是群落集中性的度量。从图 6-3 可知，群落中 Simpson 指数（D）为乔木层=草本层>灌木层，说明了乔木层和草本层物种多、个体分配均匀、优势种不明显，群落更具有多样性。灌木层中种数较少，且个体分配不均匀，集中在某一物种上，优势种比较明显，其他树种仅占很小的比例。

【研究进展】

通过查阅资料，1986 年中国科学院华南植物研究所刘玉壶和吴容芬发现苍背木莲并进行了形态特征研究，确定了苍背木莲为新物种。肖黎等（2011）在对 22 种木莲属植物亲缘关系的 ISSR 分析、SRAP 分析中检测了苍背木莲 2 个简单重复序列（SSR）之间的一段短 DNA 序列上的多态性，利用 ISSR 分子标记技术，对木莲属 22 个种的植物进行亲缘分析，以期为研究木莲属属下分类提供分子证据，并从分子水平上揭示属下各类群间及种间的亲缘关系。赵珊珊等对木莲属植物的园林观赏价值评价中对苍背木莲的观赏价值、生长和繁育进行了评价，苍背木莲是适合作为园林观赏植物进行栽培的。李宗艳等在木莲属濒危植物致濒原因及繁殖生物学研究进展中，从生殖繁育学方面阐述了木莲属植物的现状以及木莲属植物窄生态适应能力对群落繁衍起着很大的影响。繁殖是物种生活史中最为关键的环节，亦是种群更新和维持的至关重要环节，繁殖生物学研究一直是物种濒危机理研究的热点方向。我国是木莲属植物分布中心，但许多种类已面临濒危状态。国内学者对其遗传多样性、生殖生物学、种群生态学、引种育苗造林等方面进行了研究，并取得了大量成果，但长期以来木莲属研究的物种仅限于巴东木莲 *Manglietia patungensis*、乳源木莲 *Manglietia yuyuanensis*、红花木莲、灰木莲 *Magnolia sumatrana* var. *glauca*、海南木莲 *Manglietia hainanensis*、木莲 *Manglietia fordiana* 等，在其资源开发利用、优良品种选育等方面还有待深入研究。今后应采取有效措施着重在资源保护利用、引种驯化和生态适应性等方面进行研究，扩大其研究领域及栽培应用范围，不断丰富我国木莲属植物种质资源。

【繁殖方法】

通过查阅资料，未见苍背木莲繁殖方法方面的相关报道。

【保护建议】

木莲属植物自身繁殖力差，在自然状态下要依靠有性繁殖。有性繁殖的每一环节发生障碍，都可能导致其稀有和濒危。雌雄异熟，花粉活性不高，萌发率低，柱头接受花粉的机会少，胚珠发育过程中败育率高，均是导致木莲属植物结籽率低的重要原因；同时种子胚胎发育不完全、休眠期长，种子不同部位均存在萌发抑制物，木莲属植物的种子在其后熟过程中需要保持充足的水分才能实现种子形态后熟和生理后熟，而在自然条件下，种子落地时正值干旱季节，难以完成后熟过程；从结构上看，种子种胚很小，靠近种孔，很容易因失水而失去生活力；种子萌发生物学特性需要低温高湿打破内源休眠、萌发期长，而物种生殖期在旱季，生境条件影响了种子萌发率；而其生态对策所造成的种子产量低影响了种子萌发数量和种群的更新；幼苗抗性差，对水分、光照和温度的窄适应性影响了其存活力；个体生长期长，成熟晚和窄生态适应性造成种群的更新和维持的困难。

1　就地保护

就地保护是种质资源在原生态环境中不迁移而采取措施就地加以保护，如划定自然保护区、保护林、国家森林公园、人工圈护稀有的良种单株等。在原产地进行种群重建，人工扩大种群数量，增加种群遗传多样性，增强种群的整体繁殖能力。这样不仅能保护现存的个体，还能保护其赖以生存繁衍的生态环境。物种自然居群遗传多样性水平较低，抗干扰能力弱，在保护过程中应以原生地保护为主，将整个生长区域保护起来，禁止进一步破坏生境、砍伐成年母树、采挖幼苗及掠夺性采种等，使其能够在其自然栖息地繁衍和恢复，对于已破坏的生境应恢复或重建，并通过人工促进天然更新，扩大现有居群，提高遗传多样性。

苍背木莲作为濒危植物，建议在自然保护区建立成熟个体的档案，加强保护，禁止砍伐和任意采种；针对幼苗抗性适应性弱的特点，加强抚育力度，保护小生境；加强人工繁殖力度，建立资源圃，为野外种群的恢复和重建提供资源。

2　迁地保护

迁地保护是植物保育的一种重要手段，又称异地保护，是将种质材料迁出自然生长地，在与原生地环境条件相似的地区建立植物园和树木园等，将其迁移至此地保护，或在迁移地设置配备适宜其生长的环境条件。同时对自身繁殖困难的物种进行人工繁育、引种，扩大其种群数量，尽量减少因生物影响造成的濒危。刘玉壶等对 11 属 125 种木兰科植物引种试验发现，引种成功的关键在于原产地与引种地气候的差异，其中温度和湿度是最关键的因子之一，生态环境的改变常常造成某种植物开花与结实物候期的改变。因此，建议选择和苍背木莲小生境相适应的地点进行迁地保护，尽可能地选择与它们原来的分布区生态环境相似的地区，以保证它们正常的生长发育和尽可能地保存物种原有的遗传特性。

短尾杜鹃

【保护等级及珍稀情况】

短尾杜鹃 *Rhododondron brevicandatum* R. C. Fang et S. S. Chang，属于杜鹃花科杜鹃花属植物，为贵州特有种。

【生物学特性】

短尾杜鹃为常绿灌木，高达 3m。幼枝密被鳞片。叶披针状长圆形，长 9~12. 5cm，宽 2. 5~3. 5cm，顶端渐尖，基部近圆形，上面疏被不久脱落的鳞片，下面密被鳞片，并有不明显的蛛丝状毛被，中脉上面下陷，下面突起，侧脉约 15 对，稍突起；叶柄长 0. 8~1. 4cm，密被鳞片。总状花序顶生，多花，花序轴长 6~8mm，花期后伸长至 2cm，密被鳞片；花梗长5~8mm，密被鳞片；花萼5裂，裂片卵形或三角状卵形，长1.5~3mm，外面密被鳞片，被缘毛；花冠管状钟形，长约1.2cm，白色，外面密被鳞片，内面达管部被柔毛，花管较裂片长2倍，裂片长圆形；雄蕊10个，不等长，几与花冠等长或较短，花丝达中部被毛；蒴果长0.6~1.1cm。花期4~6月，果期9~10月。

短尾杜鹃主要分布在雷公山、安龙、贞丰，海拔1450~1950m，生于谷中或林缘，模式标本采自雷公山。

【应用价值】

短尾杜鹃枝繁叶茂、绮丽多姿、萌发力强、耐修剪、根桩奇特、观赏价值高，是优良的盆景、庭园观赏绿化树种，也可作园林绿化的伴生树种，在园林中最宜在林缘、溪边、池畔及岩石旁成丛成片、栽植，因耐湿性也可在疏林下培育成各种形状增加观赏效果。

【资源特性】

1　研究方法

以雷公山保护区天然分布的短尾杜鹃采用样线法和样方法相结合，设置典型样地1个。样地设在雷公山仙女塘海拔1600m的沟谷地带，坡向为东南坡，坡度30°，土壤为黄棕壤，极少有人为干扰。样地植被总盖度95%，其中乔木层郁闭度0.75，平均高9m；灌木层盖度50%，平均高3m；草本层盖度40%，平均高1m。

2　资源分布情况

短尾杜鹃分布于雷公山保护区的仙女塘和雷公坪；生长在海拔1500~1840m的常绿落叶阔叶混交林中；分布面积为760hm^2，共有260株。

3　种群及群落特征

3.1　生境特点

短尾杜鹃为喜光但又怕强光的植物，属半阴偏阳树种，多生于海拔1450~1950m的常绿阔叶林或常绿落叶阔叶混交林中。短尾杜鹃分布区具有明显的中亚热带季风山地湿润气候特征，湿度大，年平均相对湿度为85%~88%，雨量充沛，年降雨量为1300~1600mm。分布区的土壤为黄棕壤，土壤中有机质含量都可达到5.0%以上，腐殖质层厚度大多在15~20cm，土壤呈酸性（pH值为5左右）。尽管生境湿度大、林中光照条件差，但生长较好，林下常伴生有锦香草、牛膝菊 *Galinsoga parviflora*、冷水花、黄金凤、瘤足蕨、金星蕨等10余种喜湿的草本和蕨类植物。

3.2　群落树种的组成

据样地调查资料统计显示，样地共有维管束植物32科36属42种。其中双子叶植物27科30属37种；单子叶植物1科1属1种；蕨类植物4科4属4种；没有裸子植物；大多为单科单属单种植物，植物种类丰富。从空间结构组成来看，乔木层有槭树科、金缕梅科、壳斗科、十齿花科等15科16种，占样地总种数的38.10%；灌木层除有与乔木层秃房茶、黄丹木姜子重复出现2个种的幼小个体外有14种，占样地总种数的33.33%；草本层有10科12种，占总样地数的28.60%。乔木层和灌木层物种比草本层丰富。该样地乔木层、灌木层、草本层科属种统计详见表 6-7 至表 6-9。

表 6-7　雷公山保护区样地乔木层科属种调查统计信息

序号	科名	属名	种名
1	樟科 Lauraceae	木姜子属 *Litsea*	黄丹木姜子 *Litsea elongata*
2	蔷薇科 Rosaceae	樱属 *Cerasus*	尾叶樱桃 *Cerasus dielsiana*
3	野茉莉科 Styracaceae	野茉莉属 *Styrax*	野茉莉 *Styrax japonicus*
4	山茱萸科 Cornaceae	山茱萸属 *Cornus*	灯台树 *Cornus controversa*
5	金缕梅科 Hamamelidaceae	枫香树属 *Liquidambar*	枫香树 *Liquidambar formosana*
6	交让木科 Daphniphyllaceae	交让木属 *Daphniphyllum*	虎皮楠 *Daphniphyllum oldhamii*
7	壳斗科 Fagaceae	青冈属 *Cyclobalanopsis*	青冈 *Cyclobalanopsis glauca*
8	山茶科 Theaceae	山茶属 *Camellia*	秃房茶 *Camellia gymnogyna*
9	五列木科 Pentaphylacaceae	厚皮香属 *Ternstroemia*	尖萼厚皮香 *Ternstroemia luteoflora*
10	杜鹃花科 Ericaceae	杜鹃花属 *Rhododendron*	短尾杜鹃 *Rhododendron brevicaudatum*
11	十齿花科 Dipentodontaceae	十齿花属 *Dipentodon*	十齿花 *Dipentodon sinicus*
12	清风藤科 Sabiaceae	泡花树属 *Meliosma*	红柴枝 *Meliosma oldhamii*
13	漆树科 Anacardiaceae	漆树属 *Toxicodendron*	漆 *Toxicodendron vernicifluum*
14	槭树科 Aceraceae	槭属 *Acer*	阔叶槭 *Acer amplum*
15	槭树科 Aceraceae	槭属 *Acer*	青榨槭 *Acer davidii*
16	马鞭草科 Verbenaceae	大青属 *Clerodendrum*	海通 *Clerodendrum mandarinorum*

表 6-8　雷公山保护区样地灌木层科属种调查统计信息

序号	科名	属名	种名
1	木兰科 Magnoliaceae	含笑属 *Michelia*	深山含笑 *Michelia maudiae*
2	樟科 Lauraceae	木姜子属 *Litsea*	黄丹木姜子 *Litsea elongata*
3	蔷薇科 Rosaceae	悬钩子属 *Rubus*	棠叶悬钩子 *Rubus malifolius*
4	蔷薇科 Rosaceae	悬钩子属 *Rubus*	黄脉莓 *Rubus xanthoneurus*
5	绣球科 Hydrangeaceae	绣球属 *Hydrangea*	西南绣球 *Hydrangea davidii*
6	虎耳草科 Saxifragaceae	鼠刺属 *Itea*	腺鼠刺 *Itea glutinosa*
7	山茶科 Theaceae	山茶属 *Camellia*	秃房茶 *Camellia gymnogyna*
8	山茶科 Theaceae	山茶属 *Camellia*	西南红山茶 *Camellia pitardii*
9	山茶科 Theaceae	柃属 *Eurya*	尖叶毛柃 *Eurya acuminatissima*
10	猕猴桃科 Actinidiaceae	猕猴桃属 *Actinidia*	软枣猕猴桃 *Actinidia arguta*
11	山柳科 Clethraceae	山柳属 *Clethra*	贵定桤叶树 *Clethra delavayi*
12	杜鹃花科 Ericaceae	杜鹃花属 *Rhododendron*	溪畔杜鹃 *Rhododendron rivulare*
13	杜鹃花科 Ericaceae	杜鹃花属 *Rhododendron*	毛果杜鹃 *Rhododendron seniavinii*
14	卫矛科 Celastraceae	卫矛属 *Euonymus*	扶芳藤 *Euonymus fortunei*
15	木通科 Lardizabalaceae	八月瓜属 *Holboellia*	五月瓜藤 *Holboellia angustifolia*
16	禾本科 Poaceae	寒竹属 *Chimonobambusa*	狭叶方竹 *Chimonobambusa angustifolia*

表 6-9　雷公山保护区样地草本层科属种调查统计信息

序号	科名	属名	种名
1	瘤足蕨科 Plagiogyriaceae	瘤足蕨属 *Plagiogyria*	瘤足蕨 *Plagiogyria adnata*
2	凤尾蕨科 Pteridaceae	凤尾蕨属 *Pteris*	凤丫蕨 *Coniogramme japonica*
3	金星蕨科 Thelypteridaceae	金星蕨属 *Parathelypteris*	金星蕨 *Parathelypteris glanduligera*
4	鳞毛蕨科 Dryopteridaceae	耳蕨属 *Polystichum*	对马耳蕨 *Polystichum tsus-simense*
5	荨麻科 Urticaceae	赤车属 *Pellionia*	赤车 *Pellionia radicans*
6	荨麻科 Urticaceae	冷水花属 *Pilea*	冷水花 *Pilea notata*
7	荨麻科 Urticaceae	冷水花属 *Pilea*	透茎冷水花 *Pilea pumila*
8	野牡丹科 Melastomataceae	锦香草属 *Phyllagathis*	锦香草 *Phyllagathis cavaleriei*
9	伞形科 Apiaceae	鸭儿芹属 *Cryptotaenia*	鸭儿芹 *Cryptotaenia japonica*
10	伞形科 Apiaceae	水芹属 *Oenanthe*	水芹 *Oenanthe javanica*
11	菊科 Asteraceae	牛膝菊属 *Galinsoga*	牛膝菊 *Galinsoga parviflora*
12	凤仙花科 Balsaminaceae	凤仙花属 *Impatiens*	黄金凤 *Impatiens siculifer*

3.3　种群空间分布格局

根据表 6-10 计算可得，样方内短尾杜鹃平均个体数为 1 个，短尾杜鹃种群的分散度 S^2 为 5.33，可见 $S^2>m$，说明分布在雷公山保护区短尾杜鹃种群呈集群型，且种群个体极不均匀，呈局部密集。

表 6-10　雷公山保护区样方中短尾杜鹃分布个体数量统计信息

样方号	样 1	样 2	样 3	样 4	样 5	样 6	样 7	样 8	样 9	样 10
个体数（株）	0	3	0	7	0	0	0	0	0	0

3.4　优势科属种分析

从表 6-11 和表 6-12 可知，在调查样地中，共有维管束植物 32 科 36 属 42 种，其中蕨类植物有 4 科 4 属 4 种，被子植物有 28 科 32 属 38 种；被子植物中双子叶植物有 27 科 31 属 37 种，单子叶植物有 1 科 1 属 1 种。从表 6-11 可知，科种关系中有蔷薇科、山茶科、荨麻科、杜鹃花科的种数为 3 种，占样地总种数的 28.6%；其次是伞形科、槭树科的种数分别为 2 种，占样地总种数的 9.5%；其余均为单科单属单种有 26 个科，占总种数的 61.9%。故蔷薇科、山茶科、荨麻科、杜鹃花科是短尾杜鹃群落的优势科，短尾杜鹃群落在样地优势不明显。可见，在雷公山保护区分布的短尾杜鹃群落主要以单科单属单种为主。

表 6-11　雷公山保护区短尾杜鹃群落科种数量关系

排序	科名	属数/种数（个）	占总属/种数的比例（%）	排序	属名	种数（种）	占总种数的比例（%）
1	蔷薇科 Rosaceae	2/3	5.56/7.14	18	马鞭草科 Verbenaceae	1/1	2.78/2.38
2	山茶科 Theaceae	2/3	5.56/7.14	19	猕猴桃科 Actinidiaceae	1/1	2.78/2.38
3	荨麻科 Urticaceae	2/3	5.56/7.14	20	木兰科 Magnoliaceae	1/1	2.78/2.38

(续)

排序	科名	属数/种数（个）	占总属/种数的比例（%）	排序	属名	种数（种）	占总种数的比例（%）
4	杜鹃花科 Ericaceae	1/3	2. 78/7. 14	21	木通科 Lardizabalaceae	1/1	2. 78/2. 38
5	伞形科 Apiaceae	2/2	5. 56/4. 76	22	漆树科 Anacardiaceae	1/1	2. 78/2. 38
6	槭树科 Aceraceae	1/2	2. 78/4. 76	23	清风藤科 Sabiaceae	1/1	2. 78/2. 38
7	凤尾蕨科 Pteridaceae	1/1	2. 78/2. 38	24	山柳科 Clethraceae	1/1	2. 78/2. 38
8	凤仙花科 Balsaminaceae	1/1	2. 78/2. 38	25	山茱萸科 Cornaceae	1/1	2. 78/2. 38
9	禾本科 Poaceae	1/1	2. 78/2. 38	26	十齿花科 Dipentodontaceae	1/1	2. 78/2. 38
10	虎耳草科 Saxifragaceae	1/1	2. 78/2. 38	27	卫矛科 Celastraceae	1/1	2. 78/2. 38
11	交让木科 Daphniphyllaceae	1/1	2. 78/2. 38	28	五列木科 Pentaphylacaceae	1/1	2. 78/2. 38
12	金缕梅科 Hamamelidaceae	1/1	2. 78/2. 38	29	绣球科 Hydrangeaceae	1/1	2. 78/2. 38
13	金星蕨科 Thelypteridaceae	1/1	2. 78/2. 38	30	野茉莉科 Styracaceae	1/1	2. 78/2. 38
14	菊科 Asteraceae	1/1	2. 78/2. 38	31	野牡丹科 Melastomataceae	1/1	2. 78/2. 38
15	壳斗科 Fagaceae	1/1	2. 78/2. 38	32	樟科 Lauraceae	1/1	2. 78/2. 38
16	鳞毛蕨科 Dryopteridaceae	1/1	2. 78/2. 38		合计	42	100. 00
17	瘤足蕨科 Plagiogyriaceae	1/1	2. 78/2. 38				

表 6-12　雷公山保护区短尾杜鹃群落属种数量关系

排序	属名	种数（种）	占总种数的比例（%）	排序	属名	种数（种）	占总种数的比例（%）
1	杜鹃花属 *Rhododendron*	3	7. 14	20	耳蕨属 *Polystichum*	1	2. 38
2	悬钩子属 *Rubus*	2	4. 76	21	瘤足蕨属 *Plagiogyria*	1	2. 38
3	山茶属 *Camellia*	2	4. 76	22	大青属 *Clerodendrum*	1	2. 38
4	冷水花属 *Pilea*	2	4. 76	23	猕猴桃属 *Actinidia*	1	2. 38
5	槭属 *Acer*	2	4. 76	24	含笑属 *Michelia*	1	2. 38
6	樱属 *Cerasus*	1	2. 38	25	八月瓜属 *Holboellia*	1	2. 38
7	柃属 *Eurya*	1	2. 38	26	漆树属 *Toxicodendron*	1	2. 38
8	赤车属 *Pellionia*	1	2. 38	27	泡花树属 *Meliosma*	1	2. 38
9	水芹属 *Oenanthe*	1	2. 38	28	山柳属 *Clethra*	1	2. 38
10	鸭儿芹属 *Cryptotaenia*	1	2. 38	29	山茱萸属 *Cornus*	1	2. 38
11	凤尾蕨属 *Pteris*	1	2. 38	30	十齿花属 *Dipentodon*	1	2. 38
12	兰属 *Cymbidium*	1	2. 38	31	卫矛属 *Euonymus*	1	2. 38
13	寒竹属 *Chimonobambusa*	1	2. 38	32	厚皮香属 *Ternstroemia*	1	2. 38
14	鼠刺属 *Itea*	1	2. 38	33	绣球属 *Hydrangea*	1	2. 38
15	交让木属 *Daphniphyllum*	1	2. 38	34	野茉莉属 *Styrax*	1	2. 38
16	枫香树属 *Liquidambar*	1	2. 38	35	锦香草属 *Phyllagathis*	1	2. 38
17	金星蕨属 *Parathelypteris*	1	2. 38	36	木姜子属 *Litsea*	1	2. 38
18	牛膝菊属 *Galinsoga*	1	2. 38		合计	42	100. 00

3.5 重要值分析

从表 6-13 可知，乔木层枫香树在群落中的优势极为明显，枫香树的重要值为 74.23，处于亚优势树种有秃房茶、尾叶樱桃、青冈、短尾杜鹃，重要值分别为 34.50、30.58、28.39、26.86，其余树种的重要值≤19.67。

表 6-13 雷公山保护区短尾杜鹃群落乔木层重要值

植物名称	相对密度	相对优势度	相对频度	重要值	重要值序
枫香树 *Liquidambar formosana*	16.33	41.77	16.13	74.23	1
秃房茶 *Camellia gymnogyna*	14.29	4.08	16.13	34.50	2
尾叶樱桃 *Cerasus dielsiana*	4.08	20.05	6.45	30.58	3
青冈 *Cyclobalanopsis glauca*	8.16	13.78	6.45	28.39	4
短尾杜鹃 *Rhododendron brevicaudatum*	20.41	0.00	6.45	26.86	5
漆 *Toxicodendron vernicifluum*	8.16	1.83	9.68	19.67	6
阔叶槭 *Acer amplum*	2.04	12.43	3.23	17.70	7
黄丹木姜子 *Litsea elongata*	4.08	1.18	6.45	11.71	8
十齿花 *Dipentodon sinicus*	4.08	0.77	6.45	11.30	9
青榨槭 *Acer davidii*	4.08	0.95	3.23	8.26	10
红柴枝 *Meliosma oldhamii*	4.08	0.75	3.23	8.06	11
虎皮楠 *Daphniphyllum oldhamii*	2.04	0.89	3.23	6.16	12
灯台树 *Cornus controversa*	2.04	0.58	3.23	5.85	13
海通 *Clerodendrum mandarinorum*	2.04	0.58	3.23	5.85	14
尖萼厚皮香 *Ternstroemia luteoflora*	2.04	0.38	3.23	5.65	15
野茉莉 *Styrax japonicus*	2.04	0.17	3.23	5.44	16

从表 6-14 可知，灌木层群落中狭叶方竹的优势很明显，其重要值为 191.79，远远大于其他物种的重要值，说明在灌木层群落中均以狭叶方竹为主，西南白山茶、贵定山柳、棠叶悬钩子等其他物种仅为伴生树种。

表 6-14 雷公山保护区短尾杜鹃群落灌木层重要值

植物名称	相对密度	相对盖度	相对频度	重要值	重要值序
狭叶方竹 *Chimonobambusa angustifolia*	91.49	80.30	20.00	191.79	1
西南红山茶 *Camellia pitardii*	0.72	3.21	8.00	11.93	2
贵定桤叶树 *Clethra delavayi*	1.80	1.71	8.00	11.51	3
棠叶悬钩子 *Rubus malifolius*	0.60	2.14	8.00	10.74	4
秃房茶 *Camellia gymnogyna*	0.84	1.50	8.00	10.34	5
黄丹木姜子 *Litsea elongata*	0.60	1.50	8.00	10.10	6
毛果杜鹃 *Rhododendron seniavinii*	0.60	2.14	4.00	6.74	7
扶芳藤 *Euonymus fortunei*	1.20	1.07	4.00	6.27	8
黄脉莓 *Rubus xanthoneurus*	0.60	1.07	4.00	5.67	9

（续）

植物名称	相对密度	相对盖度	相对频度	重要值	重要值序
溪畔杜鹃 *Rhododendron rivulare*	0.36	1.07	4.00	5.43	10
腺鼠刺 *Itea glutinosa*	0.24	1.07	4.00	5.31	11
尖叶毛柃 *Eurya acuminatissima*	0.24	0.86	4.00	5.10	12
软枣猕猴桃 *Actinidia arguta*	0.24	0.64	4.00	4.88	13
西南绣球 *Hydrangea davidii*	0.24	0.64	4.00	4.88	14
深山含笑 *Michelia maudiae*	0.12	0.64	4.00	4.76	15
五月瓜藤 *Holboellia angustifolia*	0.12	0.43	4.00	4.55	16

从表6-15可知，草本层群落中锦香草、冷水花的优势明显，其重要值分别为86.99、83.76，其次是黄金凤、牛膝菊，其重要值分别为26.34、25.79，其余物种的重要值均在18.45以下，说明在草本层群落中主要以锦香草、冷水花为主，赤车、对马耳蕨、瘤足蕨等其他物种仅为伴生草本。

表6-15　雷公山保护区短尾杜鹃群落草本层重要值

植物名称	相对密度	相对盖度	相对频度	重要值	重要值序
锦香草 *Phyllagathis cavaleriei*	33.41	38.19	15.38	86.99	1
冷水花 *Pilea notata*	36.75	27.78	19.23	83.76	2
黄金凤 *Impatiens siculifer*	4.01	6.94	15.38	26.34	3
牛膝菊 *Galinsoga parviflora*	5.57	8.68	11.54	25.79	4
赤车 *Pellionia radicans*	11.14	3.47	3.85	18.45	5
对马耳蕨 *Polystichum tsus-simense*	1.34	5.21	7.69	14.24	6
瘤足蕨 *Plagiogyria adnata*	1.56	3.47	7.69	12.72	7
鸭儿芹 *Cryptotaenia japonica*	2.23	1.74	3.85	7.81	8
透茎冷水花 *Pilea pumila*	2.23	1.04	3.85	7.11	9
金星蕨 *Parathelypteris glanduligera*	1.11	1.74	3.85	6.70	10
水芹 *Oenanthe javanica*	0.45	1.04	3.85	5.33	11
凤丫蕨 *Coniogramme japonica*	0.22	0.69	3.85	4.76	12

3.6　物种多样性指数

从表6-16可知，乔木层的指数（4.9）>草本层（3.36）>灌木层（1.09），说明乔木层群落内物种优势种较突出，其次是草本层，灌木层的物种优势最弱；样地的指数 d_{Ma}、D、D_r、H_e'、H_2'均为乔木层>草本层>灌木层，说明乔木层的物种最丰富，因为样地位于水沟边，因此耐湿性草本植物比较丰富仅次于乔木层，灌木层主要以狭叶方竹为主，因此灌木层的物种数量最少；短尾杜鹃群落中乔木层、灌木层、草本层的均匀指数相差不大，说明草本层、灌木层、乔木层物种数量分布波动不大。

表 6-16　雷公山保护区短尾杜鹃群落物种多样性指数

植被类型	d	d_{Ma}	λ	D	D_r	H_e'	H_2'	J_e
乔木层	4.90	3.85	0.09	0.91	10.59	2.44	3.52	0.88
灌木层	1.09	2.23	0.84	0.16	1.19	0.50	0.72	0.18
草本层	3.36	2.15	0.18	0.82	5.65	1.99	2.87	0.80

【研究进展】

通过查阅资料，方瑞征等对短尾杜鹃进行了形态特征研究，确定了短尾杜鹃为新物种，为贵州特有植物，对于该物种未见其他方面的研究。

【繁殖方法】

通过查阅资料，未见短尾杜鹃繁殖方法方面的相关报道。

【保护建议】

一是加强宣传教育。制作宣传卡片、悬挂横幅标语、车载喇叭等方式加强对游客及原住民的宣传教育，提高珍稀特有植物的保护意识，同时自然保护区业务管理部门应不定期组织人员到辖区中小学校开展专题讲座，广泛宣传，提高中小学生对珍稀特有植物重要性的认识，从小培养爱林护林意识。

二是做好就地保护。短尾杜鹃在雷公山半山腰分布较为集中，亟须进行挂牌保护，可以适当采取物理隔离方式进行圈范围保护，防止人为干扰破坏。

三是严格执法，加大打击力度。利用林政员、护林员、生态护林员加大巡查力度，一旦发现采挖等违法行为，从严从快打击，决不手软，情节严重的，要在媒体进行公开曝光，起到警示和威慑作用。

四是加大繁殖推广。积极向省、州申报有关短尾杜鹃繁殖科研项目，利用短尾杜鹃扦插成活率高的这一特点进行扦插繁殖试验，试验成功后，回归自然，增加物种保护。

黔中杜鹃

【保护等级及珍稀情况】

黔中杜鹃 *Rhododendron feddeio* H. Léveillé，属于杜鹃花科杜鹃花属；没有收录到《贵州植物志》和《中国植物志》，而是在《中国植物志》英文修订版记载；为贵州特有种。

【生物学特性】

黔中杜鹃为常绿小乔木，高达 8m；幼枝纤细无毛。叶革质，通常簇生枝顶；叶片披针形，长 7~11cm，宽 2~3.2cm；基部狭楔形，先端渐尖，边缘微反卷，上面深绿色，有光泽，下面淡绿色，除了在下面的中脉上有星散的硬刚毛外，两面无毛，中脉在上面微凹陷，下面凸出，侧脉网状，两面明显；叶柄绿色无毛，长 8~12mm。花芽圆锥状，鳞片长卵形，无毛，覆瓦状排列。花常 5 朵簇生枝顶；花梗长 2~2.3cm，无毛；花萼退化至一波状凸缘，无毛，花冠漏斗形，常白色，长 2.5~3cm，5 个深裂，裂长 2~2.5cm，上方裂片内侧具黄色斑点；花冠管筒状，长约1.2cm；雄蕊10个；花柱长4~5cm，超过雄蕊，无毛。蒴果狭圆筒状，长25~30mm。花期5~6月，果期8~10月。

经查黔中杜鹃资料，在贵定县云雾山一带再次发现该种，有关报道在贵州百里杜鹃（百里杜鹃国家级森林公园）发现的该种经过查证后并不存在。目前只有雷山县（雷公山保护区）和贵定县有分布。

【应用价值】

黔中杜鹃具观赏价值，可观叶、观花和观果；材质硬，可作农具手把等。

【资源特性】

1 研究方法

1.1 样地设置与调查方法

选取天然分布在雷公山保护区的黔中杜鹃为研究对象，设置典型样地1个。样地概况为中坡位，坡度35°，海拔1550m，郁闭度0.85。

1.2 径级划分

研究采用“空间替代时间”的方法，即根据该种的生物学特性，本试验以灌丛为单株，采用植株地径（*BD*）作为个体大小的指标研究其种群大小结构。可将黔中杜鹃径级划分为8级：Ⅰ级（$BD<2.0$cm）、Ⅱ级（2.0cm$\leq BD<$4.0cm）、Ⅲ级（4.0cm$\leq BD<$6.0cm）、Ⅳ级（6.0cm$\leq BD<$8.0cm）、Ⅴ级（8.0cm$\leq BD<$10.0cm）、Ⅵ级（10.0cm$\leq BD<$12.0cm）、Ⅶ级（12.0cm$\leq BD<$14.0cm）、Ⅷ级（14.0cm$\leq BD<$16.0cm）。

2 资源分布情况

黔中杜鹃分布于雷公山保护区的雷公山和小雷公坪；生长在海拔1500~1700m的常绿落叶阔叶混交林和针阔混交林中；分布面积为360hm^2，共有1380株。

3 种群及群落特征

3.1 群落树种组成

调查结果表明，在研究区域的样地中，共有维管束植物26科35属44种，其中，蕨类植物有3科3属3种，被子植物有23科32属41种；被子植物中双子叶植物有21科30属39种，单子叶植物有2科2属2种。由表6-17可知，科种关系中，只有3科的种数为5种，分别是杜鹃花科、山茶科和樟科，为黔中杜鹃群落的优势科，单科单种有20科，占总科数的76.92%。

表6-17 雷公山保护区黔中杜鹃群落科组成关系

排序	科名	属数/种数（个）	占总属/种数的比例（%）	排序	科名	属数/种（个）	占总属/种数的比例（%）
1	杜鹃花科 Ericaceae	2/5	5.71/11.36	14	鳞毛蕨科 Dryopteridaceae	1/1	2.86/2.27
2	山茶科 Theaceae	3/5	8.57/11.36	15	木通科 Lardizabalaceae	1/1	2.86/2.27
3	樟科 Lauraceae	4/5	11.43/11.36	16	山柳科 Clethraceae	1/1	2.86/2.27
4	壳斗科 Fagaceae	4/4	11.43/9.09	17	槭树科 Aceraceae	1/1	2.86/2.27

（续）

排序	科名	属数/种数（个）	占总属/种数的比例（%）	排序	科名	属数/种数（个）	占总属/种数的比例（%）
5	山矾科 Symplocaceae	1/3	2. 86/6. 82	18	蔷薇科 Rosaceae	1/1	2. 86/2. 27
6	野牡丹科 Melastomataceae	1/2	2. 86/4. 55	19	莎草科 Cyperaceae	1/1	2. 86/2. 27
7	野茉莉科 Styracaceae	1/1	2. 86/2. 27	20	卫矛科 Celastraceae	1/1	2. 86/2. 27
8	百合科 Liliaceae	1/1	2. 86/2. 27	21	乌毛蕨科 Blechnaceae	1/1	2. 86/2. 27
9	蝶形花科 Papibilnaceae	1/1	2. 86/2. 27	22	忍冬科 Caprifoliaceae	1/1	2. 86/2. 27
10	虎耳草科 Saxifragaceae	1/1	2. 86/2. 27	23	五加科 Araliaceae	1/1	2. 86/2. 27
11	桦木科 Betulaceae	1/1	2. 86/2. 27	24	稀子蕨科 Monachosoraceae	1/1	2. 86/2. 27
12	交让木科 Daphniphyllaceae	1/1	2. 86/2. 27	25	芸香科 Rutaceae	1/1	2. 86/2. 27
13	金缕梅科 Hamamelidaceae	1/1	2. 86/2. 27	26	紫金牛科 Myrsinaceae	1/1	2. 86/2. 27

属种关系中（表6-18），只有杜鹃花属的种数最多为4种，其次是山矾属的3种，单属单种29种占种的比例为67. 44%。可见，雷公山保护区分布的黔中杜鹃群落优势科属不明显，以科含单属单种为主。

表6-18　雷公山保护区黔中杜鹃群落属种关系

排序	属名	种数（种）	占总种数的比例（%）	排序	属名	种数（种）	占总种数的比例（%）
1	杜鹃花属 *Rhododendron*	4	9. 09	19	栗属 *Castanea*	1	2. 27
2	山矾属 *Symplocos*	3	6. 82	20	柃属 *Eurya*	1	2. 27
3	锦香草属 *Phyllagathis*	2	4. 55	21	木通属 *Akebia*	1	2. 27
4	木荷属 *Schima*	2	4. 55	22	槭属 *Acer*	1	2. 27
5	木姜子属 *Litsea*	2	4. 55	23	青冈属 *Cyclobalanopsis*	1	2. 27
6	杨桐属 *Adinandra*	2	4. 55	24	润楠属 *Machilus*	1	2. 27
7	白辛树属 *Pterostyrax*	1	2. 27	25	山柳属 *Clethra*	1	2. 27
8	檫木属 *Sassafras*	1	2. 27	26	树参属 *Dendropanax*	1	2. 27
9	吊钟花属 *Enkianthus*	1	2. 27	27	水青冈属 *Fagus*	1	2. 27
10	鹅耳枥属 *Carpinus*	1	2. 27	28	苔草属 *Carex*	1	2. 27
11	枫香树属 *Liquidambar*	1	2. 27	29	卫矛属 *Euonymus*	1	2. 27
12	狗脊蕨属 *Woodwardia*	1	2. 27	30	沿阶草属 *Ophiopogon*	1	2. 27
13	交让木属 *Daphniphyllum*	1	2. 27	31	茵芋属 *Skimmia*	1	2. 27
14	花楸属 *Sorbus*	1	2. 27	32	鳞毛蕨属 *Dryopteris*	1	2. 27
15	黄檀属 *Dalbergia*	1	2. 27	33	樟属 *Cinnamomum*	1	2. 27
16	荚蒾属 *Viburnum*	1	2. 27	34	栲属 *Castanopsis*	1	2. 27
17	金腰属 *Chrysosplenium*	1	2. 27	35	紫金牛属 *Ardisia*	1	2. 27
18	蕨属 *Pteridium*	1	2. 27				

黔中杜鹃群落结构主要分为乔木层、灌木层和草本层 3 个层次（表 6-19）。构成乔木层的树种共 17 种，大于重要值平均值（17.65）有 5 种，黔中杜鹃重要值最大（89.60），其次是银木荷（54.70），第三位为水青冈（36.47），第四位为锥栗（23.93），第五位为木荷（19.39），共同构成了该层黔中杜鹃群落的优势种，其中黔中杜鹃为建群种；重要值小于 3.00 只有云南桤叶树、光亮山矾 *Symplocos lucida* 和树参 *Dendropanax dentigerus* 3 种，为该层的偶见种。构成灌木层中树种有 23 种，重要值最大的为毛果杜鹃（68.66），其次是黔中杜鹃（29.06），该层以毛果杜鹃为主要优势种，黔中杜鹃的幼树幼苗次之。构成的草本层物种较少，只有 8 种，以锦香草为优势种（75.61）。综上可知，黔中杜鹃群落为常绿落叶阔叶混交林，为黔中杜鹃+银木荷群系。

表 6-19　雷公山保护区黔中杜鹃群落各层种类组成及重要值

各层排序	层次	种名	重要值	各层排序	层次	种名	重要值
1	乔木层	黔中杜鹃 *Rhododendron feddei*	89.60	8	草本层	十字苔草 *Carex cruciata*	15.47
2	乔木层	银木荷 *Schima argentea*	54.70	1	灌木层	毛果杜鹃 *Rhododendron seniavinii*	68.66
3	乔木层	水青冈 *Fagus longipetiolata*	36.47	2	灌木层	黔中杜鹃 *Rhododendron feddei*	29.06
4	乔木层	锥栗 *Castanea henryi*	23.93	3	灌木层	石木姜子 *Litsea elongata* var. *faberi*	28.71
5	乔木层	木荷 *Schima superba*	19.39	4	灌木层	紫金牛 *Ardisia japonica*	26.85
6	乔木层	石灰花楸 *Sorbus folgneri*	12.66	5	灌木层	细枝柃 *Eurya loquaiana*	25.06
7	乔木层	檫木 *Sassafras tzumu*	12.06	6	灌木层	山矾 *Symplocos sumuntia*	20.59
8	乔木层	毛棉杜鹃 *Rhododendron moulmainense*	11.31	7	灌木层	毛棉杜鹃 *Rhododendron moulmainense*	14.74
9	乔木层	青冈 *Cyclobalanopsis glauca*	9.75	8	灌木层	银木荷 *Schima argentea*	12.69
10	乔木层	雷公鹅耳枥 *Carpinus viminea*	7.22	9	灌木层	三叶木通 *Akebia trifoliata*	7.43
11	乔木层	枫香树 *Liquidambar formosana*	4.82	10	灌木层	水青冈 *Fagus longipetiolata*	7.07
12	乔木层	交让木 *Daphniphyllum macropodum*	3.62	11	灌木层	光叶山矾 *Symplocos lancifolia*	6.92
13	乔木层	白辛树 *Pterostyrax psilophyllus*	3.45	12	灌木层	短脉杜鹃 *Rhododendron brevinerve*	5.74
14	乔木层	甜槠 *Castanopsis eyrei*	3.29	13	灌木层	粗毛川杨桐 *Adinandra hirta*	5.59
15	乔木层	贵定桤叶树 *Clethra delavayi*	2.88	14	灌木层	藤黄檀 *Dalbergia hancei*	5.27
16	乔木层	光亮山矾 *Symplocos lucida*	2.43	15	灌木层	黄丹木姜子 *Litsea elongata*	5.23
17	乔木层	树参 *Dendropanax dentigerus*	2.42	16	灌木层	茶荚蒾 *Viburnum setigerum*	4.64
1	草本层	锦香草 *Phyllagathis cavaleriei*	75.61	17	灌木层	粗毛杨桐 *Adinandra hirta*	4.38
2	草本层	稀羽鳞毛蕨 *Dryopteris sparsa*	55.99	18	灌木层	吊钟花 *Enkianthus quinqueflorus*	4.03
3	草本层	大叶金腰 *Chrysosplenium macrophyllum*	47.83	19	灌木层	茵芋 *Skimmia reevesiana*	3.76
4	草本层	大叶熊巴掌 *Phyllagathis longiradiosa*	37.60	20	灌木层	川桂 *Cinnamomum wilsonii*	3.63
5	草本层	狗脊 *Woodwardia japonica*	25.07	21	灌木层	小果润楠 *Machilus microcarpa*	3.34
6	草本层	蕨 *Pteridium aquilinum* var. *latiusculum*	22.42	22	灌木层	中华槭 *Acer sinense*	3.33
7	草本层	麦冬 *Ophiopogon japonicus*	20.01	23	灌木层	西南卫矛 *Euonymus hamiltonianus*	3.28

3.2 种群分布现状及结构特征

黔中杜鹃种群结构呈不规则金字塔形（图6-4），种群个体数量主要集中分布在Ⅲ~Ⅴ径级，这三个径级的个体数量占种群总数量的69.23%，说明该黔中杜鹃种群的中幼龄个体数很充足，但幼龄个体数较少，仅为种群总数量的11.54%，严重缺乏幼龄个体，中老龄个体数量总体呈下降趋势。采用种群动态量化方法对黔中杜鹃种群相邻大小级的结构动态变化进行分析，以便对其结构特征进行更准确的评价。根据黔中杜鹃种群结构（图6-4）计算得出，种群从Ⅰ~Ⅷ径级间的 V_n 分别为-80.00%、-37.50%、-20.00%、-41.18%、58.82%、71.43%、50%；V_{pi} 为14.92%，考虑种群外部干扰，V_{pi} 为0.67%。由此可见，虽然黔中杜鹃种群结构存在较大波动变化过程，但目前仍处于增长型。

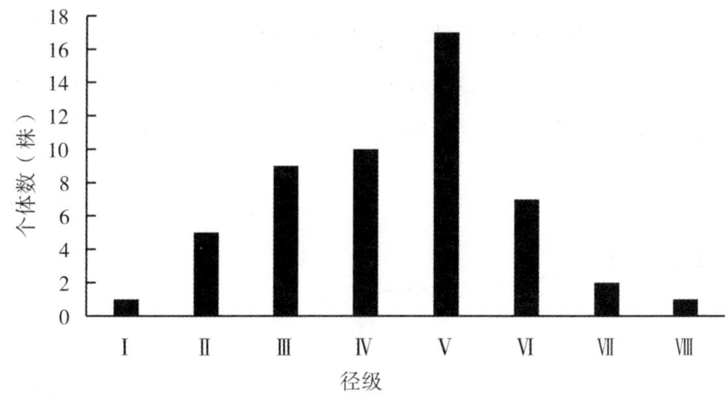

图6-4　雷公山保护区黔中杜鹃种群径级结构

3.3 静态生命特征

静态生命表不仅可以反映种群从出生到死亡的数量动态，还可预测种群未来发展的趋势。由表6-20可知，种群数量随着径级结构的增加呈现先增大后减小的趋势，而种群个体存活数 l_x 和标准化存活数 $\ln l_x$ 随着径级的增加逐渐减小，从 x 到 $x+1$ 径级间隔期内标准化死亡数 d_x 呈现先下降后上升的趋势，其 d_x 在Ⅵ径级时出现最大值，为170；种群死亡率 q_x 从Ⅰ径级至Ⅷ径级随演替的进行呈现先减小后增大的趋势，q_x 在Ⅵ和Ⅶ径级中出现“突变”，其 q_x 明显大于其他径级，其次，q_x 较高的为Ⅰ径级，说明黔中杜鹃种群在演替过程中幼年个体和老年个体最容易死亡而被淘汰；从 x 到 $x+1$ 径级存活个体数 L_x 呈现随径级的增加而减小的趋势，个体期望寿命 e_x 随着径级增加逐渐降低，这与其生物学特性相一致；损失度 T_x 整体表现先急剧下降再急剧上升再下降最后剧烈上升的趋势，其损失度 T_x 在Ⅵ和Ⅶ径级相对较高，其次为Ⅰ径级和Ⅳ径级。

表6-20　雷公山保护区黔中杜鹃种群静态生命表

K_x	龄级	径级（cm）	A_x	a_x	l_x	$\ln l_x$	d_x	q_x	L_x	T_x	e_x
Ⅰ	<2	1	25	1 000	6.908	160	0.160	920	4943	4.943	0.174
Ⅱ	2~4	5	21	840	6.733	30	0.036	825	4023	4.789	0.036
Ⅲ	4~6	8	17	810	6.697	45	0.056	788	3198	3.948	0.057

（续）

K_x	龄级	径级（cm）	A_x	a_x	l_x	$\ln l_x$	d_x	q_x	L_x	T_x	e_x
Ⅳ	6~8	10	13	765	6.640	73	0.095	729	2411	3.152	0.100
Ⅴ	8~10	17	9	692	6.540	22	0.032	681	1682	2.431	0.032
Ⅵ	10~12	7	6	670	6.507	170	0.254	585	1001	1.494	0.292
Ⅶ	12~14	2	3	500	6.215	167	0.334	417	417	0.834	0.406
Ⅷ	14~16	1	1	333	5.808						

注：各龄级取径级下限。

3.3.1　存活曲线特征

存活曲线可以有效地反映种群个体在各年龄级的存活状况。以径级（相对龄级）为横坐标，以 $\ln l_x$ 为纵坐标做出黔中杜鹃种群存活曲线（图 6-5），依据 Hett 和 Loucks 的数学模型得出的检验方程及参数见表 6-21。由模型检验结果显示，两种模型的拟合结果均达到显著水平，但指数模型的 R^2 值大于幂函数模型，且 P 值更小，说明黔中杜鹃的存活曲线趋近于 Deevey-Ⅱ型。

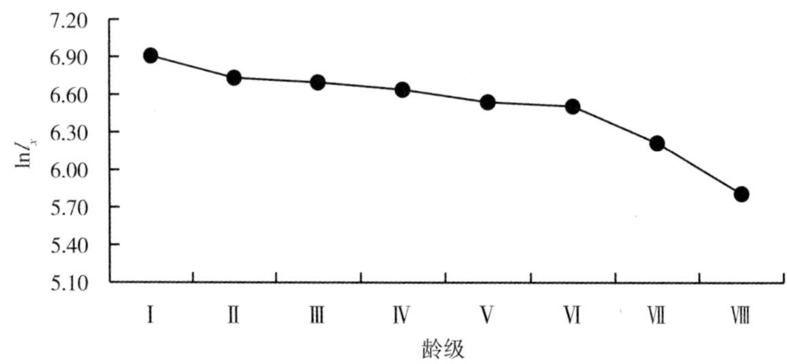

图 6-5　雷公山保护区黔中杜鹃种群存活曲线

表 6-21　雷公山保护区黔中杜鹃种群存活曲线检验模型

种群名称	方程	R^2	F	Sig.	种群类型
黔中杜鹃	$y=9.821x^{-0.219}$	0.736	34.036	0.002	
	$y=9.162e^{-0.052x}$	0.979	83.201	0.000	Deevey-Ⅱ型

3.3.2　死亡率和损失度曲线

以径级为横坐标，以各龄级的死亡率和损失度为纵坐标做出的死亡率和损失度曲线如图 6-6 所示。黔中杜鹃死亡率 q_x 和损失度 K_x 曲线变化趋势一致，均呈现先降低后升高再降低最后急剧增长的趋势（图 6-6），认为黔中杜鹃种群数量具有前期短暂增加后逐渐减少，中期存在短暂的增长，后期急剧减少的特点。

3.3.3　种群生存分析

以径级为横坐标，函数值为纵坐标，绘制了黔中杜鹃野生种群生存率 S_i、累计死亡率 F_i（图 6-7），死亡密度 f_i 和危险率 λ_i 函数（图 6-8）。从图 6-7 可以看出，黔中杜鹃种群

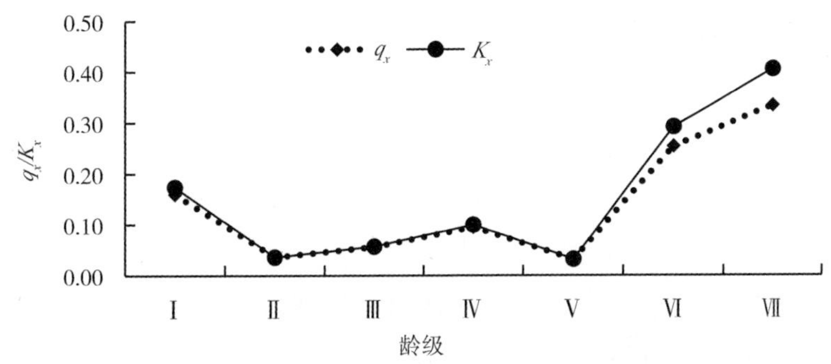

图 6-6　雷公山保护区黔中杜鹃种群死亡率和损失度曲线

生存率和累计死亡率呈互补状态，即随着径级的增加，黔中杜鹃种群的生存率下降，累计死亡率逐渐上升；种群在Ⅳ径级达到平衡，即种群生存率和累计死亡率持平。由图 6-8 可知，黔中杜鹃死亡密度曲线总体呈现先缓慢上升后缓慢下降的趋势，整体趋势较为平缓，而危险率曲线总体表现为先缓慢上升后有一个较小的下降趋势，之后急剧上升再急剧下降，波动性比较大，表明黔中杜鹃种群数量受环境影响较大。

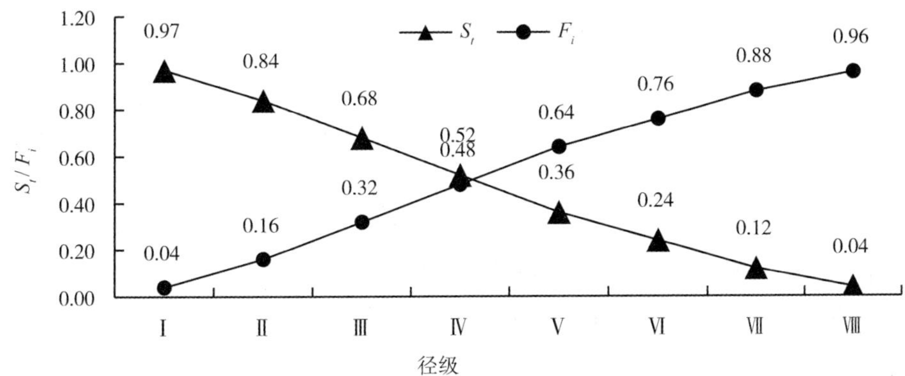

图 6-7　雷公山保护区黔中杜鹃种群生存率和累计死亡率曲线

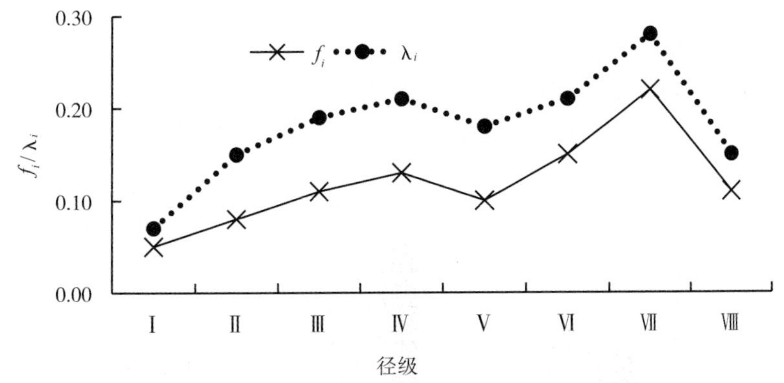

图 6-8　雷公山保护区黔中杜鹃种群死亡密度和危险率曲

3.4　种群数量的时间序列分析

以黔中杜鹃种群各龄级株数为原始数据，按照一次移动平均法则预测出各龄级在未来

2、4、6 和 8 个龄级时间后的个体数量（表 6-22）。结果显示，经历 2、4 个龄级时间，第 2 至第 5 龄级的黔中杜鹃种群个体数均有不同程度的减少，而种群从第 6 至第 8 龄级开始之后均有不同程度的增加，经过 6、8 个龄级时间，种群数量逐渐趋于稳定，说明一旦过了一定的生理年龄，种群就开始逐渐走向衰退，第 2 至第 3 龄级经过 2 个龄级时间后个体数分别下降了 40.0%和 25.0%，第 4 至第 5 龄级经过 4 个龄级时间后个体数分别下降了 40.0%和 41.2%，这表明黔中杜鹃种群严重缺乏幼龄个体，综合其整个发展趋势来看，黔中杜鹃种群正常更新难以维持，未来会不同程度趋于衰退，甚至濒危。

表 6-22　雷公山保护区黔中杜鹃种群动态变化的时间序列分析　　单位：株

龄级	原始数据	M_2	M_4	M_6	M_8
1	1				
2	5	3			
3	8	6			
4	10	9	6		
5	17	13	10		
6	7	12	10	8	
7	2	4	9	8	
8	1	1	6	7	6

注：M_2、M_4、M_6、M_8分别表示 2、4、6 和 8 个龄级时间后的个体数量。

3.5　物种多样性分析

图 6-9 显示了黔中杜鹃群落的物种多样性指数值。该群落的物种丰富度（S）为 43。乔木层、灌木层、草本层 3 个层次的多样性指数均表现为 Shannon-Wiener 指数（H_e'）高于 Pielou 指数（J_e）和 Simpson 指数（D），Pielou 指数（J_e）和 Simpson 指数（D）相差不大。多样性指数值最高的为灌木层的 Shannon-Wiener 指数（H_e'）值，而草本层的 Simpson 指数（D）值最低。乔木层、灌木层、草本层在 Shannon-Wiener 指数（H_e'）上差异较大，灌木层的指数远大于草本层和乔木层，灌木层（H_e'）值与物种丰富度紧密相关，并且呈正相关关系，由此表明灌木层物种丰富度高。Pielou 指数（J_e）是指群落中各个种的多度或重要值的均匀程度，均匀度指数表现为草本层>灌木层>乔木层，草本层的物种分布更为均匀。Simpson 指数（D）中种数越多，各种个体分配越均匀，指数越高，指示群

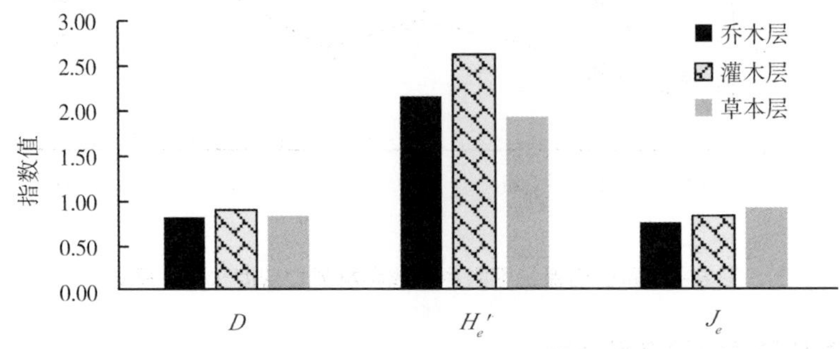

图 6-9　雷公山保护区黔中杜鹃群落的物种多样性指数

落多样性越好，是群落集中性的体现。群落中 Simpson 指数为灌木层>草本层>乔木层，说明了大部分灌木层植物的数量主要集中于少数物种，优势种比较明显，其他树种占很小的比例，而乔木层优势种并不明显。

【研究进展】

通过查阅资料，姜顺邦等开展了黔中杜鹃种群结构及其动态分析。冯邦贤等开展了黔中杜鹃特征补充描述，对该种花部形态和叶形大小进行了观察，发现花常 5 朵簇生枝顶，花萼退化至一波状凸缘，无毛，花冠漏斗形，5 个深裂，花冠管筒状，长约 1.2cm，向基部渐狭；雄蕊 10 个，细长，伸出花冠约 2 倍长，花丝无毛等特征；并把该种与长蕊杜鹃进行比较。对于该物种未见其他方面的研究。

【繁殖方法】

通过查阅资料，未发现黔中杜鹃繁殖方法相关报道。

【结论与探讨】

植物种群结构特征不仅能够体现种群内部个体的发展过程，而且也是植物对环境适应性的反映，其径级结构能很好地反映种群动态变化。本研究结果初步表明，黔中杜鹃种群结构整体呈现不规则金字塔形；种群的中幼龄个体数充足，其个体数量占种群总数量的 69.23%；严重缺乏幼龄个体数，仅为种群总数量的 11.54%；中老龄个体数量总体呈现下降趋势；种群目前呈增长型。这说明黔中杜鹃种群结构总体相对稳定，有向衰退转化的趋势，该种群虽然能够暂时适应当地的生存环境，但由于幼龄个体数的缺乏，随着时间的推移，种群整体的长期稳定性将难以维持。王立龙和易雪梅在裸果木 *Gymnocarpos przewalskii* 和水曲柳 *Fraxinus mandshurica* 的研究中也有相似的结论。

黔中杜鹃种群静态生命表分析表明：黔中杜鹃种群数量随着龄级结构的增加呈现先增大后减小的趋势，而种群个体存活数（l_x）随着年龄的增加逐渐减小，个体期望寿命（e_x）随着年龄的增加逐渐降低。这与其生物学特性相一致。黔中杜鹃死亡率（q_x）和损失度（K_x）曲线变化趋势一致，均呈现先降低后升高再降低最后急剧增长的趋势，表明黔中杜鹃种群数量具有前期短暂增加后逐渐减少，中期存在短暂的增长，后期急剧减少的特点。这与红杉 *Larix potaninii* 种群的研究结论相似。

黔中杜鹃种群生存率和累计死亡率呈互补状态，即随着龄级的增加，种群生存率下降，累计死亡率逐渐上升。黔中杜鹃种群在Ⅳ径级达到平衡，即种群生存率和累计死亡率持平；死亡密度曲线总体呈现先缓慢上升后缓慢下降的趋势，整体趋势较为平缓，而危险率曲线总体表现为先缓慢上升后有一个较小的下降趋势，之后急剧上升再急剧下降，波动性比较大，表明黔中杜鹃种群数量受环境影响较大。姜在民在濒危植物羽叶丁香 *Syringa pinnatifolia* 种群的研究中也有相似的结论。

采用时间序列分析中的“一次移动平均法”对黔中杜鹃种群的年龄结构进行预测，结果表明：种群一旦过了一定的生理年龄，就会逐渐走向衰退。从黔中杜鹃整个发展趋势来看，该物种种群正常更新难以维持，未来会不同程度趋于衰退，甚至濒危。因此，建议加强黔中杜鹃生物学特性研究，进一步摸清其生物学特性，开展种群的更新定位观测研究，包括不同群落枯落物对黔中杜鹃种子的自然萌发和苗木生长的影响，以及黔中杜鹃幼苗建成机制；同时，开展有性与无性繁殖方式相结合，进行回归引种试验，扩大种群数量，提升种群自身抵御种群衰退的风险。

雷山杜鹃

【保护等级及珍稀情况】

雷山杜鹃 *Rhododendron leishanicum* Fang et S. S. Chang ex Chamb.，属于杜鹃花科杜鹃花属，为贵州特有种。

【生物学特性】

雷山杜鹃为灌木，树皮灰色至灰黑色，嫩枝黄褐色至红褐色；冬芽长圆状卵形，芽鳞倒卵圆形。叶厚革质，长圆形，长4.5~6cm，宽2.5~3cm，先端钝圆，突然收缢呈短尖，基部近圆形，全缘，干后微反卷，表面深绿色，光滑，背面淡绿色；叶柄长5~10mm，密被茸毛。花序轴短，有花1~3朵，花梗密被茸毛，长1.2~1.5cm；花萼5裂；花冠宽钟状，鲜红至紫红，长3~3.5cm，顶部5裂，裂片内面基部有紫斑；雄蕊10枚，长1~2cm，花药椭圆形，紫色；子房圆锥形，长约5mm，密被茸毛，花柱长约2.5cm，紫色，光滑，柱头头状。蒴果圆筒形，长1.5~1.7cm，粗约7mm，密被锈色刚毛状茸毛。

该种模式标本采自贵州雷公山，早期分布区记录仅为雷山雷公山，后期报道显示贵州梵净山地区有分布。

【应用价值】

雷山杜鹃树干弯曲，树皮灰色，有皱纹，树形呈半圆形或伞形，总状伞形花序，有花3~5朵，花冠钟状，紫红色，可用于城市行道树或公园、庭院布置，是一种十分珍贵、美丽的园林绿化树种。

【资源特性】

1　研究方法

研究选取雷公山保护区山顶雷山杜鹃群落为对象，采用群落学、植物分类学和生态学方法，对雷山杜鹃生境和群落进行调查，采用样方法，设置典型样地1个。

2　资源分布情况

雷山杜鹃分布于雷公山保护区的雷公山；生长在海拔1900~2150m的山顶苔藓矮林和杜鹃箭竹灌丛中；分布面积为20hm^2，共有440株。

3　种群及群落特征

3.1　群落生境状况

雷山杜鹃集中分布在雷公山上部海拔2155m左右的接近山脊的陡峻山坡，坡向为东南向，坡度较大，达70°以上，越过山脊则无雷山杜鹃分布，可见雷山杜鹃林为生态幅度比较狭窄的植被类型。群落地区土壤类型是高山草甸土，土质较肥沃，但土层较薄，部分地块密被藓类植物，其下即为岩石，而雷山杜鹃扎根其中。

群落中的雷山杜鹃开花情况良好，但结实情况一般（调查中发现5月开放的大部分花朵未结果），可能与结实的大小年有关。由表 6-23 可以看出，群落中可见 1、2 年生幼苗，仅见 1 株 3 年生小苗，可见雷山杜鹃的天然更新情况不好。

表 6-23　雷公山保护区雷山杜鹃天然更新情况

树龄	层次	数量（株）	树高（mm）	地径（mm）	分枝（个）
1 年生	灌木层	18	25	1. 3	1
2 年生	灌木层	6	72	2. 2	1
3 年生	灌木层	1	140	4. 2	1

3. 2　群落结构与组成

调查结果显示，雷公山地区仅有 1 个雷山杜鹃群落，群落类型为雷山杜鹃+雷公山玉山竹+细叶青毛藓，群落总郁闭度在 0. 8~0. 9。由表 6-24 可知，雷山杜鹃群落由多种生活型的植物组成，其中高位芽植物 9 种，占总种数的 40. 91%，地上芽植物 3 种，占总种数的 13. 64%，地面芽植物 6 种，占种数的 27. 27%，隐芽植物 4 种，占种数的 18. 18%。高位芽植物所占比例远远高于其他，可见该群落所处地区为温暖、潮湿气候地区。

表 6-24　雷公山保护区雷山杜鹃群落伴生树种及其生活型

种名	生活型	层次	树高（m）	多度
云锦杜鹃 *Rhododendron fortunei*	高位芽植物	Ⅰ	4. 00	多
西南卫矛 *Euonymus hamiltonianus*	高位芽植物	Ⅰ	3. 00	少
四川冬青 *Ilex szechwanensis*	高位芽植物	Ⅰ	4. 00	少
小叶女贞 *Ligustrum quihoui*	高位芽植物	Ⅰ	3. 60	少
雷山杜鹃 *Rhododendron leishanicum*	高位芽植物	Ⅰ	4. 80	较少
天女花 *Magnolia sieboldii*	高位芽植物	Ⅱ	5. 00	较少
雷公山玉山竹 *Yushania leigongshanensis*	高位芽植物	Ⅱ	1. 60	较多
红荚蒾 *Viburnum erubescens*	高位芽植物	Ⅱ	1. 50	较少
钝叶木姜子 *Litsea veitchiana*	高位芽植物	Ⅱ	1. 00	很少
粗叶悬钩子 *Rubus alceifolius*	地上芽植物	Ⅱ	0. 30	很少
溪边凤尾蕨 *Pteris terminalis*	地上芽植物	Ⅲ	0. 05	少
托柄菝葜 *Smilax discotis*	地上芽植物	Ⅲ	0. 05	较少
细叶青毛藓 *Dicranodontium blindioides*	地面芽植物	Ⅲ	0. 02	较多
油点草 *Tricyrtis macropoda*	隐芽植物	Ⅲ	0. 10	较少
万寿竹 *Disporum cantoniense*	隐芽植物	Ⅲ	0. 20	少
湖北黄精 *Polygonatum zanlanscianense*	隐芽植物	Ⅲ	0. 20	较少
深圆齿堇菜 *Viola davidii*	地面芽植物	Ⅲ	0. 05	较少
长瓣马铃苣苔 *Oreocharis auricula*	地面芽植物	Ⅲ	0. 10	较少
竹节参 *Panax japonicus*	隐芽植物	Ⅲ	0. 11	少
糙苏 *Phlomis umbrosa*	地面芽植物	Ⅲ	0. 06	少
肉穗草 *Sarcopyramis bodinieri*	地面芽植物	Ⅲ	0. 03	很少
香附子 *Cyperus rotundus*	地面芽植物	Ⅲ	0. 03	很少

从垂直结构来看，雷山杜鹃的群落结构在层次构造上表现较为清楚，按植物个体的空间分布高度可以划分为乔木层、灌木层、草本层（含地被植物），成层现象明显。但乔木层的数量较多，种类较少，主要有雷山杜鹃、云锦杜鹃，平均树高 4m，覆盖率约为 80%；而灌木层和草本层的数量较少，种类多，灌木层主要有雷公山玉山竹，平均树高约 1m，平均层覆盖率为 30%，草本层极不发育，以细叶青毛藓 *Dicranodontium blindioides* 居多，这与该地阴暗、潮湿的环境有关，层平均树高 0.1m，覆盖率约为 10%。

从水平结构看，除雷山杜鹃外，分布较多的还有云锦杜鹃、雷公山玉山竹和细叶青毛藓，其他仅为少数几株分布，且大部分为幼苗。而雷公山玉山竹和细叶青毛藓均呈斑块状分布，其中雷公山玉山竹呈斑块状分布主要是由群落植被的遮阴作用导致的，因群落中的雷公山玉山竹生长在光照条件较好的林窗下；细叶青毛藓呈斑块状分布的原因可能与岩石分布状况有关，因其主要生长在岩石上。

3.3　群落的物种多样性分析

图 6-10 显示了雷山杜鹃群落的物种多样性指数值。该群落的物种丰富度（S）为 17。从图 6-10 可知，乔、灌、草三个层次的多样性指数均表现为 Shannon-Wiener 指数（H_e'）高于 Pielou 指数（J_e），Simpson（D）指数值最低，多样性指数值最高的为草本层的 Shannon-Wiener 指数（H_e'）值，而灌木层的 Simpson 指数（D）值最低，已为负值。

灌木层、乔木层、草本层在 Shannon-Wiener 指数（H_e'）上差异较大，草本层和灌木层的指数远大于乔木层，H_e'值与物种丰富度紧密相关，并且呈正相关，由此表明草本层物种丰富度高。Pielou 指数（J_e）是指群落中各个种的多度或重要值的均匀程度，均匀度指数表现为草本层>灌木层>乔木层，草本层的物种分布更为均匀。

群落中种数越多，各种个体分配越均匀，Simpson 指数（D）越高，指示群落多样性越好，是群落集中性的度量。从图 6-10 可知，群落中 Simpson 指数（D）为乔木层>草本层>灌木层，说明了大部分乔木植物和草本植物的数量主要集中于少数物种，优势种比较明显，其他树种占很小的比例，而灌木层优势种并不明显。

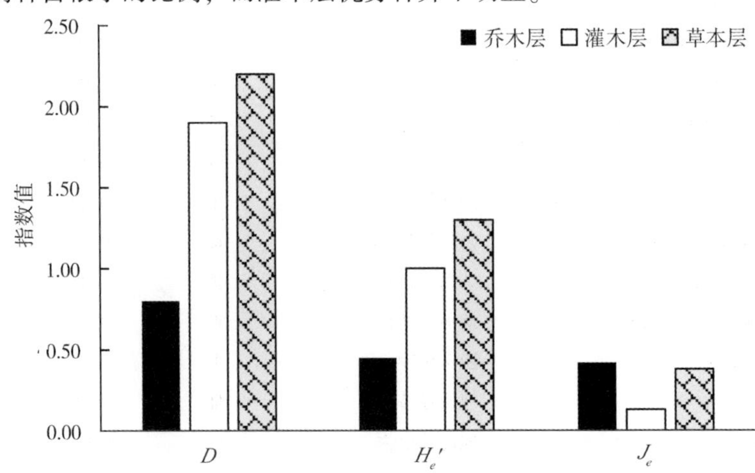

图 6-10　雷公山保护区雷山杜鹃群落的物种多样性指数

3.4 讨论

研究表明，雷山杜鹃在雷公山地区的分布范围狭窄，仅集中分布在雷公山上部海拔2155m左右的区域，未见单株分布情况，大部分植株生长良好，并见部分1、2年生幼苗，表明天然更新遇到一定阻碍，而调查过程中并未发现人畜破坏现象，分析其原因：一方面，调查所见雷山杜鹃幼苗均生长在林下细叶青毛藓中，而细叶青毛藓之下即为岩石，可能由于没有足够养分供幼苗成长；另一方面，可能由于雷山杜鹃大树枝叶茂密，林下光照条件较差，致使幼苗得不到足够的光照继续生长，无法形成大树。

雷山杜鹃群落包含有多种生活型植物，其中比较占优势的是高位芽植物，这说明此地区气候潮湿、温暖，这与该地区的大环境气候一致。从水平结构来看，群落中分布较多的雷公山玉山竹和细叶青毛藓呈斑块状镶嵌，很多学者认为，群落多样性之所以能够得到很好的维持，离不开植物群落斑状结构的出现和维持，可见这一结构对于群落多样性的维持具有积极作用。其中，雷公山玉山竹呈斑块状镶嵌主要是由群落植被的遮阴作用导致的。而群落中分布较多的地被植物细叶青毛藓亦呈斑块状镶嵌，其形成原因可能与岩石分布（该藓主要分布在岩石上）和群落湿度有关。

雷公山地区雷山杜鹃群落物种多样性以草本层的物种丰富度最高，这与马克平等对山地森林植被群落物种多样性分析中指出群落总丰富度主要受草本层丰富度的影响，草本层对群落物种多样性的贡献最大的结论一致。群落灌木层优势种不明显与调查中见到小群雷公山玉山竹植物似乎有矛盾，这可能是雷山杜鹃等乔木层植物枝叶较为茂密的原因导致林下光照条件较差，林下灌木分布较少，多分布于林缘。

稳定性学说认为物种越丰富，物种多样性越好，此区域生态环境就相对稳定。雷公山保护区的雷山杜鹃群落的多样性值比较低，数值最高的草本层H_e'值也仅为2.3，由此得出地区的物种多样性较为一般，其生态环境的稳定性较差。

【研究进展】

经查阅文献资料，国内到目前为止关于雷山杜鹃的研究报道较少，而关于雷山杜鹃的群落物种多样性方面的研究报道较少，是对雷山杜鹃模式产地雷公山保护地区的雷山杜鹃的群落物种多样性特征进行调查及分析；2014年刘仁阳、欧静等对雷山杜鹃根部真菌进行分离、鉴定，以期为雷山杜鹃等高山常绿杜鹃优良菌株的筛选奠定基础，结果表明雷山杜鹃根部真菌种类丰富，其中包括典型的欧石楠类菌根（ERM）真菌-树粉孢属真菌；对雷山杜鹃根系菌丝和真菌研究，发现雷山杜鹃根系表面被念珠状菌丝和有隔菌丝覆盖，未发现外生菌丝侵入根系细胞，根系细胞内存在典型杜鹃花类菌根（ERM）结构——菌丝结，菌丝只在沿根系细胞壁分布的特殊细胞内贯穿分布，研究结论可见雷山杜鹃菌根真菌浸染率春季（75%）高于秋季（54%）。

【繁殖方法】

通过对参考文献进行查阅、收集和整理，没有对雷山杜鹃的繁殖实验报道，只有对其种子萌发方面的研究，例如：有研究发现雷山杜鹃经不同浓度赤霉素及不同时间处理后，可以不同程度地提高雷山杜鹃种子的发芽率和发芽势，适宜促进雷山杜鹃种子萌发的条件

是赤霉素浓度 400 mg/L 浸种 36h；也有研究报道赤霉素和温水浸种对雷山杜鹃种子萌发都有促进作用，其中以 400mg/L GA_3浸种 24h 的种子发芽率和发芽势较不浸种分别提高了 19、21.67 个百分点，因此在田间播种时，使用 GA_3浸种处理不仅可以促进雷山杜鹃种子的发芽，还可以使出苗更整齐。在培养温度 15~25℃条件下，雷山杜鹃种子发芽势和发芽率随着培养温度的升高逐渐降低，15℃时的发芽率较 25℃时提高 42%。且有研究发现纯腐殖土为雷山杜鹃种子播种繁殖的最佳基质。

【保护建议】

作为贵州特有的野生植物，雷山杜鹃应该予以重视和保护，然而，现实是：雷山杜鹃并未得到相应的重视及保护，这从最近几年的研究报道便可探知，而现有分布区域，其资源量非常有限，自然条件的限制又使得该资源难以完成自然更新，因此，应该加强对雷山杜鹃这一资源进行基础性的调查研究，建立种质资源的原地和异地保育基地，从而有效地保护，在此基础上进一步开展其园林、庭园造景等景观运用研究，使其优美的姿态得以展示和利用，实现其生态和经济价值。

第7章 雷公山保护区特有植物

雷山瑞香

【保护等级及珍稀情况】

雷山瑞香 *Daphne leishanensi* H. F. Zhou ex C. Y. Chang，属于瑞香科 Thymelaeaceae 瑞香属 *Daphne*，为雷公山保护区特有种；模式标本采自贵州雷山（响水岩）。

【生物学特性】

雷山瑞香为落叶直立灌木，高约 50cm；当年生枝被灰白色丝状纤毛，多年生枝紫黑色，无毛；冬芽卵形，密被灰白色丝状毛。叶互生，膜质，椭圆形，长 3.5~6.5cm，宽 1.2~2.5cm，先端短渐尖，基部钝圆形，边缘全缘，不反卷，上面绿色无毛，下面淡绿色，成熟后无毛，侧脉 6~8 对；叶柄长 1.2~2.3mm，具灰白色丝状纤毛。花粉红白色，3~5 朵组成侧生的伞形状头状花序；无苞片；花序梗长约 2mm，与长 1~2mm 的花梗密被灰白色纤毛；花萼圆筒状，长 6~7mm，外面散生灰白色丝状纤毛，裂片 4 片，宽卵形；雄蕊 8 个，2 轮，花药 3/4 伸出于外；子房长约 1.2mm，顶端密被灰色纤毛。果实未见。花期5~6 月，果期不详。

【研究进展】

雷山瑞香为雷公山保护区特有种，分布区域狭窄，经查阅相关文献资料，未找到雷山瑞香的相关研究报道，本次调查中也未找到该物种。

【资源特性】

通过查阅资料，对雷山瑞香繁殖方法未发现相关报道。

【保护建议】

一是进行就地保护。建议继续加强雷山瑞香种植资源摸底调查，摸清种源数量、生长生活特性及生长环境等因子。加强抚育力度，保护小生境。

二是加强保护宣传。加强分布范围监管力度，加强宣传教育及法律法规的宣传力度，增强民众生态保护意识，提高保护野生植物资源的自觉性和主动性。

雷公山杜鹃

【保护等级及珍稀情况】

雷公山杜鹃 *Rhododenron leigongshanense* Fang et S. S. Chang，属于杜鹃花科杜鹃花属，生于海拔 1350~1600m 的丛林中，为雷公山保护区特有种。

【生物学特性】

雷公山杜鹃为常绿小乔木，胸径达 16cm，小枝粗壮，圆筒形，幼枝被腺体。叶革质或厚革质，长圆状椭圆形，先端尖锐，有短尖，基部宽楔形；略不对称；长 15~21cm，宽 5~7.5cm，叶缘反卷，上面绿色，下面粉绿色，被短柄腺体；叶上面主脉下陷，侧脉微凹；下面主脉和侧脉凸起，侧脉 15~18 对；叶柄绿色，长 2~4cm，有残留的腺体，近轴面平，远轴面近圆形。总状花序有花 10~11 朵，花序轴淡褐色，密生短柄腺体，长 7~9.5cm；苞片披针形，外面疏被有柄和无柄腺毛，内面密被腺体和茸毛，花梗密被长柄腺体，长 3.5~4.5cm；花萼 7 裂，裂片半圆形，不等大，长 2~4cm，外侧具腺毛，内侧无毛；花冠喇叭形，白色，长约 8cm，直径 8~10cm，肉质，芳香，裂片 7 片，近圆形，长 2.5~3cm，宽 2~2.5cm，花冠外被有柄和无柄腺毛；雄蕊 16 枚，长 4~6cm，花丝无毛；子房圆锥形，长5~8mm，密被有柄和无柄腺体，花柱粗壮，淡绿色，长 5~8cm，通体密被有柄和无柄腺体；柱头盘状，直径 2~3mm，蒴果长圆柱形，长 3~3.5cm，直径 1~1.2cm，微弯。密被有柄和无柄腺体。

【应用价值】

雷公山杜鹃为贵州特有濒危植物，具有重要的保护价值；其花冠喇叭形，白色，花芳香，可作为优良花卉观赏树种，花色奇特典雅，具有较高的观赏价值。

【资源特性】

1 样地设置

采用样线法和样方法相结合，选取天然分布在雷公山保护区的雷公山杜鹃设置典型样地 1 个（表 7-1）。

表 7-1 雷公山保护区雷公山杜鹃群落样地基本情况

样地编号	小地名	海拔（m）	坡度（°）	坡向	坡位
I	虎雄坡	1394	30	北	中上

2 资源分布情况

雷公山杜鹃分布于雷公山保护区的虎雄坡；生长在海拔 1350~1600m 的常绿落叶阔叶混交林和针阔混交林中；分布面积为 200hm^2，共有 1240 株。

3 种群及群落特征

3.1 群落结构与组成

调查结果表明（图 7-1），在研究区域的样地中，共有维管束植物有 42 科 48 属 63 种，其中双子叶植物37科43属56种，单子叶植物1科1属1种，裸子植物1科1属2种，蕨类植物3科3属4种。由此可知，在雷公山保护区分布的雷公山杜鹃群落中双子叶植物的数量占据绝对优势。

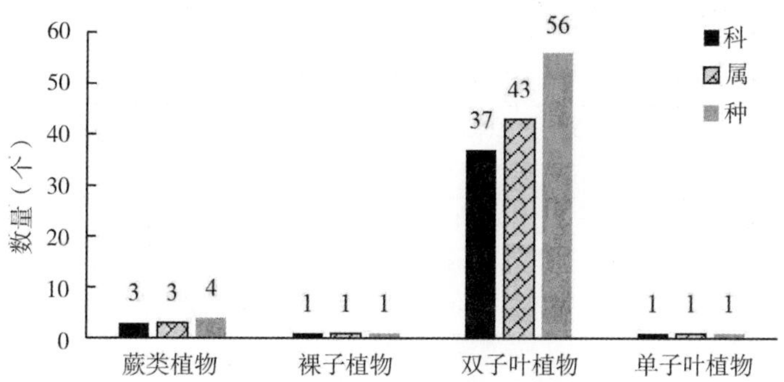

图7-1　雷公山保护区雷公山杜鹃植物类型分类数量统计

3.2　空间格局分布

根据调查各样方实际个体数 x（图7-2），横坐标表示样方号，纵坐标表示个体数量，本群落采用计算分散度 S^2 的方法研究种群的空间分布格局。

雷公山杜鹃种群分散度 S^2 为5.21，大于样方平均个体数（m）为1.1株，可得知雷公山杜鹃水平分布不均匀，表现为局部密集分布类型。

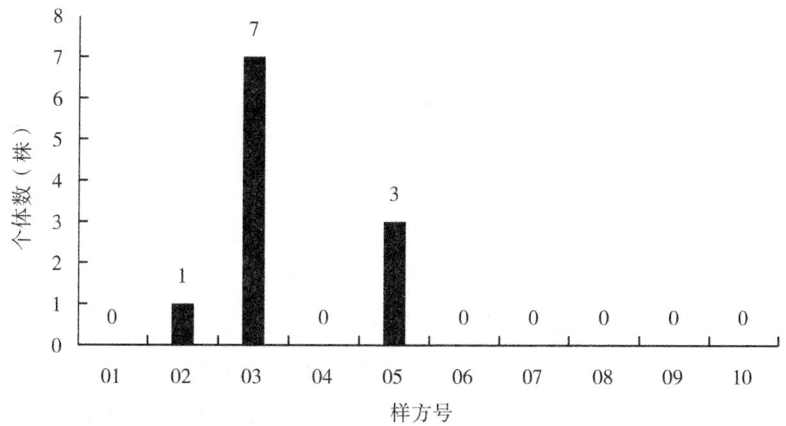

图7-2　雷公山保护区雷公山杜鹃在样方中数量

3.3　群落优势科属

在研究区域的样地中，根据调查得出雷公山杜鹃群落样地优势科属，优势科、优势属取前15位。由表7-2可知，科属关系中，含2属以上的4科，分别为蔷薇科（3属）、樟科（3属）、漆树科（2属）、五加科（2属）；含4种以上的科有4科，分别为杜鹃花科（7种）、蔷薇科（5种）、忍冬科（4种）、樟科（4种）；含2属4种以上的分别为蔷薇科（3属5种）、樟科（3属4种），仅含1科1属的有33科，占总种数的52.38%。蔷薇科3属5种为优势科；雷公山保护区分布的雷公山杜鹃群落优势科属明显，偶见种的数量多，表明群落物种丰富度高。

由表7-2可知，属种关系中，杜鹃花属7种，其次荚蒾属4种，含2种以上的属有8个，分别是杜鹃花属、荚蒾属、蕨属、栎属、木姜子属、山矾属、绣线菊属 *Spiraea*、悬钩子属，单属单种占的比例为83.33%。雷公山杜鹃群落中杜鹃花属、荚蒾属为优势属。

表7-2　雷公山保护区雷公山杜鹃优势科属统计信息

序号	科名	种数/属数（个）	占总种数/占总属数的比例（%）	序号	属名	种数（种）	占总种数的比例（%）
1	杜鹃花科 Ericaceae	7/1	11.11/2.08	1	杜鹃花属 *Rhododendron*	7	11.11
2	蔷薇科 Rosaceae	5/3	7.94/6.25	2	荚蒾属 *Viburnum*	4	6.35
3	忍冬科 Caprifoliaceae	4/1	6.35/2.08	3	蕨属 *Pteridium*	2	3.17
4	樟科 Lauraceae	4/3	6.35/6.25	4	栎属 *Quercus*	2	3.17
5	蕨科 Pteridiaceae	2/1	3.17/2.08	5	木姜子属 *Litsea*	2	3.17
6	壳斗科 Fagaceae	2/1	3.17/2.08	6	山矾属 *Symplocos*	2	3.17
7	漆树科 Anacardiaceae	2/2	3.17/4.17	7	绣线菊属 *Spiraea*	2	3.17
8	山矾科 Symplocaceae	2/1	3.17/2.08	8	悬钩子属 *Rubus*	2	3.17
9	五加科 Araliaceae	2/2	3.17/4.17	9	丫蕊花属 *Ypsilandra*	1	1.59
10	菝葜科 Smilacaceae	1/1	1.59/2.08	10	菝葜属 *Smilax*	1	1.59
11	百合科 Liliaceae	1/1	1.59/2.08	11	楤木属 *Aralia*	1	1.59
12	柏科 Cupressaceae	1/1	1.59/2.08	12	冬青属 *Ilex*	1	1.59
13	唇形科 Lamiaceae	1/1	1.59/2.08	13	豆腐柴属 *Premna*	1	1.59
14	冬青科 Aquifoliaceae	1/1	1.59/2.08	14	枫香树属 *Liquidambar*	1	1.59
15	蝶形花科 Papibilnaceae	1/1	1.59/2.08	15	刚竹属 *Phyllostachys*	1	1.59

3.4　重要值分析

在研究区域的样地中，群落结构主要分为乔木层、灌木层和草本层三个层次。乔木层重要值排在前15位的物种见表7-3，不足15种的全部列出；表7-4、表7-5分别列出了样地灌木层、草本层重要值排在前15位的物种。构成乔木层的树种有17种，大于重要值20的有4种，其中杉木的重要值最高，为117.41，其次为雷公山杜鹃，为29.91，共同构成了该层雷公山杜鹃群落的优势种；重要值小于6的有5种即麻栎 *Quercus acutissima*、小果冬青 *Ilex micrococca*、青榨槭、苦木 *Pteridium quassioides*、南酸枣为该层的偶见树种。

由表7-4可知，灌木层植物共有38种，其中重要值大于10的有3种，重要值最大的是红边竹 *Phyllostachys rubromarginata*，为28.51，其次锦带花，为25.64，贵州桤叶树，为12.91，为该层优势种；重要值低于10的物种有25种，占灌木层总种数的66.57%，表明灌木层物种丰富度比较高。

由表7-5可知，草本层植物共有12种，重要值大于20的有3种，分别为狗脊（54.56）、鸡矢藤（23.12）、华中瘤足蕨（22.10），其中狗脊的重要值最高，在草本层中占主导地位。

综上可知，雷公山杜鹃群落为杉木群系，整个样地物种丰富度较高，乔木层和灌木层优势种比较明显，而草本层优势种相对不明显。

表 7-3　雷公山保护区雷公山杜鹃群落乔木层重要值

序号	种名	相对密度	相对优势度	相对频度	重要值
1	杉木 *Cunninghamia lanceolata*	33. 80	68. 22	15. 38	117. 41
2	雷公山杜鹃 *Rhododendron leigongshanense*	15. 49	2. 87	11. 54	29. 91
3	马尾松 *Pinus massoniana*	2. 82	17. 70	7. 69	28. 21
4	毛棉杜鹃 *Rhododendron moulmainense*	11. 27	5. 10	7. 69	24. 06
5	枫香树 *Liquidambar formosana*	5. 63	3. 53	7. 69	16. 86
6	川桂 *Cinnamomum wilsonii*	5. 63	1. 93	3. 85	11. 41
7	山矾 *Symplocos sumuntia*	2. 82	0. 15	7. 69	10. 66
8	白栎 *Quercus fabri*	4. 23	0. 09	3. 85	8. 17
9	贵定桤叶树 *Clethra delavayi*	2. 82	0. 20	3. 85	6. 86
10	黄丹木姜子 *Litsea elongata*	2. 82	0. 10	3. 85	6. 77
11	化香树 *Platycarya strobilacea*	2. 82	0. 00	3. 85	6. 66
12	野漆 *Toxicodendron succedaneum*	2. 82	0. 00	3. 85	6. 66
13	麻栎 *Quercus acutissima*	1. 41	0. 04	3. 85	5. 30
14	小果冬青 *Ilex micrococca*	1. 41	0. 04	3. 85	5. 29
15	青榨槭 *Acer davidii*	1. 41	0. 02	3. 85	5. 28
16	苦树 *Picrasma quassioides*	1. 41	0. 00	3. 85	5. 26
17	南酸枣 *Choerospondias axillaris*	1. 41	0. 00	3. 85	5. 25

表 7-4　雷公山保护区雷公山杜鹃群落灌木层重要值

序号	种名	相对盖度	相对频度	重要值
1	红边竹 *Phyllostachys rubromarginata*	26. 76	1. 75	28. 51
2	锦带花 *Weigela florida*	18. 62	7. 02	25. 64
3	贵州桤叶树 *Clethra kaipoensis*	9. 40	3. 51	12. 91
4	菝葜 *Smilax china*	2. 97	7. 02	9. 99
5	满山红 *Rhododendron mariesii*	4. 46	3. 51	7. 97
6	豆腐柴 *Premna microphylla*	2. 48	5. 26	7. 74
7	藤黄檀 *Dalbergia hancei*	2. 97	3. 51	6. 48
8	白栎 *Quercus fabri*	1. 49	3. 51	5. 00
9	尖尾樱桃 *Cerasus caudata*	1. 49	3. 51	5. 00
10	圆锥绣球 *Hydrangea paniculata*	1. 49	3. 51	5. 00
11	毛棉杜鹃 *Rhododendron moulmainense*	1. 49	3. 51	5. 00
12	山胡椒 *Lindera glauca*	1. 29	3. 51	4. 80
13	茶荚蒾 *Viburnum setigerum*	0. 93	3. 51	4. 44
14	水红木 *Viburnum cylindricum*	0. 77	3. 51	4. 28
15	山鸡椒 *Litsea cubeba*	0. 74	3. 51	4. 25

表 7-5　雷公山保护区雷公山杜鹃群落草本层重要值

序号	种名	相对盖度	相对频度	重要值
1	狗脊 *Woodwardia japonica*	31.03	23.53	54.56
2	鸡矢藤 *Paederia foetida*	17.24	5.88	23.12
3	华中瘤足蕨 *Plagiogyria euphlebia*	10.34	11.76	22.10
4	多花黄精 *Polygonatum cyrtonema*	6.90	11.76	18.66
5	里白 *Diplopterygium glaucum*	10.34	5.88	16.22
6	三脉紫菀 *Aster trinervius* subsp. *ageratoides*	3.45	5.89	9.34
7	虾脊兰 *Calanthe discolor*	3.45	5.89	9.34
8	水芹 *Oenanthe javanica*	3.45	5.89	9.34
9	小果丫蕊花 *Ypsilandra cavaleriei*	3.45	5.88	9.33
10	蕨 *Pteridium aquilinum* var. *latiusculum*	3.45	5.88	9.33
11	如意草 *Viola arcuata*	3.45	5.88	9.33
12	峨眉双蝴蝶 *Tripterospermum cordatum*	3.45	5.88	9.33

3.5　物种多样性分析

在研究区域，由表 7-6 可知植物物种数（S）、丰富度指数（d_{Ma}）、优势度指数（D_r）变化相同，并进行物种多样性 Simpson 指数（D）和 Shannon-Wiener 指数（H_e'）以及 Pielou 指数（J_e）分别对植物群落样地乔木层、灌木层、草本层进行物种多样性统计分析，从雷公山杜鹃群落物种数目来看灌木层占绝对优势，从丰富度指数来看，可以得出灌木层（9.36）>草本层（2.95）>乔木层（1.80），表明灌木层物种多样性丰富，乔木层最小。雷公山杜鹃种群生长于人工杉木林下，由于人为活动砍柴造成林内通透性强因此灌木长势超越乔木层。从表 7-6 可知，灌木层和草本层植物分布均匀指数差异不明显。

表 7-6　雷公山保护区雷公山杜鹃物种多样性指数

层次	d	d_{Ma}	λ	D	D_r	H_e'	H_2'	J_e
乔木层	2.33	1.80	0.26	0.74	3.86	1.19	0.21	0.57
灌木层	11.69	9.36	0.04	0.96	26.95	3.26	0.19	0.84
草本层	3.75	2.95	0.10	0.90	10.50	1.67	0.23	0.76

【研究进展】

为了较好地保护该物种，国内一批学者率先开展了对雷公山杜鹃的研究和保护工作。2016 年任璐等采用实地调查的方法，研究雷公山杜鹃群落分布环境，得出草本植物多样性对于杜鹃群落发展具有重要作用，没有对雷公山杜鹃进行研究但对雷公山杜鹃将来发展研究有一定的帮助。2019 年宋志红等通过对雷公山杜鹃扦插在 3 种不同的基质土壤和不同浓度 IBA 下探究其成活率，表明田泥基质对于成活率表现最佳，在田泥基质下不采用 IBA 浸泡和采用 250mg/L 的该溶液浸泡使其扦插成活率高达 26.67%。娄丽等对雷公山杜鹃群落结构和物种多样性研究发现，雷公山杜鹃种群年龄结构为衰退型，演替较为激烈，天然更

新困难。以上工作为雷公山杜鹃的保护和繁衍作出了重要贡献。为更好地探寻雷公山杜鹃的保护措施，再一次通过对雷公山杜鹃群落分布及生长环境进行调查，选取天然种群集中分部地段，分析其自然种群的结构特征，为开展保护工作给出合理的建议。

【繁殖方法】

1　扦插繁育

①穗条采集：剪取1年生嫩枝为穗条，粗壮且木质化，长10cm，粗0.5~1cm。穗条上端距第1芽2~3cm处平截，下端截成45°的平滑切口，留1~2个芽。

②穗条处理：IBA浓度250mg/L，对照，分别浸泡1h。

③整地：先把田泥整平，再整理出2m×1m、厚度15~20cm的插床，并在插床周围做好排水沟；用多菌灵500倍液对土壤进行消毒，3d后再进行扦插。

④扦插管理：扦插完成后，用竹条搭建高度为50cm的半圆形拱棚，然后盖好塑料薄膜，并在拱棚上方用木条再搭建高度为1.4m的长方形架棚，用透光度为60%的遮阴网盖好，防止太阳暴晒，根据天气情况进行开口通风，根据土壤干湿情况进行浇水和除草。

2　种子发芽

①采种：将采集到的雷公山杜鹃成熟果实在室内风干，当蒴果自然裂开后收集种子，在常温下贮存1年后进行发芽试验。

②种子处理：将干藏1年的种子，在消毒后的滤纸下面垫上消毒后的脱脂棉作发芽基质，将其铺在培养皿中，培养液为去离子水，将种子整齐排列在滤纸上，每个培养皿100粒种子，实验期间注意保持脱脂棉湿润。设光暗交替（每天光照14h），在光照条件下以温度25℃及黑暗条件下以温度15℃的处理方式进行发芽试验，发芽率可达87.86%，可有目的地进行播种繁殖。

【保护建议】

一是进行就地保护，加强对保护区内居民宣传教育，进行重点保护植物的认识培训，对离村寨较近的雷公山杜鹃以及一些重点保护的珍稀植物进行挂牌保护。同时，加强对雷公山杜鹃等珍稀植物分布林区野外巡护管理，以进一步减少人为干扰破坏其生境。

二是针对幼树幼苗多而荫蔽度高的天然雷公山杜鹃群落，进行适当人工干预，清除群落中影响雷公山杜鹃生存生长的常见物种，促进其种群发展，或者将荫蔽环境下的幼苗迁至合适的环境，进行人工养护，以达到长期保护该种群的目的，不断扩大雷公山杜鹃种群规模。

三是加强雷公山杜鹃生物学特性和繁殖技术方面的研究，利用组织培养育苗、扦插育苗、种子育苗等人工培育繁殖技术，扩大雷公山杜鹃人工繁育苗木的生产，并回归自然，从而增加雷公山杜鹃种群数量，扩大雷公山杜鹃种群规模。

雷公山凸果阔叶槭

【保护等级及珍稀情况】

雷公山凸果阔叶槭 *Acer amplum* var. *convexum*（Fang）Fang，属于槭树科槭属，模式标本采自贵州雷公山，为雷公山特有种。

【生物学特性】

雷公山凸果阔叶槭为落叶乔木，高约 12m。树皮褐色或深褐色，平滑。当年生小枝绿色或紫色，多年生枝黄绿色或黄褐色，无毛，有圆形或卵形黄色皮孔。芽鳞紫褐色，边有纤毛。单叶对生，纸质，下面沿叶脉疏被淡黄色微柔毛，不分裂或分裂；不分裂之叶常为卵形，长 7~8cm，宽 3. 5~4. 5cm，3 裂之叶，长约 12cm，宽约 14cm，裂片三角形卵形或长圆状卵形。果序长约 8cm，小坚果略突起，近于圆形，直径约 1cm，脉纹显著；翅长圆形或长圆状卵形，宽约 8mm，连同小坚果长 3~3. 2cm，张开近于锐角。果期 9 月。

【应用价值】

槭树科植物多数具有四季明显的季相变化，大多树形优美，枝叶浓密，叶形多姿，叶、翅果色彩丰富，特别是秋叶的色彩变化在园林造景中独树一帜，是城市园林建设中不可缺少的材料。槭树科种类繁多，观赏性强，选材广泛，城乡各类园林绿地都可充分利用槭树资源，如道路绿化、公园、住宅小区等。槭树科植物的观赏价值主要体现在形与色上，在园林绿化中，红叶槭树与其他常绿树种合理配植，秋季能形成“万绿丛中一点红”的效果。因此雷公山凸果阔叶槭可以作为园林绿化树种进行栽培与开发。

【资源特性】

1　样地设置与调查方法

以雷公山保护区为研究对象，采用样线法与典型样地法，设置 3 个样地（表 7-7）。

表 7-7　雷公山保护区雷公山凸果阔叶槭群落样地概况

小地名	样地编号	盖度（%）	海拔（m）	土壤类型	坡向	坡位	坡度（°）
南丹电站旁	Ⅰ	85	690	黄壤	东南	下	35
雷公山 26 公里	Ⅱ	85	1800	黄棕壤	东南	中上	35
雷公山 27 公里	Ⅲ	95	1840	黄棕壤	东北	中上	35

2　资源分布情况

雷公山凸果阔叶槭分布于雷公山保护区的雷公山、小丹江、交密村和南刀等地；生长在海拔 700~1600m 的常绿阔叶林、常绿落叶阔叶混交林中；分布面积为 660hm^2，共有 1180 株。

3　种群及群落特征

3.1　群落组成

通过对研究区 3 个样地的调查统计得出，在雷公山凸果阔叶槭群落样地内共有维管束植物 74 科 130 属 164 种，物种组成情况见图 7-3。其中，蕨类植物有 12 科 16 属 19 种，占总种数的 11. 59%，种子植物 62 科 114 属 145 种，占总种数的 88. 41%。种子植物中裸子植物有 2 科 2 属 2 种，占总种数的 1. 22%，被子植物有 60 科 112 属 143 种，占总种数的 87. 19%；被子植物中双子叶植物有 52 科 93 属 120 种，占总种数的 73. 17%，单子叶植物有 8 科 19 属 23 种，占总种数的 14. 02%。可知，在雷公山保护区分布的雷公山凸果阔叶槭群落中双子叶植物的物种数量占据绝对优势。

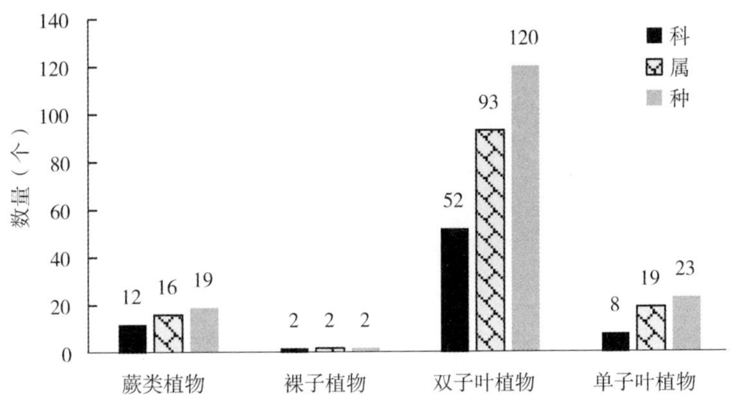

图 7-3　雷公山保护区雷公山凸果阔叶槭群落物种组成

3. 2　群落优势科属种分析

对雷公山凸果阔叶槭群落 3 个样地综合分析，取科含 2 种与属含 2 种以上的科属进行统计得表 7-8、表 7-9。由表 7-8 可知，在科种关系中，科含 5 种以上的有蔷薇科（12 种）、菊科（7 种）、禾本科（6 种）、鳞毛蕨科（6 种）、百合科（5 种）、莎草科（5 种）、山茶科（5 种）7 科，占总科数的 9. 46%；科含 2~4 种的有大戟科、壳斗科、木兰科等 28 科，占总科数的 37. 84%；仅含 1 种的有 39 科，占总科数的 52. 70%。在雷公山凸果阔叶槭群落中，优势科为蔷薇科，含有物种 12 种，占总种数的 7. 32%，优势不明显，物种集中在含 1 种的科内。

由表 7-9 可知，在属种关系中，物种数最多的是悬钩子属（7 种），是雷公山保护区内雷公山凸果阔叶槭群落样地中的优势属，占总种数的 4. 27%，优势不明显。含2~3 种的属有 20 个属，占总种数的 29. 27%，仅含 1 种的属有 109 属，占总物种数的 66. 49%。在属种关系中，优势属的优势不明显。

综上可知，雷公山保护区分布的雷公山凸果阔叶槭群落中优势科属不明显，群落科属组成复杂，物种主要集中在含 1 种的科与含 1 种的属内，并且在属的组成成分上显示出复杂性和高度分化性的特点。

表 7-8 雷公山保护区雷公山凸果阔叶槭群落科属种数量关系

排序	科名	属数/种数（个）	占总属/种数的比例（%）	排序	科名	属数/种数（个）	占总属/种数的比例（%）
1	蔷薇科 Rosaceae	4/12	3. 08/7. 32	19	漆树科 Anacardiaceae	3/3	2. 31/1. 83
2	菊科 Asteraceae	7/7	5. 38/4. 27	20	槭树科 Aceraceae	1/3	0. 77/1. 83
3	禾本科 Poaceae	6/6	4. 62/3. 66	21	伞形科 Apiaceae	2/3	1. 54/1. 83
4	鳞毛蕨科 Dryopteridaceae	4/6	3. 08/3. 66	22	卫矛科 Celastraceae	1/3	0. 77/1. 83
5	百合科 Liliaceae	5/5	3. 85/3. 05	23	樟科 Lauraceae	3/3	2. 31/1. 83
6	莎草科 Cyperaceae	3/5	2. 31/3. 05	24	紫金牛科 Myrsinaceae	2/3	1. 54/1. 83
7	山茶科 Theaceae	4/5	3. 08/3. 05	25	金缕梅科 Hamamelidaceae	2/2	1. 54/1. 22
8	大戟科 Euphorbiaceae	3/4	2. 31/2. 44	26	瘤足蕨科 Plagiogyriaceae	1/2	0. 77/1. 22
9	壳斗科 Fagaceae	3/4	2. 31/2. 44	27	木通科 Lardizabalaceae	2/2	1. 54/1. 22
10	木兰科 Magnoliaceae	3/4	2. 31/2. 44	28	葡萄科 Vitaceae	2/2	1. 54/1. 22
11	茜草科 Rubiaceae	3/4	2. 31/2. 44	29	桑科 Moraceae	2/2	1. 54/1. 22
12	忍冬科 Caprifoliaceae	3/4	2. 31/2. 44	30	山矾科 Symplocaceae	1/2	0. 77/1. 22
13	野茉莉科 Styracaceae	4/4	3. 08/2. 44	31	山茱萸科 Cornaceae	2/2	1. 54/1. 22
14	菝葜科 Smilacaceae	1/3	0. 77/1. 83	32	省沽油科 Staphyleaceae	2/2	1. 54/1. 22
15	蝶形花科 Papibilnaceae	3/3	2. 31/1. 83	33	乌毛蕨科 Blechnaceae	2/2	1. 54/1. 22
16	堇菜科 Violaceae	1/3	0. 77/1. 83	34	五加科 Araliaceae	2/2	1. 54/1. 22
17	马鞭草科 Verbenaceae	2/3	1. 54/1. 83	35	酢浆草科 Oxalidaceae	1/2	0. 77/1. 22
18	猕猴桃科 Actinidiaceae	1/3	0. 77/1. 83		合计	91/125	70. 06/76. 25

表 7-9 雷公山保护区雷公山凸果阔叶槭群落属种数量关系

排序	属名	种数（种）	占总种数的比例（%）	排序	属名	种数（种）	占总种数的比例（%）
1	悬钩子属 *Rubus*	7	4. 27	12	接骨木属 *Sambucus*	2	1. 22
2	菝葜属 *Smilax*	3	1. 83	13	柃属 *Eurya*	2	1. 22
3	堇菜属 *Viola*	3	1. 83	14	瘤足蕨属 *Plagiogyria*	2	1. 22
4	鳞毛蕨属 *Dryopteris*	3	1. 83	15	木莲属 *Manglietia*	2	1. 22
5	猕猴桃属 *Actinidia*	3	1. 83	16	青冈栎属 *Cyclobalanopsis*	2	1. 22
6	槭属 *Acer*	3	1. 83	17	山矾属 *Symplocos*	2	1. 22
7	苔草属 *Carex*	3	1. 83	18	水芹属 *Oenanthe*	2	1. 22
8	卫矛属 *Euonymus*	3	1. 83	19	野桐属 *Mallotus*	2	1. 22
9	樱属 *Cerasus*	3	1. 83	20	紫金牛属 *Ardisia*	2	1. 22
10	粗叶木属 *Lasianthus*	2	1. 22	21	酢浆草属 *Oxalis*	2	1. 22
11	大青属 *Clerodendrum*	2	1. 22		合计	55	33. 54

3. 3 重要值分析

森林群落在不同的演替阶段，物种组成、数量等各个方面都会发生一定的变化，而这

种变化最直接的体现就是构成群落物种的重要值的变化。表 7-10 分别列出了雷公山凸果阔叶槭各样地乔木层重要值排在前 10 位的物种，不足 10 种的全部列出；表 7-11、表 7-12 分别列出了各样地灌木层、草本层重要值排在前 5 位的物种。

在雷公山凸果阔叶槭群落样地Ⅰ中乔木层植物有 14 种，乔木层物种重要值大于该样地乔木层平均重要值（21.43）的有 2 种，占总种数的 14.29%，分别是甜槠（174.27）和毛桐（27.54），其余 12 种乔木重要值均在乔木层平均重要值之下，占总种数的 85.71%。由此可见样地Ⅰ中，甜槠占绝对优势，毛桐为辅，乔木层中物种种类少，树种单一，优势种突出。雷公山凸果阔叶槭重要值（14.25）排名第四位，为样地中散生树种与伴生树种。在样地Ⅱ中乔木层物种有 21 种，乔木层物种重要值大于该样地乔木层平均重要值（14.29）的物种共 7 种，占总种数的 33.33%。其中重要值最大的是银鹊树（62.11），其次是小花香槐（39.96），雷公山凸果阔叶槭重要值（15.40）排名第 6 位。由此可知，在样地Ⅱ中，乔木层物种以银鹊树为主，小花香槐为辅，乔木层中物种种类单一，优势种突出，雷公山凸果阔叶槭在群落中地位相较于银鹊树和小花香槐不明显。样地Ⅲ乔木层植物共有 22 种，乔木层物种重要值大于该样地乔木层平均重要值（13.64）的物种共 6 种，占总种数的 27.27%，分别是尾叶樱桃（76.48）、野茉莉（47.86）、苍背木莲（18.55）、毛叶木姜子（16.76）、木瓜红（15.90）、雷公山凸果阔叶槭（14.08）。雷公山凸果阔叶槭重要值在乔木层排名第 6 位，优势度不明显。由此可知，在样地Ⅲ中乔木层中物种种类丰富，但物种数量分布不均，优势种为尾叶樱桃。

对比 3 个样地，雷公山凸果阔叶槭均不为优势种，但是在高海拔的Ⅱ、Ⅲ号样地中其重要值均大于样地乔木层物种平均重要值，在低海拔的Ⅰ号样地中，其重要值小于样地乔木层物种平均重要值。在高海拔样地中乔木层物种数大于低海拔样地的物种数，说明雷公山凸果阔叶槭群落乔木层物种数随着海拔的增加而增加。

由表 7-11 可知，在样地Ⅰ灌木层中，箬叶竹 *Indocalamus tessellatus* 重要值最大（35.96），是样地Ⅰ灌木层的优势种，其余有伴生物种 27 种，伴生种占灌木层总种数的 96.43%；在样地Ⅱ灌木层中，狭叶方竹重要值最大（70.87），是样地Ⅱ灌木层优势种，其余有伴生物种 23 种，占灌木层总种数 95.83%；在样地Ⅲ灌木层中，狭叶方竹重要值最大（108.85），是样地Ⅲ灌木层的优势种，其余有伴生物种 12 种，占灌木层总种数的 92.31%。对比 3 个样地灌木层物种数，高海拔样地中的物种数小于低海拔样地中的物种数，说明了雷公山凸果阔叶槭群落灌木层的物种数随着海拔的增加而减少，与乔木层的物种数的增加相反。

由表 7-12 可知，在样地Ⅰ草本层中，芒萁重要值最大（39.14），是样地Ⅰ草本层的优势种，其余有伴生物种 17 种，伴生种占草本层总种数的 94.44%；在样地Ⅱ草本层中，求米草重要值最大（21.22），是样地Ⅱ草本层优势种，其次是粗齿楼梯草重要值（20.44），其余有伴生物种 29 种，占草本层总种数的 93.55%；在样地Ⅲ草本层中，十字苔草重要值最大为（27.15），是样地Ⅲ草本层的优势种，其次是瘤足蕨（23.33）与黄花败酱（20.90），其余有伴生物种 12 种，占草本层总种数的 80.00%。对比 3 个样地草本层

物种数，高海拔样地中的优势种的重要值小于低海拔样地中优势种的重要值，说明了雷公山凸果阔叶槭群落草本层的优势度随着海拔的增加变得不明显。

综上可知，在样地Ⅰ中雷公山凸果阔叶槭群落为常绿落叶阔叶混交林，为甜槠群系；样地Ⅱ中雷公山凸果阔叶槭群落为落叶阔叶混交林，为银鹊树群系；样地Ⅲ中雷公山凸果阔叶槭群落为落叶阔叶混交林，为尾叶樱桃+野茉莉群系。

表 7-10　雷公山保护区雷公山凸果阔叶槭群落乔木层重要值

样地号	树种	重要值	样地号	树种	重要值
Ⅰ	甜槠 *Castanopsis eyrei*	174. 27	Ⅱ	雷公山凸果阔叶槭 *Acer amplum* var. *convexum*	15. 40
Ⅰ	毛桐 *Mallotus barbatus*	27. 54	Ⅱ	三尖杉 *Cephalotaxus fortunei*	15. 22
Ⅰ	中华槭 *Acer sinense*	21. 13	Ⅱ	白辛树 *Pterostyrax psilophyllus*	13. 75
Ⅰ	雷公山凸果阔叶槭 *Acer amplum* var. *convexum*	14. 25	Ⅱ	水青树 *Tetracentron sinense*	12. 64
Ⅰ	赤杨叶 *Alniphyllum fortunei*	7. 45	Ⅱ	山樱花 *Cerasus serrulata*	12. 24
Ⅰ	枫香树 *Liquidambar formosana*	7. 44	Ⅲ	尾叶樱桃 *Cerasus dielsiana*	76. 48
Ⅰ	山乌桕 *Sapium discolor*	7. 20	Ⅲ	野茉莉 *Styrax japonicus*	47. 86
Ⅰ	青榨槭 *Acer davidii*	6. 95	Ⅲ	苍背木莲 *Manglietia glaucifolia*	18. 55
Ⅰ	漆树 *Toxicodendron vernicifluum*	6. 31	Ⅲ	毛叶木姜子 *Litsea mollis*	16. 76
Ⅰ	南酸枣 *Choerospondias axillaris*	5. 94	Ⅲ	木瓜红 *Rehderodendron macrocarpum*	15. 90
Ⅱ	银鹊树 *Tapiscia sinensis*	62. 11	Ⅲ	雷公山凸果阔叶槭 *Acer amplum* var. *convexum*	14. 08
Ⅱ	小花香槐 *Cladrastis delavayi*	39. 96	Ⅲ	海通 *Clerodendrum mandarinorum*	13. 04
Ⅱ	红柴枝 *Meliosma oldhamii*	21. 79	Ⅲ	红豆杉 *Taxus chinensis*	10. 68
Ⅱ	野茉莉 *Styrax japonicus*	18. 30	Ⅲ	山胡椒 *Lindera glauca*	10. 50
Ⅱ	中华槭 *Acer sinense*	17. 97	Ⅲ	青冈 *Cyclobalanopsis glauca*	9. 61

表 7-11　雷公山保护区雷公山凸果阔叶槭群落灌木层重要值

样地号	种名	重要值	重要值序
Ⅰ	箬叶竹 *Indocalamus longiauritus*	35. 96	1
Ⅰ	藤黄檀 *Dalbergia hancei*	14. 68	2
Ⅰ	滇白珠 *Gaultheria leucocarpa* var. *crenulata*	11. 51	3
Ⅰ	穗序鹅掌柴 *Schefflera delavayi*	9. 86	4
Ⅰ	常春藤 *Hedera sinensis*	8. 99	5
Ⅱ	狭叶方竹 *Chimonobambusa angustifolia*	70. 87	1
Ⅱ	中华猕猴桃 *Actinidia chinensis*	12. 10	2
Ⅱ	阔叶十大功劳 *Mahonia bealei*	10. 65	3
Ⅱ	木莓 *Rubus swinhoei*	10. 33	4
Ⅱ	黄脉莓 *Rubus xanthonerus*	9. 17	5
Ⅲ	狭叶方竹 *Chimonobambusa angustifolia*	108. 85	1

（续）

样地号	种名	重要值	重要值序
Ⅲ	菝葜 *Smilax china*	16.75	2
Ⅲ	红柴枝 *Meliosma oldhamii*	12.59	3
Ⅲ	山矾 *Symplocos sumuntia*	10.75	4
Ⅲ	多叶勾儿茶 *Berchemia polyphylla*	6.81	5

表 7-12　雷公山保护区雷公山凸果阔叶槭群落草本层重要值

样地号	种名	重要值	重要值序
Ⅰ	芒萁 *Dicranopteris pedata*	39.14	1
Ⅰ	斜方复叶耳蕨 *Arachniodes amabilis*	16.46	2
Ⅰ	五节芒 *Miscanthus floridulus*	15.52	3
Ⅰ	鸢尾 *Iris tectorum*	13.91	4
Ⅰ	十字苔草 *Carex cruciata*	11.20	5
Ⅱ	求米草 *Oplismenus undulatifolius*	21.22	1
Ⅱ	粗齿楼梯草 *Elatostema grandidentatum*	20.44	2
Ⅱ	黄金凤 *Impatiens siculifer*	19.12	3
Ⅱ	蹄叶橐吾 *Ligularia fischeri*	14.82	4
Ⅱ	六叶葎 *Galium aspruloides*	13.35	5
Ⅲ	十字苔草 *Carex cruciata*	27.15	1
Ⅲ	瘤足蕨 *Plagiogyria adnata*	23.33	2
Ⅲ	少蕊败酱 *Patrinia monandra*	20.90	3
Ⅲ	荩草 *Arthraxon hispidus*	18.46	4
Ⅲ	麦冬 *Ophiopogon japonicus*	16.55	5

3.4　物种多样性分析

在研究区中，利用物种多样性指数 Simpson 指数（D）和 Shannon-Wiener 指数（H_e'）以及 Pielou 指数（J_e）分别对植物群落样地乔木层、灌木层、草本层进行物种多样性统计分析，Ⅰ、Ⅱ、Ⅲ分别对应南丹电站旁、雷公山 26 公里、雷公山 27 公里 3 个雷公山凸果阔叶槭群落样地。图 7-4 显示了雷公山保护区内 3 个雷公山凸果阔叶槭群落样地的乔木层、灌木层、草本层物种多样性指数。

Ⅰ、Ⅱ、Ⅲ号雷公山凸果阔叶槭群落样地的物种丰富度分别为 60、76、50。由图 7-4 可知，在乔木层中，Simpson 指数（D）值排序为南丹电站旁>雷公山 26 公里>雷公山 27 公里，Shannon-Wiener 指数（H_e'）为雷公山 27 公里>雷公山 26 公里>南丹电站旁，变化趋势不一致。在样地乔木层中，均匀度指数（J_e）波动较大，雷公山 27 公里>雷公山 26 公里>南丹电站旁，雷公山凸果阔叶槭乔木层均匀度指数（J_e）随着海拔的增加而增加。这是因为，均匀度与物种数目无关。在物种数目一定的情况下均匀度只与个体数目或生物

量等指标在各个物种中分布的均匀程度有关。也就是说，随着海拔的升高群落常见种与稀少种的差距逐渐变小，群落向着物种均匀化方向发展。

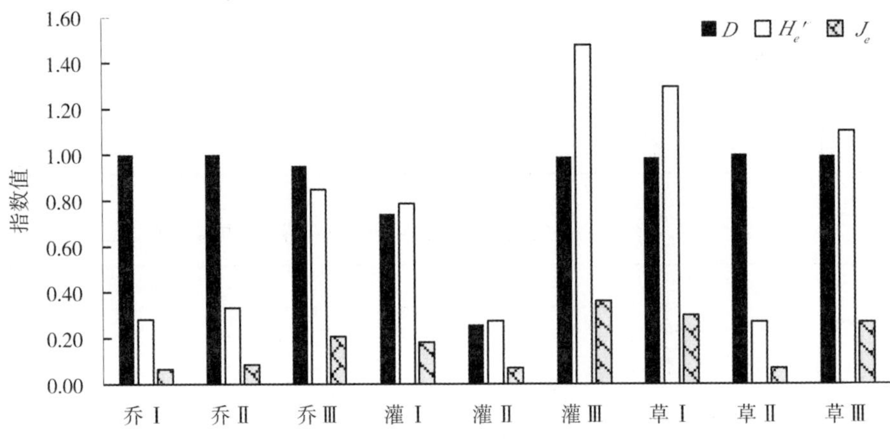

图 7-4　雷公山保护区雷公山凸果阔叶槭群落物种多样性指数

在灌木层中 Simpson 指数（D）、Shannon-Wiener 指数（H_e'）与 Pielou 指数（J_e）变化趋势一致，为雷公山 27 公里>南丹电站旁>雷公山 26 公里，其中 Simpson 指数、Shannon-Wiener 指数表现为雷公山 27 公里群落最大，雷公山 26 公里群落最小，其原因是雷公山 26 公里处的人为干扰强度大于雷公山 27 公里与南丹电站旁，其灌木层物种植被破坏严重，导致其物种丰富度与均匀度变化趋势减慢。

在草本层中，Simpson 指数（D）值为雷公山 26 公里>雷公山 27 公里>南丹电站旁，Shannon-Wiener 指数（H_e'）值为南丹电站旁>雷公山 27 公里>雷公山 26 公里，在雷公山 26 公里群落样地草本层物种多样性指数 H_e'相较于其他群落样地草本层最小，原因是雷公山 26 公里群落样地乔木层、灌木层物种优势明显，光照不足，导致草本层数量极少。在草本层中均匀度指数（J_e）值为南丹电站旁>雷公山 27 公里>雷公山 26 公里，均匀度指数（J_e）波动大，说明在各群落样地草本层中，各物种重要值均匀程度也相差较大。

综合南丹电站旁、雷公山 26 公里、雷公山 27 公里雷公山凸果阔叶槭群落样地可知，各群落样地物种多样性指数（D）表现为乔木层>草本层>灌木层，H_e'整体上呈现出灌木层>草本层>乔木层；均匀度指数（J_e）在各个群落样地乔木层随着海拔的增加而增加、在灌木层、草本层中波动大，说明在各群落样地中，乔木层、灌木层、草本层的各个物种重要值均匀程度差值大。

3.5　种群分散度分析

通过分别统计各样地小样方内雷公山凸果阔叶槭的数量，计算雷公山凸果阔叶槭各样地的种群分散度得表 7-13。综合 3 个样地计算出雷公山保护区雷公山凸果阔叶槭种群的分散度（S^2）为 0.39，样方平均雷公山凸果阔叶槭个体数（m）为 0.27 株。可见分散度值大于每个样方平均雷公山凸果阔叶槭个体数（$S^2>m$），说明在雷公山保护区内雷公山凸果阔叶槭种群呈集群型，且种群个体极不均匀，呈局部密集。

表 7-13　雷公山保护区雷公山凸果阔叶槭群落分散度　　单位：株

样地号	样方 1	样方 2	样方 3	样方 4	样方 5	样方 6	样方 7	样方 8	样方 9	样方 10	合计株数	Σ $(x-m)^2$
Ⅰ	0	0	2	0	0	0	0	0	0	0	2	1. 18
Ⅱ	0	0	1	0	0	0	0	3	0	0	4	8. 58
Ⅲ	1	0	0	1	0	0	0	0	0	0	2	1. 64
合计											8	11. 4

3. 6　生活型谱分析

生活型是指植物对综合环境及其节律变化长期适应而形成的空间结构，是外部形态的一种具体表现。生活型谱则是指某一地区植物区系中各类生活型的百分率组成。一个地区的植物生活型谱既可以表征某一群落对特定气候生境的反应、种群对空间的利用以及群落内部种群之间可能产生的竞争关系等信息，又可以反映该地区的气候、历史演变和人为干扰等因素，也是研究群落外貌特征的重要依据。

统计 3 个雷公山凸果阔叶槭群落样地出现的植物种类，列出雷公山凸果阔叶槭群落样地的植物名录，确定每种植物的生活型，把同一生活型的种类归并在一起，计算各类生活型的百分率，编制雷公山凸果阔叶槭群落样地的植物生活型谱。具体计算公式：

某一生活型的百分率=该地区该生活型的植物种数/该地区全部植物的种数×100%

由表 7-14 可知，在雷公山凸果阔叶槭群落中生活型组成由高位芽植物为主，有 103 种，占总数的 62. 80%，在高位芽植物中，又以中高位芽植物种类数目居首，占总种类的 26. 83%，小高位芽植物次之，占 18. 29%。其次为地面芽植物，占总数的 29. 88%，地面芽植物主要组成物种为大部分蕨类植物和多年生草本植物。地下芽植物有 7 种，占总种数的 4. 27%，地下芽植物以百合科植物为主要物种。数量最少的是地上芽植物与 1 年生植物，仅占总数的 3. 05%，其主要原因是在雷公山凸果阔叶槭群落中乔木层与灌木层郁闭度较大，导致光照时间短，不利于 1 年生植物的生长发育。

表 7-14　雷公山保护区雷公山凸果阔叶槭群落样地物种生活型谱

种类	MaPh	MePh	MiPh	NPh	Ch	H	Cr	Th
数量（种）	0	44	30	29	3	49	7	2
百分比（%）	0. 00	26. 83	18. 29	17. 68	1. 83	29. 88	4. 27	1. 22

注：MaPh—大高位芽植物（18~32m）；MePh—中高位芽植物（6~18m）；MiPh—小高位芽植物（2~6m）；NPh—矮高位芽植物（0. 25~2m）；Ch—地上芽植物（0~0. 25m）；H—地面芽植物；Cr—地下芽植物；Th——年生植物。

【研究进展】

雷公山凸果阔叶槭为雷公山特有植物，分布区域狭窄，目前未见相关研究报道。

【繁殖方法】

雷公山凸果阔叶槭繁殖方法未见研究报道，可参考槭属其他种繁殖方法。

【保护建议】

对雷公山凸果阔叶槭进行保护，主要有以下几个方面的措施。

一是就地保护。雷公山凸果阔叶槭分布在雷公山保护区范围内，实行就地保护是最佳选择。在保护的过程中查清其分布的实际情况，制定好巡护路线定期开展巡护。

二是迁地保护。因受暴雨引起山体滑坡、洪涝灾害造成树根裸露或植株翻蔸，甚至整个植株倾倒的，要进行迁地保护。同时迁地保护中加强管理，增加迁地保护的成活率。

三是繁殖栽培推广。加强雷公山凸果阔叶槭的繁殖技术研究，特别是无性繁殖的研究，增加雷公山凸果阔叶槭种群数量，一定程度上能解决城市绿化用苗，也能促进当地社会经济可持续发展。

四是加强宣传教育，提高干部群众法律意识。雷公山的居民群众文化程度低、法律意识淡薄，参与保护观念不强，自然保护区管理机构要定期组织执法人员进村入户开展法律宣传活动，也可以利用新闻媒体、微信公众号等宣传方式进一步加强法律法规及政策宣传，做到家喻户晓，切实提高区内居民对雷公山凸果阔叶槭等珍稀濒危特有植物的保护意识。

雷山方竹

【保护等级及珍稀情况】

雷山方竹 *Chimonobambusa leishanensis* T. P. Yi，俗名八月竹、甜笋，为禾本科寒竹属 *Chimonobambusa*，为 1991 年易同培发表的新种，为雷公山特有种。

【生物学特性】

雷山方竹为灌木状竹类，竿高 1~1.5（4.2）m，基部数节环生刺状气生根，径粗 0.5~1（3）cm；节间圆筒形，长 10~14cm，绿色并带紫褐色，竿壁厚，基部节间近实心；竿环略突起；箨环起初有一圈棕褐色茸毛环，以后渐变无毛；竿每节分 3 枝，以后可成多枝。箨鞘薄纸质，宿存，长于其节间，背面的底色为黄褐色，但间有大理石状灰白色色斑，无毛，或仅基部疏被淡黄色小刺毛，鞘缘有不明显而易落的纤毛；箨耳缺；捧箨舌低矮，截形或略做拱形；箨片呈锥状，长 2~3mm，其基部与箨鞘相连处几无关节。末级小枝具 2 或 3 叶；叶鞘近革质，鞘缘具少量纤毛；鞘口縫毛白色，长 3~4mm；叶舌低矮；叶片薄纸质至纸质，线状披针形，长 10~14cm，宽 7~9mm，次脉 4 或 5 对。花枝呈总状或圆锥状排列，末级花枝细长，基部宿存有数片由小到大的苞片，中、上部具假小穗 1~4 枚；假小穗细线形，长 2~4cm，苞片 0~2 片，腋内具芽或否；小穗含 4~7 朵小花，最下 1 或 2 朵不孕而具微小的内稃及小花的其他部分；小穗轴间长 3~4mm，平滑无毛；颖 1 或 2 片，或偶可无颖，膜质，淡褐色，披针形或卵状披针形，长 6~8mm，先端尖或渐尖，具 5~7 条纵脉；外稃纸质，绿色或稍带紫色，先端渐尖，平滑无毛，卵状披针形，长 6~7mm，具 5~7 条纵脉和小横脉；内稃薄纸质，与外稃约等长，先端截平或微具 2 齿裂，背部具 2 脊，脊上无毛，脊间及脊外至两边缘均各具 2 脉；鳞被卵形，近内稃一侧的较窄而呈宽披针形，长约 2mm，边缘近上端疏生纤毛；花药长 3.5~4mm；子房细长卵形，顶端冠以短花柱，后者近基部即分裂，柱头 2 个，羽毛状。颖果圆柱形，呈坚果状，长约 6mm。笋期 10~11 月。

【应用价值】

雷公山当地居民称雷山方竹为“甜笋”，其竹笋味道鲜美，是雷公山具有开发价值的特有笋资源。雷山方竹生于林下，是森林灌木层重要组成树种，对生态恢复、保持水土具有重要作用。

出笋季节，八方居民常常入山采笋，以品尝到“甜笋”为幸事。当地居民推崇“甜笋”炖鸡汤、骨汤、鱼汤等，或烧烤剥开食用，甚或凉拌生食等，味道极为鲜美。由于雷山方竹分布区域狭窄，当地居民曾尝试零星引种栽培，已有 40 余年历史，目前长势良好。

【资源特性】

1 样地设置及研究方法

采用典型样地法进行调查，共设置样地 2 个（表 7-15）。

表 7-15 雷公山保护区雷山方竹样地概况

样地号	样方面积(m^2)	海拔(m)	坡度(°)	坡位	坡向	土壤类别	总盖度(%)	乔木层郁闭度	灌木层盖度(%)	草本层盖度(%)
1	20×30	1566	25	中部	东北	黄棕壤	95	0.70	80	10
2	20×30	1538	20	中部	东北	黄棕壤	95	0.65	80	15

2 资源分布情况

雷山方竹分布于雷公山保护区的格头和雀鸟；生长在海拔 1400~1800m 的常绿落叶阔叶混交林和落叶阔叶林中；分布面积为 110hm^2，共约有 880 万株。

3 种群及群落特征

3.1 物种组成

雷山方竹样地调查物种组成见表 7-16，调查样地群落共计维管束植物 29 科 42 属 60 种，其中双子叶植物 22 科 32 属 50 种，单子叶植物 5 科 8 属 8 种，蕨类植物 1 科 1 属 1 种。双子叶植物科、属、种占比依次为 75.9%、76.2%、83.3%，为群落的绝对优势。单子叶植物科、属、种占比依次为 17.2%、19.0%、13.3%。裸子植物仅三尖杉 1 种，蕨类植物仅 1 种。生活型中木本植物 50 种，占群落植物种数的 83.3%，草本植物 8 种，占 13.3%，藤本植物 2 种，占 3.3%。群落生活型显示，雷山方竹所处的群落中木本植物占绝对优势，这是因为灌木层雷山方竹种群高密度覆盖，制约了林下草本植物生长，仅见一些耐阴植物生长，草本植物种类单一。

雷山方竹群落植物科属种构成如表 7-17 所示，包含属、种数量较多的优势科，依次为壳斗科、蔷薇科、樟科、山茶科、百合科。壳斗科含有 5 属 8 种，分别占群落属、种数量的 11.9%、13.3%；其次为蔷薇科，包含 3 属 7 种，分别占属、种数量的 7.1%、11.7%；樟科包含 3 属 5 种，分别占属、种数量的 7.1%、8.3%；山茶科包含 2 属 4 种，

分别占属、种的4.8%、6.7%；百合科包含3属3种，分别占属、种的7.1%、5%。其余科仅包含1~2属及1~2种植物。从植物群落种优势科来看，前4个优势科为雷公山主要的落叶、常绿阔叶树种，体现森林群落的常绿、落叶阔叶混交林的特征。

雷山方竹群落植物属种构成如表7-18所示，共有42属，其中悬钩子属含种数最多，为4种，占总种数的6.7%，含种数3种的属有柃属、青冈属和山矾属；含种数2种的有杜鹃花属、荚蒾属等9个属，其余29个属仅含1种。

表7-16　雷公山保护区雷山方竹群落植物种类组成

类型	科属种组成（个）			生活型组成（种）		
	科数	属数	种数	木本	藤本	草本
蕨类植物	1	1	1			1
裸子植物	1	1	1	1		
双子叶植物	22	32	50	48	1	1
单子叶植物	5	8	8	1	1	6
总计	29	42	60	50	2	8

表7-17　雷公山保护区雷山方竹群落科属种构成

序号	科名	属数/种数（个）	属占比/种占比（%）	序号	科名	属数/种数（个）	属占比/种占比（%）
1	壳斗科 Fagaceae	5/8	11.9/13.3	16	大戟科 Euphorbiaceae	1/1	2.4/1.7
2	蔷薇科 Rosaceae	3/7	7.1/11.7	17	禾本科 Poaceae	1/1	2.4/1.7
3	樟科 Lauraceae	3/5	7.1/8.3	18	交让木科 Daphniphyllaceae	1/1	2.4/1.7
4	山茶科 Theaceae	2/4	4.8/6.7	19	堇菜科 Violaceae	1/1	2.4/1.7
5	百合科 Liliaceae	3/3	7.1/5	20	蕨科 Pteridiaceae	1/1	2.4/1.7
6	山矾科 Symplocaceae	1/3	2.4/5	21	木兰科 Magnoliaceae	1/1	2.4/1.7
7	杜鹃科 Ericaceae	1/2	2.4/3.3	22	清风藤科 Sabiaceae	1/1	2.4/1.7
8	兰科 Orchidaceae	2/2	4.8/3.3	23	三尖杉科 Cephalotaxaceae	1/1	2.4/1.7
9	槭树科 Aceraceae	1/2	2.4/3.3	24	山茱萸科 Cornaceae	1/1	2.4/1.7
10	忍冬科 Caprifoliaceae	1/2	2.4/3.3	25	天南星科 Araceae	1/1	2.4/1.7
11	山柳科 Clethraceae	1/2	2.4/3.3	26	杨柳科 Salicaceae	1/1	2.4/1.7
12	卫矛科 Celastraceae	2/2	4.8/3.3	27	野茉莉科 Styracaceae	1/1	2.4/1.7
13	绣球科 Hydrangeaceae	1/2	2.4/3.3	28	芸香科 Rutaceae	1/1	2.4/1.7
14	八角枫科 Alangiaceae	1/1	2.4/1.7	29	桦木科 Betulaceae	1/1	2.4/1.7
15	菝葜科 Smilacaceae	1/1	2.4/1.7				

表 7-18 雷公山保护区雷山方竹群落属种构成

序号	属名	种数（种）	种占比（%）	序号	属名	种数（种）	种占比（%）
1	悬钩子属 *Rubus*	4	9.5	22	堇菜属 *Viola*	1	2.4
2	柃属 *Eurya*	3	7.1	23	蕨属 *Pteridium*	1	2.4
3	青冈属 *Cyclobalanopsis*	3	7.1	24	栲属 *Castanopsis*	1	2.4
4	山矾属 *Symplocos*	3	7.1	25	栎属 *Quercus*	1	2.4
5	杜鹃花属 *Rhododendron*	2	4.8	26	木荷属 *Schima*	1	2.4
6	荚蒾属 *Viburnum*	2	4.8	27	木姜子属 *Litsea*	1	2.4
7	槭属 *Acer*	2	4.8	28	木莲属 *Manglietia*	1	2.4
8	润楠属 *Machilus*	2	4.8	29	南蛇藤属 *Celastrus*	1	2.4
9	山柳属 *Clethra*	2	4.8	30	泡花树属 *Meliosma*	1	2.4
10	水青冈属 *Fagus*	2	4.8	31	石栎属 *Lithocarpus*	1	2.4
11	绣球属 *Hydrangea*	2	4.8	32	青荚叶属 *Helwingia*	1	2.4
12	樱属 *Cerasus*	2	4.8	33	三尖杉属 *Cephalotaxus*	1	2.4
13	樟属 *Cinnamomum*	2	4.8	34	石楠属 *Photinia*	1	2.4
14	八角枫属 *Alangium*	1	2.4	35	天南星属 *Arisaema*	1	2.4
15	菝葜属 *Smilax*	1	2.4	36	卫矛属 *Euonymus*	1	2.4
16	斑叶兰属 *Goodyera*	1	2.4	37	沿阶草属 *Ophiopogon*	1	2.4
17	鹅耳枥属 *Carpinus*	1	2.4	38	羊耳蒜属 *Liparis*	1	2.4
18	寒竹属 *Chimonobambusa*	1	2.4	39	杨属 *Populus*	1	2.4
19	黄精属 *Polygonatum*	1	2.4	40	野茉莉属 *Styrax*	1	2.4
20	吉祥草属 *Reineckea*	1	2.4	41	野桐属 *Mallotus*	1	2.4
21	交让木属 *Daphniphyllum*	1	2.4	42	茵芋属 *Skimmia*	1	2.4

3.2 垂直结构

雷山方竹可分为乔木层、灌木层和草本层（表 7-19）。乔木层（树高 5m 以上）密度为 2120 株/hm^2，平均胸径 13.0cm，乔木层平均覆盖度 75%，由 39 种树种组成，可分为 2 个亚层：第一亚层高度10~20m，主要由水青冈、光叶水青冈、木荷、青冈、云贵鹅耳枥、黔桂润楠 *Machilus chienkweiensis*、交让木、八角枫 *Alangium chinensis* 等树种组成；第二亚层高度 5~10m，主要由大白杜鹃 *Rhododendron decorum*、水青冈 *Fagus longipetiolata*、光叶水青冈、细枝柃、华中樱桃、木荷、红花木莲、薄叶山矾、光叶山矾、垂珠花 *Styrax dasyanthus* 等树种组成。

灌木层高度 0.5~3m，由 10 个树种组成，雷山方竹占绝对优势，高度 2m，公顷株数达 8.45 万株，平均覆盖度 85%，是灌木层优势树种。灌木层还分布有西南绣球、毛叶石楠 *Photinia villosa*、大果卫矛 *Euonymus myrianthus*、红荚蒾、红毛悬钩子 *Rubus pinfaensis*、青荚叶 *Helwingia japonica*、茵芋 *Skimmia reevesiana* 等。

草本层种类少，只有 6 种，是因雷山方竹为灌木层盖度大，林下草本数量稀少，平均盖度为 1%~2%，平均高度 0.1~0.4m，主要有吉祥草 *Reineckea carnea*、大斑叶兰

Goodyera schlechtendaliana、蕨、光叶堇菜、多花黄精、沿阶草、羊耳蒜、一把伞南星等耐阴性草本植物。

表 7-19 雷公山保护区雷山方竹群落垂直结构主要物种构成

林层	序号	样地 1 种名	株数(株)	平均高(m)	最高值(m)	样地 2 种名	株数(株)	平均高(m)	最高值(m)
乔木第一亚层	1	水青冈 *Fagus longipetiolata*	17	11.5	16.0	水青冈 *Fagus longipetiolata*	15	13.4	17.0
	2	光叶水青冈 *Fagus lucida*	10	11.4	13.0	光叶水青冈 *Fagus lucida*	9	14.7	19.0
	3	交让木 *Daphniphyllum macropodum*	2	10.5	12.0	木荷 *Schima superba*	5	12.6	18.0
	4	云贵鹅耳枥 *Carpinus pubescens*	2	10.0	10.0	八角枫 *Alangium chinense*	1	14.5	14.5
	5	青冈 *Cyclobalanopsis glauca*	1	9.8	16.0	多脉青冈 *Cyclobalanopsis multinervis*	1	10.0	10.0
	6	黔桂润楠 *Machilus chienkweiensis*	1	12.5	12.5	青冈 *Cyclobalanopsis glauca*	1	13.0	13.0
乔木第二亚层	1	大白杜鹃 *Rhododendron decorum*	38	5.2	7.2	细枝柃 *Eurya loquaiana*	18	5.2	8.0
	2	水青冈 *Fagus longipetiolata*	14	6.9	8.6	水青冈 *Fagus longipetiolata*	8	7.4	9.0
	3	光叶水青冈 *Fagus lucida*	9	6.6	8.6	木荷 *Schima superba*	5	7.1	8.0
	4	华中樱桃 *Cerasus conradinae*	9	7.3	8.5	光叶水青冈 *Fagus lucida*	4	7.3	9.0
	5	红花木莲 *Manglietia insignis*	8	5.7	7.0	薄叶山矾 *Symplocos anomala*	4	6.9	8.0
	6	垂珠花 *Styrax dasyanthus*	8	6.3	8.0	光叶山矾 *Symplocos lancifolia*	4	4.8	6.0
灌木层	1	雷山方竹 *Chimonobambusa leishanensis*	5074	1.9	2.2	雷山方竹 *Chimonobambusa leishanensis*	4435	1.7	2
	2	西南绣球 *Hydrangea davidii*	29	0.8	0.8	毛叶石楠 *Photinia villosa*	72	0.2	0.2
	3	红荚蒾 *Viburnum erubescens*	19	3.0	3.0	西南绣球 *Hydrangea davidii*	48	0.4	0.5
	4	菝葜 *Smilax china*	10	0.5	0.5	红毛悬钩子 *Rubus wallichianus*	24	0.5	0.5
	5	大果卫矛 *Euonymus myrianthus*	5	0.4	0.4	棠叶悬钩子 *Rubus malifolius*	19	0.5	0.5
	6	青荚叶 *Helwingia japonica*	5	0.5	0.5	茵芋 *Skimmia reevesiana*	14	0.45	0.5
草本层	1	吉祥草 *Reineckea carnea*	720	0.2	0.2	斑叶兰 *Goodyera schlechtendaliana*	120	0.3	0.3
	2	蕨 *Pteridium aquilinum* var. *latiusculum*	240	0.4	0.4	光叶堇菜 *Viola sumatrana*	120	0.3	0.3
	3	多花黄精 *Polygonatum cyrtonema*	120	0.2	0.2	沿阶草 *Ophiopogon bodinieri*	120	0.3	0.3
	4	沿阶草 *Ophiopogon bodinieri*	120	0.3	0.3	羊耳蒜 *Liparis japonica*	240	0.3	0.3
	5	羊耳蒜 *Liparis japonica*	120	0.1	0.1				
	6	一把伞南星 *Arisaema erubescens*	120	0.3	0.3				

3.3 生活型谱

雷山方竹群落生活型谱见表 7-20。由表 7-20 可知，群落中高位芽植物种类最多，占总数的 86.6%，其次为地面芽植物占 8.3%，地下芽植物占 3.3%，地上芽植物占 1.7%。在高位芽植物中，以中高位芽植物种类数量最多，占 38.3%，小高位芽植物及矮高位芽植物次之，为 18.3%，大高位芽植物占 11.7%。雷山方竹为小高位芽植物，在灌木层占据主导地位，在森林群落结构功能中具有重要作用。

表 7-20　雷公山保护区雷山方竹群落生活型谱

种类	MaPh	MePh	MiPh	NPh	Ch	H	Th
数量（种）	7	23	11	11	1	5	2
百分比（%）	11.7	38.3	18.3	18.3	1.7	8.3	3.3

注：MaPh—大高位芽（18~32m）；MePh—中高位芽（6~18m）；MiPh—小高位芽（2~6m）；NPh—矮高位芽（小于2m）；Ch—地上芽；H—地面芽；Th—地下芽。

3.4　重要值分析

分别取雷山方竹群落乔木层、灌木层、草本层重要值降序排列前10位、前6位和前4位见表7-21。由表7-21可知，样地1群落水青冈、大白杜鹃、光叶水青冈、华中樱桃等重要值分别为64.0、53.0、39.9、20.8，为乔木层的优势种。灌木层中优势种为雷山方竹，重要值为242.0。草本层中吉祥草 *Reineckea carnea*、蕨重要值分别为93.3、60.0。根据重要值分析，雷山方竹群落属水青冈+大白杜鹃+雷山方竹群系。

样地2群落乔木层中水青冈、光叶水青冈、细枝柃、木荷重要值分别为66.1、47.6、35.1、32.8，为乔木层优势种。灌木层雷山方竹重要值为202.1，为灌木层优势种，对灌木层的结构功能起到控制作用。草本层羊耳蒜、大斑叶兰、光叶堇菜、沿阶草重要值分别为90.0、70.0、70.0、70.0，优势种不明显。根据重要值分析，雷山方竹群落为水青冈+雷山方竹群系。

从2个群落样地优势种分析，雷山方竹所处植被类型为常绿落叶阔叶混交林，建群种主要为水青冈、光叶水青冈、大白杜鹃、木荷等落叶常绿阔叶树种。其中灌木层中雷山方竹为优势种，覆盖度达80%以上，在灌木层中占绝对优势，对群落结构、功能等起到重要作用。草本层由于乔木层、灌木层的覆盖度高，主要生长一些耐阴植物，种类及数量均少。

表 7-21　雷公山保护区雷山方竹群落主要物种重要值

层次	样地1			样地2	
	序号	种名	重要值	种名	重要值
乔木层	1	水青冈 *Fagus longipetiolata*	64.0	水青冈 *Fagus longipetiolata*	66.1
	2	大白杜鹃 *Rhododendron decorum*	53.0	光叶水青冈 *Fagus lucida*	47.6
	3	光叶水青冈 *Fagus lucida*	39.9	细枝柃 *Eurya loquaiana*	35.1
	4	华中樱桃 *Cerasus conradinae*	20.8	木荷 *Schima superba*	32.8
	5	红花木莲 *Manglietia insignis*	16.7	薄叶山矾 *Symplocos anomala*	11.4
	6	山樱花 *Cerasus serrulata*	16.5	红花木莲 *Manglietia insignis*	10.4
	7	垂珠花 *Styrax dasyanthus*	12.5	云贵鹅耳枥 *Carpinus pubescens*	9.0
	8	薄叶润楠 *Machilus leptophylla*	10.9	光叶山矾 *Symplocos lancifolia*	8.3
	9	交让木 *Daphniphyllum macropodum*	10.8	薄叶润楠 *Machilus leptophylla*	8.1
	10	巴东栎 *Quercus engleriana*	8.6	青冈 *Cyclobalanopsis glauca*	7.3

(续)

层次	序号	样地1 种名	样地1 重要值	样地2 种名	样地2 重要值
灌木层	1	雷山方竹 *Chimonobambusa leishanensis*	242.0	雷山方竹 *Chimonobambusa leishanensis*	202.1
	2	西南绣球 *Hydrangea davidii*	12.8	西南绣球 *Hydrangea davidii*	22.1
	3	红荚蒾 *Viburnum erubescens*	11.9	茵芋 *Skimmia reevesiana*	11.5
	4	菝葜 *Smilax china*	11.3	毛叶石楠 *Photinia villosa*	7.6
	5	青荚叶 *Helwingia japonica*	11.2	细枝柃 *Eurya loquaiana*	7.2
	6	大果卫矛 *Euonymus myrianthus*	10.8	红毛悬钩子 *Rubus wallichianus*	6.5
草本层	1	吉祥草 *Reineckea carnea*	93.3	羊耳蒜 *Liparis japonica*	90.0
	2	蕨 *Pteridium aquilinum* var. *latiusculum*	60.0	斑叶兰 *Goodyera schlechtendaliana*	70.0
	3	沿阶草 *Ophiopogon bodinieri*	38.3	光叶堇菜 *Viola sumatrana*	70.0
	4	一把伞南星 *Arisaema erubescens*	38.3	沿阶草 *Ophiopogon bodinieri*	70.0

3.5 物种多样性分析

雷山方竹所处群落物种丰富度（S）为60，其中，乔木层有37种254株，灌木层有15种，草本层有8种。

由表7-22和图7-5可知，两个样地多样性指数表现一致，Simpson指数（D）、Shannon-Wiener指数（H_e'）均表现为乔木层>草本层>灌木层；而Pielou指数（J_e）表现为草本层>乔木层>灌木层。

Pielou指数（J_e）是指群落中各个种的多度或重要值的均匀程度。均匀度与物种数目无关，在物种数目一定的情况下，均匀度只与个体数目或生物量等指标在各个物种中分布的均匀程度有关，在J_e指数中，草本层 > 乔木层 > 灌木层，草本层物种均匀度较高显示该层物种内个体均匀度高，优势种不明显；乔木层物种均匀度较草本层低，优势种相对明显；而灌木层J_e显著低下，体现该层中各物种个体分布均匀度极低，物种优势明显。其中雷山方竹在灌木层中数量优势明显，为灌木层中突出的优势种，对灌木层物种多样性影响显著。

表7-22 雷公山保护区雷山方竹群落生物多样性指数

层次	样地1			样地2		
	D	H_e'	J_e	D	H'	J_e
乔木层	0.870	2.406	0.778	0.893	2.568	0.808
灌木层	0.026	0.088	0.049	0.096	0.299	0.117
草本层	0.758	1.474	0.822	0.900	1.332	0.961

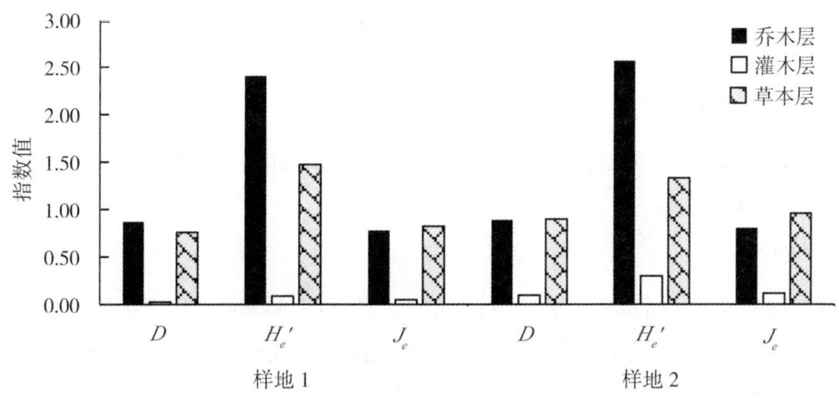

图 7-5 雷公山保护区雷山方竹群落生物多样性指数

3.6 种群特征

3.6.1 种群生长特性

雷山方竹生长属复轴混生竹种，竹鞭细长横走，形成竹鞭，竹鞭直径 0.7~1.4cm。鞭有节，节间长度 2~2.8cm，节上生根长芽，根长 14~60cm。竹鞭横走于有机质丰富的浅土层中，深度 20~25cm，长度可达 1.7m。竹笋生长期为 10 月中旬至 11 月下旬，出笋期约 1.5 个月。出笋有随海拔升高，出笋期提前的特点。竹竿最高可达 4.2m，竿径可达 3cm。

3.6.2 种群分散度

以分散度 S^2 的方法分析雷山方竹种群的空间分布格局，计算结果见表 7-23。结果显示种群分散度 S^2 为 4454.1，大于 m 值 198.1，由此可见雷山方竹种群个体分布不均，呈局部密集分布类型。在分区域内，雷山方竹在林下灌木层中连续成片分布，形成密集的林下灌竹林层。

表 7-23 雷公山保护区雷山方竹种群分散度分析 单位：株

样方号	1	2	3	4	5	6	7	8	9	10	合计	S^2	m
株数	299	127	238	176	217	119	133	240	147	285	1981	4454.1	198.1
$\sum(x-m)^2$	10180.81	5055.21	1592.01	488.41	357.21	6256.81	4238.01	1755.61	2611.21	7551.61	40086.9		

【研究进展】

雷山方竹为雷公山特有植物，分布区域狭窄，目前未见相关研究报道。

【繁殖方法】

雷山方竹繁殖方法未见研究报道，可参考方竹属其他竹种繁殖方法。

【保护建议】

雷山方竹资源分布区域狭窄，资源数量稀少，值得加强保护。同时目前对雷山方竹的研究甚少，对其资源合理利用、引种扩繁等研究尚属空白。对加强资源保护和合理利用，需要开展雷山方竹竹笋的资源科学合理利用研究，制定科学利用方法措施，促进资源健康发展和可持续利用。同时，开展引种扩繁，实施林下笋用竹扩大栽培研究等，促进资源扩繁，满足社会对“甜笋”的需求。

雷公山玉山竹

【保护等级及珍稀情况】

雷公山玉山竹 *Yushania leigongshanensis* Yi et C. H. Yang，俗名冷箭竹，属于禾本科玉山竹属，是雷公山特有种。

【生物学特性】

雷公山玉山竹为常绿竹灌。地下茎合轴型，长 11~34cm，具 17~39 节，节上具有光泽的鳞叶，节间长 2.5~11mm，实心。秆直立，散生，高达 1.8m，直径 0.4~0.8cm，节间长 11~21cm，圆筒形，绿色，初时上部被糙硬毛，节下具一圈厚白粉，秆壁厚 1.5~2mm，髓圆层状；箨环淡紫色，隆起，无毛；节内高 2~3mm。秆芽 1 枚，卵形，贴生，初时密生缘毛。枝条在秆下部节上者 1 枚，上部者 3 枚，直立或斜展，长 30~45cm，具 6~12 节，节下被一圈厚白粉。笋紫色光亮无毛；箨鞘宿存，长圆形，革质，接近节间长度 2/5~1/2，无毛；箨耳及鞘口毛俱缺；箨舌无毛，高 1~1.5mm；箨片外翻，线状披针形，长 0.5~2.2cm，宽 1~1.5mm，全缘。小枝具叶（3）4~6 枚；叶鞘长 2.5~5cm，紫绿色，无毛，纵脉纹及上部纵脊明显，无缘毛；叶耳及鞘口两肩毛缺失；叶舌紫色，无毛，截平形，高约 1mm；叶柄长 2~4mm，初时紫色，无毛；叶片披针形或卵状披针形，纸质，上面绿色，下面灰白色，无毛，长（3）4~12cm，宽（0.5）1~1.9cm，先端渐尖，基部宽楔形，边缘近于平滑或上部具小锯齿。花枝未见。笋期 8~9 月。

【应用价值】

雷公山玉山竹的幼笋可食用，曾发现有当地居民采摘食用。其竹竿可编竹篱，也可作为各种工艺品的制作材料。

【资源特性】

1　样地设置与调查方法

以雷公山保护区为研究对象，通过野外踏查，选取天然分布的雷公山玉山竹群落设置典型样地 2 个（表 7-24）。

表 7-24　雷公山保护区雷公山玉山竹样地概况

样地号	小地名	海拔（m）	坡度（°）	坡位	坡向	土壤类型
样地 1	雷公山顶	2155	10	山顶	全向	山地黄棕壤
样地 2	雷公山景区	2050	35	上部	东南	山地黄棕壤

2　资源分布情况

雷公山玉山竹分布于雷公山保护区的雷公山山顶；生长在海拔 1900~2170m 的云锦杜鹃林和杜鹃箭竹灌丛中；分布面积为 130hm^2，共约有 1300 万株。

调查发现，目前已有大部分雷公山玉山竹开花结实，开花竹株已枯死，仅有少数未死亡，但有实生苗更新。

3 种群及群落特征

3.1 生境特点

植物种类组成有中山湿性常绿阔叶林类型特点。分布区海拔 1700～2170m；年均气温在 10℃左右，最低气温-7℃，湿度 85%以上：年降水量 1400～1600mm，形成气温低、湿度大的特点；土壤为山地黄棕壤。雷公山玉山竹是比较耐寒的竹种，在山体中上部或山脊地带形成优势竹林群落。

3.2 群落结构

根据本次调查的 2 个样地数据统计，雷公山玉山竹群落共有维管束植物 42 科 66 属 76 种（图 7-6、表 7-25）。其中，蕨类植物 2 科 2 属 2 种，裸子植物 1 科 1 属 1 种，被子植物 39 科 63 属 73 种，被子植物中双子叶植物 34 科 52 属 60 种、单子叶植物 5 科 11 属 13 种。

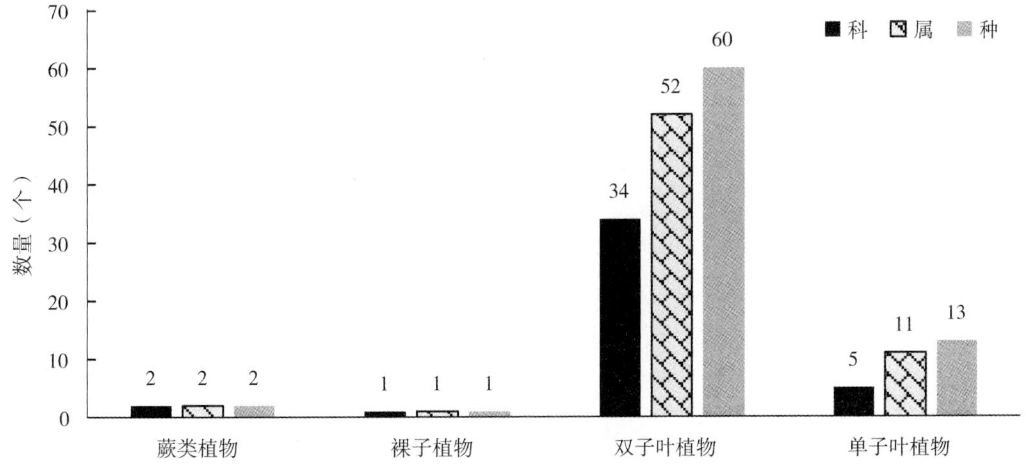

图 7-6 雷公山保护区雷公山玉山竹样地调查植物类型分类群数量比较

从物种组成科、属、种关系分析，取达到 2 个属以上的科为优势科，共有 12 科，分别为菊科（5 属 9 种）、蔷薇科（7 属 7 种）、禾本科（5 属 5 种）、蓼科（3 属 4 种）、莎草科（3 属 3 种）、百合科（2 属 3 种）、唇形科（2 属 2 种）、龙胆科（2 属 2 种）、忍冬科（2 属 2 种）、卫矛科（2 属 2 种）、荨麻科（2 属 2 种）、樟科（2 属 2 种）；取物种达 2 种以上的属为优势属，共有 7 个属，分别为悬钩子属（5 种）、菝葜属（2 种）、堇菜属（2 种）、蓼属 *Polygonum*（2 种）、山矾属（2 种）、乌蔹莓属（2 种）、珍珠茅属 *Scleria*（2 种）。

乔木层树种占调查样地总物种数的 14.47%、灌木层树种占调查样地总物种数的 32.90%、草本层物种占调查样地总物种数的 52.63%。雷公山玉山竹群落中单科单属单种物种达 22 种，分别占调查物种科属种数量的 52.38%、33.33%、28.95%。雷公山玉山竹群落物种科见表 7-25。雷公山玉山竹群落物种属种组成关系见表 7-26。

表 7-25　雷公山保护区雷公山玉山竹群落科组成关系

排序	科名	属数/种数（个）	占总属/种数的比例（%）	排序	科名	属数/种数（个）	占总属/种数的比例（%）
1	菊科 Asteraceae	5/9	10.61/11.84	22	姬蕨科 Hypolepidaceae	1/1	1.52/1.32
2	蔷薇科 Rosaceae	7/7	10.61/9.21	23	金丝桃科 Hypericaceae	1/1	1.52/1.32
3	禾本科 Poaceae	5/5	7.58/6.58	24	瘤足蕨科 Plagiogyriaceae	1/1	1.52/1.32
4	蓼科 Polygonaceae	3/4	4.55/5.26	25	猕猴桃科 Actinidiaceae	1/1	1.52/1.32
5	莎草科 Cyperaceae	3/3	3.03/3.95	26	木通科 Lardizabalaceae	1/1	1.52/1.32
6	百合科 Liliaceae	2/3	3.03/3.95	27	木犀科 Oleaceae	1/1	1.52/1.32
7	唇形科 Lamiaceae	2/2	3.03/2.63	28	槭树科 Aceraceae	1/1	1.52/1.32
8	龙胆科 Gentianaceae	2/2	3.03/2.63	29	瑞香科 Thymelaeaceae	1/1	1.52/1.32
9	忍冬科 Caprifoliaceae	2/2	3.03/2.63	30	三尖杉科 Cephalotaxaceae	1/1	1.52/1.32
10	卫矛科 Celastraceae	2/2	3.03/2.63	31	山茶科 Theaceae	1/1	1.52/1.32
11	荨麻科 Urticaceae	2/2	3.03/2.63	32	省沽油科 Staphyleaceae	1/1	1.52/1.32
12	樟科 Lauraceae	2/2	3.03/2.63	33	石竹科 Caryophyllaceae	1/1	1.52/1.32
13	菝葜科 Smilacaceae	1/2	1.52/2.63	34	水龙骨科 Polypodiaceae	1/1	1.52/1.32
14	堇菜科 Violaceae	1/2	1.52/2.63	35	卫矛科 Celastraceae	1/1	1.52/1.32
15	葡萄科 Vitaceae	1/2	1.52/2.63	36	五加科 Araliaceae	1/1	1.52/1.32
16	山矾科 Symplocaceae	1/2	1.52/2.63	37	小檗科 Berberidaceae	1/1	1.52/1.32
17	败酱科 Valerianaceae	1/1	1.52/1.32	38	玄参科 Scrophulariaceae	1/1	1.52/1.32
18	车前科 Plantaginaceae	1/1	1.52/1.32	39	延龄草科 Trilliaceae	1/1	1.52/1.32
19	杜鹃科 Ericaceae	1/1	1.52/1.32	40	野茉莉科 Styracaceae	1/1	1.52/1.32
20	凤仙花科 Balsaminaceae	1/1	1.52/1.32	41	野牡丹科 Melastomataceae	1/1	1.52/1.32
21	葫芦科 Cucurbitaceae	1/1	1.52/1.32	42	酢浆草科 Oxalidaceae	1/1	1.52/1.32
					合计	66/76	100.00/100.00

表 7-26　雷公山保护区雷公山玉山竹群落属种组成关系

序号	属名	种数（种）	占总种数的比例（%）	序号	属名	种数（种）	占总种数的比例（%）
1	悬钩子属 *Rubus*	5	6.58	34	木姜子属 *Litsea*	1	1.32
2	菝葜属 *Smilax*	2	2.63	35	南蛇藤属 *Celastrus*	1	1.32
3	堇菜属 *Viola*	2	2.63	36	女贞属 *Ligustrum*	1	1.32
4	蓼属 *Polygonum*	2	2.63	37	槭属 *Acer*	1	1.32
5	山矾属 *Symplocos*	2	2.63	38	瑞香属 *Daphne*	1	1.32
6	乌蔹莓属 *Cayratia*	2	2.63	39	润楠属 *Machilus*	1	1.32
7	珍珠茅属 *Scleria*	2	2.63	40	三尖杉属 *Cephalotaxus*	1	1.32
8	白茅属 *Imperata*	1	1.32	41	山茶属 *Camellia*	1	1.32

（续）

序号	属名	种数（种）	占总种数的比例（%）	序号	属名	种数（种）	占总种数的比例（%）
9	败酱属 *Patrinia*	1	1.32	42	山柳菊属 *Hieracium*	1	1.32
10	车前属 *Plantago*	1	1.32	43	十大功劳属 *Mahonia*	1	1.32
11	杜鹃花属 *Rhododendron*	1	1.32	44	鼠麴草属 *Gnaphalium*	1	1.32
12	繁缕属 *Stellaria*	1	1.32	45	双蝴蝶属 *Tripterospermum*	1	1.32
13	寒竹属 *Chimonobambusa*	1	1.32	46	水丝麻属 *Maoutia*	1	1.32
14	风毛菊属 *Saussurea*	1	1.32	47	苔草属 *Carex*	1	1.32
15	凤仙花属 *Impatiens*	1	1.32	48	天名精属 *Carpesium*	1	1.32
16	蒿属 *Artemisia*	1	1.32	49	兔儿风属 *Ainsliaea*	1	1.32
17	花楸属 *Sorbus*	1	1.32	50	碗蕨属 *Dennstaedtia*	1	1.32
18	画眉草属 *Eragrostis*	1	1.32	51	万寿竹属 *Disporum*	1	1.32
19	幌菊属 *Ellisiophyllum*	1	1.32	52	卫矛属 *Euonymus*	1	1.32
20	藿香属 *Agastache*	1	1.32	53	五加属 *Eleutherococcus*	1	1.32
21	荚蒾属 *Viburnum*	1	1.32	54	香茶菜属 *Isodon*	1	1.32
22	假福王草属 *Paraprenanthes*	1	1.32	55	星蕨属 *Microsorum*	1	1.32
23	假升麻属 *Aruncus*	1	1.32	56	绣线菊属 *Spiraea*	1	1.32
24	绞股蓝属 *Gynostemma*	1	1.32	57	野茉莉属 *Styrax*	1	1.32
25	金锦香属 *Osbeckia*	1	1.32	58	野木瓜属 *Stauntonia*	1	1.32
26	金丝桃属 *Hypericum*	1	1.32	59	荞麦属 *Fagopyrum*	1	1.32
27	金线草属 *Antenoron*	1	1.32	60	野鸦椿属 *Euscaphis*	1	1.32
28	锦带花属 *Weigela*	1	1.32	61	樱属 *Cerasus*	1	1.32
29	荩草属 *Arthraxon*	1	1.32	62	油点草属 *Tricyrtis*	1	1.32
30	雷公藤属 *Tripterygium*	1	1.32	63	玉山竹属 *Yushania*	1	1.32
31	瘤足蕨属 *Plagiogyria*	1	1.32	64	酢浆草属 *Oxalis*	1	1.32
32	楼梯草属 *Elatostema*	1	1.32	65	獐牙菜属 *Swertia*	1	1.32
33	猕猴桃属 *Actinidia*	1	1.32	66	重楼属 *Paris*	1	1.32
					合计	76	100.00

雷公山玉山竹群落林层结构主要分为灌木层和草本层。该群落调查了2个样地，其中样地1选择在雷公山玉山竹群落中间区域，乔木树种组成少，都呈现为矮化灌木状，是因雷公山山顶海拔高、气温低、湿度大造成了特殊的地理环境，山顶形成了特殊灌木林带；样地2设在雷公山玉山竹群落的过渡带上，有零星乔木树种分布，树高在5~6m，属于雷公山玉山竹的上层树种。

3.3 重要值分析

由表7-27可知，样地1灌木层物种重要值大于平均值（23.08）有2种，其中雷公山玉山竹重要值最大（164.93），其次是云锦杜鹃（30.94），共同构成该层雷公山玉山竹群落的优势种。云锦杜鹃平均高 3.7m，比雷公山玉山竹高 1.5m 左右，表明云锦杜鹃为雷公山玉山竹上层物种，并形成建群种。由表 7-28 可知样地 1 草本层物种重要值大于平均值（15.79）的有 4 种，其中火炭母重要值最大（104.18），其次分别为黄金凤（25.75）、头花蓼 *Polygonum capitatum*（20.82）、山柳菊 *Maoutia umbellatum*（16.83）。综上可知，雷公山玉山竹群落为雷公山玉山竹+云锦杜鹃群系。

表 7-27　雷公山保护区雷公山玉山竹群落样地 1 灌木层重要值

物种	相对盖度	相对密度	相对频度	重要值
雷公山玉山竹 *Yushania leigongshanensis*	47.28	98.42	19.23	164.93
云锦杜鹃 *Rhododendron fortunei*	19.27	0.14	11.54	30.94
钝叶木姜子 *Litsea veitchiana*	7.88	0.25	11.54	19.67
红荚蒾 *Viburnum erubescens*	9.11	0.28	7.69	17.08
菝葜 *Smilax china*	2.98	0.12	11.54	14.64
黄脉莓 *Rubus xanthoneurus*	2.63	0.11	7.69	10.43
雷公藤 *Tripterygium wilfordii*	2.63	0.11	7.69	10.43
西南卫矛 *Euonymus hamiltonianus*	1.75	0.10	7.69	9.54
小柱悬钩子 *Rubus columellaris*	1.23	0.07	7.69	8.99
野鸦椿 *Euscaphis japonica*	1.75	0.28	1.92	3.95
白檀 *Symplocos paniculata*	1.75	0.06	1.92	3.73
尾叶樱桃 *Cerasus dielsiana*	0.88	0.04	1.92	2.84
中华绣线菊 *Spiraea chinensis*	0.88	0.03	1.92	2.83
合计	100.00	100.00	100.00	300.00

表 7-28　雷公山保护区雷公山玉山竹群落样地 1 草本层重要值

物种	相对盖度	相对密度	相对频度	重要值
火炭母 *Polygonum chinense*	43.21	52.15	8.82	104.18
黄金凤 *Impatiens siculifer*	9.26	7.67	8.82	25.75
头花蓼 *Polygonum capitatum*	6.17	5.83	8.82	20.82
山柳菊 *Hieracium umbellatum*	4.63	3.37	8.82	16.83
鼠麴草 *Gnaphalium affine*	3.70	2.45	8.82	14.98
黑鳞珍珠茅 *Scleria hookeriana*	6.17	2.76	5.88	14.82
獐牙菜 *Swertia bimaculata*	3.09	3.68	5.88	12.65
水丝麻 *Maoutia puya*	3.09	6.13	2.94	12.16
朝天罐 *Osbeckia opipara*	3.09	3.07	5.88	12.04
荞麦 *Fagopyrum esculentum*	3.09	2.76	5.88	11.73
细毛碗蕨 *Dennstaedtia hirsuta*	3.09	2.15	5.88	11.12
宽叶兔儿风 *Ainsliaea latifolia*	3.09	1.23	2.94	7.25
黑穗画眉草 *Eragrostis nigra*	1.54	1.53	2.94	6.02
黄花油点草 *Tricyrtis pilosa*	1.54	1.53	2.94	6.02

（续）

物种	相对盖度	相对密度	相对频度	重要值
香茶菜 *Isodon amethystoides*	1. 54	0. 92	2. 94	5. 40
小连翘 *Hypericum erectum*	1. 54	0. 92	2. 94	5. 40
白苞蒿 *Artemisia lactiflora*	0. 93	0. 61	2. 94	4. 48
十字苔草 *Carex cruciata*	0. 62	0. 92	2. 94	4. 48
烟管头草 *Carpesium cernuum*	0. 62	0. 31	2. 94	3. 87
合计	100. 00	100. 00	100. 00	300. 00

在样地 2 中，雷公山玉山竹群落乔木层组成树种有 8 种（表 7-29），其中重要值大于乔木层平均值（37. 50）有 4 种，最大为白檀（79. 86），其次是中华槭（73. 66），第三位为小果润楠（52. 91），第四位为西南卫矛（38. 79），共同构成了该层雷公山玉山竹群落的优势种。构成灌木层的树种有 25 种（表 7-30），可知，重要值最大的为雷公山玉山竹（92. 61），其次是狭叶方竹（63. 59），第三为粗榧（21. 53），第四为黄泡 *Rubus pectinellus*（19. 81），该层以雷公山玉山竹和狭叶方竹为主要优势种，粗榧和黄泡次之。构成草本层的物种共有 25 种（表 7-31），以钝叶楼梯草为优势种，重要值达 140. 64。综上可知，雷公山玉山竹群落为常绿阔叶混交林，为白檀+雷公山玉山竹群系。

表 7-29　雷公山保护区雷公山玉山竹群落样地 2 乔木层种类组成及重要值

物种	相对密度	相对频度	相对优势度	重要值
白檀 *Symplocos paniculata*	38. 18	24. 00	17. 67	79. 86
中华槭 *Acer sinense*	12. 73	24. 00	36. 93	73. 66
小果润楠 *Machilus microcarpa*	21. 82	20. 00	11. 10	52. 91
西南卫矛 *Euonymus hamiltonianus*	10. 91	12. 00	15. 88	38. 79
锦带花 *Weigela florida*	10. 91	8. 00	14. 56	33. 47
光叶山矾 *Symplocos lancifolia*	1. 82	4. 00	1. 39	7. 21
尾叶樱桃 *Cerasus dielsiana*	1. 82	4. 00	1. 24	7. 06
野茉莉 *Styrax japonicus*	1. 82	4. 00	1. 22	7. 04
合计	100. 00	100. 00	100. 00	300. 00

表 7-30　雷公山保护区雷公山玉山竹群落样地 2 灌木层重要值

物种	相对盖度	相对密度	相对频度	重要值
雷公山玉山竹 *Yushania leigongshanensis*	33. 50	52. 73	6. 38	92. 61
狭叶方竹 *Chimonobambusa angustifolia*	27. 64	31. 70	4. 26	63. 59
粗榧 *Cephalotaxus sinensis*	8. 88	4. 14	8. 51	21. 53
黄泡 *Rubus pectinellus*	7. 04	4. 27	8. 51	19. 81
红荚蒾 *Viburnum erubescens*	8. 38	1. 13	4. 26	13. 76
三花悬钩子 *Rubus trianthus*	1. 84	0. 56	6. 38	8. 79

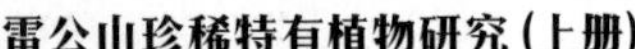

(续)

物种	相对盖度	相对密度	相对频度	重要值
乌蔹莓 *Cayratia japonica*	1. 84	0. 50	6. 38	8. 73
粉背南蛇藤 *Celastrus hypoleucus*	1. 17	0. 31	6. 38	7. 87
小叶女贞 *Ligustrum quihoui*	1. 01	0. 82	4. 26	6. 08
三花悬钩子 *Rubus trianthus*	0. 67	0. 82	4. 26	5. 74
蜀五加 *Eleutherococcus setchuenensis*	1. 01	0. 31	4. 26	5. 57
中华槭 *Acer sinense*	0. 34	0. 63	4. 26	5. 22
瑞香 *Daphne odora*	0. 50	0. 19	4. 26	4. 95
野木瓜 *Stauntonia chinensis*	0. 34	0. 13	4. 26	4. 72
白檀 *Symplocos paniculata*	0. 84	0. 19	2. 13	3. 15
光叶山矾 *Symplocos lancifolia*	0. 84	0. 19	2. 13	3. 15
西南红山茶 *Camellia pitardii*	0. 84	0. 13	2. 13	3. 09
小果润楠 *Machilus microcarpa*	0. 67	0. 19	2. 13	2. 99
棕脉花楸 *Sorbus dunnii*	0. 67	0. 19	2. 13	2. 99
华中乌蔹莓 *Cayratia oligocarpa*	0. 50	0. 19	2. 13	2. 82
阔叶十大功劳 *Mahonia bealei*	0. 50	0. 19	2. 13	2. 82
毛花猕猴桃 *Actinidia eriantha*	0. 34	0. 19	2. 13	2. 65
托柄菝葜 *Smilax discotis*	0. 34	0. 06	2. 13	2. 53
绞股蓝 *Gynostemma pentaphyllum*	0. 17	0. 13	2. 13	2. 42
小柱悬钩子 *Rubus columellaris*	0. 17	0. 13	2. 13	2. 42
合计	100. 00	100. 00	100. 00	300. 00

表 7-31　雷公山保护区雷公山玉山竹群落样地 2 草本层重要值

物种	相对盖度	相对密度	相对频度	重要值
钝叶楼梯草 *Elatostema obtusum*	54. 44	78. 04	8. 16	140. 64
细毛碗蕨 *Dennstaedtia hirsuta*	7. 34	3. 10	10. 20	20. 64
荞麦 *Fagopyrum esculentum*	5. 02	3. 36	4. 08	12. 46
白茅 *Imperata cylindrica*	2. 70	1. 81	6. 12	10. 63
风毛菊 *Saussurea japonica*	2. 32	1. 16	6. 12	9. 60
假福王草 *Paraprenanthes sororia*	3. 86	1. 55	4. 08	9. 49
藿香 *Agastache rugosa*	1. 54	1. 03	6. 12	8. 70
尾叶瘤足蕨 *Plagiogyria gandis*	5. 79	0. 78	2. 04	8. 61
万寿竹 *Disporum cantoniense*	1. 93	0. 65	4. 08	6. 66
金线草 *Antenoron filiforme*	1. 54	0. 90	4. 08	6. 53
箐姑草 *Stellaria vestita*	1. 16	1. 03	4. 08	6. 27
荩草 *Arthraxon hispidus*	1. 16	0. 78	4. 08	6. 02
车前 *Plantago asiatica*	1. 16	0. 65	4. 08	5. 89

（续）

物种	相对盖度	相对密度	相对频度	重要值
峨眉双蝴蝶 *Tripterospermum cordatum*	1.54	0.26	4.08	5.88
山酢浆草 *Oxalis griffithii*	0.77	0.78	4.08	5.63
毛堇菜 *Viola thomsonii*	0.77	0.52	4.08	5.37
白苞蒿 *Artemisia lactiflora*	1.93	1.29	2.04	5.26
黑籽重楼 *Paris thibetica*	0.77	0.39	4.08	5.24
假升麻 *Aruncus sylvester*	0.77	0.39	2.04	3.20
江南星蕨 *Microsorum fortunei*	0.77	0.39	2.04	3.20
幌菊 *Ellisiophyllum pinnatum*	0.39	0.65	2.04	3.07
白花败酱草 *Patrinia villosa*	0.77	0.13	2.04	2.94
高杆珍珠茅 *Scleria terrestris*	0.77	0.13	2.04	2.94
黄金凤 *Impatiens siculifer*	0.39	0.13	2.04	2.56
鸡腿堇菜 *Viola acuminata*	0.39	0.13	2.04	2.56
合计	100.00	100.00	100.00	300.00

3.4 水平分布格局

种群分布格局是指种群个体在水平空间的配置状况或分布状况，反映了种群个体在水平空间上相互关系。雷公山玉山竹群落水平分布格局的形成取决于群落成员的分布格局。本群落采用计算分散度 S^2 的方法研究（表 7-32）。

表 7-32 雷公山保护区雷公山玉山竹分散度

样方号	x	m	n	S^2
1	1000	794	10	4715.11
2	2600	794	10	362404.00
5	300	794	10	27115.11
9	3000	794	10	540715.11
10	200	794	10	39204.00
1	260	794	10	31684.00
2	300	794	10	27115.11
5	280	794	10	29355.11
9	0	794	10	70048.44
10	0	794	10	70048.44
合计	7940	794	10	1202404.44

由表 7-32 可见，雷公山玉山竹分散度 $S^2=1202404.44$，根据 $S^2>m$，可判断出雷公山玉山竹的空间分布格局呈集群分布类型。物种生活特性和特殊的地域环境塑造了特殊的植物雷公山玉山竹群落。雷公山玉山竹生活在海拔 1700m 以上的中山湿性杜鹃箭竹灌丛矮林，而雷公山保护区内仅有雷公山顶峰周围海拔能满足其生活条件，雷公山苗岭主峰顶部人为活动较少，发现有种子掉落后自然更新现象。

3.5 物种多样性分析

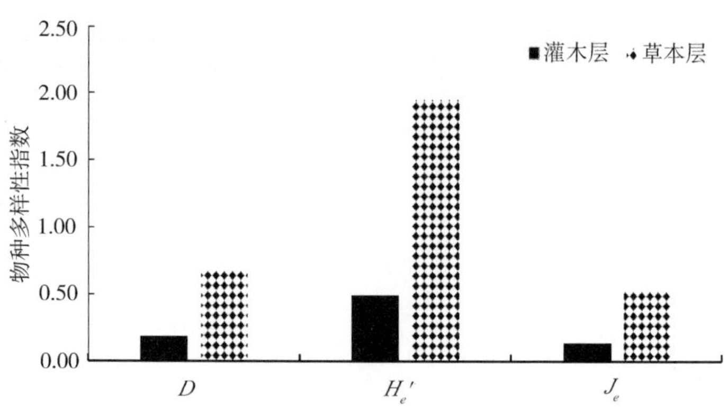

图 7-7 雷公山保护区雷公山玉山竹物种多样性指数

雷公山玉山竹群落有维管束植物 76 种，通过物种多样性指数绘制得图 7-7，可见雷公山玉山竹灌木层和草本层物种多样性指数，均表现为 Shannon-Wiener 指数（H_e'）高于 Simpson 指数（D）和 Pielou 指数（J_e），Pielou 指数（J_e）和 Simpson 指数（D）相差不大。多样性指数值最高的为草本层的 Shannon-Wiener 指数（H_e'）值，而灌木层的 Pielou 指数（J_e）值最低，且草本层的多样性指数均高于灌木层。灌木层、草本层在 Shannon-Wiener 指数（H_e'）上差异较大，草本层的指数远大于灌木层，H_e'值与物种丰富度紧密相关，并且呈正相关，由此表明草本层物种丰富度较高。Pielou 指数（J_e）是指群落中各个种的多度或重要值的均匀程度，由图 7-7 可以看出，均匀度指数表现为草本层>灌木层，草本层的物种分布更为均匀。Simpson 指数（D）中种数越多，各种个体分配越均匀，指数越高，指示群落多样性越好，是群落集中性的度量。从图 7-7 可知，群落中 Simpson 指数（D）为草本层>灌木层，说明了大部分草本层植物的数量主要集中于少数物种，优势种比较明显，其他树种占比很小；草本层物种多样性大于灌木层物种多样性指数，而乔木层树种在雷公山玉山竹过渡带有白檀、小果润楠、中华槭、锦带花等种，呈灌木状分布于雷公山玉山竹上层。

【研究进展】

通过查阅资料，杨成华等对雷公山玉山竹进行了形态特征研究，确定了雷公山玉山竹为新物种，为雷公山特有植物，对于该物种未见其他方面的研究。

【繁殖方法】

通过查阅资料，对雷公山玉山竹繁殖方法未发现相关报道。

【保护建议】

根据雷公山玉山竹林集群分布的特征和其开花结实后死亡的现状分析和观察，林下草本生长迅速，尤其是 1 年生草本增多，枯枝落叶集聚，要让雷公山玉山竹更新迅速，需为其创造良好的更新条件。目前，雷公山玉山竹正处于天然更新阶段，调查得知，雷公山玉山竹幼苗在地表枯落物少、没有草本和灌木遮挡的空旷处较多，而枯落物多或者草灌覆盖过大的地表很少，甚至无雷公山玉山竹幼苗生长。所以针对雷公山玉山竹的自然更新和保护提出以下建议。

加强枯死竹林森林防火：枯死竹子量大且密集，地面枯落物增加，可燃物数量大，加强枯死竹林森林防火，确保竹子竹鞭和种子不被破坏，为雷公山玉山竹萌发和种子萌芽生长提供保障。

加强人为活动管理：雷公山玉山竹竹林位于雷公山苗岭主峰，人为活动相对比较多，且有步道进入竹林区，应将雷公山玉山竹林区封闭管理，防止踩踏或者破坏雷公山玉山竹幼苗。

去灌除草：从雷公山玉山竹群落分布区域的现状来看，因为竹子开花结实死去，加上雷公山主峰空气湿度大，竹子腐朽较快，其倒伏后对群落自然更新不利。通过后期的观测，雷公山玉山竹死亡后，其种子掉落，也有一些萌发成为小竹苗，但是种子萌发和竹苗生长受到很多因素的影响。一是由于雷公山玉山竹死后留足了空间和光照，多年生草本植物有了较好的长势，一年生草本聚集增加；二是小灌木物种因有充足的阳光和空间长势迅猛；三是枯死竹子腐朽倒伏，锁住了雷公山玉山竹幼苗生长的空间。从实际调查中发现，草本植物或小灌木盖度过大、地表枯枝落物过多过厚、雷公山玉山竹及灌木腐朽倒伏地表偶有或无雷公山玉山竹幼苗生长，而地面枯落物少，草本或灌木少，没有被枯枝落物过渡覆盖的地表，其雷公山玉山竹幼苗较多。因此建议将雷公山玉山竹群落区域的杂草和灌木合理去除，给雷公山玉山竹幼苗留足生长空间和充足的光照，以人工促进天然更新的方式让雷公山玉山竹更新更快。

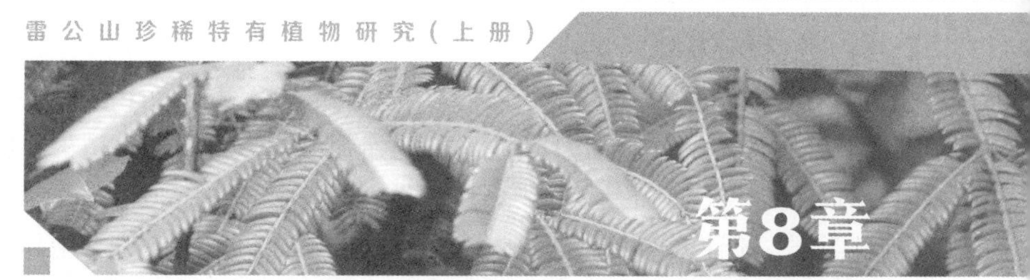

第8章 雷公山保护区特殊植物

圆基木藜芦

【保护等级及珍稀情况】

圆基木藜芦 *Leucothoe tonkinensis* Dop，属于杜鹃花科木藜芦属 *Leucothoe*。贵州省林业科学研究院贵州杜鹃花研究团队，先后对贵州省内、外的有关植物标本馆和平台进行查证，在 2018 年底到中国科学院昆明植物研究所植物标本室查阅时，发现 1 份采于贵州的圆基木藜芦标本，由党成忠、贺志强等于 1965 年 7 月 7 日在雷山县雷公坪采集；1979 年 6 月 4 日徐廷志将该标本鉴定为滇白珠，1996 年 9 月方瑞征先生更正为圆基木藜芦。

【生物学特性】

圆基木藜芦为常绿灌木，高达 4m；枝条纤细，无毛，干后褐色。叶革质，椭圆状卵形或宽椭圆形，长 5~11cm，宽 3.5~4.5cm，先端尾状渐尖，基部钝圆，边缘具细尖锯齿，表面无毛，背面具伏生的糠秕状疏短毛，中脉在表面凹陷，连同侧脉、网脉在背面明显，中脉与侧脉在表面可见；叶柄长 8~15mm，无毛。总状花序腋生，长 3~5cm，多花，较密集，花序梗基部有多数覆瓦状排列的苞片，苞片宽卵形，直径约 2.5mm，具短尖头，无毛；花梗长 4~7mm，无毛；花萼裂片卵形，长约 3mm，无毛，边缘微膜质；花冠坛状，白色，口部 5 裂；雄蕊 10 枚；子房扁球形，花柱长约 3mm。蒴果扁球形，直径 4~6mm，5 纵裂，无毛。花期 3 月开始，果期 6~11 月。

圆基木藜芦分布于云南东南部和贵州黔东南，生于海拔 1800~2300m 的山地林内或干燥灌丛中；在越南（北部）也有分布。

【应用价值】

圆基木藜芦及该属植物其他种类，其枝叶所含木藜芦烷类毒素，这一类毒素作为神经药理学的研究工具受到重视，同时在发展新的天然农药和寻找具有生物活性的新的天然产物方面也具有进一步研究和开发的前景。

【资源特性】

1　研究方法

调查雷公山保护区内圆基木藜芦的资源量和生境，采用线路法、样方法和最小面积法相结合的方法。生境的调查采用样方法的最小面积来确定群落的植物种类组成，即中央逐步成2倍扩大样方面积（图8-1），样方2包含样方1（2m×2m），样方3包含样方2，以此类推。统计面积扩大所增加的物种种数，绘制出物种数和样地面积关系曲线，即以物种数作为纵坐标，样方面积作为横坐标，绘制曲线。其他因子包括海拔、坡向、坡度、坡位、经纬度、森林类型、土壤类型、岩石裸露率等。

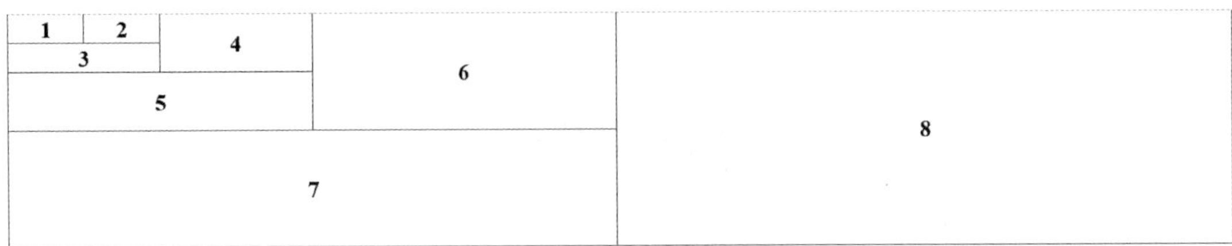

图8-1　圆基木藜芦生境调查样地示意

2　资源分布情况

圆基木藜芦分布于雷公山保护区的雷公山28公里和雷公坪；生长在海拔1700～1840m的阔叶林和云锦杜鹃林中；分布面积为40hm^2，共有1280株。

3　种群及群落特征

3.1　对比特征

基于余德会、袁丛军等的研究，圆基木藜芦为常绿或落叶灌木，枝常左右曲折；叶互生，叶具柄。圆基木藜芦4月中旬出现花蕾，并逐渐开花，5月中旬开花盛期，6月中旬幼果逐渐膨大。总状花序顶生或腋生；花萼5裂，宿存；雄蕊10枚，不外露，花药长圆形，顶端钝，顶孔开裂；子房上位，5室，每室有胚珠多数。蒴果扁球形，室背开裂。圆基木藜芦和滇白珠相似，极易混淆，在野外常常把圆基木藜芦误识为滇白珠。两种的特征对比见表8-1。

表8-1　雷公山保护区圆基木藜芦与滇白珠特征对比

种名	圆基木藜芦	滇白珠
枝杆	常绿灌木，高达4m；枝条纤细，无毛，干后褐色	常绿灌木，高1～3m，树皮灰黑色；枝条细长，左右曲折，具纵纹，无毛
叶	叶革质，椭圆状卵形或宽椭圆形，长5～11cm，宽3.5～4.5cm，先端尾状渐尖，尖尾长约2cm，基部钝圆，边缘具细尖锯齿，表面无毛，背面具伏生的糠粃状疏短毛；叶柄长8～15mm，无毛	叶卵状长圆形，稀卵形、长卵形，革质，有香味，长7～9cm，宽2.5～5cm，先端尾状渐尖，尖尾长达2cm，基部钝圆或心形，边缘具锯齿，表面绿色，有光泽，背面色较淡，两面无毛，背面密被褐色斑点；叶柄短，粗壮，长约5mm，无毛

（续）

种名	圆基木藜芦	滇白珠
花	总状花序腋生；花梗长 4~7mm，无毛；花萼裂片卵形，长约 3mm，无毛，边缘微膜质；花冠坛状，白色，口部 5 裂；雄蕊 10 枚，长约 2mm，无毛，花药长约 1mm，背部具 2 芒；子房扁球形，花柱长约 3mm。花期 4 月开始	总状花序腋生；花梗长约 1cm，无毛；花萼裂片 5 片，卵状三角形，钝头，具缘毛；花冠白绿色，钟形，长约 6mm，口部 5 裂，裂片长宽各 2mm；雄蕊 10 枚，着生于花冠基部，花丝短而粗，花药 2 室，每室顶端具 2 芒；子房球形，被毛，花柱无毛，短于花冠。花期 5~6 月
果	蒴果扁球形，直径 4~6mm，5 纵裂，无毛；种子长椭圆形，长约 1mm，无毛，常有狭翅。果期 6~11 月	浆果状蒴果球形，直径约 5mm，或达 1cm，黑色，5 裂；种子多数。果期 7~11 月

3.2 群落物种组成

调查结果表明（图 8-2），在研究区域的样地中，共有维管束植物 35 科 53 属 57 种，其中，蕨类植物 4 科 4 属 4 种，被子植物 31 科 49 属 53 种；其中双子叶植物 24 科 36 属 41 种，单子叶植物 7 科 12 属 12 种。在样地中，3 大类群科、属、种的数量总体表现为双子叶植物>单子叶植物>蕨类植物，双子叶植物的物种数量在圆基木藜芦群落中占据绝对优势。

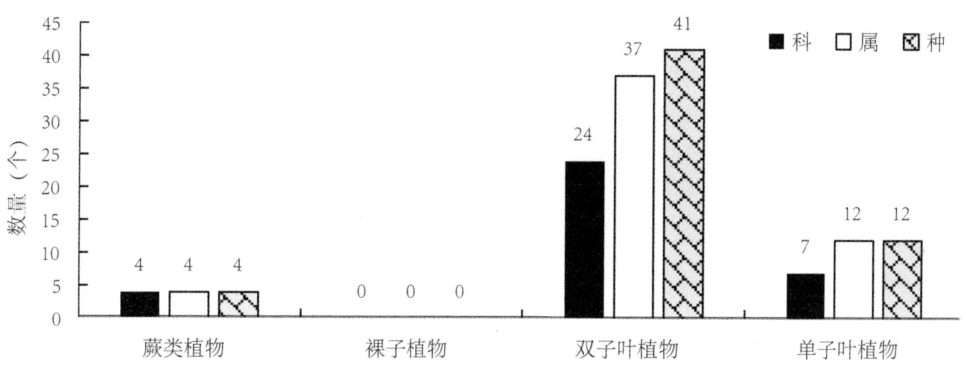

图 8-2 雷公山保护区圆基木藜芦样地调查植物类型分类群数量比较

3.3 群落物种多样性

生境的物种多样性由图 8-3 可知，圆基木藜芦群落物种数量随调查面积的扩大而增加，$100m^2$ 面积内物种数量显著增加，而后逐渐趋于平缓，这是因为开始样方中出现许多物种，而后扩大的样方中增加的物种数越来越少，曲线开始平缓，至样方面积为 $512m^2$ 时，圆基木藜芦群落物种数的曲线处于平缓，表示物种数量不再增加，或者增加很少。雷公山保护区内圆基木藜芦群落物种情况见表 8-2，可知圆基木藜芦群落中物种种数为 57 种。

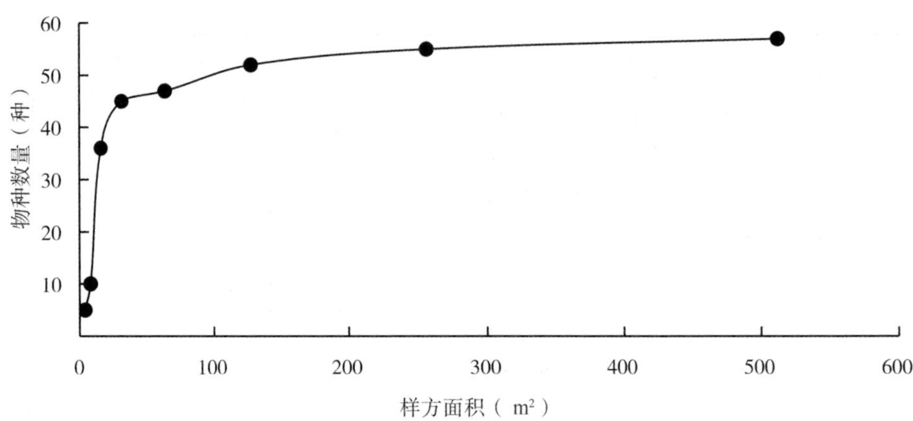

图 8-3 雷公山保护区圆基木藜芦样方面积和物种种数变化

表 8-2 雷公山保护区圆基木藜芦群落随着样方面积扩大物种数变化

样方号	面积（m^2）	新增物种	种数（种）
1	4	菝葜 *Smilax china*、藏苔草 *Carex thibetica*、吊石苣苔 *Lysionotus pauciflorus*、水青冈 *Fagus longipetiolata*、圆基木藜芦 *Leucothoe tonkinensis*	5
2	8	白辛树 *Pterostyrax psilophyllus*、滇白珠 *Gaultheria leucocarpa* var. *erenulata*、对马耳蕨 *Polystichum tsus-simense*、青冈 *Cyclobalanopsis glauca*、五节芒 *Miscanthus floridulus*	10
3	16	白茅 *Imperata cylindrica*、厚叶鼠刺 *Itea coriacea*、黄金凤 *Impatiens siculifer*、灰柯 *Lithocarpus henryi*、雷公藤 *Tripterygium wilfordii*、柳叶绣球 *Hydrangea stenophylla*、六叶葎 *Galium asperuloides* subsp. *hoffmeisteri*、毛果杜鹃 *Rhododendron seniavinii*、米饭花 *Vaccinium sprengelii*、佩兰 *Eupatorium fortunei*、漆 *Toxicodendron vernicifluum*、琴叶榕 *Ficus pandurata*、青榨槭 *Acer davidii*、山胡椒 *Lindera glauca*、十齿花 *Dipentodon sinicus*、石松 *Lycopodium japonicum*、水红木 *Viburnum cylindricum*、尾叶樱桃 *Cerasus dielsiana*、乌柿 *Diospyros cathayensis*、悬铃叶苎麻 *Boehmeria tricuspis*、野胡萝卜 *Daucus carota*、宜昌润楠 *Machilus ichangensis*、圆锥绣球 *Hydrangea paniculata*、云锦杜鹃 *Rhododendron fortunei*、云南桤叶树 *Clethra delavayi*、中华槭 *Acer sinense*	36
4	32	大叶新木姜子 *Neolitsea levinei*、桂南木莲 *Manglietia conifera*、黄杞 *Engelhardtia roxburghiana*、锦带花 *Weigela florida*、雷公鹅耳枥 *Carpinus viminea*、蛇莓 *Duchesnea indica*、乌蔹莓 *Cayratia japonica*、细齿叶柃 *Eurya nitida*、斜脉假卫矛 *Microtropis obliquinervia*	45
5	64	金星蕨 *Parathelypteris glanduligera*、六棱菊 *Laggera alata*	47
6	128	雷公山玉山竹 *Yushania leigongshanensis*、枫香树 *Liquidambar formosana*、荩草 *Arthraxon hispidus*、蓝果树 *Nyssa sinensis*、柳叶菜 *Epilobium hirsutum*	52
7	256	蓝果蛇葡萄 *Ampelopsis bodinieri*、木瓜红 *Rehderodendron macrocarpum*、橐吾 *Ligularia sibirica*	55
8	512	红荚蒾 *Viburnum erubescens*、华中瘤足蕨 *Plagiogyria euphlebia*	57

经调查，圆基木藜芦群落样地种，其上层主要乔木种类有水青冈、中华槭、漆；优势灌木有云锦杜鹃、圆基木藜芦、毛果杜鹃等。

为了分析群落物种组成，并与其分布在雷公山保护区内的群落样地进行比较，在雷公坪的分布点，该种生长于灌丛湿地内，其中优势灌木种类有云锦杜鹃、吊钟花 *Enkianthus quinqueflorus*、狭叶珍珠花、玉山竹 *Yushania niitakayamensis* 和箭竹等；在 803 县道的分布点，该种生长于常绿落叶阔叶林下，上层主要乔木种类有水青冈、武当玉兰 *Yulania sprengeri*、巴东栎 *Quercus engleriana* 等，灌木层主要有狭叶方竹、疏花美容杜鹃 *Rhododendron calophytum* var. *pauciflorum* 等。

经对比分析，圆基木藜芦的分布和物种组成均有相似性，主要分布于常绿落叶阔叶林和高山湿地灌木林中。

3.4 优势科属

根据调查得出群落样地优势科属见表 8-3 和表 8-4。含 2 属 3 种以上的科有 7 科，分别是杜鹃花科（4 属 5 种）、禾本科（4 属 4 种）、菊科（3 属 3 种）、壳斗科（3 属 3 种）、樟科（3 属 3 种）、虎耳草科（2 属 3 种）、忍冬科（2 属 3 种），仅含 1 属 1 种的科有 22 科，占总科数的 62.86%。可见，该群落中杜鹃花科以 4 属 5 种成为优势科，但群落中单属单种占主要优势，最大的科仅有 5 种，且仅有 1 个科，说明群落中物种多样性丰富。

由表 8-4 可知，属种关系中，含 2 种的属有 4 属，分别是杜鹃花属、荚蒾属、槭属、绣球属，共同组成该群落的优势属；其余 49 属仅含 1 种，占群落总属数的 92.45%。这说明该群落优势属不明显，但群落中单种占主要优势，最大的属仅有 2 种，且仅有 4 个属，说明群落中物种多样性丰富。

表 8-3　雷公山保护区圆基木藜芦群落优势科统计信息

序号	科名	属数/种数（个）	属占比/种占比（%）	序号	科名	属数/种数（个）	属占比/种占比（%）
1	杜鹃花科 Ericaceae	4/5	7.55/8.62	19	金缕梅科 Hamamelidaceae	1/1	1.89/1.72
2	禾本科 Poaceae	4/4	7.55/6.90	20	金星蕨科 Thelypteridaceae	1/1	1.89/1.72
3	菊科 Asteraceae	3/3	5.66/5.17	21	苦苣苔科 Gesneriaceae	1/1	1.89/1.72
4	壳斗科 Fagaceae	3/3	5.66/5.17	22	鳞毛蕨科 Dryopteridaceae	1/1	1.89/1.72
5	樟科 Lauraceae	3/3	5.66/5.17	23	瘤足蕨科 Plagiogyriaceae	1/1	1.89/1.72
6	虎耳草科 Saxifragaceae	2/3	3.77/5.17	24	柳叶菜科 Onagraceae	1/1	1.89/1.72
7	忍冬科 Caprifoliaceae	2/3	3.77/5.17	25	木兰科 Magnoliaceae	1/1	1.89/1.72
8	葡萄科 Vitaceae	2/2	3.77/3.45	26	漆树科 Anacardiaceae	1/1	1.89/1.72
9	蔷薇科 Rosaceae	2/2	3.77/3.45	27	茜草科 Rubiaceae	1/1	1.89/1.72
10	卫矛科 Celastraceae	2/2	3.77/3.45	28	伞形科 Apiaceae	1/1	1.89/1.72
11	野茉莉科 Styracaceae	2/2	3.77/3.45	29	桑科 Moraceae	1/1	1.89/1.72
12	槭树科 Aceraceae	1/2	1.89/3.45	30	莎草科 Cyperaceae	1/1	1.89/1.72
13	胡桃科 Juglandaceae	1/2	1.89/3.45	31	山茶科 Theaceae	1/1	1.89/1.72
14	山柳科 Clethraceae	1/1	1.89/1.72	32	十齿花科 Dipentodontaceae	1/1	1.89/1.72
15	荨麻科 Urticaceae	1/1	1.89/1.72	33	石松科 Lycopodiaceae	1/1	1.89/1.72
16	百合科 Liliaceae	1/1	1.89/1.72	34	柿树科 Ebenaceae	1/1	1.89/1.72
17	凤仙花科 Balsaminaceae	1/1	1.89/1.72	35	紫树科 Nyssaceae	1/1	1.89/1.72
18	桦木科 Betulaceae	1/1	1.89/1.72		总计	53/57	

由表 8-3 和表 8-4 可知，该群落偶见种的数量多，表明群落物种多样性丰富。

表 8-4　雷公山保护区圆基木藜芦群落优势属统计信息

序号	属名	种数（种）	种占比（%）	序号	属名	种数（种）	种占比（%）
1	杜鹃花属 *Rhododendron*	2	3.51	28	柳叶菜属 *Epilobium*	1	1.75
2	槭属 *Acer*	2	3.51	29	六棱菊属 *Laggera*	1	1.75
3	荚蒾属 *Viburnum*	2	3.51	30	芒属 *Miscanthus*	1	1.75
4	绣球属 *Hydrangea*	2	3.51	31	木瓜红属 *Rehderodendron*	1	1.75
5	苎麻属 *Boehmeria*	1	1.75	32	木藜芦属 *Leucothoe*	1	1.75
6	黄杞属 *Engelhardtia*	1	1.75	33	木莲属 *Manglietia*	1	1.75
7	山柳属 *Clethra*	1	1.75	34	漆树属 *Toxicodendron*	1	1.75
8	菝葜属 *Smilax*	1	1.75	35	青冈属 *Cyclobalanopsis*	1	1.75
9	白茅属 *Imperata*	1	1.75	36	榕属 *Ficus*	1	1.75
10	白辛树属 *Pterostyrax*	1	1.75	37	润楠属 *Machilus*	1	1.75
11	白珠属 *Gaultheria*	1	1.75	38	山胡椒属 *Lindera*	1	1.75
12	吊石苣苔属 *Lysionotus*	1	1.75	39	蛇莓属 *Duchesnea*	1	1.75
13	鹅耳枥属 *Carpinus*	1	1.75	40	蛇葡萄属 *Ampelopsis*	1	1.75
14	耳蕨属 *Polystichum*	1	1.75	41	十齿花属 *Dipentodon*	1	1.75
15	枫香树属 *Liquidambar*	1	1.75	42	石松属 *Lycopodium*	1	1.75
16	凤仙花属 *Impatiens*	1	1.75	43	柿属 *Diospyros*	1	1.75
17	胡萝卜属 *Daucus*	1	1.75	44	鼠刺属 *Itea*	1	1.75
18	假卫矛属 *Microtropis*	1	1.75	45	水青冈属 *Fagus*	1	1.75
19	金星蕨属 *Parathelypteris*	1	1.75	46	苔草属 *Carex*	1	1.75
20	锦带花属 *Weigela*	1	1.75	47	橐吾属 *Ligularia*	1	1.75
21	荩草属 *Arthraxon*	1	1.75	48	乌蔹莓属 *Cayratia*	1	1.75
22	石栎属 *Lithocarpus*	1	1.75	49	新木姜子属 *Neolitsea*	1	1.75
23	拉拉藤属 *Galium*	1	1.75	50	樱属 *Cerasus*	1	1.75
24	蓝果树属 *Nyssa*	1	1.75	51	玉山竹属 *Yushania*	1	1.75
25	雷公藤属 *Tripterygium*	1	1.75	52	越橘属 *Vaccinium*	1	1.75
26	柃属 *Eurya*	1	1.75	53	泽兰属 *Eupatorium*	1	1.75
27	瘤足蕨属 *Plagiogyria*	1	1.75		总计	57	

3.5　生活型谱

采用最广泛应用的 Raunkiaer 提出的生活型分类系统，根据调查结果得出生活型谱分类（表 8-5）。结果表明圆基木藜芦群落中，以高位芽植物为主，占 66.67%，分别为圆基木藜芦、桂南木莲、尾叶樱桃、枫香树、水青冈等 38 种；其次是地面芽植物占 21.05%，分别为柳叶菜 *Epilobium hirsutum*、白茅、五节芒、佩兰 *Eupatorium fortunei*、藏苔草等

12 种；地上芽植物仅有 3 种，占 5.26%，分别为玉山竹、吊石苣苔 *Lysionotus pauciflorus*、菝葜；1 年生草本仅含 4 种，占 7.02%，分别为六叶葎、荩草、橐吾、黄金凤。其中高位芽植物中小型高位芽植物最多，占 56.14%，没有大型高位芽植物。该群落高位芽植物占优势，气候条件可能是导致群落高位芽植物所占比例偏高，而地面芽、地下芽和 1 年生植物所占比例偏低的主要原因。

表 8-5　雷公山保护区圆基木藜芦群落生活型谱

生活型	高位芽植物		地上芽植物	地面芽植物	1 年生草本
	中型	小型			
种数占比（%）	10.53	56.14	5.26	21.05	7.02

【研究进展】

经查阅相关资料，该种目前未见相关研究报道。

【繁殖方法】

通过查阅资料，对圆基木藜芦繁殖方法未发现相关报道。

【保护建议】

一是以就地保护为主，加强原生地生境保护。

二是开展繁育研究，进行回归引种试验，扩大种群数量。

三是可以采取一定的人为干预措施，以维持群落物种丰富度结构。

凯里杜鹃

【保护等级及珍稀情况】

凯里杜鹃 *Rhododendron kailiense* Hemsley，俗名南海杜鹃，属于杜鹃花科杜鹃花属，模式标本采自贵州凯里（雷公山），为我国特有种。

【生物学特性】

凯里杜鹃为乔木，高 4～5m，胸径 15cm；当年生枝棕褐色，无毛，多年生枝灰褐色。叶革质，宿存，近于轮生，长圆形或长圆状披针形，长 8～14cm，宽 2.5～4cm，先端锐尖，基部楔形或宽楔形，边缘微反卷，上面绿色，中脉微凹陷，下面淡白色，中脉凸出，侧脉不显著；叶柄长约 1.3cm，无毛。花的特征不详。蒴果圆柱形，长 9～10cm，直径 5mm，基部拱弯，近于直角，常 5 枚簇生枝顶叶腋，花萼宿存；裂片呈宽线形，长达 1.7cm；果梗长 1.8～2cm，无毛。果期 8～9 月。

凯里杜鹃主要生长在海拔 1340～1540m 的山谷密林中，广东、海南、江西、广西等也有分布。查阅相关文献凯里杜鹃的模式标本采自雷公山保护区，本次调查在野外未找到野生种。

【应用价值】

凯里杜鹃具有极高的观赏价值，很适合庭院、公园等绿化造景。

【资源特性】

凯里杜鹃分布于雷公山保护区的雷公山乌腊坝；生长在海拔 1500～1700m 的常绿落叶阔叶混交林中，株数不详。

【研究进展】

吴洪娥等开展不同基质对凯里杜鹃播种繁殖的影响的研究，选取常用的 3 种基质进行配比，形成 6 个基质类型，并以发芽时间、发芽速度、发芽率、成苗率和保存率为评价指标，研究不同基质对凯里杜鹃种子繁殖的影响，筛选出凯里杜鹃种子繁殖的最佳播种基质为纯腐殖土。杨鹏和蒋影竺开展凯里杜鹃的种子特性及萌发试验研究，结果表明凯里杜鹃种子极小，千粒重仅为（0.1134±0.00006）g，吸水吸胀主要集中在前 4h，GA3 不同浓度处理及贮藏方式（室温干藏与低温沙藏）均对种子的发芽率及发芽势影响不大，但光照对种子发芽影响较大，其中全光照更有利于种子的发芽。

【繁殖方法】

采用种子繁殖，步骤如下。

①种子处理：种子播种前，置于 4℃冰箱中储藏，播种催芽采用 400mg/L GA3 溶液浸泡 30min 进行。

②育苗基质与播种繁殖：以马尾松林下腐殖土作为腐殖土育苗基质最佳。播种时先平整基质，再将种子尽可能均匀地撒播于表面，覆土厚度不超过 0.5cm，然后喷水浇透，以塑料薄膜覆盖保湿，适时喷水。

【保护建议】

一是以就地保护为主，对凯里杜鹃现存资源的生境地保护。

二是开展人工栽培和繁育研究，以有性与无性繁殖相结合的方式，进行回归引种试验，扩大种群数量。

三是可以采取一定的人为干预措施，以维持群落物种丰富度结构。

雷公山槭

【保护等级及珍稀情况】

雷公山槭 *Acer leigongsanicum* Y. K. Li，属于槭树科槭属，是贵州特有种。

【生物学特性】

雷公山槭为乔木树种，树高可达 8m，树干直径达 30cm，小枝细弱，绿色，无毛，皮孔不明显。叶纸质，披针形，长 6～13.5cm，宽 1.4～3.0cm，先端渐尖，有长 8～10mm 镰状弯曲尖头，基部楔形，边全缘，中脉在表面突起，侧脉每边 8～10 条，纤细，两面稍突起，网脉细密，干时表面不明显，在背面呈蜂窝状，两面绿色，无毛，叶柄纤细，长 4～10mm，花未见。果序圆锥状，顶生，无毛，长 6～10cm，总梗长 3.5～5cm，纤细，着果稀疏，通常 3～9 枚；果梗长 8～15mm，纤细，无毛；小坚果椭圆形，直径约 4mm，无毛，脉纹不明显，有时一个不发育，翅镰形，红色，宽 9～14mm，连坚果长 2.6～3.0cm，无毛，开张成钝角。

雷公山槭主要分布在雷山、台江、剑河、榕江，生于海拔650~1600m的山地中。

【应用价值】

雷公山槭最大的价值是观果、观叶等观赏价值，其幼果呈紫红色，均匀分布在树冠四周，春夏时绿叶衬托红色的果实，成片栽植可呈现出十分美丽的景致。可孤植、列植和群植，也可矮化制作成观果盆景，广泛应用于庭院、公园、广场、水系等生态造景。

【资源特性】

1 种群和群落研究

1.1 样地设置与调查方法

以雷公山保护区为研究对象，采用样线法与典型样地法，在交密、桃江、小丹江辖区天然分布的雷公山槭设置5个典型样地（表8-6）。

表8-6 雷公山保护区雷公山槭群落样地概况

小地名	样地编号	盖度（%）	海拔（m）	土壤类型	坡向	坡位	坡度（°）
桥水溪畔	Ⅰ	95	820	黄壤	西南	下	30
双溪口“鱼跳”	Ⅱ	90	800	黄壤	北	下	35
石灰河大槽沟	Ⅲ	90	930	黄壤	西	中	35
开屯苦里冲	Ⅳ	95	1120	黄壤	东北	下	35
桃江桥歪	Ⅴ	98	1070	黄壤	东北	中下	40

1.2 径级划分

研究采用“空间替代时间”的方法，即将雷公山槭按胸径大小分8级：Ⅰ级（0~5.0cm）、Ⅱ级（5.0~10.0cm）、Ⅲ级（10.0~15.0cm）、Ⅳ级（15.0~20.0cm）、Ⅴ级（20.0~25.0cm）、Ⅵ级（25.0~30.0cm）、Ⅶ级（30.0~35.0cm）、Ⅷ级（35.0~40.0cm）。

2 资源分布情况

雷公山槭分布于雷公山保护区的三湾、乔歪、小丹江、昂英、石灰河等地；生长在海拔700~1250m的针叶林、针阔混交林和常绿阔叶林中；分布面积为3800hm^2，共有37950株。

3 种群及落群特征

3.1 群落物种组成

从表8-7显示，5个雷公山槭群落样地中共有维管束植物97科164属243种。其中，蕨类植物有15科20属25种，占总种数的10.29%，种子植物82科144属218种，占总种数的89.71%。种子植物中裸子植物有3科3属3种，占总种数的1.23%，被子植物有79科141属215种，占总种数的88.48%；被子植物中双子叶植物有67科125属192种，占总种数的79.01%，单子叶植物有12科16属23种，占总种数的9.47%。可知，在雷公山保护区分布的雷公山槭群落中双子叶植物的物种数量占据绝对优势。

表 8-7 雷公山保护区雷公山槭群落物种组成

植物类群		科（个）	属（个）	种（种）
蕨类植物		15	20	25
裸子植物		3	3	3
被子植物	双子叶植物	67	125	192
	单子叶植物	12	16	23
合计		97	164	243

3.2 群落优势科属种分析

取科含 4 种以上和属含 3 种以上的科属进行统计，结果见表 8-8、表 8-9。由表 8-8 可知，科种关系中，含 10 种以上的有蔷薇科（15 种）、樟科（15 种）、山茶科（13 种）等 3 科，占总科数的 3.10%，为雷公山槭群落的优势科；含 4~10 种的有荨麻科、壳斗科、忍冬科、茜草科、杜鹃科、胡桃科、桑科、山矾科等 17 科，占总科数的 17.52%；其余含 3 种的有 10 科，占总科数的 10.31%，含 2 种的有 17 科，占总科数的 17.52%，仅含 1 种的有 50 科，占总科数的 51.55%。

表 8-8 雷公山保护区雷公山槭群落科种数量关系

排序	科名	属数/种数（个）	占总属/种数的比例（%）	排序	科名	属数/种数（个）	占总属/种数的比例（%）
1	蔷薇科 Rosaceae	4/15	2.44/6.17	11	山矾科 Symplocaceae	1/5	0.61/2.06
2	樟科 Lauraceae	6/15	3.66/6.17	12	绣球科 Hydrangeaceae	2/5	1.22/2.06
3	山茶科 Theaceae	5/13	3.05/5.35	13	大戟科 Euphorbiaceae	2/4	1.22/1.65
4	荨麻科 Urticaceae	7/9	4.27/3.7	14	禾本科 Poaceae	3/4	1.83/1.65
5	壳斗科 Fagaceae	5/7	3.05/2.88	15	鳞毛蕨科 Dryopteridaceae	3/4	1.83/1.65
6	忍冬科 Caprifoliaceae	4/7	2.44/2.88	16	槭树科 Aceraceae	1/4	0.61/1.65
7	茜草科 Rubiaceae	4/6	2.44/2.47	17	伞形科 Apiaceae	4/4	2.44/1.65
8	杜鹃科 Ericaceae	2/5	1.22/2.06	18	山茱萸科 Cornaceae	3/4	1.83/1.65
9	胡桃科 Juglandaceae	5/5	3.05/2.06	19	五加科 Araliaceae	2/4	1.22/1.65
10	桑科 Moraceae	4/5	2.44/2.06	20	野茉莉科 Styracaceae	4/4	2.44/1.65
					合计	71/129	43.31/53.12

由表 8-9 可知，属种关系中种最多的属为悬钩子属（9 种），其次为柃属（6 种），再次是山矾属 *Symplocos*（5 种），均为雷公山槭群落的优势属。仅含 1 种的属有 118 属，占总属数的 71.95%。由此可见，雷公山保护区分布的雷公山槭群落优势科属明显，群落科属组成复杂，物种主要集中在含 1 种的科与含 1 种的属内，并且在属的组成成分上显示出复杂性和高度分化性的特点。

表 8-9　雷公山保护区雷公山槭群落属种数量关系

排序	属名	种数（种）	占总种数的比例（%）	排序	属名	种数（种）	占总种数的比例（%）
1	悬钩子属 *Rubus*	9	3.70	9	樟属 *Cinnamomum*	4	1.65
2	柃属 *Eurya*	6	2.47	10	菝葜属 *Smilax*	3	1.23
3	山矾属 *Symplocos*	5	2.06	11	荚蒾属 *Viburnum*	3	1.23
4	杜鹃花属 *Rhododendron*	4	1.65	12	卷柏属 *Selaginella*	3	1.23
5	木姜子属 *Litsea*	4	1.65	13	栲属 *Castanopsis*	3	1.23
6	槭属 *Acer*	4	1.65	14	猕猴桃属 *Actinidia*	3	1.23
7	绣球属 *Hydrangea*	4	1.65	15	山茶属 *Camellia*	3	1.23
8	樱属 *Cerasus*	4	1.65	16	野桐属 *Mallotus*	3	1.23
					合计	40	26.74

3.3　重要值分析

森林群落在不同的演替阶段，物种组成、数量等各个方面都会发生一定的变化，而这种变化最直接的体现就是构成群落物种重要值的变化。表 8-10 分别列出了雷公山槭各样地乔木层重要值排在前 10 位的物种，不足 10 种的全部列出；表 8-11、表 8-12 分别列出了各样地灌木层、草本层重要值排在前 5 位的物种。

样地Ⅰ中，乔木层植物中共有 22 种，乔木层重要值大于 30 的物种有山矾（37.81）、大果蜡瓣花（36.91）及雷公山槭（35.71）。该样地乔木层物种重要值大于该群落样地乔木层平均重要值（13.64）的有 9 种，占样地总种数的 40.90%。构成灌木层的物种有 16 种，其物种重要值排前 5 的物种见表 8-11。中国绣球为该样地灌木层重要值的最大值（19.41），其次是溪畔杜鹃（19.11），构成该样地草本层的物种有 9 种，重要值排前 5 的物种详见表 8-12。楼梯草（48.77）与鸢尾（48.77）共同构成该样地草本层的优势种。由上可知，样地Ⅰ雷公山槭群落为常绿落叶阔叶混交林，为山矾群系。

在样地Ⅱ中乔木层的树种共有 22 种，大于乔木层重要值平均值（13.05）有 9 种，雷公山槭重要值最大（37.79），重要值超过 20 的有木荷（29.52）、第三是尼泊尔水东哥（26.28）、第四是光叶山矾（21.69）。雷公山槭为该群落样地乔木层的优势种。构成灌木层的树种有 17 种，其物种重要值前五的物种见表 8-11，重要值最大的树种为厚叶鼠刺（29.10）其次分别是瑞木（20.10）、倒矛杜鹃（18.26）及细齿叶柃（18.13），该层以厚叶鼠刺为主要优势种，瑞木、倒矛杜鹃及细齿叶柃次之。构成草本层的物种有 15 种，重要值前 5 的物种详见表 8-12，以楼梯草为优势种（42.30）。由上可知，样地Ⅱ雷公山槭群落为常绿落叶阔叶混交林，为雷公山槭群系。

在样地Ⅲ中乔木层树种共有 19 种，乔木层重要值超过 30 的物种有枫香树（36.76）、大果蜡瓣花（35.20）、胡桃楸（32.76）。该样地乔木层物种重要值大于该群落样地乔木层平均重要值（15.79）的有 9 种，占总种数的 47.37%，该样地乔木层中雷公山槭重要值为 16.86，大于样地乔木层平均重要值。该样地乔木层的优势树种为枫香树。构成灌木层的物种有16种，其物种重要值前5的物种见表8-11，可知灌木层的优势种为狭叶方竹(27.41)，其次是茶 *Camellia sinensis*（19.81）。构成草本层的物种有21种，重要值前5的物种详见表8-12，以透茎冰水花 *Pilea pumila*（23.34）为优势种。由上可知，样地Ⅲ雷公山槭群落为常绿落叶阔叶混交林，为枫香树+冷水花群系。

在样地Ⅳ中乔木层植物共有17种，该样地乔木层物种重要值大于该群落样地乔木层平均重要值（17.65）的有4种，占总种数的23.53%，分别是杉木（104.70）、马尾树(66.61)、赤杨叶（41.96）、枫香树（20.88），雷公山槭重要值为10.57，小于样地乔木层物种平均重要值（17.65），雷公山槭为该样地伴生种，杉木为该样地乔木层优势树种。灌木层物种有35种，物种重要值前5的物种见表8-11，可知灌木层的优势种为溪畔杜鹃(37.42)。草本层的物种有19种，重要值前5的物种详见表8-12，以里白为优势种(56.78)。由上可知，样地Ⅳ的雷公山槭群落为针阔混交林，为杉木群系。

在样地Ⅴ中乔木层植物共有32种，该样地乔木层物种重要值大于该群落样地乔木层平均重要值（9.37）的有11种，占总种数的34.38%。由表8-10可知，马尾树（48.39）为该样地乔木层的优势种，雷公山槭（24.28）重要值排名第四。灌木层物种有63种，物种重要值前5的物种见表8-11，可知灌木层的优势种为西南绣球（10.56）。草本层的物种有30种，重要值前5的物种详见表8-12，可知草本层的优势种为楼梯草（22.90）。综上，样地Ⅴ的雷公山槭群落为常绿落叶阔叶混交林，为马尾树群系。

表8-10　雷公山保护区雷公山槭群落各样地乔木层重要值

样地号	种名	重要值	样地号	种名	重要值
Ⅰ	山矾 *Symplocos sumuntia*	37.81	Ⅲ	八角枫 *Alangium chinense*	20.16
Ⅰ	大果蜡瓣花 *Corylopsis multiflora*	36.91	Ⅲ	紫楠 *Phoebe sheareri*	19.91
Ⅰ	雷公山槭 *Acer leigongsanicum*	35.71	Ⅲ	细齿叶柃 *Eurya nitida*	18.58
Ⅰ	闽楠 *Phoebe bournei*	27.39	Ⅲ	雷公山槭 *Acer leigongsanicum*	16.86
Ⅰ	野八角 *Illicium simonsii*	24.64	Ⅲ	灯台树 *Cornus controversa*	14.82
Ⅰ	溪畔杜鹃 *Rhododendron rivulare*	22.27	Ⅳ	杉木 *Cunninghamia lanceolata*	104.70
Ⅰ	细齿叶柃 *Eurya nitida*	20.30	Ⅳ	马尾树 *Rhoiptelea chiliantha*	66.61
Ⅰ	野桐 *Mallotus tenuifolius*	15.21	Ⅳ	赤杨叶 *Alniphyllum fortunei*	41.96
Ⅰ	四川新木姜子 *Neolitsea sutchuanensis*	15.19	Ⅳ	枫香树 *Liquidambar formosana*	20.88
Ⅰ	甜槠 *Castanopsis eyrei*	13.14	Ⅳ	雷公山槭 *Acer leigongsanicum*	10.57
Ⅱ	雷公山槭 *Acer leigongsanicum*	60.04	Ⅳ	青榨槭 *Acer davidii*	10.23
Ⅱ	尼泊尔水东哥 *Saurauia napaulensis*	30.17	Ⅳ	中华槭 *Acer sinense*	6.78
Ⅱ	光叶山矾 *Symplocos lancifolia*	21.86	Ⅳ	罗浮栲 *Castanopsis faberi*	5.91
Ⅱ	甜槠 *Castanopsis eyrei*	21.81	Ⅳ	杨梅 *Myrica rubra*	4.92
Ⅱ	香桂 *Cinnamomum subavenium*	17.15	Ⅳ	小果冬青 *Ilex micrococca*	3.52
Ⅱ	钩栲 *Castanopsis tibetana*	16.47	Ⅴ	马尾树 *Rhoiptelea chiliantha*	48.39
Ⅱ	大果蜡瓣花 *Corylopsis multiflora*	15.43	Ⅴ	枫香树 *Liquidambar formosana*	27.28
Ⅱ	穗花杉 *Amentotaxus argotaenia*	14.40	Ⅴ	银鹊树 *Tapiscia sinensis*	26.85
Ⅱ	山乌桕 *Sapium discolor*	14.04	Ⅴ	雷公山槭 *Acer leigongsanicum*	24.28

（续）

样地号	种名	重要值	样地号	种名	重要值
Ⅱ	猴欢喜 *Sloanea sinensis*	13.04	Ⅴ	十齿花 *Dipentodon sinicus*	16.68
Ⅲ	枫香树 *Liquidambar formosana*	36.76	Ⅴ	蓝果树 *Nyssa sinensis*	14.75
Ⅲ	大果蜡瓣花 *Corylopsis multiflora*	35.20	Ⅴ	香果树 *Emmenopterys henryi*	12.92
Ⅲ	胡桃楸 *Juglans mandshurica*	32.76	Ⅴ	南酸枣 *Choerospondias axillaris*	12.56
Ⅲ	白辛树 *Pterostyrax psilophyllus*	24.92	Ⅴ	山鸡椒 *Litsea cubeba*	11.36
Ⅲ	野茉莉 *Styrax japonicus*	20.44	Ⅴ	杉木 *Cunninghamia lanceolata*	10.37

表 8-11　雷公山保护区雷公山槭群落各样地灌木层重要值

样方号	种名	重要值	样方号	种名	重要值
Ⅰ	中国绣球 *Hydrangea chinensis*	19.41	Ⅲ	锦带花 *Weigela florida*	16.43
Ⅰ	溪畔杜鹃 *Rhododendron rivulare*	19.11	Ⅲ	细齿叶柃 *Eurya nitida*	10.99
Ⅰ	细齿叶柃 *Eurya nitida*	15.41	Ⅳ	溪畔杜鹃 *Rhododendron rivulare*	37.42
Ⅰ	厚皮香 *Ternstroemia gymnanthera*	15.41	Ⅳ	常山 *Dichroa febrifuga*	19.53
Ⅰ	短脉杜鹃 *Rhododendron brevinerve*	15.11	Ⅳ	细齿叶柃 *Eurya nitida*	11.89
Ⅱ	厚叶鼠刺 *Itea coriacea*	29.10	Ⅳ	菝葜 *Smilax china*	11.04
Ⅱ	大果蜡瓣花 *Corylopsis multiflora*	20.10	Ⅳ	暖木 *Meliosma veitchiorum*	9.75
Ⅱ	倒矛杜鹃 *Rhododendron oblancifolium*	18.26	Ⅴ	西南绣球 *Hydrangea davidii*	10.56
Ⅱ	细齿叶柃 *Eurya nitida*	18.13	Ⅴ	贵定桤叶树 *Clethra delavayi*	7.45
Ⅱ	闽楠 *Phoebe bournei*	14.57	Ⅴ	大果蜡瓣花 *Corylopsis multiflora*	7.27
Ⅲ	狭叶方竹 *Chimonobambusa angustifolia*	27.41	Ⅴ	滇白珠 *Gaultheria leucocarpa* var. *erenulata*	6.58
Ⅲ	茶 *Camellia sinensis*	19.81	Ⅴ	广东蛇葡萄 *Ampelopsis cantoniensis*	6.58
Ⅲ	大芽南蛇藤 *Celastrus gemmatus*	16.43			

表 8-12　雷公山保护区雷公山槭群落各样地草本层重要值

样地号	种名	重要值	样地号	种名	重要值
Ⅰ	楼梯草 *Elatostema involucratum*	48.77	Ⅲ	水丝麻 *Maoutia puya*	12.79
Ⅰ	鸢尾 *Iris tectorum*	48.77	Ⅲ	大蝎子草 *Girardinia diversifolia*	12.79
Ⅰ	福建观音座莲 *Angiopteris fokiensis*	33.13	Ⅳ	里白 *Diplopterygium glaucum*	56.78
Ⅰ	小柴胡 *Bupleurum hamiltonii*	17.86	Ⅳ	锦香草 *Phyllagathis cavaleriei*	31.47
Ⅰ	虎杖 *Reynoutria japonica*	15.16	Ⅳ	狗脊 *Woodwardia japonica*	19.82
Ⅱ	楼梯草 *Elatostema involucratum*	42.30	Ⅳ	十字苔草 *Carex cruciata*	13.67
Ⅱ	九龙盘 *Aspidistra lurida*	23.52	Ⅳ	芒 *Miscanthus sinensis*	10.09
Ⅱ	铁角蕨 *Asplenium trichomanes*	17.53	Ⅴ	楼梯草 *Elatostema involucratum*	22.90
Ⅱ	冷水花 *Pilea notata*	17.53	Ⅴ	五节芒 *Miscanthus floridulus*	19.05
Ⅱ	山姜 *Alpinia japonica*	13.52	Ⅴ	血水草 *Eomecon chionantha*	14.95
Ⅲ	透茎冷水花 *Pilea pumila*	23.34	Ⅴ	里白 *Diplopterygium glaucum*	13.72
Ⅲ	血水草 *Eomecon chionantha*	21.36	Ⅴ	三脉紫菀 *Aster trinervius* subsp. *ageratoides*	13.55
Ⅲ	冷水花 *Pilea notata*	18.40			

综上可知，样地Ⅰ雷公山槭群落为常绿落叶阔叶混交林，为山矾群系；样地Ⅱ雷公山槭群落为常绿落叶阔叶混交林，为雷公山槭+冷水花群系；样地Ⅲ雷公山槭群落为常绿落叶阔叶混交林，为枫香树+狭叶方竹+冷水花群系；样地Ⅳ的雷公山槭群落为针叶阔叶混交林，为杉木群系；样地Ⅴ的雷公山槭群落为常绿落叶阔叶混交林，为马尾树群系。

3.4 生活型谱分析

生活型是指植物对综合环境及其节律变化长期适应而形成的生理、结构，尤其是外部形态的一种具体表现。生活型谱则是指某一地区植物区系中各类生活型的百分率组成。一个地区的植物生活型谱既可以表征某一群落对特定气候生境的反应、种群对空间的利用以及群落内部种群之间可能产生的竞争关系等信息，又能够反映该地区的气候、历史演变和人为干扰等因素，也是研究群落外貌特征的重要依据。

统计5个雷公山槭群落样地出现的植物种类，列出雷公山槭群落样地的植物名录确定每种植物的生活型，把同一生活型的种类归并在一起，计算各类生活型的百分率，编制雷公山槭群落样地的植物生活型谱。具体计算公式：

某一生活型的百分率=该地区该生活型的植物种数/该地区全部植物的种数×100%

雷公山保护区内雷公山槭群落的生活型谱选取雷公山槭为优势树种的Ⅱ号样地（双溪口鱼跳）进行分析，由表8-13可知，群落中高位芽植物最多，占总数的83.34%，其次为地面芽植物。在高位芽植物中，又以中高位芽植物种类数目居首，占总种类的35.19%，矮高位芽植物次之，占27.78%。在雷公山槭群落中，中高位芽植物主要是以雷公山槭为优势种，尼泊尔水东哥、光叶山矾、甜槠、钩栲等次之，矮高位芽植物主要是紫珠、细齿叶柃、黄杞、中国绣球等灌木植物和九龙盘、五节芒等草本植物构成，地面芽植物主要是铁角蕨、蕨、江南星蕨等蕨类植物，地下芽是华重楼 *Paris polyphylla*。

表8-13 雷公山保护区雷公山槭群落生活型谱

种类	MaPh	MePh	MiPh	NPh	Ch	H	Cr
数量（种）	2	19	9	15	0	8	1
百分比（%）	3.70	35.19	16.67	27.78	0	14.81	1.85

注：MaPh—大高位芽植物（18~32m）；MePh—中高位芽植物（6~18m）；MiPh—小高位芽植物（2~6m）；NPh—矮高位芽植物（0.25~2m）；Ch—地上芽植物（0~0.25m）；H—地面芽植物；Cr—地下芽植物。

3.5 种群分散度分析

通过分别统计各样地小样方内雷公山槭的数量计算雷公山槭各样地的种群分散度得表8-14。

表8-14 雷公山保护区雷公山槭个体数 单位：株

样地号	样方1	样方2	样方3	样方4	样方5	样方6	样方7	样方8	样方9	样方10	合计株数	$\sum(x-m)^2$	S^2	m
Ⅰ	2	2	0	1	1	0	0	0	0	0	6	7.42	0.82	0.60
Ⅱ	1	1	2	3	3	0	3	0	2	0	15	17.86	1.98	1.50

（续）

样地号	样方1	样方2	样方3	样方4	样方5	样方6	样方7	样方8	样方9	样方10	合计株数	$\sum (x-m)^2$	S^2	m
Ⅲ	0	0	0	1	1	2	0	0	0	0	4	7.10	0.79	0.40
Ⅳ	5	0	0	0	0	0	0	0	1	0	6	23.42	2.60	0.60
Ⅴ	3	12	0	0	0	0	0	0	0	0	15	133.86	14.87	1.50
合计											46	189.66	4.86	0.92

由表8-14可知，在每个样地中的雷公山槭种群分散度均大于样方平均雷公山槭个体数（4.86）。综合5个样地计算出雷公山保护区雷公山槭种群的分散度（S^2）为3.87，样方平均雷公山槭个体数（m）为0.92株。可见分散度值大于每个样方平均雷公山槭个体数（$S^2>m$），说明在保护区内雷公山槭种群呈集群型，且种群个体极不均匀，呈局部密集。

3.6 种群径级结构分析

通过对雷公山槭种群的径级结构统计，可以直观反映出该种群的更新特征。从图8-4中可看出，雷公山槭种群个体数量主要集中分布在Ⅰ径级，说明种群中幼龄个体数量充足，占种群总数量的49.3%。而在Ⅱ～Ⅳ径级中种群个体数量急剧减少，说明雷公山槭种子自然更新明显，而在随后的生长过程中由于种间竞争，乔灌层荫蔽性增强，缺少光照，很多幼龄个体死亡，只有少部分个体存活到中龄个体，雷公山槭幼苗生长过程中由于对光的需求相对不足会遭遇一定的更新瓶颈。但从图8-4可看出，雷公山槭种群幼龄个体数>中龄个体数>老龄个体数，中老龄个体数量总体呈现逐渐减少的趋势，种群结构呈现为增长型。

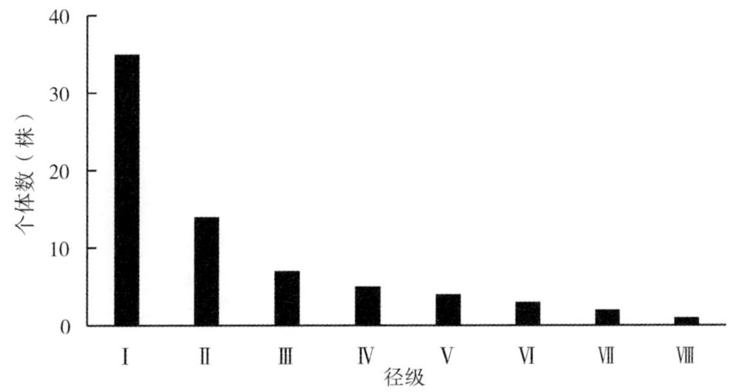

图8-4 雷公山保护区雷公山槭种群径级结构

3.7 静态生命特征

静态生命表不仅可以反映种群从出生到死亡的数量动态，还可以用于预测种群未来发展的趋势。由表8-15可知，种群个体数量随着径级结构的增加呈现逐级减少的趋势，而种群个体存活数 l_x 和标准化存活数 $\ln l_x$ 随着径级的增加逐渐减小；从 x 到 $x+1$ 径级间隔期

内标准化死亡数 d_x 呈现出先下降后上升的趋势，其 d_x 在Ⅰ、Ⅱ龄级时出现最大值为 600，d_x 在Ⅶ龄级时为 28；从 x 到 $x+1$ 龄级间隔期内种群死亡率 q_x 呈现出先减小再增大的趋势，而 q_x 从Ⅴ～Ⅵ龄级开始增大，其次，在Ⅰ～Ⅱ龄级间隔期间 q_x 为 0.600，明显大于其他径级，说明雷公山槭种群在演替过程中幼龄个体最容易死亡而被淘汰；从 x 到 $x+1$ 龄级存活个体数 L_x 随龄级的增加呈现出逐渐减小的趋势；个体期望寿命 e_x 随年龄的增加先增加后逐级降低，这与其生物学特性相一致；损失度 K_x 随龄级的增加整体呈现出先下降再急剧上升的趋势，其损失度 K_x 在Ⅳ龄级最低为 0.227，在Ⅰ龄级最高为 0.916。

表 8-15　雷公山保护区雷公山槭种群静态生命表

龄级	径级（cm）	A_x	a_x	l_x	$\ln l_x$	d_x	q_x	L_x	T_x	e_x	K_x
Ⅰ	0～5	2.0	35	1000	6.908	600	0.600	700.0	1514.5	1.515	0.916
Ⅱ	5～10	7.2	14	400	5.991	200	0.500	300.0	814.5	2.036	0.693
Ⅲ	10～15	12.0	7	200	5.298	57	0.285	171.5	514.5	2.573	0.335
Ⅳ	15～～20	18.0	5	143	4.963	29	0.203	128.5	343.0	2.399	0.227
Ⅴ	20～25	23.0	4	114	4.736	28	0.246	100.0	214.5	1.882	0.282
Ⅵ	25～30	27.0	3	86	4.454	29	0.337	71.5	114.5	1.331	0.411
Ⅶ	30～35	33.0	2	57	4.043	28	0.491	43.0	43.0	0.754	0.676
Ⅷ	35～40	38.0	1	29	3.367						

注：各龄级取径级下限。

3.7.1　存活曲线

按 Deevey 生存曲线划分为 3 种基本类型：Ⅰ型为凸型的存活曲线，表示种群几乎所有个体都能达到生理寿命；Ⅱ型为成对角线形的存活曲线，表示各年龄期的死亡率是相等的；Ⅲ型为凹型的存活曲线，表示幼期的死亡率很高，随后死亡率低而稳定。以径级（相对龄级）为横坐标，以 $\ln l_x$ 为纵坐标做出雷公山槭种群存活曲线（图 8-5），标准化存活数 $\ln l_x$ 随着径级的增加整体呈现出逐渐减小的趋势，说明在雷公山保护区内雷公山槭种群的存活曲线趋近于 Deevey-Ⅱ型。

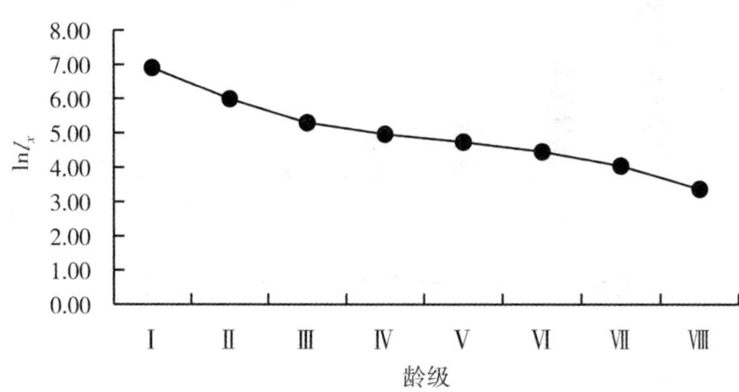

图 8-5　雷公山保护区雷公山槭种群存活曲线

3.7.2　死亡率和损失度曲线

以径级为横坐标，以各龄级的死亡率和损失度为纵坐标绘制死亡率和损失度曲线

（图 8-6）。雷公山槭死亡率 q_x 和损失度 K_x 曲线变化趋势一致，均呈现出先下降再急剧上升的趋势。由此可知，雷公山槭种群个体数量具有前期短暂减少，中期存在短暂的增长。

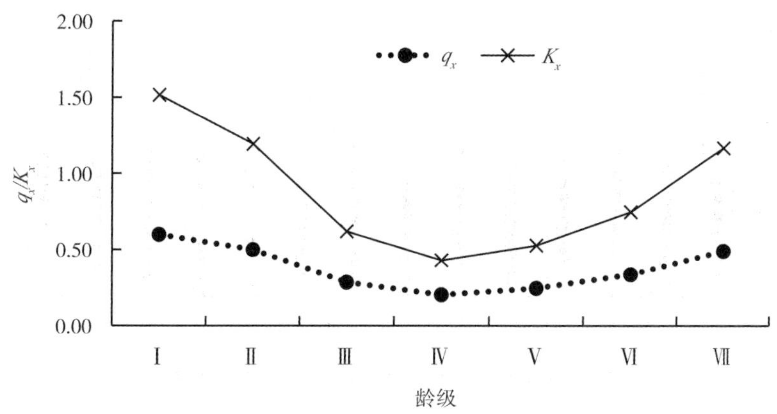

图 8-6　雷公山保护区雷公山槭种群死亡率和损失度曲线

3.8　物种多样性分析

在研究区中，利用物种多样性指数 Simpson 指数（D）和 Shannon-Wiener 指数（H_e'）以及 Pielou 指数（J_e）分别对植物群落样地乔木层、灌木层、草本层进行物种多样性统计分析，图 8-7 显示了雷公山保护区内 5 个雷公山槭群落样地的乔木层、灌木层、草本层物种多样性指数。Ⅰ、Ⅱ、Ⅲ、Ⅳ、Ⅴ 5 个雷公山槭群落样地的物种丰富度（S）分别为 46、55、55、72、125。由图 8-7 可知，在乔木层中，Simpson 指数（D）值为样地Ⅲ>Ⅴ>Ⅳ>Ⅱ>Ⅰ，且值变化不大，说明各样地的乔木层植物的数量主要集中于少数物种，优势种比较明显，其他树种占很小的比例。Shannon-Wiener 指数（H_e'）值样地Ⅰ>Ⅴ>Ⅲ>Ⅳ>Ⅱ，Shannon-Wiener 指数（H_e'）与物种丰富度紧密相关，并且呈正相关关系，由此可知，样地桥水溪畔的乔木层物种丰富度最大。均匀度 Pielou 指数（J_e）值样地Ⅰ>Ⅱ>Ⅲ>Ⅳ>Ⅴ，说明在各群落样地乔木层中，桥水溪畔乔木层各物种重要值均匀程度相差最大。

在灌木层中，各个群落样地 Simpson 指数（D）相差不大，其中样地Ⅰ雷公山槭群落样地最大，样地Ⅳ最小，Shannon-Wiener 指数（H_e'）值相差较大，其中样地Ⅳ最大，样地Ⅱ最小。样地Ⅰ与Ⅳ雷公山槭群落物种多样性指数（D、H_e'）呈现相反的表现，主要原因在于样地Ⅳ群落海拔高于其他样地且人工种植杉木经多年人工抚育后，加上环境的潮湿更利于灌木的生长；而在样地Ⅰ群落样地中因样地处于沟谷地带阳光直射时间短，潮湿度大且乔木层郁闭度大不利于灌木的生长。而在各个样地灌木层中，均匀度指数（J_e）波动较小，说明在各群落样地灌木层中，各物种重要值均匀程度相差不大。

在草本层中，5 个群落样地中物种多样性指数 D 变化不大，在样地Ⅲ雷公山槭群落样地中 Shannon-Wiener 指数 H_e'值相较于其他群落样地最大，原因是乔木层、灌木层物种相对于其他样地来说乔木层与灌木层物种要少，乔木层郁闭度小，导致草本层阳光相对充足，加上该群落样地临近小溪，水分湿度充足，从而导致草本层物种更为丰富。而样地Ⅱ草本层物种多样性指数（H_e'）相较于其他群落样地草本层最小，原因是该样地处于北坡

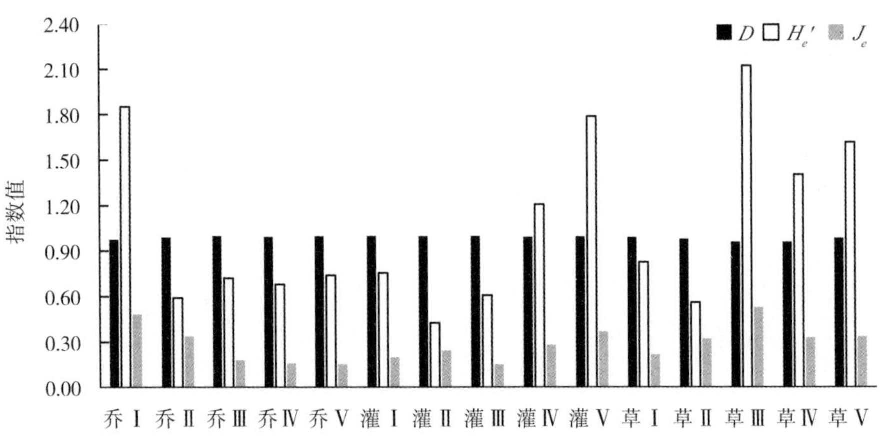

图 8-7　雷公山保护区雷公山槭群落物种多样性指数

接近沟谷底部，且乔木层物种优势明显，光照不足，导致草本层物种极少；而在各个群落样地草本层中，均匀度指数（J_e）波动不大，说明在各群落样地草本层中，各物种重要值均匀程度也相差不大。

综合 5 个雷公山槭群落样地可知，各群落样地物种多样性指数（D）整体呈现出灌木层>乔木层>草本层；Shannon-Wiener 指数（H_e'）值呈现出草本层>乔木层>灌木层；均匀度指数（J_e）在各个群落样地乔木层、灌木层、草本层中波动不大，说明在各群落样地中，乔木层、灌木层、草本层的各个物种重要值均匀程度相当。

【研究进展】

1987 年贵州省科学院生物研究所李永康教授发表《贵州槭属二新种》，提到了雷公山槭与毛柄槭 *Acer pubipetiolatum* 相似，但叶柄无毛，叶片边缘绝对无锯齿，基部楔形，两面绝对无毛；果序圆锥状，长 5~10cm，果序梗长 3. 5~5cm，易于区别。

在贵州省植物园邹天才发表的文章《10 种贵州狭限分布植物的种苗扩繁与栽培试验研究》中，提到本研究选择的 4 种槭属植物（贵州槭、黄平槭、雷公山槭和红脉槭）的果实和种子数量较多，出苗率较高，播种育苗对环境的要求不很严格，所以种了播种繁殖育苗为优选方案。

【繁殖方法】

1　种子繁育

①种子的采收与调制：对采集到成熟翅果，及时进行晾晒和去杂处理，晾晒时间为 2d，种子含水量控制在 10%。播种前对种子采用沙藏破除休眠，沙藏时种子和沙的比例为 1 : 10，沙的含水量要控制在 5%左右，贮藏期间要经常检查种子情况，防止种子失水和霉变等。

②圃地选择与处理：圃地应选择在地势较高、向阳的农田、肥沃和土壤含沙性中等的地方为好。圃地于初冬进行深翻，翌年 2 月底，先施入腐熟的农家肥 30t/hm^2，经 2 犁2 耙后，再施复合肥 1500kg/hm^2 作底肥和敌百虫粉 22. 5kg/hm^2 杀地下害虫。

③做床条播：苗床宽 1.2m、高 25cm，步道宽 30cm，苗床长边东西向走向，以便通风。床面上盖 1 层 3cm 厚的黄心土，床面中间略高于床两边，以免床面渍水，播种时用清水反复冲洗数遍，去除浮种和霉变种子，再用 0.5% 高锰酸钾浸种 1.5h，沥干水分密封 0.5h，用清水洗净，捞出阴干立即播种，条播时用小锄在床面南北向上开深 2cm、宽 4cm 的沟，沟底平整，深浅一致，沟与沟间距 20~22cm，将种子播入沟中，立即耙平床面覆盖种子，浇 1 遍清水，浇透后盖上 3cm 厚干净的稻草保温、保湿。

④揭草定苗：种子经 38~46d 发芽出土，此时要分 1~2 次将盖草揭除，第 1 次可以揭除 1/2 的盖草，将揭除的盖草移至床空地处；第 2 次可以根据苗木出土和生长情况而定，一般在苗木出齐后要将盖草全部移除干净，过迟揭草苗木易引起黄化或弯曲。

⑤中耕除草：在揭草后至苗床郁蔽前，要及时松土、除草，保持圃中土壤无杂草。中耕时要浅耕，不要伤及苗木根系，全年一般中耕 6~7 次，中耕时要、防止损伤幼苗，苗木生长前期禁止使用化学除草剂除草。

⑥肥水管理：苗出齐后要经常保持土壤湿润，其整个生长期一般追施肥水 2~3 次。第 1 次苗相对较弱小，需肥量也相对较小，用人畜粪尿 6750kg/hm^2；第 2 次苗木进入生长旺盛期，需肥量较大，用尿素肥 75kg/hm^2，保证苗木生长所需；第 3 次苗木进入生长持续期，可用尿素肥 120kg/hm^2，保证雷公山槭苗木旺盛生长。在旱季或少雨时，在傍晚可以用清水直接浇灌苗木。

⑦病害防治：苗一般在出苗后 10~30d 易发生猝倒病，主要是天气连续阴雨等原因造成的，此病可以在苗木出苗后 5~7d 喷 1 遍波尔多液预防发病，如果有连续阴雨，可以在阴雨过后晴 2d，对苗木再喷 1 次波尔多液预防，如果发生猝倒病，可以用硫酸亚铁粉进行处理，发病后处理必须迅速及时。

2　嫁接繁育

①砧木的选择：雷公山槭嫁接的砧木可以选择同属生长较快的品种，如选用 1~2 年生，且地径大于 2cm 的秀丽槭和三峡槭实生苗作砧木。

②嫁接的时间与方法：春秋两季均可进行嫁接。春接一般在 2 月下旬至 3 月下旬砧木芽膨大时为宜；秋接一般在 9 月下旬至 10 月上旬，采取腹接法。

【保护建议】

此次调查发现，雷公山槭在雷公山保护区内主要集中生长在陡坡、山谷等地势险要区域，人为活动较少，这给雷公山槭提供了良好的生长环境，但在公路两侧及林区小道旁仍发现有少量人为采挖幼树移栽现象，这对雷公山槭的自然更新造成一定的影响。

1　就地保护

雷公山槭在雷公山保护区范围内分布广泛，实行就地保护是最佳选择，并加快生境地的巡护巡查力度，确保雷公山槭群落自然生长环境不受影响。

2　迁地保护

针对受人为因素与自然因素使雷公山槭生境地遭受破坏而影响种群发展的，要进行迁

地保护。同时迁地保护中加强管理，增加迁地保护的成活率。

3　繁殖栽培推广

加强雷公山槭的繁殖技术研究，特别是无性繁殖的研究，增加雷公山槭种群数量，还能在一定程度上解决城市绿化用苗，也能促进当地社会经济可持续发展。

4　加强宣传教育，提高干部群众法律意识

雷公山区的居民群众文化程度低、法律意识淡薄，参与保护观念不强，自然保护区管理机构要定期组织执法人员进村入户开展法律宣传活动，也可以利用新闻媒体、微信公众号等平台进一步加强法律法规及政策宣传，做到家喻户晓、人人皆知，切实提高区内居民对雷公山槭等珍稀濒危特有植物的保护意识。

半枫荷

【保护等级及珍稀情况】

半枫荷 *Semiliquidambar cathayensis* Chang，属金缕梅科半枫荷属 *Semiliquidambar*，为常绿乔木，原国家二级重点保护野生植物，是我国特有种。

【生物学特性】

半枫荷是常绿乔木，树高可达 17m，胸径达 60cm。树皮灰色，稍粗糙；芽体长卵形，略有短柔毛；当年枝干后变暗褐色，无毛；老枝灰色，有皮孔。叶簇生于枝顶，革质，异型，不分裂的叶片卵状椭圆形，长 8~13cm，宽 3.5~6cm；先端渐尖，尾部长 1~1.5cm；基部阔楔形或近圆形，稍不等侧；上面深绿色，发亮，下面浅绿色，无毛；或为掌状 3 裂，中央裂片长 3~5cm，两侧裂片卵状三角形，长 2~2.5cm，斜行向上，有时为单侧叉状分裂；边缘具腺锯齿；掌状脉 3 条，两侧的较纤细，在不分裂的叶上常离基 5~8mm，中央的主脉还有侧脉 4~5 对，与网状小脉在上面很明显，在下面突起；叶柄长 3~4cm，较粗壮，上部有槽，无毛。雄花的短穗状花序常数个排成总状，长 6cm，花被全缺，雄蕊多数，花丝极短，花药先端凹入，长 1.2mm。雌花的头状花序单生，萼齿针形，长 2~5mm，有短柔毛，花柱长 6~8mm，先端卷曲，有柔毛，花序柄长 4.5cm，无毛。头状果序直径 2.5cm，有蒴果 22~28 个，宿存萼齿比花柱短。

半枫荷分布于江西、广西、贵州、广东、海南等地海拔 1300m 以下的阔叶林中；在贵州分布于赤水官渡和元厚、贵阳黔灵山、榕江沙平沟和月亮山、雷公山、三都坝街、荔波茂兰、思南等地。

【应用价值】

1　利用价值

半枫荷是一种很独特的植物，单叶互生，常于枝端聚生，叶常出现 2~3 种形状，掌状 3 裂或左右单侧开裂或长圆形全缘，边缘具锯齿，两边无毛，似枫叶或似荷叶，具有枫香树属 *Liquidambar* 与蕈树属 *Altingia* 的综合性状，对研究金缕梅科系统发育有学术价值。半枫荷木材材质优良，旋包性能良好，可作旋刨制品；该树种药用价值广泛，根茎、枝、叶以及树皮和花蜜都具有祛风湿、活血、消肿的独特功效；可以治疗风湿关节炎，腰肌劳损、半身不遂、跌打淤积、肿痛、产后风瘫，外伤常用止血等症，是一种疗效显著的地方特色苗药，被誉为药用植物中的国宝。

2 当地苗族利用

半枫荷酒：当地民间利用半枫荷茎皮泡当地自家酿造的米酒，能祛风邪，除湿毒，止疼痛。可治疗风湿骨痛、腰痛（腰肌劳损），可饮用或涂于患处。

民间则用半枫荷的根或叶煎汤，作全身或局部汤浴。经长期广泛实践，证实疗效显著。民间广泛用于风寒所致身痛、手足麻木、半身不遂、腰腿疼痛、疲劳跌损及皮肤瘙痒等症。

【资源特性】

1 雷公山保护区资源分布情况

半枫荷分布于雷公山保护区的小丹江、石灰河、昂英村；生长在海拔700~1300m的阔叶林；分布面积为1980hm^2，共有150株。

2 种群及群落特征

2.1 群落的物种组成

通过对样地内的物种种类调查鉴定统计，半枫荷所在群落中共有维管束植物31科49属57种植物（表8-16），其中，蕨类植物7科8属8种，无裸子植物，被子植物24科41属49种；在被子植物中，单子叶植物2科3属3种，双子叶植物22科38属46种。在这些植物中，木本植物有38种（不含木质藤本），占种总数的66.67%；藤本植物8种（含草质藤本），占14.03%；草本植物11种，占19.30%。在植物群落中，有4属6种的有壳斗科；3属3种的有蔷薇科；2属3种的有山茶科、百合科2属2种的有大戟科、虎耳草科、金缕梅科、鳞毛蕨科、木通科、忍冬科6个科；1属2种的有杜鹃花科、槭树科、山矾科3个科，1属1种的有21科。壳斗科较为优势，其次蔷薇科和山茶科，草本种类的比例不大，也说明该群落郁闭度较高，林下散射光比较少，枯枝落叶较厚，不利于草本的生长。

表8-16 雷公山保护区半枫荷群落组成

类群		科数（个）	属数（个）	种数（种）	木本		藤本		草本	
					种数（种）	占比（%）	种数（种）	占比（%）	种数（种）	占比（%）
蕨类植物		7	8	8	0	0.00	0	0.00	8	72.73
裸子植物		0	0	0	0	0.00	0	0.00	0	0.00
被子植物	双子叶植物	22	38	46	35	92.10	8	100.00	3	27.27
	单子叶植物	2	3	3	3	7.90	0	0.00	0	0.00
合计		31	49	57	38	100.00	8	100.00	11	100.00

2.2 群落的外貌特征

半枫荷所在天然群落中（表8-17、表8-18），其中高位芽植物33种，占57.90%；

革质叶植物 17 种，占 29.82%；纸质叶植物 40 种，占 70.18%。由此可见该群落革质叶和纸质叶占比相差很大，其景观主要由纸质叶和高位芽植物所决定，具有典型的常绿落叶阔混交林的外貌和结构特征。

表 8-17　雷公山保护区半枫荷群落生活型

植物生活型		数量（种）	百分比（%）
高位芽植物	大高位芽植物（30m 以上）	6	10.53
	中高位芽植物（8~30m）	15	26.32
	小高位芽植物（2~8m）	12	21.05
	攀缘植物	8	14.04
地面芽植物		16	28.07
总计		57	100.00

表 8-18　雷公山保护区半枫荷群落植物叶质统计信息

叶质	数量（种）	占比（%）
革质	17	29.82
纸质	40	70.18
合计	57	100.00

2.3　群落的垂直结构

半枫荷所处群落成层现象较为明显，可分为乔木层、灌木层、草本层。

2.3.1　乔木层

乔木层郁闭度为 0.85，植物共有 10 科 20 属 22 种 127 株，可分为 3 个亚层。第 1 亚层高 20m 以上，有半枫荷、罗浮栲、锥栗等 3 种各 1 株，优势较明显；第 2 亚层高 11~20m，有光叶山矾 1 株、蜡瓣花 3 株、毛叶木姜子 2 株、小果润楠 1 株、柿树 *Diospyros kaki* 3 株、水青冈 1 株、罗浮栲 15 株、四川新木姜子 *Neolitsea sutchuanensis* 6 株、甜槠 4 株、云山青冈 1 株等共 10 种 37 株，罗浮栲优势明显，占该层株数的 40.54%；第 3 亚层高 11m 以下，有绿冬青 *Ilex viridis*2 株、钩栲 1 株、光叶山矾 4 株、黄丹木姜子 2 株、蜡瓣花 30 株、毛叶木姜子 2 株、山矾 3 株、山乌桕 *Sapium discolor* 5 株、罗浮栲 3 株、四川新木姜子 20 株、桃叶石楠 *Photinia prunifolia* 1 株、甜槠 9 株、细齿叶柃 2 株、香叶树 1 株、野桐 1 株、中华槭 1 株等共 16 种 87 株，以蜡瓣花、四川新木姜子为优势，占该层株数的 57.47%，其次为甜槠，占该层株数的 10.34%。

从平均胸径及平均树高来看，胸径 20cm 以上的乔木有 10 株，其中，罗浮栲 4 株、柿树 2 株、钩栲、毛叶木姜子、半枫荷、锥栗各 1 株，罗浮栲株数占 40.00%；树高第 1、第 2 亚层罗浮栲、四川新木姜子株数占 48.65%，并且罗浮栲 3 个亚层均有分布，四川新木姜子、蜡瓣花在第 2、第 3 亚层有分布还占优势，该群落为罗浮栲、四川新木姜子占优势，其次为蜡瓣花。

纵观整个群落中的乔木层，乔木种类与数量较多，共 22 种 127 株：第 1 亚层有 3 株，

其中，半枫荷、罗浮栲、锥栗各1株；第2亚层有10种37株；第3亚层有16种87株。罗浮栲在乔木层3个层次有分布，四川新木姜子、蜡瓣花在乔木层的2个层次有分布，且占优势，第2亚层分布的种类和株数都较多。第3亚层分布的植物不论从植物的种类和株数都更多。此外，从乔木层重要值来看，罗浮栲为60.96、四川新木姜子为40.66，说明在整个群落中常绿树种的罗浮栲、四川新木姜子占绝对优势，群落属于常绿落叶阔叶混交林的森林群落类型（表8-19）。

表8-19　雷公山保护区半枫荷群落乔木层特征值

序号	种名	层次			株数（株）	平均树高（m）	重要值
		Ⅰ	Ⅱ	Ⅲ			
1	罗浮栲 *Castanopsis faberi*	√	√	√	19	13.4	60.96
2	四川新木姜子 *Neolitsea sutchuanensis*		√	√	26	9.4	40.66
3	蜡瓣花 *Corylopsis sinensis*		√	√	33	8.3	37.02
4	甜槠 *Castanopsis eyrei*		√	√	13	9.1	22.67
5	锥栗 *Castanea henryi*	√			1	30.0	20.15
6	柿树 *Diospyros kaki*		√		3	14.0	17.61
7	半枫荷 *Semiliquidambar cathayensis*	√			1	30.0	13.60
8	毛叶木姜子 *Litsea mollis*		√	√	4	9.8	10.74
9	山乌桕 *Sapium discolor*			√	5	7.8	8.98
10	山矾 *Symplocos sumuntia*			√	3	7.7	8.36
11	绿冬青 *Ilex viridis*			√	2	8.5	8.19
12	细齿叶柃 *Eurya nitida*			√	2	7.0	7.92
13	钩栲 *Castanopsis tibetana*			√	1	8.0	5.57
14	光叶山矾 *Symplocos lancifolia*		√	√	5	8.6	5.15
15	水青冈 *Fagus longipetiolata*		√		1	12.0	4.51
16	黄丹木姜子 *Litsea elongata*			√	2	9.5	4.28
17	中华槭 *Acer sinense*			√	1	8.0	4.08
18	云山青冈 *Cyclobalanopsis sessilifolia*		√		1	11.0	4.02
19	小果润楠 *Machilus microcarpa*		√		1	12.0	3.99
20	野桐 *Mallotus tenuifolius*			√	1	10.0	3.97
21	香叶树 *Lindera communis*			√	1	6.0	3.80
22	桃叶石楠 *Photinia prunifolia*			√	1	5.0	3.78

注："√"表示其所在的乔木层层次。

2.3.2　灌木层

灌木层种类也较多，共有11科14属20种（不含藤本），覆盖度55%，有中国绣球、厚皮鼠刺、莢蒾、淡红忍冬、细齿叶柃、接骨木 *Sambucus williamsii*、长蕊杜鹃、毛果杜鹃、寒莓 *Rubus buergeri*、黑果莢蒾、杜茎山以及山香圆、雷公山槭、厚皮香、樱桃、深山含笑、猴樟 *Cinnamomum bodinieri* 等乔木幼树幼苗。以杜鹃花属、悬勾子属较多，覆盖度分别为15%、10%，其他种类零星分布，数量较少；说明杜鹃花是灌木层的优势种。在该

群落中，灌木层种类分布稀疏，主要是由于乔木层郁闭度大，林下光照弱。

2.3.3　藤本植物

藤本植物有7科7属9种，有鸡矢藤、毛花猕猴桃、菝葜、常春藤、三叶木通、藤黄檀、淡红忍冬、黑果菝葜等，且主要攀缘在其他乔木、灌木树种上。

2.3.4　草本层

草本层种类相对较多，有10科11属11种，总覆盖度20%，主要是喜湿耐阴的种类，经调查有狗脊、五节芒、沿阶草、瘤足蕨、贯众 *Cyrtomium fortunei*、卷柏、鳞盖蕨 *Microlepia hancei*、复叶耳蕨 *Arachniodes exilis*、江南星蕨、楼梯草、铁角蕨，其中蕨类植物种类较多，蕨类植物覆盖度达到30%；说明该群落的草本层植物种类较多，但其优势种比较单一。草本层植物覆盖度大，原因是土壤的湿度较大，有利于喜湿耐阴的种类生长。

2.4　群落的径级结构

半枫荷所处群落乔木层各径级的个体数目随着径级增大而逐渐减少（表8-20），但半枫荷除最大径级30cm以上有1株外，其他各径级中没有出现，在灌木层中也只见到1株更新幼树，高1.5m，且长势不好，说明半枫荷天然更新能力较差，为喜阳树种，在生存竞争中处于不利地位，在群落中不是稳定的。从种群发展趋势看未来半枫荷群落的群体数量有减少趋势。森林植被主要是朝着其他常绿阔叶混交林的地带性植被演替。

在群落的径级结构中，胸径5~10cm有90株，占总株数的70.87%；10.1~15cm有21株，占16.54%；15.1~20cm有6株，占4.72%；20.1~25cm有5株，占3.94%；25.1~30cm有2株，占1.57%；30cm以上有3株，占2.36%。在胸径5~30cm各径级罗浮栲各径级均有分布，数量也不少，四川新木姜子、蜡瓣花株数所占比例均是较高的，其次为甜槠、锥栗，30cm以上大径级的上层林木有罗浮栲、半枫荷、锥栗各1株，有"霸王树"之感，说明半枫荷所处群落为罗浮栲、四川新木姜子、蜡瓣花为优势种，半枫荷在该群落组成中具有一定的重要性。

表8-20　雷公山保护区半枫荷群落乔木层径级和株数统计信息

序号	径级（cm）	株数（株）	比例（%）	种类
1	5~10	90	70.87	冬青1株、光叶山矾4株、黄丹木姜子2株、蜡瓣花32株、毛叶木姜子2株、润楠1株、山矾2株、山乌桕4株、罗浮栲2株、四川新木姜子23株、桃叶石楠1株、甜槠10株、细齿叶柃2株、香叶树1株、野桐1株、云山青冈1株、中华槭1株
2	10.1~15	21	16.54	冬青1株、光叶山矾1株、毛叶木姜子1株、山矾1株、山乌桕1株、水青冈1株、罗浮栲10株、四川新木姜子2株、甜槠3株
3	15.1~20	6	4.72	蜡瓣花1株、柿树1株、罗浮栲3株、四川新木姜子1株
4	20.1~25	5	3.94	钩栲1株、毛叶木姜子1株、柿树1株、罗浮栲2株
5	25.1~30	2	1.57	罗浮栲1株、柿树1株
6	≥30	3	2.36	罗浮栲1株、半枫荷1株、锥栗1株
7	合计	127	100.00	

【研究进展】

李日鸿对混生有半枫荷的福建省沙县板山常绿阔叶林的群落特征进行调查研究，结果表明：混生有半枫荷的具有中亚热带常绿阔叶林典型的植被特征，植物种类比较丰富，大多数为常绿阔叶树。

唐邦权等对采自雷公山、月亮山的野生半枫荷种子进行了播种繁殖试验，为半枫荷有性繁殖技术提供了实践参考依据。但有性繁殖多用于改良育种，不似无性繁殖可保持半枫荷的优良遗传性状，因而开展半枫荷无性繁殖技术研究对实现种苗规模化生产具有重要意义。扦插繁殖不仅可以保持母本的优良性状，而且生产成本低、繁殖速度快。罗桃等研究了半枫荷嫩枝秋季扦插繁殖栽培育苗技术。张冬生等初步探讨了半枫荷的育苗和造林技术，提出半枫荷用于造林时应对苗木进行精细挑选，且造林后 3 年应加强抚育并结合修枝整形，促使主干生长通直。孔凡芸等探讨了半枫荷夏季高效扦插育苗技术，通过嫩枝及老枝扦插两种方法，成功繁育半枫荷苗木 5000 多株。黄道恩等对半枫荷扦插繁殖技术进行探究，发现在红心土 50%+珍珠岩 50%的扦插基质上，采用双削面剪切半木质的绿枝，应用生根促进剂 ABT-1+50%遮光处理，半枫荷扦插生根率最高且苗木高生长量最大，平均生根率达 89.6%，平均苗高达 22.8cm。

由于半枫荷野生植株数量少，通过组培快繁技术，能在短期内扩大种源。胡刚等对半枫荷组织培养技术进行研究，发现叶片愈伤组织诱导率为 92%，芽诱导率为 16.7%。陈世红等研究不同培养基，以及不同激素种类、浓度和组合对半枫荷愈伤组织诱导，继代培养和再分化的影响，发现 MS 培养基适合诱导半枫荷愈伤组织，半枫荷在 MS+2mg/L 6-BA+1mg/L NAA+3%蔗糖的培养基上生长较好。

周光雄等报道，半枫荷乙醇提取物有明显的祛除炎症效果，并且具有轻度的镇痛效果，同时首次从半枫荷乙酸乙酯萃取物中分离鉴定了齐墩果酸、3-基齐墩果酸、硬脂酸等 9 种化合物。陈国德等采用高效液相色谱法对半枫荷叶片中鞣酸、β-谷甾醇和硬脂酸含量进行测定。仝大伟等探索了半枫荷基因组 DNA 的最优提取方法，建立和优化了 ISSR PCR 反应体系和扩增程序等研究。

【繁殖方法】

采用种子繁殖法进行繁殖，步骤如下。

①种子采集：半枫荷 2~3 月开花，霜降前后果实大量成熟，果实为蒴果，成熟果球呈黄绿色。采集果实应选择生长健壮、干形通直、无病虫害的 15 年生以上的优良母树作为采种树。采集时用竹竿将果球敲落拾取，置于阳光下暴晒，促蒴果开裂，用棍棒敲击脱粒，筛去果壳、果柄等杂质，得纯净种子，晒至种子含水量 8%后贮藏越冬。一般场圃发芽率为 60%。

②整地播种：半枫荷种子极小，对圃地应进行细致整地，下足基肥，每亩施堆沤腐熟土杂肥 1000kg、磷肥 100kg，整地时用 2%福尔马林进行土壤消毒，然后筑畦作床。床宽 1m、高 25cm，步行沟宽 30cm，苗床做好后用油茶麸饼水淋一次，以防治地下虫害。苗床

要求平整，土要细碎，整好后在2~3月开始播种，冬藏后种子不必经过其他处理，采取条播，条间距15cm，条内沟2cm，每平方米播种2.5~4g，筛细土覆盖，以不见种子为度，稍加压实后盖稻草。

③管理与施肥：播种后晴天每天早晚浇水，阴天可减少浇水，暴雨天要及时排水防涝。苗木生长到2~5cm时，要及时施肥，用0.1%的人尿肥水或0.1%的尿素水喷洒。苗木生长时要及时除草。防治病虫害，先用0.3%的高锰酸钾溶液或用50%的代森锌500倍溶液喷洒消毒畦面，可减少幼苗病虫害发生。幼苗出土后，雨水多、空气湿度大，幼苗易感染病菌而发生茎腐病，应及时用50%多菌灵可湿性粉剂1.5g/m^{2}喷粉喷洒。

【保护建议】

1 保护价值

半枫荷是金缕梅科新发现的寡种属植物，为中国特有植物，具有枫香树属和蕈树属两属间的综合性状，对研究金缕梅科系统发育有学术价值；木材材质优良，旋刨性良好，可作旋刨制品。

2 保护措施

半枫荷分布星散，植株稀少，除加强野外自然植株的保护、严禁砍伐外，在雷公山保护区国有林场珍稀植物园开展资源的培育和迁地保护，扩大种质资源。

一是做好现有半枫荷资源的就地保护工作，确保半枫荷资源生境地不被破坏。

二是建立半枫荷种质资源库。半枫荷为我国特有的寡种属珍稀濒危植物，加大半枫荷种质资源收集，组织开展跨地区的种质搜集工作，培育后续资源。研究半枫荷繁殖、栽培和保存的新方法和新途径，运用植物基因工程、植物组织培养等手段来保存物种资源。

三是加强宣传。教育广大群众尤其是半枫荷分布区内居民，认识到保护半枫荷资源的重要意义，建立起全民保护意识。加大《森林法》《自然保护区条例》等法律法规的宣传力度，让群众认识到破坏半枫荷资源需承担法律后果，宣传教育公众参与保护这一珍稀药用植物资源。

马尾树

【保护等级及珍稀情况】

马尾树 *Rhoiptelea chiliantha* Diels et Hand. -Mazz.，为马尾树科 Rhoipteleaceae 马尾树属 *Rhoiptelea* 单型科植物，是20世纪30年代在贵州发现的第三纪古老植物，原为国家二级重点保护野生植物。

【生物学特性】

马尾树为落叶乔木，树高达20m；树皮浅纵裂灰色或灰白色；幼枝、托叶、叶轴、叶柄及花序都密被微细毛。叶互生为奇数羽状复叶，常具无柄小叶互生6~8对，通常长15~30cm，侧脉14~20（稀9）对，叶面绿色而稍具光亮，叶背浅绿色，边缘锯齿；托叶成叶状。复圆锥花序由6~8束腋生的圆锥花序组成，花序通常长15~30cm，稀达38cm。小坚果倒梨形，长2~3mm，外果皮薄纸质，由两心皮的背脊凸出而成翅状；种子卵形，长约2mm。花期10~12月，果实7~8月成熟。

马尾树在我国分布于广西北部、贵州和云南东南部；越南北部亦有分布；在贵州分布于都匀、独山、三都、雷山、剑河、台江、黎平、从江、榕江、丹寨等地。

【应用价值】

木材是培养香菇的好材料；木材坚实，耐用，可作建筑、家具、器具等用材；叶及树皮富含单宁，可提取栲胶；可药用，树皮化合物蜡果杨梅酸B可作为先导化合物来研发新的HIV进入抑制剂类抗艾滋病药物；生长速度快，可作造林树种。

【资源特性】

1 研究方法

以雷公山保护区天然分布的马尾树群落为研究对象，采用样线法和样方法相结合进行研究，通过样线法了解马尾树在区内分布情况，按不同海拔高度选取马尾树为主要优势种设置曲型样地4个；并对其中每个样地的相近海拔高度，各设置至少1个以马尾树为伴生种的群落作为对比，共设置样地5个。共计9个典型样地（20m×30m），面积为5400m^2(表8-21)。

表8-21 雷公山保护区马尾树群落样地概况

样地号	地点	海拔（m）	坡向	坡度（°）	坡位	土壤类型
Ⅰ	交密巫密	815	东北	40	中下	黄壤
Ⅱ	小丹江蒿菜冲	850	西北	20	下	黄壤
Ⅲ	小丹江乔水	901	东北	30	下	黄壤
Ⅳ	桃江乔歪	1070	东北	40	中下	黄壤
Ⅴ	方祥格头	1100	北	35	下	黄壤
Ⅵ	方祥毛坪	1102	东北	30	下	黄壤
Ⅶ	桃江苦里冲1	1120	东北	35	下	黄壤
Ⅷ	桃江苦里冲2	1240	东北	35	中	黄壤
Ⅸ	雷公山大塘湾	1240	西南	40	下	黄壤

2 雷公山保护区资源分布情况

马尾树在雷公山保护区广泛分布，涉及区内各村；生长在海拔650~1300m的常绿阔叶林、常绿落叶阔叶混交林、针阔混交林中；分布面积为1500hm^2，共有596930株。

3 种群及群落特征

3.1 群落结构

3.1.1 树种组成

调查结果表明（表8-22），雷公山保护区马尾树群落中，共有维管束植物100科186

属 334 种，其中，蕨类植物有 13 科 21 属 27 种，裸子植物 2 科 3 属 3 种，被子植物有 85 科 162 属 304 种；被子植物中双子叶植物有 74 科 145 属 274 种，单子叶植物有 11 科 17 属 30 种，以双子叶植物的种类占绝对多数。马尾树群落中木本植物有 229 种，占总数的 68.56%；藤本植物 30 种，占总种数的 8.98%；草本植物 75 种，占总种数的 22.46%。双子叶植物的生活型分别占 96.07%、93.33%和 34.67%，说明双子叶植物是群落中的优势群。同时，在该群落中，木本植物也是群落的主体，导致该群落郁闭度大，林下散射光比较少，抑制了喜光草本的生长。

表 8-22　雷公山保护区马尾树群落物种组成　　单位：个

类型	组成			生活型		
	科数	属数	种数	木本	藤本	草本
蕨类植物	13	21	27	0	0	27
裸子植物	2	3	3	3	0	0
双子叶植物	74	145	274	220	28	26
单子叶植物	11	17	30	6	2	22
总计	100	186	334	229	30	75

3.1.2　优势科属

在雷公山保护区分布的马尾树群落中，共有维管束植物 100 科 186 属 334 种。通过对各科所含物种数量进行排序，将其划分为大科（>10 种）、中等科（5~10 种）、寡种科（2~4 种）和单种科（1 种）进行统计分析，并列出科中含 2 种以上的所有科名（表 8-23）。马尾树群落大科有樟科（7 属 22 种）、蔷薇科(7 属21 种）和山茶科（6 属 21 种）3 科，大科共包含 20 属 64 种，占总属数 10.75%、总种数 19.17%；中等科有壳斗科、百合科、荨麻科、杜鹃花科等 20 科，共包含 67 属 138 种，占总属数 36.02%、总种数 43.12%；寡种科有漆树科、大戟科、金缕梅科和猕猴桃科等32 科，共包含 54 属 87 种，占总属数 29.03%、总种数 26.05%；单种科有败酱科 Valerianaceae、报春花科 Primulaceae、伯乐树科和大风子科 Flacourtiaceae 等 45 科，共包含 45 属 45 种，占总属数 24.19%、总种数 13.47%。

马尾树群落中属包含的种类最多是悬钩子属（13 种），其次是柃属（9 种），再次是冬青属（8 种）和山矾属（8 种），其中马尾树群落属中含单种有 118 属，占总属数的 63.44%。

综上可知，雷公山保护区分布的马尾树群落，樟科、蔷薇科和山茶科为主要优势科，悬钩子属、柃属、冬青属和山矾属为优势属，这与雷公山保护区地处中亚热带植物分布区系中的科属相吻合；马尾树群落中维管束植物 100 科 186 属 334 种，其中，中等科（5~10 种）占优势，其次是寡种科（2~4 种），单科属种数也占了一定的比例（24.19%，13.47%），属中含1 个种的属占总属数的 63.44%，说明物种多样性丰富。

表 8-23　雷公山保护区马尾树群落科种统计信息

序号	科名	属数/种数（个）	属占比/种占比（%）	序号	科名	属数/种数（个）	属占比/种占比（%）
1	樟科 Lauraceae	7/22	3.76/6.59	29	禾本科 Poaceae	2/4	1.08/1.20
2	蔷薇科 Rosaceae	7/21	3.76/6.29	30	紫金牛科 Myrsinaceae	2/4	1.08/1.20
3	山茶科 Theaceae	6/21	3.23/6.29	31	忍冬科 Caprifoliaceae	1/4	0.54/1.20
4	壳斗科 Fagaceae	5/10	2.69/2.99	32	葡萄科 Vitaceae	3/3	1.61/0.90
5	百合科 Liliaceae	4/9	2.15/2.69	33	水龙骨科 Polypodiaceae	3/3	1.61/0.90
6	荨麻科 Urticaceae	5/8	2.69/2.40	34	稀子蕨科 Monachosoraceae	3/3	1.61/0.90
7	杜鹃花科 Ericaceae	4/8	2.15/2.40	35	五味子科 Schisandraceae	2/3	1.08/0.90
8	木通科 Lardizabalaceae	4/8	2.15/2.40	36	卷柏科 Selaginellaceae	1/3	0.54/0.90
9	桑科 Moraceae	3/8	1.61/2.40	37	瘤足蕨科 Plagiogyriaceae	1/3	0.54/0.90
10	冬青科 Aquifoliaceae	1/8	0.54/2.40	38	清风藤科 Sabiaceae	1/3	0.54/0.90
11	山矾科 Symplocaceae	1/8	0.54/2.40	39	胡桃科 Juglandaceae	2/2	1.08/0.60
12	野茉莉科 Styracaceae	4/7	2.15/2.10	40	金粟兰科 Chloranthaceae	2/2	1.08/0.60
13	槭树科 Aceraceae	1/7	0.54/2.10	41	菊科 Asteraceae	2/2	1.08/0.60
14	蝶形花科 Papibilnaceae	5/6	2.69/1.80	42	兰科 Orchidaceae	2/2	1.08/0.60
15	虎耳草科 Saxifragaceae	4/6	2.15/1.80	43	里白科 Gleicheniaceae	2/2	1.08/0.60
16	鳞毛蕨科 Dryopteridaceae	4/6	2.15/1.80	44	马鞭草科 Verbenaceae	2/2	1.08/0.60
17	茜草科 Rubiaceae	4/6	2.15/1.80	45	杉科 Taxodiaceae	2/2	1.08/0.60
18	五加科 Araliaceae	4/6	2.15/1.80	46	海桐花科 Pittosporaceae	1/2	0.54/0.60
19	卫矛科 Celastraceae	3/6	1.61/1.80	47	堇菜科 Violaceae	1/2	0.54/0.60
20	莎草科 Cyperaceae	2/6	1.08/1.80	48	旌节花科 Stachyuraceae	1/2	0.54/0.60
21	野牡丹科 Melastomataceae	5/5	2.69/1.50	49	毛茛科 Ranunculaceae	1/2	0.54/0.60
22	杜英科 Elaeocarpaceae	2/5	1.08/1.50	50	禾本科 Poaceae	1/2	0.54/0.60
23	桦木科 Betulaceae	2/5	1.08/1.50	51	柿树科 Ebenaceae	1/2	0.54/0.60
24	漆树科 Anacardiaceae	3/4	1.61/1.20	52	薯蓣科 Dioscoreaceae	1/2	0.54/0.60
25	大戟科 Euphorbiaceae	2/4	1.08/1.20	53	山茱萸科 Cornaceae	1/2	0.54/0.60
26	金缕梅科 Hamamelidaceae	2/4	1.08/1.20	54	天南星科 Araceae	1/2	0.54/0.60
27	猕猴桃科 Actinidiaceae	2/4	1.08/1.20	55	芸香科 Rutaceae	1/2	0.54/0.60
28	木兰科 Magnoliaceae	2/4	1.08/1.20		合计	141/289	75.81/86.53

3.1.3　重要值分析

对雷公山保护区马尾树群落334种按不同的林层（乔、灌、草）进行重要值分析，每层取重要值按大到小的前10位进行统计列表（表8-24）。乔木层有128种，重要值大于5的有23种，占种数的17.97%；马尾树重要值最大（52.81），其次是杉木（25.28），再次是甜槠（15.21）和赤杨叶（14.75），共同构成了该层马尾树群落的优势种，马尾树在该群落中为建群种；重要值小于1的有62种，占48.44%，表明该层马尾树群落伴生种丰富。灌木层有 163 种，重要值最大的是狭叶方竹（51. 83），其次溪畔杜鹃（25. 36），再次是菝葜（13. 67）、细枝柃（12. 82），该层以狭叶方竹为主要优势种；重要值小于 1 的有 103 种，占 63. 19%，表明该层马尾树群落物种多样且丰富。草本层有 77 种，重要值最大的是里白（69. 17），其次是锦香草（25. 98），再次是狗脊（22. 12），该层以里白为主要优势种。综上可知，马尾树群落为针阔混交林，为马尾树+狭叶方竹群系。通过对物种组成和伴生种数量分析，表明雷公山保护区马尾树群落物种多样性丰富。

表 8-24 雷公山保护区马尾树群落重要值

林层	种名	重要值	林层	种名	重要值
乔木层	马尾树 *Rhoiptelea chiliantha*	52. 81	灌木层	常山 *Dichroa febrifuga*	8. 35
乔木层	杉木 *Cunninghamia lanceolata*	25. 28	灌木层	少花柏拉木 *Blastus pauciflorus*	5. 94
乔木层	甜槠 *Castanopsis eyrei*	15. 31	灌木层	山地杜茎山 *Maesa montana*	4. 81
乔木层	赤杨叶 *Alniphyllum fortunei*	14. 75	灌木层	细齿叶柃 *Eurya nitida*	4. 49
乔木层	枫香树 *Liquidambar formosana*	11. 66	灌木层	异叶榕 *Ficus heteromorpha*	4. 03
乔木层	十齿花 *Dipentodon sinicus*	10. 81	草本层	里白 *Diplopterygium glaucum*	69. 17
乔木层	南酸枣 *Choerospondias axillaris*	9. 65	草本层	锦香草 *Phyllagathis cavaleriei*	25. 98
乔木层	罗浮栲 *Castanopsis faberi*	9. 27	草本层	狗脊 *Woodwardia japonica*	22. 12
乔木层	瑞木 *Corylopsis multiflora*	8. 82	草本层	十字苔草 *Carex cruciata*	10. 54
乔木层	雷公山槭 *Acer leigongsanicum*	5. 24	草本层	求米草 *Oplismenus undulatifolius*	8. 84
灌木层	狭叶方竹 *Chimonobambusa angustifolia*	51. 38	草本层	深绿卷柏 *Selaginella doederleinii*	8. 35
灌木层	溪畔杜鹃 *Rhododendron rivulare*	25. 36	草本层	楼梯草 *Elatostema involucratum*	7. 98
灌木层	菝葜 *Smilax china*	13. 67	草本层	华中瘤足蕨 *Plagiogyria euphlebia*	7. 28
灌木层	细枝柃 *Eurya loquaiana*	12. 82	草本层	赤车 *Pellionia radicans*	5. 42
灌木层	西南绣球 *Hydrangea davidii*	10. 10	草本层	五节芒 *Miscanthus floridulus*	5. 26

对雷公山保护区马尾树不同群落进行重要值计算并分析确定各层优势种和植被类型，统计科、属、种数量见表 8-25。

表 8-25 雷公山保护区马尾树群落物种数量统计信息

样地	海拔	群丛类型	科/属/种（个）	马尾树在乔木层重要值排序
Ⅰ	815	马尾树+狭叶方竹+深绿卷柏群丛	48/68/79	1
Ⅱ	850	甜槠+蜡瓣花+蕨群丛	33/44/50	4
Ⅲ	901	罗浮栲+柃木+里白群丛	28/35/37	2
Ⅳ	1070	马尾树+西南绣球+楼梯草群丛	69/94/116	1
Ⅴ	1100	甜槠+溪畔杜鹃+齿头鳞毛蕨群丛	40/62/81	2
Ⅵ	1102	马尾树+细枝柃+里白群丛	42/56/78	1
Ⅶ	1120	杉木+溪畔杜鹃+里白群丛	42/56/63	2
Ⅷ	1240	马尾树+溪畔杜鹃+里白群丛	45/57/64	1
Ⅸ	1240	十齿花+狭叶方竹+锦香草群丛	38/48/59	2

经对比分析不同马尾树群落样地可知，不仅在海拔 800~1250m 都出现马尾树为优势种，且在 4 个样地中为建群种。从表 8-25 可知，在马尾树群落中，物种多样性普遍较为丰富。这是因马尾树主要生长在坡位中下部的沟谷两侧，坡度 27°~45°，为阴湿环境，土壤以发育在浅变质岩和变余砂岩上的山地黄壤为主，有机质含量高，水肥条件好。马尾树常与一些常绿和落叶树种一起生长，形成以马尾树为优势或主要伴生的植被类型。

3.1.4　物种多样性分析

根据调查结果，得出 9 个马尾树群落样地的物种多样性指数值。从图 8-8 可以看出，灌木层和草本层物种丰富度指数随海拔变化趋势大致相同，整体呈现灌木层>乔木层>草本层。其中在样地Ⅱ、样地Ⅲ、样地Ⅵ中，灌木层物种丰富度较乔木层低，其原因是乔木层物种较丰富，乔木层郁闭度高，使灌木层对光的利用受到一定的限制。乔木层和灌木层物种丰富度高让草本层物种在对光的利用竞争处于劣势，导致草本层在各样地中物种丰富度均较小，尤其是在样地Ⅱ出现最小值。结合图 8-8 和图 8-9 分析，样地 I 至样地 IX 物种数与多样性指数变化趋势大致相似；而各个样地随海拔增加物种均匀度指数 J_e 波动不大，说明在各群落样地中物种分布均匀程度相差不大。

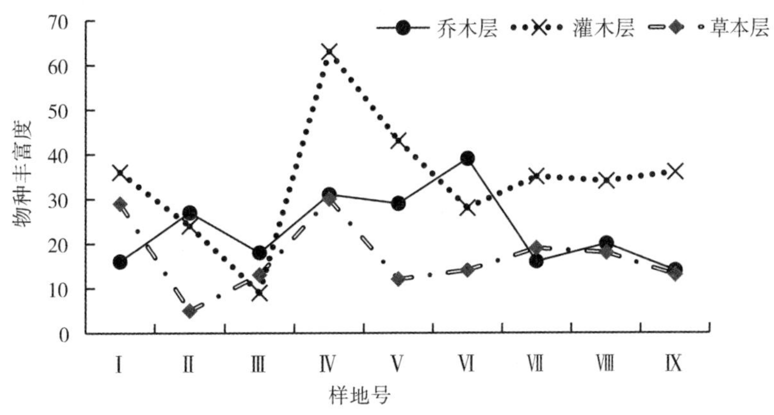

图 8-8　雷公山保护区马尾树群落不同样地物种丰富度

从图 8-9 中可见，各样地物种 Pielou 指数（J_e）、Simpson 指数（D）和 Shannon-Wiener 指数（H_e'）随海拔变化趋势大致相似，其中物种均匀度指数（J_e）、Simpson 指数（D）随海拔变化趋势不大，处于相对稳定；其中在样地Ⅴ中各指数均出现最大值，结合重要值分析，该样地优势种甜槠重要值为 54.41，只比马尾树重要值（38.02）高出 16.39，相比之下没有出现绝对优势的树种，再结合图 8-9 可知，乔木层树种的物种数高于各样地物种数，所以该样地各指数相对较高；在样地Ⅶ中各指数均出现最小值，在样地Ⅸ中也出现相对较小值，结合重要值分析，样地Ⅶ中乔木层物种数比灌木层和草本层少，杉木在该样地处于绝对优势种，重要值高达 104.67，其次是马尾树（66.57），杉木为主要优势；样地Ⅸ中乔木层优势种十齿花重要值为 86.74，比排在第三的云南桤叶树（32.81）重要值高出 53.93，样地 VII、IX 优势种都占据绝对优势地位，使得其他乔木树种在竞争中处于劣势，对其他乔木树种的生长繁殖带来竞争力，使乔木层幼树幼苗更新受

到影响。

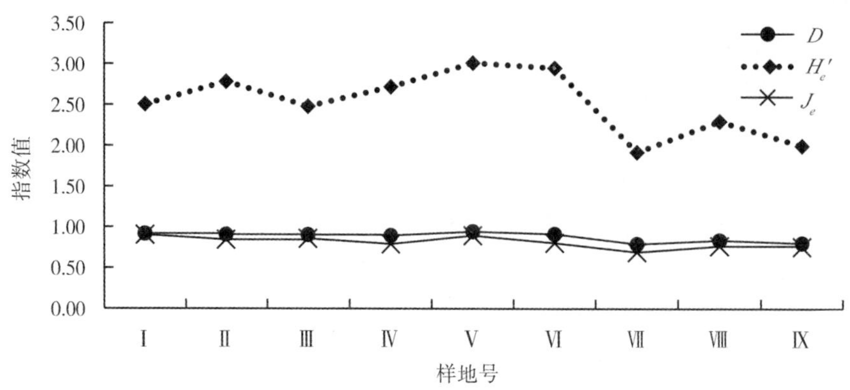

图 8-9　雷公山保护区马尾树群落不同样地多样性指数

3.1.5　*群落乔木层垂直结构*

对乔木层垂直结构分析，乔木层共有 128 种 865 株，可分为 3 个亚层：第 1 亚层高度 20m 以上，有马尾树、枫香树、宜昌润楠、南酸枣、甜槠、伯乐树等共 6 种 6 株，其中，枫香树（35m）最高，其次是宜昌润楠（30m），马尾树、南酸枣、甜槠均为 25m，伯乐树 23m；第 2 亚层高 11~20m，有马尾树、枫香树、杉木、南酸枣、赤杨叶、十齿花等 32 种，共 183 株，其中，马尾树 69 株，占 36.07%，其次杉木 38 株，占 20.77%；第 3 亚层高 10m 以下，共 122 种 676 株，其中马尾树 96 株，占 14.20%，其次是十齿花 41 株，占 6.07%。

纵观整个群落中的乔木层，从群落垂直结构分析，乔木种类与数量较多，在每个亚层均有马尾树分布，第 1 亚层仅 6 种 6 株，优势不明显；第 2 亚层有 32 种 183 株，马尾树 69 株，占 36.07%，占比高出第二的杉木 15.2；第 3 亚层有 122 种 676 株，马尾树 96 株，占 14.20%，占比高出第二的十齿花 8.13。此外，从乔木层重要值来看，马尾树重要值最大（52.81），其次是杉木（25.28），说明在雷公山保护区马尾树群落中马尾树处于建群种。

3.2　种群结构

3.2.1　*径级结构*

雷公山保护区马尾树种群径级结构呈典型的“金字塔”型（图 8-10），在幼年龄中（Ⅰ龄级）幼树幼苗数量有 126 株，中年龄中（II~V 龄级）共有 149 株，老年龄中（VI~VII 龄级）共有 8 株，表明雷公山保护区马尾树种群为增长型。

3.2.2　*生命表*

马尾树静态生命表 8-26，马尾树种群死亡率（q_x）请将 x 设为下标随着径级的增加大致为先上升后下降趋势，说明雷公山保护区马尾树群落中马尾树种群的生长发育主要受限于其自身的生物学特性和种内竞争。其中，第Ⅳ级和第Ⅴ级死亡率和损失度均较高，这是由于马尾树种群在其生长过程中，可能与生理衰老和竞争有关，进入主林层以后，随着树木树冠增大，对光照、养分竞争趋向激烈，种群产生自疏现象所导致。第Ⅵ级死亡率降低，随后进入一个平稳的生长期，随着龄级的增加，死亡率也逐渐升高，直到其生理年龄死亡率趋于稳定。种群生命期望随着径级的增加呈递减趋势，这种趋势符合种群的生物学特征。

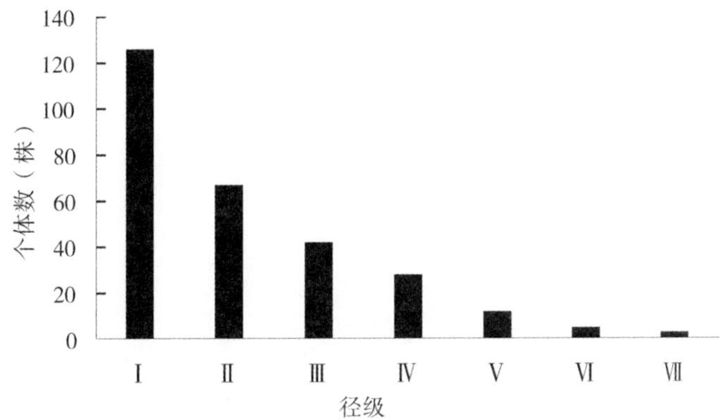

图 8-10　雷公山保护区马尾树种群径级结构

表 8-26　雷公山保护区马尾树种群静态生命表

龄级	径级（cm）	组中值	S	l_x	$\ln l_x$	d_x	q_x	L_x	T_x	e_x	K_x
Ⅰ	0~5	3	126	10000	9.210	4683	0.468	7659	17460	1.746	0.632
Ⅱ	5~10	8	67	5317	8.579	1984	0.373	4325	9802	1.843	0.467
Ⅲ	10~15	13	42	3333	8.112	1111	0.333	2778	5476	1.643	0.405
Ⅳ	15~20	18	28	2222	7.706	1270	0.571	1587	2698	1.214	0.847
Ⅴ	20~25	23	12	952	6.859	556	0.583	675	1111	1.167	0.875
Ⅵ	25~30	28	5	397	5.983	159	0.400	317	437	1.100	0.511
Ⅶ	30~35	33	3	238	5.473	—	—	119	119	0.500	—

注：各龄级取径级下限。

存活曲线是一条借助于存活个体数量来描述种群个体在各龄级的存活状况的曲线，可划分为 Deevey-Ⅰ型、Deevey-Ⅱ型和 Deevey-Ⅲ型。由图 8-11 可见，雷公山保护区马尾树种群的存活曲线接近 Deevey-Ⅲ型，从Ⅰ~Ⅴ径级阶段，生命早期死亡率较高，但从Ⅴ径级开始马尾树年龄接近其生理年龄，其存活率显著稳定。其中，导致从Ⅰ~Ⅲ径级存活率较低的主要原因是种内竞争所引起的自疏作用。由图 8-12 可知，马尾树种群的死亡率

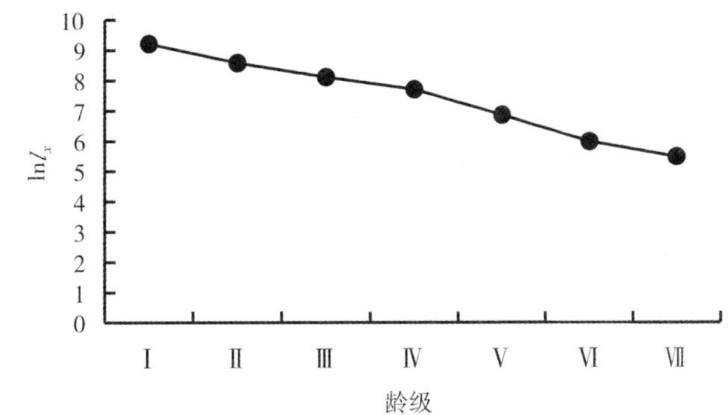

图 8-11　雷公山保护区马尾树种群存活曲线

和损失度变化趋势一致，随径级的增大呈现出先降低再升高最后降低的趋势。马尾树种群整体呈现出稳定增长趋势，幼苗补给相对充足，种群自然更新良好。

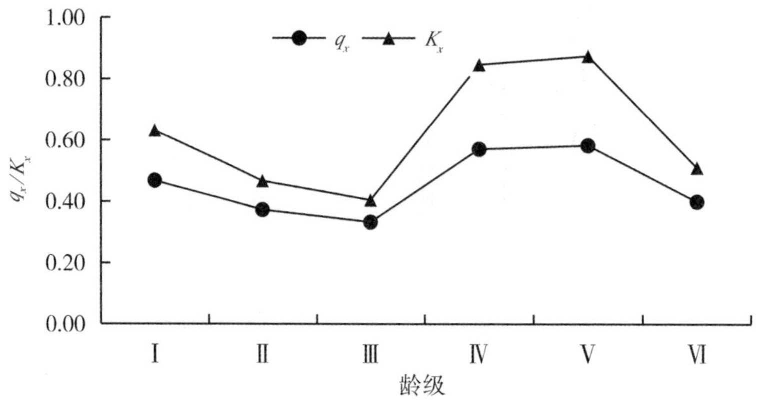

图 8-12　雷公山保护区马尾树种群损失度和死亡率曲线

3.2.3　空间分布格局

通过对各样地分散度计算见表 8-27，对比分析分散度 S^2 与各样方马尾树分布个体株数平均值 m，样地Ⅰ、Ⅱ、Ⅳ、Ⅴ、Ⅵ、Ⅶ、Ⅷ均出现 $S^2>m$，为聚集型分布；只有样地Ⅸ和样地Ⅲ为 $S^2<m$，但 S^2 数值趋近于 m，整体分析得出马尾树种群在雷公山保护区的分布属于聚集型。在自然群落中，物种在空间上的聚集是通过斑块结构来分配资源，进而避开彼此间的竞争，达到共存的目的。物种聚集可能与斑块生境异质性、生态位分离、种子扩散限制、邻体竞争以及一些中性过程有关。

表 8-27　雷公山保护区马尾树各样地分散度统计信息

样地号	海拔（m）	分散度	平均值	样地号	海拔（m）	分散度	平均值
Ⅰ	815	0.84	0.8	Ⅵ	1102	5.34	3.3
Ⅱ	850	3.60	0.6	Ⅶ	1120	5.43	2.9
Ⅲ	901	0.67	1.0	Ⅷ	1240	6.49	2.6
Ⅳ	1070	10.46	2.7	Ⅸ	1240	1.12	1.3
Ⅴ	1100	1.43	1.1				

【研究进展】

群落研究：杨礼旦等对马尾树群落进行了研究，结果均表明马尾树在群落中具有比较突出的群落位置。

分子研究：姜志宏等对马尾树树皮化合物进行研究，结果表明蜡果杨梅酸 B 可作为先导化合物来研发新的 HIV 进入抑制剂类抗艾滋病药物。郭治友对马尾树愈伤组织的诱导与褐化控制研究，得出马尾树的嫩叶可用于诱导愈伤组织，这为马尾树的细胞培养奠定了基础。

播种繁殖研究：李萍等对马尾树种子繁殖试验研究，结果表明种子在黄腐质土壤生长最好，其次为黑腐质土壤，稻田泥土最差。

【繁殖方法】

采用种子繁殖法繁殖，步骤如下。

1　种子采集

马尾树的种子大部分成熟时间在 7~8 月，但在雷公山地区 10 月前种子不成熟，无发芽率，本研究采集的种子是在 11~12 月马尾树果序上的种子落掉了 1/2~2/3 后，遗留在果序上未掉落的 1/2~1/3 的种子，是真正成熟的种子，具有发芽率。

2　种子贮藏

采种后于阴凉通风处晾干，取出种子后先进行挑选，把损坏和虫蛀的种子剔除，让种子自然风干后用报纸打包储存在通风干燥的地方。经测定，种子千粒重为 3.0~3.1g。

3　苗圃地的选择

马尾树是浅根性树种，根系穿透力较弱，苗期又易发生猝倒病害。苗圃地选择地势平坦、排水性能较好的土壤。深翻 40cm，精耕细耙。做到上块碎小，土壤疏松，整地疏松面平后在床面筛铺 2cm 厚的一层细黄腐殖质土壤土作基质。

4　浸种催芽，适时播种

浸种时先将种子装入砂布袋内，用清水浸泡 1~2h，捞出即可播种，具有提高发芽率的作用。马尾树适宜于 4 月中下旬播种，播种方式为撒播。种子覆土厚度 0.5~1.0cm，最好覆盖细沙土或细土，覆土后再喷一次水使苗床保湿。马尾树苗出土较迟，出土发芽主要集中于 5~6 月。

5　苗圃管理

幼苗出土后，尤为细嫩纤弱，怕日灼。苗木叶出现至茎干木质化前正为盛夏，对幼苗要搭棚遮阴，遮阴度以 60%~70%为宜。为了提高苗木成活率和生长率，高温干旱，要及时抗旱保苗，在没有雨水天气的情况下 2~3d 浇水，保持床面湿润。

【保护建议】

进行就地保护。对原生境加强保护管理，建立保护区对物种生境的保护，不仅保护马尾树种群，且保护马尾树群落的物种多样性，保护生存环境。在调查中，发现只有原生境保护较好的分布区，幼树幼苗比次生林多，可见就地保护是保护马尾树种群的最佳方式。

在深入调查资源基础上，积极开展基础理论研究工作。马尾树是第三纪残遗种，深入开展野生种质资源调查，对弄清这一资源分布和现状，采取什么样的保护措施，也要加强对其生态学、发育生物学、分子生物学以及引种驯化栽培等方面的研究工作，为引种栽培、植物组织培养方面奠定科学基础。

十齿花

【保护等级及珍稀情况】

十齿花 *Dpenodon siniaus* Dunn，为十齿花科 Diantodonaccac 十齿花属 *Dipemtodon* 植物，是中国现存的第三纪孑遗植物之一，原是国家二级重点保护野生植物。

【生物学特性】

十齿花为落叶小乔木，高6~12m，树皮灰白色。小枝紫褐色，具稀疏皮孔，幼枝被柔毛。叶互生，窄椭圆形、卵状长圆形或长圆状披针形，长7~14cm，宽2~5cm，先端长渐尖，基部楔形至近圆形，边缘具锯齿，叶脉在两面均凸起，侧脉8~10对，在下面基部中脉两侧密被锈色柔毛，叶柄长7~10mm，被锈色柔毛。花两性，排列成腋生的伞形花序；花小，白色，5基数，萼管壶状，裂片直立，被柔毛，花瓣形状与萼裂片相似，排列紧密如一轮，花盘杯状。蒴果，顶端有细长宿存花柱，基部有10片齿状宿存花被片。4~5月开花，9~10月果实成熟。

十齿花分布于我国贵州、云南、广西等地，缅甸北部也有分布；在贵州分布于雷山、榕江、黎平、从江、剑河、台江、三都、惠水、独山、望谟、安龙、纳雍、水城、盘县等地。

【应用价值】

十齿花为单型科植物，对研究植物系统发育有一定价值；为丛生灌木，耐修剪，花白色密集，秋叶紫红色，性耐干旱瘠薄，可作为园林观赏植物。

【资源特性】

1　研究方法

在野外实地踏查的基础上，选取天然分布在雷公山保护区的十齿花群落设置典型样地5个，样地基本情况见表8-28。

表8-28　雷公山保护区十齿花群落样地概况

样地号	小地名	坡度（°）	坡位	坡向	海拔（m）	土壤类型
样地1	仙女塘	30	中部	东南	1600	黄棕壤
样地2	雷公山26公里	25	上部	东北	1600	黄棕壤
样地3	大槽湾	40	下部	西南	1240	黄壤
样地4	乔歪	40	中下部	东北	1070	黄壤
样地5	乔歪养蜂场	35	上部	西南	1400	黄棕壤

2　雷公山保护区资源分布情况

十齿花分布于雷公山保护区的雷公山、乔歪村、高岩、七里冲、苦里冲、雷公山坪、小丹江、昂英村等地；生长在海拔900~1800m的针叶林、针阔混交林、阔叶林中；分布面积为2980hm^2，共有718400株。

3　种群及群落特征

3.1　群落树种组成

调查结果表明，在研究区域的样地中，共有维管束植物54科67属85种，其中，蕨类植物有4科4属4种，被子植物有50科63属81种；被子植物中双子叶植物有47科58属76种，单子叶植物有3科5属5种（表8-29、表8-30）。

表 8-29　雷公山保护区十齿花群落科属种数量关系

排序	科名	属数/种数（个）	占总属/种数的比率（%）	排序	科名	属数/种数（个）	占总属/种数的比率（%）
1	蔷薇科 Rosaceae	3/12	4. 48/14. 12	29	杜鹃花科 Ericaceae	1/1	1. 49/1. 18
2	樟科 Lauraceae	3/6	4. 48/7. 06	30	五列木科 Pentaphylacaceae	1/1	1. 49/1. 18
3	禾本科 Poaceae	3/3	4. 48/3. 53	31	绣球科 Hydrangeaceae	1/1	1. 49/1. 18
4	壳斗科 Fagaceae	2/3	3. 00/3. 53	32	蝶形花科 Papibilnaceae	1/1	1. 49/1. 18
5	茜草科 Rubiaceae	2/3	3. 00/3. 53	33	旌节花科 Stachyuraceae	1/1	1. 49/1. 18
6	五加科 Araliaceae	2/3	3. 00/3. 53	34	木通科 Lardizabalaceae	1/1	1. 49/1. 18
7	菊科 Asteraceae	2/2	3. 00/2. 35	35	山茱萸科 Cornaceae	1/1	1. 49/1. 18
8	葡萄科 Vitaceae	2/2	3. 00/2. 35	36	卫矛科 Celastraceae	1/1	1. 49/1. 18
9	漆树科 Anacardiaceae	2/2	3. 00/2. 35	37	野茉莉科 Styracaceae	1/1	1. 49/1. 18
10	桑科 Moraceae	2/2	3. 00/2. 35	38	山龙眼科 Proteaceae	1/1	1. 49/1. 18
11	莎草科 Cyperaceae	1/2	1. 49/2. 35	39	蝶形花科 Papibilnaceae	1/1	1. 49/1. 18
12	山矾科 Symplocaceae	1/2	1. 49/2. 35	40	漆树科 Anacardiaceae	1/1	1. 49/1. 18
13	无患子科 Sapindaceae	1/2	1. 49/2. 35	41	马桑科 Coriariaceae	1/1	1. 49/1. 18
14	桦木科 Betulaceae	1/1	1. 49/1. 18	42	菝葜科 Smilacaceae	1/1	1. 49/1. 18
15	十齿花科 Dipentodontaceae	1/1	1. 49/1. 18	43	大戟科 Euphorbiaceae	1/1	1. 49/1. 18
16	省沽油科 Staphyleaceae	1/1	1. 49/1. 18	44	堇菜科 Violaceae	1/1	1. 49/1. 18
17	山茶科 Theaceae	1/1	1. 49/1. 18	45	乌毛蕨科 Blechnaceae	1/1	1. 49/1. 18
18	金缕梅科 Hamamelidaceae	1/1	1. 49/1. 18	46	爵床科 Acanthaceae	1/1	1. 49/1. 18
19	榆科 Ulmaceae	1/1	1. 49/1. 18	47	龙胆科 Gentianaceae	1/1	1. 49/1. 18
20	忍冬科 Caprifoliaceae	1/1	1. 49/1. 18	48	杜鹃科 Ericaceae	1/1	1. 49/1. 18
21	省沽油科 Staphyleaceae	1/1	1. 49/1. 18	49	苋科 Amaranthaceae	1/1	1. 49/1. 18
22	玄参科 Scrophulariaceae	1/1	1. 49/1. 18	50	荨麻科 Urticaceae	1/1	1. 49/1. 18
23	胡桃科 Juglandaceae	1/1	1. 49/1. 18	51	百合科 Liliaceae	1/1	1. 49/1. 18
24	猕猴桃科 Actinidiaceae	1/1	1. 49/1. 18	52	瘤足蕨科 Plagiogyriaceae	1/1	1. 49/1. 18
25	山柳科 Clethraceae	1/1	1. 49/1. 18	53	百合科 Liliaceae	1/1	1. 49/1. 18
26	唇形科 Lamiaceae	1/1	1. 49/1. 18	54	兰科 Orchidaceae	1/1	1. 49/1. 18
27	紫萁科 Osmundaceae	1/1	1. 49/1. 18		合计	67/85	100. 00/100. 00
28	姬蕨科 Hypolepidaceae	1/1	1. 49/1. 18				

表 8-30　雷公山保护区十齿花群落属种数量关系

排序	属名	种数（种）	占总种数的比例（%）	排序	属名	种数（种）	占总种数的比例（%）
1	悬钩子属 *Rubus*	10	10. 31	36	卫矛属 *Euonymus*	1	1. 03
2	木姜子属 *Litsea*	3	3. 09	37	花楸属 *Sorbus*	1	1. 03

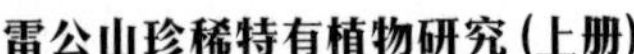

（续）

排序	属名	种数（种）	占总种数的比例（%）	排序	属名	种数（种）	占总种数的比例（%）
3	楤木属 *Aralia*	2	2.06	38	野茉莉属 *Styrax*	1	1.03
4	鸡矢藤属 *Paederia*	2	2.06	39	榕属 *Ficus*	1	1.03
5	槭属 *Acer*	2	2.06	40	粗叶木属 *Lasianthus*	1	1.03
6	水青冈属 *Fagus*	2	2.06	41	崖爬藤属 *Tetrastigma*	1	1.03
7	樟属 *Cinnamomum*	2	2.06	42	山龙眼属 *Helicia*	1	1.03
8	山矾属 *Symplocos*	2	2.06	43	黄檀属 *Dalbergia*	1	1.03
9	苔草属 *Carex*	2	2.06	44	乌蔹莓属 *Cayratia*	1	1.03
10	十齿花属 *Dipentodon*	1	1.03	45	马桑属 *Coriaria*	1	1.03
11	檫木属 *Sassafras*	1	1.03	46	菝葜属 *Smilax*	1	1.03
12	银鹊树属 *Tapiscia*	1	1.03	47	绣线梅属 *Neillia*	1	1.03
13	桦木属 *Betula*	1	1.03	48	构属 *Broussonetia*	1	1.03
14	木荷属 *Schima*	1	1.03	49	鹅掌柴属 *Schefflera*	1	1.03
15	枫香树属 *Liquidambar*	1	1.03	50	血桐属 *Macaranga*	1	1.03
16	盐肤木属 *Rhus*	1	1.03	51	球米草属 *Oplismenus*	1	1.03
17	山茱萸属 *Cornus*	1	1.03	52	芒属 *Miscanthus*	1	1.03
18	榆属 *Ulmus*	1	1.03	53	堇菜属 *Viola*	1	1.03
19	荚蒾属 *Viburnum*	1	1.03	54	紫菀属 *Aster*	1	1.03
20	野鸦椿属 *Euscaphis*	1	1.03	55	狗脊蕨属 *Woodwardia*	1	1.03
21	栲属 *Castanopsis*	1	1.03	56	爵床属 *Justicia*	1	1.03
22	泡桐属 *Paulownia*	1	1.03	57	苦苣菜属 *Sonchus*	1	1.03
23	化香树属 *Platycarya*	1	1.03	58	龙胆属 *Gentiana*	1	1.03
24	猕猴桃属 *Actinidia*	1	1.03	59	珍珠菜属 *Lysimachia*	1	1.03
25	山柳属 *Clethra*	1	1.03	60	牛膝属 *Achyranthes*	1	1.03
26	漆树属 *Toxicodendron*	1	1.03	61	橐吾属 *Ligularia*	1	1.03
27	紫珠属 *Callicarpa*	1	1.03	62	水丝麻属 *Maoutia*	1	1.03
28	杜鹃花属 *Rhododendron*	1	1.03	63	油点草属 *Tricyrtis*	1	1.03
29	柃属 *Eurya*	1	1.03	64	瘤足蕨属 *Plagiogyria*	1	1.03
30	绣球属 *Hydrangea*	1	1.03	65	沿阶草属 *Ophiopogon*	1	1.03
31	葛属 *Pueraria*	1	1.03	66	头蕊兰属 *Cephalanthera*	1	1.03
32	鹅耳枥属 *Carpinus*	1	1.03	67	白茅属 *Imperata*	1	1.03
33	旌节花属 *Stachyurus*	1	1.03	68	紫萁属 *Osmunda*	1	1.03
34	猫儿屎属 *Decaisnea*	1	1.03	69	蕨属 *Pteridium*	1	1.03
35	青荚叶属 *Helwingia*	1	1.03		合计	97	100.00

由表 8-29、表 8-30 可知，科种关系中，只有 6 科含有 3 种以上，分别是蔷薇科、樟

科、禾本科、壳斗科、茜草科和五加科，为十齿花群落的优势科；单科单种有 41 科，占总科数的 75.93%。属种关系中，只有悬钩子属的种数最多为 10 种，其次是木姜子属的 3 种，单属单种的有 58 属，占总属数的比例为 86.57%。可见，雷公山保护区分布的十齿花群落优势科仅有蔷薇科 3 属 12 种，樟科 3 属 6 种；悬钩子属有 10 种，木姜子属 3 种，楤木属 *Aralia*、鸡矢藤属 *Paederia*、槭属、水青冈属、樟属、山矾属、苔草属各有 2 种，以单科单属单种为主。

3.2 重要值分析

十齿花群落结构主要分为乔木层、灌木层和草本层。构成乔木层的树种共 21 种，具体信息见表 8-31。

由表 8-31 可知，大于重要值平均值 14.28 的有 6 种，十齿花重要值最大（81.04），其次是光叶水青冈（35.78），第三位为银木荷（35.46），第四位为檫木（18.04），第五位为银鹊树（17.90），第六位为青榨槭（14.69）共同构成了该层十齿花群落的优势种，其中十齿花为建群种；重要值小于 5.00 有刺茎楤木 *Aralia echinocaulis*、紫花泡桐 *Paulownia tomentosa*、化香树、水红木 *Viburnum cylindricum*、野鸦椿 *Euscaphis japonica*、屏边桂、红皮木姜子 *Litsea pedunculata* 7 种，为该层的偶见种。

表 8-31 雷公山保护区十齿花群落乔木层重要值

序号	种名	相对优势度	相对密度	相对频度	重要值
1	十齿花 *Dipentodon sinicus*	16.97	46.22	17.86	81.04
2	光叶水青冈 *Fagus lucida*	26.22	4.20	5.36	35.78
3	银木荷 *Schima argentea*	24.11	4.20	7.14	35.46
4	檫木 *Sassafras tzumu*	2.39	6.72	8.93	18.04
5	银鹊树 *Tapiscia sinensis*	2.25	6.72	8.93	17.90
6	青榨槭 *Acer davidii*	1.66	5.88	7.14	14.69
7	亮叶桦 *Betula luminifera*	1.97	5.04	7.14	14.15
8	山鸡椒 *Litsea cubeba*	1.74	4.20	5.36	11.30
9	毛叶木姜子 *Litsea mollis*	1.64	3.36	5.36	10.36
10	钩栲 *Castanopsis tibetana*	7.48	0.84	1.79	10.10
11	盐肤木 *Rhus chinensis*	2.02	2.52	5.36	9.90
12	枫香树 *Liquidambar formosana*	1.58	2.52	3.57	7.68
13	灯台树 *Cornus controversa*	4.21	0.84	1.79	6.83
14	多脉榆 *Ulmus castaneifolia*	2.61	0.84	1.79	5.23
15	棘茎楤木 *Aralia echinocaulis*	1.05	0.84	1.79	3.68
16	毛泡桐 *Paulownia tomentosa*	0.62	0.84	1.79	3.24
17	化香树 *Platycarya strobilacea*	0.50	0.84	1.79	3.13
18	水红木 *Viburnum cylindricum*	0.27	0.84	1.79	2.90
19	野鸦椿 *Euscaphis japonica*	0.26	0.84	1.79	2.89
20	屏边桂 *Cinnamomum pingbienense*	0.26	0.84	1.79	2.89
21	红皮木姜子 *Litsea pedunculata*	0.18	0.84	1.79	2.81

构成灌木层中树种有47种，其物种组成及重要值见表8-32。

由表8-32可知，重要值最大的为大乌泡 *Rubus pluribracteatus*（34.04），其次是高粱泡（24.42），该层以大乌泡为主要优势种，高粱泡、棠叶悬钩子次之。

表8-32　雷公山保护区十齿花群落灌木层重要值

序号	种名	相对密度	相对盖度	相对频度	重要值
1	大乌泡 *Rubus pluribracteatus*	16.81	12.88	4.35	34.04
2	高粱泡 *Rubus lambertianus*	7.96	13.56	2.90	24.42
3	棠叶悬钩子 *Rubus malifolius*	4.42	11.86	2.90	19.19
4	中华猕猴桃 *Actinidia chinensis*	5.31	1.36	5.80	12.46
5	川莓 *Rubus setchuenensis*	6.64	3.39	1.45	11.48
6	贵定桤叶树 *Clethra delavayi*	3.54	2.03	4.35	9.92
7	白叶莓 *Rubus innominatus*	3.54	3.05	2.90	9.49
8	云贵鹅耳枥 *Carpinus pubescens*	3.54	2.71	2.90	9.15
9	鸡矢藤 *Paederia foetida*	1.77	4.41	2.90	9.08
10	尾叶悬钩子 *Rubus caudifolius*	3.10	2.37	2.90	8.37
11	细枝柃 *Eurya loquaiana*	3.10	2.37	2.90	8.37
12	野漆 *Toxicodendron succedaneum*	2.21	1.69	4.35	8.26
13	毛棉杜鹃 *Rhododendron moulmainense*	2.65	2.37	2.90	7.93
14	圆锥绣球 *Hydrangea paniculata*	2.21	2.71	2.90	7.82
15	粉葛 *Pueraria montana* var. *thomsonii*	2.21	2.71	2.90	7.82
16	小柱悬钩子 *Rubus columellaris*	3.10	1.69	2.90	7.69
17	白花悬钩子 *Rubus leucanthus*	3.54	1.69	1.45	6.68
18	红紫珠 *Callicarpa rubella*	2.21	1.36	2.90	6.47
19	中华槭 *Acer sinense*	1.77	0.68	2.90	5.35
20	马桑 *Coriaria nepalensis*	1.33	2.03	1.45	4.81
21	黄脉莓 *Rubus xanthoneurus*	1.33	1.69	1.45	4.47
22	水青冈 *Fagus longipetiolata*	1.77	1.02	1.45	4.24
23	黄毛楤木 *Aralia chinensis*	0.88	1.69	1.45	4.03
24	石灰花楸 *Sorbus folgneri*	1.33	1.02	1.45	3.79
25	菝葜 *Smilax china*	1.33	1.02	1.45	3.79
26	薄叶山矾 *Symplocos anomala*	0.88	1.36	1.45	3.69
27	中华绣线梅 *Neillia sinensis*	1.33	0.68	1.45	3.45
28	猫儿屎 *Decaisnea insignis*	0.88	1.02	1.45	3.35
29	川桂 *Cinnamomum wilsonii*	0.88	1.02	1.45	3.35
30	穗序鹅掌柴 *Schefflera delavayi*	0.44	1.36	1.45	3.25
31	野茉莉 *Styrax japonicus*	0.88	0.68	1.45	3.01

（续）

序号	种名	相对密度	相对盖度	相对频度	重要值
32	乌蔹莓 *Cayratia japonica*	0.44	1.02	1.45	2.91
33	血桐 *Macaranga tanarius*	0.44	1.02	1.45	2.91
34	中国旌节花 *Stachyurus chinensis*	0.44	0.68	1.45	2.57
35	罗浮栲 *Castanopsis faberi*	0.44	0.68	1.45	2.57
36	青荚叶 *Helwingia japonica*	0.44	0.68	1.45	2.57
37	扶芳藤 *Euonymus fortunei*	0.44	0.68	1.45	2.57
38	异叶榕 *Ficus heteromorpha*	0.44	0.68	1.45	2.57
39	周毛悬钩子 *Rubus amphidasys*	0.44	0.68	1.45	2.57
40	光亮山矾 *Symplocos lucida*	0.44	0.68	1.45	2.57
41	三叶崖爬藤 *Tetrastigma hemsleyanum*	0.44	0.68	1.45	2.57
42	网脉山龙眼 *Helicia reticulata*	0.44	0.68	1.45	2.57
43	绒毛鸡矢藤 *Paederia lanuginosa*	0.44	0.68	1.45	2.57
44	楮 *Broussonetia kazinoki*	0.44	0.68	1.45	2.57
45	梗花粗叶木 *Lasianthus biermannii*	0.44	0.34	1.45	2.23
46	藤黄檀 *Dalbergia hancei*	0.44	0.34	1.45	2.23
47	红麸杨 *Rhus punjabensis* var. *sinica*	0.44	0.34	1.45	2.23

构成的草本层物种21种，由表8-33可知，求米草、五节芒为优势种，重要值分别为55.71、49.49。综上可知，十齿花群落为落叶阔叶混交林，为十齿花群系。

表8-33　雷公山保护区十齿花群落草本层重要值

序号	种名	相对密度	相对盖度	相对频度	重要值
1	求米草 *Oplismenus undulatifolius*	26.87	16.35	12.50	55.71
2	五节芒 *Miscanthus floridulus*	18.66	20.83	10.00	49.49
3	三脉紫菀 *Aster trinervius* subsp. *ageratoides*	16.42	11.86	7.50	35.78
4	水丝麻 *Maoutia puya*	7.46	9.62	2.50	19.58
5	苦苣菜 *Sonchus oleraceus*	4.10	8.33	5.00	17.44
6	爵床 *Justicia procumbens*	4.10	7.05	5.00	16.16
7	十字苔草 *Carex cruciata*	2.24	3.85	10.00	16.08
8	毛堇菜 *Viola thomsonii*	3.36	2.56	7.50	13.42
9	矮桃 *Lysimachia clethroides*	2.61	3.85	5.00	11.46
10	狗脊 *Woodwardia japonica*	1.87	1.60	5.00	8.47
11	白茅 *Imperata cylindrica*	3.73	1.60	2.50	7.83
12	牛膝 *Achyranthes bidentata*	1.87	3.21	2.50	7.57
13	头花龙胆 *Gentiana cephalantha*	0.75	0.96	5.00	6.71

（续）

序号	种名	相对密度	相对盖度	相对频度	重要值
14	桂皮紫萁 *Osmundastrum cinnamomeum*	0.37	3.21	2.50	6.08
15	黄花油点草 *Tricyrtis pilosa*	1.87	0.64	2.50	5.01
16	瘤足蕨 *Plagiogyria adnata*	1.12	0.96	2.50	4.58
17	麦冬 *Ophiopogon japonicus*	0.75	0.64	2.50	3.89
18	川东苔草 *Carex fargesii*	0.37	0.96	2.50	3.83
19	蕨 *Pteridium aquilinum* var. *latiusculum*	0.37	0.96	2.50	3.83
20	金兰 *Cephalanthera falcata*	0.75	0.32	2.50	3.57
21	蹄叶橐吾 *Ligularia fischeri*	0.37	0.64	2.50	3.51

3.3　生活型谱分析

通过对十齿花群落中植物的生活型谱分析统计见表8-34。

从表8-34看出，十齿花群落以高位芽植物中的矮小型占绝对多数，达到77.81%，其次是小型高位芽植物，占比为19.41%；中型高位芽植物只占2.77%，地上芽植物为0；群落结构层次分明。

表8-34　雷公山保护区十齿花群落生活型谱

生活型	高位芽植物				地上芽植物
	大型（>30m）	中型（8~30m）	小型（2~8m）	矮小型（0.25~2m）	0~0.25（m）
株数（株）	0	17	119	477	0
占比（%）	0.00	2.77	19.41	77.81	0.00

3.4　水平分布格局

十齿花群落的水平格局的形成与构成群落的成员分布状况有关，陆地群落的水平格局主要取决于植物的分布格局。采用计算分散度 S^2 的方法研究种群的空间分布格局。

调查十齿花样地情况统计见表8-35。

通过计算得值 $S^2=48.89$。可知 $S^2>m$，种群个体极不均匀，呈局部密集。

表8-35　雷公山保护区群落十齿花各样方数量统计信息

样方号	1	2	3	4	5	6	7	8	9	10	平均
实际个体数	2	1	3	18	20	2	4	1	5	4	6

3.5　季相特征

通过调查发现，雷公山保护区十齿花群落外貌随四季变化明显，呈现出季相变化的明显特征。春季，阳光普照，雨水丰富，万物复苏，落叶后的枝条慢慢露出嫩芽，逐渐装点树冠；夏天，满树的绿叶，随风摇摆，呼呼作响，林中小鸟，穿梭其中，是鸟儿的天堂；秋天，气温变化，不同物种各具特色，七彩斑斓，此时的十齿花，树叶逐渐变色，由青逐渐过渡到深红，在秋日的阳光照射下，更是红的鲜亮，装点整个雷公山，远远望去，便知道这里有十齿花分布，引人注目；冬季，十齿花落叶了，在细小的枝条上布满了水珠，在寒潮降临时，一片银装素裹，已分不清楚何种植物了。

3.6 物种多样性分析

表 8-36 显示了十齿花群落的物种多样性指数值。该群落的物种丰富度指数（d_{Ma}）为 13.71，优势度指数（D）为 88.95。在丰富度 Margalef 指数（d_{Ma}）方面灌木层>乔木层>草本层，说明样地灌木层植物丰富；优势度 Simpson 指数（D）灌木层优于乔木层和草本层，在本样地中，灌木层占有明显优势；多样性 Shannon-Wiener 指数（H_e'）灌木层>草本层>乔木层，其值相差不大；Pielou 指数（J_e）灌木层>草本层>乔木层，其值相差不大。

表 8-36 雷公山保护区十齿花群落多样性指数

层次	d_{Ma}	D	H_e'	J_e
样地	13. 7106	88. 9566	3. 6172	0. 8058
乔木层	4. 1848	20. 7694	1. 7810	0. 5849
灌木层	8. 4862	46. 9473	2. 0249	0. 8225
草本层	3. 5772	20. 8552	1. 9488	0. 6401

3.7 不同海拔物种多样性比较分析

通过十齿花 5 个样地物种多样性指数的测算表明（表 8-37）。

不同样地间物种多样性差异较大，5 个样地中，丰富度指数（d_{Ma}）其数值越高说明物种越丰富，5 个样地丰富度（d_{Ma}）顺序是 4 号>5 号>3 号>2 号>1 号；优势度 Simpson 指数（D）更侧重物种的多度，是一个反映群落优势度的指数，其数值越小表明群落的优势种越明显，某一种或几种优势种数量的增加都会使该指数值降低。5 个样地中，4 号样地 D 指数最大，其次是 5 号样地，其余的是 3 号>2 号>1 号样地。与调查样地物种数相符。H_e'指数和 J_e 指数变化不大。

由表 8-37 可以看出，不同海拔高度物种多样性指数存在差异，主要表现在物种丰富度指数（d_{Ma}）和优势度指数（D）方面。随着海拔升高物种丰富度指数（d_{Ma}）和物种优势度指数（D）下降，即海拔越低，物种丰富度指数（d_{Ma}）和物种优势度指数（D）越高，和现实情况相符。指数 H_e'和 J_e 与海拔高度变化不明显。

表 8-37 雷公山保护区十齿花 5 个样地物种多样性指数比较

样地编号	海拔（m）	d_{Ma}	D	H_e'	J_e
样地 1	1600	9. 0455	41. 9698	3. 2388	0. 8665
样地 2	1600	10. 9301	57. 9717	3. 4952	0. 8608
样地 3	1240	11. 1044	59. 9495	3. 1944	0. 7802
样地 4	1070	21. 4302	117. 9757	4. 0406	0. 8469
样地 5	1400	13. 7106	88. 9566	3. 6172	0. 8058

【研究进展】

查阅有关资料，目前关于十齿花群落的研究主要集中于十齿花属的分类地位、群落结构、区系特征、谱系地理学与保护遗传学研究、化学成分组成、组织培养与快速繁殖、胚胎学研究、种群年龄结构和维持机制等诸多方面。其中林长松等分别研究了玉舍森林公园十齿花群落学特征，十齿花群落物种多样性，群落乔木优势种群种间联结性，种群结构与分布格局以及群落灌木种间联结性；胡宽等对雷公山保护区十齿花群落物种多样性进行研究。林长松等根据径级结构图、高度结构图、种群特定时间生命表和存活曲线分析十齿花种群动态；应用聚集强度指数分析种群分布格局，结果表明：十齿花幼苗幼树总体上比例较大，但多数样地的种群有衰退的趋势；随着个体的不断生长，个体死亡率逐渐增大；种群格局整体上呈集群分布，但在不同发育阶段，集群程度有所差异，随着种群径级的增大和高度的增长，聚集强度逐渐下降。秦向东等从十齿花的地上部分分离得到 11 个化合物，苏文平等研究十齿花群落特征表明从径级结构、树高结构来看，十齿花种群为增长型种群，群落能长期保持其稳定性。叶冠等采用硅胶柱色谱及 Sephadex LH-20 等色谱技术分离纯化，根据理化性质及波谱数据鉴定结构，从十齿花的乙醇提取物中共分离得到 9 个化合物，其中一种新化合物命名为十齿花素。

【繁殖方法】

采用种子繁殖法进行繁殖，步骤如下。

1　采种

当果实向阳面呈浅褐红色，外观肿胀，种子呈浅褐色，采摘时部分果实的肉质果皮快速翻卷弹出种子，表示种子成熟，应该及时采集，采集过晚，种子全部弹出。果实采收后，放置阴凉处，等果实阴干开裂后去除果壳和杂质即得纯净种子。种子千粒重 18.5g。

2　种子贮藏

十齿花种子常温干燥后，放入布袋中，置于阴凉、干燥、通风良好处保存。

3　整地

整地作床及土壤消毒于 12 月底前清除苗圃杂物，深翻土壤 30~40cm，按床宽 1.2m、沟宽 40cm、床高 20cm 作床，然后碎土耙平苗床；在播种前用 0.1%浓度的多菌灵溶液喷洒苗床备用。

4　种子处理及播种

播种前先消毒种子，将装有十齿花种子的布袋放入 0.1%浓度的高锰酸钾溶液浸泡 30min，捞出后放入室内晾干即可播种。3 月中旬播种，按播种量 1.3kg/亩，与 300kg/亩钙镁磷肥拌种后进行撒播，然后覆土 1cm 厚，上面搭建遮阴棚。

5　苗期管理

4 月中旬苗木开始出土，5 月中旬苗木出土完成后，及时除草。苗期每 2 个月用尿素撒施苗床 3 次，每次 2kg/亩，同时做好病虫害防治。

【保护建议】

十齿花在雷公山保护区分布较多较广，天然更新能力较强，采用就地保护为主，加大保护宣传力度、严禁采伐破坏，严格保护其生长环境。

异形玉叶金花

【保护等级及珍稀情况】

异形玉叶金花 *Mussaenda anomala* Li 属茜草科玉叶金花属 *Mussaenda*，原为国家一级重点保护野生植物，我国特有种。1936 年在广西大瑶山首次采得标本。

【生物学特性】

异形玉叶金花常绿攀缘灌木，小枝灰褐色。叶对生，薄纸质，椭圆形至椭圆状卵形，长 13~17cm，宽 7.5~11.5cm，顶端渐尖，基部楔形，两面散生短柔毛，上面绿色，下面淡白色；叶柄长 2~2.5cm；托叶早落。多歧聚伞花序顶生，有多朵花，具略贴伏的短柔毛；花萼裂片 5 片，全部增长为花瓣状的花叶；花叶卵状椭圆形，长 2~4cm，宽 1.5~2.5cm；花冠裂片 5 片；雄蕊 5 枚，着生在花冠管上，花丝短；花柱内藏，柱头 2 裂。浆果长 4mm。

异形玉叶金花为我国特有种，据相关资料记载，异形玉叶金花 1936 年在广西大瑶山首次采得标本，仅分布于我国广西大瑶山及贵州东南部的从江加叶、黎平岩洞、榕江乐里傜人溪和平永，贵州南部的荔波莫干等局部极其狭窄地区，分布海拔 600~1200m。1989 年雷公山保护区考察记载有分布，分布地为雷公山南麓小丹江一带，但此后调查中未在原生地发现，疑因异形玉叶金花主要分布于路旁等地段，易遭受破坏而在原生地消亡。但雷公山南麓地理气候适宜异形玉叶金花生存，有待进一步深入调查。

张华海等于 20 世纪 90 年代初进行贵州珍稀植物调查，在加叶村寨附近见到 18 株（丛），黎平岩洞乡到银朝乡江边近 30km 路两侧，共计发现 3 个点 9 株。由榕江县城至与雷公山交界近 60 公里处，两侧环境条件相似处甚多，也仅见 2 株。由此根据线路调查及样地资料分析，异形玉叶金花在贵州分布区面积约 $220hm^2$，总株数不超过 60 株，包括从江加叶面积 $60hm^2$；黎平岩洞 $50hm^2$有 9 株；榕江平永、乐里傜人溪 $100hm^2$有 27 株；荔波莫干 $10hm^2$有 5 株。

【应用价值】

异形玉叶金花为我国特有濒危植物，具有重要的研究及保护价值。其花萼异化为洁白色花瓣状，花金黄色，故名异形玉叶金花，花色奇特典雅，具有较高的观赏价值。

【资源特性】

根据相关资料记载，异形玉叶金花主要生长在山谷土壤湿润但阳光比较充足的地方，攀缘在中下层乔木树干之上，茂密的森林内或灌丛中都比较少见。所在地年平均气温 17℃，1 月平均气温 8.3℃，7 月平均气温 24℃，年降水量 1800mm 左右。土壤为黄壤，pH 值为 4.5~5.5。笔者在 2012 年极小种群调查工作中，在榕江县至雷公山 60 公里处公

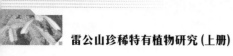

路上坎发现异形玉叶金花极小种群 1 个共 3 株。该极小种群分布海拔 420m，土壤为红黄壤，植被为路边灌草丛，人为活动频繁。

异形玉叶金花为极小种群植物，野外种群规模极小，据调查，野外种群有3~5 株，极易遭受破坏而濒临灭绝。2017—2020 年雷公山保护区科研人员扩繁 50 株。

张华海等对黎平岩洞的 2 号样地调查显示，海拔 600m，红壤，坡向东，坡度 50°，样地面积 5m×5m，上方为公路，下方为灌丛，两侧为农地，阳光充足，上层树种也是优势种为异形玉叶金花，共 5 丛，平均树高 2. 56m，最高达 3. 5m，最矮 1. 8m，覆盖度 50%；主要伴生种为木莓，平均高 1. 5m，覆盖度 60%；草本层多为禾本科植物、千里光 *Senecio scandens* 及蕨类和乌蔹莓 *Cayratia japonica*。人为干扰严重，植株屡遭砍伐及攀摘，生长仍枝繁叶茂。榕江平永 1 号样地：亦为路边次生森缘，海拔 750m，黄壤，坡向西，坡度 20°；主要种类为枫香树、白栎、盐肤木等；上层均为乔木种类，其生长速度及生态幅都优于异形玉叶金花，致使异形玉叶金花生长表现较差。

【研究进展】

张华海等于 20 世纪 90 年代初在贵州珍稀植物调查中对其资源分布等进行了调查，记录了异形玉叶金花资源分布、资源数量及特性等。余永富等开展扦插繁殖试验，张文泉、王定江等开展扦插繁殖技术研究，并开展了组织培育初步研究，袁明、余永富等开展了实生苗移植栽培生长节律研究等。余永富等发明一种濒危珍稀植物异形玉叶金花种子繁殖方法的专利。

【繁殖方法】

1　种子繁殖

1. 1　果实特征

多歧聚伞果序，果皮墨绿色，被稀疏糙伏毛，着生稀疏灰白色疣点。果柄 0. 2~0. 3cm，被平伏柔毛，粗约 0. 2cm，每果序 8~23 颗果。成熟果卵状椭圆形，长 0. 7~1cm，粗 0. 5~0. 8cm，平均每果重 0. 184g。果皮薄，子房下位，二室，中柱胎坐，种子着生于肉质膨大的双肾形中株表面。通过随机抽取 10 颗果实，测定每果出种子数量，平均每果种子数 826 粒，最多 1163 粒，最少 431 粒。种子扁圆形，直径 0. 4~0. 5nm，种皮黑色，表面有圆形疣状凸起。种子千粒重 0. 052g。果实 10 月下旬至 11 月上旬成熟，浆果状，采后置于阴凉干燥处 3~4d 果实熟化变软。

1. 2　种子繁殖特性

通过种子繁殖试验，不同年度种子繁殖研究发现：当年种子（2017 年）保持了良好的发芽率，平均发芽率最高可达 84. 50%；隔年种子（2016 年）发芽能力明显下降，平均发芽率最高仅为 15. 00%，平均仅为 10. 5%；三年种子（2015 年）失去了种子活力，发芽率为 0。

在种子育苗基质上，以 2017 年种子繁殖为例，森林腐殖质土表现最好，2017 年种子发芽率 82. 0%~87. 0%，平均发芽率 84. 50%；黄心土次之，发芽率 76. 0%~80. 0%，平均发芽率 78. 00%。

异形玉叶金花播种后6~9d种子开始发芽，约20d达到出苗高峰，35~40d出苗整齐。种壳出土初期，子叶圆形至椭圆形，顶端圆形或微凹，中下部较宽，长1~2nm，宽约1nm，子叶无毛，茎轴2~3nm。幼苗细弱，易受虫害、病害危害，通过大田种子育苗证明大田种子育苗不易成苗。出苗后约15d出现细小两片真叶，约30d出现第二次真叶，40~45d出现第三次真叶，50~55d出现第四次真叶。

异形玉叶金花苗期生长观测结果见表8-38。根据表8-38绘制异形玉叶金花1年生实生苗生长曲线如图8-13所示。观测表明，1年生实生苗生长较慢，苗高最高12.7cm，平均高9.9cm，最大地径0.3cm，平均地径0.1876cm。由图8-13可见，异形玉叶金花1年生实生苗生长期从7月中旬至11月上旬，生长期约5个月。苗高生长高峰期为9月上旬至10月中下旬，高峰期延续约2个月，生长高峰期高生长量占年生长量的64.3%。

表8-38　雷公山保护区异形玉叶金花1年生苗苗高、地径生长观测结果

日期	7月16日	7月28日	8月11日	8月24日	9月8日	9月20日	10月4日	10月20日	11月15日	12月21日
平均地径（cm）	0.050	0.076	0.090	0.105	0.125	0.137	0.159	0.168	0.186	0.186
平均苗高（cm）	0.59	0.76	1.33	1.83	2.77	5.61	7.67	9.14	9.80	9.90

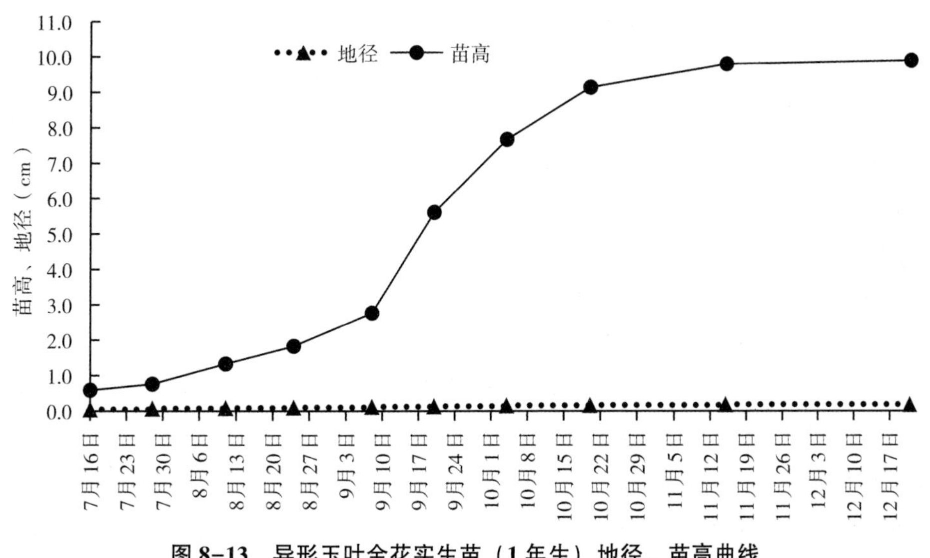

图8-13　异形玉叶金花实生苗（1年生）地径、苗高曲线

1.3　种子繁殖方法

大田育苗观测中未观察到异形玉叶金花种子发芽生长情况。经观察，主要原因是种子细微，芽苗细弱，在野外大田中各类病菌、微生物、害虫、杂草等对异形玉叶金花种子萌发、生长影响严重，难于生存。研究中，采取盆播两段育苗的方法进行异形玉叶金花种子繁殖取得成功。盆播两段育苗的方法即采用播种盆培育异形玉叶金花芽苗，将芽苗移植到移植盆，培育优质苗木，最后移植大田栽培和培育。由于能构建微型保护设施环境，能较好地保温、保湿和控制光照，种子发芽率高，苗木移植培育成活率可达100%，盆播两段

育苗的方法是异形玉叶金花种子可靠的繁殖设施及方法，该方法申请了发明专利。盆播两段育苗的方法步骤如下。

①11月中、下旬观察果实颜色变为深绿色，种皮变黑色为种子成熟期，采集果实，置于阴凉处3~5d果实软化。

②将软化果实置于清水中搓揉，使种子与果肉完全分离，洗净种子，除果屑，滤出种子并晾干，以30目细筛筛出种子果屑混合物，再以55目细筛筛除果屑杂质，得净种。筛出净种用纸袋封装保存。

③翌年春以过筛森林腐殖质土作基质，以清水拌湿，湿度以土壤握成团但轻拍即散为宜。选择深15cm以上的浅色塑料盆作播种盆，大小以播种量确定，盆底开排水孔数个，盆内铺5~8cm厚播种基质，表面平整。盆口覆盖透光度95%的塑料薄膜并用绳扎紧以保温保湿，在薄膜上扎若干透气孔。

④播种前以清水浸泡8~10h，捞出沥干，按6~8g/m^2播种量均匀撒播种子于播种盆基质上，喷雾浇透水，盖上播种盆塑料薄膜并用绳扎紧；将播种盆置于光亮处培育，每日阳光直照2~3h，盆内湿度保持85%~95%，温度20~30℃，温度过高时遮阴或移至避阳光直照处降温至种子萌发。

⑤种子萌发后，以森林腐殖质土为基质制作移植盆；捣碎土块，捏细土粒，除石块等杂质，以清水拌湿，湿度以土壤握成团，但轻拍即散为宜；移植盆选择深25cm以上浅色塑料盆，大小视芽苗数量确定，盆底开排水孔数个，盆内先平铺2~3cm厚洁净粗河沙，再铺10~13cm森林腐殖质土基质，表面平整；盆口覆盖透光度95%的塑料薄膜保温保湿并用绳扎紧，在薄膜上扎透气孔20~30个。

⑥芽苗子叶长成后，按株行距4~5cm用竹签挑出深0.5~1cm的移植坑，轻挑出芽苗，移植覆土至根茎部，扶正歪斜苗，喷透定根水，使土壤表层湿透而不见积水为宜，盆口盖上塑料薄膜并用绳扎紧；将移植盆置于光亮处培育，每日阳光直照2~3h，保持盆内温度20~30℃，湿度85%~95%；温度过高时遮阴或移至避阳光直照处降温。

⑦幼苗长3~4对真叶后，阴雨天或早晚揭膜炼苗4~5d，后撤除薄膜；每日阳光直照时数增加至3~4h，适时浇水，清除苔藓或其他杂物。

⑧培育5~6个月苗高达10cm以上后，将苗移至大田栽培。苗木移植中将移植盆搬至大田，带土取苗，随取苗随移植；大田苗床要求土壤肥沃，移植后浇足定根水，移植初期遮阴，以保障移植成活。

2 扦插繁殖

2.1 扦插繁殖特性

异形玉叶金花具有以皮部生根为主，兼有愈伤组织生根的特点。观察发现：①4种扦插处理的苗木均表现出扦插后约15d开始发芽，约20d愈伤组织形成，皮孔膨胀并出现根芽；扦插生根呈须根状，每皮孔生根1~5根，生根区域为下切口以上0.7~2.3cm。②处理0.5年生的扦插苗平均高30cm，平均地径0.4cm，平均根数7.8根/株，平均根粗1.3mm，平均根长9cm，平均根幅19.8cm。异形玉叶金花通过GGR 30~100ppm溶液浸泡

2h 能较好地提高扦插成活率。扦插苗 4 月下旬开始萌动生长，约 11 月上旬生长停止；全期苗高生长量和地径生长量均分别呈 3 个生长高峰，且二者的生长高峰呈交替出现。其中，全期苗高生长量达 87.9cm 左右，4~10 月月均苗高生长量为 4.6~29.1cm，其 3 个生长高峰依次出现在 5 月中下旬、7 月中下旬至 8 月上旬、8 月下旬至 9 月初；全期地径生长量为 0.58cm 左右，其 3 个生长高峰依次出现在 5 月下旬至 6 月初、6 月下旬至 7 月初和 7 月下旬至 8 月上旬。

2.2 扦插繁殖方法

异形玉叶金花扦插繁殖主要的技术措施如下。

①以稻田土为扦插基质：提前 3~5d 整地，捣细土块，作床 1.2m 宽，步道宽 50cm、深 30cm，长度根据需要设定 2~3m 以上。苗床按 g/m^2 撒施湖南丹灭杀地下害虫等危害。

②准备透明塑料薄膜、遮阴网、竹条等保湿遮阴材料。

③2~3 月上旬采集异形玉叶金花当年生木质化粗壮枝茎为繁殖材料。

④制穗：将异形玉叶金花茎条截成长 10~15cm 的插穗，上端平截，下端斜切，上端切口距离芽眼约 1cm。插穗保留 1~2 对芽和 1~2 片叶，叶片保留 1/2。

⑤浸泡处理：设置 GGR 30~100ppm 溶液浸泡处理约 2h。

⑥扦插：将插穗插入基质 4~5cm，以手稍镇压插穗基部土壤。插后浇一次透水。

⑦覆盖：在插床上以竹条搭建小拱棚，棚高 70~80cm、宽 1.2cm，盖上透明塑料薄膜。再搭建小拱棚，高于塑料小拱棚约 10cm，盖上第二层塑料薄膜，防止冬季低温冻害，最后盖上遮阴网，防止阳光直照温度过高。

⑧3~4 月空气转暖后先开拱棚两端棚口，3~5d 后逐步揭开塑料薄膜，保留遮阴网。

⑨适时观测棚内、棚外温度，适时揭棚除草，进行病虫害防治。

【保护建议】

异形玉叶金花原为国家一级重点保护野生植物、我国特有种、濒危珍稀植物，列为我国极小种群野生植物。种群规模仅 3~5 株，常常难以维持种群的生产和发展。加上主要分布于路旁等人为活动的频繁区域，极易遭到人为砍割破坏，以及道路开挖维修等破坏，造成原生种群及原生地灭失。其他分布地如广西大瑶山等地近年也没有发现异形玉叶金花的报道。由此可见，异形玉叶金花已濒临灭绝，加强保护异形玉叶金花野生植物具有重要性和紧迫性，建议采取以下措施加强异形玉叶金花濒危植物的保护。第一，加强异形玉叶金花资源的调查，特别是雷公山等曾经发现异形玉叶金花的适生区域，发现资源并制定措施加以保护；第二，发现异形玉叶金花立即开展就地保护措施，加强保护宣传，提高公众保护意识，确保有效保护资源；第三，加强异形玉叶金花的引种扩繁，掌握扩繁技术，通过有效的人工培育技术措施，扩大异形玉叶金花资源数量；第四，进行异形玉叶金花野外回归，人工促进野生种群的恢复，或重建野外人工种群；第五，开展异形玉叶金花花卉培育等开发利用，提高社会认识，促进资源保护和合理利用。

参考文献

王艾启芳，陈名慧，梁娴，等，2010. 篦子三尖杉的研究进展 [J]. 贵州农业科学，38（3）：181-183.

巴中市决策咨询委员会，2020. 巴中青钱柳产业发展研究 [J]. 决策咨询，2020（4）：12-14，20.

毕光银，江晓红，姜淑芳，2003. 檫木生长情况及造林技术 [J]. 林业实用技术（12）：17.

蔡晟，张凤，2017. 银鹊树扦插繁殖试验技术研究 [J]. 湖北林业科技（6）：84-85.

曹丽敏，王跃华，赵成，等，2015. 伞花木种仁的营养成分分析 [J]. 植物资源与环境学报，24（4）：114-115.

曹玲玲，甘小红，何松，2012. 不同种源及基质对水青树种子萌发及幼苗初期生长的影响 [J]. 广西植物，32（5）：656-662.

曾思齐，李东丽，宋武刚，等，2012. 檫木次生林空间结构的研究 [J]. 中南林业科技大学学报（3）：1-6.

曾志光，肖复明，王城辉，等，1998. 福建柏种源试验苗期选择初报 [J]. 江西林业科技（4）：1-4.

曾珠亮，蒋天智. 雷山县青钱柳叶中铁　锌　铜含量研究 [J]. 凯里学院报，2016，34（3）：57-59.

柴振林，秦玉川，华锡奇，等，2006. 竹子开花原因研究进展 [J]. 浙江林业科技，26（2）：53-57.

陈爱莉，赵志华，龚伟，等，2020. 气候变化背景下紫楠在中国的适宜分布区模拟 [J]. 热带亚热带植物学报（5）：435-444.

陈炳华，王明兹，刘剑秋，2002. 乐东拟单性木兰花部挥发油的化学成分及其抑菌活性 [J]. 武汉植物学研究（3）：229-232.

陈慈禄，2002. 伞花木木材物理力学性质初步分析 [J]. 福建林业科技（1）：50-52.

陈发菊，赵志刚，梁宏伟，等，2007. 银鹊树胚性愈伤组织继代培养过程中的细胞染色体数目变异 [J]. 西北植物学报（8）：1600-1604.

陈国德，吴海霞，2013. 半枫荷的叶片活性成分测定 [J]. 热带林业，41（4）：6-8.

陈海燕，2017. 红豆杉栽培技术的应用探讨 [J]. 科技与创新（12）：140-141.

陈红锋，张荣京，周劲松，等，2011. 濒危植物乐东拟单性木兰的分布现状与保护策略 [J]. 植物科学学报，29（4）：452.

陈焦成，1993. 白辛树育苗技术 [J]. 陕西林业科技（3）：16.

陈菊艳，邓伦秀，陈景艳，等，2013. 不同种源红花木莲实生苗年生长规律研究 [J]. 中国农学通报，29（31）：8-14.

陈娟娟，杜凡，杨宇明，等，2008. 珍稀树种水青树群落学特征及其保护研究 [J]. 西南林学院学报，28（1）：12-16.

陈琳，余泽平，聂堂杰，等，2018. 江西官山 8 种珍贵野生植物资源及保护策略 [J]. 中国野生植物资源，37（6）：63-67.

陈龙，安明态，王加国，等，2019. 宽阔水保护区白辛树群落物种组成及种群结构分析 [J]. 西南师范大学学报（自然科学版），44（3）：55-61.

陈璐，2007. 基于广义形态学特征对水青树属（昆栏树科）系统位置的研究 [D]. 西安：陕西师范大学.

陈少瑜，司马永康，方波，2003. 篦子三尖杉的遗传多样性及濒危原因 [J]. 西北林学院学报，18（2）：29-32.

陈世红，刘贤旺，杜勤，2002. 半枫荷组织培养研究［J］. 中药材（2）：82-83.
陈锡雄，2004. 鹅掌楸天然林群落结构的初步研究［J］. 宁德师专学报（自然科学版），16（4）：359-360.
陈小寿，2009. 檫木种子繁殖技术［J］. 安徽林业（2）：40.
陈雪梅，欧静，陈训，等，2014. 雷山杜鹃种子特性及萌发试验研究［J］. 江苏农业科学，42（8）：184-186.
陈训，巫华美，2003. 中国贵州杜鹃花［M］. 贵阳：贵州科技出版社.
陈银华，王晓丹，2006. 南方红豆杉非试管快繁育苗技术［J］. 四川林业科技（1）：94.
陈鹰翔，2001. 南方红豆杉扦插繁殖试验［J］. 江苏林业科技，28（3）：21-22.
陈云龙，徐奎源，王远平，等，2007. 峨眉含笑的引种栽培与应用［J］. 华东森林经理（2）：20-22，34.
陈志阳，杨宁，姚先铭，等，2012. 贵州雷公山秃杉种群生活史特征与空间分布格局［J］. 生态学报，32（7）：2158-2165.
程清明，方腾，蒋志成，2007. 开化县官台闽楠群落特征调查研究［J］. 浙江林业科技，27（1）：38-40.
程喜梅，2008. 国家重点保护植物香果树传粉生物学研究［D］. 郑州：河南农业大学.
程翔，1994. 紫楠引种栽培初报［J］. 江苏林业科技（4）：17-19，34.
池上评，2014. 福建柏人工林大中径材经营模式的研究［D］. 福州：福建农林大学.
邓送求，闫家锋，关庆伟，2010. 宝华山紫楠风景林林分空间结构分析［J］. 东北林业大学学报（4）：29-32.
邓小梅，奚如春，符树根，2007. 乐东拟单性木兰组培再生系统的建立［J］. 江西农业大学学报，29（2）：198.
邓兆，韦小丽，2016. 珍稀树种花榈木种子休眠破除方法研究［J］. 种子，35（11）：1-4.
邓兆，韦小丽，孟宪帅，等，2011. 花榈木种子休眠和萌发的初步研究［J］. 贵州农业科学，39（5）：69-72.
丁磊，胡万良，王伟，等，2009. 遮荫对天女木兰光合特性及生长的影响［J］. 林业资源管理（3）：61-65.
丁林芬，王海垠，王扣，等，2016. 香果树化学成分的研究［J］. 中成药药，38（12）：2610-2614.
丁小飞，陈红林，曹健，等，2006. 檫木三个群体的遗传结构初探［J］. 湖北林业科技（5）：1-2.
董梅，曹健，蒋祥娥，等，2021. 湖北省鹅掌楸属研究现状［J］. 湖北林业科技，50（1）：29-32.
董学芬，2017. 地形因素对红花木莲分布的影响［J］. 安徽农业科学，45（10）：162-163.
杜凤国，刁绍起，王欢，等，2006. 天女木兰的物候及生长过程［J］. 东北林业大学学报，34（6）：39-40.
杜凤国，姜洪源，郭忠玲，等，2011. 吉林濒危植物天女木兰种群分布格局与生态位研究［J］. 南京林业大学学报（自然科学版），35（3）：33-37.
杜凤国，孙广仁，姜洪源，等，2011. 天女木兰色素提取工艺及稳定性［J］. 北华大学学报（自然科学版），12（1）：68-74.
杜凤国，王欢，刘春强，等，2006. 天女木兰群落物种多样性的研究［J］. 东北师大学报（自然科学版），38（2）：91-95.
杜喜春，赵银萍，何祥博，等，2018. 竹类植物开花生理研究现状［J］. 竹子学报，37（3）：7-11.
段凤芝，2004. 紫楠培育技术［J］. 安徽林业科技（1）：31-32.
范忆，楼一恺，库伟鹏，等，2020. 天目山紫楠种群年龄结构与点格局分析［J］. 浙江农林大学学报（6）：1027-1035.
方瑞存，张秀实，1988. 杜鹃属一新种［J］. 云南植物研究：10.
费永俊，刘志雄，王祥，等，2005. 南方红豆杉响应不同传粉式样的结实表现［J］. 西北植物学报，25（3）：478-483.
冯邦贤，王定江，杨加文，等，2012. 剑河县南哨小叶红豆群落物种组成及群落结构研究［J］. 种子，31（4）：65-68.

冯邦贤，韦海霞，2017. 黔东南州篦子三尖杉群落结构特征研究［J］. 湖南林业科技，44（4）：34-42.

冯邦贤，杨冰，李鹤，等，2020. 贵州杜鹃花科植物黔中杜鹃的补充描述［J］. 四川林业科技，41（2）：74-77.

冯金朝，袁飞，徐刚，2009. 贵州雷公山自然保护区秃杉天然种群生命表［J］. 28（7）：1234-1238.

付必谦，张峰，高瑞如，等，2006. 生态学实验原理与方法［M］. 北京：科学出版社.

付建生，董文渊，刘兴东，等，2014. 我国木莲属植物研究进展［J］. 林业调查规划，39（2）：31-33，38.

傅凤霞，2015. 闽楠种子轻基质育苗繁殖技术试验［J］. 绿色科技（9）：66-69.

甘小红，田茂洁，罗雅杰，2008. 濒危植物水青树种子的萌发性研究［J］. 西华师范大学学报（自然科学版），29（2）：132-135.

高连明，李德铢，2006. 国产杜鹃花属马银花亚属（杜鹃花科）五个新异名［J］. 植物分类学报，44（5）：604-607.

高顺良，高顺全，2004. 黄杉育苗造林技术［J］. 云南林业（4）：17.

高贤明，陈灵芝，1998. 植物生活型分类系统的修订及中国暖温带森林植物生活型谱分析［J］. 植物学报，40（6）：553-559.

高宇琼，郭春喜，田鹏，2016. 红花木莲组织培养外植体消毒方法初步研究［J］. 安徽农学通报，22（20）：17-18，112.

葛永金，王军峰，方伟，等，2012. 闽楠地理分布格局及其气候特征研究［J］. 江西农业大学学报，34（1）：749-753.

关文灵，匡大伦，杨文良，等，2011. 不同时期的断根和促根处理对红花木莲（*Manglietia insignis*）大苗移栽成活的影响［J］. 西南农业学报，24（2）：707-711.

管帮富，彭火辉，陈华玲，等，2010. 紫果槭繁育试验总结［J］. 现代园艺（5）：14，22.

贵州省林业厅，2003. 南宫自然保护区科学考察集［M］//杨成华，徐有志，王安文. 篦子三尖杉群落. 贵阳：贵州科技出版社.

贵州植物志编辑委员会，1980-2004. 贵州植物志一至十卷［M］. 贵阳：贵州人民出版社.

郭连金，贺昱，徐卫红，2012. 三清山濒危植物天女花种群生殖对策研究［J］. 植物科学学报，30（2）：153-160.

郭泉水，王祥福，巴哈尔古丽，2009. 崖柏群落维管束植物生活型组成、叶子性状及层次层片结构［J］. 应用生态学报，20（9）：2057-2062.

郭文杰，鲁雪华，林勇，1998. 三尖杉的资源利用与开发［J］. 亚热带植物通讯（1）：23-26.

憨宏艳，许宁，张珊，等，2015. 吸胀期低温处理对水青树种子萌发特性的影响［J］. 植物分类与资源学报，37（5）：586-594.

郝胜大，2009. 盐胁迫对木兰科树种和杨梅苗光合生理特性的影响［D］. 南京：南京农业大学.

何飞，郑庆衍，刘克旺，2001. 江西宜丰县官山穗花杉群落特征初步研究［J］. 中南林学院学报，21（1）：74-77.

何开跃，李晓储，黄利斌，等，2004. 干旱胁迫对木兰科 5 树种生理生化指标的影响［J］. 植物资源与环境学报，13（4）：20-23.

何婷，赵怡程，李鹏跃，等，2017. 滇白珠抗炎镇痛活性部位的化学成分研究［J］. 中草药，48（17）：3469-3474.

何轶，张聿梅，车镇涛，2012. 伞花木茎化学成分研究［J］. 中草药，43（7）：1276-1279.

何轶，赵明，宗玉英，等，2010. 伞花木化学成分研究［J］. 中草药，41（1）：36-39.

贺圆，崔永忠，2015. 濒危植物翠柏的研究现状［J］. 北京农业（9）：75-76.

贺宗毅，张德利，李卿，等，2017. 我国红豆杉药材人工培植研究及思考［J］. 中国药业，26（17）：1-5.

洪伟，王新功，吴承祯，等，2004. 濒危植物南方红豆杉种群生命表及谱分析［J］. 应用生态学报（6）：1109-1112.

侯伯鑫，程政红，曾万明，等，2000. 福建柏地理种源试验苗期研究［J］. 湖南林业科技，27（2）：1-5.

侯伯鑫，程政红，林峰，等，2001. 福建柏育苗技术研究［J］. 湖南林业科技，28（3）：15-18.

侯德平，许怡晓，李茂娟，等，2018. 切根和基质配比培育柔毛油杉苗木试验［J］. 绿色科技（15）：87-89.

侯盼盼，陈安良，费莉玢，等，2020. 水杨酸诱导紫楠对炭疽病的抗性［J］. 浙江农林大学学报（3）：605-610.

侯顺，1985. 小叶红豆调查［J］. 湖南林业科技（1）：43-44.

胡和，贾晨，周永丽，等，2016. 鹅掌楸天然林与人工林群落特征及物种多样性研究［J］. 四川林业科技，37（3）：39-43.

胡士英，李小平，周洪岩，等，2020. 厚朴的药用价值及产业现状分析［J］. 林业调查规划，45（5）：175-179，184.

胡宽，杨绍琼，陆代辉，等，2017. 贵州雷公山自然保护区桃江片区十齿花群落初步调查［J］. 吉林农业（15）：48-49.

胡兴宜，宋从文，张家来，2004. 湖北省秃杉立地类型划分及立地质量评价［J］. 江西农业大学学报，26（4）：532-535.

胡之璧，周秀佳，郭济贤，等，1995. 三尖杉培养细胞中抗癌活性成分的研究［J］. 植物学报（6）：417-424.

黄宝祥，朱培林，符树根，2010. 檫木的组织培养［J］. 江西林业科技（4）：11-12.

黄道恩，2014. 半枫荷扦插繁殖技术试验［J］. 防护林科技（4）：33-35，68.

黄雕顺，2019. 中国西南部第三纪孑遗植物十齿花群落结构　种群动态及其维持机制［J］. 昆明：云南大学.

黄海明，2015. 青钱柳育苗　造林及加工利用技术［J］. 安徽林业科技，41（1）：77-79.

黄久香，庄雪影，2000. 车八岭苗圃三种国家二级保护植物的菌根研究［J］. 华南农业大学学报，21（2）：38-41.

黄鹏，毛霞，韩歌，2018. 雌雄异型异熟青钱柳花发育过程中养分的动态变化［J］. 南京林业大学学报（自然科学版），42（5）：1-9.

黄日奎，2012. 深山含笑实生苗苗高生长规律及育苗技术研究［J］. 安徽农学通报（下半月刊），18（2）：87-88，97.

黄士良，郭书哲，李飞，等. 河北省野生蔬菜资源及开发利用［J］. 安徽农业科学，2012，40（24）：12161-12163.

贾夏，朱玮，张檀，等，2004. 我国刺楸属植物资源与综合利用研究［J］. 西北林学院学报（4）：142-145.

江昌志，2004. 花榈木育苗技术［J］. 林业实用技术（9）：26.

江洪，1992. 云杉种群生态学［M］. 北京：中国林业出版社：7-13.

江林，涂国勤，谢敏，等，2011. 南方红豆杉的生理学特征与开发利用前景［J］. 绿色科技（6）：188.

江香梅，肖复明，叶金山，等，2009. 闽楠天然林与人工林生长特性研究［J］. 江西农业大学学报，31（6）：1049-1054.

姜顺邦，袁丛军，余德会，等，2020. 贵州特有植物黔中杜鹃种群结构及其动态分析［J］. 浙江林业科技，40（4）：1-9.

姜在民，和子森，宿昊，等，2018. 濒危植物羽叶丁香种群结构与动态特征［J］. 生态学报，38（7）：2471-2480.

姜宗庆，李成忠，周霞，等，2020. 紫楠种子休眠特性及解除措施研究［J］. 种子（12）：92-94，98.

蒋梅，杨亚萍，2010. 粗榧育苗技术［J］. 农业科技与信息（22）：30.

蒋泽平，李晓储，黄利斌，等，2008. 秃杉优选单株的离体培养技术研究［J］. 江苏林业科技，35（2）：5-8.

金钱荣，2016. 大姚县粗榧生境条件及分布现状初报［J］. 内蒙古林业调查设计，39（6）：131-133.

康华钦，刘文哲，2008. 银鹊树大小孢子发生及雌雄配子体发育解剖学研究［J］. 西北植物学报，28（5）：868-875.

孔凡芸，刘京蓉，刘松涛，2014. 半枫荷高效扦插繁育技术研究［J］. 中国林副特产（5）：48-49.

蓝仕庆，刘勋，石健，2010. 小叶红豆容器育苗造林［J］. 中国林业（21）：53.

黎桂芳，1999. 篦子三尖杉的引种［J］. 萍乡高等专科学校学报（4）：68-69.

黎明，正红，苏金乐，等，2002. 银鹊树营养器官的解剖观察［J］. 河南农业大学学报，36（3）：237-242.

黎平，2016. 贵州国家保护植物手册［M］. 贵阳：贵州科技出版社.

黎锡光，2009. 南岭秤架南方红豆杉资源的调查研究［J］. 广东科技（6）：33-35.

李斌，顾万春，夏良放，等，2001. 鹅掌楸种源遗传变异和选择评价［J］. 林业科学研究，14（3）：237-244.

李晨燕，2007. 福建柏人工林经济成熟的研究［D］. 福州：福建农林大学.

李承彪，1997. 大熊猫主食竹研究［M］. 贵阳：贵州科技出版社.

李东丽，2012. 檫木混交林空间结构规律及生长模型研究［D］. 长沙：中南林业科技大学.

李冬林，王火，江浩，2019. 遮光对香果树幼苗光合特性及叶片解剖结构的影响［J］. 生态学报，39（24）：9089-9100.

李怀春，甘小红，张泽鹏，等，2015. 不同海拔与母树大小对水青树种子生物学特性的影响［J］. 植物分类与资源学报，37（2）：177-183.

李建民，周志春，吴开云，等，2002. RAPD 标记研究马褂木地理种群的遗传分化［J］. 林业科学，38（4）：61-66.

李姣娟，黄克瀛，龚建良，等，2007. 川桂叶和川桂枝中挥发油的比较研究［J］. 安徽农业科学（18）：5412-5413，5416.

李姣娟，黄克瀛，卢丽俐，等，2008. 不同提取工艺对川桂叶挥发油抑菌活性的影响［J］. 中国调味品，33（12）：40-44.

李军，陆云峰，杨安娜，2019. 紫楠天然群落物种多样性对不同干扰强度的响应［J］. 浙江农林大学学报（2）：279-288.

李明刚，谢双喜，2015. 黔北喀斯特山地黄杉林群落及种群结构研究［J］. 天津农业科学，21（9）：150-153，166.

李日鸿，2015. 沙县混生半枫荷阔叶林群落特征研究［J］. 现代农业科技（13）：189-191.

李珊，甘小红，憨宏艳，等，2016. 濒危植物水青树叶的表型性状变异［J］. 林业科学研究，29（5）：687-697.

李望军，冯图，周瑞伍，等，2019. 基于 Maxent 模型的贵州省天然黄杉林的潜在分布预测研究［J］. 西部林业科学，48（3）：47-52.

李卫东，肖远志，王春梅，等，2010. 红花木莲繁殖技术与抗污效能研究［J］. 林业调查规划，35（3）：140–143.

李文东，管天球，邹先明. 一种高产厚朴的繁殖方法：CN 201110134393［P］.

李文英，李欣，甘小红，2018. 濒危植物水青树的种群结构与数量动态［J］. 亚热带植物科学，47（3）：222–228.

李小鹏，邵晓雪，江爱国，2019. 红豆杉栽培技术及其应用价值［J］. 吉林农业（22）：96.

李鑫，沈永宝，朱文杰，等，2019. 不同芽苗切根强度对紫楠容器苗生长的影响［J］. 东北林业大学学报（11）：17–22.

李性苑，李东平，2011. 贵州雷公山秃杉种群分布格局的研究［J］. 凯里学院学报，29（3）：72–75.

李永康，1987. 贵州槭属二新种［J］. 广西植物（3）：211–213.

李兆华，赵丽娅，卢进登，2004. "易根"：竹子群体开花的生态诠释［J］. 世界竹藤通讯（4）：21–23.

李珍，王素娟，刘纯玲，等，2012. 紫楠及浙江楠种子萌发特性研究［J］. 北方园艺（7）：58–60.

李振军，张新华，饶逢春，等，2003. 福建柏地理种源优树家系苗期试验［J］. 湖南林业科技，30（1）：65–67.

李志国，姜卫兵，翁忙玲，2011. 常绿阔叶园林 6 树种（品种）对模拟酸雨的生理响应及敏感性［J］. 园艺学报，38（3）：512–518.

李周岐，王章荣，2002. RAPD 标记在鹅掌楸属中的遗传研究［J］. 林业科学，1（1）：150–153.

李宗艳，郭荣，2014. 木莲属濒危植物致濒原因及繁殖生物学研究进展［J］. 生命科学研究，18（1）：90–94.

梁璐璐，鄂白羽，郑娜，2011. 翠柏的栽培技术及应用［J］. 农业科技与信息（16）：30–31.

梁庆松，李文宣，刘国武，等，2004. 不同整地方式对福建柏林分生长的影响［J］. 林业科技开发，18（6）：31–32.

梁瑞龙，2014. 小叶红豆："广西紫檀"［J］. 广西林业（8）：25–26.

梁彦兰，2004. 濒危树种青钱柳群落结构与栽培技术研究［D］. 福州：福建农林大学.

廖德志，吴际友，程勇，等，2009. 柔毛油杉无性系嫩枝秋季扦插繁殖试验［J］. 中国农学通报，25（15）：91–94.

廖进平，黄帮文，刘菊莲，等，2010. 风雪灾害对濒危植物银鹊树种群结构的影响［J］. 浙江林业科技，30（1）：74–78.

林鹏，俞友明，黄华宏，等，2011. 伯乐树木材纤维形态特征及其径向变异的研究［J］. 浙江林业科技，31（1）：49–54.

林书荣，2007. 乐东拟单性木兰全光扦插试验［J］. 防护林科技（81）：37.

林树燕，毛高喜，2007. 竹子开花习性和开花竹林的更新［J］. 林业科技（5）：23–25.

林同龙，2000. 闽北天然檫树种群结构与分布格局初步研究［J］. 中南林学院学报（1）：49.

林同龙，2012. 乐东拟单性木兰人工林木材纤维形态和化学成分研究［J］. 安徽农业科学，40（3）：1437–1438.

林小虎，秘树青，郭振清，等，2011. 不同海拔天女木兰叶抗氧化酶活性与光合色素含量［J］. 经济林研究，29（2）：60–64.

林泽信，李茂，李鹤，等，2018. 贵州印江洋溪自然保护区伯乐树群落研究［J］. 种子，37（11）：59–63.

林长松，左经会，朱万斌，等，2008. 珍稀植物十齿花种群结构与分布格局［J］. 安徽农业科学（9）：3646–3651，3733.

刘宝, 2005. 珍贵树种闽楠栽培特性与人工林经营效果研究［D］. 福州：福建农林大学.

刘宝, 陈存及, 陈世品, 等, 2006. 闽楠群落优势种群结构与空间分布格局［J］. 福建林学院学报, 26（3）：210-213.

刘丹, 顾万春, 杨传平, 等, 2006. 中国鹅掌楸遗传多样性研究［J］. 林业科学, 42（2）：116-119.

刘佳庆, 李宁, 熊天石, 2004. 濒危植物南方红豆杉不同种群的结构和动态变化［J］. 热带亚热带植物学报, 22（5）：479-485.

刘家雷, 张中信, 2016. 深山含笑种子的萌发特性研究［J］. 安徽农学通报, 22（14）：40, 123.

刘娟, 王存琴, 2015. 青钱柳化学成分及药理活性研究进展［J］. 包头医学报, 31（8）：144-145.

刘克旺, 石道良, 杨旭红, 等, 1999. 湖南绥宁县神坡山稳花杉群落特性初步研究［J］. 武汉植物研究, 17（2）：137-145.

刘仁阳, 欧静, 2014. 雷山杜鹃菌根的显微结构与菌根真菌的侵染率［J］. 贵州农业科学, 42（9）：109-111.

刘仁阳, 欧静, 陈训, 等, 2013. 赤霉素浸种对雷山杜鹃种子萌发的影响［J］. 贵州科学, 31（2）：69-71.

刘仁阳, 欧静, 李冠楠, 等, 2014. 梵净山雷山杜鹃根部真菌分离与鉴定［J］. 西北农业学报, 23（4）：178-185.

刘盛全, 刘秀梅, 訾兴中, 等, 1993. 珍稀树种刺楸构造与材性研究［J］. 安徽农业大学学报（3）：192-195.

刘文哲, 康华钦, 郑宏春, 等, 2008. 银鹊树超长有性生殖周期的观察［J］. 植物分类学报, 46（2）：175-182.

刘晓娇, 李彬, 何鸿举, 等, 2016. 粗榧种子油脂抗氧化性及其脂肪酸组成分析［J］. 西北农业学报, 25（3）：429-434.

刘晓娇, 祝社民, 樊明涛, 2017. 粗榧种子饼粕中植酸的提取工艺优化研究［J］. 陕西农业科学, 63（1）：47-50, 78.

刘晓捷, 2013. 峨眉含笑扦插繁殖研究［J］. 北方园艺（5）：63-65.

刘晓菊, 王冬, 于德林, 等, 2013. 粗榧在熊岳地区的引种表现及繁育技术［J］. 北方园艺（8）：85-87.

刘兴剑, 刘晓巍, 孙起梦, 2005. 阔瓣含笑种内类型划分及苗期试验［J］. 江苏林业科技（4）：15-17.

刘扬晶, 林亲众, 2006. 在湖南三道坑自然保护区珍稀濒危植物鹅掌楸群落的研究［J］. 热带亚热带植物学报, 14（4）：281-286.

刘玉壶, 曾庆文, 周仁章, 等, 2004. 中国木兰［M］. 北京：北京科学技术出版社.

刘玉壶, 吴容芬, 1986. 贵州木莲属一新种［J］. 广西植物（4）：263-264.

刘玉壶, 周仁章, 1997. 木兰科植物及其珍稀濒危种类的迁地保护［J］. 热带亚热带植物学报, 5（2）：1-12.

刘智慧, 谭经正, 廖邦洪, 等, 1994. 四川青城山穗花杉种群和群落特征的初步研究［J］. 热带亚热带植物学报, 2（2）：22.

柳誉, 梁彦兰, 陈存及, 等, 2004. 混交林中青钱柳生长规律的研究［J］. 江西农业大学学报（3）：381-384, 438.

娄丽, 杨冰, 袁从军, 等, 2021. 贵州特有植物雷公山杜鹃群落结构和物种多样性研究［J］. 贵州林业科技（1）：12-18.

鲁元学, 武全安, 龚洵, 等, 1999. 红花木莲有性繁殖和生态生物学特性的研究［J］. 广西植物（3）：267-271.

罗奋容, 2015. 深山含笑育苗技术研究 [J]. 安徽农业科学, 43 (15): 171-173.

罗峰, 2019. 桂南木莲和马关木莲繁育系统及杂交育种研究 [D]. 长沙: 中南林业科技大学.

罗峰, 金晓玲, 柴弋霞, 等, 2018. 桂南木莲与马关木莲花部特征及繁育系统比较研究 [C]. 中国园艺学会观赏园艺专业委员会, 国家花卉工程技术研究中心. 中国观赏园艺研究进展.

罗峰, 金晓玲, 李瑞雪, 等, 2018. 桂南木莲繁育系统及其传粉适应性 [J]. 东北林业大学学报, 46 (3): 45-49, 53.

罗靖德, 甘小红, 贾晓娟, 等, 2010. 濒危植物水青树种子的生物学特性 [J]. 植物分类与资源学报, 32 (3): 204-210.

罗桃, 徐润, 王玉奇, 2012. 珍稀植物半枫荷育苗造林技术 [J]. 林业实用技术 (8): 32.

罗扬, 杨成华 周家维, 等, 2012. 贵州主要阔叶用材树种造林技术 [M]. 贵阳: 贵州科技出版社.

吕文, 2010. 雄全异株植物银鹊树的传粉生物学和维持策略 [D]. 西安: 西北大学.

麻力, 2013. 雄全异株植物银鹊树花果同期发育的性别分配 [D]. 西安: 西北大学.

马进, 王小德, 2005. 天目山槭树植物种质资源与开发价值评价 [J]. 长江大学学报, 2 (5): 35-36.

马克平, 黄建辉, 于顺利, 等, 1995. 北京东灵山地区植物群落多样性的研究Ⅱ丰富度、均匀度和物种多样性指数 [J]. 生态学报, 15 (3): 268-277.

马忠武, 何关福, 1989. 我国特有植物香果树化学成分的研究 [J]. 植物学报, 31 (8): 620-625.

毛玮卿, 朱祥福, 林宝珠, 等, 2009. 九连山伞花木群落结构特征分析 [J]. 江西林业科技 (2): 8-12.

蒙好生, 严理, 杨梅, 等, 2017. 深山含笑在低光处理下生长及生理变化研究 [J]. 河南科学, 35 (3): 402-406.

孟广涛, 柴勇, 方向京, 等, 2008. 滇东北黄杉种群数量动态的初步研究 [J]. 西北林学院学报 (6): 54-59.

孟庆法, 高红莉, 王保胜, 2009. 刺楸苗木繁育及栽植技术 [J]. 中国林副特产 (2): 36-37.

孟宪东, 秘树青, 于秀敏, 等, 2010. 天女木兰营养器官的解剖观察 [J]. 河北科技师范学院学报, 24 (3): 59-63.

孟宪东, 徐兴友, 张风娟, 等, 2003. 老岭自然保护区天女木兰林的群落结构 [J]. 河北职业技术师范学院学报, 17 (4): 29-33.

孟宪帅, 韦小丽, 2011. 濒危植物花榈木野生种群生命表及生存分析 [J]. 种子, 30 (7): 66-68.

宁阳, 金晓玲, 陈洁, 等, 2015. 乐东拟单性木兰茎段腋芽诱导研究 [J]. 现代园艺 (5): 3.

潘跃芝, 龚洵, 2002. 濒危植物红花木莲大孢子发生和雌配子体发育的研究 [J]. 西北植物学报 (5): 1209-1214, 1289-1291.

彭希, 赵安玖, 陈智超, 等, 2021. 雅安周公山不同发育阶段峨眉含笑的枝叶性状 [J]. 浙江农林大学学报, 38 (1): 65-73.

彭玉忠, 李树龙, 陈开桂, 等, 1999. 福建柏全光圃地育苗技术研究 [J]. 湖南林业科技, 26 (2): 4-8.

蒲悦, 毛绘友, 刘群, 等, 2019. 四川盆地西缘峨眉含笑-喜树混交林凋落物量及碳氮磷动态特征 [J]. 应用与环境生物学报, 25 (2): 262-267.

钱一凡, 黎云祥, 陈兰英, 等, 2015. 深山含笑传粉生物学研究 [J]. 广西植物, 35 (1): 36-41, 108.

乔梦吉, 陈柏旭, 符韵林, 2019. 5 种楠木木材 DNA 的提取与条形码鉴定 [J]. 西南林业大学学报 (自然科学) (3): 141-148.

乔琦, 文香英, 陈红锋, 等, 2010. 中国特有濒危植物伯乐树根的生态解剖学研究 [J]. 武汉植物学研究, 28 (5): 544-549.

秦爱丽，马凡强，许格希，等，2020. 珍稀濒危树种峨眉含笑种群结构与动态特征［J］. 生态学报，40（13）：4445-4454.

秦建强，谈新明，余庆初，等，2005. 城市新贵银鹊树育苗［J］. 中国城市林业，3（2）：72-73.

秦向东，刘吉开，2014. 十齿花化学成分研究［J］. 天然产物研究与开发，26（5）：671-674.

秦玉川，胡伯智，王丽玲，等，2013. 穗花杉扦插繁殖育苗技术研究［J］. 江西林业科技（1）：26-27.

邱显权，王定江，1989. 剑河县盘磨村柔毛油杉林调查初报［J］. 贵州林业科技（2）：52-54.

任璐，吴洪娥，汤升虎，等，2016. 雷山杜鹃群落特征及其物种多样性分析［J］. 贵州科学，34（5）：9-13.

茹文明，张桂萍，毕润成，等，2007. 濒危植物脱皮榆种群结构与分布格局研究［J］. 应用与环境生物学报（1）：14-17.

阮煜，霍锋，张纯，等，2006. 红豆杉属植物的化学成分及药理作用研究进展［J］. 陕西林业科技（2）：1-5.

沈绍南，柳尚贵，蔡焕留，2009. 珍贵树种花榈木丰产栽培技术［J］. 现代农业科技（1）：81-84.

时德瑞，周运兰，唐鑫，等，2015. 青钱柳育苗技术［J］. 南方园艺（2）：1-2.

史刚荣，2004. 七种阔叶常绿植物叶片的生态解剖学研究［J］. 广西植物，24（4）：334-338.

司马永康，2004. 珍贵药用植物篦子三尖杉的保护生物学研究［D］. 昆明：云南大学.

司倩倩，臧德奎，傅剑波，等，2016. 粗榧种子休眠原因及其解除方法研究［J］. 山东农业科学，48（5）：42-44，48.

宋连芳，富玉，秦丽，2001. 建立天女木兰资源保护区的探讨［J］. 吉林林业科技，30（2）：35-38.

宋永昌，2001. 植被生态学［M］. 上海：华东师范大学出版社：99-116.

宋志红，古定豪，唐秀俊，等，2019. 雷公山杜鹃扦插繁殖研究初报［M］. 贵阳：贵州林业科技出版社.

苏梦云，姜景民，2004. 乐东拟单性木兰茎段愈伤组织诱导与褐变控制的研究［J］. 林业科学研究，17（6）：757-762.

苏文苹，杜凡，杨宇明，等，2015. 昭通北部地区稀有植物十齿花群落特征［J］. 福建林业科技，42（3）：54-59.

苏玉卿，李佳桐，李伯林，等，2016. 青钱柳研究进展［J］. 农技服务，33（1）：5-7，15.

隋先进，2017. 深山含笑次级代谢产物中化感物质的研究［D］. 北京：中央民族大学.

孙杰杰，2019. 浙江檫木群落生境特征及区划研究［D］. 杭州：浙江农林大学.

汤华钊，陈良，2016-2-3. 三尖杉种子的育苗方法：：CN105284537A［P］.

唐邦权，韦兴桥，安云虹，2012. 半枫荷实生播种育苗技术［J］. 林业科技，37（6）：33-34.

唐初明，潘会芳，2006. 广西"紫檀木"的特征及造林技术［J］. 广西林业（1）：41.

唐浩君，2012. 中国木莲属植物的观赏性状研究和观赏价值评价［D］. 昆明：云南农业大学. 唐翔，2017-3-22. 一种柔毛油杉育苗方法：CN106508575A［P］.

唐丽，杨志玲，谭梓峰，2002. 峨眉含笑分类学特征和育苗技术研究［J］. 湖南林业科技（4）：41-42，63.

陶宙镕，夏尊成，李志和，1983. 桂南木莲中木兰箭毒碱的分离鉴定［J］. 中国药学杂志（11）：23-24.

滕丽，刘文哲，2009. 银鹊树超长生殖周期中的越冬策略［J］. 武汉植物学研究，27（1）：70-75.

田如男，2005. 园林树木抗重金属与低温胁迫能力的研究［D］. 南京：南京林业大学.

田胜尼，陈鑫，李仁远，等，2020. 安徽宁国珍稀濒危植物华东黄杉的种群动态研究［J］. 热带亚热带植物学报，28（4）：385-393.

仝大伟，刘强，林婉，等，2011. 药用半枫荷基因组总 DNA 提取及 ISSR-PCR 反应体系优化［J］. 林业科技，36（3）：5-8.

汪礼权，秦国伟，1997. 杜鹃花科木藜芦烷类毒素的化学与生物活性研究进展［J］. 天然产物研究与开发（4）：82-90.

王承慧，2007. 深山含笑苗木培育技术［J］. 安徽林业（4）：37.

王枞祁，2011. 花榈木根插及大苗培育技术［J］. 现代农业科技（16）：203-205.

王济虹，姚松林，周云，2005. 激素对南方红豆杉扦插苗主要经济指标的影响［J］. 贵州科学（1）：67-72.

王洁，唐宁，张边江，2019. 水青树生物学特性及培育技术研究进展［J］. 分子植物育种，17（8）：2701-2704.

王立龙，王广林，黄永杰，等，2006. 黄山濒危植物小花木兰生态位与年龄结构研究［J］. 生态学报，26（6）：1862-1871.

王立龙，王亮，张丽芳，等，2015. 不同生境下濒危植物裸果木种群结构及动态特征［J］. 植物生态学报，39（10）：980-989.

王青天，2003. 福建柏种子育苗技术［J］. 林业实用技术（4）：24.

王瑞军，周义罡，钟飞霞，等，2016. LY/T 2528-2015 篦子三尖杉繁殖技术规程［S］. 北京：中国标准出版社.

王淑华，周兰英，张旭，等，2010. 木莲属植物濒危现状及保护策略［J］. 北方园艺（5）：225-228.

王素卿，2011. 川桂组织培养体系建立初探［J］. 新农村（黑龙江）（9）：39.

王小红，2009. 环境因子对竹子开花影响研究［J］. 四川动物，28（4）：618-621.

王小猛，2018. 红花木莲的培育技术及园林应用［J］. 乡村科技（14）：68，70.

王馨，杨淑桂，于芬，等，2015. 檫木的研究进展［J］. 南方林业科学（5）：29-33，39.

王琇，2013. 水青树播种育苗技术［J］. 农业科技与信息（17）：43-45.

王学兵，2017. 福建汀江源自然保护区伞花木群落特征研究［J］. 林业勘察设计，37（2）：52-56.

王洋，2005. 粗榧种子中的抗菌二萜［J］. 国外医学（中医中药分册）（1）：54-55.

王跃跃，2015. 银鹊树两性花的花粉发育异常的研究［D］. 西安：西北大学.

王振兴，2012. 闽楠幼树在不同光环境下的生理生态特征［D］. 福州：福建师范大学.

王子华，代波，龙茹，等，2011. 老岭自然保护区珍稀易危植物天女木兰天然繁殖方式的调查［J］. 林业科技，36（1）：52-55.

望雄英，张海波，张国禹，等，2018. 伞花木播种育苗技术［J］. 绿色科技（13）：65-66.

韦虹宇，梁宏伟，张博，等，2016. 珍稀濒危植物银鹊树胚性细胞悬浮系的建立和植株再生［J］. 分子植物育种，14（3）：756-759.

韦小丽，孟宪帅，邓兆，2014. 珍稀树种花榈木种子繁殖生态学特性与濒危的关系［J］. 种子，33（1）：82-86.

魏夏兰，舒朋华，刘婷婷，等，2013. 川桂皮中具有免疫调节活性的甾体和苯丙素类化学成分［J］. 有机化学，33（6）：1273-1278.

闻天声，汪延芬，范志刚，等，1922. 赣北黄花山稳花杉天然林的初步研究［J］江西林业科技（3）：13-16.

吴朝学，刘霜莲，蒋凡，等，2016. 秃杉研究进展［J］. 林业科技通讯（2）：31-34.

吴承祯，洪伟，闫淑君，等，2004. 珍稀濒危植物长苞铁杉群落物种多度分布模型研究［J］. 中国生态农业学报（4）：173-175.

吴大荣，2001. 福建罗卜岩闽楠（*Phoebe bournei*）林中优势树种生态位研究［J］. 生态学报，21（5）：851-855.

吴大荣，朱政德，2003. 福建省罗卜岩自然保护区闽楠种群结构和空间分布格局初步研究［J］. 林业科学，39（1）：23-30.

吴洪娥，任璐，刘涟，等，2018. 不同基质对凯里杜鹃播种繁殖的影响［J］. 耕作与栽培（3）：9-11.

吴洪娥，汤升虎，蒋影，等，2018. 贵州特有植物雷山杜鹃播种基质选择研究［J］. 安徽农业科学，46（5）：137-139.

吴淑玲，2015. 红花木莲扦插繁殖试验研究［J］. 防护林科技（4）：10-12，15.

吴文珊，张清其，范子南，1998. 伞花木组织培养的研究［J］. 福建热作科技（1）：1-3.

吴显芝，2012. 模拟干旱胁迫对喀斯特森林喜钙树种伞花木生理特征的影响［J］. 中国水土保持（5）：33-35.

吴小林，张玮，李永胜，2001. 浙江省 3 种楠木主要天然种群的群落结构和物种多样性［J］. 浙江林业科技，31（2）：25-31.

吴兴盛，2002. 闽楠的生态特性及栽培技术［J］. 林业勘察设计（2）：67-68.

吴运辉，姜芝琼，杨承荣，2017. 青钱柳简易育苗技术［J］. 种子（6）：128-129.

伍铭凯，杨汉远，王定江，等，2017. 剑河县九虎村小叶红豆群落初步研究［J］. 凯里学院学报，35（3）：68-75.

武吉华，张绅，江源，等，2004. 植物地理学［M］. 北京：高等教育出版社：159-165.

向成华，朱秀志，张华，等，2009. 濒危植物峨眉含笑的遗传多样性研究［J］. 西北林学院学报，24（5）：66-69.

肖国强，黄晖，连雷龙，等，2003. 乐东拟单性木兰扦插育苗技术［J］. 林业科技开发，17（6）：62.

肖纪军，陈焕伟，沈斌，等，2019. 一种花榈木育苗方法：CN109496768A［P］.

肖黎，李晓玲，王玉兵，等，2011. 22 种木莲属植物亲缘关系的 ISSR 分析［J］. 植物研究，31（4）：489-494.

肖书礼，付梦媛，杨科，等，2019. 极小种群野生植物峨眉含笑的种群结构与数量动态［J］. 西北植物学报，39（7）：1279-1288.

肖宜安，何平，李晓红，等，2004. 濒危植物长柄双花木自然种群数量动态［J］. 植物生态学报，28（2）：252，257.

肖育檀，1988. 湖南省八面山穗花杉林的初步研究［J］. 生态学杂志，7（6）：7-11.

谢春平，方彦，方炎明，2011. 乌冈栎群落垂直结构与重要值分析［J］. 安徽农业大学学报，38（2）：176-184.

谢涛，陈景艳，潘德权，等，2014. 乐东拟单性木兰实生苗生长节律研究［J］. 种子，33（3）：75.

邢树平，陈祖铿，胡玉熹，等，2000. 红豆杉的胚珠发育、传粉滴形成和传粉过程［J］. 植物学报，42（2）：126-132.

熊斌梅，2017. 七姊妹山自然保护区黄杉林群落学特征研究［D］. 武汉：湖北大学.

熊海燕，刘志雄，2018. 深山含笑大　小孢子发生和雌、雄配子体发育研究［J］. 植物研究，38（2）：212-217.

徐海兵，李晓储，刘曙雯，等，2009. 阔瓣含笑北移引种研究［J］. 林业实用技术（12）：6-8.

徐奎源，徐洲，徐永星，2005. 阔瓣含笑育苗栽培技术［J］. 四川林业科技（3）：90-91，87.

徐亮，李策宏，熊铁一，2006. 不同水分条件下水青树种子的生物学特性［J］. 种子，25（11）：33-35.

徐森枫，谢贞武，徐建益，2019-7-5. 一种香果树的育苗种植方法：CN109964721A［P］.

徐卫红，徐秀芳，郭连金，等，2012. 三清山濒危植物天女木兰生育力分析［J］. 东北林业大学学报（8）：40.

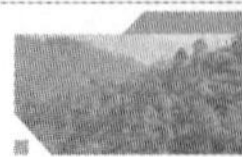

徐绪双，吴耀先，于景利，1988. 刺楸造林技术的研究［J］. 辽宁林业科技（5）：23-26.

徐志鸿，2017-07-27. 揭开竹子开花的神秘面纱［N］. 中国花卉报（W06）.

许宁，憨宏艳，甘小红，2015. 光照及地面覆盖物对水青树种子萌发和幼苗初期生长的影响［J］. 植物资源与环境学报，24（3）：85-93.

许永根，何友根，1991. 柔毛油杉扦插繁殖试验研究［J］. 湖南林业科技（1）：11-13.

闫桂琴，赵桂仿，胡正海，等，2001. 秦岭太白红杉种群结构与动态的研究［J］. 应用生态学报，12（6）：824-828.

闫淑君，洪伟，吴承祯，等，2002. 丝栗栲种群生命过程及谱分析［J］. 应用与环境生物学报（4）：351-355.

杨冰，黄梅，王灵军，等，2020. 贵州杜鹃花科植物果实形态及 21 种杜鹃花属植物种子特性［J］. 贵州林业科技（1）：8-14.

杨成华，杨林，李鹤，等，2013. 贵州东南部玉山竹属一新种及空竹一新异名［J］. 四川林业科技，34（6）：13-15.

杨成华，杨林，李鹤，等，2016. 贵州东南部玉山竹属一新种及空竹一新异名［J］. 四川林业科技（6）：13-15.

杨汉远，冯邦贤，袁茂琴，等，2013. 珍稀濒危植物小叶红豆种群格局及濒危原因分析［J］. 种子，32（6）：52-54.

杨宁，邹冬，杨满元，等，2011. 贵州雷公山秃杉的种群结构和空间分布格局［J］. 西北植物学报，31（10）：2100-2105.

杨鹏，蒋影，顾毓兴，等，2017. 凯里杜鹃的种子特性及萌发试验研究［J］. 种子，36（5）：84-87.

杨少辉，谢镇国，2019.《雷公山秃杉研究》［M］. 北京：中国林业出版社.

杨四知，2007. 松溪县花榈木资源保护与可持续利用［J］. 林业勘察设计（2）：111-114.

杨武亮，姚振生，舒任庚，等，1996. 半枫荷生药组织学的探讨［J］. 时珍国药研究（4）：16-17.

杨小刚，2014. 粗榧苗木繁殖及园林绿化［J］. 特种经济动植物，17（7）：34-35.

杨秀钟，龙开湖，吴朝斌，2008. 金叶秃杉果实形态特征的初步研究［J］. 种子（8）：56-57.

杨铁囡，2010. 不同生境天女木兰叶片解剖结构比较［J］. 吉林农业大学学报，32（5）：476-482.

杨勇，范罗嫡，胡明华，等，2018. 青钱柳叶总黄酮　总三萜及粗多糖的快速检测方法研究［J］. 食品科技，43（3）：272-277.

姚方，郭振锋，姚海雷，2011. 粗榧苗木培育技术［J］. 绿色科技（1）：44-46.

叶冠，彭华，范明松，2008. 十齿花化学成分研究［J］. 中草药（6）：808-810.

易同培，1991. 贵州竹子二新种［J］. 云南植物研究（2）：144-145.

易雪梅，张悦，王远遐，等，2015. 长白山水曲柳种群动态［J］. 生态学报，35（1）：91-97.

游惠明，何东进，刘进山，等，2010. 天宝岩 3 种典型森林类型 CWD 持水能力的比较［J］. 热带亚热带植物学报，18（6）：621-626.

於艳萍，梁东丽，刘昆成，等，2013. 低温胁迫对红花木莲幼苗生理特性的影响［J］. 北方园艺（16）：69-71.

余德会，袁丛军，戴晓勇，等，2019. 雷公山自然保护区重新发现圆基木藜芦［J］. 贵州林业科技，47（3）：18-20.

余清珠，1985. 刺楸属一新变种［J］. 西北植物学报（3）：233-235.

余秋岫，刘彩贤，罗峰，等，2020. 桂南木莲和马关木莲正反交杂种的 ISSR 鉴定［J］. 分子植物育种，18（17）：5806-5812.

余永富，2006. 乐东拟单性木兰育苗试验初报［J］. 贵州林业科技（2）：24.

虞志军，单文，潘国浦，等，2008. 花榈木播种苗在庐山越冬生存适应实验初探［J］. 种子，27（7）：55-56.

袁冬明，林磊，严春风，2010. 乐东拟单性木兰容器大苗培育技术研究［J］. 浙江林业科技，30（6）：43.

袁冬明，张玲菊，李修鹏，等，2003. 我国木兰科植物保护与栽培研究现状［J］. 林业科技开发，17（6）：8-10.

袁继林，2015. 贵州雷公山国家级自然保护区又发现一株金叶秃杉［J］. 凯里学院学报（3）：74.

张博，景丹龙，李晓玲，等，2011. 珍稀濒危植物银鹊树体细胞胚时期同工酶分析［J］. 广西植物，31（4）：526-530.

张冬生，凌发湘，凌巧逢，等，2006. 半枫荷育苗及造林技术［J］. 林业实用技术（9）：47-48.

张都海，袁位高，陈承良，等，2003. 花榈木人工林生长规律的初步研究［J］. 浙江林业科技，23（3）：10-12.

张红，杨兵，唐勇，等，2013. 不同基质对峨眉含笑扦插繁殖的影响［J］. 安徽农业科学，41（5）：1980-1981，1988.

张红莲，李火根，2010. 利用 EST-SSR 分子标记检测鹅掌楸种间渐渗杂交［J］. 生物多样性，18（2）：120-128.

张惠良，史红霞，张往祥，等，2003. 乐东拟单性木兰苗木生长特性和育苗技术［J］. 浙江林业科技（6）：46.

张记军，陈艺敏，刘忠成，等，2017. 湖南桃源洞国家级自然保护区珍稀植物银鹊树群落研究［J］. 生态科学，36（1）：9-16.

张金屯，1995. 植被数量生态学方法［M］. 北京：中国科学技术出版社.

张俊钦，2005. 福建明溪闽楠天然林主要种群生态位研究［J］. 福建林业科技，32（3）：31-35.

张萍，1999. 水青树的地理分布及生态生物学特性研究［J］. 烟台师范学院学报（自然科学版），15（2）：148-150.

张清其，吴文珊，刘剑秋，1995. 伞花木染色体核型的研究［J］. 福建师范大学学报（自然科学版）（2）：79-81.

张蕊，周志春，金国庆，等，2009. 南方红豆杉种源遗传多样性和遗传分化［J］. 林业科学，45（1）：50-56.

张莎，乔琦，王美娜，等，2016. 珍稀濒危植物伯乐树的研究进展［J］. 福建林业科技，43（4）：224-229.

张小玲，2018. 濒危植物鹅掌楸育苗与造林技术［J］. 山西林业（3）：36-37.

张兴国，欧定坤，2006. 黎平太平山自然保护区篦子三尖杉群落研究［M］. 贵阳：贵州科技出版社.

张学武，陈文玉，陈清海，等，2018. 马尾松林下套种深山含笑试验初报［J］. 安徽农学通报，24（21）：113-114.

张娅，李鹤，潘德权，等，2014. 十齿花实生苗培育技术及苗木质量分级［J］. 林业实用技术（5）：63-64.

张长芹，黄承玲，黄家勇，等，2015. 贵州百里杜鹃自然保护区杜鹃花属种质资源的调查［J］. 植物分类与资源学报，37（3）：357-364.

张志权，廖文波，钟翎，等，2000. 南方红豆杉种子萌发生物学研究［J］. 林业科学研究（3）：280-285.

赵广华，肖强，洪健，2019. 深山含笑叶过氧化物酶对双酚 A 清除效应研究［J］. 天然产物研究与开发，31（2）：338-344，249.

赵丽，杨光东，廉美兰，等，2013. 黄檗研究现状与展望［J］. 北方园艺（15）：212-214.

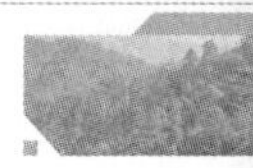

赵亚琦，成铁龙，施季森，等，2014. 鹅掌楸属 SRAP 分子标记体系优化及遗传多样性析［J］. 林业科学，50（7）：37-43.

赵亚琦，吕言，张文军，等，2016. 鹅掌楸树叶和树皮提取物的抑菌活性研究［J］. 南京林业大学学报（自然科学版），40（2）：76-80.

郑峰，2014. 深山含笑在人工林隙更新生长的研究［J］. 海峡科学（9）：50-52.

郑金兴，黄锦学，王珍珍，等，2012. 闽楠人工林细根寿命及其影响因素［J］. 生态学报，32（23）：7532-7539.

郑仁华，杨宗武，黄德龙，等，2004. 福建柏优树选择及种实表型变异研究［J］. 福建林业科技，31（增刊）：1-10.

钟栎，杨静，何素芬，2017. 红花木莲提早开花调控技术试验初探［J］. 农业开发与装备（11）：103.

钟祥顺，黄海，2004. 长苞铁杉天然林水源涵养功能研究［J］. 福建林业科技（4）：54-57.

周成城，徐文达，陈凌艳，等，2019. 福建柏种质资源的保护和利用研究进展［J］. 亚热带农业研究，15（4）：271-278.

周崇军，2005. 赤水桫椤保护区桫椤种群特征［J］. 贵州师范大学学报（自然科学版），32（2）：10-15.

周传涛，张建设，董卉卉，等，2019. 鹅掌楸繁殖研究进展［J］. 绿色科技（19）：183-184.

周存宇，万小丽，张建，等，2015. 五种楠属植物叶片油细胞和黏液细胞的比较［J］. 湖北农业科学（18）：4506-4508，4518.

周芳纯，1988. 竹株培育学［M］. 北京：中国林业出版社.

周化斌，丁炳扬，张庆勉，等，2007. 列入《中国物种红色名录（第一卷）：红色名录》的浙江受威胁植物［J］. 温州大学学报（自然科学版）（2）：15-24.

周洁尘，朱天才，文虹，等，2019. 花榈木人工繁殖技术研究进展［J］. 四川林业科技，40（5）：104-107.

周维举，2014. 泾县三尖杉育苗与造林技术研究［J］. 农民致富之友（4）：119-120.

周晓平，2018. 人工杉木林内 18a 生檫木生长规律研究［J］. 河北林业科技（3）：26-28.

周佑勋，2007. 水青树种子的需光萌发特性［J］. 中南林业科技大学学报，27（5）：54-57.

周佑勋，段小平，2008. 银鹊树种子休眠和萌发特性的研究［J］. 北京林业大学学报，30（1）：64-66.

周正贤，姚茂森，莫文理，等，1989. 雷公山自然保护区考察集［M］. 贵阳：贵州人民出版社.

朱德满，2011. 紫果槭春播育苗技术［J］. 现代农业科技（14）：238，240.

朱红艳，康明，叶其刚，2005. 雌雄异株稀有植物伞花木（*Eurycorymbus caraleriei*）自然居群的等位酶遗传多样性研究［J］. 武汉植物学研究（4）：310-318.

朱念德. 刘蔚秋. 伍建军，等，1999. 影响南方红豆杉种子萌发因素的研究［J］. 中山大学学报（自然科学版），38（2）：76-78.

朱秋生，叶金山，2010. 孑遗植物鹅掌楸的研究现状与保护对策［J］. 现代农业科技（9）：202-206.

朱少木，2012. 杉木深山含笑混交林分生物量结构研究［J］. 安徽农学通报（13）：121-123.

庄晨辉，严思钟，李闽丽，等，1998. 福建柏立地质量评价研究［J］. 林业资源管理（2）：50-53.

邹惠渝，吴大荣，1997. 闽楠种群生态学［M］. 北京：中国林业出版社.

红豆杉（余永富 / 摄）

南方红豆杉（谢镇国 / 摄）

红豆杉（余德会 / 摄）

南方红豆杉（谢镇国/摄）

峨眉拟单性木兰生境（余永富 / 摄）

峨眉拟单性木兰（余德会 / 摄）

峨眉拟单性木兰（余德会 / 摄）

伯乐树（余德会 / 摄）

伯乐树（谢镇国 / 摄）

伯乐树（余德会 / 摄）

伯乐树（余德会 / 摄）

异形玉叶金花（余永富 / 摄）

异形玉叶金花（余永富 / 摄）

雷公山杜鹃（谢镇国 / 摄）

雷公山杜鹃（谢镇国 / 摄）

金毛狗（余永富/摄）

柔毛油杉（余永富/摄）

柔毛油杉（谢镇国/摄）

秃杉（谢镇国 / 摄）

秃杉果枝（余永富 / 摄）

秃杉（余永富/摄）

秃杉果枝（余永富 / 摄）

金叶秃杉（余永富 / 摄）

秃杉幼树（余永富 / 摄）

金叶秃杉（余德会 / 摄）

金叶秃杉嫁接苗（谢镇国/摄）

翠柏（廖佳／摄）

福建柏（谢镇国 / 摄）

福建柏（谢镇国 / 摄）

篦子三尖杉（谢镇国 / 摄）

篦子三尖杉（谢镇国 / 摄）

鹅掌楸（谢镇国 / 摄）

凹叶厚朴（余德会 / 摄）

凹叶厚朴（余德会 / 摄）

峨眉含笑（谢镇国 / 摄）

峨眉含笑（谢镇国 / 摄）

闽楠（廖佳/摄）

闽楠（余永富 / 摄）

花榈木（余德会 / 摄）

花榈木（余德会 / 摄）

水青树（余永富 / 摄）

水青树（余永富 / 摄）

半枫荷（廖佳 / 摄）

半枫荷（谢镇国 / 摄）

半枫荷（谢镇国 / 摄）

半枫荷（谢镇国 / 摄）

马尾树（杨宗才 / 摄）

马尾树（余德会 / 摄）

十齿花（谢镇国 / 摄）

十齿花（余德会 / 摄）

十齿花果枝（余永富 / 摄）

黄柏（余永富 / 摄）

伞花木（余德会 / 摄）

伞花木（余德会 / 摄）

香果树（杨宗才 / 摄）

香果树（余德会 / 摄）

香果树（余永富 / 摄）

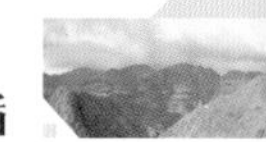

长苞铁杉（谢镇国/摄）

长苞铁杉（谢镇国/摄）

三尖杉（余德会 / 摄）

三尖杉（余德会 / 摄）

粗榧（余永富/摄）

粗榧（余永富/摄）

穗花杉（谢镇国/摄）

天女花（余永富/摄）

天女花（余永富 / 摄）

桂南木莲（余永富 / 摄）

桂南木莲（余永富/摄）

红花木莲果实（李扬 / 摄）

红花木莲（余永富 / 摄）

深山含笑（余永富 / 摄）

深山含笑生境（谢镇国 / 摄）

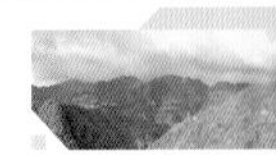

阔瓣含笑（余永富 / 摄）

阔瓣含笑（余永富 / 摄）

檫木（谢镇国 / 摄）

檫木（谢镇国 / 摄）

阔瓣含笑生境（余永富 / 摄）

小叶红豆（谢镇国 / 摄）

白辛树（余德会 / 摄）

白辛树（余永富 / 摄）

木瓜红（谢镇国 / 摄）

木瓜红（谢镇国 / 摄）

青钱柳（余永富 / 摄）

青钱柳（余永富 / 摄）

青钱柳（余永富 / 摄）

瘿椒树（余德会 / 摄）

瘿椒树（余德会 / 摄）

瘿椒树（余德会 / 摄）

苍背木莲（余永富 / 摄）

苍背木莲（余永富/摄）

雷山杜鹃（余德会/摄）

短尾杜鹃（余永富 / 摄）

黔中杜鹃（谢镇国 / 摄）

雷山杜鹃（余永富 / 摄）

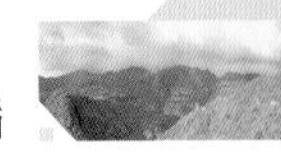

雷公山凸果阔叶槭（谢镇国 / 摄）

雷公山凸果阔叶槭（谢镇国 / 摄）

雷公山凸果阔叶槭（谢镇国 / 摄）

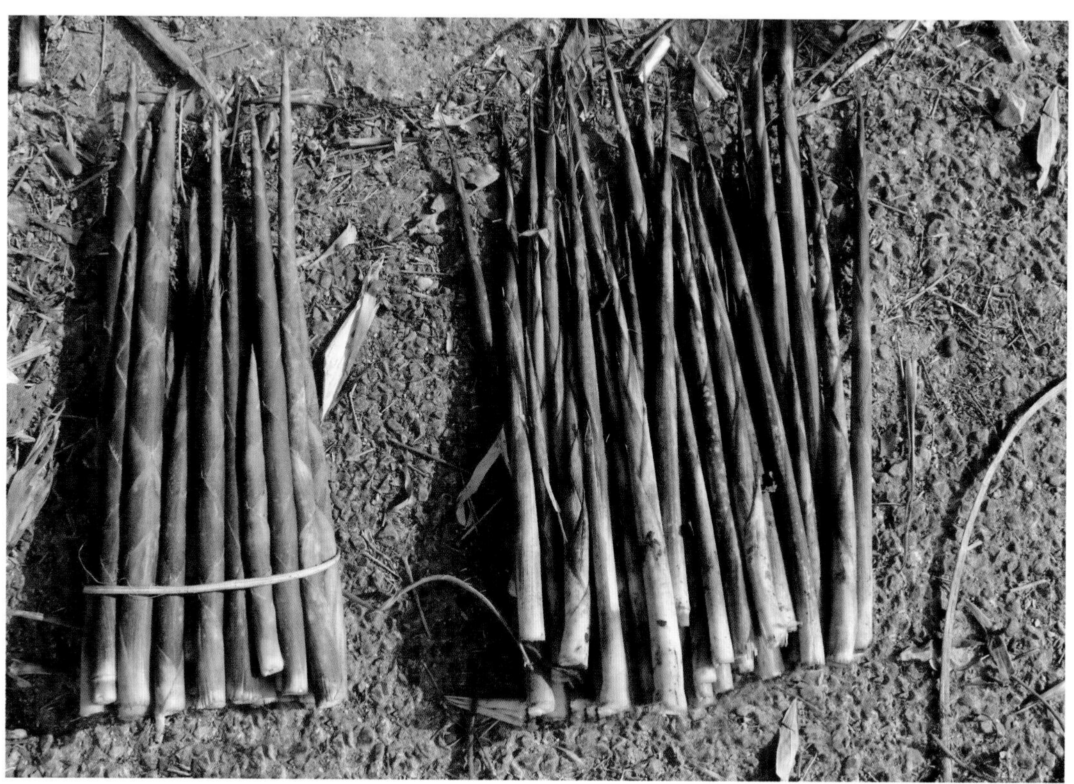

狭叶方竹笋（左）和雷山方竹笋（右）（余永富 / 摄）

雷山方竹（余永富/摄）

圆基木藜芦（余德会 / 摄）

圆基木藜芦（余德会 / 摄）

雷公山玉山竹（余永富 / 摄）

雷公山槭（余永富 / 摄）

雷公山槭（余德会 / 摄）

雷公山夕阳（李萍/摄）

雷公山森林植被（古定豪/摄）

雷公山森林植被（李萍 / 摄）

雷公山森林植被（李萍 / 摄）

雷公山森林植被（王子明 / 摄）

雷公山森林植被（谢镇国 / 摄）

雷公山森林植被（谢镇国 / 摄）

雷公山森林植被（谢镇国 / 摄）

雷公山森林植被（谢镇国 / 摄）

雷公山森林植被（余德会 / 摄）

雷公山森林植被（余德会/摄）

雷公山森林植被（余德会/摄）

雷公山植被（余德会 / 摄）

野外调查（杨宗才 / 摄）

野外调查（王子明 / 摄）

野外调查（谢镇国 / 摄）

野外调查（谢镇国 / 摄）

野外调查（谢镇国 / 摄）

野外调查（谢镇国／摄）

野外调查（谢镇国／摄）

野外调查（谢镇国 / 摄）

野外调查（谢镇国 / 摄）

野外调查（杨宗才 / 摄）

野外调查（余德会 / 摄）

野外调查（余德会 / 摄）

野外调查（余德会 / 摄）

野外调查（谢镇国 / 摄）

野外调查（谢镇国 / 摄）

野外金叶秃杉嫁接（谢镇国 / 摄）

野外调查（余永富 / 摄）

野外调查（李扬 / 摄）

野外调查（杨宗才 / 摄）

野外调查（杨宗才 / 摄）